Clusteranalyse mit SPSS

Mit Faktorenanalyse

von
Dipl.-Psych. Christian FG Schendera

Oldenbourg Verlag München

Bibliografische Information der Deutschen Nationalbibliothek

Die Deutsche Nationalbibliothek verzeichnet diese Publikation in der Deutschen
Nationalbibliografie; detaillierte bibliografische Daten sind im Internet über
<http://dnb.d-nb.de> abrufbar.

© 2010 Oldenbourg Wissenschaftsverlag GmbH
Rosenheimer Straße 145, D-81671 München
Telefon: (089) 45051-0
oldenbourg.de

Das Werk einschließlich aller Abbildungen ist urheberrechtlich geschützt. Jede Verwertung
außerhalb der Grenzen des Urheberrechtsgesetzes ist ohne Zustimmung des Verlages unzulässig
und strafbar. Das gilt insbesondere für Vervielfältigungen, Übersetzungen, Mikroverfilmungen
und die Einspeicherung und Bearbeitung in elektronischen Systemen.

Lektorat: Wirtschafts- und Sozialwissenschaften, wiso@oldenbourg.de
Herstellung: Anna Grosser
Coverentwurf: Kochan & Partner, München
Gedruckt auf säure- und chlorfreiem Papier
Gesamtherstellung: Grafik + Druck, München

ISBN 978-3-486-58691-6

Vorwort

Clustern bedeutet immer auch Segmentieren: Mit einem *Gruppieren* (syn.: Klassieren) von Fällen in heterogene Cluster geht immer auch ein *Trennen* von Fällen in Gruppen einher. Dieses Buch führt ein in die grundlegenden Ansätze des Clusterns (Segmentierens), der Faktor- bzw. Komponentenextraktion, der Diskriminanzanalyse, sowie weiterer Ansätze. Kapitel 1 behandelt die Familie der Clusteranalysen. Darin vorgestellt werden u.a. hierarchische, partitionierende, sowie das Two-Step Clusterverfahren. Kapitel 2 behandelt die Faktorenanalyse mit SPSS. Zuerst wird in das Grundprinzip und anschließend in die wichtigsten Extraktionsmethoden (u.a. Hauptkomponentenanalyse, Hauptachsen-Faktorenanalyse, Maximum Likelihood-Ansatz), wie auch Rotationsmethoden (z.B. orthogonal vs. oblique) eingeführt. Kapitel 3 stellt die Diskriminanzanalyse vor. Die Diskriminanzanalyse wird oft in Kombination mit den beiden anderen Verfahrensgruppen eingesetzt. Ein separates Kapitel stellt weitere Möglichkeiten des Clusterns und Segmentieren vor, darin u.a. Entscheidungsbäume. In einem abschließenden Kapitel sind ausgewählte Formeln der wichtigsten behandelten Verfahren zusammengestellt.

Einige in diesem Buch behandelten Methoden und Techniken gibt es auch als Knoten in SPSS CLEMENTINE und können dort entsprechend angewandt werden, z.B. die Cluster-Knoten (k-means und TwoStep), sowie der Baum-Knoten CHAID. Das Verfahren der Diskriminanzanalyse liegt z.B. dem QUEST-Knoten zugrunde. Das Ziel der Einführung vor allem in die Clusteranalyse mit SPSS ist daher auch, eine erste Übersicht und eine tragfähige Grundlage zu schaffen, auf deren Grundlage der routinierte Anwender auch im Anwendungsbereich des Data Mining, z.B. mittels CLEMENTINE, alleine voranschreiten kann.

Schnellfinder:

Verfahrensgruppe	Steckbrief bzw. Übersicht	Kapitel
Hierarchische Clusteranalyse CLUSTER	Hierarchische Cluster von Fällen oder Variablen auf der Basis von (Un)Ähnlichkeitsmaßen. Für große Fallzahlen (z.B. N>250) nicht geeignet. Clusterzahl muss nicht vorgegeben werden. Ein Durchgang berechnet mehrere Lösungen.	1.2
Two-Step Clusteranalyse TWOSTEP CLUSTER	Clusterung von Fällen auf der Basis von Abstandmaßen. Für große Fallzahlen geeignet. Clusterzahl muss nicht vorgegeben werden. Ein Durchgang berechnet eine Lösung.	1.3
Clusterzentrenanalyse (k-means) QUICK CLUSTER	Clusterung von Fällen auf der Basis von Abstandmaßen. Für große Fallzahlen geeignet. Clusterzahl muss vorgegeben werden. Ein Durchgang berechnet eine Lösung.	1.4
Weitere Clusteransätze	Alternative Clustermethoden: z.B. Entscheidungsbaum (TREE), grafische, logische bzw. zufallsbasierte Clusterungen, Clusterung auf der Basis gemeinsamer Merkmale (Kombinatorik), Analyse Nächstgelegener Nachbar (KNN), Ungewöhnliche Fälle identifizieren (DETECT ANOMALY), Optimales Klassieren usw.	1.5
Faktorenanalyse FACTOR	Faktorisierung von v.a. Variablen per Extraktion mittels Hauptachsen-Faktorenanalyse, Hauptkomponenten, Image-Faktorisierung, Maximum Likelihood, Alpha-Faktorisierung, oder Ungewichtete und Verallgemeinerte Kleinste Quadrate (R-Typ). Erleichterung der Interpretation durch orthogonale oder oblique Rotation, Faktorisierung von Fällen mit Q-Typ.	2
Diskriminanzanalyse DISCRIMINANT	Analyse von bereits vorhandenen Klassifizierungen von Fällen: Identifikation von Prädiktoren, die am besten zwischen den sich gegenseitig ausschließenden Klassifizierung zu unterscheiden (diskriminieren) erlauben. Prognose der Klassifizierung unbekannter Fälle auf der Basis der optimalen Klassifizierung bekannter Fälle.	3

Für die Cluster- wie auch Faktorenanalysen gilt, dass sie zu den am häufigsten Verfahren in Wissenschaft, sowie Markt- und Meinungsforschung zählen (Pötschke & Simonson, 2003, 83–88). Verfahren der Clusteranalyse werden darüber hinaus auch beim Data Mining nicht nur gleichrangig neben neueren Ansätzen, wie z.B. neuronalen Netzen, eingesetzt (z.B. SPSS, 2007, Kap. 10; Rud, 2001; Berry & Linoff, 2000; Graber, 2000), sondern darüber hinaus weitaus häufiger als diese Ansätze. Clusterverfahren und Entscheidungsbäume zählen zu den am häufigsten Verfahren im Data Mining (Rexer et al., 2007, 3). Auch für die bedienungsfreundlichste Data Mining-Anwendung gilt jedoch: Data Mining ersetzt keine Statistik- oder auch Informatikkenntnisse, sondern setzt diese voraus (Schendera, 2007; Khabaza, 2005; Chapman et al., 1999). Die Grundlagen, die dieses Buch für das Anwenden clusteranalytischer Ansätze in SPSS bereitet, sollten daher auch erste Schritte im Data Mining-Bereich ermöglichen. Einsteiger in die Statistik könnten überrascht sein, wie mächtig, vielfältig und flexibel Verfahrensfamilien wie „die" Cluster- oder Faktorenanalyse sein können. Für Fortgeschrittene mag es interessant sein, welche Alternativen SPSS zu den eher traditionellen Clusterverfahren anbietet (z.B. Entscheidungsbäume, Visuelles und Optimales Klassieren, die seit SPSS 17 neue Nächste Nachbarn-Analyse uvam).

Homogenität als Brücke zwischen Cluster- und Faktorenanalysen: Gemeinsamkeiten und Unterschiede

Leser fragen sich vermutlich: Warum die augenscheinlich grundverschiedenen „Verfahren" Cluster- und Faktorenanalyse gemeinsam in einem Buch? Die einfache Antwort ist: Beiden Verfahrensgruppen liegt dasselbe Prinzip zugrunde: Klassifikation mit dem Ziel maximaler Homogenität. Von der Clusteranalyse ist bekannt, dass sie (u.a.) *Fälle anhand über Zeilen hinweg* gleiche Werte zu Gruppen ('Clustern') so zusammenfasst, so dass die jeweilige Intracluster-Homogenität möglichst groß ist bzw. die Intercluster-Homogenität möglichst gering ist. Wo ist aber hier der Bezug zur Faktorenanalyse? Bei der Faktorenanalyse wiederum werden *Variablen anhand über Spalten hinweg* gleichen Werten zu Faktoren zusammengefasst, *weil* die spaltenweise Homogenität der Werte eine maximale Korreliertheit und größtmögliche Faktorisierbarkeit ermöglicht.

Beide Verfahrensgruppen wurden auch aus weiteren Überlegungen im Hinblick auf *Gemeinsamkeiten* in einem Band untergebracht:

- Cluster- und Faktorenanalysen gelten als *die* Verfahren der Markt- und Medienforschung (z.B. Hornig Priest, 2009; Wimmer & Dominick, 2003; Punj & Stewart, 1983; Stewart, 1981; Plummer, 1974), aber selbstverständlich nicht nur dort.
- Cluster- und Faktorenanalysen werden oft in Kombination eingesetzt, sowohl in der Forschung, wie auch in der Anwendung (vgl. Schreiber, 2007; Clifford et al., 1995). Die GfK Roper Consumer Styles werden z.B. durch ein Zusammenspiel von u.a. Cluster-, Faktor-, wie auch Diskriminanzanalysen (vgl. Kapitel 3) entwickelt, dessen Komplexität deutlich den Rahmen dieser Darstellung sprengt.
- Cluster- und Faktorenanalysen können (besonders effektiv in Kombination) zur mitunter drastischen Reduktion von großen Datenmengen (vielen Variablen und/oder Fällen) eingesetzt werden.
- Bei Cluster- und Faktorenanalysen handelt sich jeweils um Verfahrens*familien*

- Beide Verfahrensgruppen werden von SPSS angeboten.
- Die Cluster-, wie auch die Faktorenanalyse wird in Form diverser Knoten auch in CLEMENTINE angeboten.
- Es handelt sich jeweils um *multivariate Verfahren* (z.T. mit unterschiedlichen Funktionen).
- Cluster- wie auch Faktorenanalysen gehen nicht von unabhängigen oder abhängigen Variablen aus (wie z.B. die Varianz- oder Diskriminanzanalyse), sondern behandeln alle Analysevariablen unabhängig von einem Kausalitätsstatus.
- Beide Verfahrensgruppen setzen vor der Analyse (selbstverständlich!) *Datenqualität* voraus (vgl. Schendera, 2007).
- Einzelne Verfahrensvarianten weisen z.T. *ähnliche Funktionen* auf. Die Q-Typ Faktorenanalyse wird auch als Clusteranalyse bezeichnet. Q-Typ klassifiziert Fälle in Gruppen. Umgekehrt sind hierarchische Clusterverfahren auch in der Lage, Variablen zu clustern.
- Cluster- und Faktorenanalysen können je nach Anwendungszweck jeweils auch in die Familien der Methoden der *Skalierung* (Borg & Staufenbiel, 2007) oder der Verfahren der *beschreibenden Statistik* eingeordnet werden (z.B. Schulze, 2007; Diehl & Kohr, 1999[12]).
- Je nach Standpunkt kann beiden Verfahrensgruppen das Merkmal *datenstrukturierend* zugewiesen werden: Eine Faktorenanalyse z.B. über die Interkorrelation der Variablen, eine Clusteranalyse z.B. über ein Dendrogramm von Fällen oder Variablen.
- Beide Verfahren dienen der *Wissenskonstruktion*. Es ist daher empfehlenswert, die erzielten Ergebnisse den üblichen Tests auf Plausibilität, Validität, Reliabilität, Stabilität usw. zu unterziehen.

Selbstverständlich sind die Bezeichnungen „Cluster"- und „Faktoren"analyse nicht ohne Grund. Es ist an der Zeit, auch die Unterschiede zwischen beiden Verfahrensgruppen anzusprechen:

- Datengrundlage: Die Clusteranalyse verarbeitet überwiegend Fälle (ausnahmsweise auch Variablen), die Faktorenanalyse verarbeitet dagegen eher Variablen (Ausnahme: Q-Typ).
- Vorgehensweise: Beide Verfahrensgruppen gehen völlig unterschiedlich vor: Die Clusteranalyse operiert z.B. mit Startwerten, Ähnlichkeitsmaßen usw.; die Faktorenanalysen basieren auf Korrelationen und den Phasen Schätzung, Extraktion und (ggf.) Rotation.
- Ergebnisse: Beide Verfahren haben völlig unterschiedliche Ziele. Die Clusteranalyse elaboriert (manifeste) Gruppen (Cluster), die Faktorenanalyse extrahiert (manifeste) Komponenten bzw. (latente) Faktoren.
- Entdeckungszusammenhang: Die Faktorenanalyse *entdeckt* ggf. vorhandene lineare, ggf. inhaltliche Zusammenhänge zwischen Variablen (und Faktoren/Komponenten), die Clusteranalyse *(re)konstruiert* dagegen Assoziationen zwischen Fällen und ihrer Clusterzugehörigkeit, sofern in den Daten vorhanden.
- Strukturen: Die Clusteranalyse setzt daher Strukturen in den Daten voraus, die Faktorenanalyse *bestätigt* dagegen möglicherweise vorhandene Strukturen.
- Anzahl: Einzelne Autoren argumentieren, es gäbe immer mehr Cluster als Faktoren (z.B. Stewart, 1981, 52); dies ist jedoch letztlich abhängig vom untersuchten Gegenstand, und soll an dieser Stelle nicht verallgemeinert werden.

- Gültigkeit: Cluster sind üblicherweise eher *stichprobenabhängige* Zuweisungen in Gruppen, z.B. bei der Clusterzentrenanalyse, Anomalie-Ansatz oder auch den hierarchischen Verfahren. Gemäß der faktoranalytischen Theorie gelten Faktoren dagegen als *Populationsparameter*, haben also unabhängig von Stichproben Gültigkeit.
- „Sinnstiftung": Die Clusteranalyse ist *kein* sinnstiftendes Verfahren, sondern ein objektiv klassifizierendes Verfahren. Die Faktorenanalyse wird *im Allgemeinen* auch als *sinnentdeckendes Verfahren* bezeichnet. Diese Auffassung lässt sich jedoch relativieren und sollte nicht uneingeschränkt bzw. zumindest nicht unkritisch übernommen werden:
Anwender bewegen sich gerade bei der Faktorenanalyse immer im Spannungsfeld zwischen Faktorzahl (ggf. Varianzaufklärung) und Einfachheit der Theorie: Je weniger Faktoren (ggf. weniger Varianzaufklärung), desto einfacher die Theorie (jedoch u.U. gleichzeitig realitäts*ferner*). Je mehr Faktoren (ggf. mehr Varianzaufklärung), desto komplizierter, jedoch oft auch realitäts*näher* die Theorie. Weil der Anwender diese Abwägungen (und viele andere Entscheidungen, z.B. die Vorauswahl der Variablen, Extraktionsverfahren, sowie u.a. Rotationskriterium) trifft, würde der Verfasser diese Verfahrensgruppe als „proto-objektiv" bezeichnen.

Aus diesem breiten Anwendungsspektrum von *Verfahrensfamilien* rührt noch stärker als bei der Regressionsanalyse (vgl. Schendera, 2008) das Problem her, dass man nicht ohne weiteres gebetsmühlenartig herunterleiern kann: „Für Fälle nimmt man die Clusteranalyse, für Variablen die Faktorenanalyse", „bei der Faktorenanalyse nimmt man die Hauptachsen-Faktorenanalyse mit Varimax-Rotation" usw. Im Gegenteil, die Statistik wie auch SPSS sind hochgradig komplex, flexibel und vielseitig. Die Prozedur CLUSTER kann z.B. auf Fälle *und* Variablen angewandt werden, ebenfalls kann die Prozedur FACTOR sowohl für eine R- wie auch Q-Typ Faktorenanalyse eingesetzt werden. Zusätzlich ist die Vielfalt der Statistik deutlich größer als selbst der Funktionsumfang von SPSS. Es gibt z.B. weitaus mehr (und v.a. aktuellere) Verfahren der faktoranalytischen Extraktion und Rotation, wie z.B. in SPSS aktuell implementiert sind. Die Wahl des angemessenen cluster- oder faktoranalytischen Verfahrens hängt somit *nicht* nur von zur Verfügung stehenden SPSS Menüs, Prozeduren oder „Kochrezepten" ab, sondern konkret von inhaltlichen und methodologischen Aspekten: z.B. bei „der" Clusteranalyse: ob eine Struktur angenommen werden kann, vom Skalenniveau der Daten (und ihrer Menge), ob die Anzahl der Cluster bekannt ist, der Auswahl der Variablen usw.; z.B. bei „der" Faktorenanalyse: Interkorreliertheit der Daten, Linearität der Variablenbeziehungen, Extraktion einer unbekannten Zahl von Faktoren oder Komponenten, Hypothesentest auf eine bekannten Zahl von Faktoren usw.
Die Auswahl sollte in Absprache mit einem erfahrenen Methodiker bzw. Statistiker erfolgen. Bei speziellen Fragestellungen ist es möglich, dass die erforderlichen statistischen Verfahren nicht in der Standardsoftware implementiert sind. In diesem Falle kann das Verfahren oft mit SPSS selbst programmiert (vgl. u.a. die Beispiele zur Berechnung von Teststatistiken bei der Clusterzentrenanalyse oder die Q-Typ Faktorenanalyse für das Clustern von Fällen) oder auch auf spezielle bzw. erweiterte Analysesoftware ausgewichen werden. Das Vorgehen bei der Modellspezifikation und inferenzstatistischen Hypothesentestung in der Analysepraxis entspricht dabei üblicherweise einer schrittweisen Komplexitätssteigerung (vgl. Schendera, 2007, 401–403).

Ausführliche Beschreibung
Dieses Buch führt ein in die grundlegenden Ansätze der Clusteranalyse, Faktorenanalyse und der Diskriminanzanalyse.

Kapitel 1 führt ein in die Familie der Clusteranalyse. Nach einem intuitiven Beispiel anhand des Clusterns von Muscheln am Strand und den zugrundeliegenden, oft unausgesprochenen Cluster-Prinzipien (*Kapitel 1.1*) werden u.a. die hierarchische, partitionierende und das Two-Step Verfahren vorgestellt. Bei der hierarchischen Clusteranalyse (*Kapitel 1.2*, CLUSTER) werden die diversen Maße (z.B. quadrierte euklidische Distanz, Pearson-Korrelation, Chi^2-Maß etc.) und die jeweiligen Algorithmen (Density, Linkage, Ward etc.) einschl. ihres Bias (z.B. Ausreißer, Chaining) erläutert. Anhand zahlreicher Beispiele wird erläutert, wie Intervalldaten, Häufigkeiten, Kategorialdaten, sowie gemischte Daten geclustert werden. Bei der Two-Step Clusteranalyse (*Kapitel 1.3*, TWOSTEP CLUSTER) lernen Sie die Clusterung von gemischten Daten anhand eines Scoring-Algorithmus kennen. Bei der partitionierenden Clusterzentrenanalyse (*Kapitel 1.4*, k-means, QUICK CLUSTER) lernen Sie Teststatistiken zur Bestimmung der optimalen Clusterzahl kennen (z.B. Eta^2, F-max; nicht im original SPSS Leistungsumfang enthalten), sowie die gewählte Clusterlösung auf Interpretierbarkeit, Stabilität und Validität zu prüfen. Interessant ist die Anwendung der Clusterzentrenanalyse als Prototypenanalyse. Am Ende dieser Kapitel finden Sie die zentralen Voraussetzungen der jeweiligen Verfahren zusammengestellt (sofern dies für diese Heterogenität an Verfahren zu leisten war). Das *Kapitel 1.5* stellt zahlreiche alternative Ansätze zum Clustern bzw. Klassifizieren von Fällen vor, u.a. grafische, logische oder zufallsbasierte Clustermethoden, die Klassifikation über Index-Bildung oder Kombinatorik, die Analyse Nächstgelegener Nachbar (KNN) (Prototypenanalyse II), die Klassifikationsanalyse mittels Entscheidungsbäumen (TREE), das Identifizieren ungewöhnlicher Fälle (DETECT ANOMALY), sowie die Methoden Visuelles Klassieren und Optimales Klassieren.

Kapitel 2 führt ein in die Familie der Faktorenanalyse mit SPSS. Die Faktorenanalyse (factor analysis, FA) ist ein Sammelbegriff für verschiedene Verfahren, die es ermöglichen, aus einer großen Zahl von Variablen eine möglichst geringe Anzahl von (nicht beobachteten) Faktoren bzw. beobachtbaren Komponenten zu extrahieren. Kapitel 2 stellt sowohl Varianten der explorativen (EFA), wie auch der konfirmatorischen (KFA) Faktorenanalyse (R-Typ) vor. Dieses Kapitel führt in das Grundprinzip und die Varianten der Faktorenanalyse (z.B. Alpha-Faktorisierung, Hauptachsen-Faktorenanalyse, Hauptkomponentenanalyse) ein (*Kapitel 2.1* und *2.2*), die wichtigsten Extraktions-, wie auch Rotationsmethoden (z.B. orthogonal vs. oblique), Funktion, sowie Bias (*Kapitel 2.3*). Vorgestellt werden auch Kriterien zur Bestimmung, Interpretation und Benennung der Faktoren (*Kapitel 2.4*). Die Überprüfung der Voraussetzungen und die Interpretation der Statistiken wird in *Kapitel 2.5* an zahlreichen Beispielen demonstriert: Abschnitt 2.5.1 beginnt mit einem verhältnismäßig einfachen Beispiel einer Hauptkomponentenanalyse (EFA) mit dem Ziel der Datenreduktion und dem Ableiten einer Vorhersagegleichung. Abschnitt 2.5.2 führt an der Maximum Likelihood-Faktorenanalyse den Hypothesentest (KFA), sowie das Problem von Heywood-Fällen vor. Das Beispiel zur Hauptachsen-Faktorenanalyse (EFA) wird aus Gründen der Übersichtlichkeit auf drei Abschnitte verteilt: Abschnitt 2.5.3 fokussiert die Rotation, Abschnitt 2.5.4 fokussiert die Statistik, und Abschnitt 2.5.5 fokussiert die Optimierung dieser Analyse. Abschließend wird in Abschnitt 2.5.6 eine Faktorenanalyse für Fälle (Q-Typ) vorgestellt, sowie eine Variante der Faktorenanalyse eingelesener Matrizen (Abschnitt 2.5.7). *Kapitel 2.6* stellt die diversen Voraussetzungen der Faktorenanalyse zusammen.

Kapitel 3 stellt die Diskriminanzanalyse (DA, syn.: DFA, Diskriminanzfunktionsanalyse) vor. Das zentrale Ziel dieses Ansatzes ist (vgl. *Kapitel 3.1*), die beste Trennung (Diskriminanz) zwischen den Zugehörigkeiten einer abhängigen Gruppenvariable für mehrere unabhängige Einflussvariablen zu finden. In anderen Worten, die Diskriminanzanalyse liefert die Antwort auf die Frage: Welche Kombination von Einflussvariablen erlaubt eine maximal trennende Aufteilung der Fälle in die bekannten Ausprägungen einer Gruppe? *Kapitel 3.2* stellt dazu Logik und Phasen der Diskriminanzanalyse auch in einem Vergleich mit anderen Verfahren vor. Weitere, damit in Zusammenhang stehende Fragen können sein: Auf welche Weise werden die Fälle klassiert, wie genau werden die Fälle klassiert (erkennbar an der Anzahl der Fehlklassifikationen), und wie sind die schlussendlich entstehenden Klassifizierungen zu interpretieren? Es werden u.a. diverse Methoden der Variablenselektion (direkt, schrittweise) (vgl. *Kapitel 3.3*), sowie auch die Berechnung und Interpretation multipler schrittweiser Diskriminanzanalysen mit mehreren ermittelten Funktionen (vgl. *Kapitel 3.4*) vorgestellt einschließlich Lambda, Box-Test, Kreuzvalidierung (Interpretation von Kovarianzmatrizen), das Identifizieren von Multikollinearität, sowie Gebietskarten (Territorien). *Kapitel 3.5* stellt die diversen Voraussetzungen der Diskriminanzanalyse zusammen. Zur Beurteilung der SPSS Ausgaben sind Kenntnisse ihrer statistischen Definition und Herleitung unerlässlich.

Das abschließende *Kapitel 4* stellt ausgewählte Formeln der wichtigsten behandelten Verfahren zusammen, darunter u.a. die detaillierte Beschreibung des konkreten Cluster-Vorgangs.

Zahlreiche Rechenbeispiele werden von der Fragestellung, der Anforderung der einzelnen Statistiken (per Maus, per Syntax) bis hin zur Interpretation der SPSS-Ausgaben systematisch durchgespielt. Auch auf mögliche Fallstricke und häufig begangene Fehler wird eingegangen. Separate Abschnitte stellen die diversen Voraussetzungen für die Durchführung der jeweiligen Analyse, sowie Ansätze zu ihrer Überprüfung zusammen. Ich habe mich bemüht, auch dieses Buch wieder verständlich und anwendungsorientiert zu schreiben, ohne jedoch die Komplexität und damit erforderliche Tiefe bei der Vorstellung der Verfahren zu vernachlässigen. Dieses Buch ist für Einsteiger in die Cluster- und Faktorenanalyse, Markt- und Medienforschende, sowie fortgeschrittene Wissenschaftler in den Wirtschafts-, Bio-, und Sozialwissenschaften gleichermaßen geeignet.

Bevor Sie sich an die Analyse machen, stellen Sie bitte *zuvor* sicher, dass Ihre Daten analysereif sind. Prüfen Sie Ihre Daten auf mögliche Fehler (u.a. Vollständigkeit, Einheitlichkeit, Missings, Ausreißer, Doppelte). Vertrauen ist gut; Kontrolle ist besser. Für Kriterien zu Datenqualität und ihre Überprüfung mit SPSS wird der interessierte Leser auf Schendera (2007) verwiesen.

Hinweis: Die Firma SPSS vereinheitlicht derzeit die Bezeichnungen seiner zahlreichen *Produkte* hin zu PASW („Predictive Analytics Software"). Dieses Rebranding fand nach der Auslieferung von SPSS Statistics Version 17 statt. Ein Patch (17.0.2.) hat jedoch zur Folge, dass „SPSS Statistics 17" in „PASW Statistics 17" umbenannt wird. Für Leser und Anwender früherer SPSS Versionen bzw. ohne diesen Patch ändert sich nichts; es verbleibt nur der

Hinweis auf die Rebranding-Bestrebungen bei SPSS, die u.U. auch zur Folge haben dürften, dass z.B. Literatur usw. nicht nur wie gewohnt nach „SPSS", sondern zukünftig auch nach „PASW" recherchiert werden müsste. Für Anwender von PASW Versionen gilt, dass in diesem Buch der Ausdruck SPSS als PASW gelesen werden kann mit der einzigen Ausnahme, wenn die *Firma* SPSS gemeint ist.

für Gunnar  *in Liebe*

Zu Dank verpflichtet bin ich für fachlichen Rat und/oder auch einen Beitrag in Form von Syntax, Daten und/oder auch Dokumentation unter anderem, und schon wieder: Prof. Gerd Antos (Martin-Luther-Universität Halle-Wittenberg), Prof. Johann Bacher (Johannes-Kepler-Universität Linz, Österreich), Prof. David J. Bartholomew (Emeritus Professor of Statistics in the London School of Economics and Political Science, UK), Prof. Robert C. MacCallum (Professor of Psychology and Director of the L.L.Thurstone Psychometric Laboratory at the University of North Carolina at Chapel Hill), Prof. Mark Galliker (Universität Bern, Schweiz), Prof. Jürgen Janssen (Universität Hamburg), und Prof. Dr. Maria A. ReGester (Associate Professor University of Phoenix & Maryland, USA).

Mein Dank an SPSS Deutschland geht stellvertretend an Herrn Alexander Bohnenstengel, sowie Frau Sabine Wolfrum von der Firma SPSS GmbH Software (München) für die großzügige Bereitstellung der Software und der technischen Dokumentation. Gleichermaßen geht mein Dank an SPSS Schweiz, namentlich an Josef Schmid und Dr. Daniel Schloeth.

Herrn Dr. Schechler vom Oldenbourg Verlag danke ich für das Vertrauen, auch dieses Buch zu veröffentlichen, sowie die immer großzügige Unterstützung. Volker Stehle (Eppingen) besorgte wie üblich das Lektorat und die Gestaltung der Druckformatvorlage. Stephan Lindow (Hamburg) entwarf die Grafiken. Falls in diesem Buch noch irgendwas unklar oder fehlerhaft sein sollte, so liegt die Verantwortung wieder alleine beim Autor.
An dieser Stelle möchte ich mich auch auf die positiven Rückmeldungen und Vorschläge zu „Datenqualität mit SPSS" und „Regressionsanalyse mit SPSS" bedanken. Die wichtigsten

Rückmeldungen, Programme, wie auch Beispieldaten stehen auf der Webseite des Autors *www.method-consult.de* zum kostenlosen Download bereit.

Hergiswil, August 2009

CFG Schendera

Inhalt

Vorwort V

1 Clusteranalyse 1
1.1   Einführung in „die" Clusteranalyse 1
1.1.1   Eine Clusteranalyse am Strand 2
1.1.2   Grundansätze 8
1.1.3   Erste Auswahlkriterien 10
1.2   Hierarchische Clusteranalysen 23
1.2.1   Einleitung: Das Grundverfahren 23
1.2.2   Eingrenzung des Verfahrens 24
1.2.3   Demonstration: Bias beim eindimensionalen Clustern 36
1.2.4   Syntax von PROXIMITIES und CLUSTER 44
1.2.5   Analyse von Intervalldaten – Mögliche Fehlerquellen erkennen und eingrenzen 48
1.2.6   Analyse von binären Daten (Einheitliche Daten) 69
1.2.7   Analyse von binären Daten (Analyse gemischter Daten I) 75
1.2.8   Analyse von Häufigkeiten: Clusterung von Variablen 79
1.2.9   Analyse von gemischten Daten II (Analyse von Fällen) 84
1.2.10   Exkurs: Kophenetischer Korrelationskoeffizient 91
1.2.11   Annahmen der hierarchischen Verfahren 94
1.3   Two-Step Clusteranalyse 95
1.3.1   Einleitung: Das Two-Step Verfahren 96
1.3.2   Anwendungsbeispiel (Maus, Syntax) 98
1.3.3   Interpretation der SPSS Ausgabe 106
1.3.4   Annahmen der Two-Step Clusteranalyse 115
1.4   Partitionierendes Verfahren: Clusterzentrenanalyse (k-means) 117
1.4.1   Einleitung: Das Verfahren 117
1.4.2   Beispiel (inkl. Teststatistiken zur Beurteilung der Clusterzahl) 118
1.4.3   Ausgabe (inkl. Prüfung der Stabilität und Validität) 129
1.4.4   Anwendung der Clusterzentrenanalyse als Prototypenanalyse 136
1.4.5   Annahmen der Clusterzentrenanalyse 144
1.5   Alternativen: Grafische bzw. logische Clustermethoden 145
1.5.1   Grafische Clusterung: Portfolio-Diagramm bzw. Wettbewerbsvorteilsmatrix ... 146
1.5.2   Logische Clusteranalyse: Klassifikation über Index-Bildung 148

1.5.3	Zufallsbasierte Cluster	151
1.5.4	Clusterung auf der Basis gemeinsamer Merkmale (Kombinatorik)	152
1.5.5	Analyse Nächstgelegener Nachbar (KNN): Prototypenanalyse II	154
1.5.6	Klassifikationsanalyse: Entscheidungsbäume (TREE)	165
1.5.7	Ungewöhnliche Fälle identifizieren (DETECT ANOMALY)	170
1.5.8	Visuelles Klassieren und Optimales Klassieren	172

2 Faktorenanalyse 179

2.1	Einführung: „Die" Faktorenanalyse	180
2.2	Grundprinzip „der" Faktorenanalyse	182
2.3	Varianten der Faktorenanalyse	186
2.3.1	Die wichtigsten Extraktionsmethoden	190
2.3.2	Rotationsmethoden und ihre Funktion	202
2.4	Kriterien zur Bestimmung der Faktoren: Anzahl und Interpretation	209
2.4.1	Bestimmung der Anzahl der Faktoren	209
2.4.2	Interpretation und Benennung der Faktoren	212
2.5	Durchführung einer Faktorenanalyse	215
2.5.1	Beispiel 1: Hauptkomponentenanalyse (PCA): Datenreduktion	217
2.5.2	Beispiel 2: Maximum Likelihood-Faktorenanalyse (ML): Hypothesentest (KFA)	231
2.5.3	Beispiel 3: Hauptachsen-Faktorenanalyse (PAF): Fokus: Rotation (Maus)	242
2.5.4	Beispiel 4: Hauptachsen-Faktorenanalyse (PAF): Fokus: Statistik (Syntax)	257
2.5.5	Beispiel 5: Hauptachsen-Faktorenanalyse (PAF): Fokus: Optimierung	275
2.5.6	Faktorenanalyse von Fällen – Q-Typ Faktorenanalyse (Syntax)	280
2.5.7	Faktorenanalyse eingelesener Matrizen (Syntax)	290
2.6	Voraussetzungen für eine Faktorenanalyse	291

3 Diskriminanzanalyse 299

3.1	Das Ziel der Diskriminanzanalyse	299
3.2	Logik, Phasen und Vergleich mit anderen Verfahren	301
3.2.1	Logik und Phasen der Diskriminanzanalyse	301
3.2.2	Vergleich mit anderen Verfahren	306
3.3	Beispiel I: Multiple schrittweise Diskriminanzanalyse mit zwei Gruppen	308
3.4	Beispiel II: Multiple schrittweise Diskriminanzanalyse mit drei Gruppen	336
3.5	Voraussetzungen der Diskriminanzanalyse	354

4 Anhang: Formeln 361

5 Literatur 385

6	Ihre Meinung zu diesem Buch	397
7	Autor	399

Syntaxverzeichnis 401

Sachverzeichnis 409

Verzeichnis der SPSS Dateien 435

1 Clusteranalyse

Dieses Kapitel führt ein in die Clusteranalyse mit SPSS. Kapitel 1.1 führt ein in das Prinzip der Clusteranalyse anhand eines intuitiven Beispiels des Clusterns von Muscheln am Strand und den zugrundeliegenden, oft unausgesprochenen Cluster-Prinzipien. Kapitel 1.2 (CLUSTER) behandelt die Gruppe der hierarchischen Clusteranalysen und erläutert die diversen Maße (z.B. quadrierte euklidische Distanz, Pearson-Korrelation, Chi²-Maß etc.) und Algorithmen (Density, Linkage, Ward etc.) einschl. ihrer Bias (z.B. Ausreißer, Chaining). Anhand zahlreicher Beispiele wird erläutert, wie Intervalldaten, Häufigkeiten, Kategorialdaten, sowie gemischte Daten geclustert werden. Kapitel 1.3 stellt die Two-Step Clusteranalyse (TWO-STEP CLUSTER) und das Clustern gemischter Daten anhand eines Scoring-Algorithmus vor. Kapitel 1.4 führt in die partitionierende Clusterzentrenanalyse (k-means, QUICK CLUSTER) und Teststatistiken zur Bestimmung der optimalen Clusterzahl ein (z.B. Eta², F-max; nicht im original SPSS Leistungsumfang enthalten). Zusätzlich wird veranschaulicht, wie die ausgewählte Clusterlösung auf Interpretierbarkeit, Stabilität und Validität geprüft werden kann. Auch wird die Anwendung der Clusterzentrenanalyse als Prototypenanalyse vorgestellt. Kapitel 1.5 stellt zahlreiche alternative Ansätze zum Clustern bzw. Klassifizieren von Fällen vor, u.a. grafische, logische oder zufallsbasierte Clustermethoden, die Klassifikation über Index-Bildung oder Kombinatorik, die Analyse Nächstgelegener Nachbar (KNN) (Prototypenanalyse II), die Klassifikationsanalyse mittels Entscheidungsbäumen (TREE), das Identifizieren ungewöhnlicher Fälle (DETECT ANOMALY), sowie die Methoden Visuelles Klassieren und Optimales Klassieren. Am Ende dieses Kapitels sind die zentralen Voraussetzungen der jeweiligen Verfahren zusammengestellt (sofern dies für diese Heterogenität an Verfahren zu leisten war).

1.1 Einführung in „die" Clusteranalyse

Die Clusteranalyse ist *das* Verfahren zur Typenbildung und liegt vielen bekannten Typologien und Segmentierungen zugrunde: eher konsumorientierten Lebensstil-Segmentierungen (z.B. GfK Roper Consumer Styles), Markt-Media-Typologien (z.B. „Typologie der Wünsche"), wie auch vieler weiterer, rezipientenbezogener Typologien. Die folgenden Abschnitte führen von einem einfachen, intuitiven Beispiel (1.1.1) über die diversen Ansätze (1.1.2) in grundlegende Auswahlkriterien ein (1.1.3), derer sich ein Anwender bewußt sein sollte, bevor ein Clusterverfahren gewählt wird.

1.1.1 Eine Clusteranalyse am Strand

Stellen Sie sich vor, Sie gehen am Meer spazieren und sammeln Muscheln. Die Muscheln unterscheiden sich dabei in Form, Größe und Farbe. Wenn Sie nun die Muscheln sortieren, z.B. nach ihrer Form, bilden Muscheln mit derselben Form jeweils eine Gruppe, ein sog. „Cluster". Die Muscheln innerhalb des jeweiligen Clusters sind einander ähnlich, da sie von derselben Form sind; zwischen den jeweiligen Clustern unterscheiden sich die Muscheln jedoch, da sie von unterschiedlicher Form sind. Je nach Unterschiedlichkeit der verschiedenen Muschelformen erzielen sie eine entsprechende Anzahl an Clustern. Sie können aber auch Muscheln nach zwei Merkmalen sortieren, z.B. nach Form und Farbe, nun bilden Muscheln mit zwei Merkmalen gleichzeitig jeweils ein Cluster usw.

Die Muscheln innerhalb des jeweiligen Clusters sind einander nun ähnlich, weil sie in zwei Merkmalen übereinstimmen, zwischen den jeweiligen Clustern jedoch nicht, weil sie sich in diesen beiden Merkmalen unterscheiden. Sie können aber auch die Muscheln nach drei (*qualitativen*) Merkmalen sortieren usw. Sie haben somit am Strand eine erste „Clusteranalyse" durchgeführt. Vom Typ her handelte es sich um eine bedingungsgeleitete (z.B. nach Form, Farbe oder Größe) logische Clusteranalyse (vgl. dazu Kapitel 1.5). Anhand eines einfachen Beispiels lässt sich aber auch für Muscheln die Rechenweise der quantitativen Clusteranalyse (vgl. Kapitel 1.2 bis 1.4) veranschaulichen. Maß und Algorithmus wurden so gewählt, dass sie einfach nachzuvollziehen sind.

Nehmen wir an, Sie möchten sieben Muscheln nach zwei *quantitativ* erhobenen Merkmalen clustern, z.B. nach Umfang und Gewicht. Das Vorgehen könnte dann folgendes sein:

I. Messung und Anordnung der Merkmale der Muscheln
Sie messen z.B. die Merkmale Umfang und Gewicht pro Muschel und ordnen diese Daten in einer Liste an.

Muschel	Umfang	Gewicht
1	50	38
2	55	35
3	65	50
4	70	55
5	55	40
6	66	60
7	64	56

Bei nur wenigen Fällen oder Merkmalen ist auch ein erster, direkter Vergleich von Messwertpaaren oder -tripeln usw. aufschlussreich. Die Muscheln Nr. 6 scheint Muschel Nr. 7 in Umfang und Gewicht ähnlicher zu sein als z.B. Muschel 2.

Oft ist es auch hilfreich, die erhobenen Daten zu visualisieren, z.B. mittels eines Streudiagramms. Auf der x-Achse ist z.B. das Gewicht, auf der y-Achse der Umfang abgetragen.

1.1 Einführung in „die" Clusteranalyse

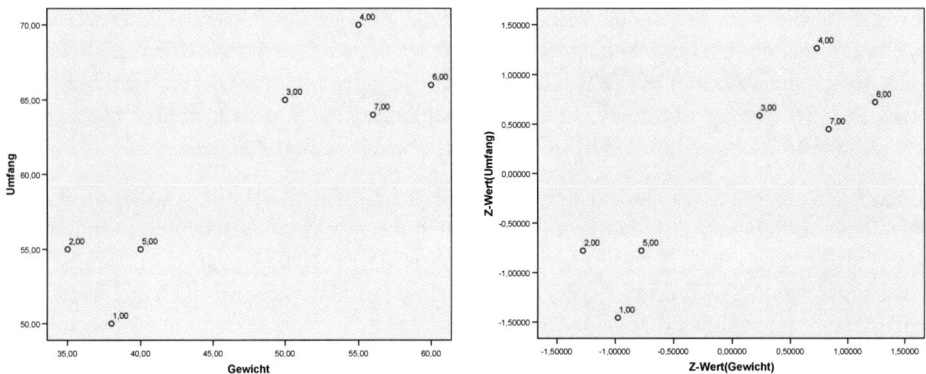

Zur besseren Identifizierbarkeit sind in den Streudiagrammen auch die Nummern der Muscheln mit angegeben. Bei mehr als zwei Merkmalen, z.B. Umfang, Gewicht und Alter (oder auch sehr vielen Fällen) ist eine Visualisierung mittels eines bivariaten Streudiagramm nicht mehr ohne weiteres möglich bzw. aufschlussreich.

Im nächsten Schritt wird die (Un)Ähnlichkeit der einzelnen Muscheln zueinander bestimmt.

II. Ermittlung der Ähnlichkeit bzw. Unähnlichkeit der Muscheln
Bei der Clusteranalyse kann entweder die *Ähnlichkeit* oder die *Unähnlichkeit* von Objekten bestimmt werden. Neben der Berechnung ist der einzige Unterschied die Interpretation: Zwei Objekte sind dann umso ähnlicher, je höher ein Ähnlichkeitswert bzw. niedriger ein Unähnlichkeitswert ist.

Sind die erhobenen Merkmale in unterschiedlichen Einheiten (z.B. Gewicht und Umfang, z.B. linke Abbildung), müssen die Messwerte (Millimeter, Gramm) standardisiert werden. Die Standardisierung hat keinen Einfluss auf die Verhältnisse der Objekte zueinander (vgl. z.B. die Positionierung der Muscheln in der rechten Abbildung). Als Beispiel wird die Berechnung der Euklidischen Distanz (ED) als Unähnlichkeitsmaß durchgeführt. Das Beispiel wird nur zur Veranschaulichung des Rechenwegs mit den nichtstandardisierten Werten durchgeführt. Bei einer korrekten Clusteranalyse muss bei Originaldaten in verschiedenen Einheiten natürlich mit standardisierten Werten gerechnet werden.

$$ED(i, j) = \sqrt{(xi - xj)^2 (yi - yj)^2}$$

Die Euklidische Distanz *ED* basiert auf dem Abstand zweier Objekte *i* und *j* in *n* Merkmalen und wird über die Quadratwurzel der Summe der quadrierten Differenzen der Messungen ermittelt. Die Formel wurde für zwei Objekte *i* und *j* (z.B. zwei Muscheln) und zwei Merkmale *x* und *y* (z.B. Umfang und Gewicht) vereinfacht.

$$ED(\text{Muschel 1, Muschel 2}) = \sqrt{(50 - 55)^2 + (38 - 35)^2} = 5{,}8309$$

Wird nun für die zwei Muscheln (z.B. Nr. 1 und Nr. 2, siehe die Rohwerte unter I.) die Euklidische Distanz als Unähnlichkeitsmaß ermittelt, werden dabei die quadrierten Differenzen in den jeweiligen Merkmalen (z.B. Umfang, Gewicht) ermittelt (z.B. für Umfang: $5^2=25$, Gewicht: $3^2=9$) und aufsummiert (z.B. 34); anschließend wird die Quadratwurzel ermittelt. Die Euklidische Distanz für die beiden Muscheln 1 und 2 beträgt demnach 5,831.

Da nun nicht nur zwei, sondern insgesamt sieben Muscheln vorliegen, werden die Euklidischen Distanzen zwischen jeder Muschel und jeder anderen auf dieselbe Weise ermittelt. Am Ende entsteht eine solche Tabelle, aufgrund des gewählten Maßes auch als Unähnlichkeitsmatrix bezeichnet. Die Werte in den Zellen geben dabei an, wie unähnlich die miteinander verglichenen Muscheln sind.

Euklidische Distanz	**Muschel 1**	**Muschel 2**	**Muschel 3**	**Muschel 4**	**Muschel 5**	**Muschel 6**	**Muschel 7**
Muschel 1	,000	5,831	19,209	26,249	5,385	27,203	22,804
Muschel 2	5,831	,000	18,028	25,000	5,000	27,313	22,847
Muschel 3	19,209	18,028	,000	7,071	14,142	10,050	6,083
Muschel 4	26,249	25,000	7,071	,000	21,213	6,403	6,083
Muschel 5	5,385	5,000	14,142	21,213	,000	22,825	18,358
Muschel 6	27,203	27,313	*10,050*	*6,403*	22,825	*,000*	*4,472*
Muschel 7	22,804	22,847	*6,083*	*6,083*	18,358	*4,472*	*,000*

Die beiden Muscheln Nr. 6 und 7 sind dabei am ähnlichsten (vgl. 4,472). Die beiden Muscheln Nr. 2 und 6 erscheinen dabei am unähnlichsten. Die Tabelle ist an der Diagonalen von links oben nach rechts unten gespiegelt. Die Diagonale enthält deshalb den Wert 0, weil jedes Objekt (z.B. jede Muschel) zu sich selbst am wenigsten unähnlich ist. In den folgenden Tabellen wird die obere Hälfte aus Gründen der Übersichtlichkeit nicht mehr aufgeführt. Da die Werte der beiden Muscheln Nr. 6 und 7 im nächsten Schritt in weitere Berechnungen einbezogen werden, wurden sie zur Veranschaulichung kursiv gesetzt.

III. Clusterung (Fusionierung) der Muscheln
Im nächsten Schritt werden die einzelnen Muscheln auf der Grundlage ihrer jeweiligen Unähnlichkeitswerte zusammengeführt, als Methode wurde der Anschaulichkeit halber das Verfahren „Linkage zwischen den Gruppen" gewählt. Die beiden Muscheln Nr. 6 und 7 werden als erstes in ein Cluster fusioniert, weil sie einander am ähnlichsten sind (vgl. ihre Werte in der Unähnlichkeitsmatrix). Wer nun denkt, dass die Werte des neuen Cluster ebenfalls aus dieser Tabelle abgelesen werden können, ist zu voreilig, denn: Da ja zwei Muscheln

1.1 Einführung in „die" Clusteranalyse

zu einem Cluster zusammengeführt wurden, verändern sich ja die Unähnlichkeitswerte dieses (ersten) Muschelclusters im Vergleich zu allen anderen Muscheln. Also müssen zumindest die Unähnlichkeiten innerhalb des neu gebildeten Clusters neu errechnet werden.

Euklidische Distanz	Muschel 1	Muschel 2	Muschel 3	Muschel 4	Muschel 5	Cluster aus Muschel 6+7
Muschel 1	0					
Muschel 2	5,831	0				
Muschel 3	19,209	18,028	0			
Muschel 4	26,249	25,000	7,071	0		
Muschel 5	5,385	5,000	14,142	21,213	0	
Cluster aus Muscheln 6+7	25,003	25,080	8,066	6,243	20,591	0

Die Werte in den Zellen des entstandenen Clusters basieren nach der Fusionierung auf den durchschnittlichen Unähnlichkeitswerten der Muscheln 6 und 7. Die ursprüngliche Unähnlichkeit der beiden Muscheln im Vergleich mit Muschel 1 beträgt ursprünglich 27,203 bzw. 22,804. Nach der Fusionierung beträgt die durchschnittliche Unähnlichkeit des Clusters, das die beiden Muscheln bilden, nun 25,003 (27,203+22,804 / 2) im Vergleich mit Muschel 1. Die beiden Zeilen für die Muscheln 6 und 7 werden nun durch die Zeile des neu gebildeten Clusters ersetzt. Diese Berechnungsweise gilt *nur* für das gewählte Verfahren „Linkage zwischen den Gruppen". Andere Fusionierungsverfahren, z.B. nach Ward, können völlig anders vorgehen. Das Ward-Verfahren basiert z.B. unter anderem nicht auf den gemittelten Distanzen der Objekte untereinander, sondern auf den Quadratsummen der Distanzen aller Objekte von den jeweils ermittelten Clusterzentren.

Wichtig zu wissen ist, dass eine Fusionierung *nicht* die (Un)Ähnlichkeitswerte der noch nicht geclusterten Objekte beeinflusst, sondern nur die der bereits geclusterten Elemente. Im nächsten Schritt werden auf die gleiche Weise die beiden Muscheln 2 und 5 zusammengeführt usw. Eine wiederum neu ermittelte (aktualisierte) Tabelle würde z.B. so aussehen:

Euklidische Distanz	Muschel 1	Muschel 3	Muschel 4	Cluster aus Muscheln 2+5	Cluster aus Muschel 6+7
Muschel 1	0				
Muschel 3	19,209	0			
Muschel 4	26,249	7,071	0		
Cluster aus Muscheln 2+5	5,608	14,142	21,213	0	
Cluster aus Muscheln 6+7	25,003	8,066	6,243	20,591	0

In weiteren Schritten können alle verbleibenden Muscheln bzw. ihre Cluster auf dieselbe Weise immer weiter zusammengeführt werden, bis nur noch maximal ein Cluster übrig bleibt. Am Ende eines solchen Fusionierungsvorganges wird üblicherweise ein Baumdiagramm ausgegeben, das die Abfolge der einzelnen Clusterungen visualisiert (vgl. die Erläuterungen in 1.2.5 und 1.2.10). Hier wird auch erläutert, warum die in (Un)Ähnlichkeitsmatrix und Baumdiagramm wiedergegebenen Werte nicht 100% genau übereinstimmen.

```
Dendrogram using Average Linkage (Between Groups)

                  Rescaled Distance Cluster Combine

   C A S E      0         5        10        15        20        25
  Label   Num  +---------+---------+---------+---------+---------+

          6    -+---+
          7    -+   +---+
          4    -----+   +------------------------------------+
          3    ---------+                                    |
          2    -+-+                                          |
          5    -+ +------------------------------------------+
          1    ---+
```

Mit diesem einfachen Beispiel soll abschließend auf mehrere Aspekte hingewiesen werden, die zentral für das Verständnis einer Clusteranalyse sind und die entsprechend in den nachfolgenden Kapiteln diskutiert werden. Das Ergebnis einer Clusteranalyse wird *maßgeblich* mitbeeinflusst von (*unter anderem!*)

- der Wahl des Maßes
- der Wahl des Fusionierungsalgorithmus

1.1 Einführung in „die" Clusteranalyse

- Merkmale der zu clusternden Variablen (u.a. Skalierung, Einheitlichkeit).
- Merkmale der zu gruppierenden Elemente (u.a. beobachtbare vs. latente Merkmale).

Besonders der letzte Punkt verdient eine eingehende Diskussion: Einer Clusteranalyse liegt eine unausgesprochene, aber absolut zentrale, und zwar gleich zweifache Annahme zugrunde: a) Dass die noch nicht geclusterten Daten überhaupt Cluster enthalten und b), dass diese Cluster Sinn machen. Zusammen münden diese beiden Aspekte wieder in die zu prüfende Voraussetzung, ob die Daten überhaupt Strukturen i.S.v. sinnhaltigen Gruppierungen enthalten (können).

Muscheln haben z.B. jeweils eine Größe und ein Gewicht; diese anschaulichen Merkmale sind „harte", physikalische Informationen. Dass die Muscheln anhand dieser Merkmale geclustert werden können, ist deshalb *a priori* evident, weil man die Muscheln, und damit ihre Merkmale *sieht* und damit durch eine erste Zusammenschau von vornherein *ableiten* kann, ob bzw. dass die Informationen (Daten) über die Muscheln tatsächlich Strukturen i.S.v. sinnhaltigen Gruppierungen enthalten. Daraus folgt, dass die einzelnen Elemente der Datenmenge in Gruppen mit manifesten Strukturen eingeteilt werden können, wie auch, dass die auf diese Weise erzielten Clusterlösungen Sinn machen (sofern sich der „Sinn" auf die Merkmale Größe und Gewicht beschränkt): Die Muscheln sind in Gruppen mit unterschiedlich großen und schweren Exemplaren eingeteilt.

Man stelle sich jedoch vor, man möchte Merkmale clustern, die nicht sichtbar (also *latent*) sind (und zusätzlich erschwerend sog. „softe" Informationen sind, wie z.B. „IQ", „Emotionale Intelligenz" oder „Soziabilität"). Ob solche Daten eine Struktur enthalten, -kann nicht- *apriori* physikalisch gesehen werden. Sicherlich können jedoch auch latente, softe Informationen geclustert werden. Die Bestimmung jedoch, ob solche Informationen *sinnvolle Strukturen* enthalten, ist ein heikler Punkt. Wenn bei latenten, soften Daten *a priori* keine abgrenzbaren und sinnvollen Strukturen gesehen, sondern „nur" begründet angenommen werden können, müssen sinnvolle Strukturen spätestens nach der Clusterung dieser Information *ex post* durch Stabilitäts- bzw. Validitätstest abgesichert („nachgewiesen") werden; auch schon aufgrund der oft vergessenen Tatsache, dass es sich ja auch um zufällig zustande gekommene Strukturen handeln könnte. Bei latenten, soften Informationen ist daher *vor* der Clusterung mit der gebotenen Zurückhaltung vorzugehen, umso mehr bei der Prüfung und Interpretation der erzielten Clusterlösungen. Genau betrachtet *analysiert* eine Clusteranalyse keine Cluster, es *bildet* sie; es gilt:

Eine Clusteranalyse ist ein objektiv klassifizierendes Verfahren; eine Clusteranalyse ist kein sinnstiftendes Verfahren.

Wenn Sie also eine Clusteranalyse durchführen, denken Sie an das Clustern von Muscheln am Strand. Bedenken Sie also immer folgendes, für den übertragenen Sinn daher auch in Anführungszeichen: (a) Kommen „Muscheln" (Objekte) überhaupt am „Strand" (Ereignisraum) vor? (b) Haben Sie die richtigen und wichtigen Attribute der „Muscheln" zum Clustern gewählt? Nicht alles, was formell geclustert werden kann, ist auch inhaltlich relevant. (c) Sind die „Muscheln" (Objekte) unterschiedlich in ihren Attributen? Wären alle

Muscheln in ihren Attributen exakt gleich, wäre eine Clusterung in verschiedene Gruppen nicht möglich. (d) Macht das Ergebnis einer Clusterung Sinn, und zwar nachweisbar?

(e) Die Festlegung von „Strand", „Muscheln", Attributen, sowie Sinnhaftigkeit (a bis d) ist mehr oder weniger explizit annahmengetrieben. Seien Sie sich darüber klar, und kommunizieren Sie das deutlich. Die Auswahl (und damit das erzielte Ergebnis) hätte durchaus anders ausfallen können.

1.1.2 Grundansätze

„Die" Clusteranalyse ist kein einzelnes Verfahren, sondern der Oberbegriff für eine Gruppe von statistisch ausgesprochen heterogenen Verfahren, die es ermöglichen, Objekte anhand ihrer Merkmalsausprägungen zu Gruppen ('Clustern') so zusammenzufassen, dass einerseits die Ähnlichkeit zwischen den Objekten innerhalb dieser Cluster möglichst groß ist (Ziel 1: hohe Intracluster-Homogenität), aber andererseits die Ähnlichkeit zwischen den Clustern möglichst gering ist (Ziel 2: geringe Intercluster-Homogenität).

Nur wenn die beiden Grundanforderungen Intracluster-Homogenität und Intercluster-Heterogenität erfüllt sind, macht es Sinn, eine Clusterung vorzunehmen.

Die Gruppierungsmöglichkeiten werden i.A. in Überdeckung, Partition, Quasihierarchie und Hierarchie unterschieden (z.B. Hartung & Elpelt, 1999[6], 447–454). Bei einer Partition sind alle Cluster ohne Überlappung; eine Hierarchie ist eine Abfolge von Partitionen. Überdeckungen werden bei überlappenden Clustern mit behandelt; eine Quasihierarchie ist eine Abfolge von Überdeckungen. Die Clusterverfahren bieten sich daher für alle Fragestellungen an, die homogene Klassen bzw. Gruppen erforderlich machen. In der weiteren Darstellung wird der Einfachheit halber nur zwischen Klassifikation (Clusterung ohne hierarchische Information, mit/ohne Überlappung) und Hierarchie (Clusterung mit hierarchischer Information mit/ohne Überlappung) unterschieden. Beispielhafte Anwendungen sind z.B. (vgl. auch Biebler & Jäger, 2008, 234–237; Bacher, 2000a, 2002a, *passim*; Hartung & Elpelt, 1999[6], 443–445):

- Beschreibung von Gruppen im Rahmen von Typologien und Attributen, z.B. Typologien von Wünschen, Lebensstilen, Käufern etc. im Marketing.
- Optimierung von Produkten, indem interessierende Merkmale mit Ideal- oder Konkurrenzprodukt/en verglichen werden. Aus diesem Vergleich können z.B. Informationen über die relative Beurteilung bzw. Positionierung eines Produktes abgeleitet werden (vgl. Prototypenansatz).
- Patienten könnten z.B. trotz umfangreicher Labordaten effizient einer zuverlässigen diagnostischen Klassifikation zugeordnet werden.
- Im Bereich der Epidemiologie bzw. Biomedizin (aber nicht nur) kann eine Clusteranalyse zur Mustererkennung eingesetzt werden, z.B. bei der Sequenzierung und Klassifizierung/Hierarchisierung der Genvariabilität.
- Klassifikation von Fällen in homogene Gruppen, um über die Clusterzugehörigkeit gruppierte Variablen anhand von Parametern (z.B. Mittelwerten) oder Verfahren (z.B. Vari-

1.1 Einführung in „die" Clusteranalyse

anzanalyse) miteinander vergleichen zu können, z.B. Effektivität von Maßnahmen, Kampagnen oder (Be)Handlungen.
- Über Klassifikationen ähnlicher Merkmale können Organismen gruppiert werden (Taxonomie); über Hierarchisierungen können plausible Ursprünge bzw. Verwandtschaftsverhältnisse (Phylogenetik) einer Pflanzengruppe abgeleitet werden, z.B. anhand von Markern im Rahmen von Evolutions- bzw. Entwicklungsstudien in der Pflanzenzucht.

In der Literatur wird nicht selten beklagt, dass die Herleitung allgemein eingesetzter Typologien nicht bekannt ist (vgl. Schreiber, 2007, 65ff.; Diaz-Bone, 2004, 12–15). Abgesehen von der Möglichkeit, dass die Konstruktion bestimmter Typologien evtl. deshalb nicht öffentlich gemacht wird, weil es sich bei der jeweiligen Clusterdefinition (z.B. im Marketing-Bereich) um unternehmenseigene Informationen handeln könnte, besteht jedoch auch die Möglichkeit, dass Typologien deshalb vor wissenschaftlichen Replikations- und Validitätsstudien geschützt werden, weil befürchtet wird, dass sie ihnen nicht standhalten könnten. In Anbetracht der z.T. ausgesprochen simplifizierenden Literatur zur Cluster-, wie auch zur Faktorenanalyse mit SPSS dürfte diese Befürchtung im Einzelfall nicht ganz unberechtigt sein. Man lese z.B. die übrigens überaus interessante Arbeit von Schreiber (2007) mit Sorgfalt, achte dabei aber besonders auch auf die statistischen Informationen in den Fußnoten.

Für den Clustervorgang bietet SPSS drei Ansätze an: Das partitionierende Clusterzentrenverfahren (syn.: k-means) und die Gruppe der hierarchischen Clusterverfahren. Der dritte Ansatz, das Two-Step Verfahren, wird erst seit SPSS Version 11.5 angeboten und basiert auf einem zweiphasigen Clustervorgang. Für einen Einstieg in die Clusteranalyse gelten die in SPSS implementierten Verfahren als ausreichend, aufgrund vieler fehlender Maßzahlen (u.a. zum Vergleich verschiedener Clusterlösungen) jedoch nur bedingt für den professionellen Einsatz (vgl. auch Bacher, 2000a, 35–37). Alle drei Ansätze werden zu den deterministischen Verfahren gezählt, da Fälle (bzw. beim hierarchischen Ansatz auch: Variablen) mit einer Wahrscheinlichkeit gleich 1 einem oder mehreren Clustern zugewiesen werden bzw. mit einer Wahrscheinlichkeit gleich 0 nicht zugewiesen werden (probabilistische Verfahren wie z.B. eine latent-class-Analyse werden im folgenden Kapitel nicht vorgestellt). Die deterministische Clusteranalyse schließt nicht aus, dass die Cluster einander überschneiden können, dass z.B. ein Fall mehreren Clustern gleichzeitig zugehören kann (Methode „Entferntester Nachbar", Complete Linkage, Variante der hierarchischen Clusteranalyse).

Beim Clusterzentrenverfahren muss die Anzahl der zu berechnenden Cluster *vor* der Berechnung festgelegt sein. Erst wenn die maximal mögliche Clusterzahl festliegt, kann mit diesem Verfahren die beste *Partition* berechnet werden, indem die Beobachtungen den Startwerten bzw. Zentroiden in wiederholten Rechendurchläufen so lange zugeordnet werden, bis die in einem Cluster zusammengefassten Beobachtungen nur minimal vom jeweiligen Zentroiden abweichen.

Hierarchische Clusterverfahren können in die Subverfahren der Agglomeration bzw. Division unterschieden werden: *Agglomerative* Verfahren fassen sukzessiv je zwei Objekte (bzw. später Cluster) in einen neuen Cluster zusammen, bis letztlich alle Objekte in einem Cluster befinden (∞ Objekte $\rightarrow$ 1 Cluster). *Divisive* Verfahren gehen umgekehrt davon aus, dass alle Objekte zunächst in einem einzigen Cluster verdichtet sind, und teilen diesen so lange auf, bis jeder Cluster nur noch ein Objekt enthält (1 Cluster $\rightarrow$ ∞ Objekte). ∞ steht für die maximale Zahl der anfangs vorhandenen Objekte bzw. schlußendlich entstehenden Cluster. SPSS bietet derzeit nur agglomerative Verfahren für die hierarchische Clusteranalyse an.

Das Two-Step Verfahren basiert auf dem Pre-Cluster- und dem Cluster-Schritt. Im Pre-Cluster-Schritt werden die Fälle in Pre-Cluster vorverdichtet. Im Cluster-Schritt werden die Pre-Cluster zur gewünschten bzw. „besten" Anzahl von Clustern zusammengefasst sind. Bei den hierarchischen Clusterverfahren und dem Two-Step Verfahren muss die maximal mögliche Clusterzahl vor der rechnerischen Durchführung nicht bekannt sein bzw. braucht nicht vorher festgelegt sein.

Diese vorgestellten Verfahren unterscheiden sich nicht nur in ihrem generellen Ansatz, sondern in vielen weiteren wichtigen Merkmalen, die vor ihrer Anwendung berücksichtigt werden sollten. Gerade deshalb soll bereits an dieser Stelle auf grundsätzliche Überlegungen und bei der Planung und Durchführung einer Clusteranalyse eingegangen werden. Wichtig ist zunächst, dass das gewählte Verfahren überhaupt zur Fragestellung passt. In einem ersten Schritt sollte also unbedingt die Fragestellung der Analyse geklärt sein. Erst auf der Grundlage einer präzisen Fragestellung kann das geeignete Verfahren gewählt werden.

1.1.3 Erste Auswahlkriterien

Auf der Grundlage dieser ersten Entscheidungen bietet SPSS für die verschiedenen Merkmale von Daten (z.B. Variablen/Fälle, Skalenniveau, Variablenauswahl), Cluster (z.B. Anzahl, Strukturen, Überlappung) und Fällen (z.B. Anzahl) geeignete Ansätze. In einem zweiten Teilschritt ist zu klären, ob das gewählte Verfahren (v.a. bei der hierarchischen Clusteranalyse) in der Lage ist, die zentralen Ziele der Analyse umzusetzen, z.B. die Clusterung von Fällen oder Variablen. Weiter ist wichtig zu klären, ob das gewählte Verfahren für die vorliegenden empirischen Daten (z.B. Verteilungseigenschaften etc.) überhaupt geeignet ist. Zu den immer wieder auftretenden Fragen zu einer Clusteranalyse, u.a. zur Anzahl der Cluster, der darin enthaltenen Fälle, ihrer Gewichtung, und der Gesamtzahl der Fälle bzw. Variablen vor der Durchführung einer Clusteranalyse gibt es leider weder allgemeingültige, noch eindeutige Antworten. Die dem Clustervorgang unterzogenen Fälle bzw. Variablen werden i.A. immer gleich gewichtet (nicht zu verwechseln mit der Gewichtung zur Herbeiführung eines einheitlichen Skalenniveaus, also zur Gewährleistung von Vergleichbarkeit).

Orientierung:

- Fälle vs. Variablen
- Datenstruktur
- Clusterzahl: Bekannt oder unbekannt?
- Clusterhomogenität
- Variablenauswahl
- Skalenniveau und Skaleneinheiten (Kommensurabilität)
- Gemischte Skalenniveaus
- Datenmenge
- Datenmerkmale: Konstanten, Ausreißer und Missings
- Auswahl des jeweiligen Clusteransatzes und -algorithmus (Bias)

1.1 Einführung in „die" Clusteranalyse

- Fünf Kriterien für eine gute Clusterung
- Clusterung abhängiger Daten (Zeitreihendaten)
- Vorgeschaltete Faktorenanalyse
- Nachgeschaltete Diskriminanz- oder Varianzanalyse
- Sinnstiftung vs. Sinnzuweisung (Sinnkonstanz)

Fälle vs. Variablen

Vor der Analyse eines direkt empirisch erhobenen Datensatzes bestimmt zunächst eine grundlegende Fragestellung das Verfahren: Sollen Variablen (Datenspalten) oder Fälle (Objekte, Datenzeilen) geclustert werden? Grundsätzlich sollte ein Data Analyst am Anfang einer Analyse klären, ob und welche Variablen oder auch Fälle einer Clusteranalyse unterzogen werden können und sollen (siehe dazu auch die Hinweise weiter unten). Variablen können nur anhand der hierarchischen Verfahren geclustert werden. Fälle werden von den hierarchischen Verfahren, aber auch vom Two-Step Verfahren und der Clusterzentrenanalyse zusammengefasst.

Datenstruktur

Sind die beiden Grundanforderungen Intracluster-Homogenität und Intercluster-Heterogenität erfüllt? Nur dann macht es überhaupt Sinn, eine Clusterung vorzunehmen. SPSS bietet übrigens keinen Test an, mit dem Daten vor dem Durchführen einer Analyse daraufhin untersucht werden könnten, ob überhaupt eine Clusterstruktur vorliegt. Laut Bacher (2002a, 226–228, 257–260) würden sich diese Verfahren nur für empirisch standardisierte, jedoch nur bedingt für höherdimensionale Merkmalsräume eignen; auch die Möglichkeit der Berechnung einer sog. RUNT-Statistik (nicht zu verwechseln mit dem Rand-Test) auf der Basis des Single Linkage gilt nur als Nachweis einer hinreichenden Bedingung. Selbst wenn bekannt wäre, dass Cluster vorlägen, ist damit noch nichts über ihre Struktur (Form, Größe, Überlappung, Homogenität) gesagt. Soll eine Klassifikation vorgenommen werden, eigenen sich alle drei Ansätze, soll eine Hierarchisierung vorgenommen werden, jedoch nur die hierarchischen Clusteranalysen (CLUSTER). Voraussetzung ist jeweils, dass eine Klassifikation bzw. Hierarchisierung von Variablen bzw. Fällen (Objekten) Sinn macht. Man sollte auch bedenken, dass Clusterverfahren rein formale Gruppierungsverfahren sind und keine inhaltlich geleiteten Gruppierungen vornehmen. Clusterverfahren nehmen durchaus Fehlklassifikationen vor. Wenn z.B. Cluster-Algorithmen vorgegebene Gruppierungen („wahre Cluster') bestätigen sollten, nehmen sie oft genug auch bei (formal) dicht beieinander liegenden Clustern (ties) durchaus (inhaltliche) Fehlklassifikationen vor.

Verschiedene Clusterverfahren gelangen also an denselben Daten nicht immer zu denselben Clusterlösungen, nicht nur in Bezug auf ihre Form, sondern auch in Bezug auf ihre Anzahl (vgl. Bacher, 2002a, 162; Litz, 2000, 401–417, 420–426). Man sollte daher bei der Interpretation von (grafischen) Clusteranalysen vorsichtig sein und sicherstellen, dass es sich bei der Clusterlösung um ein verfahrensunabhängiges Ergebnis und kein methodisches Artefakt handelt. Eine scheinbar optimal-objektive Clusterlösung kaschiert sonst nur die subjektive Willkür bei der Auswahl der Maße und Methoden. Jeder befindet sich auf der sicheren Seite, wenn sich eine gefundene Clusterlösung anhand in Frage kommender Methoden, Maße und

(Sub)Stichproben bestätigen lässt (sog. Stabilität, Bacher, 2002a, 161–162). Vom Versuch, Methoden und Maße so lange auszuprobieren, bis sich eine Clusterlösung überhaupt ergibt, kann nur abgeraten werden, auch, weil diese einer Stabilitätsprüfung kaum standhalten wird.

Clusterzahl: Bekannt oder unbekannt?
Die maximale Clusterzahl ist gleich der Zahl der Fälle (variablenorientiert: gleich der Variablen): Jedes Cluster repräsentiert einen Fall einer einzigartigen Wertekombination verschiedener Variablen (abhängig von ihrer Anzahl und der Wertevariation). Die Mindestzahl ist 1, die Menge der ungruppierten Fälle und Werte. Die vorgegebene Clusterzahl sollte in einem abgewogenen Verhältnis zu Variablenzahl, Wertevariation und Fallzahl stehen. Bei wenigen Fällen, Werteausprägungen und Variablen ist es schwierig, überhaupt Cluster bilden zu können; bei vielen Fällen, Werteausprägungen und Variablen ist es schwierig, wenige Cluster finden zu können. Für Tausende von Fällen z.B. Hunderte von Variablen mit einer breiten Wertevariation zu Dutzenden von Clustern zusammenfassen zu wollen, kann je nach Werte- und Fallverteilung extrem komplex, aber immerhin noch technisch möglich sein (vgl. Bortz, 1993, 527–528). Umgekehrt kann dagegen das Gruppieren von wenigen Fällen in viele Cluster anhand zahlreicher Variablen mit annähernd konstanten Werteausprägungen unter Umständen unergiebig, wenn nicht sogar unmöglich sein.

Die einzelnen Ansätze unterscheiden sich dadurch, dass bei der Clusterzentrenanalyse ein Wert für eine Clusterlösung vorgegeben werden muss, bei den hierarchischen Verfahren ein Bereich für mehrere Lösungen vorgegeben, und beim Two-Step Verfahren die „beste" Clusterzahl standardmäßig automatisch ermittelt werden kann.

Clusterhomogenität
Mit der Zahl der Cluster geht auch das Ausmaß der Intracluster-Homogenität einher. Je höher die Homogenität der Cluster sein soll, desto eher müssen je nach Datenlage viele kleinere, aber dafür homogenere Cluster ermittelt werden. Die beiden Ansätze „Nächstgelegener Nachbar" (Single Linkage) und „Entferntester Nachbar" (Complete Linkage) unterscheiden sich z.B. in der Strenge der Homogenitätsanforderung. Single Linkage strebt an, dass jeder Fall nur mind. einen nächsten Nachbarn hat (daher „Single"), bei Complete Linkage sollten alle Objekte innerhalb eines Clusters zueinander nächste Nachbarn sein (daher „Complete"). „Complete"-Cluster sind daher im Vergleich zu „Single"-Clustern je nach Datenverteilung tendenziell homogener, kleiner und zahlreicher. Die Clusterhomogenität hängt z.T. auch mit Art und Ausmaß der Überlappung mit Nachbarclustern zusammen. Überlappende Cluster sind im Überlappungsbereich tendenziell eher homogen. Das Berücksichtigen von Überlappungen, z.B. durch das Verfahren „Entferntester Nachbar" (Complete Linkage), kann zu einer angemesseneren Clusterung führen.

Um einem Mißverständnis verzubeugen: Die clusterinterne Homogenität gilt (bei erfolgreicher Clusterung) nur für die in die Clusterung einbezogenen Variablen; für nicht beteiligte Variablen kann trotzdem weiterhin Inhomogenität herrschen. Reigber (1997, 114ff.) demonstriert z.B., wie sich das biologische (eigentlich: soziale) Geschlecht z.B. nach Untertypen der Geschlechterrollenorientierung und entsprechend unterschiedlichem Medienverhalten differenzieren lässt.

Variablenauswahl

Auch die Auswahl der Variablen und Fälle ist entscheidend für das Ergebnis einer Clusteranalyse und sollte vor ihrer Durchführung sorgfältig überlegt sein. Sind z.B. Merkmale über Variablen oder Fälle überrepräsentiert, so dominieren diese inhaltlich direkt die Cluster-Bildung, da diese ja über die Ähnlichkeit von Variablen bzw. Fällen in ihren Merkmalen hergeleitet wird.

Die Variablen sollten zur Trennung der Cluster beitragen und somit für den Clustervorgang *grundsätzlich* relevant sein. Irrelevante Variablen sind nicht in der Lage, zwischen Fällen und damit Clustern zu trennen. Irrelevanz ist dabei inhaltlich und/oder formell zu sehen.
Inhaltlich sind Variablen irrelevant, wenn sie konzeptionell für einen Clustervorgang völlig nebensächlich sind, wenn z.B. Kreditkartenbesitzer u.a. anhand ihrer Schuhgröße geclustert werden. *Formell* sind Variablen z.B. bei eingeschränkter Messwertvariation (theoretisch mögliche Skala) oder einem großen Anteil gleicher Werte (empirisches Antwortverhalten) irrelevant.
Zur Relevanz von Variablen gehört auch die Anforderung, dass die in den Clustervorgang einbezogenen Variablen für alle zu clusternden Fälle im Datensatz *gleichermaßen* relevant sind. Zu vermeiden ist also hier, dass z.B. in den Clustervorgang Variablen einbezogen werden, die nur für eine Teilgruppe der Fälle (Zeilen) per definitionem relevant sind und nicht für alle.
Beispiel: Ein Datensatz besteht aus Zeilen für Konsumenten und ihrer Zufriedenheit mit einem Produkt. Dieser Datensatz enthält nun aber auch Zeilen für Konsumenten, die zu diesem Produkt keine Zufriedenheit äußerten. Werden nun alle Fälle aus dem Datensatz über die Zufriedenheitsvariablen gleichermaßen geclustert, dann wird von vornherein eine Asymmetrie festgelegt, denn: Die Konsumenten, die zu einem Produkt keine Zufriedenheit äußerten, können gar nicht geclustert werden, weil sie in den in die Clusterung einbezogenen Zufriedenheitsvariablen gar nicht vorkommen (können). Sollen also Fälle geclustert werden, dann sollte sichergestellt sein, dass die Variablen für alle Zeilen gleichermaßen relevant sind. Man läuft sonst Gefahr, u.U. (gruppenweise) Artefakte zu produzieren.

Je größer der Anteil irrelevanter Variablen, umso stärker wird der Clustervorgang beeinträchtigt, besonders, wenn das zugrundeliegende Modell keine Einfachstruktur aufweist. Als Gegenmaßnahmen können irrelevante Variablen ausgeschlossen, relevante Variablen eingeschlossen und/oder auch die Stichprobe vergrößert werden (vgl. Bacher, 2002a, 170–171).

Skalenniveau und Skaleneinheiten (Kommensurabilität)

Auch sollten Skalenniveau und Skaleneinheiten der Variablen geklärt werden. Bei der Berechnung einer Clusteranalyse sollte darauf geachtet werden, dass die Variablen auf möglichst hohem und einheitlichem Skalenniveau (idealerweise: intervallskaliert) und in derselben Einheit gemessen wurden. Bei der Clusteranalyse von intervallskalierten Variablen mit unterschiedlichen Einheiten werden sonst die Variablen mit allgemein höheren Werten stärker gewichtet. Die Minkowski-Metrik setzt z.B. vergleichbare Skaleneinheiten voraus und gilt als nicht skaleninvariant, was bedeutet, dass sich die Distanzen ändern, sobald die Maßeinheit geändert wird, wenn z.B. bei Entfernungsangaben gleichzeitig Meter und Kilometer vorkommen z.B. 100 m vs. 0,1 km). Messungen auf einer niedrigeren Skala werden dabei

wegen ihrer absolut höheren Werte stärker gewichtet. Dieser Effekt kann u.a. auch bei Zeitdauern (Stunden vs. Sekunden) oder auch unterschiedlichen Währungen auftreten. Eine Nichtstandardisierung beeinflusst die Clusterlösung (vgl. 1.2.5).
Sollten bei der Clusteranalyse intervallskalierter Daten verschiedene Einheiten vorliegen, sollten die Variablen in eine gemeinsame Skala umgerechnet werden (z.B. verschiedene Entfernungsmaße in Meter, verschiedene Währungen in Euro), sofern diese Vereinheitlichung ohne Informationsverlust ist. Eine Standardisierung (z.B. z-Transformation, Bereich -1 bis 1, Bereich 0 bis 1, Maximum = 1, Mittelwert = 1 bzw. Standardabweichung = 1) kann ebenfalls den Effekt von unterschiedlichen Skalen ausgleichen (zur theoretischen und empirischen Standardisierung bei Fällen bzw. Variablen vgl. Bacher, 2002a, 175–185, 191–194; zur Gewichtung vgl. Bacher, 2002a, 228–230).
Das Two-Step Verfahren nimmt als Voreinstellung eine automatische Standardisierung intervallskalierter Variablen vor. Die hierarchische Clusteranalyse bietet mehrere explizit zu wählende Möglichkeiten einer Standardisierung pro Variable und einer Standardisierung pro Fall an. Bei der Clusterzentrenanalyse muss die Standardisierung vor der Analyse vorgenommen werden (zum Problem hierarchischer bzw. bedingter Variablen vgl. Bacher, 2002a, 174, 185). Nach einer Standardisierung ist nur noch ein Vergleich innerhalb der standardisierten Variablen, aber nicht mehr mit anderen Variablen möglich.

Gemischte Skalenniveaus
Die zu clusternden Variablen sollten ein einheitliches Skalenniveau aufweisen. Das Two-Step Verfahren bietet als einziger Ansatz die Möglichkeit, Clusterungen für gemischte Skalenniveaus durchzuführen. Operationen des Daten-Managements (vgl. Schendera, 2005) ermöglichen, Variablen höheren Skalenniveaus über Umkodierungen mittels SPSS an das Skalenniveau der niedrigeren Variablen vor der Durchführung einer hierarchischen Clusteranalyse anzugleichen.

Die Kategorisierung von Variablen höheren Skalenniveaus auf ein niedrigeres Skalenniveau begleitet nicht nur ein messtheoretischer Informationsverlust bzw. Informationsverzerrungen. Informationsverlust tritt z.B. dadurch auf, dass die genauen Abstände nicht mehr bekannt sind. Da die Festlegung der Kategoriengrenzen im Prinzip frei wählbar ist, können formal oder semantisch unterschiedliche Kategorienbreiten (Gewichtungen) auch zu Informationsverzerrungen führen. Sowohl die Schaffung künstlicher Clusterstrukturen, aber auch die Zerstörung von vorhandenen Clusterstrukturen können die Folge sein. Unzulässig wäre ebenfalls, qualitative Variablen einfach als quantitative Variablen zu behandeln oder auch, Variablen auf niedrigem Skalenniveau unreflektiert mit Verfahren oder Maßen auszuwerten, die ausschließlich für hohe Skalenniveaus entwickelt worden sind. Der umgekehrte Weg, die „Anreicherung" niedrigerer Variablen hin zu höherem Skalenniveau ist nicht möglich.

1.1 Einführung in „die" Clusteranalyse

In der anschließend durchgeführten Clusteranalyse werden die herunterkodierten Variablen anstelle der höher skalierten Variablen einbezogen. Anstelle von Variablen mit gemischten Skalenniveaus gehen nun einheitliche Skalenniveaus in die Analyse ein. Folgende Möglichkeiten stehen zur Verfügung (vgl. Bacher, 2002a, 186–191, 232–238):

- Auflösung von Kategorialvariablen (auch: Ordinalvariablen) in 1/0-Dummies mit anschl. Gewichtung.
- Behandlung von dichotomen Variablen und Ordinalvariablen als metrische Variablen.
- Ordinaldaten als Kategorialdaten in eine Two-Step Clusteranalyse einbeziehen.
- Aufnahme gemischter Variablen in ein probabilistisches Cluster-Modell (Bacher, 2000b).

Bei der Durchführung getrennter Clusteranalysen für intervallskalierte, ordinalskalierte Variablen etc. wären Anwender mit dem Problem der Integration verschiedener Ergebnisse konfrontiert (siehe jedoch 1.2.9).

Schritte für die Dummy-Kodierung und Gewichtung kategorialer Variablen (vgl. auch Bortz, 1993, 447–448, 524–525):

- *Zerlegung einer kategorialen Variable* VARX mit k Ausprägungen in k-1 binäre Variablen (0/1)
- *Definition der Kodierung* „1" als „vorhanden und „0" als „nicht vorhanden"

Kodierungsvorgang	Theoretische Ausprägungen der Variablen VARX vor der Umkodierung	Ausprägungen der Variablen VARX nach der Umkodierung
Zuordnung von Variablen	VARX 1 / 2 / 3 / 4 / 5	VX1 VX2 VX3 VX4 0/1 0/1 0/1 0/1 0/1
Zuordnung von Kodierungen	VARX 1 2 3 4 5	VX1 VX2 VX3 VX4 0 0 0 0 1 0 0 0 0 1 0 0 0 0 1 0 0 0 0 1
Ansicht im Datensatz ID und VARY spielen bei der Kodierung keine Rolle, sondern dienen nur der Veranschaulichung.	ID VARX VARY 01 1 0 02 3 1 03 5 1	ID VX1 VX2 VX3 VX4 VARY 01 0 0 0 0 0 02 0 0 1 0 1 03 0 0 0 1 1

- *Gewichtung der Kodierung.* Jeweils 0.707 bei der quadrierten euklidischen Distanz bzw. jeweils 0.5 bei der City-Block-Metrik (Bacher, 2002b, 163–169). *Beispiel:* Sie haben eine dichotome Variable, z.B. Geschlecht und beziehen diese in die Clusteranalyse ein. Dafür kann die City-Block-Metrik mit d(A,B,Geschlecht) = 1 (wenn anderes Geschlecht) und 0 (wenn gleiches Geschlecht) verwendet werden. Alternativ können Dummies gebildet und als quantitative Variablen in die Analyse einbezogen werden. Damit nimmt die City-Block-Metrik folgende Werte an: d(A,B,weiblich,männlich) = abs(weiblichA-weiblichB) + abs(männlichA-männlichB). Der maximale Wert ist nun 2; dieser Wert kann durch eine Gewichtung mit 0,5 ausgeglichen werden, z.B. d(A,B,weiblich,männlich) = abs(0,5*weiblichA - 0,5*weiblichB) + abs(0,5*männlichA - 0,5*männlichB). Der maximale Wert ist nun 1. Bei der quadrierten Euklidischen Distanz wird analog eine Gewichtung um 0,707 vorgenommen (0,707 ist die Wurzel aus 0,5): d(A,B,weiblich,männlich) = abs(0,707*weiblichA - 0,707*weiblichB)**2 + abs(0,707*männlichA - 0,707*männlichB)**2. Der maximale Wert ist nun ebenfalls 1 wegen 0,707**2 = 0,5 (Prof. Bacher, Universität Linz, Pers. Kommunikation 29.05.2009).
- *Umsetzung in SPSS*, z.B. bei der hierarchischen Clusteranalyse nach den Schritten der Dichotomisierung und Standardisierung; danach Weiterverarbeiten als (Un)Ähnlichkeitsmatrix. Die Umsetzung ist bei der hierarchischen Clusteranalyse über Syntax möglich. Abschnitt 1.2.6 stellt den Umgang mit gemischten Daten ausführlich vor.

Datenmenge

Für die Clusterung sehr großer Datenmengen kann die Wahl des Verfahrens wegen dem damit verbundenen Rechenaufwand ebenfalls eine Rolle spielen. Die partitionierende Clusterzentrenanalyse ist z.B. für große Datenmengen besser geeignet als die hierarchische Clusteranalyse. Hierarchische Verfahren gelten für mehr als 250 Fälle oder je nach Datenlage sogar weniger Fälle als eher ungeeignet; der Arbeitsspeicher kann zu klein werden und/oder es entsteht ein unübersichtlicher Output. Bei Datensätzen mit einer größeren Fallzahl können Anwender u.a. die Prozedur QUICK CLUSTER einsetzen. QUICK CLUSTER enthält das sogenannte k-means-Verfahren. Es handelt sich dabei ebenfalls um ein deterministisches Verfahren, das der Gruppe der partitionierenden Methoden angehört. Die Two-Step Clusteranalyse wurde für sehr große Datenmengen entwickelt. Weitere Möglichkeiten der Analyse sehr großer Datenmengen werden am Kapitelende vorgestellt.

Datenmerkmale: Konstanten, Ausreißer und Missings

Für bestimmte Datenkonstellationen wie z.B. Konstanten, Ausreißer und Missings gibt es ebenfalls besondere Hinweise. Konstanten bzw. Variablen mit überwiegend gleichen (invarianten) Werten sollten aus der Clusteranalyse ausgeschlossen werden. Weisen alle Elemente in einer bestimmten Variablen immer denselben Wert auf, dann eignet sich diese Variable natürlich nicht, um zwischen diesen Elementen zu unterscheiden; solche Variablen sind also für den Clustervorgang irrelevant (sog. „irrelevante Variablen"). Korrelieren Variablen sehr hoch (>0,9), können eine oder mehrere Variablen dann aus der Analyse ausgeschlossen werden, wenn durch den Ausschluss keine inhaltlich relevante Variable betroffen ist bzw. si-

chergestellt ist, dass ihre Information tats. in der bzw. den verbleibenden Variablen enthalten ist.
Ausreißer sind bei der Clusteranalyse Wertekombinationen der zu analysierenden Variablen, im Gegensatz z.B. zum Boxplot, bei dem ein Ausreißer nur ein Einzelwert ist. Ausreißer führen bei der Clusteranalyse nicht immer zu Clustern, die nur mit dem jeweiligen Ausreißer besetzt sind. Der Fusionierungsvorgang einiger hierarchischen Clusterverfahren wird durch Ausreißer negativ beeinflusst (z.B. Complete Linkage, Ward). Das Verfahren Single Linkage kann z.B. eingesetzt werden, um Ausreißer zu entdecken. Bei einer Clusterzentrenanalyse sollten Ausreißer aus der Analyse ausgeschlossen werden. Bei einer Two-Step Clusteranalyse wird ggf. ein Rauschen-Cluster angelegt.
Bei manchen Fragestellungen ist z.B. die Behandlung von Missings ein zentraler Aspekt der Analyse (vgl. Schendera, 2007). An dieser Stelle kann nur auf die SPSS Dokumentation Version 17 und die einschlägige Spezialliteratur für das gewählte Verfahren weiterverwiesen werden (z.B. Little & Rubin, 2002^2, Kap. 5).

Auswahl des jeweiligen Clusteransatzes und -algorithmus (Bias)
Auch die Auswahl des jeweiligen Clusterverfahrens ist entscheidend.
Das Grundproblem bei der Clusteranalyse ist einerseits, dass normalerweise die ‚wahren Cluster' nicht bekannt sind. Viele Clusteransätze (hierarchische Verfahren, Clusterzentrenanalyse, Two-Step Ansatz), aber auch die unterschiedlichsten Algorithmen (z.B. für multivariat-intervallskalierte Variablen bzw. Ähnlichkeits- oder Distanzmatrizen), wurden andererseits für bestimmte Skalenniveaus und Verteilungsmerkmale, wie z.B. Größe, Form, oder Verteilung entwickelt, und weisen somit im allgemeinen einen Bias auf, der u.U. eine Clusterlösung auch negativ beeinflussen kann. In anderen Worten: Eine erzielte Clusterlösung entspricht nicht notwendigerweise den ‚wahren Clustern', besonders dann, wenn Eigenschaften von Clusterverfahren (z.B. Bias) und Daten (u.a. Verteilungsformen, Clusterstrukturen, Ausreißer) nicht sorgfältig aufeinander abgestimmt wurden.
Verschiedene Verfahren führen nicht notwendigerweise zu identischen Ergebnissen (vgl. Bacher, 2002a, 162; Litz, 2000, 401–417, 420–426). Ein komparativer Ansatz könnte bei der Methodenwahl eine möglicherweise ergebnisentscheidende Subjektivität ausschließen helfen.

Fünf Kriterien für eine gute Clusterung
Trotz ihrer verfahrenstechnischen Heterogenität ermöglichen es clusteranalytische Ansätze, Objekte anhand ihrer Merkmalsausprägungen zu Gruppen ('Clustern') so zusammenzufassen, dass einerseits die Unterschiede zwischen den Objekten *innerhalb* dieser Cluster möglichst gering sind, aber andererseits die Unterschiede *zwischen* den Clustern möglichst groß sind.
Das Hauptkriterium für eine gute Clusterung ist also, dass die Elemente innerhalb eines Clusters einander ähnlich sein sollten und die Elemente verschiedener Cluster unähnlich, und zwar in inhaltlicher, wie auch formeller Hinsicht (Bacher, 2002a, 2–4, 141–153, 409; Gordon, 1999, 183–211).
Die beiden wichtigsten Ziele sind: Die Clusterlösung ist grundsätzlich besser als die 1-Cluster-Lösung für ungruppierte Daten. Alle Cluster können inhaltlich interpretiert werden.

- Intracluster-Homogenität: Die einzelnen Cluster sollten jeweils homogen sein, d.h. die Elemente innerhalb eines Clusters sollten einander ähnlich sein.
- Intercluster-Heterogenität: Die Elemente verschiedener Cluster sollten einander unähnlich sein.
- Modellanpassung: Das Daten- bzw. Clustermodell, das der Clusteranalyse zugrundegelegt wird, sollte die Datenverteilung repräsentieren bzw. erklären können.
- Inhaltliche Interpretierbarkeit (internale und externale Validität): Die Cluster sollten inhaltlich interpretiert werden können bzw. hypothesengeleitet validiert werden können. Idealerweise sollten die gewonnenen Typologien vor der Durchführung der Clusteranalyse aus einer Theorie abgeleitet und anschließend bestätigt werden können.
- Stabilität: Die ermittelte Clusterlösung sollte stabil gegenüber Variationen geeigneter Methoden, Maße oder Daten sein. Je nach Ansatz sollte die Verteilung der Fälle auf die Cluster auch trotz der Variation von z.B. *Merkmalen* (Variablen) in etwa konstant bleiben.

Weitere Kriterien können sein, dass die ermittelte Clusterlösung anderen Typologien überlegen ist oder dass die Cluster auch quantitativ repräsentativ (groß genug) sind. Professionelle Typologien wie z.B. die GfK Roper Consumer Styles können z.B. nach dem Durchlaufen jahr*zehnte*langer, durchaus anspruchsvoller Validitäts- und Stabilitätstests an zehntausenden Studienteilnehmern schlussendlich für sich in Anspruch nehmen, für *eine Milliarde* Menschen repräsentativ zu sein.

Clusterung abhängiger Daten (Zeitreihendaten)
Die Clusteranalyse kann, formell gesehen, abhängige Daten problemlos clustern. Clustervorgänge sind jedoch nicht in der Lage, den Faktor Zeit beim Clustern explizit zu berücksichtigen. Anders als bei der Zeitreihenanalyse oder Varianzanalyse mit Messwiederholung geht die Information „Zeit" üblicherweise verloren bzw. kann nicht explizit modelliert werden. Allerdings kann der Faktor „Zeit" beim Fusionierungsvorgang eine indirekte Rolle spielen. Auf welche Weise die Zeitabhängigkeit von Daten bei einer Clusteranalyse indirekt eine Rolle spielt, hängt u.a. von der Organisation der zeitabhängigen Daten im Datensatz ab. Zeitreihendaten können zeilen- oder spaltenweise angeordnet sein.

Sind die Messwiederholungen zeilenweise angeordnet, bildet jede Messwiederholung eine neue Zeile bzw. einen neuen Fall. Jede Messwiederholung führt somit zu einer höheren Gewichtung desselben Falles (was eine nicht unerhebliche Rolle spielen kann, wenn die Fälle *ungleich* häufig vorkommen). Die Clusterung einer Variablen, die (idealerweise) regelmäßige Messwiederholung enthält, führt daher zu Clusterlösungen zwischen dem Extrem der reinen Messzeitpunktcluster (nur die Fälle jeweils clusternd) und dem Extrem der reinen Fallcluster (nur die Messzeitpunkte jeweils clusternd). In der Analysepraxis liegen die tatsächlichen Lösungen irgendwo auf dem Kontinuum dazwischen, nämlich uneinheitlich Fälle und Messzeitpunkte clusternd. Die Interpretation kann hier nur alle beteiligten Größen (z.B. N, Clusterzahl, Messzeitpunkte) sorgfältig abwägend vorgenommen werden, umso mehr, wenn *unregelmäßige* Messwiederholungen vorliegen. Ein Effekt eines Faktors „Zeit" ist allerdings üblicherweise ex post nur noch schwer eindeutig eruierbar.

Sind die Messwiederholungen spaltenweise angeordnet, können üblicherweise sehr hohe Korrelationen erwartet werden. In diesem Falle können eine oder mehrere Messwiederholungsvariablen dann aus der Analyse ausgeschlossen werden, wenn nach dem Ausschluss die relevante Information in der behaltenen Variablen verbleibt. Sollen das Messwiederholungsdesign und somit alle Variablen beibehalten werden, so führt die Clusterung von wiederholt erfassten (aber inhaltlich gleichen) Variablen (z.B. A_{t1}, A_{t2}, A_{t3}) scheinbar nur zu einer Höhergewichtung des Messwiederholungsdesigns gegenüber Variablen, die ohne Messwiederholungscharakter in den Clustervorgang einbezogen werden (z.B. scheinbar „nur": B). Da aber auch einmalig erhobene Variablen zu einem bestimmten Messzeitpunkt erhoben wurden (z.B. genau betrachtet: B_{t2}), spielt auch hier die Häufigkeit des jew. Messzeitpunkts (N_{tn}) i.S.e. Gewichtung und letztlich Interpretation des Clustervorgangs eine nicht unerhebliche Rolle. Würden z.B. die Variablen A_{t1}, A_{t2}, und A_{t3}, sowie B_{t2} geclustert werden, werden hier sowohl die Variable A höher gewichtet als B, aber auch t_2 (2x: für A und B) höher gewichtet als t_1 (1x: für A) und t_3 (1x: für A). Die Interpretation kann aber auch hier alle beteiligten Größen (z.B. Clusterzahl, Variablenzahl, Messzeitpunkte) sorgfältig abwägend vorgenommen werden. Ein eindeutiger Effekt eines Faktors „Zeit" ist allerdings auch hier ex post nur noch schwer eruierbar.

Vorgeschaltete Faktorenanalyse
Beim oft empfohlenen Einsatz einer vorgeschalteten Faktorenanalyse (z.B. Lüdtke, 1989) soll vorneweg auf die damit verbundenen Probleme hingewiesen werden. Die Faktorenanalyse wird bei einer Clusteranalyse v.a. dann eingesetzt, wenn hoch korrelierende, also intervallskalierte Daten auf wenige Faktoren verdichtet werden sollen, die nicht mehr miteinander korrelieren. Der Vorzug dieses Vorgehens ist, dass für eine Clusteranalyse wenige und nicht korrelierende Faktoren tatsächlich brauchbarer sind als viele hoch korrelierende Einzelvariablen, auch umgeht man das Problem der Messfehlerbehaftetheit von Variablenwerten (v.a. bei der Hauptachsen-Faktorenanalyse). Möchte man auf diese Weise vorgehen, sollte aber unbedingt beachtet werden, dass die Voraussetzungen des jeweils gewählten faktorenanalytischen Ansatzes optimal erfüllt sind, dass also die Faktoren sinnvoll sind, und ihre Ermittlung ohne Informationsverlust verbunden ist (zur Diskussion wird auf das Kapitel 2 zur Faktorenanalyse verwiesen). In jedem anderen Fall entsprächen die extrahierten Faktoren nicht mehr den Ausgangsdaten, weder inhaltlich, noch quantitativ (z.B. durch eine suboptimale Varianzaufklärung). Darüber hinaus wäre sicherzustellen, dass die an der gesamten Stichprobe ermittelte Faktorenstruktur jedem Cluster zugrunde liegt bzw. nicht zuvor durch die Faktorisierung zerstört wird (Bacher, 2000a, 38). Der interpretative Rückbezug der Clusterlösungen (auf der Basis suboptimal ermittelter Faktoren) auf die Einzeldaten, bevor sie einer Faktoranalyse unterzogen wurden, kann schwierig bis gar nicht mehr möglich sein.

Nachgeschaltete Diskriminanz- oder Varianzanalyse
Bei der Interpretation eines Signifikanztests auf die clusteranalytisch erzielten Unterschiede zwischen Gruppen bzw. Clustern wird aus zwei Gründen Zurückhaltung empfohlen:
Das Prüfen von Clusterlösungen mittels einer nachgeordneten Diskriminanzanalyse (vgl. Kapitel 3) oder auch das Prüfen auf signifikante Unterschiede zwischen den gefundenen Gruppierungen mittels einer Varianzanalyse läuft je nach Vorgehensweise Gefahr, in eine

Tautologie zu münden: Das Ziel einer Clusteranalyse *ist* die Maximierung von *Unterschieden*, weil ja die Fälle clusteranalytisch so den Gruppen zugewiesen wurden, dass die Differenzen zwischen den Gruppen maximiert werden.

Werden nun diejenigen Variablen, auf deren Grundlage die Cluster ermittelt wurden, einer Varianz- oder Diskriminanzanalyse unterzogen, so ist eine Zurückweisung der Nullhypothese das *zu erwartende Ergebnis* (Wiedenbeck & Züll, 2001, 17). Inferenzstatistische Tests können demnach nicht ohne weiteres zum Test der Nullhypothese verwendet werden, dass keine Unterschiede zwischen den Gruppen in den betreffenden Variablen vorlägen (außerdem wäre je nach Verfahren u.a. das Alpha in Bezug auf die Anzahl der durchgeführten Tests zu korrigieren). Der „Beweis" einer Diskriminanz- oder Varianzanalyse, wenn z.B. eine konstruierte Clusterung „Signifikanz" erzielt (auch, was die Verabsolutierung der Signifikanz angeht, z.B. Witte, 1980), sollte deshalb mit einer gewissen Zurückhaltung betrachtet werden, auch, weil eine Signifikanz nicht die Gültigkeit anderer, konkurrierender (z.B. auch völlig anderer) Clusterlösungen ausschließt.

Wichtiger ist jedoch das Ergebnis einer *Nichtsignifikanz:* Erzielen Varianz- oder Diskriminanzanalyse an Variablen, auf deren Grundlage Cluster ermittelt wurden, *keine* Signifikanz, dann liegt auch keine zuverlässige Clusterlösung vor, zumindest nicht in der behaupteten Form.

Werden Varianz- oder Diskriminanzanalyse dagegen auf Variablen angewandt, die nicht in der Herleitung von Clustern involviert waren, so hängt hier eine Interpretation (wie so oft) nicht von der Signifikanz, sondern von der Perspektive des Anwenders ab. Sowohl ein signifikantes, wie auch ein nichtsignifikantes Ergebnis können relevant sein: Eine Signifikanz weist auf ein potentiell diskriminierendes Merkmal hin, eine Nichtsignifikanz dagegen auf ein allen Clustern potentiell gemeinsames Merkmal.

Sinnstiftung vs. Sinnzuweisung (Sinnkonstanz)
Die Clusteranalyse ist *kein* sinnstiftendes Verfahren, sondern ein objektiv klassifizierendes Verfahren. *Sinn* i.S.v. Bedeutung wird jedoch *vom Anwender* auf zwei Ebenen zugewiesen: Bei der Auswahl der Variablen *vor* der Clusterung und der Bezeichnung der Cluster *nach* der Clusterung.

Da die erzielte Clusterlösung auf den geclusterten Variablen aufbaut, ist die inhaltliche Zusammenstellung dieser Variablen ausdrücklich und nachvollziehbar theoretisch vor der eigentlichen Clusterung zu begründen (z.B. Plummer, 1974, 35). Eine mangelnde theoretische Fundierung für die Auswahl der Variablen berechtigt (allzuoft) zu Kritik, z.B. bei der Herleitung von nicht nachvollziehbaren Clusterlösungen, Typologien oder Segmentierungen.

Die Bezeichnung der ermittelten Cluster hat sich auf den Bedeutungsumfang der gemessenen Variablen zu beschränken. Eine (allzuhäufige) Bedeutungsanreicherung qua pseudowissenschaftlicher Rhetorik geht oft einher in Tateinheit mit der (zu vermeidenden) Praxis der *„Messung" per fiat*: Dabei werden leichter zu erhebende „Ersatzvariablen" anstelle der eigentlich zu erfassenden Konstrukte gemessen. Es werden z.B. *sozio*demographische Variablen (z.B. Alter, Geschlecht, Einkommen) erhoben und geclustert; die Bezeichnungen der ermittelten Cluster beschreiben dagegen oft genug z.B. *psycho*logische Rezipientenmerkmale (z.B. „extrovertierter Konsumhedonist" oder mitunter weit abenteuerlichere Erfindungen). Die *Bezeichnungen* der Cluster suggerieren damit Inhalte, die gar nicht Gegenstand der *Mes-*

sung waren. Dass die eigentlich interessierenden psychologischen Rezipientenmerkmale tatsächlich mit den soziodemographischen Variablen korrelieren, ist dabei nicht nur *nicht* unüberprüft zu unterstellen, sondern zumindest anhand von Korrelations- oder Assoziationsanalyse zu validieren. Allerdings schließt ein solches Vorgehen nicht aus, dass womöglich *andere* als die vermuteten Konstrukte die *kausale Ursache* sein könnten. Die Literatur kommt immer häufiger zum Schluss, dass Merkmale wie z.B. Bildung oder Wertorientierung oft eine höhere Erklärungskraft als solche Typologien haben (so z.B. Schreiber, 2007, 69ff., 184 für die Mediennutzung; für die Lebensstilforschung generell: Otte, 2005, 5–14; Hermann, 2004, 165ff.).

Darüber hinaus ist die Stabilität eines Clusters essentiell für Beschreibung, Erklärung und Prognose. Die Stabilität eines Clusters impliziert gleichbleibende Bedeutung z.B. einer generierten Typologie („Sinnkonstanz"). Je mehr die Datengrundlage, also die zu clusternden Variablen anstelle (eher) konstanter Merkmale (z.B. biologisches Geschlecht) (eher variable) verhaltens- und situationsspezifische Merkmale (z.B. Nutzung innovativer Medien) enthält, desto weniger stabil und invariant werden die ermittelten Cluster (Typen) sein. Wenn Typen jedoch invariant und instabil sind, dann oszillieren sie, sind „unscharf" an ihren Definitionsgrenzen und somit weder für Beschreibung, Erklärung und Prognose, noch zum Vergleich untereinander geeignet. Gerade die klassischen Typologien der Markt- und Konsumforschung, wie z.B. Sinus-Milieus, sehen sich (z.B.) angesichts der zunehmend beschleunigten Entwicklung und entsprechenden Nutzung von (Cross)Medien zunehmender Kritik ausgesetzt (z.B. W&V, 2007; Haas & Brosius, 2006; Otte, 2005, 3–21). Ob neue Zielgruppensegmentationen einen dynamischen Konsumenten tatsächlich besser „verstehen" helfen, müssen sie jedoch erst noch nachweisen. Ein professionelles wissenschaftliches Vorgehen liefert dazu wichtige Voraussetzungen.

Aufgrund dieser Heterogenität ist eine Zusammenstellung und Diskussion der Voraussetzungen für alle möglichen Varianten der Clusterverfahren nicht möglich; es wird u.a. auf die ausführliche SPSS Dokumentation Version 17.0 zu den Prozeduren CLUSTER, TWOSTEP CLUSTER und QUICK CLUSTER und die einschlägige Spezialliteratur verwiesen (z.B. SPSS Statistics 17.0 Command Syntax Reference, 2008a; Bacher, 2002a; Everitt et al., 2001; Gordon, 1999). Die folgende Tabelle stellt die wichtigsten Abgrenzungskriterien zur ersten Orientierung zusammen.

Verfahren bzw. Verfahrensgruppe	SPSS Menü	Erste Abgrenzungen
Hierarchisch-agglomerativ	„Hierarchische Cluster …"	<ul><li>Für metrische, nominalskalierte oder gemischt skalierte Variablen.</li><li>Für Klassifikation von Fällen oder Variablen.</li><li>Für große Fallzahlen nicht geeignet (z.B. N>250).</li><li>Clusterzahl muss nicht vorgegeben werden.</li><li>Ein Durchgang berechnet mehrere Lösungen.</li><li>Zahlreiche Methoden, Maße und Standardisierungsmöglichkeiten.</li><li>Algorithmus kann nicht eingestellt werden.</li></ul>
Partitionierend (k-means)	„Clusterzentrenanalyse …"	<ul><li>Für metrisch skalierte Variablen.</li><li>Metrisch skalierte Variablen werden nicht automatisch standardisiert.</li><li>Für Klassifikation von Fällen.</li><li>Für große Fallzahlen geeignet.</li><li>Clusterzahl muss vorgegeben werden.</li><li>Ein Durchgang berechnet eine Lösung.</li><li>Ein Algorithmus (inkl. Varianten); ein Maß; keine Möglichkeit der Standardisierung.</li><li>Algorithmus kann eingestellt werden.</li></ul>
Two-Step	„Two-Step Clusteranalyse …"	<ul><li>Für metrische, nominalskalierte und gemischt skalierte Variablen.</li><li>Metrisch skalierte Variablen werden automatisch standardisiert.</li><li>Für Klassifikation von Fällen.</li><li>Für große Fallzahlen geeignet.</li><li>Clusterzahl muss nicht vorgegeben werden.</li><li>Ein Durchgang berechnet eine Lösung.</li><li>Ein Algorithmus (inkl. Varianten); zwei Maße; Möglichkeit der expliziten Standardisierung.</li><li>Algorithmus kann eingestellt werden.</li></ul>

Anm.: Hierarchisierungen können nur von den hierarchischen Verfahren vorgenommen werden. Für Clusteranalysen „von Hand" wird auf Hartung & Elpelt (1999[6], 460–503) verwiesen.

1.2 Hierarchische Clusteranalysen

Orientierung:

- Für metrische, nominalskalierte oder gemischt skalierte Variablen.
- Für Klassifikation von Fällen oder Variablen.
- Für große Fallzahlen nicht geeignet (z.B. N>250).
- Clusterzahl muss nicht vorgegeben werden.
- Ein Durchgang berechnet mehrere Lösungen.
- Zahlreiche Methoden, Maße und Standardisierungsmöglichkeiten.
- Algorithmus kann nicht eingestellt werden.

1.2.1 Einleitung: Das Grundverfahren

Hierarchische Clusterverfahren können in die Subverfahren der Agglomeration bzw. Division unterschieden werden (SPSS bietet ausschließlich agglomerative Verfahren für die hierarchische Clusteranalyse an): *Agglomerative* Verfahren fassen sukzessiv je zwei Objekte (bzw. später Cluster) in einen neuen Cluster zusammen, bis sich letztlich alle Objekte in einem Cluster befinden (∞ Objekte $\rightarrow$ 1 Cluster). *Divisive* Verfahren gehen umgekehrt davon aus, dass alle Objekte zunächst in einem einzigen Cluster verdichtet sind, und teilen diesen so lange auf, bis jeder Cluster nur noch ein Objekt enthält (1 Cluster $\rightarrow$ ∞ Objekte). ∞ steht für die maximale Anfangszahl der vorhandenen Objekte (Fälle, Variablen) bzw. entstehenden Cluster.

Um die Bedeutung von Methoden und Maßen hervorzuheben, soll im Folgenden die agglomerative Clusterung am Beispiel des Clusterns von N Fällen genauer beschrieben werden. Die Agglomeration beginnt bei den einzelnen, noch ungruppierten Fällen (jeder einzelne Fall repräsentiert einen separaten Cluster und somit maximale Intracluster-Homogenität). In einem ersten Schritt werden die Abstände zwischen allen Fällen ermittelt (vgl. dazu auch die Algorithmen in Kapitel 4). Durch Zusammenfassen der zwei ähnlichsten Fälle wird eine erste zweielementige Gruppe (sog. „Cluster") gebildet („ähnlich" wird sowohl über die Methode, wie auch das verwendete Maß definiert). Aufgrund des (wenn auch minimalen) Abstands zwischen den beiden Fällen ist die Intracluster-Homogenität notwendigerweise schwächer als die Homogenität der jeweils separaten Fälle. Nach dieser ersten Clusterung werden die Abstände der anderen Fälle zu diesem ersten Cluster ermittelt; die Abstände zwischen den nicht geclusterten Fällen bleiben gleich (vorher wurden die Abstände ausschließlich auf der Basis von Fällen ermittelt; ab dieser Stelle unterscheiden sich die Ergebnisse auch danach, aufgrund welcher Kriterien die einzelnen Verfahren den Abstand eines *Clusters* zu Fällen bzw. anderen Clustern bestimmen). In den darauffolgenden Rechendurchgängen werden Fälle bzw. Cluster mit dem jeweils kleinsten Abstand bzw. größter „Ähnlichkeit" zu neuen bzw. größeren Clustern zusammengefasst und die Abstände neu berechnet, bis die N Fälle nach N-1 Schritten in einen Cluster zusammengefasst werden konnten. Die Intracluster-Homogenität nimmt nach jeder Agglomeration wegen der Berücksichtigung von Abständen durch die Hinzunahme von Fällen bzw. Clustern ab.

1.2.2 Eingrenzung des Verfahrens

Einleitung: Das Gemeinsame der Verfahren
Die verschiedenen Verfahren zeichnen sich durch zahlreiche Gemeinsamkeiten aus: Alle agglomerativen Verfahren stimmen darin überein, dass sie „ähnliche" Objekte oder Cluster zu einem neuen Cluster zusammenfassen. Die einzelnen agglomerativen Verfahren unterscheiden sich jedoch u.a. in ihrer Definition des Begriffes „ähnlich" (s.u.). Alle agglomerativen Verfahren können Fälle (Objekte) oder Variablen clustern bzw. eine Klassifikation oder eine Hierarchisierung vornehmen; vorausgesetzt, die Klassifikation bzw. Hierarchisierung macht Sinn. Alle Verfahren arbeiten mit Datensätzen, aber auch bereits erhobenen (Un)Ähnlichkeitsmatrizen (z.B. (Un)Ähnlichkeitsurteile zu Fällen oder Variablen).

Die Fragestellung grenzt die Gruppe der geeigneten Clusterverfahren ein (siehe folgende Übersicht). Eigenschaften der Verfahren (u.a. Kettenbildung, Fusionierungsbias) und Daten (u.a. Skalenniveau, Ausreißer) grenzen die in Frage kommenden Verfahren und Proximitätsmaße zusätzlich ein. Die Auswahl eines Clusterverfahrens hängt zum Teil vom Proximitätsmaß ab.

Die Unterschiede der Verfahren
Die verschiedenen Algorithmen wurden für bestimmte Skalenniveaus und Verteilungsmerkmale, wie z.B. Größe, Form, oder Verteilung entwickelt, und weisen somit einen Bias auf. Bei der Wahl des Verfahrens, aber spätestens bei der Interpretation der Clusterlösung sollte der Bias des jeweils eingesetzten Clusterverfahrens bekannt sein. Das Verfahren Average Linkage gilt z.B. als relativ konservativ, strebt jedoch Cluster mit annähernd derselben Varianz an. Single Linkage neigt zur Kettenbildung (chaining; Abstände innerhalb eines Clusters größer als zwischen Clustern) und tendiert dazu, Ausläufer von langgezogenen oder unregelmäßigen Verteilungen abzuschneiden. Ward strebt Cluster mit einer annähernd gleichen Elementzahl an, kann keine kleinen oder langgezogenen Gruppen erkennen, und ist anfällig für Ausreißer. Complete Linkage neigt dazu, kleine Gruppen zu bilden.

Die zu clusternden Variablen sollten ein einheitliches Skalenniveau aufweisen. Liegen uneinheitlich skalierte Variablen vor, bietet CLUSTER im Gegensatz zu TWOSTEP CLUSTER keine direkte Möglichkeit, gemischte Variablen zu clustern. Die CLUSTER-Methoden und -Maße sind je nach Art der gemischten Variablen im Einzelfall geeignet (s.u.). Höher skalierte Variablen können auf ein einheitlich niedrigeres Niveau heruntercodiert werden, womit aber wie eingangs angedeutet nicht nur Information verloren geht, sondern auch eine Verzerrung bzw. Auflösung der zugrunde liegenden Clusterstruktur einhergehen kann.

Die verschiedenen Algorithmen der hierarchisch-agglomerativen Verfahren stimmen darin überein, dass sie anfangs jeweils eine Matrix aller Cluster berechnen. Jede Beobachtung bildet dabei selbst einen Cluster. Alle verbleibenden Beobachtungen und ermittelten Cluster werden so lange zusammengefasst, bis nur noch ein Cluster übrig bleibt. Die Algorithmen unterscheiden sich jedoch darin, wie sie Ähnlichkeit der bzw. Distanz zwischen den Cluster berechnen.

Von SPSS werden als Cluster-Algorithmen die Methoden Average Linkage zwischen bzw. innerhalb der Gruppen, Zentroid-Clusterung, Complete Linkage, Median-Clusterung, Single

1.2 Hierarchische Clusteranalysen

Linkage, und die Ward-Methode angeboten. Diese Algorithmen sind für bestimmte Cluster-Merkmale, wie z.B. Größe, Form, oder Verteilung unterschiedlich geeignet. Die folgende Tabelle gilt für die fallorientierte Analyse von Datensätzen für die Anwendungen der Klassifikation und Hierarchisierung. Diese erste Übersicht wird bei den weiter unten aufgeführten Tabellen für die Maße in die Unterscheidung zwischen fall- oder variablenorientierter Clusterung weiter differenziert. Für Details wird auf Bacher (2002a, 148–150) verwiesen.

Übersicht: Cluster-Methoden (Algorithmen) und ihre zentralen Merkmale

Cluster-Methoden	Abstandsmaß zwischen den Gruppen	Merkmale (Voraussetzungen, Bias)
Nächstgelegener Nachbar (Single Linkage) SINGLE	Die Cluster werden über den geringsten Abstand zweier Elemente (Fälle, Variablen, Cluster) ermittelt.	Neigt wegen „schwacher" Homogenität zur Kettenbildung (chaining) und tendiert dazu, Ausläufer von langgezogenen oder unregelmäßigen Verteilungen abzuschneiden; konstruktiv gesehen: ideal zum Identifizieren von Ausreißern. Liefert überlappungsfreie Clusterstrukturen. Auch für nichtmetrische (Un)Ähnlichkeitsmatrizen geeignet. Invarianz gegenüber monotonen Transformationen.
Entferntester Nachbar (Complete Linkage) COMPLETE	Die Cluster werden über den Maximal-Abstand aller Elemente (Fälle, Variablen, Cluster) ermittelt. Fusioniert werden Elemente mit dem geringsten Maximal-Abstand.	Neigt aufgrund „strenger" Homogenität dazu, viele kleine Gruppen zu bilden. Liefert überlappende Clusterstrukturen. Auch für nichtmetrische (Un)Ähnlichkeitsmatrizen geeignet. Invarianz gegenüber monotonen Transformationen
Linkage zwischen den Gruppen (Average Linkage Between Groups) BAVERAGE	Die Cluster werden über den kleinsten Abstand auf der Basis des ungewichteten Mittelwerts der Abstände aller Elemente (Fälle, Variablen, Cluster) zwischen den jeweiligen Gruppen ermittelt.	Relativ konservativ. Bias liegt zwischen Single und Complete. Liefert überlappungsfreie Clusterstrukturen. Auch für metrische (Un)Ähnlichkeitsmatrizen geeignet. Keine Invarianz gegenüber monotonen Transformationen (auch variablenorientiert).
Linkage innerhalb der Gruppen (Average Linkage Within Groups) WAVERAGE	Die Cluster werden über den kleinsten Abstand auf der Basis des ungewichteten Mittelwerts der Abstände aller Elemente (Fälle, Variablen, Cluster) innerhalb und zwischen den jeweiligen Gruppen ermittelt.	Relativ konservativ. Bias liegt zwischen Single und Complete. Strebt Cluster mit annähernd derselben Varianz an. Anfällig für Umkehreffekte (Inversionen). Liefert überlappungsfreie Clusterstrukturen. Auch für metrische (Un)Ähnlichkeitsmatrizen geeignet. Keine Invarianz gegenüber monotonen Transformationen (auch variablenorientiert).

| Median-Clusterung

MEDIAN	Die Cluster werden ebenfalls über den minimalen Abstand der Clusterzentren der Cluster ermittelt. Die Zentroiden basieren auf dem ungewichteten Mittelwert der Elemente (Median).	Ignoriert mögliche Häufigkeitsunterschiede in den zu fusionierenden Clustern. Fusionsvorgang daher u.U. schwierig zu interpretieren (Bacher, 2002a). Anfällig für Umkehreffekte (Inversionen). Erforderliches Maß: Quadrierte euklidische Distanz. Liefert überlappungsfreie Clusterstrukturen. Keine Invarianz gegenüber monotonen Transformationen.
Zentroid-Clusterung

CENTROID | Die Cluster werden über den minimalen Abstand der Zentroiden der Cluster ermittelt. Die Zentroiden selbst basieren auf dem gewichteten Mittelwert der Elemente (Fälle, Variablen, Cluster). | Berücksichtigt über gewichteten Mittelwert mögliche Häufigkeitsunterschiede in den zu fusionierenden Clustern. Anfällig für Umkehreffekte (Inversionen). Erforderliches Maß: Quadrierte euklidische Distanz. Liefert überlappungsfreie Clusterstrukturen. Keine Invarianz gegenüber monotonen Transformationen. |
| Ward-Methode

WARD | Die Cluster werden über den minimalen Anstieg der Intraclustervarianz (Fehlerquadratsumme) ermittelt. | Strebt Cluster mit einer annähernd gleichen Elementzahl an, kann keine kleinen oder langgezogenen Gruppen erkennen, und ist anfällig für Ausreißer. Erforderliches Maß: Quadrierte euklidische Distanz. Liefert überlappungsfreie Clusterstrukturen. Keine Invarianz gegenüber monotonen Transformationen. |

Anmerkungen: In Großbuchstaben ist die Option für die METHOD= -Anweisung angegeben. WAVERAGE steht dabei für „Within Average" und nicht für „Weighted Average", wie in manchen Publikationen zur Clusteranalyse mit SPSS zu lesen ist. Invarianz gegenüber monotonen Transformationen bedeutet einerseits, dass die Heterogenität der Gruppen im Laufe des Clusterfusionierungsprozesses monoton ansteigt und andererseits, dass die Werte der (Un)Ähnlichkeitsmatrix beliebig transformiert werden können (Linearisierung, Quadrierung, usw.), ohne dass sich die Klassifikation ändert.
Die Methoden Zentroid, Median und Ward werden zwar z.T. auch als *hierarchische* Clusterzentrenverfahren bezeichnet, basieren jedoch wie gezeigt auf einem völlig anderen Ansatz wie das *partitionierende* Clusterzentrenverfahren (k-means). Alle vier Verfahren sind nicht für die Analyse von (Un)Ähnlichkeitsmatrizen geeignet.
Die in der Tabelle vorgestellten Methoden sind für bestimmte Cluster-Merkmale, wie z.B. Größe, Form, oder Verteilung unterschiedlich geeignet. Für Details wird auf die Spezialliteratur verwiesen. Die Methoden Median, Zentroid und Ward werden i.A. nur mit dem Maß der quadrierten euklidischen Distanz ausgeführt. Auch wenn sie für alle anderen quantitativen Maße als ausgesprochen robust gelten (Bacher, 2002a, 150, 166–168), gibt SPSS für diese Methoden eine Warnung aus:

1.2 Hierarchische Clusteranalysen

Warnungen

> Das quadrierte euklidische Distanzmaß sollte verwendet werden, wenn die Cluster-Methoden CENTROID, MEDIAN oder WARD gewünscht sind.

Dieser Hinweis sollte nicht dahingehend missverstanden werden, dass SPSS generell in der Lage wäre, die korrekte Auswahl eines Verfahrens zu kontrollieren. SPSS, wie jedes andere Statistikprogramm, ist dazu nicht in der Lage. Dieser Hinweis ist eine Ausnahme. SPSS warnt nur in ganz wenigen Fällen, und dann auch nur in Bezug auf die Passung Clustermethode-Proximitätsmaß.

Im Gegensatz zu anderen Publikationen kann und wird keine Empfehlung für die eine oder andere dieser Methoden ausgesprochen (vgl. z.B. Punj & Stewart, 1983, 134ff.). Die schlüssige Abstimmung von Theorie, Verteilungsmerkmalen, Methoden und Maßen mit dem Ziel ihrer Clusteranalyse können nur die Anwender selbst vornehmen.

Die Unterschiede der Maße (Skalenniveaus)

Alle agglomerativen Verfahren stimmen darin überein, dass sie „ähnliche" Objekte oder Cluster zu einem neuen Cluster zusammenfassen. Die einzelnen agglomerativen Verfahren unterscheiden sich jedoch in ihrer Definition des Begriffes „ähnlich". Agglomerative Clusterverfahren lassen sich danach unterscheiden, ob sie diese „Ähnlichkeit" ('Proximität') als Ähnlichkeitsmaß (Ziel: Maximale Ähnlichkeit) oder als Distanzmaß (Ziel: Minimale Unähnlichkeit) definieren. Beide Verfahren sind letztlich äquivalent. Die Entscheidung, ob man Ähnlichkeits- bzw. Distanzmaße berechnet, wird jedoch auch vom Messniveau der vorliegenden Variablen mit bestimmt. Die Wahl des Ähnlichkeits- bzw. Distanzmaßes bestimmt die Abfolge der paarweise untersuchten Fälle und somit schlussendlich die Zuweisung von Fällen zu Clustern (vgl. Bortz, 1993, 524: Anwendung verschiedener Maße für binäre Variablen auf dieselben Daten führen zu unterschiedlichen Ähnlichkeiten). Anwender sollten jedoch nicht versucht sein, durch bloßes Ausprobieren der verschiedenen Maße die Clusterbildung solange durchzuspielen, bis sich die gewünschten Ergebnisse einstellen. Clusterlösungen müssen auch Stabilitätsprüfungen standhalten können; „bemühte" Clusterlösungen werden dabei schnell entdeckt.

Übersicht der Übersichten:

- Übersicht 1: Ähnlichkeits- bzw. Distanzmaße für Häufigkeiten
- Übersicht 2: Ähnlichkeits- bzw. Distanzmaße für intervallskalierte Daten
- Übersicht 3: Ähnlichkeits- bzw. Distanzmaße für ordinal skalierte Variablen
- Übersicht 4: Ähnlichkeits- bzw. Distanzmaße für nominale Variablen
- Übersicht 5: Ähnlichkeits- bzw. Distanzmaße für binäre Variablen

Übersicht 1: Ähnlichkeits- bzw. Distanzmaße für Häufigkeiten

Cluster-Methoden	Maße für fallorientierte Clusterung	Maße für variablenorientierte Clusterung
Linkage zwischen den Gruppen (Between Average) **Linkage innerhalb der Gruppen** (Within Average) **Nächstgelegener Nachbar** (Single Linkage) **Entferntester Nachbar** (Complete Linkage)	Chi-Quadrat-Maß, Phi-Quadrat-Maß.	Chi-Quadrat-Maß, Phi-Quadrat-Maß.

Anmerkungen: Das Chi-Quadrat-Maß (SPSS Option: CHISQ) basiert auf dem Chi-Quadrat-Test, mit dem die Gleichheit zweier Sets mit Häufigkeiten gemessen wird (Standardeinstellung). Das Phi-Quadrat-Maß (SPSS Option: PH2) entspricht dem Chi-Quadrat-Maß, das durch die Quadratwurzel der kombinierten Häufigkeit normalisiert wurde. Für Details wird auf die Spezialliteratur verwiesen.

Übersicht 2: Ähnlichkeits- bzw. Distanzmaße für intervallskalierte Daten

Cluster-Methoden	Maße für fallorientierte Clusterung	Maße für variablenorientierte Clusterung
Linkage zwischen den Gruppen (Between Average) **Linkage innerhalb der Gruppen** (Within Average) **Nächstgelegener Nachbar** (Single Linkage) **Entferntester Nachbar** (Complete Linkage)	Euklidische Distanz, quadrierte euklidische Distanz, Kosinus, Pearson-Korrelation, Tschebyscheff, Block, Minkowski, Benutzerdefiniert.	Pearson-Korrelation.
Zentroid-Clusterung **Median**-Clusterung **Ward**-Methode	Quadrierte euklidische Distanz.	Pearson-Korrelation.

Anmerkungen: Daten auf Verhältnis- bzw. Rationiveau können auf niedrigere Skalenniveaus heruntercodiert werden. Daten auf Intervallniveau können z.B. auf Ordinal- oder Nominalniveau heruntercodiert werden (z.B. Dummy-Kodierung, Dichotomisierung am Median). Distanzmaße gelten als besonders geeignet für metrische Variablen. Allgemein wird eine einheitliche Skaleneinheit vorausgesetzt.

- EUCLID: Euklidische Distanz. Die Quadratwurzel der Summe der quadrierten Differenzen zwischen den Werten der Objekte. Dies ist die Standardeinstellung für Intervall.
- SEUCLID: Quadrierte euklidische Distanz. Die Summe der quadrierten Differenzen zwischen den Werten der Objekte.
- CORRELATION: Korrelationskoeffizient nach Pearson. Produkt-Moment-Korrelation zwischen zwei Vektorwerten.

1.2 Hierarchische Clusteranalysen

- COSINE: Kosinus des Winkels zwischen zwei Vektorwerten (Tschebyscheff).
- CHEBYCHEV: Die maximale absolute Differenz zwischen den Werten der Objekte.
- BLOCK: Die Summe der absoluten Differenzen zwischen den Werten der Objekte (syn.: City-Block-Metrik, Manhattan-Distanz).
- MINKOWSKI: Wurzeln der Summe der absoluten Differenzen zur p-ten Potenz zwischen den Werten der Objekte.
- POWER („Benutzerdefiniert"): Wurzeln der Summe der absoluten Differenzen zu Potenzen zwischen den Werten der Objekte. POWER führt je nach eingesetzten Parametern zur (quadrierten) euklidischen Distanz, Minkowski-Metrik usw.

Für Details wird auf die Spezialliteratur verwiesen (z.B. Bacher, 2002a, 221–226; Litz, 2000, 394–401, Bortz; 1993, 525–527).

Übersicht 3: Ähnlichkeits- bzw. Distanzmaße für ordinal skalierte Variablen

Cluster-Methoden	Maße für fallorientierte Clusterung	Maße für variablenorientierte Clusterung
Linkage zwischen den Gruppen (Between Average) **Linkage innerhalb der Gruppen** (Within Average) **Nächstgelegener Nachbar** (Single Linkage) **Entferntester Nachbar** (Complete Linkage)	City-Block-Metrik, Simple Matching-Koeffizient. Assoziationsmaße für ordinal skalierte Variablen, z.B. Maße nach Kendall, Gamma, wie auch euklidische Distanz, quadrierte euklidische Distanz, Tschebyscheff-Distanz und Canberra-Metrik nur unter bestimmten Voraussetzungen (z.B. zulässigen Gewichtungen).	Assoziationsmaße für ordinal skalierte Variablen, z.B. Maße nach Kendall, Gamma.
Zentroid-Clusterung **Median**-Clusterung **Ward**-Methode	Quadrierte euklidische Distanz nur unter bestimmten Voraussetzungen (z.B. zulässigen Gewichtungen).	

Anmerkungen: Mit ordinalen Variablen sind kategoriale Variablen mit Ranginformation gemeint. Die Ausprägungen müssen lückenlos bzw. ohne Sprünge kodiert sein; Kodierungen wie z.B. 1, 2, 3, 4, 6 (also ohne 5) sind nicht zulässig. Daten auf Ordinalniveau können im Prinzip auch auf Nominalniveau heruntergekodiert werden (z.B. Dummy-Kodierung, Dichotomisierung am Median). Für Details wird auf die Spezialliteratur verwiesen (z.B. Bacher, 2002a, 213–221; Bortz, 1993, 525).

- BLOCK: Die Summe der absoluten Differenzen zwischen den Werten der Objekte (syn.: City-Block-Metrik, Manhattan-Distanz).
- SM: Das Maß der Einfachen Übereinstimmung ist das Verhältnis der Übereinstimmungen zur Gesamtzahl der Werte. Übereinstimmungen und Nichtübereinstimmungen werden gleich gewichtet.

Übersicht 4: Ähnlichkeits- bzw. Distanzmaße für nominale Variablen

Cluster-Methoden	Maße für fallorientierte Clusterung	Maße für variablenorientierte Clusterung
Linkage zwischen den Gruppen (Between Average) **Linkage innerhalb der Gruppen** (Within Average) **Nächstgelegener Nachbar** (Single Linkage) **Entferntester Nachbar** (Complete Linkage)	Simple Matching-Koeffizient, Kappa, City-Block-Metrik, quadrierte euklidische Distanz.	(korrigierter) Kontingenzkoeffizient, Cramer's V.
Zentroid-Clusterung **Median**-Clusterung **Ward**-Methode	Quadrierte euklidische Distanz.	

Anmerkungen: Mit nominalen Variablen sind kategoriale Variablen mit mehr als zwei Ausprägungen gemeint. Für Details wird auf die Spezialliteratur verwiesen (z.B. Bacher, 2002a, 210–213; Bortz, 1993, 524–525).

- SM: Das Maß der Einfachen Übereinstimmung ist das Verhältnis der Übereinstimmungen zur Gesamtzahl der Werte. Übereinstimmungen und Nichtübereinstimmungen werden gleich gewichtet.
- BLOCK: Die Summe der absoluten Differenzen zwischen den Werten der Objekte (syn.: City-Block-Metrik, Manhattan-Distanz).
- SEUCLID: Quadrierte euklidische Distanz. Die Summe der quadrierten Differenzen zwischen den Werten der Objekte.

1.2 Hierarchische Clusteranalysen

Übersicht 5: Ähnlichkeits- bzw. Distanzmaße für binäre Variablen

Cluster-Methoden	Maße für fallorientierte Clusterung	Maße für variablen-orientierte Clusterung
Linkage zwischen den Gruppen (Between Average) **Linkage innerhalb der Gruppen** (Within Average)	**Übereinstimmungs-koeffizienten:** Einfache Übereinstimmung, Würfel, Jaccard, Kulczynski 1, Rogers und Tanimoto, Russel und Rao, Sokal und Sneath 1, Sokal und Sneath 2, Sokal und Sneath 3.	Assoziationsmaße für dichotome Variablen, z.B. Phi, Chi-Quadrat.
Nächstgelegener Nachbar (Single Linkage)	**Bedingte Wahrscheinlichkeiten:** Kulczynski 2, Sokal und Sneath 4, Hamann.	
Entferntester Nachbar (Complete Linkage)	**Maße der Vorhersagbarkeit:** Lambda, Anderberg-D, Yule-Y, Yule-Q.	
	Andere Maße: Sokal und Sneath 5, euklidische Distanz, quadrierte euklidische Distanz, Größendifferenz, Musterdifferenz, Varianz, Streuung, Form, Phi-4-Punkt-Korrelation, Distanzmaß nach Lance und Williams, Ochiai.	
Zentroid-Clusterung **Median**-Clusterung **Ward**-Methode	Quadrierte euklidische Distanz.	

Anmerkungen: Mit binären Variablen sind kategoriale Variablen mit nur zwei Ausprägungen gemeint. Bei der Entscheidung zwischen den einzelnen Übereinstimmungsmaßen ist vorab festzulegen, ob eher das Vorhandensein eines Merkmals oder eher das Nichtvorhandensein von Bedeutung ist, oder ob beide Informationen gleichwertig sind, und ob und in welchem Ausmaß diese Informationen gewichtet werden sollen. Die Kodierung spielt dabei eine wesentliche Rolle (vgl. Bacher, 2002a, 206–207; Litz, 2000, 389–394; Bortz, 1993, 523–524). Die Werte, die eine Eigenschaft als „vorhanden" oder „nicht vorhanden" kennzeichnen, müssen richtig an SPSS übergeben sein. Falsch gepolte Variablen können verheerende Folgen bei der Berechnung der Maße nach sich ziehen. Andere als die festgelegten Werte werden von CLUSTER ignoriert. Die Kodierung lautet standardmäßig, dass eine „1" angibt, dass ein Wert bzw. Merkmal vorhanden ist. „0" bedeutet, dass der Wert bzw. das Merkmal nicht vorhanden ist. Jede andere Kodierung ist zulässig, solange sie systematisch ist.

Wie der Tabelle zu entnehmen ist, stellt SPSS verschiedene binäre Maße bereit (u.a. Übereinstimmungskoeffizienten, bedingte Wahrscheinlichkeiten, Maße der Vorhersagbarkeit).

Obwohl diese Maße jeweils verschiedene Aspekte der Beziehung zwischen binären Variablen betonen, werden sie alle auf dieselbe Weise ermittelt, da sie sich nur darin unterscheiden, wie sie die Kodierungen für die Merkmale „vorhanden" bzw. „nicht vorhanden" miteinander in Beziehung setzen. In hierarchischen Verfahren sind Cluster-Lösungen für ausschließlich binäre Daten u.a. abhängig von der Sortierung des Datensatzes. Als Verfahrensalternative gilt das Two-Step Verfahren. CLUSTER ermittelt alle binären Maße aus den jeweiligen Summen der (Nicht)Übereinstimmung vom Typ a bis d (s.u.); bei der fallorientierten Analyse über die Variablen hinweg (vgl. folgendes Beispiel) bzw. bei der variablenorientierten Analyse über die Fälle hinweg.

Klassifikationsschema für die (Nicht)Übereinstimmung in einem Item		Fall 2 Merkmal	
		Vorhanden	Nicht vorh.
Fall1 Merkmal	Vorhanden	a	b
	Nicht vorh.	c	d

Zelle a: Bei beiden Fällen ist im Item das betreffende Merkmal (z.B. 1) vorhanden, also Übereinstimmung in 1.
Zelle b: Nur Fall 1 weist im Item das betreffende Merkmal (z.B. 1) auf, Nichtübereinstimmung Typ b.
Zelle c: Nur Fall 2 weist im Item das betreffende Merkmal (z.B. 1) auf, Nichtübereinstimmung Typ c.
Zelle d: Bei beiden Fällen ist im Item das betreffende Merkmal (z.B. 0) nicht vorhanden, also Übereinstimmung in 0.

Für eine Variable ist die Berechnung so einfach, dass es kaum zu veranschaulichen ist; bei mehreren Variablen werden in den einzelnen Zellen Summen ermittelt, was sich besser darstellen lässt (s.u.).

Beispiel:
Die beiden Fälle 1 und 2 besitzen in den Variablen VAR1 bis VAR6 die Werte 0, 1, 1, 0, 1 und 1 (Fall 1) bzw. 0, 1, 1, 0, 0, und 1 (Fall 2). Eine „1" bedeutet standardmäßig, also auch in diesem Beispiel, dass ein Wert bzw. Merkmal vorhanden ist, „0" bedeutet, dass der Wert bzw. das Merkmal nicht vorhanden ist. Jede andere Kodierung ist zulässig, solange sie systematisch ist. Die Übereinstimmungen (Typ a, Typ d) bzw. Nichtübereinstimmungen (Typ b, Typ c) der beiden Fälle in den vorhandenen bzw. nichtvorhandenen Werten werden anhand des o.a. Rechenschemas ermittelt und nach den Typen a, b, c, oder d klassifiziert.

Variablen / Fälle	VAR1	VAR2	VAR3	VAR4	VAR5	VAR6
Fall 1	0	1	1	0	1	1
Fall 2	0	1	1	0	0	1
Typ (a, b, c, d)	d	a	a	d	b	a

Diese Tabelle enthält das Ergebnis der Auszählungen für die Variablen VAR1 bis VAR6.

1.2 Hierarchische Clusteranalysen

Ergebnis		Fall 2 Merkmal	
		Vorhanden	Nicht vorh.
Fall 1 Merkmal	Vorhanden	3 (a)	1 (b)
	Nicht vorh.	0 (c)	2 (d)

CLUSTER ermittelt alle binären Maße aus den jeweiligen Summen der (Nicht)Übereinstimmung vom Typ a bis d, z.B. das Maß der Einfachen Übereinstimmung. Das Maß der Einfachen Übereinstimmung (SM, Simple Matching-Koeffizient) ergibt sich aus dem Verhältnis der Übereinstimmungen zur Summe aller Werte. Übereinstimmungen und Nichtübereinstimmungen sind gleich gewichtet.
Beispiel: Maß der Einfachen Übereinstimmung für die Variablen VAR1 bis VAR6: $SM_{(VAR1, VAR6)} = (a+d) / (a+b+c+d) = 5/6 = 0.833$.

Übereinstimmungskoeffizienten
Die folgende Tabelle enthält Übereinstimmungskoeffizienten. Alle Übereinstimmungskoeffizienten sind Ähnlichkeitsmaße und variieren, bei zwei Ausnahmen, von 0 bis 1: K1 und SS3 haben das Minimum 0, aber keine Obergrenze.

Nenner	Zähler	Gewichtungen	Gemeinsamer Nichtbesitz aus Zähler ausgeschlossen	Gemeinsamer Nichtbesitz in Zähler eingeschlossen
Alle Übereinstimmungen im Nenner eingeschlossen		Gleiche Gewichtung von Übereinstimmungen und Nichtübereinstimmungen	Russell & Rao RR	Einfache Übereinstimmung SM
		Doppelte Gewichtung von Übereinstimmungen		Sokal & Sneath 1 SS1
		Doppelte Gewichtung von Nichtübereinstimmungen		Rogers & Tanimoto RT
Gemeinsamer Nichtbesitz aus Nenner ausgeschlossen		Gleiche Gewichtung von Übereinstimmungen und Nichtübereinstimmungen	Jaccard JACCARD	
		Doppelte Gewichtung von Übereinstimmungen	Würfel DICE	
		Doppelte Gewichtung von Nichtübereinstimmungen	Sokal & Sneath 2 SS2	
Alle Übereinstimmungen aus dem Nenner ausgeschlossen		Gleiche Gewichtung von Übereinstimmungen und Nichtübereinstimmungen	Kulczynski 1 K1	Sokal & Sneath 3 SS3

Anmerkungen: In der Tabelle sind Übereinstimmungen als gemeinsames Vorhandensein (Typ a) oder als gemeinsames Nichtvorhandensein (Typ d) von Werten definiert. Nichtüber-

einstimmungen sind gleich der Summe Typ b plus Typ c. Übereinstimmungen und Nichtübereinstimmungen können gleich, aber auch verschieden gewichtet sein.
Die drei Koeffizienten JACCARD, DICE und SS2 stehen zueinander in monotonischer Beziehung, wie auch SM, SS1 und RT.

- SM: Das Maß der einfachen Übereinstimmung ist das Verhältnis der Übereinstimmungen zur Gesamtzahl der Werte. Übereinstimmungen und Nichtübereinstimmungen werden gleich gewichtet.
- DICE: Der Würfel-Index ist ein Index, in dem gemeinsam fehlende Größen aus der Betrachtung ausgeschlossen werden. Übereinstimmungen werden doppelt gewichtet (syn.: Ähnlichkeitsmaß nach Czekanowski oder Sorenson).
- JACCARD: Im Jaccard-Index werden gemeinsam fehlende Größen aus der Betrachtung ausgeschlossen. Übereinstimmungen und Nichtübereinstimmungen werden gleich gewichtet. Auch als Ähnlichkeitsquotient bekannt.
- K1: Der Kulczynski 1-Index stellt das Verhältnis der gemeinsamen Vorkommen zu allen Nicht-Übereinstimmungen dar. Dieser Index weist eine Untergrenze von 0 auf und ist nach oben unbegrenzt. Diese Größe ist theoretisch undefiniert, wenn keine Nichtübereinstimmungen vorliegen. SPSS ordnet jedoch einen willkürlichen Wert von 9999,999 zu, wenn der Wert undefiniert oder größer als dieser willkürliche Wert ist.
- RT: Im Ähnlichkeitsmaß nach Rogers und Tanimoto werden Nichtübereinstimmungen doppelt gewichtet.
- RR: RR ist die binäre Version des inneren (skalaren) Produkts nach Russel und Rao. Übereinstimmungen und Nichtübereinstimmungen werden gleich gewichtet. Dies ist die Standardeinstellung für binäre Ähnlichkeitsdaten.
- SS1: Im Sokal und Sneath 1-Index werden Übereinstimmungen doppelt gewichtet.
- SS2: Im Sokal und Sneath 2-Index werden Nichtübereinstimmungen doppelt gewichtet. Gemeinsam fehlende Größen sind von der Betrachtung ausgeschlossen.
- SS3: Im Sokal und Sneath 3-Index wird das Verhältnis zwischen Übereinstimmungen und Nichtübereinstimmungen dargestellt. Dieser Index weist eine Untergrenze von 0 auf und ist nach oben unbegrenzt. Diese Größe ist theoretisch undefiniert, wenn keine Nichtübereinstimmungen vorliegen. SPSS ordnet jedoch einen willkürlichen Wert von 9999,999 zu, wenn der Wert undefiniert oder größer als dieser willkürliche Wert ist.

Bedingte Wahrscheinlichkeiten
Die folgenden Maße ergeben Werte, die als bedingte Wahrscheinlichkeiten interpretiert werden können; alle drei Maße sind Ähnlichkeitsmaße.

- K2: Der Kulczynski 2-Index wird auf der Grundlage der konditionalen Wahrscheinlichkeit gebildet. Dabei wird von der Annahme ausgegangen, dass ein Merkmal bei einem Objekt nur dann auftritt, wenn dieses auch bei einem anderen Objekt auftritt. Die separaten Werte jedes Objekts, die als Vorhersagegröße des anderen Objekts dienen, werden zur Berechnung dieses Werts gemittelt.
- SS4: Der Sokal und Sneath 4-Index wird auf der Grundlage der konditionalen Wahrscheinlichkeit gebildet. Dabei wird davon ausgegangen, dass das Merkmal eines Objekts

1.2 Hierarchische Clusteranalysen

mit dem Wert eines anderen Objekts übereinstimmt. Die separaten Werte jedes Objekts, die als Vorhersagegröße des anderen Objekts dienen, werden zur Berechnung dieses Werts gemittelt.
- HAMANN: Der Hamann-Index stellt die Anzahl der Übereinstimmungen abzüglich der Anzahl der Nicht-Übereinstimmungen, geteilt durch die Gesamtanzahl der Einträge dar. Der Bereich liegt zwischen -1 und 1, jeweils einschließlich.

Maße der Vorhersagbarkeit
Die folgenden Maße ermitteln über die Assoziation die Vorhersagbarkeit einer Variablen, wenn die andere gegeben ist. Alle vier Maße ergeben Ähnlichkeiten.

- LAMBDA: Dieser Index ist das Lambda nach Goodman und Kruskal. Entspricht der proportionalen Fehlerreduktion, wobei ein Objekt zur Vorhersage des anderen verwendet wird (Vorhersage in beide Richtungen). Die Werte liegen im Bereich von 0 bis 1, jeweils einschließlich.
- D: Ähnlich wie bei Lambda entspricht der Index nach Anderberg der eigentlichen Fehlerreduktion, wobei ein Objekt zur Vorhersage des anderen verwendet wird (Vorhersage in beide Richtungen). Die Werte liegen im Bereich von 0 bis 1, jeweils einschließlich.
- Y: Yule's Y-Index stellt die Funktion des Kreuzverhältnisses für eine 2 x 2-Tabelle dar und besteht unabhängig von den Randhäufigkeiten. Er weist einen Bereich von -1 bis 1 auf, jeweils einschließlich. Er ist auch als Kolligationskoeffizient bekannt.
- Q: Yule's Q-Index stellt einen Spezialfall des Goodman-Kruskal-Gamma dar. Er ist eine Funktion des Kreuzverhältnisses und unabhängig von den Randhäufigkeiten. Er weist einen Bereich von -1 bis 1 auf, jeweils einschließlich.

Andere binäre Maße
Die folgenden Maße sind im Wesentlichen binäre Äquivalente zu Assoziationsmaßen für metrische Variablen bzw. Maße für spezielle Merkmale der Beziehung zwischen den Variablen.

- SS5: Im Sokal und Sneath 5-Index wird das Quadrat des geometrischen Mittelwerts für die konditionale Wahrscheinlichkeit von positiven und negativen Übereinstimmungen dargestellt. Er ist unabhängig von der Objektkodierung. Er weist einen Bereich von 0 bis 1 auf, jeweils einschließlich.
- BEUCLID: Binäre euklidische Distanz berechnet aus einer Vier-Felder-Tabelle als SQRT(b+c). Dabei stehen b und c für die den Fällen entsprechenden Zellen in der Diagonalen, die in einem Objekt vorhanden sind, im anderen jedoch fehlen.
- BSEUCLID: Binäre quadrierte euklidische Distanz berechnet als die Anzahl unharmonischer Fälle. Der Minimalwert beträgt 0, es gibt keine Obergrenze.
- SIZE: Die Größendifferenz ist ein Index für Asymmetrie. Der Bereich liegt zwischen 0 und 1, jeweils einschließlich.
- PATTERN: Die Musterdifferenz ist ein Unähnlichkeitsmaß für binäre Daten, das einen Bereich von 0 bis 1, jeweils einschließlich, aufweist. Berechnet aus einer Vier-Felder-Tabelle als bc/(n**2). Dabei stehen b und c für die den Fällen entsprechenden Zellen in

der Diagonalen, die in einem Objekt vorhanden sind, aber im anderen fehlen. n ist die Gesamtzahl der Beobachtungen.
- VARIANCE: Die Varianz berechnet aus einer Vier-Felder-Tabelle als (b+c)/4n. Dabei stehen b und c für die den Fällen entsprechenden Zellen in der Diagonalen, die in einem Objekt vorhanden sind, aber im anderen fehlen. n ist die Gesamtzahl der Beobachtungen. Der Bereich liegt zwischen 0 und 1, jeweils einschließlich.
- DISPER: Die Streuung als Ähnlichkeitsindex weist einen Bereich von -1 bis 1 auf, jeweils einschließlich.
- BSHAPE: Dieses Form-Distanzmaß weist einen Bereich von 0 bis 1 auf, jeweils einschließlich, und bestraft die Asymmetrie der Nichtübereinstimmungen.
- PHI: Die Phi-4-Punkt-Korrelation ist das binäre Äquivalent zum Korrelationskoeffizienten nach Pearson und weist einen Bereich von -1 bis 1 auf, jeweils einschließlich.
- BLWMN: Das Distanzmaß nach Lance und Williams wird aus einer Vier-Felder-Tabelle als (b+c)/(2a+b+c) berechnet, wobei a die den Fällen entsprechende Zelle darstellt, die in beiden Objekten vorhanden sind. b und c stellen die den Fällen entsprechenden Zellen in der Diagonalen dar, die in einem Objekt vorhanden sind, aber im anderen fehlen. Dieses Maß weist einen Bereich von 0 bis 1 auf, jeweils einschließlich (auch als der nichtmetrischer Koeffizient nach Bray-Curtis bekannt).
- OCHIAI: Der Ochiai-Index ist die binäre Form des Kosinus-Ähnlichkeitsmaßes. Er weist einen Bereich von 0 bis 1 auf, jeweils einschließlich.

Für Details wird auf die Spezialliteratur verwiesen (z.B. Bacher, 2002a, 200–209).

1.2.3 Demonstration: Bias beim eindimensionalen Clustern

Werden unterschiedliche Cluster-Algorithmen auf ein und dieselben Daten angewandt, sind übereinstimmende Lösungen eher die Ausnahme, eher verschiedene Lösungen das Ergebnis. Ursache dafür ist u.a. der inhärente Bias der jeweiligen Algorithmen (vgl. 1.1.3). Das Ziel dieses Exkurses ist, einen ersten Eindruck davon zu vermitteln, wie verschieden die Lösungen unterschiedlicher Cluster-Algorithmen sein können, wenn sie auf ein und dieselben SPSS Daten angewandt werden.

Die SPSS Cluster-Algorithmen BAVERAGE, WAVERAGE, SINGLE, COMPLETE, CENTROID, MEDIAN, sowie WARD clustern zu diesem Zweck die Variable „Sales of CDs" (SALES) aus der SPSS Datei Band.sav anhand des Maßes „Quadrierte euklidische Distanz". Das Ziel ist jeweils eine 3 Cluster-Lösung. Weil es sich hier um das Clustern nur *einer* Variablen handelt, wird dieser Vorgang auch als eindimensionales Clustern bezeichnet.

In diesem Kapitel wird die Anforderung bzw. Durchführung einer Clusteranalyse nicht extra erläutert. Als Protokoll ist jedoch die verwendete SPSS Syntax (Makro) unkommentiert wiedergegeben. Aus Platzgründen wird auf die Wiedergabe der weitergehenden SPSS Ausgabe zu den sieben Cluster-Durchläufen verzichtet.

Die ermittelten Lösungen werden in Form von deskriptiven Statistiken (u.a. Mittelwert, Standardabweichung, sowie N pro Gruppe), zweidimensionalen Streudiagrammen und grup-

1.2 Hierarchische Clusteranalysen

pierten Histogrammen beschreiben. Anschließend werden die jeweiligen Unterschiede zwischen den Lösungen hervorgehoben.

SPSS Syntax (Makroversion):
Das Makro MACLUST kann auch für zweidimensionales Clustern verwendet werden (siehe unten).

```
DEFINE !MACLUST (key1= !TOKENS(1)
                /key2= !TOKENS(1)
                /key3= !TOKENS(1) ).

GET FILE=
!quote(!concat('C:\Programme\SPSS\Samples\English\Samples\',
!KEY1,'.sav.')).

compute X_Kopie=!KEY2 .
exe.
compute DUMMY=1.
exe.
compute ID=$casenum.
exe.
formats ID (F8.0).

CLUSTER    !KEY2
  /METHOD !KEY3
  /MEASURE=SEUCLID
  /PRINT SCHEDULE
  /PLOT DENDROGRAM VICICLE(3,3,1)
  /SAVE CLUSTER(3).

GRAPH
  /SCATTERPLOT(BIVAR)=!KEY2 WITH X_Kopie BY CLU3_1 by ID (name)
  /MISSING=LISTWISE.

XGRAPH CHART=[HISTOBAR] BY !KEY2 [s] BY CLU3_1[c]
  /COORDINATE SPLIT=YES
  /BIN START=AUTO SIZE=AUTO
  /DISTRIBUTION TYPE=NORMAL.

MEANS TABLES=!KEY2 BY CLU3_1
  /CELLS COUNT MEAN STDDEV VAR .

!ENDDEFINE.
```

```
!MACLUST KEY1=BAND KEY2= sales KEY3= BAVERAGE  .
!MACLUST KEY1=BAND KEY2= sales KEY3= WAVERAGE  .
!MACLUST KEY1=BAND KEY2= sales KEY3= SINGLE    .
!MACLUST KEY1=BAND KEY2= sales KEY3= COMPLETE  .
!MACLUST KEY1=BAND KEY2= sales KEY3= CENTROID  .
!MACLUST KEY1=BAND KEY2= sales KEY3= MEDIAN    .
!MACLUST KEY1=BAND KEY2= sales KEY3= WARD      .
```

Ergebnisse:
Die Variable SALES (aus der SPSS Datei Band.sav) wurde mittels der SPSS Cluster-Algorithmen BAVERAGE, WAVERAGE, SINGLE, COMPLETE, CENTROID, MEDIAN, sowie WARD und des Maßes „Quadrierte euklidische Distanz" jeweils in eine 3 Cluster-Lösung überführt. An den unterschiedlichen Lösungen werden u.a. deskriptive Statistiken (u.a. Mittelwert, Standardabweichung, sowie N pro Gruppe) und Visualisierungen (zweidimensionalen Streudiagramme und gruppierte Histogramme) beschrieben.

Methode:

Average Linkage
(Between Groups)

Cluster	1	2	3
N	34	15	3
MW	1186	613	130
StdD	220	152	44
Varianz	48457	23265	1964

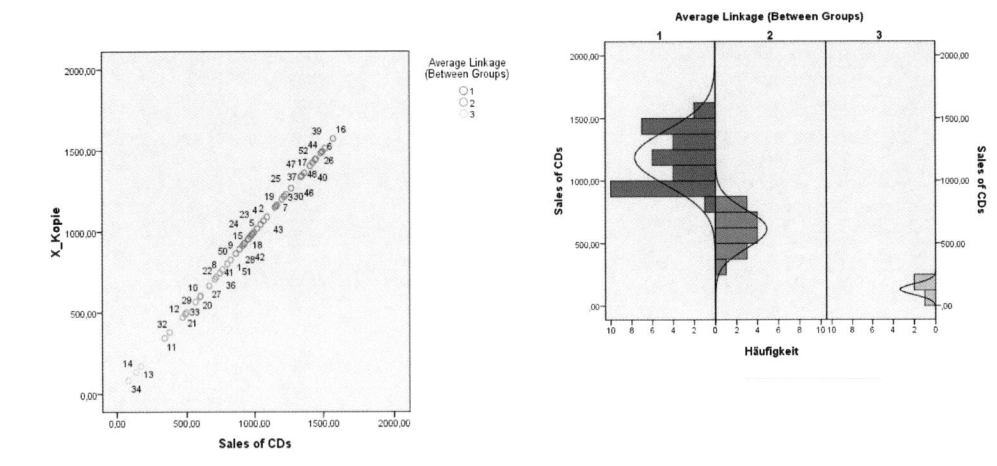

Die Methode „Average Linkage (Between Groups)" (BAVERAGE) erzielte drei Cluster. Der Cluster mit dem Kode 1 ist der größte Cluster (N=34), der Cluster mit dem Kode 2 ist der zweitgrößte Cluster (N=15), der Cluster mit dem Kode 3 ist der kleinste Cluster (N=3). Der

1.2 Hierarchische Clusteranalysen

Mittelwert nimmt ebenfalls ab von 1186, über 613, zu 130. Die Standardabweichung nimmt ebenfalls ab von 220, über 152, zu 44. Das zweidimensionale Streudiagramm zeigt, dass die Cluster 1 und 2 nahtlos ineinander übergehen. Cluster 3 beschreibt eher weiter entfernt liegende SALES-Werte („Ausreißer"). Das gruppierte Histogramm veranschaulicht deutlich die abnehmende Größe und Streuung der drei Cluster über das Kontinuum der SALES-Werte hinweg.

Methode:

Average Linkage
(Within Groups)

Cluster	1	2	3
N	34	15	3
MW	1186	613	130
StdD	220	152	44
Varianz	48457	23265	1964

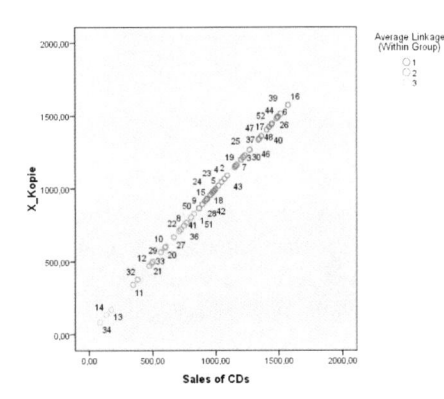

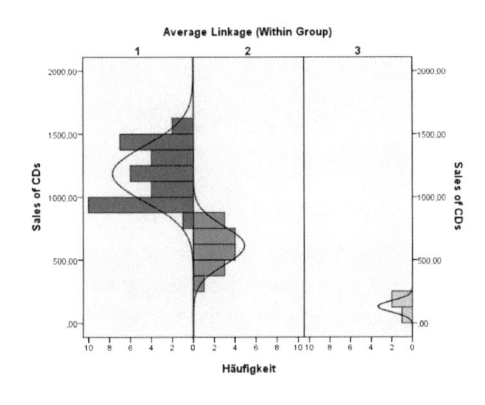

Die Methode „Average Linkage (Within Groups)" (WAVERAGE) erzielte drei Cluster. Die Parameter der 3 Cluster-Lösung stimmen mit dem Ergebnis von BAVERAGE (siehe oben) absolut überein.

Methode:

Single Linkage

Cluster	1	2	3
N	47	2	3
MW	1038	361	130
StdD	311	25	44
Varianz	96924	643	1964

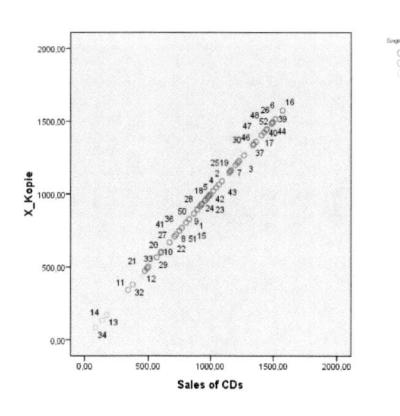

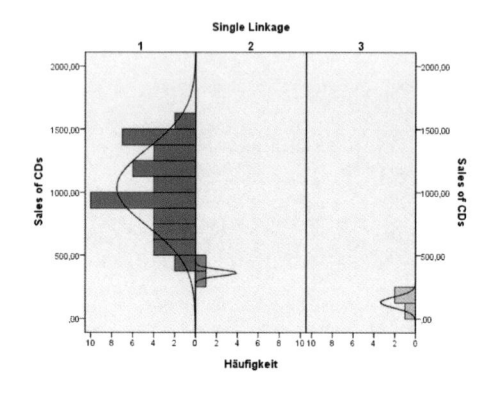

Die Methode „Single Linkage" (SINGLE) erzielte drei Cluster. Der Cluster mit dem Kode 1 ist der größte Cluster (N=47), der Cluster mit dem Kode 2 ist der *kleinste* Cluster (N=2), der Cluster mit dem Kode 3 ist der zweitgrößte Cluster (N=3). Der Mittelwert nimmt ab von 1038, über 361, zu 130. Die Standardabweichung verändert sich: Sie beginnt bei 311, und steigt von 25 wieder zu 44 an. Das zweidimensionale Streudiagramm zeigt, dass die Cluster 2 und 3 eher weiter entfernt liegende SALES-Werte („Ausreißer") beschreiben. Das gruppierte Histogramm veranschaulicht deutlich die Dominanz des ersten Clusters hinsichtlich N, Mittelwert und Streuung, und die beiden eher peripher liegenden Cluster 3 und 3 auf dem Kontinuum der SALES-Werte.

1.2 Hierarchische Clusteranalysen

Methode:

Complete Linkage

Cluster	1	2	3
N	34	15	3
MW	1186	613	130
StdD	220	152	44
Varianz	48457	23265	1964

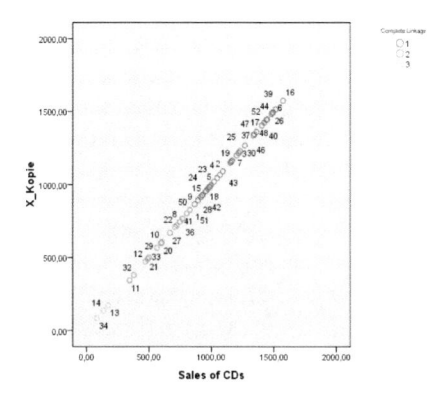

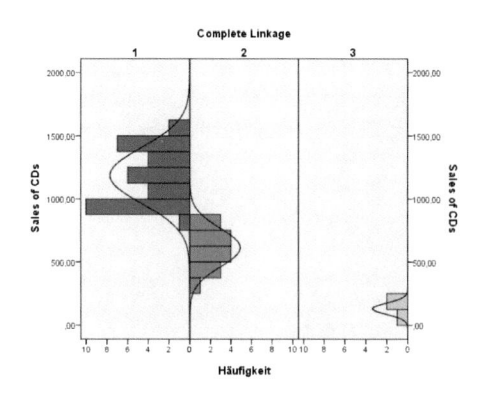

Die Methode „Complete Linkage" (COMPLETE) erzielte drei Cluster. Die Parameter der 3 Cluster-Lösung stimmen mit dem Ergebnis von BAVERAGE (siehe oben) absolut überein.

Methode:

Centroid

Cluster	1	2	3
N	22	19	11
MW	902	1353	395
StdD	123	136	189
Varianz	15024	18615	35668

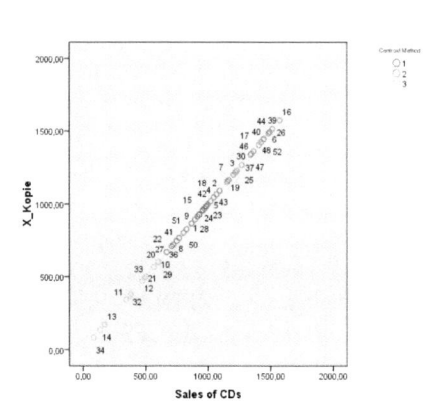

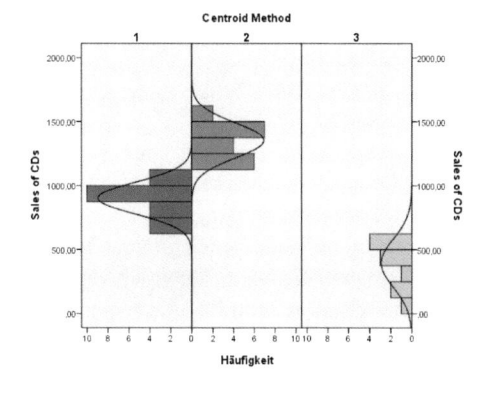

Die Methode „Zentroid-Linkage" (CENTROID) erzielte drei Cluster. Der Cluster mit dem Kode 1 ist der größte Cluster (N=22), der Cluster mit dem Kode 2 ist der zweitgrößte Cluster (N=19), der Cluster mit dem Kode 3 ist der kleinste Cluster (N=11). Der Mittelwert verändert sich von 902, *über 1353,* zu 395. Die Standardabweichung nimmt dagegen *sukzessive zu* von 123, über 136, zu 395. Das zweidimensionale Streudiagramm zeigt eine Besonderheit des Ergebnisses mittels CENTROID: *Cluster 2* beschreibt den oberen Bereich der SALES-Daten, bei den bisherigen Cluster-Algorithmen war es sonst Cluster 1. Cluster 2 und 1 gehen außerdem *nicht ganz* nahtlos ineinander über, sondern an einem kleinen Bruch im Kontinuum der SALES-Werte. Cluster 3 beschreibt insgesamt eher „locker" streuende SALES-Werte, gruppiert jedoch nicht ausschließlich Ausreißer. Das gruppierte Histogramm verdeutlicht das Vertauschen des Kodes („Position") von Cluster 1 und 2 auf dem Kontinuum der SALES-Werte.

Methode:

Median

Cluster	1	2	3
N	32	9	11
MW	1009	1475	395
StdD	195	52	189
Varianz	37843	2672	35668

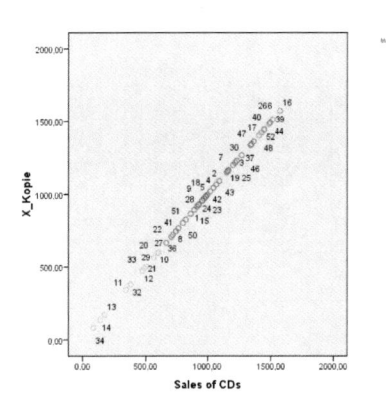

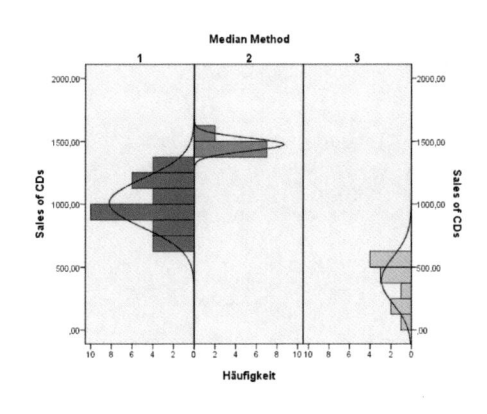

Die Methode „Median" (MEDIAN) erzielte drei Cluster. Der Cluster mit dem Kode 1 ist der größte Cluster (N=32), der Cluster mit dem Kode 2 ist der *kleinste* Cluster (N=9), der Cluster mit dem Kode 3 ist der zweitgrößte Cluster (N=11). Der Mittelwert verändert sich von 1009, *über 1475,* zu 395. Die Standardabweichung verändert sich von 1953, über 52, zu 189. Das zweidimensionale Streudiagramm zeigt dieselbe Besonderheit des MEDIAN-Ergebnisses wie zuvor bei CENTROID: *Cluster 2* beschreibt den oberen Bereich der SALES-Daten, nicht Cluster 1. Cluster 2 und 1 gehen ebenfalls, allerdings an einem anderen Bruch im Kontinuum der SALES-Werte ineinander über. Cluster 3 beschreibt dieselben SALE-Wertes wie die

1.2 Hierarchische Clusteranalysen

CENTROID-Methode: insgesamt eher „locker" streuende SALES-Werte, jedoch nicht ausschließlich Ausreißer. Das gruppierte Histogramm verdeutlicht das Vertauschen des Kodes („Position") von Cluster 1 und 2 auf dem Kontinuum der SALES-Werte.

Methode:

Ward

Cluster	1	2	3
N	22	19	11
MW	902	1353	395
StdD	123	136	189
Varianz	15024	18615	35668

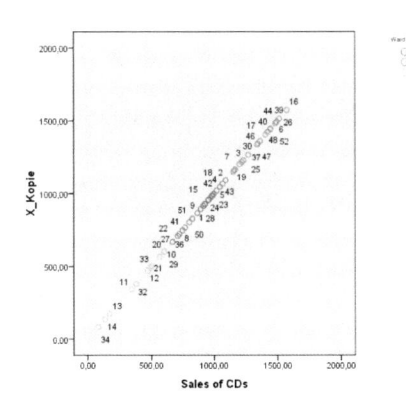

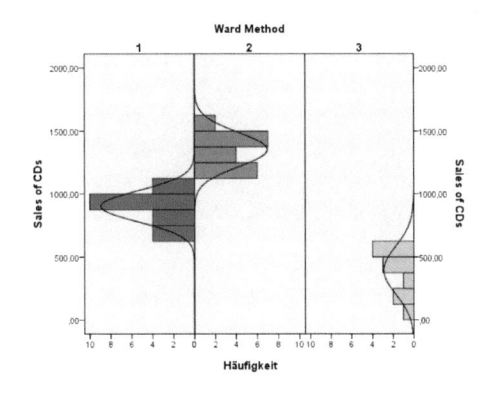

Die Methode „Ward" (WARD) erzielte drei Cluster. Die Parameter der 3 Cluster-Lösung stimmen mit dem Ergebnis von CENTROID (siehe oben) absolut überein.

Zusammenfassung:
Sieben Cluster-Algorithmen (BAVERAGE, WAVERAGE, SINGLE, COMPLETE, CENTROID, MEDIAN, sowie WARD) führten die Variable SALES anhand des Maßes „Quadrierte euklidische Distanz" jeweils in eine 3 Cluster-Lösung über. Sieben Algorithmen gelangten an einer Variablen mit 52 Fällen zu vier verschiedenen Lösungen. Nur aus der Einfachheit dieses Beispiel heraus erklärt es sich, dass drei Algorithmen eine bereits vorhandene Lösung erzielten. In Datensituationen mit mehr Variablen und Fällen ist eine Übereinstimmung annähend unwahrscheinlich.

Die (vier) Lösungen unterschieden sich in mehrerer Hinsicht: der Kodierung für die Gruppe (vgl. den Algorithmus „Centroid"), deskriptive Statistiken (N, Mittelwert, Standardabweichung) pro Gruppe, sowie auch unterschiedliche Verhältnisse der deskriptiven Statistiken (N, Mittelwert, Standardabweichung) zueinander (vgl. den Algorithmus „Average Linkage"). Nicht immer geht bei einer Clusterung mit einem hohen Mittelwert auch eine hohe Streuung einher (vgl. den Algorithmus „Median"). Die Visualisierung anhand des zweidimensionalen

Streudiagramms konnte z.B. außerdem den jeweiligen Bias des jeweiligen Algorithmus andeuten. Manche Algorithmen clustern tendenziell Ausreißer, andere eher „lockere" Gruppen.

Anwender seien durch dieses Beispiel angeregt, eine eigene Exploration von Cluster-Algorithmen an *zwei* Variablen vorzunehmen (vgl. auch 1.2.5).

1.2.4 Syntax von PROXIMITIES und CLUSTER

CLUSTER ist die Basissyntax für die hierarchische Clusteranalyse. PROXIMITIES wird dann eingesetzt, falls Matrizen aus (Un)Ähnlichkeitsmaßen und Distanzen für CLUSTER ermittelt werden sollen.

Syntax von PROXIMITIES:
PROXIMITIES ermittelt zahlreiche (Un)Ähnlichkeitsmaße und Distanzen für paarweise Fälle oder Variablen bzw. ermöglicht auch ihre Standardisierung und Transformation mittels verschiedener Methoden. PROXIMITIES ist nur für die Berechnung von mittelgroßen Datensätzen geeignet. Bei zu vielen Datenzeilen und -spalten in der Berechnung können Speicherprobleme auftreten. Bei der Berechnung der Koeffizienten werden Gewichte ignoriert; anwenderdefinierte Missings können einbezogen werden.

```
PROXIMITIES Varablenliste
/VIEW= [voreingestellt:] CASE [alternativ: VARIABLE]
/STANDARDIZE= [voreingestellt:] VARIABLE [alternativ: CASE
NONE Z SD RANGE MAX MEAN RESCALE
/MEASURE= [voreingestellt:] EUCLID [alternativ: SEUCLID, CO-
SINE, CORRELATION, BLOCK, CHEBYCHEV, POWER(Exp,Wurzel), MIN-
KOWSKI(Exp), CHISQ, PH2, RR(vh,nvh), SM(vh,nvh), JAC-
CARD(vh,nvh), DICE(vh,nvh), SS1(vh,nvh), RT(vh,nvh),
SS2(vh,nvh), K1(vh,nvh), SS3(vh,nvh), K2(vh,nvh), SS4(vh,nvh),
HAMANN(vh,nvh), OCHIAI(vh,nvh), SS5(vh,nvh), PHI(vh,nvh),
LAMBDA(vh,nvh), D(vh,nvh), Y(vh,nvh), Q(vh,nvh),
BEUCLID(vh,nvh), SIZE(vh,nvh), PATTERN(vh,nvh),
BSEUCLID(vh,nvh), BSHAPE(vh,nvh), DISPER(vh,nvh), VARI-
ANCE(vh,nvh), BLWMN(vh,nvh), NONE]
            [Transformationen: ABSOLUTE REVERSE RESCALE]
/PRINT=PROXIMITIES [alternativ: NONE]
/ID=Variablenname [alternativ: NONE]
/MISSING=EXCLUDE [alternativ: INCLUDE]
/MATRIX=IN('Pfad und Datensatz') OUT('Pfad und Datensatz').
```

Mittels der Prozedur PROXIMITIES können zahlreiche Unähnlichkeits-, Ähnlichkeits- und Distanzmaße für die als Liste angegebenen Variablen ermittelt werden. Die ermittelte Matrix dient der im Anschluss durchgeführten Clusteranalyse als Grundlage. /VIEW=CASE wird angegeben, wenn für eine fallorientierte Clusterung die Proximitätsmaße zwischen den Fällen der Datenmatrix ermittelt werden sollen; /VIEW=VARIABLE wird angegeben, wenn

Proximitätsmaße für eine variablenorientierte Clusterung berechnet werden sollen. /STANDARDIZE=VARIABLE wird angegeben, wenn die Variablenwerte für eine fallorientierte Clusterung standardisiert werden sollen. Für die Standardisierung einer variablenorientierten Analyse wird CASE angegeben bzw. NONE für keine Standardisierung. Die weiteren Standardisierungsvarianten sind Z (z-Transformation: Mittelwert=0, Standardabweichung=1), SD (Standardabweichung=1), RANGE (Spannweite=1), MAX (Maximum=1), MEAN (Mittelwert=1) und RESCALE (Reskalierung von 0 bis 1). Unter /MEASURE= kann ein Maß angegeben werden. Anstelle von „(vh/nvh)" wird die Kodierung für „vorhanden" bzw. „nicht vorhanden" angegeben. Für MINKOWSKI und POWER („Benutzerdefiniert") wird anstelle von „Exp" ein Exponent angegeben, für POWER unter „Wurzel" eine Wurzel. Für statistische Details wird auf den Abschnitt 1.2.2 verwiesen. Abschließend kann angegeben werden, ob an den ermittelten Proximitätsmaßen weitere Transformationen vorgenommen werden sollen. Über ABSOLUTE können Vorzeichen (z.B. bei Korrelationsmatrizen) ignoriert werden, wenn z.B. anstelle der Richtung des Zusammenhangs nur das absolute Ausmaß wichtig ist. Mittels REVERSE können Unähnlichkeitsmaße in Ähnlichkeitsmaße umgewandelt werden und umgekehrt. Über RESCALE können Proximitätsmaße auf einen Bereich von 0 bis 1 reskaliert werden. RESCALE sollte nicht bei Maßen angewandt werden, die bereits auf bedeutungshaltige Skalen standardisiert sind, z.B. Korrelationen, Kosinus und viele der Binärmaße. /PRINT= gibt standardmäßig den Namen des angeforderten Proximitätsmaßes und die Anzahl der einbezogenen Fälle zur Kontrolle aus. Über PROXIMITIES wird eine Matrix der Proximitätswerte angefordert. Werden viele Fälle oder Variablen in die Analyse einbezogen, kann die Ausgabe über NONE unterdrückt werden. Unter /ID= kann eine Stringvariable für die Fallbeschriftungen angegeben werden; standardmäßig werden sonst die Fälle mit den Zeilennummern des aktiven Arbeitsdatensatzes versehen. Von der Stringvariablen werden die ersten acht Zeichen verwendet. Bei PROXIMITIES werden systemdefinierte Missings standardmäßig listenweise aus der Analyse ausgeschlossen. Über /MISSING=EXCLUDE werden auch anwenderdefinierte Missings per Voreinstellung ausgeschlossen, können jedoch mittels INCLUDE in die Analyse einbezogen werden. Über /MATRIX IN= bzw. OUT= können Datensätze eingelesen bzw. angelegt werden, indem in Anführungszeichen der Pfad zum Speicherort und ein Datensatzname angegeben werden. Die Prozedur CLUSTER kann dann auf den abgelegten Datensatz zugreifen, wenn dort MATRIX IN= Pfad und Datensatzname aus PROXIMITIES angegeben werden (vgl. 1.2.5).

Syntax von CLUSTER:

```
CLUSTER Variablenliste (alternativ über MATRIX IN=, s.u.)
/MISSING=[voreingestellt: EXCLUDE] INCLUDE
/MEASURE= [voreingestellt:] SEUCLID [alternativ: EUCLID,
COSINE, CORRELATION, BLOCK, CHEBYCHEV, POWER(Exp,Wurzel),
MINKOWSKI(Exp), CHISQ, PH2, RR(vh,nvh), SM(vh,nvh),
JACCARD(vh,nvh), DICE(vh,nvh), SS1(vh,nvh), RT(vh,nvh),
SS2(vh,nvh), K1(vh,nvh), SS3(vh,nvh), K2(vh,nvh), SS4(vh,nvh),
HAMANN(vh,nvh), OCHIAI(vh,nvh), SS5(vh,nvh), PHI(vh,nvh),
LAMBDA(vh,nvh), D(vh,nvh), Y(vh,nvh), Q(vh,nvh), BEU-
```

```
CLID(vh,nvh), SIZE(vh,nvh), PATTERN(vh,nvh), BSEUCLID(vh,nvh),
BSHAPE(vh,nvh), DISPER(vh,nvh), VARIANCE(vh,nvh),
BLWMN(vh,nvh), NONE]
/METHOD=[voreingestellt:] BAVERAGE [alternativ: WAVERAGE SIN-
GLE COMPLETE CENTROID MEDIAN WARD]
/SAVE=CLUSTER(Lösung bzw. von, bis)
/ID=Stringvariable
/PRINT=CLUSTER(Lösung bzw. von, bis) DISTANCE SCHEDULE NONE
/PLOT=VICICLE(von,bis,n) HICICLE(von,bis,n) DENDROGRAM NONE
/MATRIX=IN('Pfad und Datensatz') OUT('Pfad und Datensatz').
```

Über die Prozedur CLUSTER können unterschiedlichste hierarchische Clusteranalysen durch eine flexible Kombinierbarkeit von Methoden (METHOD=) und Maßen (MEASURE=) angefordert werden (die technische Machbarkeit sollte dabei nicht mit dem statistisch Zulässigen bzw. inhaltlich Sinnvollen gleichgesetzt werden). Nach CLUSTER können Daten als Variablenlisten eingelesen werden; waren jedoch Standardisierungen etc. erforderlich, müssen die durch PROXIMITIES abgelegten Matrizen über MATRIX IN= eingelesen werden (CLUSTER ist selbst nicht in der Lage, Standardisierungen vorzunehmen). Bei CLUSTER werden systemdefinierte Missings standardmäßig listenweise aus der Analyse ausgeschlossen. Über /MISSING=EXCLUDE werden auch anwenderdefinierte Missings per Voreinstellung ausgeschlossen, können jedoch mittels INCLUDE in die Analyse einbezogen werden. Unter /MEASURE= kann ein Maß angegeben werden. Anstelle von „(vh/nvh)" wird die Kodierung für „vorhanden" und „nicht vorhanden" angegeben. Für MINKOWSKI und POWER („Benutzerdefiniert") wird anstelle von „Exp" ein Exponent angegeben, für POWER unter „Wurzel" eine Wurzel. Für statistische Details wird auf den Abschnitt 1.2.2 verwiesen. Bei CLUSTER können an dieser Stelle keine weiteren Transformationen vorgenommen werden.

Unter /METHOD= kann eine Methode angegeben werden; zur Verfügung stehen die Methoden SINGLE („Nächstgelegener Nachbar", syn.: „Single Linkage"), COMPLETE („Entferntester Nachbar", syn.: „Complete Linkage", BAVERAGE („Linkage zwischen den Gruppen", syn.: „Average Linkage Between Groups"), WAVERAGE („Linkage innerhalb der Gruppen", syn.: „Average Linkage within Groups"), MEDIAN („Median-Clusterung"), CENTROID („Zentroid-Clusterung") und WARD („Ward-Methode"). Für statistische Details wird auf den Abschnitt 1.2.2 verwiesen. Es können mehrere Methoden gleichzeitig angegeben werden. Nach jeder Methode kann in Klammern ein separater Name für die mittels SAVE gespeicherte Clusterzugehörigkeit angegeben werden.

Über /SAVE=CLUSTER wird die Clusterzugehörigkeit einer bestimmten Clusterlösung in den aktiven Datensatz abgelegt. Um die genaue Clusterlösung anzugeben, muss in der Klammer eine Zahl (z.B. „(2)" für eine 2-Cluster-Lösung) oder ein Bereich (z.B. „(2,4)" für Lösungen mit 2, 3, und 4 Clustern) angegeben werden. „CLUSTER(3)" legt z.B. die 3-Cluster-Lösung im Datensatz ab. Wurde nach der Methode in Klammern ein Name angegeben, wird unter dieser Bezeichnung die Clusterzugehörigkeit abgelegt; der vorgegebene Gruppenname wird um die Anzahl der enthaltenen Clusterlösungen ergänzt. Wird z.B. nach Methode als Clustervariable die Bezeichnung „Gruppe3" gewählt, aber mittels SAVE die Speicherung der 2-Cluster-Lösung veranlasst, so heißt die endgültig abgelegte Variable

„Gruppe32". SPSS kann beim wiederholten Ausführen eines Programms die bereits angelegte Variable aktualisieren (überschreiben).

Unter /ID= kann eine Stringvariable für die Fallbeschriftungen der Clusterzugehörigkeiten für die Ausgabe in der Clusterzugehörigkeitstabelle, dem Eiszapfendiagramm und dem Dendrogramm angegeben werden; wird keine ID-Variable angegeben, werden die Fälle mit den Zeilennummern des aktiven Arbeitsdatensatzes versehen.

Mittels des /PRINT-Unterbefehls kann die Ausgabe festgelegt werden, wie auch, für welche Clusterlösung(en) diese ausgegeben werden soll. Die Option SCHEDULE fordert eine Agglomerationstabelle („Zuordnungsübersicht") an, DISTANCE eine Proximitätsmatrix. Um die Ausgabe für die gewünschte(n) Clusterlösung(en) zu erhalten, wird in der Klammer nach CLUSTER eine Zahl (z.B. „(2)" für eine 2-Cluster-Lösung) oder ein Bereich (z.B. „(2,4)" für Lösungen mit 2, 3, und 4 Clustern) angegeben. „CLUSTER(3)" fordert z.B. die Ausgabe für eine 3-Cluster-Lösung aus. Wird /PRINT nicht angegeben, wird dennoch die Tabelle „Zuordnungsübersicht" ausgegeben; wird /PRINT angegeben, dann nur bei zusätzlicher Angabe der Option SCHEDULE. NONE unterdrückt SCHEDULE und DISTANCE.

Über /PLOT können ein Dendrogramm (Option DENDROGRAM) und Eiszapfendiagramme angefordert werden (vertikal: VICICLE, horizontal: HICICLE; auch beide gleichzeitig, es gelten jedoch nur die letzten Klammerangaben, s.u.). Wird /PLOT nicht angegeben, wird dennoch ein vertikales Eiszapfendiagramm ausgegeben. Über Angaben in Klammern können die VICICLE- bzw. HICICLE-Grafiken auf bestimmte Clusterlösungen eingeschränkt werden. Wird in der Klammer nur eine Zahl (z.B. „(5)") angegeben, werden alle Fusionen ab der 5-Cluster-Lösung angezeigt. Wird ein Bereich (z.B. „(1,5)") angegeben, werden abnehmend die 5- bis 1-Cluster-Lösung angezeigt. Über eine dritte Angabe kann spezifiziert werden, ob jede Lösung („1") oder nur jede $n$te Lösung angezeigt werden soll. Wird z.B. der Bereich (z.B. „(1,20,2)") angegeben, werden also nicht alle zwanzig Clusterlösungen von 20 bis 1 angezeigt, sondern abnehmend die 19- bis 1-Cluster-Lösung angezeigt, und darin nur jede zweite Lösung.

Falls nicht genug Arbeitsspeicher zur Verfügung steht, gibt SPSS gibt keine Grafiken aus. Nach einem ausreichenden Einschränken des Bereichs der gewünschten Fusionsebenen wäre SPSS jedoch wieder in der Lage, Grafiken zu erzeugen. NONE unterdrückt die Ausgabe der Grafiken.

Über /MATRIX IN= bzw. OUT= können Datensätze eingelesen bzw. angelegt werden, indem in Anführungszeichen der Pfad zum Speicherort und ein Datensatzname angegeben werden.

Tipp: Vor der Ausgabe unter dem Pfad: Bearbeiten → Optionen → Reiter: Viewer → Option: Textausgabe die Schriftart (Font) z.B. auf „New Courier" einstellen. Dies gewährleistet eine brauchbare Ausgabe der Eiszapfendiagramme.

1.2.5 Analyse von Intervalldaten – Mögliche Fehlerquellen erkennen und eingrenzen

Beispiel:
Eine Reihe von Ländern soll anhand von soziodemographischen Daten geclustert werden. Als Variablen werden zu diesem Zweck die Bevölkerungsanzahl, die Bevölkerungsdichte, die Lebenserwartung von Männern und Frauen, der Bevölkerungsanteil in Städten, das Bevölkerungswachstum sowie die Kindersterblichkeit herangezogen.
In der Analyse sollen also Fälle geclustert werden. Aufgrund weiterer Überlegungen zu Clustervorgang und -struktur wird das Maß quadrierte euklidische Distanz und die Single Linkage Methode gewählt. Das Verfahren soll ohne allzu strenge Anforderungen an die Homogenität überlappungsfreie Cluster erzeugen und ggf. Ausreißer identifizieren helfen.
Das folgende Beispiel basiert auf von SPSS mitgelieferten Datensätzen („World95.sav") und kann somit selbst nachgerechnet werden.

Das Vorgehen (Anpassung von Einstellungen an Datenlage)
Für diese Clusterung wird zunächst eine hierarchische Clusteranalyse mit dem Single Linkage-Verfahren und der quadrierten euklidischen Distanz als Proximitätsmaß gewählt.
Das folgende Vorgehen zielt anhand eines sehr einfachen Beispiels (Clusterung von 39 Fällen anhand von zwei intervallskalierten Variablen mit ungleichen Einheiten) darauf ab, das Identifizieren möglicher Fehlerquellen und ihres Effekts im Laufe einer Clusteranalyse zu vermitteln und ggf. Vorgehen und Analyse(Syntax) an die Datenlage anzupassen. Dem Beispiel vorgreifend werden fünf Durchgänge in der Berechnung unternommen. Andere Ausgangssituationen (mehr Variablen, Fälle, andere Skalenniveaus usw.) machen u.U. zusätzliche Schritte bzw. andere Vorgehensweisen erforderlich.

Schritt 1: Es wird eine Berechnung ohne Standardisierung (CLUSTER-Syntax) vorgenommen und die ermittelte Gruppenzugehörigkeit in einem bivariaten gruppierten Streudiagramm abgetragen. Die identifizierte mögliche Fehlerquelle ist hier, dass die verschiedenen Einheiten nicht standardisiert wurden. Weitere mögliche Fehlerquellen sind die vorgegebene Clusterzahl und der Bias der Methode (Chaining-Effekt).

Die Syntax von Schritt 1 wird unter „Erläuterung der Syntax" ausführlich erörtert.

Schritt 2: Es wird eine Berechnung mit Standardisierung vorgenommen (PROXIMITIES- und CLUSTER-Syntax) und die ermittelte Gruppenzugehörigkeit in einem bivariaten gruppierten Streudiagramm abgetragen. Als weitere mögliche Fehlerquellen verbleiben die vorgegebene Clusterzahl und der Bias der Methode (Chaining-Effekt).

Schritt 3: Es wird eine Berechnung mit Standardisierung vorgenommen (PROXIMITIES- und CLUSTER-Syntax). Die Clusterzahl wurde von 3 auf 2 geändert. Die ermittelte Gruppenzugehörigkeit wird in einem bivariaten gruppierten Streudiagramm abgetragen. Als weitere Fehlerquelle verbleibt ein möglicher Methoden-Effekt.

Schritte 4 und 5: Es werden zwei Rechendurchgänge mit den Einstellungen aus Schritt 3 vorgenommen. Als Variationen werden die Methoden COMPLETE bzw. WARD eingestellt.

1.2 Hierarchische Clusteranalysen

Die ermittelten Gruppenzugehörigkeiten werden in separaten, bivariat gruppierten Streudiagrammen abgetragen. Die Clusterungen stimmen mit den Ergebnissen aus Schritt 3 überein. Ein Methoden-Effekt ist ausgeschlossen.
Syntax und Ergebnis von Schritt 3 werden unter „Erläuterung der Syntax" ausführlich erörtert.

Anm.: Der Datensatz „world.sav" wird zuvor geöffnet und so gefiltert (z.B. über „Daten" → „Fälle auswählen", dass nur diejenigen Fälle behalten werden, die in der Variablen REGION die Ausprägung 1 oder 3 aufweisen (siehe auch Syntax).

Maussteuerung:
Pfad: Analysieren → Klassifizieren → Hierarchische Cluster…

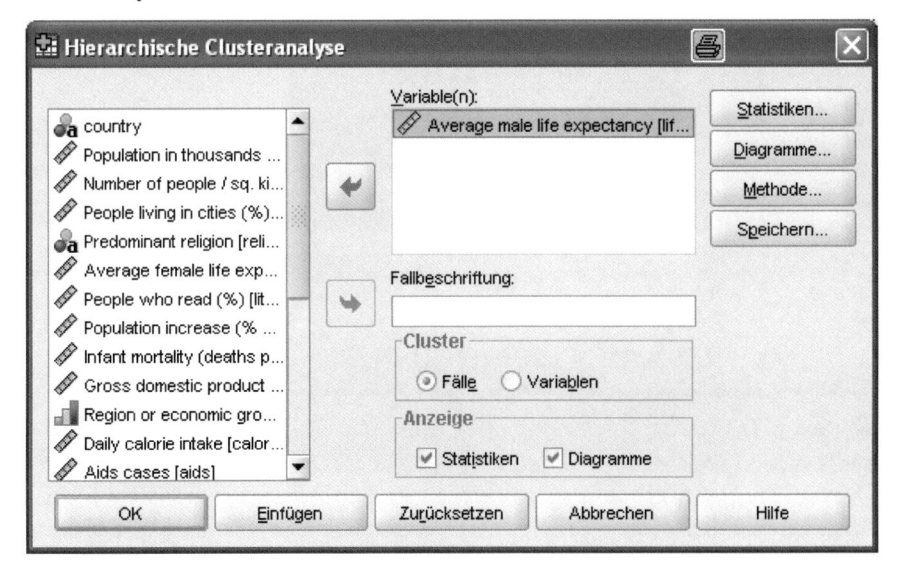

Hauptfenster:
Die zu clusternden Variablen werden aus dem Auswahlfenster links in das Feld „Variable(n):" rechts verschoben, z.B. „LIFEEXPM".

Unterfenster „Statistiken… ":
Aktivieren von „Zuordnungsübersicht" und „Distanz-Matrix". Unter „Cluster-Zugehörigkeit" unter „Einzelne Lösung" die Angabe „3" für „Anzahl der Cluster" eingeben. Dadurch wird zunächst eine 3-Cluster-Lösung angefordert.

Unterfenster „Diagramme… ":
Aktivieren von „Dendrogramm". Bei „Eiszapfendiagramm" keine weiteren Einschränkungen vornehmen; als Orientierung „horizontal" oder „vertikal" vorgeben.

Unterfenster „Methode… ":
Vorgabe des Maßes „Quadrierter Euklidischer Abstand" und der Cluster-Methode „Nächstgelegener Nachbar" (syn.: „Single Linkage"). In Schritt 1 werden keine weiteren Einstellun-

gen vorgenommen. Ab Schritt 2 wird unter „Werte transformieren" eine Standardisierung der verschiedenen Skaleneinheiten vorgenommen (als Option wird „Z-Werte" gewählt). Da eine fallweise Clusterung vorgenommen werden soll, erfolgt die Standardisierung nach Variablen. In den Schritten 4 und 5 werden nur noch die Cluster-Methoden variiert.

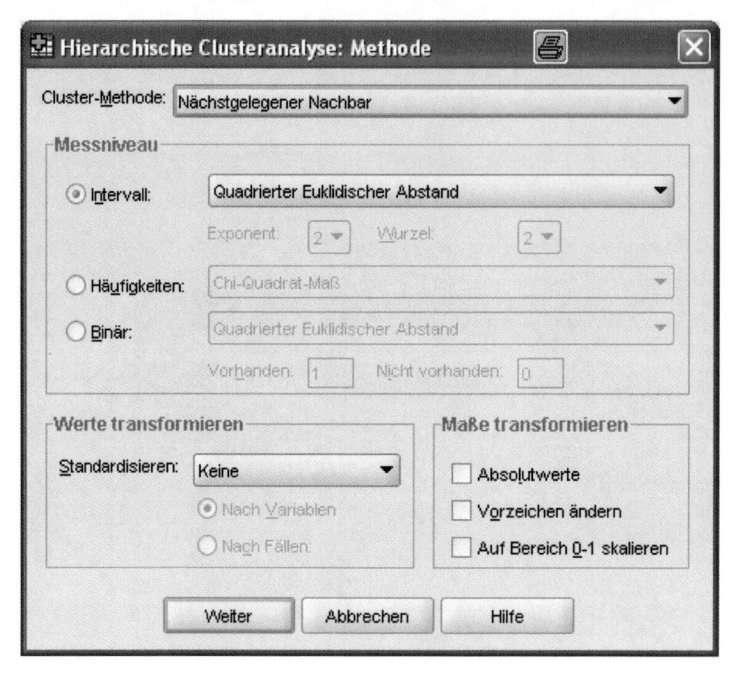

Unterfenster „Speichern ...":
Unter „Cluster-Zugehörigkeit" unter „Einzelne Lösung" 3 für „Anzahl der Cluster" eingeben. Dadurch wird eine 3-Cluster-Lösung gespeichert. In der Maussteuerung ist es im Gegensatz zur Syntaxsteuerung nicht möglich, dieser Klassifikationsvariablen einen eigenen Namen zu verleihen.

Im Anschluss werden diverse Variationen dieser ersten Analyse vorgenommen. Da bei den verschiedenen Rechendurchgängen nur kleinere Änderungen an den Einstellungen vorgenommen werden, kann auf die weitere Erläuterung der Mausführung verzichtet werden (auch, weil der Anwender schnell die Vorzüge der Syntaxsteuerung zu schätzen weiß).

Syntaxsteuerung:
Im Anschluss werden diverse Variationen dieser ersten Analyse vorgenommen. Da bei den verschiedenen Rechendurchgängen nur kleinere Änderungen an den Einstellungen vorgenommen werden, wird die vollständige Syntax nur einmal ganz erläutert, und dann nur noch für jeden Schritt die jeweiligen Anpassungen.

Die Basissyntax setzt sich aus den Schritten zum Einlesen (GET FILE=) und Filtern (SELECT IF) der Daten, der Analyse mittels Datensatz (CLUSTER) oder (Un)Ähnlich-

1.2 Hierarchische Clusteranalysen

keitsmatrix (PROXIMITIES plus CLUSTER) und abschließenden Schritten für ergänzende Tabellen und Grafiken zusammen (z.B. für Schritt 3).

```
GET
   FILE='C:\Programme\SPSS\...\World95.sav'.
select if (REGION=1 or REGION=3).
```

Basissyntax für eine hierarchische Clusteranalyse mittels eines Datensatzes (z.B. Schritt 1)

Basissyntax für eine hierarchische Clusteranalyse mittels einer (Un)Ähnlichkeitsmatrix (z.B. Schritt 3)

```
PROXIMITIES   calories lifeexpm
 /MATRIX OUT ('C:\spssclus.tmp')
 /VIEW= CASE
 /MEASURE= SEUCLID
 /PRINT   NONE
 /ID= country
 /STANDARDIZE= VARIABLE Z .
```

```
CLUSTER calories lifeexpm
/METHOD single (gruppe1)
/MEASURE= SEUCLID
/PRINT SCHEDULE CLUSTER(3)
/PRINT DISTANCE
/ID=country
/PLOT DENDROGRAM VICICLE
/SAVE CLUSTER(3) .
```

```
CLUSTER
/MATRIX IN ('C:\spssclus.tmp')
/METHOD single (gruppe3)
/PRINT SCHEDULE CLUSTER(2)
/PRINT DISTANCE
/ID=country
/PLOT DENDROGRAM VICICLE
/SAVE CLUSTER(2) .
```

Anmerkung: Ein Maß kann nur einmal angegeben werden. Entweder in CLUSTER bei der direkten Analyse eines Datensatzes (Syntax links) oder in PROXIMITIES bei der Ermittlung einer (Un)Ähnlichkeitsmatrix (Syntax rechts, PROXIMITIES-Abschnitt). Bei den Rechendurchgängen, die eine (Un)Ähnlichkeitsmatrix aus PROXIMITIES einbeziehen (Syntax rechts, CLUSTER-Abschnitt), würde die zusätzliche Angabe eines Proximitätsmaßes in CLUSTER über MEASURE= ignoriert werden, da dieses ja bereits der (Un)Ähnlichkeitsmatrix zugrunde liegt (PROXIMITIES-Abschnitt).

```
frequencies variables=gruppe32.

GRAPH
/SCATTERPLOT(BIVAR)=lifeexpm WITH calories
     BY gruppe32 BY country (NAME)
/MISSING=LISTWISE .
```

Das Ergebnis der fünf Durchgänge als bivariate Streudiagramme

Ergebnis Schritt 1:

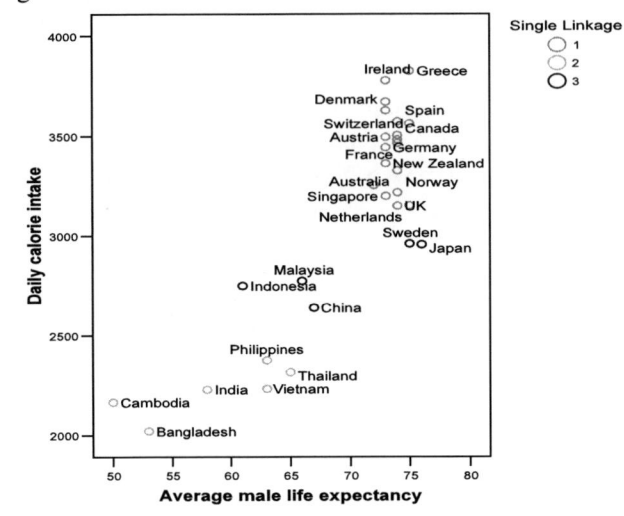

Mögliche Fehlerquellen:

Daten: Verschiedene Einheiten, aber keine Standardisierung.

Clusterzahl: 2 wären ggf. besser als 3.

Methode (Bias): Abstände innerhalb von Cluster 3 größer als Abstände zu Cluster 1 (Chaining-Effekt).

Anschließend vorgenommene Modifikationen am Vorgehen bzw. Anpassungen der Syntax: Standardisierung über PROXIMITIES.

Ergebnis Schritt 2:

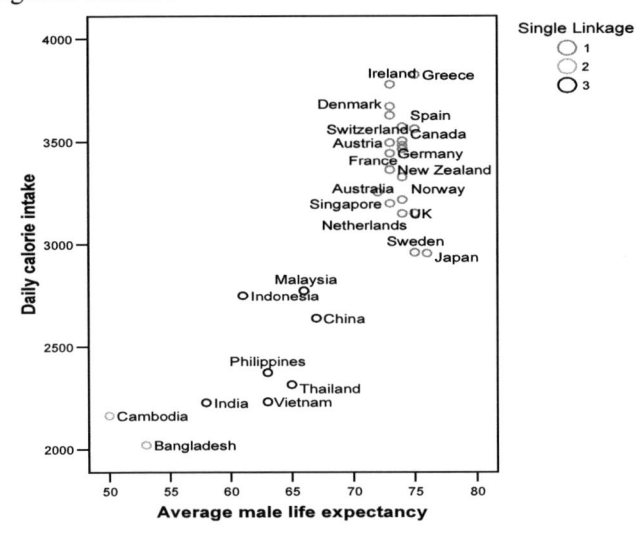

Standardisierung durchgeführt.

Verbleibende mögliche Fehlerquellen:

Clusterzahl: 2 wären ggf. besser als 3.

Methode (Bias): Abstände innerhalb von Cluster 3 größer als Abstände zu Cluster 2 (Chaining-Effekt), mit durch vorgegebene Clusterzahl bedingt.

Anschließend vorgenommene Modifikationen am Vorgehen bzw. Anpassungen der Syntax: Änderung der Clusterzahl von 3 auf 2, z.B. „CLUSTER(2)".

1.2 Hierarchische Clusteranalysen

Ergebnis Schritt 3:

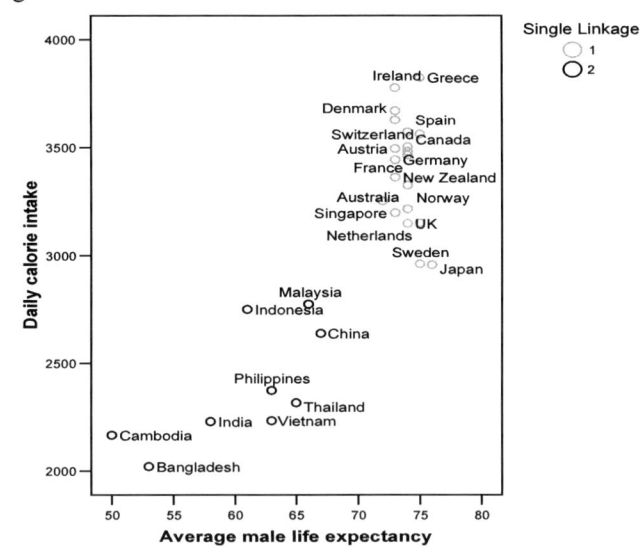

Standardisierung durchgeführt.

Clusterzahl angepasst.

Single Linkage ohne Bias-Effekt.

Verbleibende mögliche Fehlerquellen:

Methoden-Artefakt. Als alternative Ansätze werden Complete Linkage und Ward getestet; beide Ansätze bestätigen die ermittelte 2-Cluster-Lösung (s.u.).

Anschließend vorgenommene Modifikationen am Vorgehen bzw. Anpassungen der Syntax: Variation der Cluster-Methode, z.B. „COMPLETE" bzw. „WARD".

Ergebnisse Schritte 4 und 5:

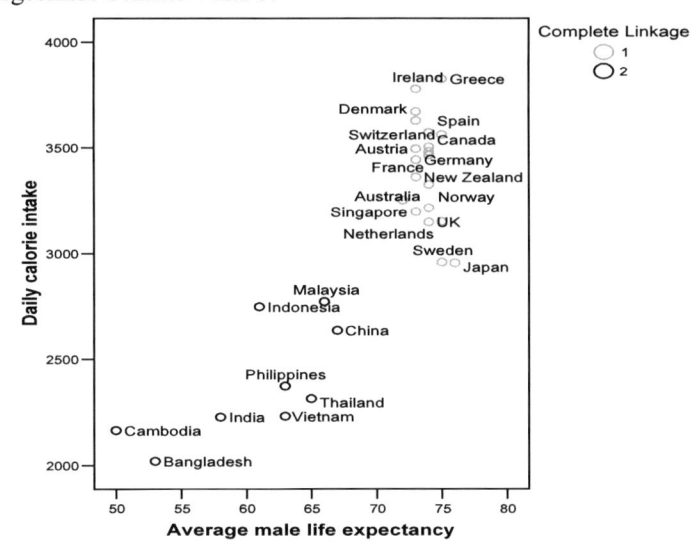

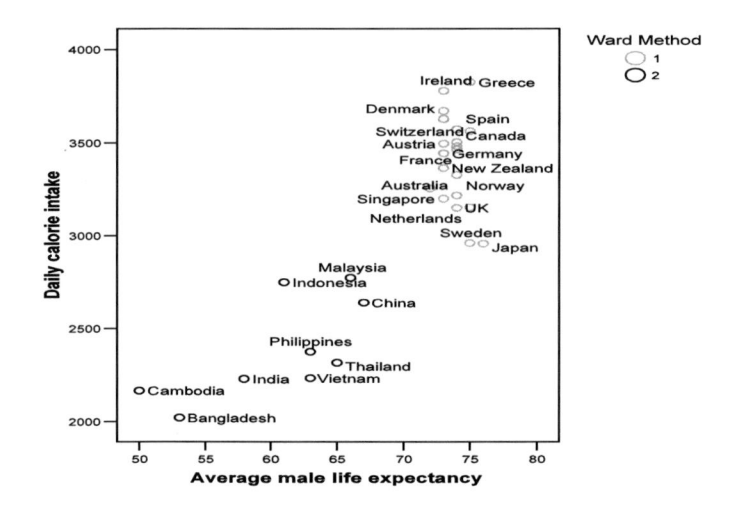

Erläuterung der Syntax:
Die CLUSTER-Syntax wird für Schritt 1 und Schritt 3 erläutert. Die PROXIMITIES-Syntax und ihre Abstimmung auf die CLUSTER-Syntax werden anhand von Schritt 3 erläutert.

Erläuterung CLUSTER-Syntax:
Mittels CLUSTER wird die Durchführung einer hierarchischen Clusteranalyse angefordert. Falls mit einem Datensatz gearbeitet wird, werden die zu clusternden Variablen direkt nach CLUSTER angegeben (vgl. Schritt1); falls mit einer von PROXIMITIES abgelegten (Un)Ähnlichkeitsmatrix gearbeitet werden soll, wird über /MATRIX IN auf diese Datei zugegriffen (vgl. Schritt 3). MEASURE=SEUCLID fordert als Maß die quadrierte euklidische Distanz an. Falls in CLUSTER mit einer (Un)Ähnlichkeitsmatrix gearbeitet wird (MATRIX IN; vgl. Schritt 3), braucht kein Maß mehr angegeben werden (MEASURE=), da dieses ja bereits der (Un)Ähnlichkeitsmatrix zugrunde liegt. /METHOD SINGLE ruft die Methode „Nächstgelegener Nachbar" (Single Linkage) auf. „(GRUPPE1)" legt den Namen für die Clusterzugehörigkeit fest. Über /ID wird die Labelvariable für die Beschriftungen festgelegt (im Beispiel: COUNTRY). Die beiden /PRINT Anweisungen geben eine Agglomerationstabelle (SCHEDULE) sowie eine Proximitätsmatrix (DISTANCE) für eine 3-Cluster-Lösung aus. Über /PLOT DENDROGRAM VICICLE werden ein Dendrogramm und ein vertikales Eiszapfendiagramm angefordert. Über SAVE wird die Variable für die Clusterzugehörigkeit im aktiven Datensatz abgelegt; der abgespeicherte Name lautet „GRUPPE13".

Erläuterung PROXIMITIES-Syntax:
Die Anweisung PROXIMITIES erlaubt, (Un)Ähnlichkeitsmatrizen zu erzeugen und weitere Transformationen (z.B. z-Standardisierungen) vorzunehmen. Im Beispiel berechnet PROXIMITIES aus den beiden Variablen eine Unähnlichkeitsmatrix, die der anschließend durchgeführten Clusteranalyse als Grundlage dient. Über /MATRIX OUT werden Speicherort (Pfad) und Name der (Un)Ähnlichkeitsmatrix angegeben, auf die CLUSTER zugreifen soll (vgl. Schritt 3). /VIEW=CASE gibt an, dass die Proximitätsmaße zwischen den Fällen der Datenmatrix ermittelt werden. Mittels /MEASURE=SEUCLID wird die quadrierte euklidi-

1.2 Hierarchische Clusteranalysen

sche Distanz als Maß vorgegeben. /PRINT NONE unterdrückt die Print-Ausgabe und /ID= zieht die Variable „COUNTRTY" für die Fallbeschriftungen heran. Da die Variablen verschiedene Skaleneinheiten aufweisen, werden sie über /STANDARDIZE=VARIABLE Z einer z-Transformation unterzogen, um ihre Einheitlichkeit zu gewährleisten.

Über CLUSTER wird dann die Berechnung der eigentlichen Clusteranalyse angefordert. In der Zeile /MATRIX IN wird auf die temporäre Datei aus der PROXIMITIES Anweisung zugegriffen. /METHOD SINGLE ruft die Methode „Nächstgelegener Nachbar" (Single Linkage) auf. Da in CLUSTER mit einer (Un)Ähnlichkeitsmatrix gearbeitet wird, braucht kein Maß mehr angegeben zu werden, da dieses ja bereits der (Un)Ähnlichkeitsmatrix zugrunde liegt. Über /ID wird die Variable für die Beschriftungen festgelegt. Die beiden /PRINT-Anweisungen geben eine Agglomerationstabelle (SCHEDULE) sowie eine Proximitätsmatrix (DISTANCE) aus. Über /PLOT DENDROGRAM VICICLE werden ein Dendrogramm und ein vertikales Eiszapfendiagramm ausgegeben.

Ausführliche Erläuterung der Ausgabe (Schritt 3)

Proximities

Verarbeitete Fälle[a]

Fälle					
Gültig		Fehlenden Werten		Insgesamt	
N	Prozent	N	Prozent	N	Prozent
29	76,3%	9	23,7%	38	100,0%

a. Quadrierte Euklidische Distanz wurde verwendet

Die Tabelle „Verarbeitete Fälle" gibt die Anzahl der Gültigen und Fehlenden Werte aus. Mittels /PRINT NONE wurde die Ausgabe weiterer Angaben unterdrückt. Im Beispiel gibt es bei den insgesamt 38 Fällen (Ländern) 9 Missings. Die Clusteranalyse wird also nur für 29 Fälle berechnet. In der Legende wird das Maß für die Berechnung der (Un)Ähnlichkeitsmatrix angegeben. Im Beispiel ist es die quadrierte euklidische Distanz.

Cluster

Näherungsmatrix

Fall	Quadriertes euklidisches Distanzmaß								
	1:Australia	2:Austria	3:Bangladesh	4:Cambodia	...	26:Thailand	27:UK	28:USA	29:Vietnam
1:Australia	,000	,290	13,929	15,549	...	4,457	,016	,738	5,813
2:Austria	,290	,000	15,676	16,893	...	6,122	,435	,107	7,557
3:Bangladesh	13,929	15,676	,000	,256	...	3,233	13,389	17,582	2,192
4:Cambodia	15,549	16,893	,256	,000	...	4,659	15,077	18,622	3,456
...	...	...	...	...	...	...	...	...	...
26:Thailand	4,457	6,122	3,233	4,659	...	,000	4,055	7,668	,105
27:UK	,016	,435	13,389	15,077	...	4,055	,000	,965	5,372
28:USA	,738	,107	17,582	18,622	...	7,668	,965	,000	9,204
29:Vietnam	5,813	7,557	2,192	3,456	...	,105	5,372	9,204	,000

Dies ist eine Unähnlichkeitsmatrix

Die Tabelle „Näherungsmatrix" enthält für die geclusterten Fälle oder Variablen die paarweisen Abstände in Form einer Matrix. Die Näherungsmatrix ergibt sich, indem die quadrierte euklidische Distanz (vgl. Tabelle „Verarbeitete Fälle") über die zwei Variablen CALORIES und LIFEEXPM für alle möglichen Länderpaare berechnet wird. Im Beispiel werden die 29 Länder als Unähnlichkeitsmatrix (siehe Legende) mit 29 Zeilen und 29 Spalten dargestellt. Aus Platzgründen wird die Originaltabelle verkürzt abgebildet (man kann sich jedoch vorstellen, wie unübersichtlich eine solche Tabelle sein mag, wenn hunderte von Fällen geclustert werden).

Da es sich im Beispiel um eine Unähnlichkeitsmatrix handelt (siehe Legende), drücken hohe Werte große Unähnlichkeit und somit geringe Ähnlichkeit aus (würde eine Ähnlichkeitsmatrix vorliegen, würden hohe Werte dagegen große Ähnlichkeit ausdrücken). Die Ähnlichkeit zwischen „Australia" und „Austria" (Unähnlichkeitsmaß: 0,290) ist also sehr hoch, während im Vergleich dazu die Ähnlichkeit zwischen „Australia" und „Cambodia" (Unähnlichkeitsmaß: 15,549) sehr niedrig ist.

Single Linkage

Zuordnungsübersicht

Schritt	Zusammengeführte Cluster		Koeffizienten	Erstes Vorkommen des Clusters		Nächster Schritt
	Cluster 1	Cluster 2		Cluster 1	Cluster 2	
1	5	9	,001	0	0	2
2	5	15	,002	1	0	6
3	7	28	,006	0	0	15
4	2	10	,009	0	0	9
5	1	27	,016	0	0	7
6	5	23	,016	2	0	9
7	1	18	,020	5	0	11
8	16	24	,020	0	0	22
9	2	5	,021	4	6	10
10	2	25	,021	9	0	12
11	1	22	,021	7	0	14
12	2	19	,023	10	0	13
13	2	20	,025	12	0	15
14	1	8	,031	11	0	17
15	2	7	,031	13	3	16
16	2	14	,040	15	0	17
17	1	2	,042	14	16	20
18	21	29	,070	0	0	21
19	6	17	,084	0	0	24
20	1	11	,089	17	0	22
21	21	26	,094	18	0	24
22	1	16	,126	20	8	28
23	3	4	,256	0	0	27
24	6	21	,443	19	21	25
25	6	12	,509	24	0	26
26	6	13	,511	25	0	27
27	3	6	,659	23	26	28
28	1	3	1,528	22	27	0

1.2 Hierarchische Clusteranalysen

In der Tabelle „Zuordnungsübersicht" sind die einzelnen Schritte der Clusterung nach dem Single Linkage-Verfahren dargestellt (wäre ein anderes Verfahren gewählt, würde in der Überschrift etwas anders stehen, z.B. „Ward" o.ä.). Die Tabelle zeigt, wie die einzelnen Fälle (Länder) schrittweise geclustert werden. In der Spalte „Schritt" sind die k-1 (N=28) Schritte aufgelistet, in deren Verlauf die k Länder (N=29) zusammengeführt werden. Die Spalte „Zusammengeführte Cluster" führt Schritt für Schritt auf, welche beiden Fälle bzw. Cluster agglomeriert werden. In Schritt 1 werden die Fälle 5 und Fälle 9 zusammengeführt; das entstehende Cluster übernimmt die Nummer des kleinsten Elements, also „5". Den Tabellen „Näherungsmatrix" (s.o.) und „Cluster-Zugehörigkeit" (s.u.) kann entnommen werden, dass es sich hierbei um „Canada" und „France" handelt. Es werden also immer die beiden Cluster (hier noch Fälle) aus der Matrix zusammengefasst, die die geringste quadrierte euklidische Distanz haben. In Schritt 2 wird nun dem Cluster „5" der Fall 15 („Italy") hinzugefügt usw. In Schritt 27 werden die beiden Cluster „3" und „6" zusammengefügt; im letzten Schritt die beiden Cluster „1" und „3". Die Spalte „Koeffizienten" gibt die zunehmende Heterogenität je nach gewähltem Maß und je nach Methode in Form von zunehmenden Unähnlichkeiten und Fehlerquadratsummen bzw. abnehmenden Ähnlichkeiten wieder. Da hier eine Unähnlichkeitsmatrix vorliegt, drücken die Koeffizienten eine nach jeder Agglomeration zunehmende Unähnlichkeit aus. Der Anstieg der Koeffizienten lässt oft Rückschlüsse auf eine sinnvolle Anzahl von Clustern zu. Gibt es je nach Maß einen deutlichen Anstieg bzw. Abfall, so macht es Sinn, alle Clusterlösungen ab dieser Stelle genauer zu untersuchen, z.B. von „27" nach „28".

Exkurs: Der Wert für die ersten beiden Cluster ist (immer) halb so groß wie in der Näherungsmatrix. Der erste Wert ist der Wert für die beiden am dichtesten beieinander liegenden Fälle. Der halbierte Wert liegt am weitesten zwischen beiden Fällen entfernt (also genau in der Mitte), und bildet die Grundlage für die Ermittlung der weiteren Cluster. Dieser erste „Punkt" kann daher noch direkt auf die Näherungsmatrix zurückgeführt werden, alle weiteren (weil iterativ ermittelten) Werte nicht.

Die Informationen „Erstes Vorkommen des Clusters" und „Nächster Schritt" erleichtern es, den Überblick über die Clusterfusionierung zu behalten. Die Spalte „Erstes Vorkommen des Clusters" enthält so viele Unterspalten, wie Cluster angefordert wurden. Unter „Cluster 1" wird z.B. angegeben, in welchem Schritt der erste der beiden zu fusionierenden Cluster zum ersten Mal auftrat. In Schritt „27" wird z.B. Cluster „3" mit Cluster „6" zusammengefügt. Cluster „3" taucht z.B. in Schritt „23" zum ersten Mal auf. In der Spalte „Cluster 2" usw. wird dies entsprechend für den zweiten und ggf. weitere Cluster angegeben. Die Spalte „Nächster Schritt" informiert darüber, in welchem Schritt der neu gebildete Cluster das nächste Mal auftaucht. Bei Schritt 15 steht in dieser Spalte z.B. „16", weil dieser Cluster Schritt 16 erneut in Erscheinung tritt.

Cluster-Zugehörigkeit

Fall	2 Cluster
1:Australia	1
2:Austria	1
3:Bangladesh	2
4:Cambodia	2
5:Canada	1
6:China	2
7:Denmark	1
8:Finland	1
9:France	1
10:Germany	1
11:Greece	1
12:India	2
13:Indonesia	2
14:Ireland	1
15:Italy	1
16:Japan	1
17:Malaysia	2
18:Netherlands	1
19:New Zealand	1
20:Norway	1
21:Philippines	2
22:Singapore	1
23:Spain	1
24:Sweden	1
25:Switzerland	1
26:Thailand	2
27:UK	1
28:USA	1
29:Vietnam	2

Die Tabelle „Cluster-Zugehörigkeit" zeigt für jeden Fall an (hier z.B. die zu clusternden Länder in der Spalte „Fall"), zu welchem Cluster er gehört. „Australia" gehört z.B. zum Cluster 1, „China" zum Cluster 2. Die Überschrift „2 Cluster" informiert darüber, dass es sich hier um eine 2-Cluster-Lösung handelt. Bei der Angabe eines Clusterbereiches werden mehrere Lösungen nebeneinander angezeigt. Diese Tabelle ist nur für eine überschaubare Anzahl an Fällen und Lösungen geeignet und sollte bei sehr umfangreichen Datensätzen nicht angefordert werden. Je nach Überschaubarkeit können die Cluster und zugeordneten Fälle unter- und miteinander verglichen werden.

Dem „Horizontalen Eiszapfendiagramm" kann aus einer grafischen Perspektive ebenfalls entnommen werden, wie die Fälle (Variablen) bzw. Cluster schrittweise zusammengefasst werden.

Anm.: Aus Platzgründen wurde das ursprünglich angeforderte „Vertikale Eiszapfendiagramm" durch eine horizontale Version ersetzt; der Inhalt ist selbstverständlich derselbe.

Tipp: Falls Sie noch mit älteren SPSS Versionen arbeiten, haben Sie die Möglichkeit, anstelle der Textausgabe eine ansprechendere Grafik für das Eiszapfendiagramms anzufordern. Aktivieren Sie dazu unter „Bearbeiten" → „Optionen" → Registerkarte „Skripts" die Optionen „Cluster_Table_Icicle_Create" und „Autoskript-Ausführung aktivieren".

Ein „Eiszapfendiagramm" ist schrittweise zu lesen. In der horizontalen Variante von oben nach unten, bei der vertikalen Variante von links nach rechts. Das „Eiszapfendiagramm" beginnt dabei bei der 1-Cluster-Lösung und löst sich dann sukzessive zur Anzahl der zu clusternden Elemente auf. Ein durchgehender Balken (bzw. lückenlose „x") bedeutet, dass

1.2 Hierarchische Clusteranalysen 59

alle Elemente zu einem Cluster gehören. Lücken in Balken bzw. „x" trennen die Cluster bzw. zeigen an, dass Elemente zu verschiedenen Gruppen gehören. Auf diese Weise lassen sich für alle Clusteranzahlen die entsprechenden Cluster bzw. Ländergruppierungen erkennen. Der Vorzug des Eiszapfendiagramms ist somit, dass es unkompliziert top-down gelesen werden kann, weil die Fälle nach ihrer Clusterzugehörigkeit angeordnet sind.

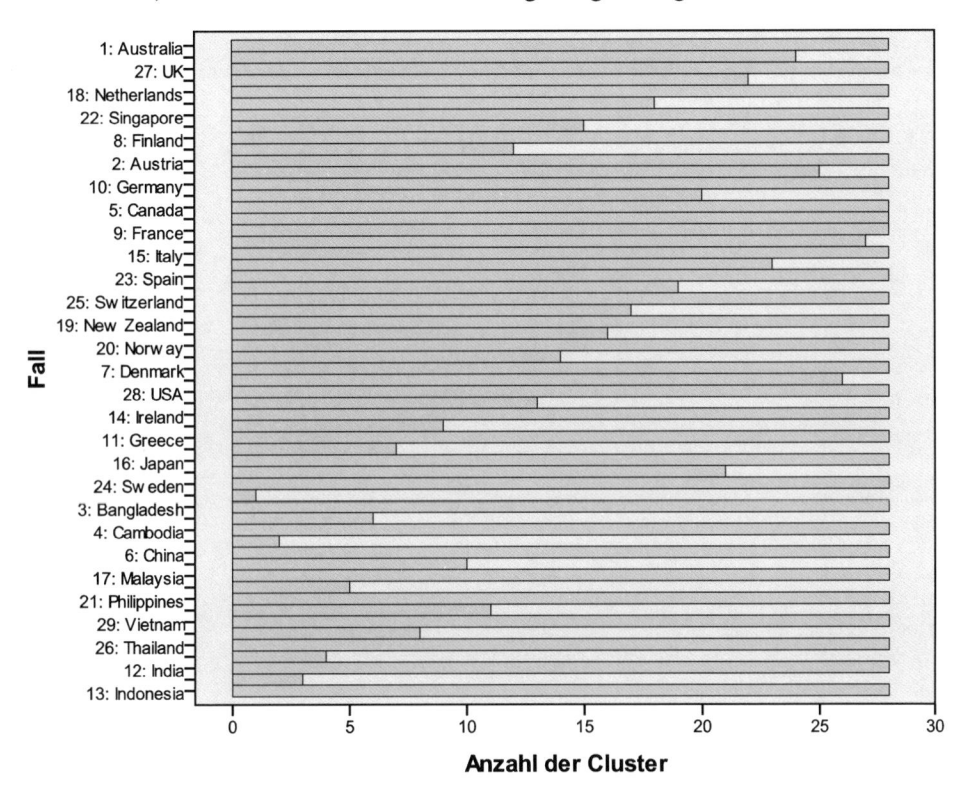

Unter „Anzahl der Cluster" 1 sind alle Elemente enthalten; im Beispiel bilden alle Länder die 1-Cluster-Lösung. Unter „Anzahl der Cluster" 2 werden alle Elemente an der Grenze zwischen „3: Bangladesh" und „4: Sweden" aufgeteilt (2-Cluster-Lösung). In den folgenden Schritten werden diese beiden Cluster jeweils weiter unterteilt, bis die einzelnen Elemente im letzten Schritt jeweils separate Cluster bilden.

Dendrogramm

Ein „Dendrogramm" gibt analog zum „Eiszapfendiagramm" ebenfalls das schrittweise Zusammenfassen von Fällen zu Clustern wieder. Bei beiden Diagrammen sind die Elemente (Fälle bzw. Variablen) nach ihrer Clusterzugehörigkeit geordnet. Die Skala ist von links nach rechts zu lesen. Zum „Eiszapfendiagramm" bestehen mehrere Unterschiede. Das Dendrogramm beginnt bei der k-Clusterlösung; das Eiszapfendiagramm bei der 1-Cluster-Lösung. Das Dendrogramm zeigt das Ausmaß der zunehmenden Unähnlichkeit bzw. abnehmenden Ähnlichkeit an; das Eiszapfendiagramm nicht. Das Dendrogramm erlaubt im Gegensatz zum Eiszapfendiagramm auch, die Lösungen auch anhand der relativen (weil standardisierten)

Heterogenität innerhalb und zwischen den Clustern direkt miteinander zu vergleichen. Der Vorzug des Dendrogramms ist somit, dass es unkompliziert bottom-up gelesen werden kann, weil zur Fusion der Fälle die damit einhergehende Heterogenität angezeigt wird. Im Dendrogramm sind die Proximitätsmaße auf eine Skala von 0 bis 25 vereinheitlicht (Rescaled Distance Cluster Combine), so dass das Dendrogramm auch anzeigt, wie die Heterogenitäten der einzelnen Clusterungen zueinander im Verhältnis stehen.

Anm.: Durch die Transformation treten in einem Dendrogramm u.U. Verzerrungen auf. Im Einzelfall ist die Abfolge der Fusionen nicht mehr genau zu erkennen. Für genauere Informationen sollte daher die Tabelle „Zuordnungsübersicht" mit den absoluten Proximitätsmaßen eingesehen werden.

```
Dendrogram using Single Linkage

                         Rescaled Distance Cluster Combine

         C A S E       0         5        10        15        20        25
     Label         Num  +---------+---------+---------+---------+---------+

     Canada          5  -+
     France          9  -+
     Italy          15  -+
     Spain          23  -+
     Austria         2  -+
     Germany        10  -+
     Switzerland    25  -+
     New Zealand    19  -+
     Norway         20  -+
     Denmark         7  -+
     USA            28  -+
     Ireland        14  -+
     Australia       1  -+-+
     UK             27  -+ |
     Netherlands    18  -+ +-+
     Singapore      22  -+ | |
     Finland         8  -+ | +------------------------------------+
     Greece         11  ---+ |                                    |
     Japan          16  -+---+                                    |
     Sweden         24  -+                                        |
     Bangladesh      3  ---------+-----------+                    |
     Cambodia        4  ---------+           |                    |
     China           6  ---+-----------+     |                    |
     Malaysia       17  ---+           +-+   +--------------------+
     Philippines    21  ---+           | |   |
     Vietnam        29  ---+-----------+ |   |
     Thailand       26  ---+             +---+
     India          12  ----------------+
     Indonesia      13  ----------------+
```

1.2 Hierarchische Clusteranalysen

Waagerechte Linien geben die Heterogenität wieder. Auf der Ebene der einzelnen Elemente (Cluster) beträgt diese noch Null. Je länger diese Linien werden, um größer ist die Zunahme an Heterogenität.

Senkrechte Linien geben also nicht nur an, welche Fälle zusammengefasst werden und somit einander ähnlich sind. Die Positionierung der senkrechten Linien von links nach rechts drückt auch den damit einhergehenden (zunehmenden) Heterogenitätsgrad aus. Bei den ersten Fusionen (ganz links) ist der Heterogenitätsgrad üblicherweise minimal (diese Elemente sind einander meist sehr ähnlich), bei der letzten Fusionierung der beiden Cluster oben und unten hin zur 1-Cluster-Lösung maximal (diese Fälle bzw. Cluster sind einander meist sehr unähnlich).

Die Länge der Linien erlaubt somit Rückschlüsse auf eine sinnvolle Anzahl von Clustern. Gibt es einen deutlichen Anstieg, so macht es Sinn, alle Clusterlösungen ab dieser Stelle genauer zu betrachten. Im Prinzip läuft dies darauf hinaus, eine Parallele zwischen die senkrechten Linien, über die längsten waagerechten Linien hinweg, hineinzudenken. Die Anzahl der Schnittpunkte an dieser Parallelen entspricht der Anzahl der formell in Frage kommenden Clusterlösungen, wobei die Heterogenität (Distanz) innerhalb und zwischen den verschiedenen Clusterlösungen beim Vergleich berücksichtigt werden sollte. Würde z.B. im o.a. Dendrogramm eine Parallele vor der letzten senkrechten Linie hineingedacht, hätte diese zwei Schnittpunkte, nämlich die des oberen und unteren Clusters. Anhand eines Dendrogramm lässt sich also schnell ablesen, in wie viele Cluster die vorliegenden Elemente (Fälle, Variablen) zusammengefasst werden können.

„Canada", „France" und alle anderen Elemente haben vor ihrer Clusterung eine standardisierte Distanz von 0. Das Cluster, das diese beiden Elemente mit den anderen Fällen bilden, hat eine Distanz von ca. 1. Nach der Fusionierung mit „Greece" hat dieses neue Cluster eine Distanz von ca. 2, nach der Fusionierung mit dem Cluster aus „Sweden" und „Japan" hat dieses neue Cluster eine Distanz von ca. 3, nach der Fusionierung mit dem anderen Cluster springt die standardisierte Distanz auf den maximal möglichen Wert 25. Die (vorletzte) 2-Cluster-Lösung weist einen weit günstigeren Heterogenitätsgrad als die 1-Cluster-Lösung auf. Für die untersuchten Daten des Beispiels drängt sich, zumindest formell gesehen, eine 2-Cluster-Lösung auf.

Zusätzlich wurde über FREQUENCIES eine Häufigkeitsauszählung der Fälle angefordert. Der Häufigkeitstabelle kann entnommen werden, dass im Schritt 3 mittels des Verfahrens „Single Linkage" zwei Cluster ermittelt wurden, wobei Cluster 1 20 Fälle und Cluster 2 9 Fälle enthält.

Single Linkage

		Häufigkeit	Prozent	Gültige Prozente	Kumulierte Prozente
Gültig	1	20	52,6	69,0	69,0
	2	9	23,7	31,0	100,0
	Gesamt	29	76,3	100,0	
Fehlend	System	9	23,7		
Gesamt		38	100,0		

Diese Häufigkeitsauszählung ist wichtig, um z.B. zu gewährleisten, dass die Cluster ausreichend Elemente enthalten, um zumindest quantitativ die Grundgesamtheit repräsentieren können. Idealerweise sollten sich Elemente in etwa gleichmäßig über die Cluster verteilen. Auffällig disproportionale Verteilungen (z.B. 90%:10%) bzw. Cluster mit extrem wenigen Elementen sind Hinweise darauf, dass der Clustervorgang überprüft werden sollte (z.B. auf Ausreißer).

Das mittels GRAPH angeforderte Streudiagramm wird im nächsten Abschnitt dargestellt.

Beurteilung der Clusterlösung mittels Grafiken und Statistiken
SPSS gibt derzeit keine grafischen Verfahren bzw. spezielle Teststatistiken zur Beurteilung der Clusterlösungen aus. Im Folgenden werden als Grafiken ein Streudiagramm, das Struktogramm, gruppierte Boxplots und als Statistiken F- und t-Werte vorgestellt. Die Datengrundlage für diese Beispiele basieren auf der 2-Cluster-Lösung aus Schritt 3.

Über GRAPH wurde ein gruppiertes bivariates Streudiagramm angefordert. Das Streudiagramm stellt die ermittelte Clusterlösung anhand der beiden zugrunde liegenden Variablen dar.

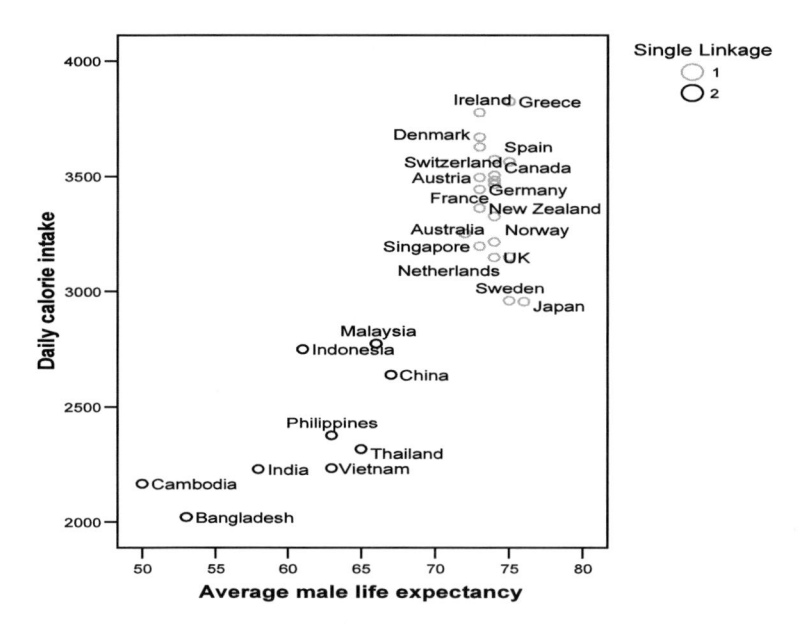

Die Tabelle „Zuordnungsübersicht" enthält unter „Koeffizienten" Werte für die jeweilige bzw. schrittweise zunehmende Intraclusterheterogenität, je nach zugrundeliegendem Maß in Form von zunehmender Unähnlichkeit oder auch abnehmender Ähnlichkeit. Der Begriff „Koeffizienten" ist relativ allgemeiner Natur; je nach Methode können die Koeffizienten als Distanzen (Ähnlichkeiten, Unähnlichkeiten) bzw. für Ward als Fehlerquadratsummen bezeichnet werden; entsprechend verschieden sind auch die Wertebereiche und Verlaufsrichtungen. Mit zunehmender Clusterzahl nimmt z.B. bei Ähnlichkeitsmaßen die Unähnlichkeit zu, bei Unähnlichkeitsmaßen dagegen die Ähnlichkeit ab.

1.2 Hierarchische Clusteranalysen

Werden die Koeffizienten aus der „Zuordnungsübersicht" aus Schritt 3 und die dazugehörige Schrittstufe in einen separaten SPSS Datensatz eingelesen und als bivariates Streudiagramm ausgegeben, kann die jeweilige Zunahme der Heterogenität in Abhängigkeit von der Schrittzahl in Gestalt eines Struktogramms (syn.: (umgekehrter, inverser) Scree-Plot) veranschaulicht werden. Als erste formal plausible Lösung kommt die Clusterlösung nach dem größten Knick (größter Heterogenitätszuwachs) in Frage; „erste formal plausible Lösung" bedeutet, dass alle Lösungen ab dieser Stelle interessant sein können. Tritt kein Knick auf, z.B. eine Art kurvilinearer Verlauf, so liegt keine Clusterlösung vor (Bacher, 2002a, 247–250).

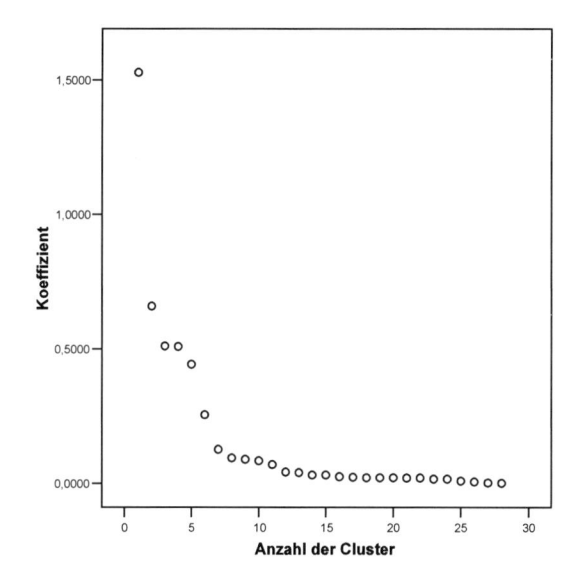

```
* Daten einlesen *.
data list
/ KOEFF 1-5 SCHRITT 7-8 .
begin data
0,001 1
0,002 2
...
0,659 27
1,528 28
end data.
exe.

* Umpolung:
 N=SCHRITT+1, z.B. 28+1 *.
compute
    NCLUSTER=29-SCHRITT.
exe.

variable labels
    KOEFF "Koeffizient"
    NCLUSTER "Anzahl
der Cluster".
 exe.

* Dezimalstellen *.
formats KOEFF (F8.4)
        NCLUSTER (F4.0).
exe.

* Grafik *.
GRAPH
  /SCATTERPLOT(BIVAR)=
      NCLUSTER with KOEFF
  /MISSING=LISTWISE .
```

Im Struktogramm ist vor der 2-Cluster-Lösung der größte Knick zu erkennen. Die 2-Cluster-Lösung erscheint daher plausibel. Die Anstiege in den Koeffizienten (Zunahme der Unähnlichkeit) sollten auch im Verhältnis der Anzahl der Cluster zur Anzahl der Fälle interpretiert werden. Eine 7-Cluster-Lösung macht z.B. bei 29 Fällen nur bedingt Sinn. Das Struktogramm entspricht übrigens dem Dendrogramm bis auf den Unterschied, dass im Dendrogramm die „Koeffizienten" zuvor so normiert („Rescaled") wurden, so dass der höchste Wert (im Beispiel: 1,528) (immer) 25 ist. Im Grunde liegen hier gleich drei Möglichkeiten für die Bestimmung der Anzahl der Cluster vor: die Tabelle „Koeffizienten" (in Form von Sprüngen), das Struktogramm (in Gestalt eines Knicks) und in einem Dendrogramm als flache Anstiege. Struktogramme können sich auch dahingehend unterscheiden, ob die Abtragung der Clusterschritte auf der x-Achse mit der k-Cluster- oder der 1-Cluster-Lösung begonnen wird.

Gruppierte Boxplots zeigen für jedes Cluster die zentrale Tendenz der in die Analyse einbezogenen Variablen an und erleichtern so die inhaltliche Beschreibung und Interpretation der Cluster(lösung). Gruppiert-multivariate Boxplots sind v.a. für die grafische Wiedergabe standardisierter Variablen in Form eines Profils geeignet; für Variablen mit extrem verschiedenen Einheiten (wie z.B. bei den vorliegenden Daten) sind Boxplots nicht geeignet (daher wurden für die Daten des Beispiels separate Boxplots angefordert). Anstelle von gruppierten Boxplots (angezeigt: Median) wären auch gruppierte multivariate Liniendiagramme bzw. Fehlerbalkendiagramme möglich (bei letzteren wird der Mittelwert angezeigt).

```
EXAMINE                            EXAMINE
  VARIABLES=calories BY gruppe32     VARIABLES=lifeexpm BY gruppe32
  /PLOT BOXPLOT                      /PLOT BOXPLOT
  /COMPARE GROUP                     /COMPARE GROUP
  /STATISTICS NONE                   /STATISTICS NONE
  /CINTERVAL 95                      /CINTERVAL 95
  /MISSING LISTWISE                  /MISSING LISTWISE
  /NOTOTAL.                          /NOTOTAL.
```

1.2 Hierarchische Clusteranalysen

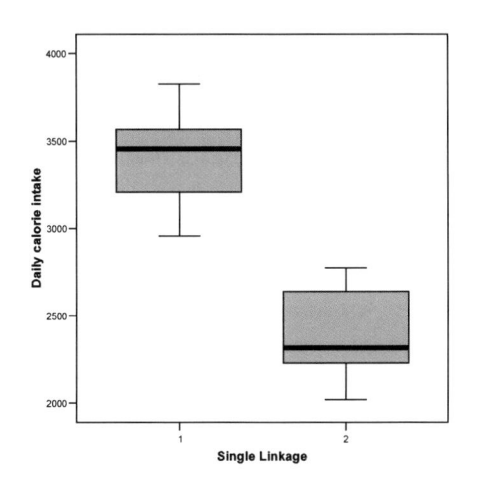

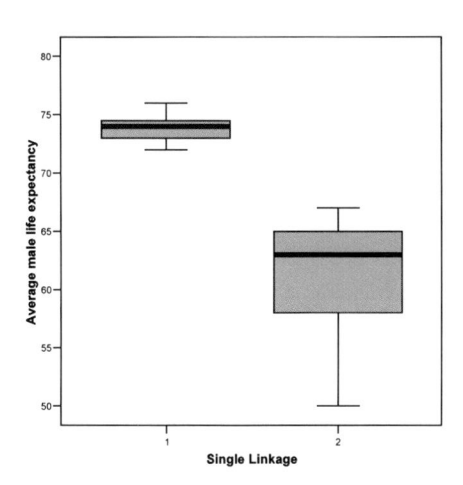

Anhand der gruppierten Boxplots ist auf den ersten Blick zu erkennen, dass sich Cluster 1 von Cluster 2 durch höhere Werte in der Lebenserwartung (rechts) und der täglichen Kalorienzufuhr (links) der Männer unterscheidet.

Als formelle Gütekriterien zur Beurteilung einer Clusterlösung werden v.a. F- und t-Werte herangezogen. F- und t-Werte basieren auf dem Vergleich von Parametern (Mittelwert und Varianz bzw. Standardabweichung) der einzelnen Variablen innerhalb eines ermittelten Clusters im Verhältnis zu den Parametern (Mittelwert und Varianz bzw. Standardabweichung) in den ungruppierten Ausgangsdaten, in anderen Worten: der 1-Cluster-Lösung.

Berechnung F-Wert$_{xy}$:

$F_{xy} = \text{Varianz}_{x \text{ in } y} / \text{Varianz}_x$

Die Varianz der Variable x im Cluster y wird im Verhältnis zur Varianz der Variablen x in den Ausgangsdaten gesetzt.

Berechnung t-Wert$_{xy}$:

$t_{xy} = (\text{Mw}_{x \text{ in } y} - \text{Mw}_x) / \text{StdDev}_{x \text{ in } y}$

Vom Mittelwert (Mw) der Variablen x im Cluster y wird der Mittelwert der Variablen x in den Ausgangsdaten subtrahiert und durch die Standardabweichung von x in y dividiert.

Die F-Werte dienen v.a. zur Evaluation der Güte der Cluster. Je kleiner ein F-Wert ist, umso homogener ist die Streuung innerhalb eines Clusters im Vergleich zu den ungeclusterten Ausgangsdaten. Ein F-Wert von 1 besagt, dass die Streuung der betreffenden Variablen innerhalb des Clusters genau der Streuung in den Ausgangsdaten entspricht. F-Werte > 1 sollten daher nicht auftreten, weil demnach die Streuung in den ungeclusterten Ausgangsdaten besser als innerhalb der Cluster wäre, was dem eigentlichen Ziel einer Clusteranalyse widersprechen würde. Das Ziel einer Clusteranalyse ist daher, dass möglichst viele Variablen F-Werte unter 1 erzielen. Sind die F-Werte aller Variablen eines Clusters < 1, so kann dieser Cluster als vollkommen homogen bezeichnet werden.

Die t-Werte dienen v.a. zur Beschreibung der Cluster anhand der betreffenden Variablen. Ein positiver t-Wert weist darauf hin, dass die betreffende Variable im jeweiligen Cluster eher

Werte über dem Durchschnitt annimmt; ein negativer t-Wert dagegen, dass die betreffende Variable im Cluster eher Werte unter dem Durchschnitt annimmt.

Die vorgestellte Berechnung mittels SPSS-Syntax ist nur eine von vielen möglichen Varianten. Diese Form wurde gewählt, um die einzelnen Schritte möglichst transparent zu machen (daher auch die Darstellung der Tabelle „Bericht" für die (un)gruppierten Daten, da einige der dort angegebenen Parameter in die Formeln eingesetzt werden).

Für alle Berechnungsvarianten ist jedoch unbedingt sicherzustellen, dass die verwendeten Parameter (Mittelwert und Varianz bzw. Standardabweichung) auf der Anzahl der Fälle basieren, die in die Clusteranalyse einbezogen wurden. Wurden z.B. wegen Missings Fälle aus einer Clusteranalyse (N=29) ausgeschlossen, kann das N für die deskriptiven Statistiken einzelner Variablen abweichen (z.B. N=38 bei LIFEEXPM) und der erzielte Parameter ungültig sein.

Parameter der (un)gruppierten Daten

Bericht

Single Linkage		Daily calorie intake	Average male life expectancy
1	Mittelwert	3399,80	73,85
	N	20	20
	Varianz	60859,326	,976
2	Mittelwert	2389,22	60,67
	N	9	9
	Varianz	72707,444	34,750
Insgesamt	Mittelwert	3086,17	69,76
	N	29	29
	Varianz	288460,291	49,118

```
means
   tables=
      CALORIES LIFEEXPM
   by GRUPPE32
   /cells mean count var .
```

```
aggregate
   /outfile='C:\Programme\SPSS\AGGREGIERT.SAV'
   /BREAK=GRUPPE32
   /LIFEMEAN 'Lebenserwartung (Mittelwert)' = MEAN(LIFEEXPM)
   /LIFESTDV 'Lebenserwartung (StdDev)'= SD(LIFEEXPM)
   /CALOMEAN 'Kalorien (Mittelwert)' =  MEAN(CALORIES)
   /CALOSTDV 'Kalorien (StdDev) ' = SD(CALORIES).

get file='C:\Programme\SPSS\AGGREGIERT.SAV'.
compute LIFEVAR=LIFESTDV*LIFESTDV.
exe.
compute CALOVAR=CALOSTDV*CALOSTDV.
save outfile='C:\Programme\SPSS\AGGREGIERT2.SAV'.
get
   file='C:\Programme\SPSS\AGGREGIERT2.SAV'.
list.
```

Liste

```
GRUPPE32  LIFEMEAN  LIFESTDV  CALOMEAN  CALOSTDV   LIFEVAR    CALOVAR

       1     73,85       ,99   3399,80    246,70       ,98   60859,33
       2     60,67      5,89   2389,22    269,64     34,75   72707,44
```

Number of cases read: 2   Number of cases listed: 2

Programm:

```
title "F-Werte".                     title "t-Werte".
get                                  get
  file='C:\Programme\SPSS\             file='C:\Programme\SPSS\
AGGREGIERT2.SAV'.                    AGGREGIERT2.SAV'.
if GRUPPE32=1                        if GRUPPE32=1
CLUS1F1= CALOVAR/288460.3.           CLUS1T1= (CALOMEAN-3086.17)
exe.                                 /(CALOSTDV).
if GRUPPE32=1                        exe.
CLUS1F2= LIFEVAR/49.118.             if GRUPPE32=1
exe.                                 CLUS1T2= (LIFEMEAN-69.76)
if GRUPPE32=2                        /(LIFESTDV).
CLUS2F1= CALOVAR/288460.3.           exe.
exe.                                 if GRUPPE32=2
if GRUPPE32=2                        CLUS2T1=( CALOMEAN-3086.17)
CLUS2F2= LIFEVAR/49.118.             /(CALOSTDV).
exe.                                 exe.
list                                 if GRUPPE32=2
variables=CLUS1F1 CLUS1F2            CLUS2T2= (LIFEMEAN-69.76)
CLUS2F1 CLUS2F2 .                    /(LIFESTDV).
                                     exe.
                                     list
                                     variables=CLUS1T1 CLUS1T2
                                     CLUS2T1 CLUS2T2 .
```

Ausgabe:

F-Werte
Liste

CLUS1F1	CLUS1F2	CLUS2F1	CLUS2F2
,21	,02	.	.
.	.	,25	,71

Number of cases read: 2
Number of cases listed: 2

t-Werte
Liste

CLUS1T1	CLUS1T2	CLUS2T1	CLUS2T2
1,27	4,14	.	.
.	.	-2,58	-1,54

Number of cases read: 2
Number of cases listed: 2

Die F-Werte aller Variablen sind kleiner als 1; alle Cluster können als vollkommen homogen bezeichnet werden. Die positiven t-Werte für Cluster 1 besagen, dass die betreffenden Variablen über dem Durchschnitt der Ausgangsdaten liegen; die Variablen im Cluster 2 liegen unter dem Durchschnitt (vgl. negative t-Werte).

Die ermittelten Clusterlösungen sind auf Interpretierbarkeit, Stabilität und Validität (1.4.3) zu prüfen. Eine Clusterlösung gilt dann als stabil, wenn sie trotz der Variation von in Frage kommender Methoden, Maße und (Sub)Stichproben, ggf. Merkmalen (Variablen) in etwa konstant bleibt.

Weitere Möglichkeiten (z.B. Doppelkreuzvalidierung inkl. Gamma bzw. Kappa, vgl. Bortz, 1993, 537–540) und Maßzahlen (z.B. Rand-Index, Teststatistiken nach Mojena, Gamma; vgl. Bacher, 2002a, 159–163, 253–257) zur Evaluation einer Clusterlösung stehen bei der hierarchischen Clusteranalyse in SPSS derzeit nicht zur Verfügung, können allerdings je nach Bedarf mittels SPSS Syntax selbst berechnet werden (z.B. kophenetischer Korrelationskoeffizient, vgl. 1.2.10).

Zusammenfassung der durchgeführten Schritte

- Grundsätzliche Entscheidung: Klassifikation von Fällen oder Variablen.
- Erste Überlegungen zu Clustervorgang und -struktur (Komplexität des Clustervorgangs, zu erwartende Clusterstruktur, Anzahl der Fälle, Anzahl von Clustern, Fälle pro Cluster, usw.)
- Auswahl der Variablen (üblicherweise Spalten eines Datensatzes).
- Auswahl der Fälle (üblicherweise Zeilen eines Datensatzes).
- Überprüfung von Variablen bzw. Fällen (Messgenauigkeit, Objekteigenschaften, Relevanz, Korreliertheit, Ausreißer, Konstanten usw.)
- Zusammenstellung der Ansprüche an Klassifikation (Invarianz gegenüber monotonen Transformationen, Überlappungen, Definition der Cluster, etc.).
- Auswahl des Verfahrens anhand dieser Ansprüche, wie auch den weiteren Besonderheiten des Verfahrens selbst (Bias).
- Überprüfung der Variablen auf gleiches Skalenniveau und gleiche Skaleneinheiten, ggf. Angleichung über Rekodierung, Standardisierung bzw. Gewichtung.
- Festlegung des Maßes u.a. anhand von gewähltem Verfahren, Skalenniveau, Fragestellung (Klassifikation von Fällen oder Variablen) und Bias des Maßes (v.a. bei binären Maßen).
- Durchführung der hierarchischen Clusteranalyse.
- Bestimmung der Clusterzahl anhand von Struktogramm, Dendrogramm bzw. Koeffizienten- und auch Häufigkeitstabelle (Repräsentativität).
- Stabilitätsprüfung(en). Stabilität ist eine notwendige Grundlage für Validität.
- Evaluation der gewählten Clusterlösung anhand von F-Werten.
- Inhaltliche Beschreibung und Interpretation der Cluster anhand von t-Werten, gruppierten Boxplots usw.
- Validitätsprüfung. Validität ist eine hinreichende Grundlage für Stabilität.
- Ggf. Wiederholung einzelner Schritte bzw. Schrittfolgen.

1.2 Hierarchische Clusteranalysen

Diese Schritte gelten im Prinzip für alle hierarchischen Methoden und Maße. Ergänzend wird auf die allgemeine Einführung in die Clusterverfahren, wie auch die besonderen Annahmen der hierarchischen Verfahren verwiesen.

1.2.6 Analyse von binären Daten (Einheitliche Daten)

Binäre Daten geben mit einem ersten Wert (üblicherweise 1) das Vorhandensein und mit einem zweiten Wert (üblicherweise 0) das Fehlen einer Eigenschaft an. In SPSS ist jede andere binäre Kodierung zulässig, solange sie systematisch ist (vgl. das u.a. Beispiel).

Beispiel und Berechnung
Für eine Personengruppe soll ermittelt werden, welche Gruppenmitglieder ähnlich in ihrer Einstellung zu bestimmten gesellschaftsrelevanten Fragestellungen sind. Die Personen wurden gebeten, ihre Zustimmung oder Ablehnung (ja /nein) zu folgenden Themen anzugeben: der Todesstrafe, der Einführung von Waffenscheinen, der Legalisierung von Marihuana, der Anti-Baby Pille für Jugendliche, Sexualkunde im Schulunterricht und der Aussage: „Eine Tracht Prügel hat noch niemandem geschadet."
In der Analyse werden Fälle geclustert. Aufgrund weiterer Überlegungen zu Clustervorgang und -struktur wird das Maß quadrierte euklidische Distanz für binäre Daten (BSEUCLID) und die Average-Methode Linkage zwischen den Gruppen gewählt. Das Verfahren soll überlappungsfreie Cluster erzeugen.
Da Vorgehen und Syntax im Wesentlichen dem Beispiel für intervallskalierte Daten entsprechen, werden im Folgenden nur noch die Besonderheiten erläutert.

```
GET FILE='C:\Programme\SPSS\...\names.sav'
 /keep=name todesstr waffen gras pille sexualkd prügel altergr.
exe.

CLUSTER  todesstr waffen gras pille sexualkd prügel
  /METHOD BAVERAGE
  /MEASURE= BSEUCLID (1,2)
  /ID=name
  /PRINT SCHEDULE
  /PRINT DISTANCE
  /PLOT DENDROGRAM VICICLE.
```

In dieser CLUSTER-Anweisung wurde als Verfahren /METHOD BAVERAGE (average linkage between groups) und als Maß /MEASURE=BSEUCLID (binary squared Euclidean distance) angegeben. Die Klammern hinter BSEUCLID (1,2) legen fest, dass eine 1 in der Datenmatrix Zustimmung (Vorhandensein des Merkmals) und eine 2 Ablehnung (nicht Vorhandensein des Merkmals) bedeuten.

Ausgabe und Erläuterungen (Zellen der Näherungsmatrix)

Cluster

Verarbeitete Fälle[b]

Fälle							
Gültig		\multicolumn{4}{c}{Abgelehnt}	Gesamt	
		Fehlender Wert		Binärer Wert außerhalb des zulässigen Bereichs[a]		Gesamt	
N	Prozent	N	Prozent	N	Prozent	N	Prozent
12	100,0	0	,0	0	,0	12	100,0

a. Wert weicht sowohl von 1 als auch von 2 ab.
b. Linkage zwischen den Gruppen

Die Tabelle „Verarbeitete Fälle" zeigt an, wie viele gültige und fehlende Werte es in der Datenmatrix gibt. Bei einem binären Maß wird unter „Abgelehnt" zusätzlich angegeben, ob und wie viele Fälle außerhalb des von BSEUCLID (1,2) definierten Wertebereichs vorkommen.

Falls Kodierungen und angegebene Wertebereiche nicht übereinstimmen, z.B. wenn die Daten 0/1-kodiert oder 0 oder 1 als Missings definiert sind, aber ein 1/2-Wertebereich angegeben ist, würde SPSS folgende Fehlermeldung ausgeben (vgl. die Fußnoten a. und b.):

Warnungen

Es sind nicht genügend gültige Fälle vorhanden, um die Clusteranalyse durchzuführen.

Verarbeitete Fälle[c]

Fälle							
Gültig		\multicolumn{4}{c}{Abgelehnt}	Gesamt	
		Fehlender Wert		Binärer Wert außerhalb des zulässigen Bereichs[a]		Gesamt	
N	Prozent	N	Prozent	N	Prozent	N	Prozent
0	,0	0	,0	12[b]	100,0	12	100,0

a. Wert weicht sowohl von 1 als auch von 2 ab.
b. Variablen, die die binären Werte außerhalb des gültigen Bereichs enthalten: Befürworter oder Gegner der Todesstrafe für Mord, Befürworter oder Gegner für Waffenscheine, Legalisierung von Marihuana, Verhütung bei Teenagern 14-16, Sexualkunde im Unterricht, Eine Tracht Prügel hat noch keinem geschadet
c. Linkage zwischen den Gruppen

1.2 Hierarchische Clusteranalysen

Näherungsmatrix

Fall	Binäres quadriertes euklidisches Distanzmaß											
	1:Hans	2:Kai	3:Elisa	4:Steffen	5:Judith	6:Silke	7:Frank	8:Moritz	9:Ulrich	10:Diana	11:Mark	12:Eva
1:Hans	0	3	4	3	2	5	4	4	3	2	1	4
2:Kai	3	0	5	2	3	4	1	5	2	1	4	3
3:Elisa	4	5	0	5	2	1	4	0	3	4	3	2
4:Steffen	3	2	5	0	5	4	1	5	2	3	4	3
5:Judith	2	3	2	5	0	3	4	2	3	2	1	4
6:Silke	5	4	1	4	3	0	3	1	2	3	4	1
7:Frank	4	1	4	1	4	3	0	4	1	2	5	2
8:Moritz	4	5	0	5	2	1	4	0	3	4	3	2
9:Ulrich	3	2	3	2	3	2	1	3	0	1	4	1
10:Diana	2	1	4	3	2	3	2	4	1	0	3	2
11:Mark	1	4	3	4	1	4	5	3	4	3	0	5
12:Eva	4	3	2	3	4	1	2	2	1	2	5	0

Dies ist eine Unähnlichkeitsmatrix

Die Näherungsmatrix basiert auf einer Unähnlichkeitsmatrix. Höhere Werte bedeuten also größere Unähnlichkeit und geringere Ähnlichkeit. Das quadrierte euklidische Distanzmaß ergibt sich aus der Anzahl von Wertepaaren, in denen eine Übereinstimmung vorliegt, während die andere nicht vorliegt.

Beispielberechnung für den Wert von Hans und Elisa (Binäre quadrierte euklidische Distanz=4). Die Datensituation für Hans und Elisa sieht folgendermaßen aus:

Variablen / Fälle	TODESSTR	WAFFEN	GRAS	PILLE	SEXUALKD	PRÜGEL
Elisa	1	1	2	1	2	2
Hans	2	2	2	1	1	1

Elisa und Hans besitzen in den Items TODESSTR, WAFFEN, GRAS, PILLE, SEXUALKD, PRÜGEL und PRÜGEL die Werte 2, 2, 2, 1, 1 und 1 (Hans) bzw. 1, 1, 2, 1, 2 und 2 (Elisa). Eine „1" bedeutet, dass ein Wert bzw. Merkmal vorhanden ist, „2" bedeutet, dass der Wert bzw. das Merkmal nicht vorhanden ist. Die Übereinstimmungen (Typ a, Typ d) bzw. Nichtübereinstimmungen (Typ b, Typ c) der beiden Fälle werden pro Variable (Item) anhand des folgenden Schemas klassifiziert.

Klassifikationsschema für die (Nicht)Übereinstimmung in einem Item		Fall 2 Merkmale	
		Vorhanden	Nicht vorh.
Fall1 Merkmale	Vorhanden	a	b
	Nicht vorh.	c	d

Zelle a: Bei beiden Fällen ist im Item das betreffende Merkmal (z.B. 1) vorhanden, also Übereinstimmung in 1.

Zelle b: Nur Elisa weist im Item das betreffende Merkmal (z.B. 1) auf, Nichtübereinstimmung Typ b.

Zelle c: Nur Hans weist im Item das betreffende Merkmal (z.B. 1) auf, Nichtübereinstimmung Typ c.

Zelle d: Bei beiden Fällen ist im Item das betreffende Merkmal (z.B. 2) nicht vorhanden, also Übereinstimmung in 2.

Die (Nicht)Übereinstimmungen der beiden Fälle werden nach den Typen a, b, c, oder d klassifiziert.

Variablen / Fälle	TODESSTR	WAFFEN	GRAS	PILLE	SEXUALKD	PRÜGEL
Elisa	1	1	2	1	2	2
Hans	2	2	2	1	1	1
a, b, c, d	b	b	d	a	c	c

Die letzte Zeile enthält die jeweilige Klassifikation der (Nicht)Übereinstimmung; diese werden aufaddiert (s.u.).

Ergebnis für Hans und Elisa		Elisa (6 Items)	
		Vorhanden	Nicht vorh.
Hans (6 Items)	Vorhanden	1	2
	Nicht vorh.	2	1

Die Binäre euklidische Distanz wird über die Summe aus den Zellen b und c ermittelt (vgl. Command Syntax Reference): BSEUCLID $_{\text{(todesstr waffen gras pille sexualkd prügel)}}$ = $b + c = 4$.

Linkage zwischen den Gruppen

Zuordnungsübersicht

Schritt	Zusammengeführte Cluster		Koeffizienten	Erstes Vorkommen des Clusters		Nächster Schritt
	Cluster 1	Cluster 2		Cluster 1	Cluster 2	
1	3	8	,000	0	0	6
2	9	12	1,000	0	0	8
3	5	11	1,000	0	0	7
4	2	10	1,000	0	0	8
5	4	7	1,000	0	0	9
6	3	6	1,000	1	0	10
7	1	5	1,500	0	3	10
8	2	9	2,000	4	2	9
9	2	4	2,000	8	5	11
10	1	3	3,333	7	6	11
11	1	2	3,556	10	9	0

Die Koeffizienten drücken zunehmende Unähnlichkeit aus. Eine Reihe von Pärchen (Dyaden) weisen eine quadrierte euklidische Distanz von 1 auf.

1.2 Hierarchische Clusteranalysen

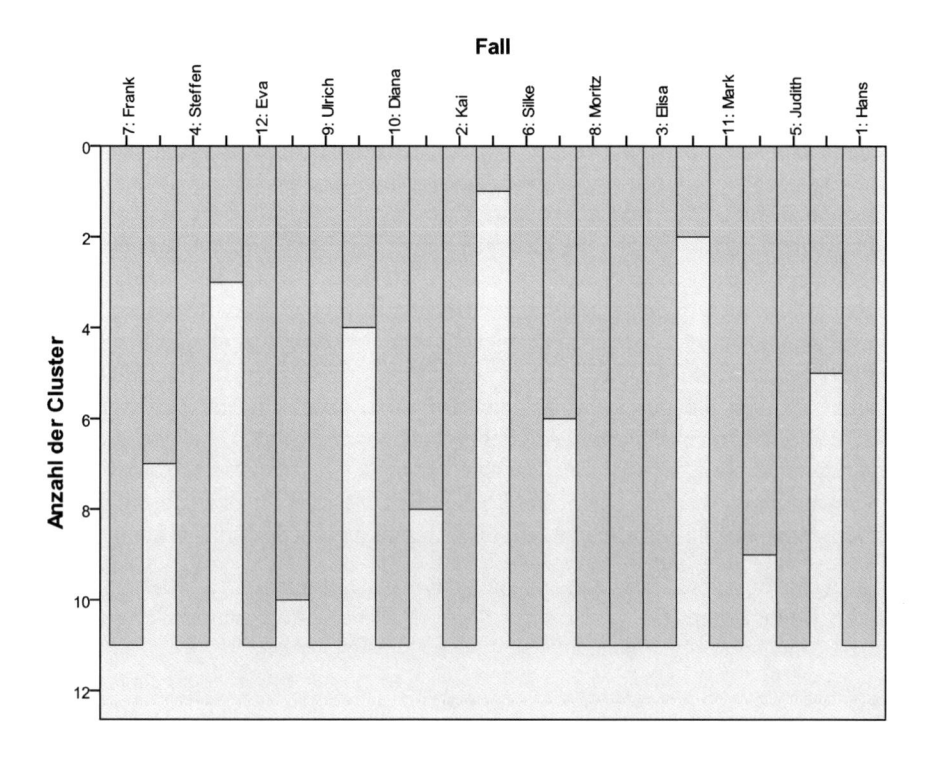

Dendrogramm

```
Dendrogram using Average Linkage (Between Groups)

                     Rescaled Distance Cluster Combine

    C A S E      0         5        10        15        20        25
  Label    Num   +---------+---------+---------+---------+---------+

  Elisa      3   -+-------------+
  Moritz     8   -+             +------------------------------+
  Silke      6   ---------------+                              +-+
  Judith     5   ---------------+-----+                        | |
  Mark      11   ---------------+     +------------------------+ |
  Hans       1   ---------------------+                          |
  Steffen    4   -------------+-------------+                    |
  Frank      7   -------------+             +--------------------+
  Ulrich     9   -------------+-------------+
  Eva       12   -------------+             |
  Kai        2   -------------+-------------+
  Diana     10   ---------------+
```

Laut Dendrogramm sind Moritz und Elisa in ihren Überzeugungen einander sehr ähnlich und werden als erstes Paar zusammengefasst. Moritz und Elisa hatten darüber hinaus als einziges Paar ein quadriertes euklidisches Distanzmaß von 0 (vgl. Tabelle „Näherungsmatrix") bzw. einen Unähnlichkeitskoeffizienten von 0,0 (vgl. die Tabelle „Zuordnungsübersicht"). Nach Moritz und Elisa folgen Pärchen, die in der Ausgangsmatrix ein Distanzmaß von 1 hatten, wie z.B. Eva und Ulrich, Mark und Judith usw.

Das Dendrogramm zeigt, dass sich die Gruppenmitglieder anhand ihrer Überzeugungen in drei Cluster einteilen lassen. Das „Rescaled Distance Cluster Combine" erreicht dabei ca. 15. Noch weniger Cluster zu bilden erscheint nicht sinnvoll, da der Preis für weniger Cluster eine deutliche Zunahme der „Rescaled Distance Cluster Combine" ist, also einer zunehmenden Unähnlichkeit innerhalb der Cluster.

Clusterlösungen sollten u.a. auf Stabilität, inhaltliche bzw. grafische Interpretierbarkeit geprüft werden. Die konkrete inhaltliche Ähnlichkeit lässt sich ermitteln, indem z.B. über die jeweilige Clusterzugehörigkeit und den einzelnen Fragen z.B. zweidimensionale Tabellenanalysen vorgenommen werden. Die erforderlichen Schritte sind im Beispiel mit den intervallskalierten Daten ausführlich erläutert und müssen ggf. mehrmals durchlaufen werden.

Cluster-Lösungen für binäre Daten sind abhängig von der Sortierung des Datensatzes. Wird z.B. die SPSS Datei „names.sav" anhand der Spalte NAME sortiert, hat dies eine völlig andere Cluster-Lösung zur Folge (siehe unten).

```
GET FILE='C:\Programme\SPSS\...\names.sav'
/keep=name todesstr waffen gras pille sexualkd prügel altergr.
exe.
sort cases by NAME (A).
CLUSTER   todesstr waffen gras pille sexualkd prügel
  /METHOD BAVERAGE
  /MEASURE= BSEUCLID (1,2)
  /ID=name
  /PRINT SCHEDULE
  /PRINT DISTANCE
  /PLOT DENDROGRAM VICICLE.
```

Die erzielte Cluster-Lösung ist eine völlig andere als ohne Sortierung der Analysedaten. Dieses Problem wird durch die v.a. zeilenweise Anordnung der binären Information verursacht, die somit ihre Kombinatorik um zahlreiche Freiheitsgrade erweitert. Dieses Merkmal kann in hierarchischen Verfahren daher nicht durch das Ändern des Clusteralgorithmus oder des (Un)Ähnlichkeitsmaß behoben werden. Als Cluster-Alternative gilt das Two-Step Verfahren.

```
Dendrogram using Average Linkage (Between Groups)

                       Rescaled Distance Cluster Combine

    C A S E     0         5        10        15        20        25
  Label    Num  +---------+---------+---------+---------+---------+

  Elisa      2  -+--------------+
  Moritz     9  -+              +-------+
  Silke     10  ---------------+        +---------------------------+
  Eva        3  -----------------------+                            |
  Diana      1  --------------+----------+                          |
  Kai        7  --------------+          +---------------------+    |
  Frank      4  --------------+-----+    |                     |    |
  Ulrich    12  --------------+     +----+                     |    |
  Steffen   11  --------------------+                          |    |
  Judith     6  --------------+-----+                          |    |
  Mark       8  --------------+     +---------------------+----+
  Hans       5  --------------------+
```

Ausschließlich binäre Daten sollten nur dann mittels hierarchischer Verfahren geclustert werden, sofern es notwendig ist bzw. es keine Verfahrensalternative geben sollte. Weitergehende Prüfungen der Ergebnisse, z.B. durch Stabilitätsprüfungen, sind unverzichtbar.

1.2.7 Analyse von binären Daten (Analyse gemischter Daten I)

Binäre Daten geben mit einem ersten Wert (üblicherweise 1) das Vorhandensein und mit zweiten Wert (üblicherweise 0) das Fehlen einer Eigenschaft an. In SPSS ist jede andere binäre Kodierung zulässig, solange sie systematisch ist (vgl. das Beispiel unter 1.2.6). In diesem Beispiel liegt zusätzlich eine 3stufige Variable vor. Wegen der Clusterung von Variablen mit binärem und kategorialem Skalenniveau liegt also die Situation gemischter Daten vor. Ein weiterer Ansatz zur Analyse gemischter Daten wird unter 1.2.9 vorgestellt.

Beispiel und Berechnung
Für eine Personengruppe soll ermittelt werden, welche Gruppenmitglieder hinsichtlich ihrer Einstellung zu bestimmten gesellschaftsrelevanten Fragestellungen ähnlich sind. Die Personen wurden gebeten, ihre Zustimmung oder Ablehnung (ja /nein) zu folgenden Themen anzugeben: der Todesstrafe, der Einführung von Waffenscheinen, der Legalisierung von Marihuana, der Anti-Baby Pille für Jugendliche, Sexualkunde im Schulunterricht und der Aussage: „Eine Tracht Prügel hat noch niemandem geschadet." Zusätzlich liegt die Variable ALTERGR, nämlich Altersgruppe mit vier Ausprägungen, also auf kategorialem (genauer: ordinalem) Skalenniveau und somit die Situation gemischter Daten vor.
In der Analyse werden Fälle geclustert. Aufgrund weiterer Überlegungen zu Clustervorgang und -struktur wird das Maß quadrierte euklidische Distanz für binäre Daten (BSEUCLID) und die Average-Methode Linkage zwischen den Gruppen gewählt. Das Verfahren soll überlappungsfreie Cluster erzeugen.

Da Vorgehen und Syntax im Wesentlichen dem Beispiel für intervallskalierte Daten entsprechen, werden im Folgenden nur noch die Besonderheiten erläutert. Als allererstes wird die Auflösung der Kategorialvariablen in 1/0-Dummies und anschließend die Gewichtung vorgestellt.

In Schritt (1) werden die k-Ausprägungen der Kategorialvariablen ALTERGR in k-1 Dummies ADUMMYn zerlegt. In Schritt (2) werden die Variablen standardisiert und in der (Un)Ähnlichkeitsmatrix SPSSCLUS.tmp abgelegt. In Schritt (3) werden die standardisierten Dummies ADUMMGn mit der Gewichtung 0.707 versehen, da hier das Maß der quadrierten euklidischen Distanz verwendet wird (Bacher, 2002b, 163–169). In Schritt (4) wird die Clusteranalyse auf der Basis einer (Un)Ähnlichkeitsmatrix standardisierter und gewichteter binärer Daten durchgeführt; zur Veranschaulichung wurde eine 4-Cluster-Lösung voreingestellt. In Schritt (5) werden die Personen in jeder Gruppe aufgelistet.

```
* (1) Dummy-Kodierung (k-1) *.
if ALTERGR = 1 ADUMMY1 = 0 .
if ALTERGR = 1 ADUMMY2 = 0 .
if ALTERGR = 1 ADUMMY3 = 0 .
exe.
if ALTERGR = 2 ADUMMY1 = 1 .
if ALTERGR = 2 ADUMMY2 = 0 .
if ALTERGR = 2 ADUMMY3 = 0 .
exe.
if ALTERGR = 3 ADUMMY1 = 0 .
if ALTERGR = 3 ADUMMY2 = 1 .
if ALTERGR = 3 ADUMMY3 = 0 .
exe.
if ALTERGR = 4 ADUMMY1 = 0 .
if ALTERGR = 4 ADUMMY2 = 0 .
if ALTERGR = 4 ADUMMY3 = 1 .
exe.

* (2) (Un)Ähnlichkeitsmatrix *.
PROXIMITIES
    todesstr waffen gras
    pille sexualkd prügel
    adummy1 adummy2 adummy3
  /MATRIX OUT
('C:\spssclus.tmp')
  /VIEW= CASE
  /MEASURE= SEUCLID
  /PRINT NONE
  /ID= name
  /STANDARDIZE= VARIABLE Z .

* (3) Gewichtung der Dummy-
Kodierung*.
compute ADUMMY1=ADUMMY1*0.707.
exe.
compute ADUMMY2=ADUMMY2*0.707.
exe.
compute ADUMMY3=ADUMMY3*0.707.
exe.

* (4) Durchführung der
Clusteranalyse *.
CLUSTER
  /MATRIX IN  ('C:\spssclus.tmp')
  /METHOD BAVERAGE (gruppe)
  /ID=name
  /PRINT SCHEDULE
  /PRINT DISTANCE
  /PLOT DENDROGRAM VICICLE
  /SAVE CLUSTER(4) .
ERASE FILE= 'C:\spssclus.tmp'.

* (5) Auflistung der Fälle *.
sort cases by gruppe4.
exe.

list variables=gruppe4 name.
```

1.2 Hierarchische Clusteranalysen

Ausgabe und Erläuterungen

Cluster

Verarbeitete Fälle[a]

Fälle					
Gültig		Fehlenden Werten		Insgesamt	
N	Prozent	N	Prozent	N	Prozent
12	100,0%	0	,0%	12	100,0%

a. Quadrierte Euklidische Distanz wurde verwendet

In der Fußnote wird die verwendete Methode angegeben: „Quadrierte Euklidische Distanz wurde verwendet".

Linkage zwischen den Gruppen

Näherungsmatrix

Fall	Quadriertes euklidisches Distanzmaß											
	1:Hans	2:Kai	3:Elisa	4:Steffen	5:Judith	6:Silke	7:Frank	8:Moritz	9:Ulrich	10:Diana	11:Mark	12:Eva
1:Hans	,000	13,549	16,557	12,432	16,557	28,225	25,217	24,453	28,557	16,557	7,896	20,682
2:Kai	13,549	,000	20,328	8,660	20,328	24,453	11,668	28,225	24,785	12,785	21,446	16,910
3:Elisa	16,557	20,328	,000	21,446	15,793	11,668	24,453	7,896	27,793	23,336	16,910	11,668
4:Steffen	12,432	8,660	21,446	,000	28,988	25,571	12,785	29,342	25,903	21,446	20,328	18,028
5:Judith	16,557	20,328	15,793	28,988	,000	11,668	16,203	7,896	27,086	7,543	8,660	19,211
6:Silke	28,225	24,453	11,668	25,571	11,668	,000	12,785	3,771	23,668	11,668	20,328	7,543
7:Frank	25,217	11,668	24,453	12,785	16,203	12,785	,000	16,557	20,660	8,660	24,863	12,785
8:Moritz	24,453	28,225	7,896	29,342	7,896	3,771	16,557	,000	27,439	15,439	16,557	11,314
9:Ulrich	28,557	24,785	27,793	25,903	27,086	23,668	20,660	27,439	,000	19,543	28,203	16,125
10:Diana	16,557	12,785	23,336	21,446	7,543	11,668	8,660	15,439	19,543	,000	16,203	11,668
11:Mark	7,896	21,446	16,910	20,328	8,660	20,328	24,863	16,557	28,203	16,203	,000	20,328
12:Eva	20,682	16,910	11,668	18,028	19,211	7,543	12,785	11,314	16,125	11,668	20,328	,000

Dies ist eine Unähnlichkeitsmatrix

Hohe Werte drücken große Unähnlichkeit aus.

Zuordnungsübersicht

Schritt	Zusammengeführte Cluster		Koeffizienten	Erstes Vorkommen des Clusters		Nächster Schritt
	Cluster 1	Cluster 2		Cluster 1	Cluster 2	
1	6	8	3,771	0	0	5
2	5	10	7,543	0	0	8
3	1	11	7,896	0	0	8
4	2	4	8,660	0	0	7
5	6	12	9,429	1	0	6
6	3	6	10,411	0	5	9
7	2	7	12,227	4	0	10
8	1	5	14,494	3	2	9
9	1	3	17,545	8	6	10
10	1	2	19,880	9	7	11
11	1	9	24,524	10	0	0

Da es sich um eine Unähnlichkeitsmatrix handelt (s.o.), drückt der Koeffizient zunehmende Unähnlichkeit aus.

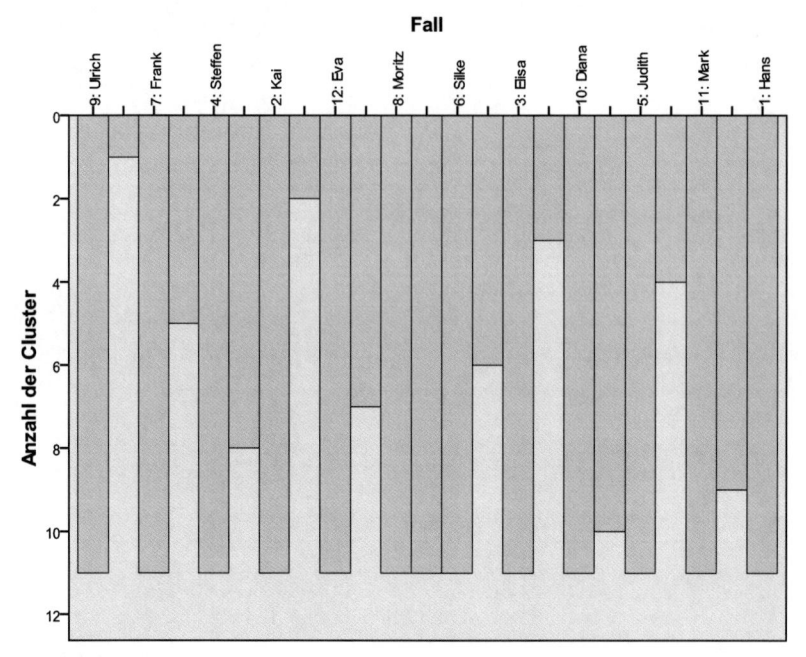

In älteren SPP Versionen wird u.U. ein anderes Design ausgegeben. In diesem Falle kann ein alternatives Design u.a. über „Bearbeiten" → „Optionen" → Registerkarte „Skripts" die Optionen „Cluster_Table_Icicle_Create" und „Autoskript-Ausführung aktivieren" angefordert werden.

Dendrogramm

```
* * * * * H I E R A R C H I C A L   C L U S T E R    A N A L Y S I S * * * * *

 Dendrogram using Average Linkage (Between Groups)

                        Rescaled Distance Cluster Combine

      C A S E      0         5        10        15        20        25
   Label     Num  +---------+---------+---------+---------+---------+

   Silke       6   -+-----------+
   Moritz      8   -+           +-+
   Eva        12   -------------+ +-----------------+
   Elisa       3   ---------------+                 +-----+
   Judith      5   ---------+---------------+       |     |
   Diana      10   ---------+               +-------+     |
   Hans        1   ---------+---------------+             +---------+
   Mark       11   ---------+                             |         |
   Kai         2   -----------+---------+                 |         |
   Steffen     4   -----------+         +-----------------+         |
   Frank       7   ---------------------+                           |
   Ulrich      9   -------------------------------------------------+
```

1.2 Hierarchische Clusteranalysen

Das Dendrogramm und die Werteliste (LIST VARIABLES=... nicht weiter angegeben) geben drei Gruppen und einen Ausreißer wieder: Gruppe 1 (N=4) besteht aus Hans, Judith, Mark und Diana; Gruppe 2 (N=3) besteht aus Kai, Steffen und Frank; Gruppe 3 (N=4) besteht aus Elisa, Moritz, Silke und Eva. Ulrich unterscheidet sich von den übrigen derart, dass er bis zum letzten Fusionsgang eine eigene Gruppe bleibt. Technisch gesehen repräsentiert Ulrich u.U. einen Ausreißer. Ob die (inhaltlichen) Unterschiede in seinen Überzeugungen und/oder seiner Altersgruppe zu suchen sind, könnte in weiteren Analysen eingegrenzt werden.
Clusterlösungen sollten u.a. auf Stabilität, inhaltliche bzw. grafische Interpretierbarkeit geprüft werden. Die erforderlichen Schritte sind im Beispiel mit den intervallskalierten Daten ausführlich erläutert und müssen ggf. mehrmals durchlaufen werden.

1.2.8 Analyse von Häufigkeiten: Clusterung von Variablen

In den vorangegangenen Beispielen wurden ausschließlich Fälle (üblicherweise Datenzeilen) geclustert. Im folgenden Beispiel sollen nun *Variablen* (üblicherweise Datenspalten) geclustert werden. Unter „Häufigkeit" wird im Allgemeinen die Anzahl verstanden, wie oft ein bestimmtes Ergebnis eingetreten ist, etwas salopp formuliert entspricht es auch der Summe (qua Addition) dieser Ereignisse. Es handelt sich als um sog. Zähldaten.

Beispiel und Berechnung

An einer Klinik wurde die Häufigkeit der monatlichen Nutzung verschiedener Informationsangebote erhoben, u.a. persönliche Gespräche, schriftliche Mitteilungen und Informationsabende. Die erhobenen Variablen IABENDE, HBESUCHE usw. aus der SPSS Datei „CLUST_VAR.sav" sollen mittels einer Clusteranalyse zusammengefasst werden.

Syntax:

```
PROXIMITIES
  iabende hbesuche telefon miteilng gspraech
  /MATRIX OUT  ('C:\spssclus.tmp')
  /VIEW= VARIABLE
  /MEASURE= CHISQ
  /PRINT  NONE
  /STANDARDIZE= NONE .

CLUSTER
  /MATRIX IN   ('C:\spssclus.tmp')
  /METHOD complete
  /PRINT SCHEDULE
  /PRINT DISTANCE
  /PLOT DENDROGRAM VICICLE.

ERASE FILE= 'C:\spssclus.tmp'.
```

```
DESCRIPTIVES
  VARIABLES=iabende hbesuche telefon miteilng gspraech
  /STATISTICS=MEAN STDDEV
  /SORT=MEAN (A)
  /MISSING=LISTWISE.
```

In der Analyse werden Variablen geclustert (VIEW=VARIABLE). Aufgrund weiterer Überlegungen zu Clustervorgang und -struktur werden das Chi²-Maß für Häufigkeiten (CHISQ) als Proximitätsmaß und die Methode „Entferntester Nachbar" bzw. „Complete Linkage" (COMPLETE) gewählt.

Wichtiger Hinweis: Werden Variablen mittels CLUSTER zusammengefasst, können keine Clusterzugehörigkeiten abgespeichert werden. Da Vorgehen und Syntax im Wesentlichen dem Beispiel für intervallskalierte Daten entsprechen, werden im Folgenden nur noch die Besonderheiten erläutert. Abschließend wird mittels DESCRIPTIVES eine Ausgabe der deskriptiven Statistiken für die zu clusternden Variablen angefordert, um Fehler bei der Interpretation zu vermeiden.

Ausgabe und Erläuterungen

Proximities

Verarbeitete Fälle[a]

Fälle							
Gültig		Zurückgewiesen				Insgesamt	
		Fehlenden Werten		Negativer Wert			
N	Prozent	N	Prozent	N	Prozent	N	Prozent
122	68,2%	57	31,8%	0	,0%	179	100,0%

a. Chi-Quadrat zwischen Häufigkeits-Sets wurde verwendet

Bei dieser Analyse fehlen ca. 32% der Fälle.

Cluster

Näherungsmatrix

Fall	Matrixdatei einlesen				
	Informations-abende	Hausbesuche	Telefon. Gespräche	Schriftl. Mitteilungen	Persönl. Gespräche
Informationsabende	,000	12,031	25,299	21,419	26,016
Hausbesuche	12,031	,000	25,863	26,929	26,394
Telefon. Gespräche	25,299	25,863	,000	29,815	27,272
Schriftl. Mitteilungen	21,419	26,929	29,815	,000	31,507
Persönl. Gespräche	26,016	26,394	27,272	31,507	,000

Die „Näherungsmatrix" ist dieses Mal eine Unähnlichkeitsmatrix und enthält Chi²-Werte.

1.2 Hierarchische Clusteranalysen

Complete Linkage

Zuordnungsübersicht

Schritt	Zusammengeführte Cluster		Koeffizienten	Erstes Vorkommen des Clusters		Nächster Schritt
	Cluster 1	Cluster 2		Cluster 1	Cluster 2	
1	1	2	12,031	0	0	2
2	1	3	25,863	1	0	3
3	1	5	27,272	2	0	4
4	1	4	31,507	3	0	0

In der Zuordnungsübersicht bedeuten zunehmende Chi²-Werte *zunehmende* Unähnlichkeit. Die Höhe des Chi²-Werts als Unähnlichkeitsmaß hängt von den Häufigkeiten der beiden Variablen (variablenorientiert) insgesamt ab, deren (Un)Ähnlichkeit berechnet werden soll. Die Erwartungswerte basieren auf einem Modell der Unabhängigkeit der Variablen (variablenorientiert). Die Formel des Unähnlichkeitsmaßes Chi² unterscheidet sich vom Pearson Chi² in den Kreuztabellen (z.B. CROSSTABS und der Option CHISQ im STATISTICS-Unterbefehl). Zunächst werden die beiden Variablen „Hausbesuche" und „Informationsabende" wegen der niedrigsten Ähnlichkeit (Chi²=12,031) geclustert. Diesem Cluster wird anschließend die Variable „Telefon. Gespräche" (Chi²=25,863) hinzugefügt; anschließend „Persön. Gespräche" (Chi²=27,272), sowie „Schriftl. Mitteilungen" (Chi²=31,507). In der Zuordnungsübersicht werden die Chi²-Werte in zunehmender Unähnlichkeit ohne weitere Fusion einfach untereinander aufgelistet. Es wird dabei immer der Chi²-Wert der neu hinzugenommenen Variablen angeführt, der zu allen vorher fusionierten Variablen (variablenorientiert) die größte Unähnlichkeit anzeigt.

Vertikales Eiszapfendiagramm

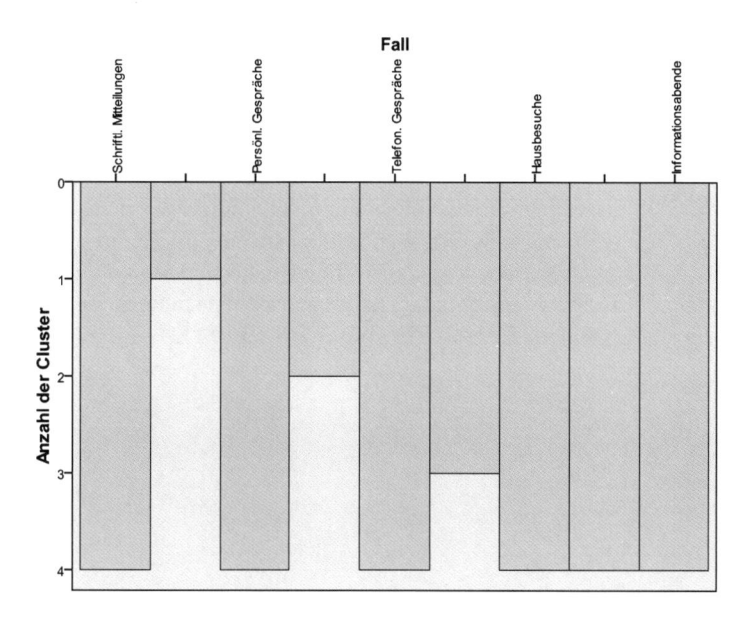

Die Variable „Schriftl. Mitteilungen" (MITEILNG) bleibt bis zur letzten Fusion alleine. Das folgende Dendrogramm ist aufschlussreicher als das obige vertikale Eiszapfendiagramm.

Dendrogramm

```
     *  *  *  *  *  H I E R A R C H I C A L   C L U S T E R   A N A L Y S I S  *  *  *  *  *

     Dendrogram using Complete Linkage

                         Rescaled Distance Cluster Combine

       C A S E      0         5        10        15        20        25
      Label    Num  +---------+---------+---------+---------+---------+

      iabende   1   -+--------------------------------+
      hbesuche  2   -+                                +---+
      telefon   3   ---------------------------------+    +---------+
      gspraech  5   --------------------------------------+         |
      miteilng  4   ------------------------------------------------+
```

Das Dendrogramm zeigt, dass Variablen geclustert werden. Die Variable „Schriftl. Mitteilungen" (MITEILNG) wird z.B. erst bei der letzten Fusion agglomeriert, und führt dabei zu einem starken Anstieg der Heterogenität, von ca. 19 auf 25. Eine Ursache kann eine relativ geringe Varianz dieser Variablen sein, nämlich überwiegend ähnliche, wenn nicht sogar gleiche Werte innerhalb dieser Variablen. MITEILNG wäre insofern eine irrelevante Variable und somit nicht in der Lage, zwischen Clustern zu trennen. Das Einbeziehen dieser Variablen in ein Cluster erscheint von daher nicht sinnvoll. Bei der Interpretation ist neben den Elementen die Datenbasis zu berücksichtigen, auf der diese geclustert wurden.

Inhaltlich interessant erscheint, dass es sich bei den Variablen IABENDE, HBESUCHE, TELEFON und GSPRAECH um Variablen handelt, die persönliche, face-to-face-Kommunikation beschreiben. Die Variable MITEILNG bezeichnet dagegen indirekte, schriftliche Kommunikation. Ob dieser Unterschied die alleinige, inhaltliche Ursache für das unterschiedliche, formelle Clustern ist, wäre im Detail zu prüfen. Im Dendrogramm wird die Clusterung auf der Basis von Häufigkeiten wiedergegeben. Die Heterogenitätslinien parallel zur Achse „Rescaled Distance Cluster Combine" haben nichts mit der Ausprägung der absoluten Häufigkeiten zu tun (vgl. die folgende Tabelle „Deskriptive Statistik").

1.2 Hierarchische Clusteranalysen

Deskriptive Statistik

	N	Mittelwert	Standardabweichung
Hausbesuche	122	1,3828	5,18438
Informationsabende	122	2,3811	3,69892
Telefon. Gespräche	122	7,1502	13,83693
Persönl. Gespräche	122	7,1763	13,92785
Schriftl. Mitteilungen	122	13,2082	11,80680
Gültige Werte (Listenweise)	122		

Die Tabelle „Deskriptive Statistiken" gibt Mittelwerte und Standardabweichungen der geclusterten Variablen wieder. Auffällig sind zwei Aspekte: die z.T. große Ähnlichkeit der Werte, sowie auch der Zusammenhang mit der Reihenfolge im Fusionierungsvorgang. Die beiden Variablen „Telefon. Gespräche" (MW=7,15) und „Persön. Gespräche" (MW=7,18) sind zueinander am ähnlichsten (vgl. vergleichbare Mittelwerte und Standardabweichungen). Wäre die Ähnlichkeit der zentralen Tendenz das Fusionierungskriterium gewesen, so wären diese beiden Variablen zuerst geclustert worden. Tatsächlich ordnet der Clustervorgang von Variablen diese nach der Abfolge ihrer Mittelwerte, also ihrer Lage auf einer Verteilung: Zunächst werden die beiden Variablen „Hausbesuche" (MW=1,38) und „Informationsabende" (MW=2,38) mit dem jeweils niedrigsten Mittelwert geclustert, anschließend die beiden Variablen „Telefon. Gespräche" und „Persön. Gespräche" mit einem höheren, aber annähernd identischen Mittelwert, zuguterletzt die Variable mit dem höchsten Mittelwert („Schriftl. Mitteilungen", MW=13,21). Tatsächlich basiert das Fusionskriterium auf dem Chi²-Test zur Gleichheit zweier Gruppen von Häufigkeitswerten, und ist insofern anfällig für unterschiedlich skalierte Variablen. Da es sich hier um die Clusterung von Variablen und nicht von Fällen handelt, können je nach Vorgehensweise ggf. Anpassungen der Validierungsschritte vorgenommen werden (z.B. z-Standardisierung der Variablen). Der Anwender wird angeregt, eine solche Clusterung nochmals vorzunehmen, nachdem die Variablen zuvor z-standardisiert wurden. Die Clusterung von Variablen auf der Basis von Zähldaten zeichnet sich dadurch aus, dass die Variablen in Abhängigkeit ihrer zentralen Tendenz fusioniert werden. Je nach Anwendung ist das Überdenken einer Standardisierung theoretisch möglicher, jedoch unterschiedlicher Zählbereiche empfehlenswert. Hausbesuche sind z.B. a priori deutlich seltener, da zeitintensiver, als ein Telefonat.

Die Clusterlösung sollte u.a. auf Stabilität, inhaltliche bzw. grafische Interpretierbarkeit geprüft werden. Die erforderlichen Schritte sind im Beispiel mit den intervallskalierten Daten ausführlich erläutert.

1.2.9 Analyse von gemischten Daten II (Analyse von Fällen)

Liegen gemischte Daten vor und es sollen Fälle geclustert werden, gibt es eine weitere Möglichkeit, Gruppierungen vorzunehmen. Der vorgestellte Ansatz funktioniert jedoch nicht für die Clusterung von Variablen. Vorgehen, Statistik und Syntax entsprechen den bereits vorgestellten Beispielen. Aus Platzgründen beschränkt sich die Darstellung auf die grundlegenden Schritte bzw. Besonderheiten. Die Berechnung wird mit dem SPSS Datensatz „World95.sav" durchgeführt und kann somit selbst nachgerechnet werden.

Vorgehen

Das Vorgehen basiert im Wesentlichen auf sieben Schritten. Der grundlegende Schritt der Planung (Schritt 0) wird nicht weiter erläutert, ebenfalls nicht die erforderliche Überprüfung als Schritt (6) der ermittelten Clusterlösungen in den Schritten (1) und (2) bzw. der abschließenden Lösung auf Stabilität und Validität

(0) Planung der Clusteranalyse.
Zur Planung gehört u.a., sich vor der Analyse Gedanken über mögliche Clusterstrukturen zu machen, wie auch die geeigneten Methoden und Maße auszuwählen. Das Vorgehen wird im Beispiel darin bestehen, Fälle je nach Skalenniveau der Variablen separaten Clusteranalysen zu unterziehen, und zum Schluss die getrennt ermittelten Clusterzugehörigkeiten miteinander zu vergleichen bzw. zu integrieren.

(1) Clusterung der metrischen Variablen.
Variablen mit unterschiedlichen Skaleneinheiten sind zu standardisieren. Die Clusterlösung ist spätestens vor der endgültigen Kreuzklassifikation auf Stabilität und Validität zu prüfen.

(2) Clusterung binärer Variablen.
Falls keine binären Variablen vorliegen, müssen diese zuvor über IF-Schritte angelegt werden. Bei der Konstruktion neuer Variablen ist die semantische Polung zu beachten. Kategorien z.B. zweier (oder mehr) Variablen, die erwarten lassen, dass Fälle in beide zugleich fallen (z.B. bei Zustimmung oder Ähnlichkeit), sollten dieselbe Kodierung aufweisen. Ist z.B. die AIDS-Rate hoch, ist zu erwarten, dass auch die Sterblichkeitsrate hoch ist. In diesem Falle sollten Werte über einem bestimmten Cut-Off dieselbe Kodierung erhalten (z.B. 1), wie z.B. Werte unter dem Cut-Off in der Kodierung übereinstimmen sollten (z.B. 0). Für beide Clusterschritte gilt: Je mehr Cluster angefordert werden, umso geringer sind die Zellen bei der späteren Kreuzklassifikation besetzt. Oft wird ein Abwägen zwischen den Homogenitätsanforderungen der Einzelkategorisierungen und der Besetzung der Zellen der Kreuzklassifizierung erforderlich sein. Die Clusterlösung ist spätestens vor der endgültigen Kreuzklassifikation auf Stabilität und Validität zu prüfen.

(3) Kreuzklassifikation der beiden Clustervariablen (Tabelle und Diagramm).
Die beiden Variablen mit den Clusterzugehörigkeiten werden kreuzklassifiziert. Zur Einsichtnahme wird die Anforderung einer Kreuztabelle bzw. eines gruppierten Balkendiagramms empfohlen. Wichtig ist, dass beide Clustervariablen auf derselben gültigen Anzahl von Datenzeilen beruhen (z.B. N=29). Auf disproportionale Verteilungen bzw. Unterbesetzungen ist v.a. dann zu achten, wenn geplant ist, weitere Variablen in diese Kreuzklassifika-

tion einzubeziehen. Vor der endgültigen Kreuzklassifikation sind die Clusterlösungen, die den Gruppiervariablen zugrunde liegen, auf Stabilität und Validität zu prüfen.

Die Kodierung, die SPSS für die jeweilige Clusterzugehörigkeit vergibt, ist rein formell und berücksichtigt keine inhaltliche Übereinstimmung. Cluster mit denselben Fällen können bei der ersten Clusterlösung als zu Cluster „1" zugehörig kodiert sein, aber bei der zweiten Lösung als zu Cluster (z.B.) „3" gehörig kodiert sein (vgl. auch 1.2.3). Bei einer Kreuzklassifikation von „1" mit „3" (anstelle von „1" mit „1") können so durchaus leere Zellen die Folge sein. Im Einzelfall sind also die Clusterzugehörigkeiten umzukodieren, um sicherzustellen, dass die Kreuzklassifikation auf korrekt gepolten Clusterkodierungen basiert.

(4) Anlegen einer Klassifikationsvariablen auf der Basis der beiden Clustervariablen.
Über die logische Verknüpfung der Ausprägung der Variablen mit den Clusterzugehörigkeiten kann eine Klassifikationsvariable angelegt werden, die hilfreich bei der Identifikation von Fällen bzw. der Verknüpfung mit weiteren Variablen sein kann. Es ist jeweils sicherzustellen, dass die Clusterzugehörigkeiten korrekt gepolt sind.

(5) Anzeige der Clusterzugehörigkeit (Analyse der Clusterelemente).
Die Fälle sollten mittels der unter (4) angelegten Klassifikationsvariable eingesehen werden, um eine erste inhaltliche Beurteilung der Verteilung vorzunehmen.

(6) Überprüfung der „Clusterlösung" auf Stabilität und Validität.
Wird nicht weiter erläutert.

Berechnung (Syntax):

```
get file='C:\Programme\SPSS\...\World95.sav'.
select if (REGION=1 or REGION=3).
exe.
select if (lifeexpm > 0 & calories > 0).
exe.
```

(1) Clusterung der metrischen Variablen

```
PROXIMITIES  lifeexpm calories
  /MATRIX OUT  ('C:\spssclus.tmp')
  /VIEW= CASE
  /MEASURE= SEUCLID
  /PRINT  NONE
  /ID= country
  /STANDARDIZE= VARIABLE Z .
```

```
CLUSTER
  /MATRIX IN   ('C:\spssclus.tmp')
  /METHOD SINGLE (clsMETR)
  /ID=country
  /PRINT SCHEDULE CLUSTER(2)
  /PRINT DISTANCE
  /PLOT DENDROGRAM VICICLE
  /SAVE CLUSTER(2) .

FREQUENCIES
  VARIABLES=clsMETR2
  /ORDER=  ANALYSIS .
```

(2) Anlegen und Clusterung binärer Variablen

```
if death_rt > 9 sterbkat=1.
if death_rt < 10 sterbkat=0.
exe.
if aids_rt > 10 aidskat=1.
if aids_rt < 11 aidskat=0.
exe.
variable labels
STERBKAT "Sterblichkeit pro 1.000"
AIDSKAT "Aids-Fälle pro 100.000".
exe.
value labels
     /STERBKAT
     1 "10-16"
     0 "0-9"
     /AIDSKAT
     1 "11-157"
     0 "0-10".
exe.

FREQUENCIES
  VARIABLES=STERBKAT AIDSKAT
  /ORDER=  ANALYSIS .

CLUSTER   sterbkat aidskat
  /METHOD COMPLETE (clsBINR)
  /MEASURE= SM (1,0)
```

```
  /ID=country
  /PRINT SCHEDULE CLUSTER(2)
  /PRINT DISTANCE
  /PLOT DENDROGRAM VICICLE
  /SAVE CLUSTER(2) .
```

(3) Kreuzklassifikation der beiden Clustervariablen (Tabelle und Diagramm)

```
CROSSTABS
  /TABLES=clsBINR2  BY clsMETR2
  /FORMAT= AVALUE TABLES
  /CELLS= COUNT
  /COUNT ROUND CELL
  /BARCHART .
```

(4) Anlegen einer Klassifikationsvariablen auf der Basis der beiden Clustervariablen

```
if clsBINR2 = 1 & clsMETR2=1 COMBIN=1.
if clsBINR2 = 2 & clsMETR2=1 COMBIN=2.
if clsBINR2 = 1 & clsMETR2=2 COMBIN=3.
if clsBINR2 = 2 & clsMETR2=2 COMBIN=4.
exe.
```

(5) Anzeige der Clusterzugehörigkeit (Analyse der Clusterelemente)

```
sort cases by
   COMBIN COUNTRY (A) .

list variables = COMBIN COUNTRY  .
```

Ausgabe (Ausschnitt) und Erläuterungen

Dendrogramm (Metrische Daten)

```
* * * * * H I E R A R C H I C A L   C L U S T E R   A N A L Y S I S * * * * *
Dendrogram using Single Linkage

                          Rescaled Distance Cluster Combine

      C A S E       0         5        10        15        20        25
    Label      Num  +---------+---------+---------+---------+---------+

    Canada       5  -+
    France       9  -+
    Italy       15  -+
    Spain       23  -+
    Austria      2  -+
    Germany     10  -+
    Switzerland 25  -+
    New Zealand 19  -+
    Norway      20  -+
    Denmark      7  -+
    USA         28  -+
    Ireland     14  -+
    Australia    1  -+-+
    UK          27  -+ |
    Netherlands 18  -+ +-+
    Singapore   22  -+ | |
    Finland      8  -+ | +--------------------------------------------+
    Greece      11  ---+ |                                            |
    Japan       16  -+---+                                            |
    Sweden      24  -+                                                |
    Bangladesh   3  ---------+-----------+                            |
    Cambodia     4  ---------+           |                            |
    China        6  ---+-----------+     |                            |
    Malaysia    17  ---+           +-+   +----------------------------+
    Philippines 21  ---+           | |   |
    Vietnam     29  ---+-----------+ |   |
    Thailand    26  ---+             +---+
    India       12  -----------------+
    Indonesia   13  -----------------+
```

1.2 Hierarchische Clusteranalysen

Dendrogramm (Binäre Daten)

```
Dendrogram using Complete Linkage

                         Rescaled Distance Cluster Combine

      C A S E         0         5        10        15        20        25
    Label        Num  +---------+---------+---------+---------+---------+

    Thailand      26  -+
    Vietnam       29  -+
    China          6  -+
    Philippines   21  -+
    Singapore     22  -+
    Japan         16  -+-----------------------+
    Malaysia      17  -+                       |
    Indonesia     13  -+                       |
    Ireland       14  -+                       |
    Switzerland   25  -+                       +-----------------------+
    USA           28  -+                       |                       |
    Australia      1  -+                       |                       |
    New Zealand   19  -+                       |                       |
    Spain         23  -+                       |                       |
    France         9  -+-----------------------+                       |
    Netherlands   18  -+                                               |
    Canada         5  -+                                               |
    Sweden        24  -+                                               |
    UK            27  -+                                               |
    Austria        2  -+                                               |
    Germany       10  -+-----------------------+                       |
    Italy         15  -+                       |                       |
    Denmark        7  -+                       |                       |
    India         12  -+                       +-----------------------+
    Norway        20  -+                       |
    Bangladesh     3  -+                       |
    Finland        8  -+-----------------------+
    Greece        11  -+
    Cambodia       4  -+
```

Anm.: Angesichts dieses Dendrogramms wäre eine 4-Cluster-Lösung gegebenenfalls angemessener als die angeforderte 2-Cluster-Lösung gewesen. Je mehr Cluster jedoch angefordert werden, umso geringer sind die Zellen bei der späteren Kreuzklassifikation besetzt.

Balkendiagramm

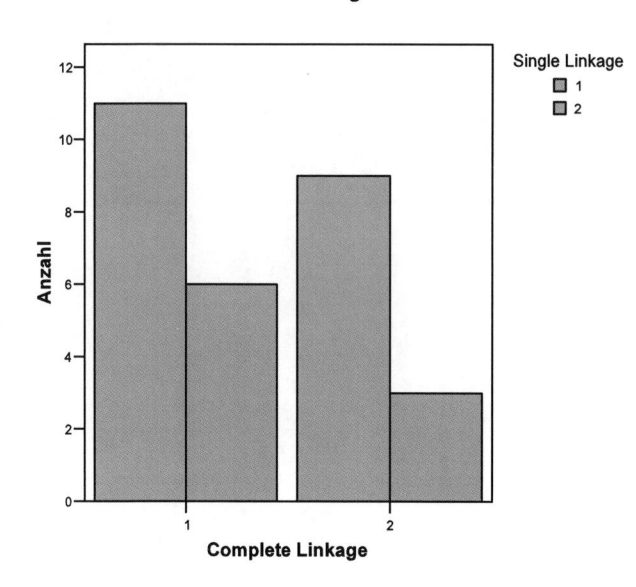

Complete Linkage * Single Linkage Kreuztabelle

Anzahl

		Single Linkage		Gesamt
		1	2	
Complete Linkage	1	11	6	17
	2	9	3	12
Gesamt		20	9	29

Die Kreuzklassifikation zeigt, dass die Besetzung der Zellen gerade noch akzeptabel ist. Eine 4-Cluster-Lösung hätte zu einer allgemeinen Unterbesetzung der Zellen geführt.

Liste

```
COMBIN country
  1,00 Australia
  1,00 Canada
  1,00 France
  1,00 Ireland
  1,00 Japan
  1,00 Netherlands
  1,00 New Zealand
  1,00 Singapore
  1,00 Spain
  1,00 Switzerland
  1,00 USA
  2,00 Austria
  2,00 Denmark
  2,00 Finland
  2,00 Germany
  2,00 Greece
  2,00 Italy
  2,00 Norway
  2,00 Sweden
  2,00 UK
  3,00 China
  3,00 Indonesia
  3,00 Malaysia
  3,00 Philippines
  3,00 Thailand
  3,00 Vietnam
  4,00 Bangladesh
  4,00 Cambodia
  4,00 India

Number of cases read:  29    Number of cases listed:  29
```

Die „Clusterlösung" sollte u.a. auf Stabilität, inhaltliche bzw. grafische Interpretierbarkeit geprüft werden. Die erforderlichen Schritte sind im Beispiel mit den intervallskalierten Daten ausführlich erläutert.

1.2.10 Exkurs: Kophenetischer Korrelationskoeffizient

Wie an den Beispielen in Kapitel 1.2 gesehen konnte, wird am Ende eines Fusionierungsvorganges üblicherweise ein Baumdiagramm ausgegeben, das die Abfolge der einzelnen Clusterungen, sowie die damit einhergehende Heterogenität innerhalb der Cluster wiedergibt. Das nachfolgende Baumdiagramm visualisiert z.B. die Fusionierung der Muschel-Daten aus der Einführung in Abschnitt 1.1.1.

```
Dendrogram using Average Linkage (Between Groups)

                   Rescaled Distance Cluster Combine

    C A S E      0        5       10       15       20       25
  Label   Num    +---------+---------+---------+---------+---------+

          6     -+---+
          7     -+   +---+
          4     ----+    +------------------------------------+
          3     --------+                                     |
          2     -+-+                                          |
          5     -+ +------------------------------------------+
          1     ---+
```

So hilfreich sie sind (vgl. eine beispielhafte Erläuterung unter 1.2.5), stimmen Baumdiagramme mit den (Un)Ähnlichkeitsmatrizen nicht notwendigerweise 100%ig überein. Ein Maß, das abzuschätzen erlaubt, inwieweit ein Baumdiagramm eine (Un)Ähnlichkeitsmatrix wiedergibt, ist der sog. *kophenetische Korrelationskoeffizient*. Der kophenetische Korrelationskoeffizient kann ermittelt werden, indem die ermittelten (Un)Ähnlichkeitswerte mit den vom Rechenprogramm zugewiesenen Werten (Spalte „Koeffizient" in der Tabelle „Zuordnungsübersicht"; siehe unten) korreliert werden.

Zuordnungsübersicht

Schritt	Zusammengeführte Cluster		Koeffizienten	Erstes Vorkommen des Clusters		Nächster Schritt
	Cluster 1	Cluster 2		Cluster 1	Cluster 2	
1	6	7	4,472	0	0	4
2	2	5	5,000	0	0	3
3	1	2	5,608	0	2	6
4	4	6	6,243	0	1	5
5	3	4	7,735	0	4	6
6	1	3	22,099	3	5	0

Die Angaben aus der ursprünglichen Unähnlichkeitsmatrix (siehe 1.1.1) werden nun in einer Spalte untereinander angeordnet. In der Spalte rechts von der Euklidischen Distanz werden die von SPSS ermittelten „Koeffizient"-Werte eingetragen (Spalte „Koeffizient" in der Tabelle „Zuordnungsübersicht"); bei der Zuordnung kann wiederum das Baumdiagramm helfen. Angefangen beim frühesten Fusionierungsvorgang (z.B. Muschel 7 mit Muschel 6: 4,472) werden für den jeweils nächsthöheren Fusionierungsvorgang die nächsthöheren Koeffizienten vergeben (z.B. Muschel 5 mit 2: 5,000). Werden *Cluster* fusioniert, werden allen Unterelementen die ermittelten Koeffizienten übergeben; am besten erkennbar im letzten Clusterschritt, hier wird z.B. jedem Element der Wert 22,099 zugewiesen.

1.2 Hierarchische Clusteranalysen

Vergleich	Objektpaare	Maß: Euklidische Distanz	„Koeffizient"
1	Muschel 2-1	5,831	5,608
2	Muschel 3-1	19,209	22,099
3	Muschel 4-1	26,249	22,099
4	Muschel 5-1	5,385	5,608
5	Muschel 6-1	27,203	22,099
6	Muschel 7-1	22,804	22,099
7	Muschel 3-2	18,028	22,099
8	Muschel 4-2	25,000	22,099
9	Muschel 5-2	5,000	5,000
10	Muschel 6-2	27,313	22,099
11	Muschel 7-2	22,847	22,099
12	Muschel 4-3	7,071	7,735
13	Muschel 5-3	14,142	22,099
14	Muschel 6-3	10,050	7,735
15	Muschel 7-3	6,083	7,735
16	Muschel 5-4	21,213	22,099
17	Muschel 6-4	6,403	6,243
18	Muschel 7-4	6,083	6,243
19	Muschel 6-5	22,825	22,099
20	Muschel 7-5	18,358	22,099
21	Muschel 7-6	4,472	4,472
	Σ / N	15,3128	15,3127
	δ	8,643	8,067

Der kophenetische Korrelationskoeffizient wird für das Muschel-Beispiel ermittelt, indem die Werte der Euklidischen Distanzen mit den „Koeffizient"-Werten mittels des Pearson-Verfahrens korreliert werden. Der kophenetische Korrelationskoeffizient erreicht einen ausgesprochen guten Wert von 0,933.

δ_E (Standardabweichung $_{Euklidische\ Distanz}$): 8,643

δ_K (Standardabweichung $_{Koeffizient}$): 8,067

$\sigma_{E,K}$ (Kovarianz $_{Euklidische\ Distanz,\ Koeffizient}$): 65,085

Kophenetischer Korrelationskoeffizient = $\sigma_{E,K} / (\delta_E * \delta_E)$ = 65,085 / (8,643 * 8,067) = 0,933

Der kophenetische Korrelationskoeffizient gibt an, dass das Baumdiagramm mit den zugewiesenen Koeffizient-Werten weitestgehend übereinstimmt (93%). Bei Verfahren, die gegenüber monotonen Transformationen invariant sind (bei denen die Homogenität mit zunehmender Fusionierung also wieder zunimmt), wie auch bei einer nonlinearen Verteilung der Messwertreihen, kann der kophenetische Korrelationskoeffizient unter Umständen nur von begrenzter Aussagekraft sein (vgl. Bacher, 2002a, 243–247, 277).

1.2.11 Annahmen der hierarchischen Verfahren

1. Die hierarchischen Clusterverfahren sind für die Klassifikation bzw. Hierarchisierung von Fällen oder Variablen geeignet.
2. Die hierarchischen Clusterverfahren erlauben nicht die Frage zu beantworten, ob den Daten überhaupt eine Clusterstruktur zugrunde liegt. Die Plausibilität der Annahme, dass eine Clusterstruktur vorliegt, ist genauso reflektiert wie die Annahme, ob und inwieweit die Cluster homogen sein sollten. Die ermittelten Cluster müssen vor diesem konzeptionellen Hintergrund auch inhaltlich interpretierbar sein können. Es ist nicht auszuschließen, dass den Daten gar keine Clusterstruktur zugrunde liegt bzw. dass die ermittelten Cluster die zugrundeliegende Clusterstruktur nicht richtig replizieren oder sogar völlig artifiziell sind. Die ermittelten Clusterlösungen sind auf Interpretierbarkeit, Stabilität und Validität zu prüfen (vgl. auch den Abschnitt zur Clusterzentrenanalyse).
3. Die vorgegebene Clusterzahl sollte in einem abgewogenen Verhältnis zu Variablenzahl, Wertevariation und Fallzahl stehen (Komplexität des Clusterproblems).
4. Das Skalenniveau ist möglichst hoch. Das Verfahren und das dazu passende Maß sind für Fragestellung und Datenverteilung geeignet (z.B. Anzahl der Cluster, der darin enthaltenen Fälle, Skalenniveau, Überlappung, Homogenität); wichtig ist dabei die Unterscheidung zwischen der Clusterung von Fällen oder von Variablen.
5. Bei intervallskalierten Daten liegen für Fälle oder Variablen keine unterschiedlichen Skaleneinheiten vor; metrisch skalierte Variablen in unterschiedlichen Einheiten müssen vor der Analyse standardisiert werden.
6. Bei gemischten Skalenniveaus ist darauf zu achten, dass die gewählten Verfahren und Maße dafür geeignet sind.
Die Datenmenge ist überschaubar. Liegt die Datenmenge über $N > 250$ vor, sind nach Bacher (2002a, 302) dennoch mehrere Ansätze möglich, z.B.:

Einsatz der Clusterzentrenanalyse anstelle der hierarchischen Verfahren, sofern das Verfahren für die Annahmen (z.B. überlappungsfrei, nonhierarchisch) und das Maß der quadrierten euklidischen Distanz für das Messniveau der Daten geeignet ist.

Einsatz des Two-Step Clusteranalyse, sofern es für die Fragestellung passend (z.B. nonhierarchisch) ist und die Voraussetzungen des Verfahrens erfüllt sind.

Rechnen mit einer zufällig gezogenen Teilstichprobe anstelle der gesamten Stichprobe.

Rechnen mit zusammengefassten Fällen (z.B. „durchschnittliche Befragte") anstelle der Einzelfälle.

7. Die Überrepräsentation von Objekteigenschaften ist zu vermeiden. Überrepräsentierte Objekteigenschaften dominieren bei den Clustervorgang nach Fällen bzw. Variablen.

8. Die Variablen sollten hoch zuverlässig, also idealerweise ohne Fehler gemessen sein. Die Fehler in den Variablen können die den Daten zugrundeliegende Clusterstruktur verdecken. Je größer der Anteil fehlerbehafteter Variablen, umso stärker wird der Clustervorgang beeinträchtigt.
9. Bei hierarchischen Clusterverfahren können die Cluster überlappen (vgl. Complete Linkage). Die Zuweisung von Fällen zum nächstgelegenen Cluster auf der Basis des Distanzmaßes verzerrt möglicherweise die Clusterprofile, falls die Cluster überlappen sollten (Bacher, 2002a, 313–316). Das Ausmaß der Überlappung hängt u.a. von Relevanz und Anzahl von Variablen ab und kann evtl. durch eine entsprechende Variablenauswahl verringert werden.
10. Die Variablen sollten zur Trennung der Cluster beitragen und somit für den Clustervorgang relevant sein. Irrelevante Variablen sind nicht in der Lage, zwischen Clustern zu trennen. Je größer der Anteil irrelevanter Variablen, umso stärker wird der Clustervorgang beeinträchtigt. Als Gegenmaßnahme können irrelevante Variablen ausgeschlossen, relevante Variablen eingeschlossen, und/oder auch die Stichprobe vergrößert werden.
11. Der Anteil von hochkorrelierenden Variablen, Konstanten, Ausreißern und Missings ist überprüft und gering.
12. Die Anzahl der Elemente (Fälle, Variablen) pro Cluster ist groß genug, um als Ergebnis auf die Grundgesamtheit rückbezogen werden zu können.
13. Eine ermittelte Clusterlösung gilt dann als stabil, wenn sie anhand in Frage kommender Methoden M_1, Maße M_2 und (Sub)Stichproben M_3 bestätigt wird; entsprechend sind M_1 x M_2 x M_3 Rechendurchgänge nötig. Aufgrund ihres Bias führen verschiedene Verfahren und Maße nicht notwendigerweise zu denselben Ergebnissen.
14. Eine vorgeschaltete Faktorenanalyse (oder ein anderes Verfahren) hat zwar ihre Vorteile, setzt jedoch ihrerseits die optimale Umsetzung ihrer Voraussetzungen voraus (vgl. z.B. Kapitel 2).
15. SPSS gibt standardmäßig keine Prüfstatistiken zur formellen Absicherung der ermittelten Clusterlösungen aus; für die Evaluation der Clusterlösungen sollten die F- und t-Werte ermittelt werden.

1.3   Two-Step Clusteranalyse

Orientierung:

- Für metrisch, nominalskalierte und gemischt skalierte Variablen.
- Metrisch skalierte Variablen werden automatisch standardisiert.
- Für Klassifikation von Fällen.
- Für große Fallzahlen geeignet.
- Clusterzahl muss nicht vorgegeben werden.
- Ein Durchgang berechnet eine Lösung.
- Ein Algorithmus (inkl. Varianten); zwei Maße; Möglichkeit der expliziten Standardisierung.
- Algorithmus kann eingestellt werden.

1.3.1 Einleitung: Das Two-Step Verfahren

Die Two-Step Clusteranalyse macht das, was alle anderen Clusterverfahren auch tun: Daten so zu gruppieren, dass die Daten innerhalb eines Clusters ähnlich sind. Two-Step verspricht darüber hinaus eine Lösung der bekannten Schwächen der herkömmlichen Cluster-Verfahren (wie z.B. der agglomerativ-hierarchischen Verfahren und des Clusterzentrenverfahren, k-means): Two-Step erlaubt gemischt-skalierte Variablen und bestimmt die Anzahl der Cluster automatisch (vgl. dazu jedoch die relativierenden Evaluationen von Bacher et al. (2004) und Chiu et al. (2001)). Two-Step ist auch in SPSS CLEMENTINE implementiert, z.B. als Two-Step-Knoten.

Um das Besondere an Two-Step zu verstehen, ist zunächst ein Blick auf die Vorgehensweise der herkömmlichen Methoden hilfreich. Die Abgrenzung von den herkömmlichen Cluster-Algorithmen kann auf mehreren Ebenen erfolgen:

- Clustervorgang
- Gemischte Skalenniveaus
- Behandlung von Ausreißern
- Sehr große Datenmengen

Fast alle herkömmlichen Cluster-Algorithmen sind nur für entweder ausschließlich kontinuierliche oder ausschließlich kategorial skalierte Variablen geeignet. Um mit gemischten Daten arbeiten zu können, kann bei einigen Maßen zwar einerseits eine gewichtete Summe der kontinuierlichen und kategorialen Variablendistanzen angegeben werden; für die Festlegung dieses Gewichts gibt es jedoch keine verbindlichen Richtlinien. Die Festlegung eines Gewichtes ist insofern recht willkürlich und kann je nach angegebenem Wert den Umgang mit verschiedenen Skalenniveaus beeinträchtigen. Auch sind die Kriterien, die man benötigt, um einen Algorithmus vor der letzten Stufe zu stoppen, weder eindeutig, objektiv, noch führen verschiedene Kriterien zum selben Ergebnis. Nicht nur an dieser Stelle fließt eine gewisse Subjektivität in eine Clusteranalyse ein, hier z.B. konkret in Gestalt der Entscheidung, bei welcher Clusterzahl ein Anwender eine weitergehende Clusterung verhindern will (größer als 1 bei den Fusionierungsverfahren, kleiner als die Anzahl aller vorhandenen Objekte bei den Divisionsverfahren).

Die herkömmlichen Cluster-Methoden sind normalerweise auch nicht für sehr große Datenmengen geeignet. Two-Step wurde dagegen explizit für sehr große Datenmengen entwickelt. Das Vorgehen von Two-Step basiert auf zwei Schritten (vgl. dazu auch die Algorithmen in Kapitel 4): Im Pre-Cluster-Schritt werden die Fälle in Pre-Cluster vorverdichtet. Eine sequentielle Clustermethode scannt die Fälle nacheinander ab (und basiert somit auch auf der Reihenfolge der Fälle) und entscheidet, ob der aktuelle Fall den vorangegangen Pre-Clustern hinzugefügt oder ob auf der Basis des Distanzkriteriums ein neuer Pre-Cluster angelegt werden soll. Letztlich entsteht auf diese Weise ein Clusterbaum (Zhang et al., 1996) mit (voreingestellt: maximal drei) Ebenen und (voreingestellt: maximal acht) Einträgen, und ermöglicht somit maximal 8 x 8 x 8 = 512 Pre-Cluster. Ein neuer Fall durchläuft den Clusterbaum vom nächstgelegenen Eintrag, von der „Wurzel" („root node") nach oben bis in die „Blätter" („child node") hin zum korrekten Pre-Cluster oder bis ein neuer Pre-Cluster angelegt wird.

1.3 Two-Step Clusteranalyse

Wächst ein Clusterbaum über die voreingestellten drei Ebenen hinaus, erhöht sich der Schwellenwert für die Zuordnung zu den Pre-Clustern, was den Clusterbaum wieder stutzt und ihm Raum für neue Fälle verschafft. Der am Ende entstandene Clusterbaum repräsentiert die gebündelten Eigenschaften der einzelnen Fälle (daher: Cluster Feature Tree, CF Tree, Clustereigenschaftenbaum) und ist dadurch weniger umfangreich und speicherintensiv. Die ermittelten Pre-Cluster und ihre Eigenschaften werden für den nächsten Schritt als reduzierte Fälle zur Verfügung gestellt.

Im Cluster-Schritt werden die Pre-Cluster aus dem ersten Schritt mittels einer hierarchisch-agglomerativen Methode zusammengefasst bis alle (Pre-)Cluster zur gewünschten bzw. „besten" Anzahl von Clustern fusioniert sind, wobei zunächst immer die (Pre-)Cluster mit den kleinsten Distanzen geclustert werden.

Der Cluster-Schritt besteht selbst aus zwei Schritten: Im ersten Schritt wird für jede Clusterzahl innerhalb eines vorgegebenen Range Akaikes oder Bayes' Informationskriterium als Anfangsschätzer für die Clusterzahl ermittelt. Im zweiten Schritt werden die Anfangsschätzer in jeder Stufe des Clusterbildungsprozess über die Ermittlung der größten Veränderung in der Distanz zwischen den beiden jeweils am nächsten gelegenen Cluster verfeinert.

Im Unterschied zu hierarchisch-agglomerativen Methoden liegt dem Vorgang ein statistisches Modell mit spezifischen Annahmen zugrunde. Für stetige Variablen wird in den Clustern eine unabhängige Normalverteilung vorausgesetzt. Für kategoriale Variablen wird in den Clustern eine unabhängige multinominale Verteilung vorausgesetzt. Two-Step bietet dazu zwei Distanzmaße an: Euklidische Distanz und Log-Likelihood Distanz, wobei letztere für Daten mit gemischten Dateiattributen geeignet ist. Die euklidische Distanz bezeichnet die „gerade" Distanz zwischen zwei Clustern und kann nur verwendet werden, wenn sämtliche Variablen stetig skaliert sind.

Eine Evaluation von Two-Step (SPSS V11.5) durch Bacher et al. (2004) an v.a. Clusterstrukturen mit starken Überlappungen kommt zum Ergebnis, dass Two-Step überaus erfolgreich ist, wenn die Variablen quantitativ sind. Relevante metrische Variablen kommen auch mit starken Überlappungen zurecht. Für gemischt-skalierte Variablen sind die Ergebnisse jedoch weniger zufriedenstellend. Ein Grund hierfür sei, dass Two-Step Unterschiede kategorialer Variablen höher gewichte. Die Performanz von Two-Step nimmt ab, je stärker die Cluster überlappen. Dieser Effekt ist im Wesentlichen unabhängig von der Stichprobengröße, kann im Einzelnen evtl. durch zusätzliche relevante Variablen aufgefangen werden. Two-Step wurde für sehr große Datensätze (Millionen von Datenzeilen) entwickelt und übertrifft die Performanz vergleichbarer Verfahren.

Two-Step bietet die Möglichkeit, neben metrisch skalierten Variablen mit verschiedenen Einheiten gleichzeitig auch Variablen auf dem Nominalniveau in die Analyse einzubeziehen. Übliche Clusterverfahren erfordern Variablen mit gleichen Einheiten, was mind. eine metrische Messskala impliziert. Metrische Variablen in unterschiedlichen Einheiten können z.B. üblicherweise normalisiert bzw. z-transformiert werden. In Two-Step werden metrische Variablen i.A. automatisch z-standardisiert. Bei ordinal skalierten Variablen muss sich der Anwender überlegen, ob sie als metrisch oder kategorial behandelt werden sollen. Nach Bacher et al. (2004, 7) bevorzugt die Normalisierung der verschiedenen Skalenniveaus mittels der Log-Likelihood Distanz kategoriale Variablen bei der Clusterbildung, weil Unterschiede je nach Standardisierung um ein Vielfaches (*2.45* oder höher) stärker gewichtet werden.

Two-Step war bei Chiu et al. (2001) in 98% der Fälle in der Lage, automatisch die Anzahl der Cluster korrekt zu bestimmen; die verbleibenden Fälle waren wegen einer zu großen Überlappung der Cluster nicht unterscheidbar. Bacher et al. (2004) evaluierten Two-Step an Datenmodellen mit graduell überlappenden Clustern. Bei ausschließlich metrischen Variablen hat Two-Step trotz überwiegend positiver Befunde bei Überlappung bei sechs Variablen dennoch Probleme, die Frage zu beantworten, ob den Daten überhaupt eine Clusterstruktur zugrunde liegt (vgl. Bacher et al., 2004, 12). Bei ausschließlich metrischen Variablen hat Two-Step bei drei Variablen Probleme, im Einzelnen die korrekte Anzahl der Cluster zu ermitteln bzw. die Frage zu beantworten, ob den Daten überhaupt eine Clusterstruktur zugrundeliegt. Die Stichprobengröße hatte im Allgemeinen keinen Einfluss auf die Ergebnisse, jedoch die Anzahl der relevanten Variablen.

Bei verschiedenen Messniveaus (metrische Variablen und ordinal skalierte Variablen einmal als metrisch und einmal als kategorial behandelt) sind die Ergebnisse weit unbefriedigender; auch augenscheinlich richtige Clusterzahlen waren falsch, da sie die zugrundeliegende Datenstruktur nicht richtig wiedergaben. Weiter erfindet Two-Step Cluster, selbst wenn den Daten gar keine Clusterstruktur zugrunde liegt. Die wenigen positiven Befunde beschränken sich auf Datenmodelle mit nur zwei oder drei Clustern. Die Ergebnisse sind zum Teil durch das größere Gewicht für kategoriale Variablen in Two-Step (s.o.), wie auch generell durch den Informationsverlust durch die Kategorisierung von metrisch skalierten Variablen erklärbar. Über eine Kategorisierung kann u.U. auch die ursprüngliche kontinuierliche Datenstruktur verloren gehen.

Bacher et al. fassen das Ergebnis ihrer Evaluation von Two-Step der SPSS Version 11.5 v.a. im Hinblick auf die Gewichtung kategorialer Variablen bei gemischten Daten folgendermaßen zusammen: „Those users who have to rely only on SPSS should be careful when using SPSS Two-Step for variables with different measurement levels if clusters overlap" (Bacher at al., 2004, 21). Für Replikationen mittels SPSS 12 würden bessere Ergebnisse berichtet. Der Algorithmus wurde seit SPSS 12 nicht geändert. Eine Verbesserung des Two-Step Algorithmus ist geplant, war aber bis Version 17 noch nicht realisiert, und ist auch nicht für SPSS 18 geplant (SPSS Technical Support, 2009, 2006, 2004). Es besteht derzeit nicht die Möglichkeit, ein relatives Gewicht anzugeben und so den unterschiedlichen Einfluss des Skalenniveaus auszugleichen. Diverse Erfahrungen in der praktischen Arbeit mit Two-Step legen es nahe, die damit erzielten Ergebnisse äußerst sorgfältig zu prüfen.

1.3.2 Anwendungsbeispiel (Maus, Syntax)

In einer Marktstudie wurde das Ausgabevolumen von Personen untersucht, um die unternehmenseigenen Marketing- und CRM-Strategien besser auf die Ausgabegewohnheiten der Kunden ausrichten zu können. Das Ziel der Analyse ist einerseits also die Herleitung einer Kundentypologie auf der Basis gemischter, also kategorialer und metrisch skalierter Daten, andererseits die Beschreibung der Typologie durch die Variablen, die der Herleitung zugrunde liegen. An einer Stichprobe (N=185) wurden Daten erhoben, die neben dem Geschlecht

1.3 Two-Step Clusteranalyse

(kategorial), Alter, Einkommensniveau (in €), Wohnfläche (in qm) und das konkrete Ausgabevolumen in vorgegebenen Bereichen beschreiben, und zwar Urlaub und Reisen, Sport, Wellness, Kfz, Kapitalanlagen, Telekommunikation und sonstige Freizeit.

Maussteuerung:
Zunächst wird der SPSS Datensatz „TwoStep.sav" geöffnet.

Pfad: Analysieren→Klassifizieren →Two-Step Clusteranalyse…

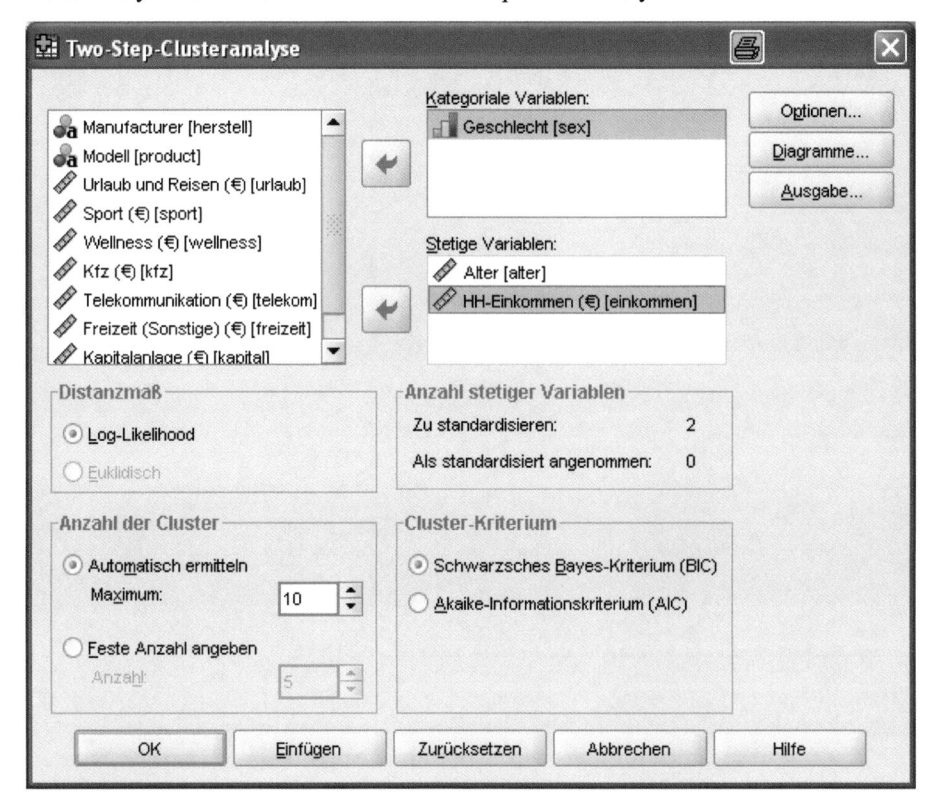

Hauptfenster:
Zu clusternde kategoriale Variablen in das Feld „Kategoriale Variablen:" verschieben, z.B. Variable „Geschlecht". Zu clusternde metrische Variablen in das Feld „Stetige Variablen:" verschieben, z.B. Variable „Alter", „HH-Einkommen" usw.

- Distanzmaß: Mit dem Distanzmaß wird die Ähnlichkeit zwischen zwei Clustern verarbeitet. Bei gemischten Skalenniveaus, wenn kategoriale und metrische Variablen gleichzeitig angegeben sind, wird Log-Likelihood angegeben. Das euklidische Maß kann nur dann verwendet werden, wenn alle Variablen metrisch skaliert sind. Im Beispiel liegen gemischte Messniveaus vor, also wird Log-Likelihood eingestellt.
- Cluster-Kriterium: Mit dem Cluster-Kriterium (Bayes-Informationskriterium, syn.: Schwarz-Bayes-Kriterium, BIC; Akaike-Informationskriterium, AIC) wird eingestellt,

wie die Anzahl der Cluster vom automatischen Clusteralgorithmus bestimmt werden. Als Cluster-Kriterium wird im Beispiel BIC gewählt; alternativ kann auch AIC eingestellt werden. SPSS kann nur entweder BIC oder AIC errechnen; falls beide Maße benötigt werden, muss Two-Step zweimal ausgeführt werden.
- Anzahl der Cluster: Die Option „Automatisch ermitteln" aktivieren; dadurch wird über das angegebene Kriterium (BIC, AIC) die „beste" Anzahl der Cluster ermittelt. Im Beispiel wird unter „Maximum" anstelle des vorgegebenen Wertes „15" der Wert „10" eingegeben. Es können nur positive ganzzahlige Werte angegeben werden.

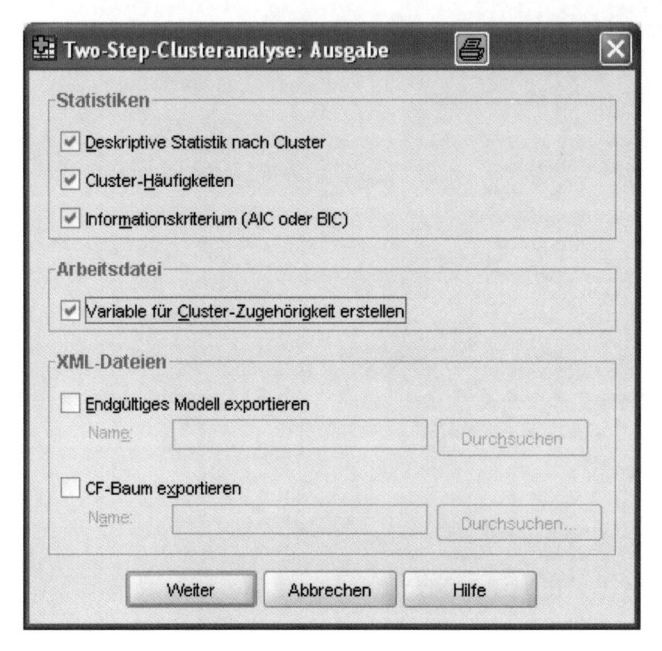

Unterfenster „Ausgabe...":
Unter „Statistiken" können diverse Tabellen zur Beurteilung des Clustervorgangs angefordert werden. Im Beispiel werden die Optionen „Deskriptive Statistik nach Cluster", „Cluster-Häufigkeiten" und „Informationskriterium (AIC oder BIC)" aktiviert. Die Option „Deskriptive Statistik nach Cluster" fordert zwei Tabellen an, die die Variablen in den einzelnen Clustern beschreiben. In der einen Tabelle („Zentroide") werden die Mittelwerte und Standardabweichungen der stetigen Variablen nach Clustern gruppiert ausgegeben. In der anderen Tabelle werden die nach Clustern gruppierten Häufigkeiten der kategorialen Variablen ausgegeben. Die Option „Cluster-Häufigkeiten" fordert die Tabelle „Clusterverteilung" an, in der die Anzahl der Beobachtungen in den einzelnen Clustern wiedergegeben wird. Die Option „Informationskriterium (AIC oder BIC)" fordert die Tabelle „Automatische Clusterbildung" an. Diese Tabelle wird nicht ausgegeben, wenn eine feste Anzahl von Clustern vorgegeben wird.

1.3 Two-Step Clusteranalyse

Unterfenster „Diagramme...":
Unter „Diagramme" können diverse Diagramme angefordert werden, um das Verhältnis der Cluster und Variablen untereinander besser beurteilen zu können.

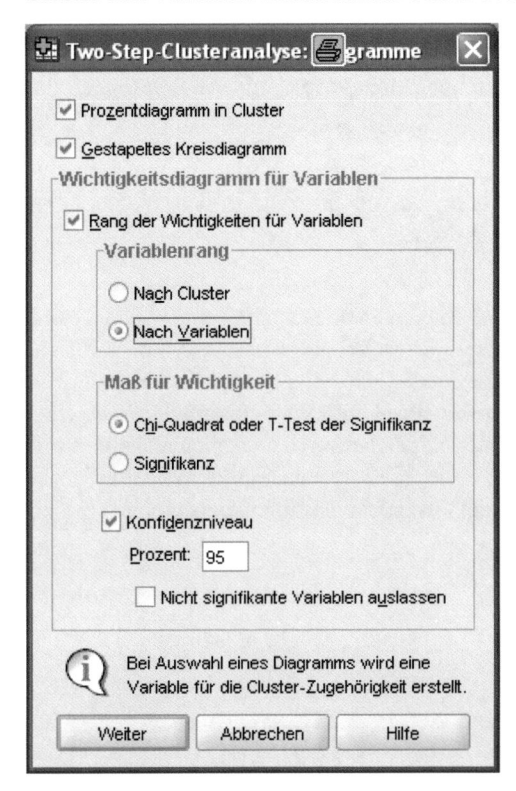

Mittels „Prozentdiagramm in Cluster" wird mit einem gruppierten Balkendiagramm die Verteilung aller in die Clusteranalyse einbezogenen kategorial skalierten Variablen auf die jeweils ermittelten Cluster angezeigt. Für metrische Variablen wird jeweils ein separates gruppiertes Fehlerbalkendiagramm mit 95%igem Konfidenzintervall ausgegeben. Die Option „Gestapeltes Kreisdiagramm" fordert ein Kreisdiagramm an, das die Aufteilung aller Fälle auf die ermittelten Cluster anzeigt. Die Wichtigkeit von Variablen für Cluster wird durch sog. Wichtigkeitsvariablen angezeigt. Wird wie im Beispiel „Nach Variablen" gewählt, werden die einzelnen metrischen Variablen im jeweiligen Cluster nach Wichtigkeitsrang geordnet angezeigt; es wird pro Cluster ein Wichtigkeitsdiagramm ausgegeben. Wird stattdessen „Nach Cluster" gewählt, werden Wichtigkeitsdiagramme pro metrischer Variable ausgegeben und die Cluster auf der Y-Achse abgetragen.

Als „Maß für Wichtigkeit" kann über „Chi-Quadrat oder T-Test der Signifikanz" für metrische Variablen eine t-Statistik bzw. für kategoriale Variablen eine Pearson Chi²-Statistik angefordert werden. Über „Signifikanz" kann als Wichtigkeitsmaß alternativ 1-p für den Test auf Gleichheit der Mittelwerte (nur für metrische Variablen) bzw. den Homogenitätstest auf Gleichheit der Proportionen angefordert werden. Der Homogenitätstest wird nur für kategoriale Variablen ausgeführt und testet die Nullhypothese, dass die Verhältnisse der Fälle im jeweils getesteten Cluster gleich den Verhältnissen in den Gesamtdaten sind. Der Test auf Gleichheit der Mittelwerte wird nur für metrische Variablen ausgeführt und testet die Nullhypothese, dass der Mittelwert einer Variablen im jeweils getesteten Cluster gleich dem Mittelwert der Gesamtdaten ist. Im Beispiel wird die Teststatistik als Maß für die Wichtigkeit angefordert (Chi^2-Test für kategoriale Variablen, T-Test für metrische Variablen) und grafisch wiedergegeben. Unter „Konfidenzniveau" wird im Beispiel für die Wichtigkeit das Vertrauensintervall mit 95 angegeben.

Das Feld „Nicht signifikante Variablen auslassen" nicht aktivieren. Variablen, die beim vorgegebenen Konfidenzniveau keine Signifikanz erzielen, werden sonst in den Wichtigkeitsdiagrammen für Variablen nicht angezeigt.

Unterfenster „Optionen...":
Two-Step ermöglicht unter „Behandlung von Ausreißern" vorzugeben, wie SPSS mit Ausreißer-Pre-Clustern umgehen soll. Dazu kann unter „Rauschverarbeitung" ein Anteil für das Rauschen angegeben werden, z.B. 5(%). Falls die Anzahl der Fälle kleiner als der definierte Anteil an der maximalen Clustergröße ist, wird ein Pre-Cluster als potentieller Ausreißer behandelt und im zweiten Schritt ignoriert. Unter „Speicherzuweisung" kann für den Arbeitsspeicher der maximale Speicherplatz in MB angegeben werden. Ist der Wert zu niedrig, kann unter Umständen die Anzahl der Cluster nicht zuverlässig ermittelt werden.

Syntax:

```
TWOSTEP CLUSTER
  /CATEGORICAL VARIABLES = sex
  /CONTINUOUS VARIABLES = einkommen alter urlaub sport
                          wellness kfz telekom freizeit kapital
                          wohnung
  /DISTANCE LIKELIHOOD
  /NUMCLUSTERS AUTO 10 BIC
  /HANDLENOISE 0
  /MEMALLOCATE 64
  /CRITERIA INITHRESHOLD (0) MXBRANCH (8) MXLEVEL (3)
  /PLOT BARFREQ PIEFREQ
       VARCHART COMPARE BYVAR NONPARAMETRIC
       CONFIDENCE 95
  /PRINT IC COUNT SUMMARY
  /MISSING EXCLUDE
  /SAVE VARIABLE=NOTSCLUS .

AIM NOTSCLUS
  /CATEGORICAL sex
  /CONTINUOUS einkommen alter urlaub sport
              wellness kfz telekom freizeit kapital wohnung
```

```
/PLOT ERRORBAR CATEGORY CLUSTER (TYPE=PIE)
                        IMPORTANCE (X=VARIABLE Y=TEST)
/CRITERIA ADJUST=BONFERRONI CI=95 SHOWREFLINE=YES
                                  HIDENOTSIG=NO .
```

Erläuterung des Abschnitts TWOSTEP CLUSTER
Der Befehl TWOSTEP CLUSTER fordert das Verfahren der Two-Step Clusteranalyse an. Unter CATEGORICAL VARIABLES= können ausschließlich (eine oder mehrere) kategorial skalierte, zu clusternde Variablen (hier: SEX) angegeben werden. Die kategorialen Variablen können kein String-Typ sein. Unter CONTINUOUS VARIABLES= können ausschließlich (eine oder mehrere) metrisch skalierte, zu clusternde Variablen (hier: EINKOMMEN, ALTER, usw.) angegeben werden. CATEGORICAL VARIABLES= und CONTINUOUS VARIABLES= können gleichzeitig verwendet werden. Nach /DISTANCE wird festgelegt, wie die Distanzen zwischen den Clustern berechnet werden sollen. EUCLIDEAN wird verwendet, wenn alle Variablen metrisch skaliert sind. LIKELIHOOD wird verwendet, wenn das Skalenniveau der Variablen (wie im Beispiel) gemischt ist. LIKELIHOOD setzt voraus, dass all metrische Variablen unabhängig normal verteilt und kategoriale Variablen unabhängig multinomial verteilt sind. Nach /NUMCLUSTERS werden Berechnungsweise und ggf. Anzahl der zu ermittelnden Cluster angegeben. Mittels AUTO (Alternative: FIXED) wird die Anzahl der Cluster automatisch bestimmt; nach AUTO kann angegeben werden, wie viele der automatisch bestimmten Cluster angezeigt werden sollen (im Beispiel werden 10 Cluster angezeigt). TWOSTEP bestimmt die „beste" Clusterzahl aus den (im Beispiel: zehn) ermittelten Clustern auf der Grundlage von BIC bzw. AIC. Mittels FIXED (Alternative: AUTO) wird die vorgegebene Anzahl der Cluster ermittelt.
Unter /HANDLENOISE kann ein Anteil für das Rauschen zur Behandlung von Ausreißer-Pre-Clustern während der Phase der Pre-Clusterung angegeben werden. Wird ein Anteil für das Rauschen angegeben, z.B. 5 (%), wird ein Rauschen-Cluster aus Fällen ermittelt, deren Cluster weniger als 5% im Vergleich zum größten Pre-Cluster enthalten. Nach einer erneuten Pre-Clusterung ohne das Rauschen-Cluster werden die Fälle aus dem Rauschen-Cluster den anderen Pre-Clustern zugewiesen; Fälle, die nicht zugewiesen werden können, werden als Ausreißer verworfen. Wird nach /HANDLENOISE ein Wert angegeben, wird neben den regulären Clustern ein Cluster mit Rauschen angelegt. Je größer der angegebene Wert ist, desto größer kann das Rauschen-Cluster werden. Wird 0 angegeben, ist dies gleichbedeutend mit einer Pre-Clusterung ohne Verarbeitung von Rauschen. Können je nach Vorgehensweise im abschließenden Clustervorgang nicht alle Werte einem Cluster zugewiesen werden, werden diese in einem Ausreißer-Cluster mit dem Kode „-1" zusammengefasst, der jedoch nicht in die Analyse mit den übrigen Clustern einbezogen wird. Im Beispiel ist 0 angegeben, was gleichbedeutend mit einem Clustervorgang ohne Verarbeitung von Rauschen ist.
Unter /MEMALLOCATE wird der maximale Arbeitsspeicher (in MB) für den Two-Step Algorithmus angegeben. Ist dieser Wert zu niedrig, kann die Anzahl der Cluster unter Umständen nicht zuverlässig ermittelt werden. Im Beispiel sind 64 MB angegeben.
Unter /CRITERIA können Einstellungen für den Clusteralgorithmus vorgenommen werden; letztlich bestimmen diese Einstellungen, wie viele Pre-Cluster ermittelt werden können. Nach INITTHRESHOLD wird ein Anfangsschwellenwert für die Pre-Clusterung angegeben;

voreingestellt ist 0. Wird ein Wert einem Cluster zugefügt und die entstehende Dichte liegt unter dem Schwellenwert, so wird der Pre-Cluster nicht aufgeteilt; liegt die Dichte über diesem Wert, wird der Pre-Cluster gesplittet. Höhere INITTHRESHOLD-Werte bewirken also geringeres Splitten, und somit weniger Pre-Cluster. Nach MXBRANCH kann angegeben werden, wie viele Pre-Cluster ein Cluster haben kann (voreingestellt ist 8). Unter MXLEVEL kann die Maximalzahl der Ebenen des CF Trees angegeben werden (voreingestellt ist 3). Die voreingestellte maximal mögliche Zahl der Pre-Cluster ermittelt sich somit über 8^3 =512.

Die voreingestellten Parameter basieren auf extensiven Simulationsstudien. SPSS empfiehlt, die voreingestellten Parameter unter INITTHRESHOLD, MXBRANCH und MXLEVEL dann und nur dann zu verändern, wenn vorher bekannt ist, dass andere Werte besser funktionieren (SPSS, 2001, 6).

Nach /PLOT wird der weitere Output festgelegt. BARFREQ gibt ein Häufigkeitsdiagramm für die Cluster aus. PIEFREQ zeigt mittels eines Kreisdiagramms Prozentwerte und Häufigkeiten innerhalb jedes Clusters an. Mittels VARCHART können die Wichtigkeitsdiagramme angefordert werden. Nach COMPARE kann angegeben werden, ob ein vergleichendes Diagramm pro Cluster (Vergleich zwischen Variablen, BYVAR; T-Test, Chi²) oder ein Diagramm pro Variable (Vergleich zwischen Clustern, BYCLUSTER; bei sehr kleinen Signifikanzen werden $-\log_{10}$ der Werte angezeigt) ausgegeben werden soll. Mittels NONPARAMETRIC wird als Wichtigkeitsmaß 1-p für den Test auf Gleichheit der Mittelwerte (für metrische Variablen) bzw. den Test auf Gleichheit der erwarteten Häufigkeiten (für kategoriale Variablen) mit den Gesamtdaten angefordert. Wird NONPARAMETRIC nicht angegeben, werden für metrische Variablen eine t-Statistik bzw. für kategoriale Variablen eine Pearson Chi²-Statistik ausgegeben. Im Beispiel wird über NONPARAMETRIC die Teststatistik als Maß für die Wichtigkeit angefordert. Mittels CONFIDENCE wird für die Wichtigkeit das Vertrauensintervall bzw. über 1-CONFIDENCE das Alpha für die Tests festgelegt. Der Wert kann größergleich 50 und kleiner als 100 sein. Das Vertrauensintervall wird in Form einer kritischen Schwellenlinie angezeigt. Über OMIT kann die Anzeige von Variablen unterdrückt werden, die keine Signifikanz erreichen.

Über den Unterbefehl /PRINT werden diverse Tabellen zur Beurteilung des Clustervorgangs angefordert. Im Beispiel werden über IC die Tabelle „Informationskriterium (AIC oder BIC)", über COUNT die Tabelle „Cluster-Häufigkeiten", und über SUMMARY die Tabelle „Deskriptive Statistik nach Cluster" ausgegeben. Die Tabelle „Informationskriterium (AIC oder BIC)" wird von IC bei der Verwendung des Befehls FIXED anstelle von AUTO nicht ausgegeben. In der Tabelle „Clusterverteilung" wird die Anzahl der Beobachtungen in den einzelnen Clustern wiedergegeben. SUMMARY fordert zwei Tabellen an, die die Variablen in den einzelnen Clustern beschreiben. In der einen Tabelle („Zentroide") werden die Mittelwerte und Standardabweichungen der stetigen Variablen nach Clustern gruppiert ausgegeben. In der anderen Tabelle werden nach den Clustern gruppierte Häufigkeiten der kategorialen Variablen ausgegeben.

Über den /MISSING kann der Umgang mit anwenderdefinierten Missing festgelegt werden. Two-Step löscht generell alle Fälle mit systemdefinierten Werten. Über INCLUDE werden anwenderdefinierte Missings als gültig in die Analyse einbezogen; über EXCLUDE werden

anwenderdefinierte Missings aus der Analyse ausgeschlossen. Wird /MISSING nicht angegeben, entspricht dies der Anweisung EXCLUDE.
Über den /SAVE VARIABLE= wird die Clusterzugehörigkeit in die angegebene Variable abgelegt. Im Beispiel wird Variable NOTSCLUS angelegt, in die die ermittelte Clusterzugehörigkeit abgespeichert wird. SPSS kann beim wiederholten Ausführen eines Programms die bereits angelegte Variable nicht aktualisieren (überschreiben) und gibt eine Warnmeldung aus:

Warnungen

> Der Variablenname NOTSCLUS, der im Unterbefehl SAVE für die Variable für Cluster-Zugehörigkeit angegeben wurde, war bereits in der Arbeitsdatei vorhanden. Dieser Befehl wird nicht ausgeführt.

Um aktualisierte Clusterzugehörigkeiten zu erhalten, sollte daher vor dem erneuten Abschicken des nicht veränderten Programms entweder die bereits angelegte Variable NOTSCLUS aus dem Datensatz entfernt werden, oder es kann nach SAVE VARIABLE= ein noch nicht verwendeter Variablenname angegeben werden.

Erläuterung des Abschnitts AIM
Mit der AIM-Prozedur (Attribute Importance, AIM) werden Wichtigkeitsdiagramme für Variable bzw. Cluster und Tests auf Homogenität der Gruppen angefordert. Eine Dokumentation von AIM stand in älteren SPSS Versionen nicht zur Verfügung. Teile der folgenden Ausführungen wurden vom Autor auf der Grundlage einer freundlicherweise von SPSS zur Verfügung gestellten technischen Dokumentation entwickelt.

Mit dem Befehl AIM wird die AIM-Prozedur angefordert. Nach AIM wird die Variable angegeben, in die die von TWOSTEP CLUSTER ermittelte Clusterzugehörigkeit abgelegt wurde (im Beispiel: NOTSCLUS).

Unter /CATEGORICAL und /CONTINUOUS werden die in TWOSTEP CLUSTER verwendeten Variablen angegeben. Nach /CATEGORICAL werden die kategorial skalierten Variablen (hier: SEX) angegeben. Nach /CONTINUOUS werden metrisch skalierte Variablen (hier: EINKOMMEN, ALTER, usw.) angegeben.

Nach /PLOT können verschiedene Diagramme angefordert werden. Durch ERRORBAR wird für jede metrische Variable ein gruppiertes Fehlerbalkendiagramm ausgegeben. Mittels CATEGORY wird die Verteilung aller in die Clusteranalyse einbezogenen kategorial skalierten Variablen auf die jeweils ermittelten Cluster in Form eines gruppierten Balkendiagramms ausgegeben („Innerhalb Clusterprozentsatz"). CLUSTER (TYPE=PIE) fordert ein Kreisdiagramm an, das die Aufteilung aller Fälle auf die ermittelten Cluster anzeigt („Clustergröße"); über (TYPE=BAR) ist die Ausgabe in Form eines Balkendiagramms möglich.

IMPORTANCE gibt die Wichtigkeitsdiagramme aus. Mit X = GROUP wird die gruppierende Variable auf der x-Achse platziert. Mit X = VARIABLE werden Variablennamen auf der x-Achse angezeigt. Y = TEST zeigt Teststatistiken auf der y-Achse an. Y = PVALUE zeigt *p*-Wert-ähnliche Maße auf der y-Achse an. Ein Vertauschen von X und Y führt zu einer Fehlermeldung.

Unter /CRITERIA können Einstellungen für die Grafiken angegeben werden. Unter ADJUST= wird die Methode der Alpha-Korrektur angegeben; voreingestellt ist BONFERRONI. Falls keine Alpha-Korrektur vorgenommen werden soll, kann alternativ die Option NONE angegeben werden. Bei BONFERRONI erscheint in der Grafik der Hinweis „Anpassung nach Bonferroni erfolgt". Mittels CI= kann ein Konfidenzintervall für die Fehlerbalkendiagramme angegeben. Der angegebene Wert erscheint dann in der Grafik als Hinweis „Gleichzeitig 95% Konfidenzintervalle für Mittelwerte". Mit SHOWREFLINE=YES werden in den Grafiken die kritischen Signifikanzschwellen in Gestalt gestrichelter Linien angezeigt; über NO können die gestrichelten Linien ausgeblendet werden. Mittels HIDENOTSIG=YES wird die grafische Wiedergabe von Variablen unterdrückt, die keine Signifikanz erreichen; bei NO (voreingestellt) werden auch nicht signifikante Variablen angezeigt.

1.3.3 Interpretation der SPSS Ausgabe

Ausgabe für den TWOSTEP CLUSTER-Abschnitt

Two-Step Cluster

Automatische Clusterbildung

Anzahl der Cluster	Bayes-Kriterium nach Schwarz (BIC)	BIC-Änderung[a]	Verhältnis der BIC-Änderungen[b]	Verhältnis der Distanzmaße[c]
1	1480,952			
2	1224,398	-256,554	1,000	1,830
3	1133,039	-91,358	,356	1,952
4	1138,734	5,695	-,022	1,657
5	1184,824	46,089	-,180	1,018
6	1232,025	47,201	-,184	1,040
7	1281,567	49,542	-,193	1,371
8	1346,812	65,245	-,254	1,250
9	1420,525	73,713	-,287	1,020
10	1494,916	74,390	-,290	1,651

a. Die Änderungen wurden von der vorherigen Anzahl an Clustern in der Tabelle übernommen.

b. Die Änderungsquoten sind relativ zu der Änderung an den beiden Cluster-Lösungen.

c. Die Quoten für die Distanzmaße beruhen auf der aktuellen Anzahl der Cluster im Vergleich zur vorherigen Anzahl der Cluster.

Die Tabelle „Automatische Clusterbildung" fasst den Clusterbildungsprozess zusammen, auf dessen Grundlage die Anzahl der Cluster ermittelt wird. In dieser Analyse wurde als Kriterium das BIC nach Schwarz gewählt. Entsprechend wird das BIC für jede potentielle Clusterzahl angegeben. Im Allgemeinen gilt: Je kleiner das BIC (z.B. 1133,039) bzw. je größer die

1.3 Two-Step Clusteranalyse

Verhältnismaße, desto besser ist das Modell. Die „beste" Clusterlösung weist i.A. die größten Verhältnismaße auf und wird von SPSS automatisch in die weitere Analyse einbezogen.

Die „beste" Anzahl der Cluster kann in Two-Step auf der Basis eines Zwei-Phasen-Schätzers automatisch bestimmt werden. In der ersten Phase wird AIC (Akaike's Information Criterion) oder BIC (Bayesian Information Criterion) berechnet. AIC oder BIC gelten als gute Anfangsschätzer der Höchstzahl der Cluster. Two-Step erlaubt im ersten Schritt auch anzugeben, wie mit Ausreißer-Pre-Clustern umgegangen werden soll. Dazu muss ein Anteil für das Rauschen angegeben werden, z.B. 5(%). Falls die Anzahl der Fälle kleiner als der definierte Anteil an der maximalen Clustergröße ist, wird ein Pre-Cluster als potentieller Ausreißer bezeichnet und im zweiten Schritt ignoriert. In der zweiten Phase werden Veränderungen („BIC-Änderung" bzw. „Verhältnis der BIC-Änderung") in AIC bzw. BIC berücksichtigt. Das „Verhältnis der Distanzmaße" ist für BIC und AIC gleich. „BIC-Änderung" leitet sich z.B. über die ursprüngliche Anzahl der Cluster in der Analyse her. 1224,398 (BIC für 2 Cluster) - 1480,952 (BIC für 1 Cluster) = -256,554 (BIC-Änderung). Das Maß „Verhältnis der BIC-Änderungen" wird über das Verhältnis zweier aufeinanderfolgender BIC-Änderungen ermittelt, z.B. -91,358 (3 Cluster) / -256,554 (2 Cluster) = 0,3560. Das „Verhältnis der Distanzmaße" wird über das Verhältnis zweier aufeinanderfolgender „Verhältnis"-Werte ermittelt. Das „Verhältnis der Distanzmaße" basiert auf der gegenwärtigen Anzahl von Clustern im Verhältnis zur vorangegangenen Clusterzahl. Ein steiler Anstieg der „Verhältnis der Distanzmaße"-Werte zeigt die Clusterzahl für die Lösung an, z.B. von 1,830 (2 Cluster) auf 1,952 (3 Cluster). Auf der Grundlage des Distanzmaßes wird jedes Objekt dem nächstgelegenen Cluster zugewiesen. In manchen Fällen kann das BIC weiter abfallen, während Clusterzahlen und Verhältnismaße wieder zunehmen. Das Ausmaß der BIC-Änderung steht dabei in keinem Verhältnis zur zunehmenden Komplexität der Clusterlösung. Um in diesen Fällen die „beste" Clusterlösung zu bestimmen, weicht Two-Step auf die verhältnisbasierten Maße „Verhältnis der BIC-Änderungen" und „Verhältnis der Distanzmaße" im Verhältnis zur Clusterzahl aus (dasselbe gilt für AIC). Für technische Details wird auf Bacher et al. (2004) verwiesen. In diesen Fällen gilt: Je größer das Verhältnis der BIC-Änderung bzw. Verhältnis der Distanzmaße im Verhältnis zur Clusterzahl, desto besser ist das Modell.

Im Beispiel stimmen beide Kriterien überein: Sowohl das kleinste BIC (1133,039), wie auch die größten Verhältnismaße (0,356 bzw. 1,952) deuten jeweils auf eine Lösung mit 3 Clustern hin, die dann Two-Step automatisch als beste Lösung weiterverwendet.

Clusterverteilung

		N	% der Kombination	% der Gesamtsumme
Cluster	1	64	38,1%	34,8%
	2	54	32,1%	29,3%
	3	50	29,8%	27,2%
	Kombiniert	168	100,0%	91,3%
Ausgeschlossene Fälle		16		8,7%
Gesamtwert		184		100,0%

Die Tabelle „Clusterverteilung" zeigt die Anzahl der Fälle in jedem Cluster. Von den 184 Fällen entfallen auf den ersten Cluster („1") 64 Fälle, den zweiten Cluster („2") 54 Fälle und den dritten Cluster („3") 50 Fälle. Von den 184 Fällen wurden N=16 wegen Missings in einer oder mehreren Variablen ausgeschlossen. Weiter unten wird für die Clusterverteilung ein Kreisdiagramm ausgegeben.

Clusterprofile

Nach der Überschrift „Clusterprofile" wird eine Tabelle mit allen metrischen Variablen ausgegeben. Die folgende Tabelle „Zentroide" ist nicht im Querformat der original SPSS Ausgabe, sondern wurde aus Platzgründen pivotiert.

Zentroide

		Cluster			
		1	2	3	Kombiniert
HH-Einkommen (€)	Mittelwert	17375,36	25720,60	34280,01	25088,904
	Standardabweichung	6298,180	9498,365	15464,94	12727,681
Alter	Mittelwert	22,5625	35,0185	36,6200	30,7500
	Standardabweichung	4,20081	8,94952	8,02265	9,63635
Urlaub und Reisen (€)	Mittelwert	1243,9641	1700,5278	2044,6740	1629,0232
	Standardabweichung	252,42374	363,19573	465,36492	489,53638
Sport (€)	Mittelwert	277,0031	302,6800	294,6348	290,5039
	Standardabweichung	10,98568	22,90329	15,48022	20,13005
Wellness (€)	Mittelwert	288,4219	304,7878	305,8272	298,8625
	Standardabweichung	8,68402	15,94932	9,75710	14,30959
Kfz (€)	Mittelwert	731,8180	785,9244	797,7452	768,8305
	Standardabweichung	40,37604	54,47292	43,13371	54,51988
Telekommunikation (€)	Mittelwert	568,4906	771,4185	716,6640	677,8167
	Standardabweichung	62,77598	123,00945	59,68381	123,28546
Freizeit (Sonstige) (€)	Mittelwert	299,1250	419,4444	370,1200	358,9286
	Standardabweichung	37,02916	82,81046	40,35437	75,91924
Kapitalanlage (€)	Mittelwert	2717,3438	2066,4815	2303,6000	2385,0000
	Standardabweichung	356,54534	323,12833	211,49381	413,92817
Größe Wohnung (qm)	Mittelwert	75,5551	79,5450	61,5009	72,6548
	Standardabweichung	40,47887	40,68645	13,16834	35,35812

Die Tabelle „Zentroide" zeigt die Mittelwerte (sog. „Zentroide") und Standardabweichungen der in die Clusteranalyse einbezogenen metrischen Variablen für jeden Cluster separat („1", „2", und „3") und auch insgesamt („Kombiniert"). Je weiter die Zentroide der Cluster auseinander liegen, umso besser werden die Cluster durch die metrisch skalierten Variablen getrennt. Die Zentroide für die Variable „HH-Einkommen (€)" liegen in Cluster 1 z.B. bei 17.375, in Cluster 2 bei 25.720 bzw. in Cluster 3 bei 34.280. Weiter unten wird nach der Überschrift „Clustervariation" für jede metrische Variable ein gruppiertes Fehlerbalkendiagramm mit 95%igem Konfidenzintervall ausgegeben, was den Vergleich der einzelnen Cluster sehr erleichtert.

Die Cluster können durch die relativen Ausprägungen der Zentroide skizziert werden. Die Fälle in Cluster 1 zeichnen sich z.B. durch das geringste Haushaltsnettoeinkommen (17.375€), das niedrigste Alter (22,6), die wenigsten Ausgaben für Urlaub und Reisen (1244€), Sport (277€), Wellness (288€), Kfz (731€), Ausgaben für Telekommunikation (568€), Sonstige Freizeit (299€), jedoch den höchsten Ausgaben für Kapitalanlagen (2717€) und große Wohnungen (75,5qm) aus.

Die Fälle in diesem Cluster könnte man anhand der metrischen Variablen evtl. als „Junge Materialisten" skizzieren (vgl. dazu auch Kap. 1.1.2), die im Vergleich zum Einkommen viel Geld in Kapitalanlagen und Immobilien investieren, und vergleichsweise wenig Geld für Urlaub und Freizeit etc. ausgeben. Zur vollständigen Beschreibung fehlt jedoch noch die Information der kategorialen Variablen.

Häufigkeiten

Nach der Überschrift „Häufigkeiten" wird die Verteilung aller in die Clusteranalyse einbezogenen kategorial skalierten Variablen auf die jeweils ermittelten Cluster ausgegeben. Im Beispiel wurde nur eine Variable, Geschlecht, einbezogen.

Geschlecht

		Männer		Frauen	
		Häufigkeit	Prozent	Häufigkeit	Prozent
Cluster	1	62	55,4%	2	3,6%
	2	0	,0%	54	96,4%
	3	50	44,6%	0	,0%
	Kombiniert	112	100,0%	56	100,0%

Die Tabelle „Geschlecht" zeigt die Verteilung von Männern und Frauen auf die ermittelten Cluster. Cluster 1 setzt sich aus 62 Männern und 2 Frauen zusammen. Cluster 2 setzt sich ausschließlich aus Frauen (N=54) zusammen. Cluster 3 setzt sich ausschließlich aus Männern (N=50) zusammen. Aus der Perspektive der Kategorialvariablen könnten man also Cluster 1 und 3 als „Männer-Cluster" und Cluster 2 als „Frauen-Cluster" umschreiben. Weiter unten wird für diese Verteilung ein gruppiertes Balkendiagramm ausgegeben.

Anhand der metrisch und der kategorial skalierten Variablen zusammen könnte man evtl. Cluster 1 als „Männliche junge Materialisten" umschreiben. Eine Gegenüberstellung mit dem „Frauen-Cluster" wäre sicher interessant und aufschlussreich, wie z.B. eine Klärung, was denn das „Männliche" oder „Weibliche" an diesen Clustern genau ausmacht.

Ausgabe für den AIM-Abschnitt

Attributrelevanz

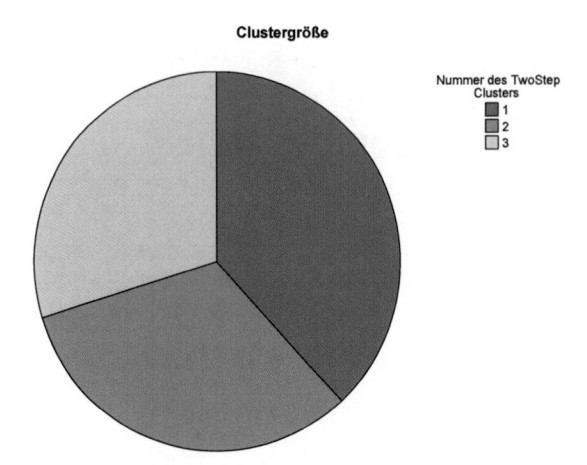

Clustergröße

Die Grafik „Clustergröße" entspricht vom Inhalt her der weiter oben ausgegebenen Tabelle „Clusterverteilung". Das Kreisdiagramm zeigt die Aufteilung aller Fälle in etwa drei gleich große Cluster an.

Innerhalb Clusterprozentsatz

Nach der Überschrift „Innerhalb Clusterprozentsatz" wird die Verteilung aller in die Clusteranalyse einbezogenen kategorial skalierten Variablen auf die jeweils ermittelten Cluster ausgegeben. Im Beispiel wurde nur eine Variable, Geschlecht, einbezogen.

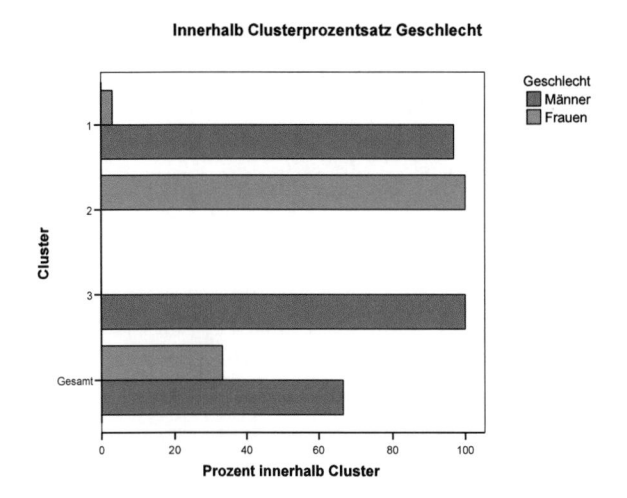

1.3 Two-Step Clusteranalyse

Die Grafiken „Innerhalb Clusterprozentsatz Geschlecht" entspricht vom Inhalt her der weiter oben ausgegebenen Häufigkeitstabelle für die Variable Geschlecht und gibt die prozentuale Verteilung von Männern und Frauen auf die ermittelten Cluster und insgesamt wieder. Cluster 1 setzt sich demnach aus 62 Männern und 2 Frauen zusammen. Cluster 2 bzw. 3 setzen sich ausschließlich aus Frauen bzw. Männern zusammen. Die letzten beiden Balken geben die Verteilung von Männern und Frauen insgesamt wieder.

Innerhalb Clustervariation

Nach der Überschrift „Innerhalb Clustervariation" wird für jede metrische Variable ein gruppiertes Fehlerbalkendiagramm mit 95%igem Konfidenzintervall für die Mittelwerte ausgegeben.

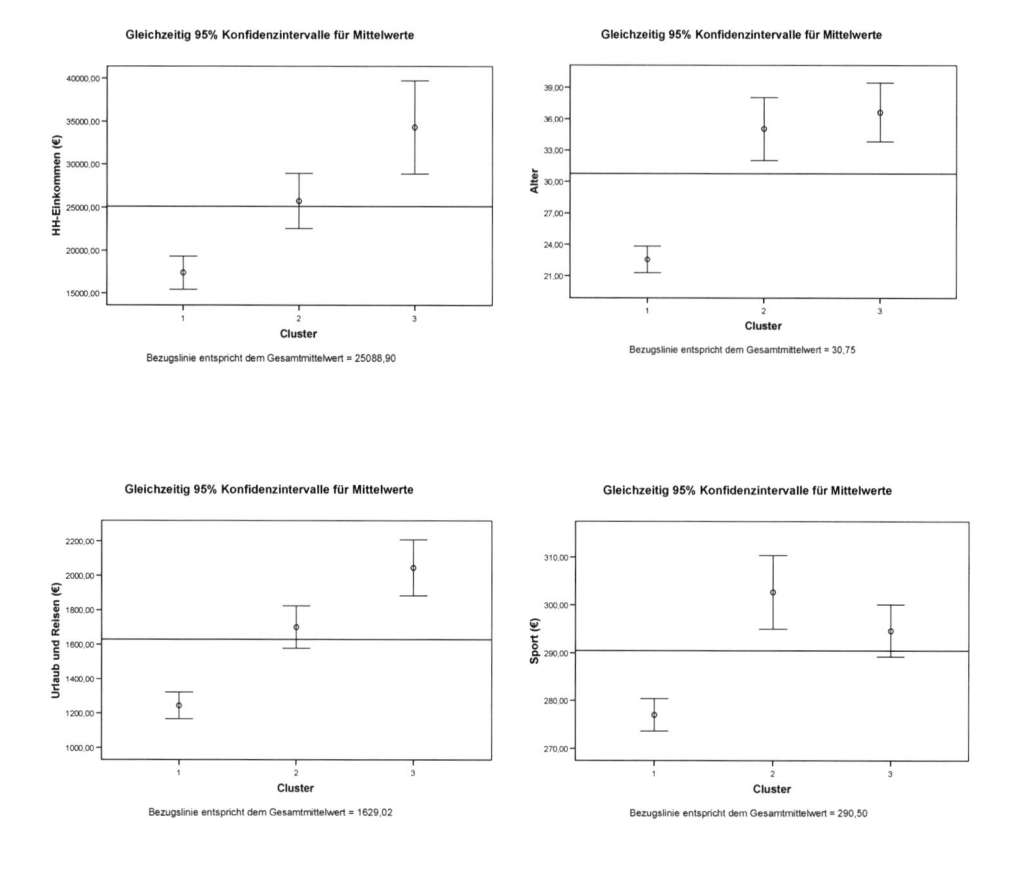

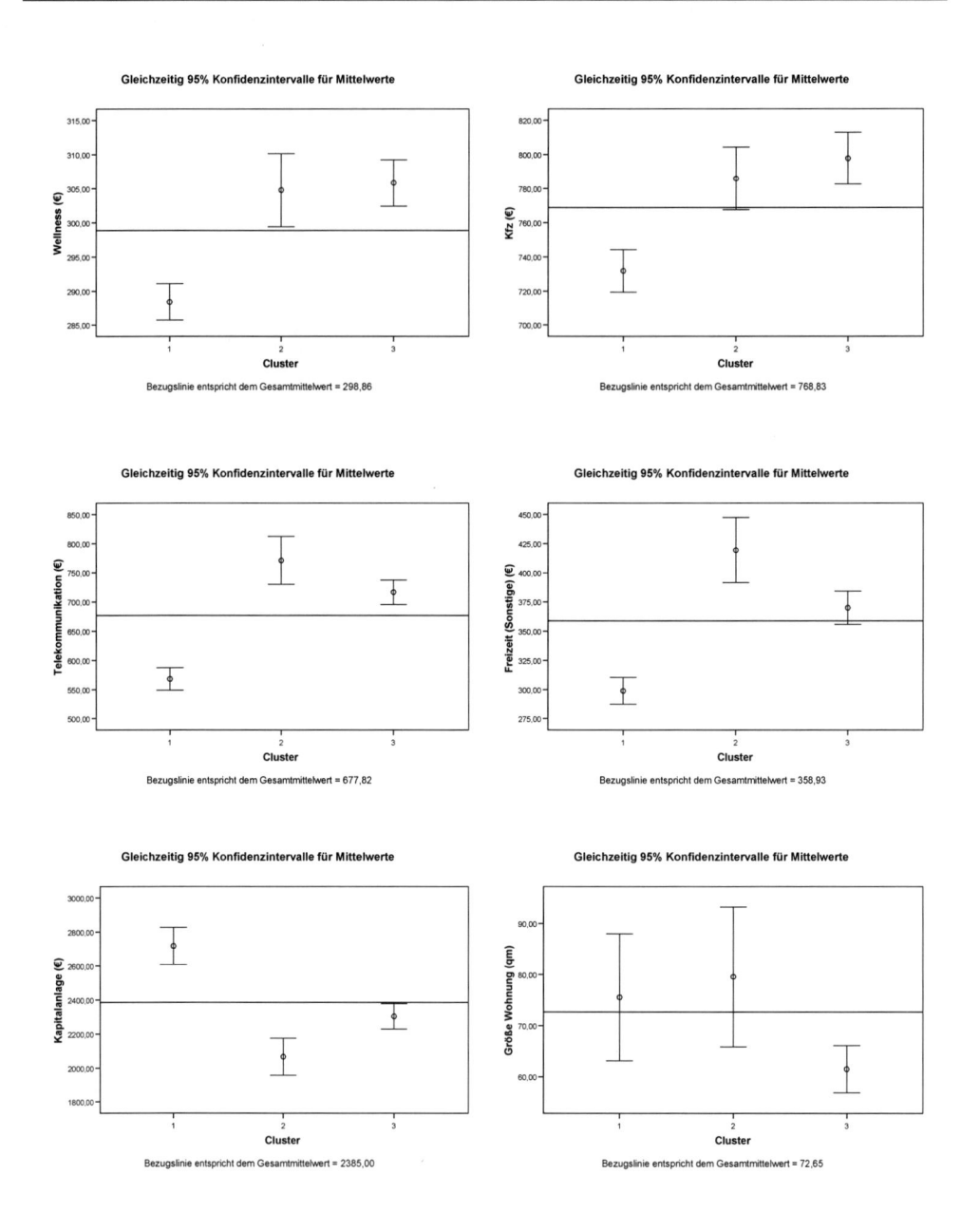

Die ausgegebenen Werte entsprechen den Angaben in der Tabelle „Zentroide" (konkret erkennbar am numerisch ausgegebenen Gesamtmittelwert). Für jede metrische Variable werden die Mittelwerte („Zentroide") nach den ermittelten Clustern gruppiert dargestellt. Die Querlinie entspricht dem jeweiligen Gesamtmittelwert. Je stärker sich die Zentroide unterscheiden, umso besser werden die Cluster durch die Variablen getrennt. Die gruppierten Fehlerbalken erleichtern sehr den Vergleich der Variablen innerhalb und zwischen den ein-

1.3 Two-Step Clusteranalyse

zelnen Cluster. Grafisch ist unkompliziert zu erkennen, dass sich die Fälle in Cluster 1 mit Ausnahme der höchsten Ausgaben für Kapitalanlagen bzw. den zweitgrößten Wohnungen durch ausschließlich niedrigste Ausgaben auszeichnen. Die höchsten Angaben (mit Ausnahme für Kapitalanlagen) verteilen sich demnach auf die Cluster 2 und 3 wie folgt: Cluster 2 zeichnet sich durch Fälle mit den höchsten Ausgaben für Sport, Telekommunikation, Freizeit (Sonstiges) und der größten Wohnungsfläche aus. Die Fälle in Cluster 3 zeichnen sich durch das höchste Haushaltsnettoeinkommen aus, wie auch den höchsten Ausgaben für Urlaub bzw. Reisen und Kfz. Keine bedeutsamen Unterschiede bestehen im Alter und Ausgaben für Wellness. Diese beiden Variablen trennen die Cluster 2 und 3 gut von Cluster 1, aber nicht untereinander. Die inferenzstatistische Absicherung dieser deskriptiven Ableitungen folgt unter den Abschnitten zur „Bedeutung nach kategorialer Variable" bzw. „Bedeutung nach stetiger Variable".

Bedeutung nach kategorialer Variable

Unter „Bedeutung nach kategorialer Variable" folgen Diagramme, die für kategoriale Variable die Wichtigkeit für den jeweiligen Cluster anzeigen (sog. Wichtigkeitsdiagramme). Das angezeigte Chi²-Wichtigkeitsmaß basiert auf einem Test auf Gleichheit der erwarteten Häufigkeiten mit den Gesamtdaten.

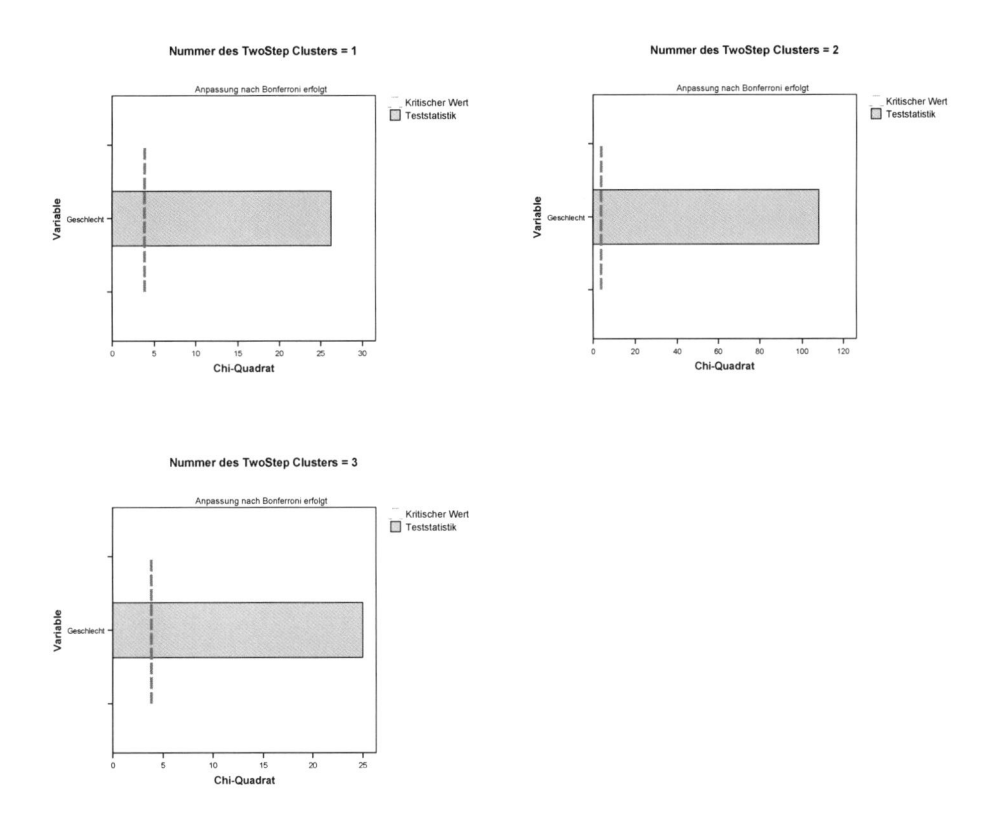

Da der Chi²-Wert für jeden Cluster über der kritischen Schwelle liegt, kann davon ausgegangen werden, dass sich die erwarten Häufigkeiten in den einzelnen Clustern jeweils von den Gesamtdaten statistisch bedeutsam unterscheiden.

Bedeutung nach stetiger Variable

Unter „Bedeutung nach stetiger Variable" sind Wichtigkeitsdiagramme für die Wichtigkeit metrischer Variablen für den jeweiligen Cluster aufgeführt. Für jeden Cluster werden die Variablen an der y-Achse in abnehmender Reihenfolge ihrer Bedeutung aufgelistet. Die gestrichelten Linien repräsentieren kritische Signifikanzschwellen für die Student's t-Statistik. Eine Variable gilt dann als signifikant, wenn ihr t-Wert eine Signifikanzschwelle überschreitet, unabhängig davon, ob in positiver oder negativer Richtung. Eine positive (negative) t-Statistik weist darauf hin, dass die betreffende Variable im jeweiligen Cluster eher Werte über (unter) dem Durchschnitt annimmt.

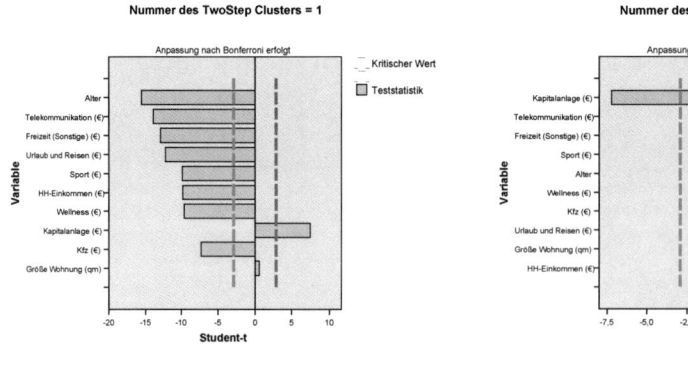

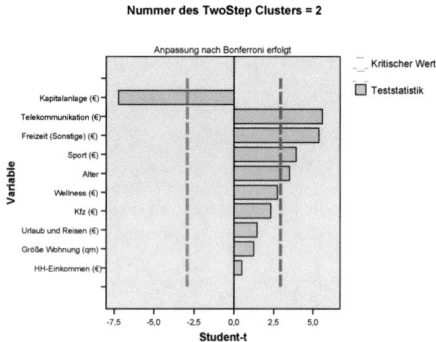

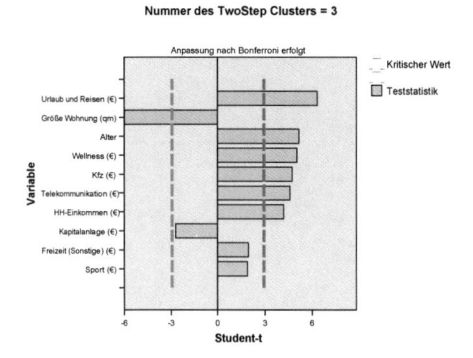

In Cluster 1 überschreiten alle Wichtigkeitsmaße mit einer Ausnahme („Größe Wohnung (qm)") die kritischen Schwellen. Daraus kann geschlossen werden, dass mit einer Ausnahme alle metrischen Variablen zur Herleitung von Cluster 1 beitragen. Die t-Statistik ist z.B. für „Kapitalanlage" über dem positiven Schwellenwert, was bedeutet, dass die Werte der Kapitalanlage in Cluster 1 (2717,3) höher als der Durchschnitt (2385,0) sind. Die t-Statistik ist für „Kfz" über dem negativen Schwellenwert, was bedeutet, dass die Werte der Kapitalanlage in Cluster 1 (731,8) unter dem Durchschnitt (768,8) liegen (vgl. die o.a. Tabelle „Zentroide").

In Cluster 2 überschreiten fünf Variablen die kritischen Schwellen, davon vier in positiver („Telekommunikation", „Freizeit (Sonstige)", „Sport", „Alter") und eine in negativer („Kapitalanlage") Richtung. Diese fünf Variablen tragen zur Herleitung von Cluster 2 bei.

In Cluster 3 überschreiten mit drei Ausnahmen („Sport", „Freizeit (Sonstige)", „Kapitalanlage") alle Wichtigkeitsmaße die kritischen Schwellen. Alle Variablen außer „Sport", „Freizeit (Sonstige)" und „Kapitalanlage" tragen zur Herleitung von Cluster 3 bei. Die bedeutsamen t-Statistiken liegen mit einer Ausnahme in der negativen Richtung; also liegen die Werte in Cluster 3 mit einer Ausnahme unter dem Durchschnitt. Die bedeutsame Ausnahme in der positiven Richtung ist „Größe Wohnung (qm)"; diese Werte liegen über dem Durchschnitt.

Es gibt keine Variable, die nicht zwischen den Clustern trennt; alle Variablen sind daher für den Prozess der Clusterbildung relevant.

1.3.4 Annahmen der Two-Step Clusteranalyse

Für Two-Step wurden einige Voraussetzungen und Besonderheiten zusammengestellt. Laut SPSS Technical Support (2004, 14.10.2004, persönliche Information) gilt der Algorithmus als insgesamt robust gegenüber einer Verletzung der Voraussetzungen. Interne Tests zeigen, dass die Prozedur wenig anfällig gegenüber Verletzungen hinsichtlich der Unabhängigkeitsannahme und der Verteilungsannahme ist. Dennoch sollte darauf geachtet werden, ob und wie genau diese Voraussetzungen erfüllt sind, und ob Two-Step als Verfahren den Anforderungen der Daten bzw. Klassifikation entspricht.

1. Two-Step berücksichtigt keine Ordinalvariablen; sondern nur nominal und metrisch skalierte Variablen. Die Anwender müssen selbst entscheiden, wie sie ordinalskalierte Variablen in den Clustervorgang einbeziehen.
2. Die Abfolge der vorgegebenen Clusterkodierungen ist nicht aufwärtskompatibel bzw. kann sich unterscheiden zwischen SPSS Versionen. Die Inhalte der Cluster (z.B. „A", „B" und „C") sind dabei identisch, allerdings nicht notwendigerweise ihre Kodierung.
   Wird z.B. in einer SPSS Version eine 3er Clusterlösung mit den Clustern A, B und C ermittelt, so werden die Cluster im Datensatz in der Codereihenfolge 1, 2 und 3 abgelegt. Wird dagegen in einer anderen SPSS Version mit denselben Daten und derselben Syntax eine 3er Clusterlösung ausgegeben, können dieselben Codeabfolgen (1, 2 und 3) für eine andere Clusterfolge stehen, z.B. die Cluster A, C und B. Diese Besonderheit hat Auswirkungen auf alle auf diesen Clusterkodierungen aufbauende Analysen.
3. Das Likelihood-Distanzmaß setzt voraus, dass die Variablen im Clustermodell unabhängig sind. Mit Unabhängigkeit ist dabei sowohl die Unabhängigkeit der Variablen, aber auch der Fälle gemeint. Die Unabhängigkeit metrischer Variablen lässt sich mittels bivariater Korrelationen überprüfen. Die Unabhängigkeit kategorialer Variablen lässt sich mittels Tabellenmaßen überprüfen, z.B. Phi, Cramer's V usw. Die Unabhängigkeit zwischen einer stetigen und einer kategorialen Variable lässt sich anhand eines statistischen Vergleichs der Mittelwerte überprüfen. Zur Prüfung der Unabhängigkeit gelten wiederum

die Voraussetzungen der jeweiligen Verfahren, z.B. der chi²-basierten Verfahren Phi, Cramer's V usw.
4. Die Ergebnisse der Pre-Clusterung können von der Reihenfolge der Fälle im Datensatz abhängen. Als Gegenmaßnahme wird der Vergleich mehrerer Berechnungen in Zufallsreihenfolge empfohlen (SPSS, 2001, 4).
5. Für jede einzelne metrische Variable wird eine Normalverteilung vorausgesetzt. Die Normalverteilung einer stetigen Variablen kann über die explorative Datenanalyse mittels eines Histogramms bzw. eines Kolmogorov-Smirnov-Anpassungstests überprüft werden. Eine multivariate Verteilung der stetigen Variablen ist laut SPSS Technical Support (2004, 14.10.2004, persönliche Information) nicht erforderlich.
6. Für jede einzelne kategoriale Variable wird eine multinominale Verteilung vorausgesetzt. Eine Multinomialverteilung ist eine Verteilung, bei der mehr als zwei Ereignisklassen auftreten können; darin eingeschlossen ist daher auch der Spezialfall der Binomialverteilung. Two-Step kann also auch binäre bzw. dichotome Variablen verarbeiten. Ob eine kategoriale Variable über eine multinominale Verteilung verfügt, kann mittels des Chi²-Tests geprüft werden.
7. Die Variablen sollten hoch zuverlässig, also idealerweise ohne Fehler gemessen sein. Die Fehler in den Variablen können die den Daten zugrundeliegende Clusterstruktur verdecken. Ausreißer sollten daher aus der Analyse ausgeschlossen werden. Je größer der Anteil fehlerbehafteter Variablen ist, umso stärker wird der Clustervorgang beeinträchtigt.
8. Die Variablen sollten zur Trennung der Cluster beitragen und somit für den Clustervorgang relevant sein. Irrelevante Variablen sind nicht in der Lage, zwischen Clustern zu trennen. Je größer der Anteil irrelevanter Variablen, umso stärker wird der Clustervorgang beeinträchtigt. Als Gegenmaßnahme können irrelevante Variablen ausgeschlossen und/oder relevante Variablen eingeschlossen werden.
9. Die zu clusternden Daten sollten kein gemischtes Skalenniveau aufweisen (vgl. Bacher et al., 2004).
10. Die Anzahl der Elemente (Fälle, Variablen) pro Cluster ist groß genug, um als Ergebnis auf die Grundgesamtheit rückbezogen werden zu können.
11. Cluster sollten nicht überlappen (vgl. Chiu et al., 2001). Falls die Cluster überlappen sollten, verzerrt die Zuweisung von Fällen zum nächstgelegenen Cluster auf der Basis des Distanzmaßes möglicherweise die Clusterprofile (Bacher, 2002a, 313–316). Das Ausmaß der Überlappung hängt u.a. von Relevanz und Anzahl von Variablen ab und kann durch evtl. eine entsprechende Variablenauswahl verringert werden. Relevante metrische Variablen kommen mit einem gewissen Ausmaß an Überlappung zurecht (vgl. Bacher et al., 2004).
12. Two-Step erlaubt nicht die Frage zu beantworten, ob den Daten überhaupt eine Clusterstruktur zugrunde liegt (vgl. Bacher et al., 2004, 12). Anwender sollten prüfen, ob ihre Daten überhaupt eine Struktur aufweisen. Es ist nicht auszuschließen, dass den Daten gar keine Clusterstruktur zugrunde liegt bzw. dass die ermittelten Cluster die zugrundeliegende Clusterstruktur nicht richtig replizieren oder sogar völlig artifiziell sind. Two-Step hat auch bei ausschließlich metrischen Variablen durchaus Probleme, die korrekte Anzahl der Cluster zu ermitteln, v.a. wenn bei mehrere Cluster überlappen bzw. inkonsistent sind.

13. Die Zuverlässigkeit der ermittelten Clusterzahl ist auch vom zur Verfügung stehenden Arbeitsspeicher abhängig. Ist der Arbeitsspeicher zu klein, kann die Anzahl der Cluster unter Umständen nicht zuverlässig ermittelt werden.

1.4 Partitionierendes Verfahren: Clusterzentrenanalyse (k-means)

Orientierung:

- Für metrisch skalierte Variablen.
- Metrisch skalierte Variablen werden nicht automatisch standardisiert.
- Für Klassifikation von Fällen.
- Für große Fallzahlen.
- Clusterzahl muss vorgegeben werden.
- Ein Durchgang berechnet eine Lösung.
- Ein Algorithmus (inkl. Varianten); ein Maß; keine Möglichkeit der Standardisierung.
- Algorithmus kann eingestellt werden.

Die Clusterzentrenanalyse ist auch in SPSS CLEMENTINE implementiert, z.B. als K-Means-Knoten.

1.4.1 Einleitung: Das Verfahren

Das Verfahren der partitionierenden (direkten) Clusteranalyse basiert auf einer *vorgegebenen* Clusterzahl. Der Anwender übergibt die maximale Anzahl der Cluster, die QUICK CLUSTER ermitteln soll, an den Algorithmus. Der Algorithmus wiederum verwendet diese Angabe, um aus den zu analysierenden Variablen Startwerte (sog. ‚Seeds') festzulegen (vgl. dazu auch die Algorithmen in Kapitel 4). Die Anzahl der „Seeds" muss nicht der schließlich ermittelten Clusterzahl entsprechen; es können aber nicht mehr Cluster ermittelt werden als in den Startwerten vorgegeben wird.

Gibt z.B. ein Data Analyst „5" als die maximale Anzahl zu ermittelnder Cluster an, so sucht sich der Algorithmus erste fünf Beobachtungen, die in einem bestimmten Mindestabstand zueinander liegen, und überprüft sie darauf hin, ob sie überhaupt als Startwerte geeignet sind. Ist eine Beobachtung z.B. besser geeignet, weil sie z.B. von den anderen Startwerte weiter entfernt liegt, so wird diese anstelle des anfänglichen Startwertes übernommen, und zwar so lange, bis die Seeds untereinander die größtmöglichen Distanzen aufweisen.

Liegen die fünf Startwerte fest, so werden ihnen von den verbleibenden Beobachtungen diejenigen zugeordnet, die zu ihnen die geringste Distanz aufweisen, und bilden somit erste Cluster. Von diesen ersten Clustern wird nun der jeweilige Mittelwertvektor (Mittelwert, sog. ‚Zentroid') ermittelt; daher auch die Bezeichnung „k-means": Mittelwerte für k Cluster). Der Zentroid tritt nun an die Stelle des Startwerts. Die Beobachtungen werden jetzt nochmals zugeordnet, nicht mehr den Startwerten, sondern den Zentroiden, und daraus wird wieder der neue Mittelwertvektor ermittelt. Dieser ganze Vorgang wird so lange wiederholt, bis sich die Werte der Zentroiden nicht mehr verändern bzw. unter einem bestimmten Schwellenwert liegen (Konvergenz) oder die maximale Anzahl der vorgegebenen Rechendurchgänge (Iterationen) erreicht ist. Die quadrierte euklidische Distanz ist das Abstandsmaß dieses Algorithmus. Die Cluster werden dabei so ermittelt, dass die zusammengefassten Beobachtungen nur minimal vom Zentroiden abweichen und sich folglich auch untereinander nur geringfügig unterscheiden, so dass also die Streuungsquadratsumme in den Clustern ein Minimum ist (Homogenität). Im Abschnitt 1.4.2 wird ausführlich ein Beispiel zur Anforderung von Statistiken zur Beurteilung der Clusterzahl vorgestellt. Bei diesem Beispiel liegt der Schwerpunkt auf der Ermittlung der Clusterzahl und der Erläuterung der Tabelle „Clusterzentren der endgültigen Lösung". Im Abschnitt 1.4.4 wird die Clusterzentrenanalyse zur Ermittlung von Prototypen angewendet. Dieses Beispiel vermittelt die Interpretation der anfänglichen bzw. endgültigen Clusterzentren anhand des weiteren QUICK CLUSTER-Outputs.

Cluster-Lösungen der Clusterzentrenanalyse (k-means) können von der Sortierung des Datensatzes u.a. dann abhängig sein, wenn z.B. die Startwerte nicht explizit („per Hand" oder per Datei) an den Algorithmus übergeben werden, sondern über die voreingestellte Methode des Auswählens der ersten n Fälle aus dem Datensatz als Startwerte für n Cluster (v.a. bei der Methode NOINITIAL). Die Option INITIAL erlaubt, dieses algorithmenspezifische Problem zu umgehen.

1.4.2 Beispiel (inkl. Teststatistiken zur Beurteilung der Clusterzahl)

An einer Kundenstichprobe (N=640) wurden sechs metrisch skalierte Variablen erhoben: Alter, Ausbildungsdauer, Einkommen, Größe Wohnung (qm), Ausgaben für Reisen/Urlaub und Ausgaben für Gesundheit. Im Datensatz liegen diese Informationen als Variablen mit den Bezeichnungen „p1" bis „p6" vor. Die durchgeführte Clusterzentrenanalyse verfolgt dabei drei Ziele:

- Gruppierung der Fälle
- Bestimmung der formell besten Clusterlösung
- Überprüfung der ausgewählten Clusterlösung auf Interpretierbarkeit, Stabilität und Validität

Mit QUICK CLUSTER können auf der Basis von vorgegebenen Zahlen zwar Clusterlösungen ermittelt werden; SPSS bietet selbst jedoch keine Teststatistiken an, mit deren Hilfe beurteilt werden kann, wie gut (oder schlecht) die jeweils ermittelte Clusterlösung ist. Bacher (2002a, 2001) löste dieses Problem, indem er die Ermittlung diverse Teststatistiken (Bacher, 2002a, 316–322) und Wege ihrer Berechnung mittels SPSS (Bacher, 2001) vorschlug. Mit diesem Lösungsvorschlag ist eine bestimmte Vorgehensweise verbunden, die im Folgenden stichwortartig skizziert werden soll:

- Festlegen der Clusterzahl
- Berechnen von Clusterlösungen von 1 bis über die festgelegte Zahl hinaus

1.4 Partitionierendes Verfahren: Clusterzentrenanalyse (k-means)

- Berechnen von Teststatistiken für die jew. Lösung
- Vergleich der Teststatistiken (Eta², PRE-Wert, F-Max)
- Auswahl der Clusterlösung

Ergänzend zu diesen Statistiken, die zwar eine Eingrenzung, aber nicht immer eine eindeutige Entscheidung ermöglichen, wird im darauffolgenden Abschnitt ein weiteres Verfahren vorgeschlagen. Im folgenden Beispiel werden Clusterlösungen von 1 bis 6 ermittelt. Für jede Clusterlösung werden Teststatistiken (Eta², PRE-Wert, F-Max) berechnet und miteinander verglichen. Auf dieser Grundlage und weiterer Kriterien (Interpretierbarkeit, Stabilität, Validität) wird die 2-Cluster-Lösung gewählt.

Maussteuerung und Syntax
Der nachfolgende, mehrstufige Prozess einer Clusterzentrenanalyse wird per Maus (in Teilen) und vollständig und vertieft anhand der SPSS Syntax erläutert. Für statistische Details kann der interessierte Leser v.a. auf Bacher (2001) verwiesen werden.

Die Maussteuerung ist für das Vorstellen des folgenden, mehrstufigen Prozesses einer Clusterzentrenanalyse nur eingeschränkt geeignet, die einzelnen Prozessphasen zu erläutern. Zum einen ist der bereitgestellte Leistungsumfang geringer, z.B. können unter „Cluster-Zugehörigkeit" und „Distanz vom Clusterzentrum" keine Variablennamen vergeben werden. Zum anderen ist ein Programm anschaulicher, die Logik und Abfolge von Analyseschritten darzustellen, vor allem, weil hier hinzukommt, dass Teststatistiken ermittelt werden, die gar nicht im Leistungsumfang der SPSS Menüs implementiert sind. Nichtsdestotrotz sollen die grundlegenden Optionen für die Maussteuerung kurz vorgestellt werden. Die Phasen wie auch Besonderheiten der Phasen des Analyseprozesses können dem anschließend ausführlich erläuterten Syntaxprogramm entnommen werden.

I. Erläuterung der Maussteuerung
Pfad: Analysieren → Deskriptive Statistiken → Deskriptive Statistik...

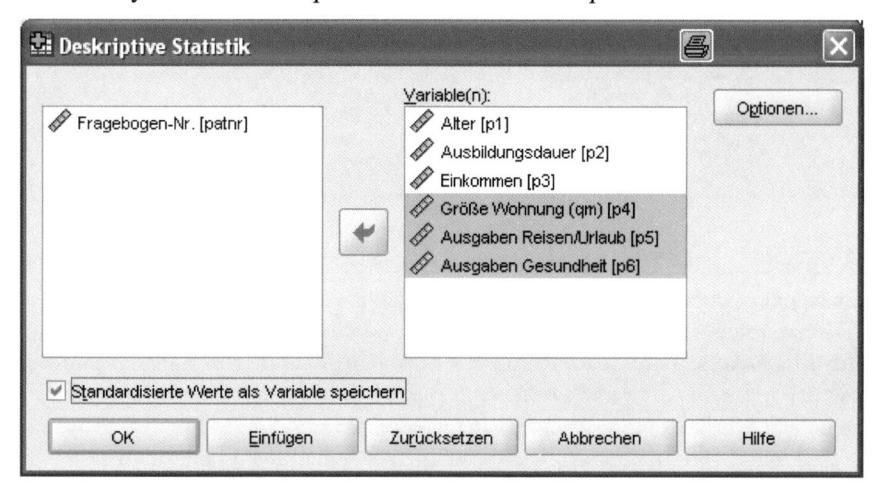

Die Clusterzentrenanalyse arbeitet mit quadrierten euklidischen Distanzen, die alle Variablen gleich gewichtet. Falls verschiedene Einheiten vorliegen, werden Variablen mit größeren Varianzen stärker gewichtet. Da im Beispiel jedoch Variablen in unterschiedlichen Einheiten (im Beispiel: Jahre, €, m²) vorkommen, werden die Daten vor dem Durchführen der Clusterzentrenanalyse mittels der Option „Standardisierte Werte als Variable speichern" standardisiert. Die weitere Clusterzentrenanalyse arbeitet mit standardisierten Variablen (im Beispiel: zp1, zp2, zp3, zp4, zp5, zp6). Es wird empfohlen, vor der weiteren Analyse die standardisierten Variablen auf Ausreißer zu überprüfen und diese ggf. aus der Analyse zu entfernen.

Pfad: Analysieren → Klassifizieren → Clusterzentrenanalyse...

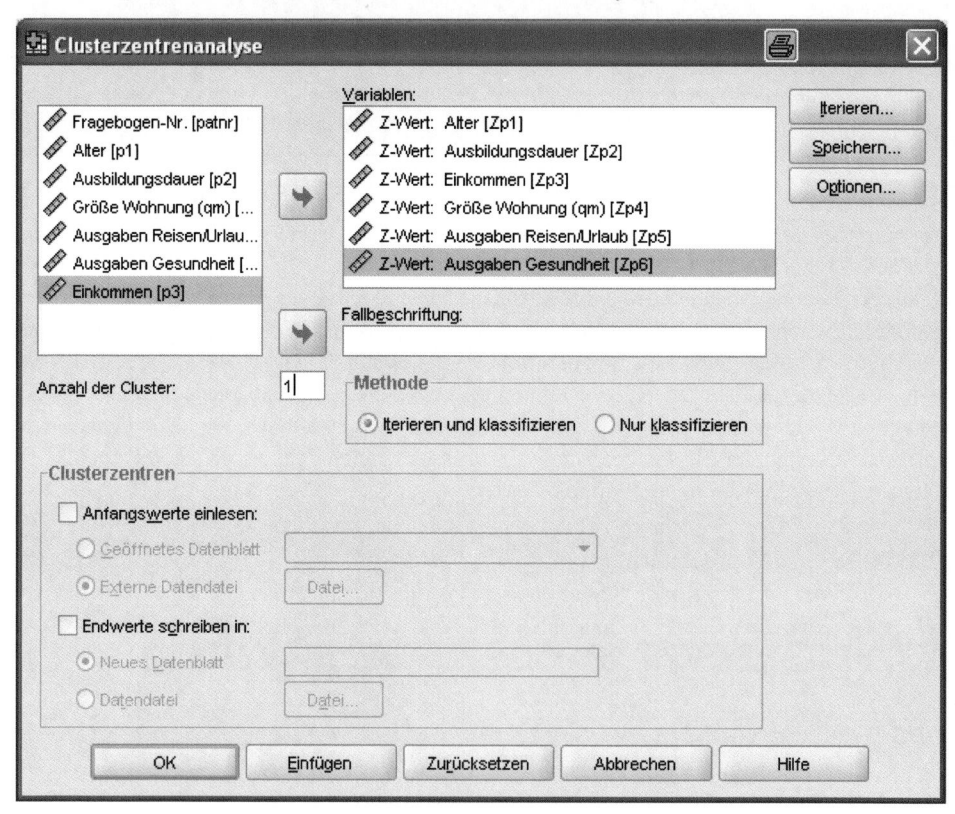

Hauptfenster:
Zu clusternde Variablen in das Feld „Variablen:" verschieben, z.B. Variablen „Zp1", „Zp2", etc. Unter „Anzahl der Cluster:" die gewünschte Clusterzahl vorgeben. Also für die Analyse auf Cluster-Lösungen von 1 bis 6 pro Durchlauf eine 1, dann im nächsten Durchlauf eine 2 usw. bis 6 (für die Analyse auf Cluster-Lösungen von 1 bis 6 wird die Mausführung nur einmal vorgestellt). Methode „Iterieren und klassifizieren" wählen; mit dieser Methode werden die anfänglichen Clusterzentren in einem iterativen Prozess aktualisiert. Bei „Clusterzentren" kein Feld aktivieren. In das Feld „Fallbeschriftung" eine ID-Variable schieben, falls eine fallweise Ausgabe geplant ist, z.B. beim Analysieren auf Ausreißer.

1.4 Partitionierendes Verfahren: Clusterzentrenanalyse (k-means)

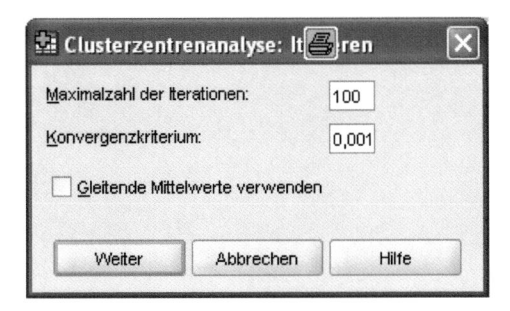

Unterfenster „Iterieren":
Die Optionen unter „Iterieren" können nur für die Methode „Iterieren und klassifizieren" eingestellt werden. Die voreingestellte „Anzahl der Iterationen" sollte viel höher gesetzt werden, im Beispiel auf 100. Das „Konvergenzkriterium" wird im Beispiel (per Syntax) auf 0.0001 gesetzt. In der Maussteuerung sind nur drei Nachkommastellen möglich. In älteren SPSS Versionen ist die Angabe des Konvergenzkriteriums nur über Syntax möglich. „Gleitende Mittelwerte" nicht aktivieren; damit werden neue Clusterzentren erst nach der Zuweisung aller Fälle neu berechnet, ansonsten nach jeder Zuordnung jedes einzelnen Falles.

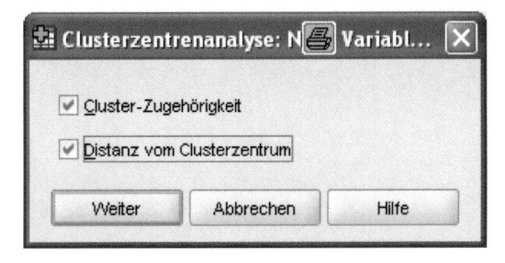

Unterfenster „Speichern...":
„Cluster-Zugehörigkeit" aktivieren. Dadurch wird eine Variable angelegt, die die ermittelte Cluster-Zugehörigkeit eines jeden Falles enthält. Die Vergabe eines Variablennamens ist nur über Syntax möglich. „Distanz vom Clusterzentrum" aktivieren. Dadurch wird eine Variable angelegt, die den euklidischen Abstand zwischen jedem Fall und seinem Klassifikationszentrum (Zentroiden) enthält. Die Vergabe eines eigenen Variablennamens ist nur über Syntax möglich.

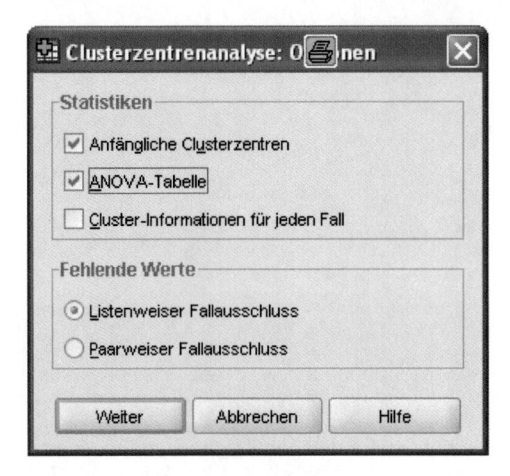

Unterfenster „Optionen...":
Unter „Statistiken" sollten die Optionen „Anfängliche Clusterzentren" und „ANOVA-Tabelle" angefordert werden. Die „Clusterinformationen für die einzelnen Fälle" sollten nicht bei sehr umfangreichen Datensätzen angefordert werden. Unter „Fehlende Werte" sollte die Variante „Listenweiser Fallausschluss" eingestellt sein.

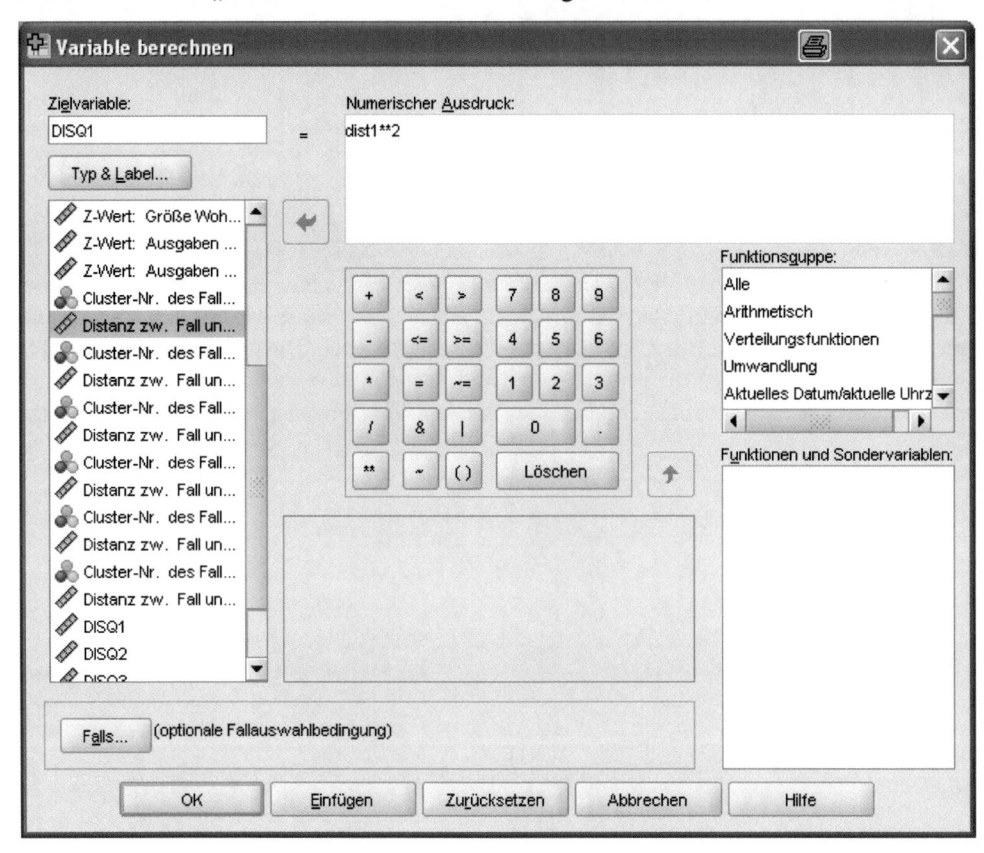

1.4 Partitionierendes Verfahren: Clusterzentrenanalyse (k-means)

Über „Variable berechnen" wird durch die der Quadrierung der Distanzmaße DISQ1, DISQ2, ..., DISQn die jeweilige Quadratsumme der Fehlerstreuung ermittelt.

Die Quadratsumme der Fehlerstreuung wird später für die Ermittlung der Fehlerquadratsummen bzw. aufgeklärten Streuungen benötigt. DISQ1 ist dabei die gesamte Fehlerstreuung, DISQ2 die Fehlerstreuung der 2-Clusterlösung usw.

Die weiteren Syntaxschritte, z.B. MEANS, SELECT und AGGREGATE, können jedoch nicht in Mausführung und entsprechende Screenshots umgewandelt werden. Ab dieser Stelle dürfte es jedoch für Mauslenker transparent und unkompliziert sein, der Vorgehensweise auch in SPSS Syntax-Programmierung zu folgen.

Vorgehen per QUICK CLUSTER-Syntax
Das Vorgehen wird so erläutert, dass zunächst der Prozess im Allgemeinen erklärt wird (vgl. I). Anschließend wird zunächst das verwendete SPSS Programm wiedergegeben (vgl. II). Im Anschluss daran wird die QUICK CLUSTER-Syntax im Detail erläutert (vgl. III).

I. Überblick
Nach „GET FILE..." wird der Arbeitsdatensatz TWOSTEP.sav geladen.
QUICK CLUSTER arbeitet mit quadrierten euklidischen Distanzen, die alle Variablen gleich gewichtet. Falls verschiedene Einheiten vorliegen, werden Variablen mit größeren Varianzen stärker gewichtet. Da im Beispiel Variablen (im Beispiel: p1, p2, p3, p4, p5, p6) in unterschiedlichen Einheiten (im Beispiel: Jahre, €, m²) vorkommen, werden die Daten vor dem Durchführen der Clusterzentrenanalyse mittels DESCRIPTIVES und der Option SAVE standardisiert. Die weitere Clusterzentrenanalyse arbeitet mit standardisierten Variablen (im Beispiel: zp1, zp2, zp3, zp4, zp5, zp6). Es wird empfohlen, vor der weiteren Analyse die standardisierten Variablen auf Ausreißer zu überprüfen und diese ggf. aus der Analyse zu entfernen.
Nach „Berechnung „1-Clusterlösung" bis „n-Clusterlösung" werden über wiederholt durchgeführte QUICK CLUSTER-Berechnungen die 1 bis n Clusterlösungen ermittelt. Unter CLUS1 bis CLUSn wird die jeweilige Clusterzugehörigkeit der Fälle angelegt; unter DIST1 bis DISTn wird die jeweilige Distanz der Fälle zum Zentroiden abgelegt. Mittels der Quadrierung der Distanzmaße über „compute DISQ1=DIST1**2,..." bis „compute DISQn = DISTn**2" wird die jeweilige Quadratsumme der Fehlerstreuung ermittelt (wird später für die Ermittlung der Fehlerquadratsummen bzw. aufgeklärten Streuungen benötigt). DISQ1 ist die gesamte Fehlerstreuung, DISQ2 die Fehlerstreuung der 2-Clusterlösung usw. Über „MEANS VAR=..." werden die ermittelten Werte von DISQ1 bis DISQn aufaddiert und als Summen in einer Tabelle angezeigt. Mittels „SELECT IF (CLUS=1)" werden alle Fälle mit Missings aus den weiteren Analysen ausgeschlossen. Über „AGGREGATE..." werden die quadrierten Distanzen aufaddiert und als Summe jeweils unter DISQSM1 bis DISQSMn abgelegt; unter N wird die Zahl der Fälle ohne Missings abgelegt (wird später zur Berechnung von F-Max benötigt). Über „MEANS VAR=..." werden die unter DISQSM1 bis DISQSMn abgelegten Summen angezeigt. Der Unterschied zum MEANS VAR vor AGGREGATE ist, dass das erste MEANS VAR die Summen noch ermitteln muss, während dieses MEANS VAR bereits ermittelte Summen nur noch anzeigen braucht.

Ab der Überschrift „Erklärte Streuungen" wird über COMPUTE der Anteil der erklärten Streuungen aus dem Verhältnis der Fehlerstreuungen der einzelnen Clusterlösungen zur 1-Cluster-Lösung ermittelt und unter ETA1 bis ETAn abgelegt. Über „GRAPH /LINE..." werden die Streuungswerte als eine Art Scree-Plot wiedergegeben; damit keine irreführenden ETA1-Werte ausgegeben werden, werden diese zuvor auf 0 gesetzt. Nach „LIST" werden die Streuungswerte in einer Liste ausgegeben. ETA-Werte geben die durch die jeweilige Clusterlösung erklärte Streuung im Vergleich zur 1-Cluster-Lösung an. ETA ist von der Anzahl der Cluster abhängig; je mehr Cluster vorliegen, desto mehr Varianz wird aufgeklärt. Die Clusterzahl entspricht der Lösung, bei der nachfolgende Clusterlösungen keine substantiellen ETA-Werte (erklärte Streuungen) liefern.

Ab der Überschrift „PRE-Koeffizienten" wird über COMPUTE das Verhältnis der Fehlerstreuung der jeweiligen Clusterlösung zur Fehlerstreuung der jeweils vorangegangenen Clusterlösung ermittelt und unter PRE1 bis PREn abgelegt. Da der PRE-Wert für die 1-Clusterlösung nicht definiert ist, wird PRE1 auf den Wert -99 gesetzt. Über „GRAPH /LINE..." werden die Streuungswerte als eine Art Scree-Plot wiedergegeben; damit keine irreführenden PRE1-Werte ausgegeben werden, werden diese zuvor auf 0 gesetzt. Nach „LIST" werden die Streuungswerte in einer Liste ausgegeben. PRE-Werte geben die relative Verbesserung der Erklärung der Streuung bzw. Verringerung des Fehlers („proportional reduction of error", daher PRE-Wert) im Vergleich zur jeweils vorangegangenen Clusterlösung an. Die Clusterzahl entspricht der Lösung, bei der nachfolgende Lösungen keine substantiellen PRE-Werte (Verbesserungen) aufweisen. PRE wird jedoch von der Anzahl der Cluster mit beeinflusst.

Ab der Überschrift „F-max-Statistiken" wird über COMPUTE in Anlehnung an die Varianzanalyse das Verhältnis zwischen erklärter und nicht erklärter Streuung ermittelt und unter FMX1 bis FMX n abgelegt. FMX ist jedoch nicht F-verteilt; ein Signifikanztest ist daher nicht möglich. Da der FMX-Wert für die 1-Clusterlösung nicht definiert ist, wird FMX1 auf -99 gesetzt. Über „GRAPH /LINE..." werden die F-Max-Werte als eine Art Scree-Plot wiedergegeben; damit keine irreführenden FMX1-Werte ausgegeben werden, werden diese hier zuvor auf 0 gesetzt. Nach „LIST" werden die Streuungswerte in einer Liste ausgegeben. FMX-Werte geben das Verhältnis der erklärten zur nicht erklärten Streuung an. FMX ist von der Anzahl der Cluster unabhängig. Die Clusterzahl entspricht der Lösung mit dem höchsten FMX-Wert (Varianzverhältnis).

Im Folgenden wird das verwendete SPSS Programm wiedergegeben.

II. Syntax:

Die Syntax wird unter III. erläutert.

```
GET
   FILE='C:\Programme\SPSS\...\CRM_data.sav'.

*z-Standardisierung der Variablen *.
DESCRIPTIVES
   VARIABLES=p1 p2 p3 p4 p5 p6  /SAVE
   /STATISTICS=MEAN STDDEV MIN MAX .
```

1.4 Partitionierendes Verfahren: Clusterzentrenanalyse (k-means)

```
* Berechnung 1-Clusterlösung.
QUICK CLUSTER
  zp1 zp2 zp3 zp4 zp5 zp6
  /MISSING=LISTWISE
  /CRITERIA= CLUSTER(1) MXITER(100) CONVERGE(0.0001)
  /METHOD=KMEANS(NOUPDATE)
  /SAVE CLUSTER (clus1) DISTANCE (dist1)
  /PRINT INITIAL ANOVA .

* Berechnung 2-Clusterlösung.
QUICK CLUSTER
  zp1 zp2 zp3 zp4 zp5 zp6
  /MISSING=LISTWISE
  /CRITERIA= CLUSTER(2) MXITER(100) CONVERGE(0.0001)
  /METHOD=KMEANS(NOUPDATE)
  /SAVE CLUSTER (clus2) DISTANCE (dist2)
  /PRINT INITIAL ANOVA .

* Berechnung 3-Clusterlösung.
QUICK CLUSTER
  zp1 zp2 zp3 zp4 zp5 zp6
  /MISSING=LISTWISE
  /CRITERIA= CLUSTER(3) MXITER(100) CONVERGE(0.0001)
  /METHOD=KMEANS(NOUPDATE)
  /SAVE CLUSTER (clus3) DISTANCE (dist3)
  /PRINT INITIAL ANOVA .

* Berechnung 4-Clusterlösung.
QUICK CLUSTER
  zp1 zp2 zp3 zp4 zp5 zp6
  /MISSING=LISTWISE
  /CRITERIA= CLUSTER(4) MXITER(100) CONVERGE(0.0001)
  /METHOD=KMEANS(NOUPDATE)
  /SAVE CLUSTER (clus4) DISTANCE (dist4)
  /PRINT INITIAL ANOVA .

* Berechnung 5-Clusterlösung.
QUICK CLUSTER
  zp1 zp2 zp3 zp4 zp5 zp6
  /MISSING=LISTWISE
  /CRITERIA= CLUSTER(5) MXITER(100) CONVERGE(0.0001)
  /METHOD=KMEANS(NOUPDATE)
  /SAVE CLUSTER (clus5) DISTANCE (dist5)
  /PRINT INITIAL ANOVA .
```

```
* Berechnung 6-Clusterlösung.
QUICK CLUSTER
   zp1 zp2 zp3 zp4 zp5 zp6
   /MISSING=LISTWISE
   /CRITERIA= CLUSTER(6) MXITER(100) CONVERGE(0.0001)
   /METHOD=KMEANS(NOUPDATE)
   /SAVE CLUSTER (clus6) DISTANCE (dist6)
   /PRINT INITIAL ANOVA .

compute DISQ1 = DIST1**2.
exe.
compute DISQ2 = DIST2**2.
exe.
compute DISQ3 = DIST3**2.
exe.
compute DISQ4 = DIST4**2.
exe.
compute DISQ5 = DIST5**2.
exe.
compute DISQ6 = DIST6**2.
exe.

means
 var=DISQ1 to DISQ6
/cells=sum.

select if (CLUS1=1).
exe.

aggregate outfile=*
/break=CLUS1
/nn = sum(CLUS1)
/DISQSM1 to DISQSM6 = sum(DISQ1 to DISQ6).

means var=DISQSM1 to DISQSM6
/cells=sum.

title "Erklärte Streuungen".
compute ETA1 = 1 - (DISQSM1/DISQSM1).
exe.
compute ETA2 = 1 - (DISQSM2/DISQSM1).
exe.
compute ETA3 = 1 - (DISQSM3/DISQSM1).
exe.
compute ETA4 = 1 - (DISQSM4/DISQSM1).
```

1.4 Partitionierendes Verfahren: Clusterzentrenanalyse (k-means)

```
exe.
compute ETA5 = 1 - (DISQSM5/DISQSM1).
exe.
compute ETA6 = 1 - (DISQSM6/DISQSM1).
exe.
compute ETA1 = 0.
exe.

GRAPH
  /LINE(SIMPLE)= SUM(ETA1) SUM(ETA2) SUM(ETA3) SUM(ETA4)
                 SUM(ETA5) SUM(ETA6)
  /MISSING=LISTWISE .
LIST VARIABLES=ETA1 to ETA6.

title "PRE-Koeffizienten".
compute PRE1 = -99.
exe.
compute PRE2 = 1 - (DISQSM2/DISQSM1).
exe.
compute PRE3 = 1 - (DISQSM3/DISQSM2).
exe.

compute PRE4 = 1 - (DISQSM4/DISQSM3).
exe.
compute PRE5 = 1 - (DISQSM5/DISQSM4).
exe.
compute PRE6 = 1 - (DISQSM6/DISQSM5).
exe.
compute PRE1 = 0.
exe.

GRAPH
  /LINE(SIMPLE)= SUM(PRE1) SUM(PRE2) SUM(PRE3) SUM(PRE4)
                 SUM(PRE5) SUM(PRE6)
  /MISSING=LISTWISE .
LIST VARIABLES=PRE1 to PRE6.

title "F-MAX-Statistiken".
compute FMX1=-99.
exe.
compute FMX2 = ( (DISQSM1-DISQSM2)/(2-1) ) / ( DISQSM2 / (nn-2) ).
exe.
compute FMX3 = ( (DISQSM1-DISQSM3)/(3-1) ) / ( DISQSM3 / (nn-3) ).
exe.
compute FMX4 = ( (DISQSM1-DISQSM4)/(4-1) ) / ( DISQSM4 / (nn-4) ).
```

```
exe.
compute FMX5 = ( (DISQSM1-DISQSM5)/(5-1) ) / ( DISQSM5 / (nn-5) ).
exe.
compute FMX6 = ( (DISQSM1-DISQSM6)/(6-1) ) / ( DISQSM6 / (nn-6) ).
exe.
compute FMX1 = 0.
exe.

GRAPH
  /LINE(SIMPLE)= SUM(FMX1)  SUM(FMX2)  SUM(FMX3)  SUM(FMX4)
                 SUM(FMX5)  SUM(FMX6)
  /MISSING=LISTWISE .

LIST VARIABLES=FMX1 to FMX6.
```

III. Erläuterung der QUICK CLUSTER Syntax

Im Folgenden wird die Syntax der wiederholt durchgeführten QUICK CLUSTER-Berechnung im Detail erläutert. Wiederholte Berechnungsschritte werden jedoch nicht erläutert, weil sie sich aus der bereits vorgestellten Logik des Analyseprozesses ergeben.

QUICK CLUSTER fordert das Clusterzentrenverfahren an. Direkt im Anschluss werden die zu clusternden Variablen in einer Liste angegeben (im Beispiel: zp1, zp2, zp3, zp4, zp5, zp6). Über ALL können alle Variablen aus dem Datensatz in die Analyse einbezogen werden.

Nach /MISSING= wird der Umgang mit Missings festgelegt. Über LISTWISE (Voreinstellung; synonym: DEFAULT) werden Fälle mit Missings listenweise aus der Analyse ausgeschlossen; mittels PAIRWISE werden nur die aus der Analyse ausgeschlossen, die in allen Variablen der Liste fehlen. Beide Optionen können um INCLUDE ergänzt werden, womit anwenderdefinierte Missings als valide Werte in die Analyse einbezogen werden.

Über /CRITERIA= wird die Anzahl der Cluster vorgegeben und der Clusteralgorithmus eingestellt. Nach CLUSTER wird in Klammern die gewünschte Anzahl der Cluster (im Beispiel: 6; voreingestellt: 2) vorgegeben. MXITER gibt in Klammern die maximale Anzahl der Neuberechnung der Clusterzentren vor (die Werte müssen positiv und ganzzahlig sein). Voreingestellt sind 10; im Beispiel: 100. MXITER wird bei METHOD=CLASSIFY ignoriert. Sobald die Höchstzahl der Wiederholungen erreicht ist, wird die Neuberechnung der Clusterzentren angehalten.

Nach CONVERGE wird ein sogenanntes Konvergenzkriterium zur Kontrolle der kleinsten Veränderung der Clusterzentren an SPSS übergeben. Der Iterationsprozess wird beendet, wenn die größte Veränderung der Clusterzentren kleiner oder gleich dem vorgegebenen Kriterium ist. Voreingestellt ist 0. CONVERGE wird bei METHOD=CLASSIFY ignoriert. Über die Syntax können differenzierte Kriterien (z.B. 0.0001) als über die Maussteuerung vorgegeben werden. Lautet das Konvergenzkriterium z.B. 0.0001, dann ist die Iteration beendet, sobald eine vollständige Iteration keines der Clusterzentren um eine Distanz von mehr als 0.01 % der kleinsten Distanz zwischen beliebigen anfänglichen Clusterzentren bewegt. Es wird empfohlen, die voreingestellten MXITER-Werte höher zu setzen.

Nach /METHOD= wird die Methode der Clusterermittlung festgelegt. Die Clusterzentren können nach der Zuweisung aller Fälle oder auch nach jedem einzelnen Fall neu berechnet werden (bis die unter CRITERIA angegebenen Kriterien erreicht sind). Mittels NOUPDATE (Voreinstellung) werden die Clusterzentren erst nach der Zuweisung aller Fälle ermittelt. Mittels UPDATE werden die Clusterzentren nach jedem Fall ermittelt. Bei der Option CLASSIFY werden die Clusterzentren nicht neu berechnet; MXITER und CONVERGE werden daher ignoriert. Bei METHOD=KMEANS gibt QUICK CLUSTER für den Clusterbildungsprozess eine Tabelle aus.

Nach /SAVE können Clusterzugehörigkeiten und Distanzen in den aktuell geöffneten Arbeitsdatensatz unter frei wählbare Variablennamen abgelegt werden. Nach CLUSTER wird der Name der Variable vorgegeben, in die die jeweilige Clusterzugehörigkeit eines jeden Falles abgelegt werden soll. Im Beispiel heißen die Variablen CLUS1, CLUS2, usw. Nach DISTANCE wird der Name der Variable vorgegeben, in die die jeweilige Entfernung eines Falles vom jeweiligen Clusterzentrum abgelegt wird. Im Beispiel heißen die Variablen DIST1, DIST2, usw.

QUICK CLUSTER gibt standardmäßig zwei Tabellen aus. In „Clusterzentren der endgültigen Lösung" werden die Clusterzentren und die Mittelwerte der Fälle in jedem Cluster ausgegeben. In „Anzahl der Fälle in jedem Cluster" werden ungewichtete (und ggf. gewichtete) Fälle in jedem Cluster ausgegeben. Über /PRINT können weitere Tabellen angefordert werden. INITIAL gibt die Tabelle „Anfängliche Clusterzentren" aus. ANOVA fordert die Tabelle „ANOVA" mit F-Werten und Signifikanzen an. Die weiteren Optionen sollten v.a. bei umfangreichen Datensätzen nur mit Vorsicht verwendet werden, da der Output je nach Anzahl der Fälle bzw. ermittelten Clustern extrem umfangreich sein kann. DISTANCE fordert die Tabelle „Distanz zwischen Clusterzentren der endgültigen Lösung" an, was bei vielen Clustern sehr rechenintensiv sein kann. CLUSTER fordert eine Tabelle „Cluster-Zugehörigkeit" mit der Clusterzugehörigkeit jedes einzelnen Falles auf der Basis von Zeilennummern an; ID(Variablenname) fordert dagegen die Tabelle „Cluster-Zugehörigkeit" auf der Basis einer ID-Variablen an.

Nicht verwendet bzw. vorgestellt wurden /OUTFILE= und /FILE=. Mittels /OUTFILE=Datensatz können die Clusterzentren der endgültigen Lösung in einen separaten Datensatz abgelegt werden. Über /FILE=Datensatz können die Startwerte aus einem externen Datensatz eingelesen werden. INITIAL wird weiter unten bei der Stabilitätsprüfung eingesetzt. Mittels /INITIAL können Clusterzentren „von Hand" vorgegeben werden; in einem Klammerausdruck werden entsprechend viele Startwerte gleich dem Produkt n1*n2 (n1: Anzahl der zu clusternden Variablen, n2: Anzahl der gewünschten Cluster) vorgegeben. Liegen z.B. 6 zu clusternde Variablen und 2 gewünschte Cluster vor, werden 12 Startwerte in einer Klammer angegeben.

1.4.3 Ausgabe (inkl. Prüfung der Stabilität und Validität)

Formelle Bestimmung der Clusterzahl anhand von Teststatistiken
Auf der Grundlage der ETA-Werte (Kriterium der aufgeklärten Streuung), der PRE-Werte (Kriterium der relativen Verbesserung der Erklärung der Streuung) und der FMX-Werte

(Kriterium des besten Varianzverhältnisses) ist es möglich, die Clusterzahl formell zu bestimmen.

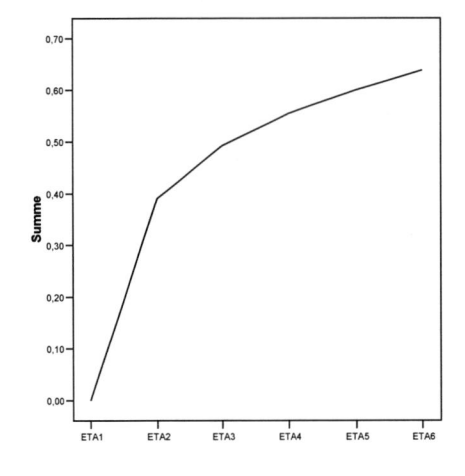

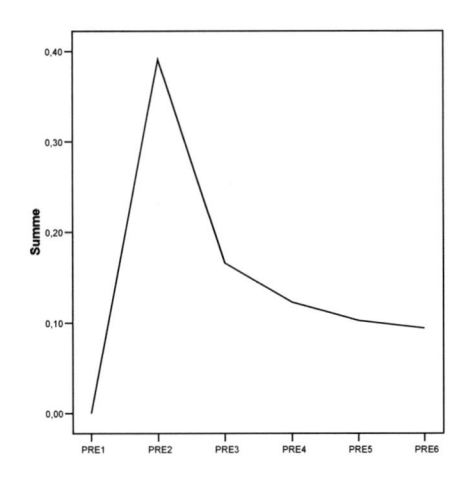

ETA1	ETA2	ETA3	ETA4	ETA5	ETA6
,00	,39	,49	,55	,60	,64

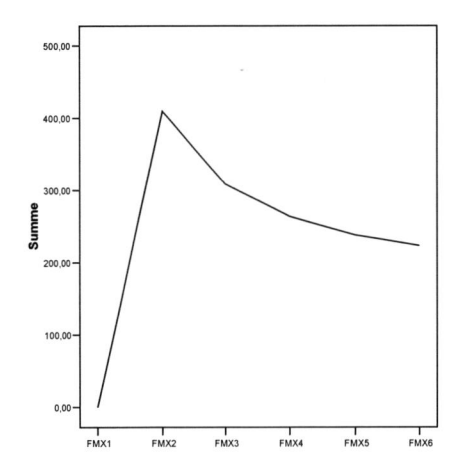

PRE1	PRE2	PRE3	PRE4	PRE5	PRE6
,00	,39	,17	,12	,10	,09

FMX1	FMX2	FMX3	FMX4	FMX5	FMX6
,00	409	308	263	238	223

- Kriterium der aufgeklärten Streuung: Anhand der ETA-Werte fällt die Wahl auf die 3-Cluster-Lösung (49% erklärte Streuung, vgl. ETA3); da allerdings ETA von der Anzahl der Cluster abhängig ist, ist auch noch die 2-Cluster-Lösung in der engeren Wahl (39% erklärte Streuung, vgl. ETA2).

1.4 Partitionierendes Verfahren: Clusterzentrenanalyse (k-means)

- Kriterium der relativen Verbesserung der Erklärung der Streuung: Anhand von PRE2 ist die 2-Cluster-Lösung (Verbesserung um 39%, vgl. PRE3) ein aussichtsreicher Kandidat, ggf. auch PRE3. Auch PRE wird von der Anzahl der Cluster mit beeinflusst.
- Kriterium des besten Varianzverhältnis: FMX ist unabhängig von der Anzahl der Cluster. Laut des höchsten FMX-Werts ist die 2-Cluster-Lösung die beste Clusterzahl (vgl. FMX2=409).

Auf der Grundlage des Kriteriums der aufgeklärten Streuung, des Kriteriums der relativen Verbesserung der Erklärung der Streuung und des Kriteriums des besten Varianzverhältnisses wird die 2-Cluster-Lösung als die formell beste Clusterzahl gewählt. Idealerweise sollten alle Teststatistiken zur selben Lösung gelangen. Die formell gewählte Clusterlösung muss jedoch auch inhaltlichen Kriterien standhalten können.

Inhaltliche Interpretierbarkeit der formell bestimmten Clusterzahl
Die inhaltliche Interpretierbarkeit einer Clusterlösung hat Vorrang vor ihren formalen Teststatistiken. Sind nur die formalen Kriterien erfüllt, ist die Clusterlösung aber nicht interpretierbar, so ist die Lösung unbrauchbar. Gemäß Bacher (2002a) sollten allen Clustern inhaltlich und theoretisch sinnvolle Namen gegeben werden können. Im Folgenden wird die 2-Cluster-Lösung zunächst anhand der Zentroiden aus der Tabelle „Clusterzentren der endgültigen Lösung" näher betrachtet.

Clusterzentren der endgültigen Lösung

	Cluster	
	1	2
Z-Wert: Alter	,68355	-,48964
Z-Wert: Ausbildungsdauer	,49924	-,37506
Z-Wert: Einkommen	,73714	-,50604
Z-Wert: Größe Wohnung (qm)	,39141	-,32949
Z-Wert: Ausgaben Reisen/Urlaub	,42236	-,36862
Z-Wert: Ausgaben Gesundheit	,71662	-,48708

Die Mittelwerte weisen jeweils unterschiedliche Vorzeichen auf, wie auch annähernd gleiche Abstände von Null, was bei einer 2-Cluster-Lösung ein erster Hinweis auf eine formell klareTrennung der Cluster ist. Nach einer Standardisierung ist ein Vergleich innerhalb der Stichprobe der standardisierten Variablen möglich, jedoch nicht mehr zwischen den standardisierten Variablen und der Grundgesamtheit. Eine deskriptive Analyse der nichtstandardisierten Variablen erleichtert die Interpretation der standardisierten Variablen (z.B.):

```
MEANS
  TABLES=p1 p2 p3 p4 p5 p6  BY clus2
  /CELLS MEAN COUNT STDDEV  .
```

Bericht

Cluster-Nr. des Falls		Alter	Ausbildungs dauer	Einkommen	Größe Wohnung (qm)	Ausgaben Reisen/Urlaub	Ausgaben Gesundheit
1	Mittelwert	19,0288	7,1843	1075,7544	30,0259	101,5261	215,0827
	N	424	424	424	424	424	424
	Standardabweichung	5,82095	3,01994	312,17620	17,75651	46,62391	67,47560
2	Mittelwert	35,1358	11,9074	1948,3174	54,3366	182,9195	378,0324
	N	216	216	216	216	216	216
	Standardabweichung	8,38336	4,48179	483,56638	31,64877	87,23291	103,24086
Insgesamt	Mittelwert	24,4649	8,7784	1370,2444	38,2308	128,9964	270,0782
	N	640	640	640	640	640	640
	Standardabweichung	10,20667	4,21796	560,08242	26,04007	74,04683	112,01102

Die zwei Cluster lassen sich aufgrund der nicht standardisierten Mittelwerte in etwa wie folgt beschreiben:

- *Cluster 1: BerufsanfängerInnen.* Die Fälle in Cluster 1 (N=424) sind jung, haben eine entsprechend mittlere Ausbildungsdauer, ein vergleichsweise geringes Einkommen, eine relativ kleine Wohnfläche und geben wenig für Urlaub und Gesundheit aus.
- *Cluster 2: Berufstätige.* Die Fälle in Cluster 2 (N=216) sind im Durchschnitt um einiges älter (ca. 35 Jahre), haben eine entsprechend längere Ausbildung, ein vergleichsweise höheres Einkommen, eine größere Wohnfläche und geben mehr für Urlaub und Gesundheit aus.

Die Inhalte der Cluster sind plausibel und widerspruchsfrei.

Können nur einzelne Cluster nicht oder nur schlecht interpretiert werden, haben Anwender drei Möglichkeiten (Bacher, 2002a):

- Ausweichen auf eine formell schlechtere, aber inhaltlich besser interpretierbare Lösung.
- Mit zusätzlichen Variablen ein völlig neues Modell berechnen.
- Inkaufnehmen einzelner nicht oder nur schlecht interpretierbarer Cluster.

Sind alle Cluster nicht interpretierbar, so ist die Lösung unbrauchbar. Darüber hinaus könnte der Anwender die Annahme hinterfragen, warum den Daten eine Clusterstruktur zugrunde liegen sollte.

Überprüfung der Stabilität einer Clusterlösung

Stabilität lässt sich über die konsistente Zuordnung der Fälle zu den Clustern, wie auch die der Clusterzentren herleiten. Da nach Bacher (2001) die konsistente Zuordnung der Fällen zu den Clustern das strengere Kriterium sei, wird auf die Stabilitätsprüfung von Clusterzentren verzichtet (vgl. dazu Bacher, 2002a, 339–344). Die Stabilität in Form der konsistenten Ermittlung der Clusterzugehörigkeit liegt dann vor, wenn die Zuordnung der Fälle zu den Clustern unabhängig von den Startwerten ist. QUICK CLUSTER bietet kein Verfahren zur Prüfung der Stabilität an. Der Anwender ist wieder auf die Arbeiten von Johann Bacher (2002a, 2001) angewiesen. Im Prinzip wird die ursprüngliche 2-Cluster-Lösung mit SPSS-internen Startwerten mit einer 2-Cluster-Lösung mit (z.B.) inhaltlich begründeten oder zufälligen Startwerten verglichen. Die kreuztabellierten Fälle werden bei gleicher Clusterzahl mittels Kappa auf Übereinstimmung geprüft. Eine anschauliche Prüfmöglichkeit ist, über /INITIAL

1.4 Partitionierendes Verfahren: Clusterzentrenanalyse (k-means)

inhaltlich begründete bzw. zufällige Startwerte „von Hand" vorzugeben; alternativ können Startwerte mittels einer hierarchischen Clustermethode, z.B. über ein Average Linkage Verfahren, an einer Zufallsstichprobe der Daten ermittelt werden. In der u.a. Syntax werden im ersten QUICK CLUSTER-Abschnitt die original Clusterzugehörigkeiten mittels SPSS-interner Startwerte ermittelt und unter CLUS2 abgelegt. Im zweiten QUICK CLUSTER-Abschnitt werden zufällige Startwerte vorgegeben und die damit ermittelten Clusterzugehörigkeiten unter CLUS22 abgelegt. Im Abschnitt CROSSTABS werden CLUS2 und CLUS22 kreuztabelliert und mittels Kappa auf Übereinstimmung geprüft. Die Syntax wird nicht weiter erläutert.

Syntax:

```
* Zufällige Startwerte: Original 2-Cluster-Lösung CLUS2)*.
QUICK CLUSTER
 zp1 zp2 zp3 zp4 zp5 zp6
 /MISSING=LISTWISE
 /CRITERIA= CLUSTER(2) MXITER(100) CONVERGE(0.0001)
 /METHOD=KMEANS(NOUPDATE)
 /SAVE CLUSTER (clus2) DISTANCE (dist2)
 /PRINT INITIAL ANOVA .

* Vorgegebene Startwerte: 2-Cluster-Lösung mittels INITIAL
(CLUS22)*.
QUICK CLUSTER
 zp1 zp2 zp3 zp4 zp5 zp6
 /MISSING=LISTWISE
 /CRITERIA= CLUSTER(2) MXITER(100) CONVERGE(0.0001)
 /METHOD=KMEANS(NOUPDATE)
 /INITIAL (0.15 -0.47 0.86 0.62 -0.27 0.55 0.28 -0.54 0.52
-0.14 0.62 0.21)
 /SAVE CLUSTER (clus22) DISTANCE (dist22)
 /PRINT INITIAL ANOVA .

* Unter Umständen ist eine Rekodierung notwendig,    *.
* damit die Maxima auf der Diagonalen liegen (z.B.): *.
recode clus22 (2=1) (1=2).
exe.

* Ermittlung der Übereinstimmung von CLUS2 und CLUS22*.
CROSSTABS
  /TABLES=clus2  BY clus22
  /FORMAT= AVALUE TABLES
  /STATISTIC=KAPPA
  /CELLS= COUNT
  /COUNT ROUND CELL .
```

Cluster-Nr. des Falls * Cluster-Nr. des Falls Kreuztabelle

Anzahl

		Cluster-Nr. des Falls		Gesamt
		1	2	
Cluster-Nr. des Falls	1	424	0	424
	2	0	216	216
Gesamt		424	216	640

Symmetrische Maße

		Wert	Asymptotischer Standardfehler[a]	Näherungsweises T[b]	Näherungsweise Signifikanz
Maß der Übereinstimmung	Kappa	1,000	,000	25,298	,000
Anzahl der gültigen Fälle		640			

a. Die Null-Hyphothese wird nicht angenommen.
b. Unter Annahme der Null-Hyphothese wird der asymptotische Standardfehler verwendet.

Das Ausmaß der Übereinstimmung wird über Kappa bestimmt. Leider gibt es verschiedene Kappas und Interpretationen (z.B. Fleiss, 1981[2]):

Kappa	Interpretation
> 0,74	sehr gute oder ausgezeichnete Übereinstimmung
0,60–0,74	befriedigende bzw. gute Übereinstimmung
40–59	mittlere Übereinstimmung
< 0,40	mangelhafte bzw. schlechte Übereinstimmung

Die kreuzklassifizierte Anzahl der Fälle in den jeweiligen 2-Cluster-Lösungen stimmt perfekt überein (Kappa=1,0 bei p=,000). Die Fallzuweisung ist also unabhängig davon, ob zufällige oder ausgewählte Startwerte verwendet werden. Die Zuordnung der Fälle zu den Clustern kann als stabil betrachtet werden. Die Stabilität der Clusterlösung ist gegeben.

Überprüfung der Validität einer Clusterlösung
Eine Clusterlösung gilt nach Bacher (2002a, 2001) dann als valide, wenn Zusammenhänge zwischen den Clustern und Außenkriterien empirisch bestätigt werden. Diese Überprüfung setzt jedoch voraus, dass die Cluster selbst valide sind und die anderen Variablen, mit denen sie in Beziehung gesetzt werden, fehlerfrei gemessen wurden; auch sollte der zu prüfende Zusammenhang sachnah und begründet sein.

Wird z.B. den eingangs ermittelten Clustern unterstellt, dass sie Personen mit unterschiedlicher Berufserfahrung und materiellem Ausgabeverhalten enthalten, wären z.B. Annahmen über unterschiedliche Zusammenhänge mit anderen Variablen naheliegend (die selbst nicht in die Clusterbildung eingegangen sind).

Eine Überlegung wäre z.B. zu überprüfen, ob die Clusterzugehörigkeit in irgendeiner Weise mit dem Geschlecht zusammenhängt. Man könnte z.B. vermuten, dass der Anteil von Frauen in dem Cluster mit den älteren Berufstätigen geringer sein könnte als der Anteil der Frauen

1.4 Partitionierendes Verfahren: Clusterzentrenanalyse (k-means)

an den Berufseinsteigerinnen. Gründe dafür könnten sein: Einerseits das zunehmende Sich-Öffnen des Arbeitsmarktes für Frauen (Grund für höherer Anteil bei den Berufseinsteigerinnen), andererseits der zunehmende Rückzug älterer Frauen aus der Berufstätigkeit (u.a. Doppelbelastung als möglicher Grund für vergleichsweise niedrigeren Anteil bei den Berufstätigen). Die skizzierte Hypothese lautet also: Der Anteil der Frauen bei den Berufseinsteigerinnen ist höher als der Anteil der Frauen bei den Berufstätigen. Zur Überprüfung wird eine einfache deskriptive Kreuztabelle angefordert (je nach Hypothese und Skalenniveau kann im Prinzip jedes geeignete Verfahren eingesetzt werden).

Cluster-Nr. des Falls * Geschlecht Kreuztabelle

			Geschlecht		Gesamt
			Frauen	Männer	
Cluster-Nr. des Falls	1	Anzahl	162	262	424
		% von Cluster-Nr. des Falls	38,2%	61,8%	100,0%
		% von Geschlecht	69,8%	64,2%	66,3%
	2	Anzahl	70	146	216
		% von Cluster-Nr. des Falls	32,4%	67,6%	100,0%
		% von Geschlecht	30,2%	35,8%	33,8%
Gesamt		Anzahl	232	408	640
		% von Cluster-Nr. des Falls	36,3%	63,8%	100,0%
		% von Geschlecht	100,0%	100,0%	100,0%

Balkendiagramm

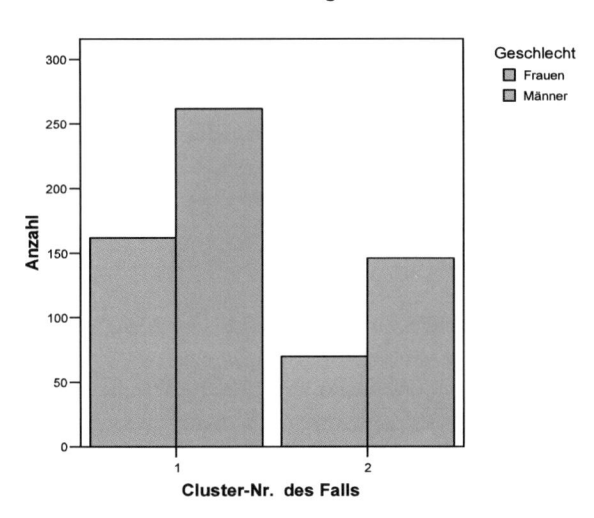

Die vermuteten Tendenzen sind eindeutig erkennbar. Im Cluster der BerufseinsteigerInnen beträgt der Anteil der Frauen ca. 38%. Im Cluster der Berufstätigen beträgt der Anteil der

Frauen ca. 32%. Die 2-Cluster-Lösung besteht eine theorie- bzw. hypothesengeleitete Validitätsprüfung. Die Validität der 2-Cluster-Lösung ist gegeben.

1.4.4 Anwendung der Clusterzentrenanalyse als Prototypenanalyse

Das Ziel einer Clusterzentrenanalyse ist, Objekte anhand ihrer Merkmalsausprägungen zu Gruppen ('Clustern') so zusammenzufassen, dass die Fälle innerhalb eines Clusters einander möglichst ähnlich sein sollten, und die Fälle verschiedener Cluster einander möglichst unähnlich.
Der Zentroid, der Mittelpunkt eines solchen Clusters, kann daher als „Prototyp", als Repräsentant für das ermittelte Cluster interpretiert werden. An diese Ableitung sind jedoch drei Bedingungen geknüpft:

- Die Clusterung als solche ist inhaltlich interpretierbar, valide und stabil.
- Der Repräsentant liegt tatsächlich im Zentrum des Clusters. Die Distanz zum Zentrum sollte also minimal bzw. idealerweise gleich 0 sein.
- Die übrigen Fälle im Cluster sollten wenig um das Zentrum streuen. Ausreißer oder Extremwerte kommen also nicht vor.

Sind diese Voraussetzungen erfüllt, kann aus einem Set von Variablen nicht nur eine Clusterstruktur, sondern auch ihr jeweiliger Repräsentant, ein „Prototyp", ermittelt werden. Diese Vorgehensweise ist dann hilfreich, wenn man versucht, Vergleiche zwischen Prototypen als Repräsentanten von Gruppen zu ziehen (vgl. dazu auch die Nächste Nachbarn-Analyse, „Prototypenanalyse II" unter Abschnitt 1.5.5). Bei diesem Vorgehen lassen sich folgende Fragen beantworten:

- Welche Cluster bilden sich?
- Wer/Was ist Repräsentant eines Clusters?
- In welcher Beziehung steht ein ausgewählter Fall zum Repräsentant des eigenen Clusters? Ist er selbst Repräsentant, falls nicht: Liegt er nahe oder liegt er weit entfernt?
- In welcher Beziehung steht ein ausgewählter Fall zu einem oder mehreren anderen Repräsentanten bzw. Clustern?

Die Prototypenanalyse
Die Anwendungsmöglichkeiten des Clusterzentrenverfahrens als Repräsentantenansatz sind vielfältig. Auf der Grundlage von Einkaufsdaten könnten z.B. Käufertypen entwickelt und verschiedene deskriptive „Prototypen" entwickelt und anhand den der Clusterung zugrunde liegenden relevanten Variablen mit Attributen ihres Kaufverhaltens versehen werden. Typologien des Lebensstils, von Wünschen usw. können auf ähnliche Weise entwickelt werden.

Anhand einer Merkmalsliste könnte z.B. eine Produktauswahl geratet werden. Nach dem Clustern der Variablen aus den Merkmalslisten werden das Zielprodukt mit den Repräsentanten oder auch dem/den Konkurrenzprodukt/en anhand der relevanten Ratingvariablen vergli-

1.4 Partitionierendes Verfahren: Clusterzentrenanalyse (k-means)

chen. Aus diesem Vergleich könnten z.B. Informationen über die relative Beurteilung bzw. Positionierung eines Zielproduktes abgeleitet werden. Patienten könnten z.B. anhand umfangreicher Laborparameter (z.B. physiologische, motorische oder auch kognitive Parameter) einer Gruppe zugeordnet und durch den Repräsentanten typisiert werden. Der Prototypenansatz erlaubt, die Performanz einzelner Patienten oder auch ganzer Patientengruppen unkompliziert einzuschätzen.

Das folgende Beispiel verwendet einen von SPSS mitgelieferten Datensatz (WORLD95.SAV) und nimmt auf der Grundlage der beiden Variablen CALORIES („Tägliche Kalorienzufuhr") und LIFEEXPM („Durchschnittliche Lebenserwartung Männer") eine Clusterung der Länder vor.

Untersucht werden soll, welches Land der Repräsentant eines Clusters wird, in welcher Beziehung ein ausgewähltes Land zum Repräsentant des eigenen Clusters steht, und in welcher Beziehung dieses Land zu dem oder den Repräsentanten anderer Cluster steht. Als Daten sind hier nur die Länder wiedergegeben, die zu den folgenden Regionen gehören: Europa (ohne Osteuropa), Nordamerika und Ozeanien, die hier als ‚OECD' in einer Region zusammengefasst sind, sowie Asien.

Syntax und Ausgabe:

Die Syntax wird nicht weiter erläutert.

```
GET FILE="C:\Programme\SPSS\...\World95.sav".

select if (REGION=1 or REGION=3).

QUICK CLUSTER
  calories lifeexpm
  /MISSING=LISTWISE
  /CRITERIA= CLUSTER(2) MXITER(100) CONVERGE(0.001)
  /METHOD=KMEANS(NOUPDATE)
  /SAVE CLUSTER (cluster) DISTANCE (distance)
  /PRINT ID(country ) INITIAL ANOVA CLUSTER DISTAN.

GRAPH
/SCATTERPLOT(BIVAR)=lifeexpm WITH calories BY country (NAME)
/MISSING=LISTWISE .

MEANS
  TABLES=lifeexpm calories distance BY cluster
  /CELLS MEAN STDDEV COUNT RANGE MIN MAX   .

LIST
    VARIABLES=country lifeexpm calories cluster distance.
```

Quick Cluster

Nach der Überschrift „Quick Cluster" folgt die Ausgabe der angeforderten Clusterzentrenanalyse.

Anfängliche Clusterzentren

	Cluster	
	1	2
Tägliche Kalorienzufuhr	2021	3825
Durchschnittliche Lebenserwartung Männer	53	75

Die Tabelle „Anfängliche Clusterzentren" zeigt die anfänglichen Zentroide (Mittelwerte) der Cluster. In Cluster 1 beträgt z.B. der anfängliche Mittelwert der Lebenserwartung 53 Jahre, in Cluster 2 dagegen 75 Jahre. An der Höhe der Werte, wie auch den Variablenlabels ist zu erkennen, dass es sich um verschiedene Einheiten (Kalorien, Jahre) handelt, die normalerweise vor einer Analyse standardisiert werden. In diesem Fall ist die Nichtstandardisierung wegen der klaren Clusterstruktur ohne Einfluss auf die Clusterbildung.

Iterationsprotokoll[a]

Iteration	Änderung in Clusterzentren	
	1	2
1	368,302	425,202
2	,000	,000

a. Konvergenz wurde aufgrund geringer oder keiner Änderungen der Clusterzentren erreicht. Die maximale Änderung der absoluten Koordinaten für jedes Zentrum ist ,000. Die aktuelle Iteration lautet 2. Der Mindestabstand zwischen den anfänglichen Zentren beträgt 1804,134.

Die Tabelle „Iterationsprotokoll" zeigt für jede Iteration die Änderung in den Clusterzentren während der Clusterbildung. Bei jedem Rechendurchgang werden die Fälle den Clustern neu zugewiesen und die Zentroide ändern sich entsprechend. Das Ausmaß der Änderung wird in dieser Tabelle angezeigt. Erreicht die Veränderung im Rahmen der zulässigen Iterationsschritte das eingestellte Konvergenzkriterium, ist der Prozess der Clusterbildung beendet und die endgültige Clusterlösung erreicht (vgl. auch die Fußnote unter der Tabelle). Falls die Anzahl der zulässigen Iterationsschritte und/oder das Konvergenzkriterium zu streng eingestellt waren, wird der Clustervorgang abgebrochen, bevor eine endgültige Clusterlösung ermittelt werden konnte. In einem solchen Falle sollte der Clusteralgorithmus neu eingestellt werden.

1.4 Partitionierendes Verfahren: Clusterzentrenanalyse (k-means)

Cluster-Zugehörigkeit

Fallnummer	country	Cluster	Distanz
1	Australia	2	183,800
2	Austria	2	95,204
3	Bangladesh	1	368,302
4	Cambodia	1	223,477
5	Canada	2	82,200
6	China	1	249,858
7	Denmark	2	228,202
8	Finland	2	146,812
9	France	2	65,200
10	Germany	2	43,208
11	Greece	2	425,202
12	India	1	160,244
13	Indonesia	1	360,778
14	Ireland	2	378,201
15	Italy	2	104,200
16	Japan	2	443,805
17	Malaysia	1	384,815
18	Netherlands	2	248,803
19	New Zealand	2	37,810
20	Norway	2	73,800
21	Philippines	1	14,412
22	Singapore	2	201,802
23	Spain	2	172,200
24	Sweden	2	439,802
25	Switzerland	2	162,204
26	Thailand	1	73,350
27	UK	2	250,800
28	USA	2	271,201
29	Vietnam	1	156,240

Die Tabelle „Clusterzugehörigkeit" zeigt für jeden Fall an, zu welchem Cluster er gehört. „Australia" gehört z.B. zum Cluster 2, „China" zum Cluster 1. Unter „Distanz" ist für jeden Fall der Abstand vom Zentroiden angegeben. Je kleiner der Distanzwert ist, umso repräsentativer ist der betreffende Fall für das Cluster. „Philippines" ist z.B. repräsentativ für Cluster 1 (Distanz=14,412). „New Zealand" ist z.B. repräsentativ für Cluster 2 (Distanz=37,810). Diese Tabelle ist nur für eine überschaubare Anzahl an Fällen geeignet und sollte bei sehr umfangreichen Datensätzen nicht angefordert werden.

Clusterzentren der endgültigen Lösung

	Cluster	
	1	2
Tägliche Kalorienzufuhr	2389	3400
Durchschnittliche Lebenserwartung Männer	61	74

Die Tabelle „Clusterzentren der endgültigen Lösung" gibt die Zentroiden der 2-Cluster-Lösung wieder. Die Mittelwerte in den beiden Clustern sind verschieden und weisen damit darauf hin, dass der Clusterbildung ausschließlich relevante Variablen zugrundeliegen. Die Zentroiden beschreiben somit als Zentrum auch eine Art „Prototyp" des jeweiligen Clusters (Cluster 1: Lebenserwartung 61 Jahre, täglich 2389 Kalorienzufuhr; Cluster 2: Lebenserwartung 74 Jahre, täglich 3400 Kalorienzufuhr). Da aus der Tabelle „Clusterzugehörigkeit" die Distanz bekannt ist, mit der ein Fall vom Zentroiden entfernt ist, kann man daraus schließen, dass diese Merkmale in etwa für „Philippines" als Prototyp für Cluster 1 und „New Zealand" als Prototyp für Cluster 2 gelten. „In etwa" deshalb, weil beide Fälle nicht exakt im Zentrum liegen (Distanz=0), sondern jeweils etwas daneben (14,412 bzw. 37,810).

Distanz zwischen Clusterzentren der endgültigen Lösung

Cluster	1	2
1		1010,664
2	1010,664	

Die Tabelle „Distanz zwischen Clusterzentren der endgültigen Lösung" zeigt die euklidischen Distanzen zwischen den endgültigen Clusterzentren. Je größer die Werte sind, umso verschiedener (unähnlicher) sind die Cluster; mit abnehmenden euklidischen Distanzen werden die Cluster einander immer ähnlicher.

ANOVA

	Cluster		Fehler			
	Mittel der Quadrate	df	Mittel der Quadrate	df	F	Sig.
Tägliche Kalorienzufuhr	6338901,4	1	64369,880	27	98,476	,000
Durchschnittliche Lebenserwartung Männer	1078,760	1	10,983	27	98,218	,000

Die F-Tests sollten nur für beschreibende Zwecke verwendet werden, da die Cluster so gewählt wurden, daß die Differenzen zwischen Fällen in unterschiedlichen Clustern maximiert werden. Dabei werden die beobachteten Signifikanzniveaus nicht korrigiert und können daher nicht als Tests für die Hypothese der Gleichheit der Clustermittelwerte interpretiert werden.

Die Tabelle „ANOVA" enthält beschreibende F-Werte und Signifikanzen. Der F-Wert pro Variable basiert auf dem Verhältnis zwischen der clusteranalytisch erklärten zur nicht erklärten Varianz. Je größer der F-Wert ist, umso wichtiger ist die betreffende Variable für die Clusterbildung. Der F-Test kann jedoch nicht zum Test der Nullhypothese verwendet werden, dass keine Unterschiede zwischen den Clustern in den betreffenden Variablen vorliegen (vgl. die einführenden Anmerkungen in Abschnitt 1.1.3); beachten Sie, dass das Signifikanzniveau nicht in Bezug auf die Anzahl der durchgeführten Tests korrigiert ist. Wichtiger ist jedoch das Ergebnis einer *Nichtsignifikanz:* Erzielt eine ANOVA an Variablen, auf deren Grundlage Cluster ermittelt wurden, *keine* Signifikanz, dann liegt auch keine zuverlässige Clusterlösung vor, zumindest nicht in der behaupteten Form.

1.4 Partitionierendes Verfahren: Clusterzentrenanalyse (k-means) 141

Anzahl der Fälle in jedem Cluster

Cluster	1	9,000
	2	20,000
Gültig		29,000
Fehlend		,000

Die Tabelle „Anzahl der Fälle in jedem Cluster" zeigt, wie viele Fälle jedem Cluster zugewiesen werden (N=9, N=20). Diese Tabelle ist nicht trivial. Die Tabelle „Anzahl der Fälle in jedem Cluster" zeigt nicht nur, wie viele Fälle aufgrund von Missings in der Analyse verbleiben, und ob sie sich idealerweise in etwa gleichmäßig über die Cluster verteilen. Diese Tabelle zeigt auch, ob evtl. auffällig disproportionale Verteilungen entstanden sind (z.B. 90%:10%), und auch, ob eine Art Ausreißercluster erzeugt wurde, das Ausreißer o.ä. enthält. Ein solches Cluster zeichnet sich meist durch extrem wenige Werte aus.

Interpretation von Grafik und deskriptiver Statistik
Aufgrund der Informationen aus den Tabellen „Clusterzugehörigkeit" bzw. „Clusterzentren der endgültigen Lösung" konnte man schließen, dass der Fall „Philippines" der Prototyp für Cluster 1 ist und „New Zealand" der Prototyp für Cluster 2 ist, weil sie im Zentrum des jeweiligen Clusters liegen. Allerdings ist damit noch nichts über die Streuung des Clusters als solches gesagt.

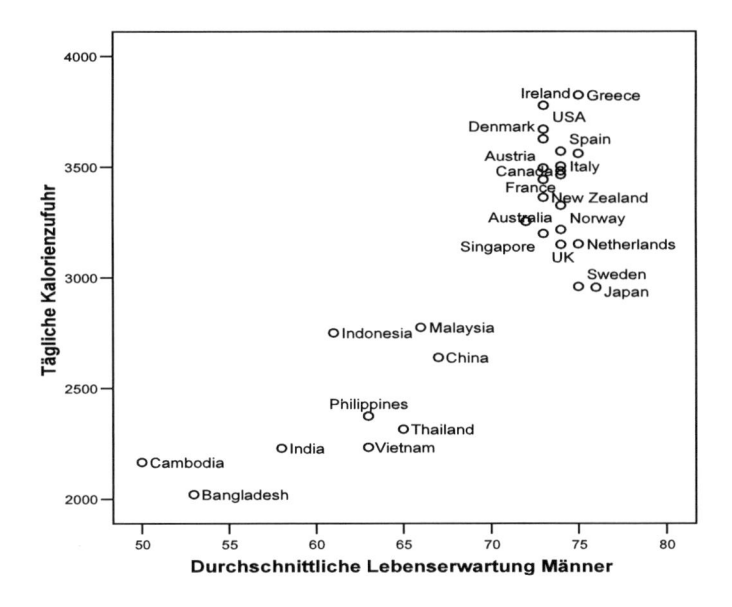

Dem Streudiagramm kann jedoch entnommen werden, dass „Philippines" vielleicht weiter im Zentrum von Cluster 1 liegt (14,412), aber auch, dass die anderen Fälle im Cluster sehr weit streuen (vgl. „Cambodia"). „New Zealand" mag in Cluster 2 vielleicht weiter vom Clusterzentrum entfernt liegen (37,810), dafür streut der Rest des Clusters nicht so sehr wie bei Cluster 1. „New Zealand" erscheint daher tatsächlich ein Prototyp für Cluster 1 zu sein. „Philippines" erscheint als repräsentativer Prototyp zweifelhaft: Der Fall liegt zwar dicht beim Zentroiden, die anderen Fälle sind jedoch z.T. weit entfernt.

Bericht

Cluster-Nr. des Falls		Durchschnittliche Lebenserwartung Männer	Tägliche Kalorienzufuhr	Distanz zw. Fall und Clusterzentrum seiner Klassifikation
1	Mittelwert	60,67	2389,22	221,2751595
	Standardabweichung	5,895	269,643	132,88777666
	N	9	9	9
	Spannweite	17	753	370,40238
	Minimum	50	2021	14,41236
	Maximum	67	2774	384,81474
2	Mittelwert	73,85	3399,80	202,7227385
	Standardabweichung	,988	246,697	132,66808119
	N	20	20	20
	Spannweite	4	869	405,99565
	Minimum	72	2956	37,80956
	Maximum	76	3825	443,80521
Insgesamt	Mittelwert	69,76	3086,17	208,4803864
	Standardabweichung	7,008	537,085	130,63378900
	N	29	29	29
	Spannweite	26	1804	429,39285
	Minimum	50	2021	14,41236
	Maximum	76	3825	443,80521

Anhand der deskriptiven Statistik lassen sich die eingangs gestellten Fragen beantworten. „New Zealand" ist ein repräsentativer Prototyp von Cluster 2; „Philippines" liegt zwar dichter beim Zentroiden, ist jedoch wegen der durchschnittlich höheren Clusterstreuung (vgl. Distanz, v.a. bedingt durch die Lebenserwartung der Männer, vgl. Spannweite) weniger ein zuverlässiger repräsentativer Prototyp von Cluster 1. Die Cluster überlappen nicht (vgl. Streudiagramm bzw. Spannweiten der Cluster).

Würde man nun „Malaysia" auswählen und genauer betrachten, fällt unmittelbar auf, dass es vom eigenen Cluster am weitesten entfernt liegt (Distanz=384,8). Die Distanzen zum Vergleich von Repräsentanten zu verwenden kann schwierig sein, wenn diese selbst vom Zentroiden abweichen. Es wird empfohlen, nur die konkreten Beobachtungsdaten miteinander zu vergleichen und die Distanzen nur als erste Hinweise zu verwenden.

1.4 Partitionierendes Verfahren: Clusterzentrenanalyse (k-means)

country	lifeexpm	calories	cluster	distance
Australia	74	3216	2	183,80006
Austria	73	3495	2	95,20379
Bangladesh	53	2021	1	368,30203
Cambodia	50	2166	1	223,47693
Canada	74	3482	2	82,20014
China	67	2639	1	249,85806
Denmark	73	3628	2	228,20158
Finland	72	3253	2	146,81166
France	74	3465	2	65,20017
Germany	73	3443	2	43,20836
Greece	75	3825	2	425,20156
India	58	2229	1	160,24441
Indonesia	61	2750	1	360,77793
Ireland	73	3778	2	378,20096
Italy	74	3504	2	104,20011
Japan	76	2956	2	443,80521
Malaysia	**66**	**2774**	**1**	**384,81474**
Netherlands	75	3151	2	248,80266
New Zealand	**73**	**3362**	**2**	**37,80956**
Norway	74	3326	2	73,80015
Philippines	**63**	**2375**	**1**	**14,41236**
Singapore	73	3198	2	201,80179
Spain	74	3572	2	172,20007
Sweden	75	2960	2	439,80150
Switzerland	75	3562	2	162,20408
Thailand	65	2316	1	73,35033
UK	74	3149	2	250,80004
USA	73	3671	2	271,20133
Vietnam	63	2233	1	156,23965

Number of cases read: 29   Number of cases listed: 29

„Malaysia" unterscheidet sich von „Philippines" jedoch nur in der täglichen Kalorienzufuhr (Differenz=399), kaum jedoch in der Lebenserwartung der Männer (Differenz=3). Im Vergleich zu „New Zealand" sind die Unterschiede „Malaysia" zur täglichen Kalorienzufuhr (Differenz=588) und der Lebenserwartung der Männer (Differenz=10) deutlich größer.

Dieses Beispiel wird im Abschnitt 1.5 zu grafischen bzw. logischen Clustermethoden nochmals aufgenommen. Dort finden sich weitere Anmerkungen zur Interpretation der Cluster.

1.4.5 Annahmen der Clusterzentrenanalyse

Für die Clusterzentrenanalyse (k-means) sind im Folgenden die zentralen Voraussetzungen zusammengestellt.

1. Die Clusterzentrenanalyse berücksichtigt nur metrisch skalierte Variablen.
2. Metrisch skalierte Variablen in unterschiedlichen Einheiten werden nicht automatisch standardisiert, sondern müssen vor der Analyse transformiert werden.
3. Die Clusterzentrenanalyse ist nur für die Klassifikation von Fällen geeignet, nicht für die Gruppierung von Variablen.
4. Cluster-Lösungen der Clusterzentrenanalyse (k-means) können von der Sortierung des Datensatzes, also von der Reihenfolge der Fälle im Datensatz abhängen. Dieser Fall kann vor allem dann auftreten, wenn z.B. die Startwerte nicht explizit („per Hand" oder per Datei) an den Algorithmus übergeben werden, sondern über die voreingestellte Methode des Auswählens der ersten n Fälle aus dem Datensatz als Startwerte für n Cluster. Als Gegenmaßnahme wird u.a. der Vergleich mehrerer Berechnungen in Zufallsreihenfolge empfohlen. Auch die SPSS Option INITIAL erlaubt, dieses algorithmenspezifische Problem zu umgehen. Zusätzliche extensive Stabilitätsprüfungen sind empfehlenswert.
5. Die Clusterzahl wird nicht automatisch bestimmt, sondern muss vorgegeben werden. Je kleiner die Clusterzahl ist, umso wahrscheinlicher ist, dass ihnen ausreichend Fälle zugewiesen werden können.
6. Die Variablen sollten hoch zuverlässig, also idealerweise ohne Fehler gemessen sein. Die Fehler in den Variablen können die den Daten zugrundeliegende Clusterstruktur verdecken. Ausreißer sollten daher aus der Analyse ausgeschlossen werden. Je größer der Anteil fehlerbehafteter Variablen, umso stärker wird der Clustervorgang beeinträchtigt.
7. Die Variablen sollten zur Trennung der Cluster beitragen und somit für den Clustervorgang relevant sein. Irrelevante Variablen sind nicht in der Lage, zwischen Clustern zu trennen. Je größer der Anteil irrelevanter Variablen, umso stärker wird der Clustervorgang beeinträchtigt. Als Gegenmaßnahme können irrelevante Variablen ausgeschlossen und/oder relevante Variablen eingeschlossen werden.
8. Die Clusterzahl sollte auf Merkmale der Datengrundlage abgestimmt sein (Komplexität des Clustervorgangs in Abhängigkeit von Variablenzahl, Fallzahl und Wertevariation). Bei wenigen Fällen, Werteausprägungen und Variablen ist es schwierig, überhaupt Cluster bilden zu können; bei vielen Fällen, Werteausprägungen und Variablen ist es schwierig, wenige Cluster finden zu können.
9. Die Anzahl der Elemente (Fälle, Variablen) pro Cluster ist groß genug, um als Ergebnis auf die Grundgesamtheit rückbezogen werden zu können.
10. SPSS gibt standardmäßig keine Prüfstatistiken zur formellen Absicherung der ermittelten Clusterlösungen aus; für die Eingrenzung der optimalen Clusterzahl sollten mehrere Clusterlösungen in aufgeklärter Streuung, relativ verbesserter Streuungsaufklärung, und Varianzverhältnis miteinander verglichen werden.
11. Cluster sollten nicht überlappen. Die Zuweisung von Fällen zum nächstgelegenen Cluster auf der Basis des Distanzmaßes verzerrt möglicherweise die Clusterprofile, falls die Cluster überlappen sollten (Bacher, 2002a, 313–316). Das Ausmaß der Überlappung hängt

u.a. von Relevanz und Anzahl von Variablen ab und kann evtl. durch eine entsprechende Variablenauswahl verringert werden.
12. Die Clusterzentrenanalyse erlaubt nicht die Frage zu beantworten, ob den Daten überhaupt eine Clusterstruktur zugrunde liegt. Anwender sollten prüfen, ob ihre Daten überhaupt eine Struktur aufweisen (vgl. Bacher, 2001, 91). Es ist nicht auszuschließen, dass den Daten gar keine Clusterstruktur zugrunde liegt bzw. dass die ermittelten Cluster die zugrundeliegende Clusterstruktur nicht richtig replizieren oder sogar völlig artifiziell sind. Die ermittelten Clusterlösungen sind auf Interpretierbarkeit, Stabilität und Validität zu prüfen.
13. Beim Clusteralgorithmus wird empfohlen, v.a. die voreingestellten MXITER-Werte höher zu setzen. Normalerweise sind für die Ermittlung einer stabilen Clusterlösung oft weit mehr als 10 Rechenschritte erforderlich. Reichen die vorgegebenen MXITER-Werte dennoch nicht aus, können eine oder mehrere der folgenden Möglichkeiten die Ursache dafür sein: Eine unangemessene Clusterzahl, irrelevante Variablen, völlig ungeeignete Startwerte, eine unterschätzte Komplexität des Clusterproblems, oder auch, dass den Daten überhaupt keine Clusterstruktur zugrundeliegt.

1.5 Alternativen: Grafische bzw. logische Clustermethoden

Die Clusteranalyse ist nicht der einzige Ansatz, um Typologien zu entwickeln. Dieser Abschnitt stellt zahlreiche weitere SPSS Verfahren und Techniken zum Clustern bzw. Klassifizieren von Fällen vor. Angefangen von grundlegenden Techniken, nämlich grafischen und logischen Methoden der Clusterbildung (von Fällen), die es schlussendlich auch ermöglichen, Strings und Variablen auf Nominalniveau zu „clustern", bis hin zu v.a. multivariat-statistischen Ansätzen:

Übersicht:

- 1.5.1 Grafische Clusterung: Portfolio-Diagramm bzw. Wettbewerbsvorteilsmatrix
- 1.5.2 Logische Clusteranalyse: Klassifikation über Index-Bildung
- 1.5.3 Zufallsbasierte Cluster
- 1.5.4 Clusterung auf der Basis gemeinsamer Merkmale (Kombinatorik)
- 1.5.5 Analyse Nächstgelegener Nachbar (KNN): Prototypenanalyse II
- 1.5.6 Klassifikationsanalyse: Entscheidungsbäume (TREE)
- 1.5.7 Ungewöhnliche Fälle identifizieren (DETECT ANOMALY)
- 1.5.8 Visuelles Klassieren und Optimales Klassieren

Viele weitere Techniken können zum Segmentieren bzw. zur Ermittlung von Clustern eingesetzt werden, u.a. die Korrespondenzanalyse, Neuronale Netze, in CLEMENTINE u.a. die Knoten CHAID, QUEST, k-Means, Kohonen, TwoStep, oder auch weitere logische Ansätze (vgl. Schendera, 2007, 69, 288), als sog. statistisches Matching („statistical twins") (Bacher,

2002c), oder auch zur Weiterverarbeitung als gematchte Fall-Kontroll-Paare (Schendera, 2008, 216ff.). Für die Klassifikation von Variablen können z.B. die Faktorenanalyse oder auch die Multidimensionale Skalierung (MDS) eingesetzt werden.

Dieses Kapitel ist als eine Übersicht in weitere Verfahren und Techniken des Clusterns und Segmentierens gedacht. Die Kurzeinführungen sind als illustrative Anregungen, aber nicht als vollständig wiedergegebene SPSS Ausgaben oder gar unverändert zu übernehmende statistische Analysevorlagen zu verstehen.

1.5.1 Grafische Clusterung: Portfolio-Diagramm bzw. Wettbewerbsvorteilsmatrix

Auch mittels eines Streudiagramms kann im Prinzip eine Art einfache grafische „Clusteranalyse" durchgeführt werden. Das folgende Streudiagramm zeigt für die Daten aus Abschnitt 1.4.4 auf der x-Achse die durchschnittliche Lebenserwartung für Männer (LIFEEXPM), während die y-Achse die durchschnittliche tägliche Kalorienaufnahme (CALORIES) abträgt. In das Streudiagramm wurden nachträglich sog. Referenzlinien (jew. parallel zur x- bzw. y-Achse) eingezeichnet, die das Diagramm in vier Quadranten teilen. Durch die zur Veranschaulichung etwas willkürlich gesetzten Referenzlinien wird aus dem Streudiagramm ein sog. Portfolio-Diagramm (vgl. Runia et al., 2007, 85ff., 120ff.; auch: Wettbewerbsvorteilsmatrix), wobei den durch die vergebenen Referenzlinien spezifisch definierten Quadranten (durch die Kombination von hoher bzw. niedriger Kalorienzufuhr mit jew. hoher bzw. niedriger Lebenserwartung) auch besondere Aussagen zugewiesen werden. In der Business Analyse gibt es u.a. Varianten mit anders angeordneten Feldern und entsprechend umgekehrter Interpretation, z.B. als Standardinstrument eines großen US-amerikanischen Consulting-Unternehmens.

In der Grafik befinden sich im rechten oberen Quadranten z.B. Länder, die jew. hohe Kalorienzufuhr und hohe Lebenserwartung aufweisen. Im linken unteren Quadranten befinden sich z.B. Länder, die jew. niedrige Kalorienzufuhr und niedrige Lebenserwartung aufweisen. Im Beispiel ist für Männer nicht nur ein Zusammenhang zwischen Kalorienzufuhr und Lebenserwartung erkennbar. Man sieht auch, dass für Männer fast alle OECD Länder im rechten oberen Quadranten liegen (hohe Kalorienzufuhr und hohe Lebenserwartung), während die meisten asiatischen Staaten in dem linken unteren Quadranten liegen (geringe Kalorienzufuhr und geringe Lebenserwartung). Singapur und Japan sind eine Ausnahme in der Gruppe der asiatischen Länder und ist von Lebenserwartung und Kalorienzufuhr her den OECD Ländern gleichzustellen.

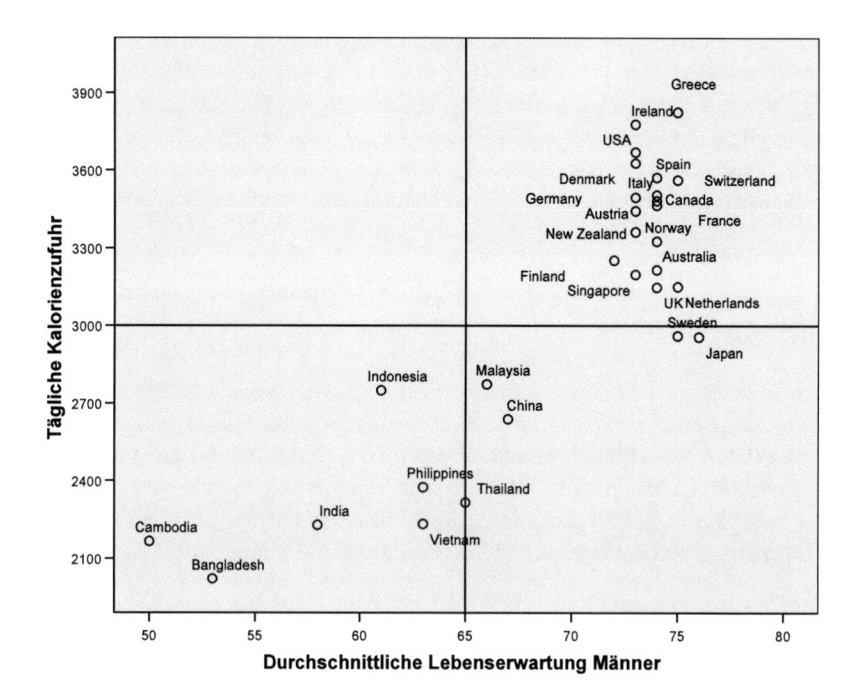

1.5 Alternativen: Grafische bzw. logische Clustermethoden

Interessant bei solchen Diagrammen sind nicht nur „ausgefüllte" Quadranten, sondern auch *leere* Quadranten (z.B. der Quadrant links oben, CALORIES > 3000 und LIFEEXPM < 65). Nicht alles, was theoretisch möglich ist, muss auch empirisch möglich bzw. gegeben sein. Auch das *Fehlen* von Merkmalen bzw. Zusammenhängen kann für die Beschreibung einer Kategorisierung bzw. Typisierung aufschlussreich sein. Den Punktegruppierungen wird eine durch die Referenzlinien bzw. Quadranten definierte Kategorie zugewiesen. Dem „Cluster" im rechten oberen Quadranten könnte man z.B. das Etikett „Klimatisch gemäßigtes Cluster" zuweisen, was auch Singapur und Japan mit einschließen würde; dem linken unteren „Cluster" könnte man z.B. das Etikett „Klimatisch extremes Cluster" zuweisen. Je nach Perspektive wären aber auch andere Beschreibungen möglich, z.B. über Ernährungsweisen usw. Kalorienzufuhr ist ein möglicher, aber nicht der alleinige Einflussfaktor für die Lebenserwartung (umgekehrt kann man nicht notwendigerweise von einem Einfluss der Lebenserwartung auf die durchschnittliche Kalorienzufuhr ausgehen). Die Lebenserwartung hängt z.B. von weiteren Faktoren ab wie z.B. qualitative Ernährung, medizinische Versorgung, Kriegs-/Friedenssituation in einem Land, Klima, Lebenszufriedenheit, uam.

Beschreibung der Syntax und Nachbearbeitung per Hand

```
GET FILE="C:\Programme\SPSS\...\World95.sav".

select if (REGION=1 or REGION=3).

GRAPH
/SCATTERPLOT(BIVAR)=lifeexpm WITH calories BY country (NAME)
/MISSING=LISTWISE .
```

Die Nachbearbeitungen von Hand (Achsen, Datenpunkte, Hintergrund, Referenzlinien) werden nicht weiter erläutert.

Das Portfolio-Diagramm erlaubt auf der Basis eines Streudiagramms eine erste grafische Gruppierung (Clusterung) von Fällen auf der Basis zweier metrisch skalierter Variablen; eine grafische Korrespondenzanalyse würde dasselbe für zwei kategoriale Variablen leisten. Auch der folgende (logische) Ansatz erlaubt, mehr als zwei Variablen zu berücksichtigen.

1.5.2 Logische Clusteranalyse: Klassifikation über Index-Bildung

Ein Index dient im Prinzip zur Einteilung von Daten in Gruppen anhand von Bedingungen, also eine Klassifikation anhand von Kriterien. Durch die Zusammenfassung mehrerer Variablen zu einer neuen Index-Variable ermöglicht es ein Index, Daten anhand mehrerer Kriterien gleichzeitig zu strukturieren, also zu clustern und miteinander zu vergleichen. Viele psychometrische Klassifikationen bzw. soziologische Typologien basieren z.B. auf einfachen mathematischen Formeln, z.B. die Materialismus-Typologie von Inglehart (1979).

An den Daten des Portfolio-Diagramms (s.o.) wird im Folgenden die Klassifikation über einen numerischen Index vorgestellt. Die Kriterien setzten dabei die Referenzlinien, die im Portfolio-Diagramm die Quadranten bilden, in die theoretisch möglichen Ausprägungen einer Gruppierungsvariablen CLUSTER um.

```
GET FILE="C:\Programme\SPSS\...\World95.sav".

select if (REGION=1 or REGION=3).

if (CALORIES ge 3000 & LIFEEXPM ge 65) CLUSTER = 1 .
if (CALORIES ge 3000 & LIFEEXPM lt 65) CLUSTER = 2 .
if (CALORIES lt 3000 & LIFEEXPM ge 65) CLUSTER = 3 .
if (CALORIES lt 3000 & LIFEEXPM lt 65) CLUSTER = 4 .
exe.
variable labels CLUSTER "Logisch hergeleitete Clusterzugehörigkeit".
exe.
value labels
      /CLUSTER
      1 ">=3000 Kal & Lebenserwartung >=65"
      2 ">=3000 Kal & Lebenserwartung  < 65"
      3 " <3000 Kal & Lebenserwartung >=65"
      4 " <3000 Kal & Lebenserwartung  < 65" .
exe.
```

Für die Bildung eines Index können neben < (LT), > (GT), <= (LE), >= (GE), =, <> („ungleich"), & („und"), ~ („nicht") und | („oder") zahlreiche weitere Funktionen verwendet

1.5 Alternativen: Grafische bzw. logische Clustermethoden

werden. Mittels der auf diese Weise ermittelten Gruppierungsvariablen CLUSTER können alle verfügbaren Variablen zusammengefasst (geclustert) und miteinander verglichen werden (s.u.).

Beispiel für kategoriale Variablen:

```
CROSSTABS
  /TABLES= CLUSTER by climate
  /FORMAT= AVALUE TABLES
  /CELLS= COUNT
  /COUNT ROUND CELL .
```

Logisch hergeleitete Clusterzugehörigkeit * Predominant climate Kreuztabelle

Anzahl

		Predominant climate					Gesamt
		arid	tropical	mediterranean	temperate	arctic / temp	
Logisch hergeleitete Clusterzugehörigkeit	>=3000 Kal & Lebenserwartung >=65	1	1	1	13	2	18
	<3000 Kal & Lebenserwartung >=65	0	2	1	1	1	5
	<3000 Kal & Lebenserwartung < 65	0	5	1	0	0	6
Gesamt		1	8	3	14	3	29

Diese Kreuztabelle deutet an, dass auch das Klima beim Zusammenhang mit täglicher Kalorienzufuhr und der Lebenserwartung von Männern möglicherweise eine Rolle spielen könnte. Das Cluster (Quadrant) der Gruppe mit Gruppe mit täglicher Kalorienzufuhr > 3000 und Lebenserwartung für Männer >= 65 setzt sich z.B. aus Ländern mit vorrangig gemäßigten bis kühlen Klimazonen zusammen (15/18=83%). Das Cluster (Quadrant) der Gruppe mit Gruppe mit täglicher Kalorienzufuhr < 3000 und Lebenserwartung für Männer < 65 setzt sich z.B. aus Ländern mit vorrangig tropischen bis mediterranen Klimazonen zusammen (6/6=100%). Das dritte Cluster ist bzgl. des Klimas nicht eindeutig.

Beispiel für metrische Variablen:

```
MEANS
  TABLES=density urban literacy BY CLUSTER
  /CELLS MEAN COUNT STDDEV  .
```

Bericht

Logisch hergeleitete Clusterzugehörigkeit		Number of people / sq. kilometer	People living in cities (%)	People who read (%)
>=3000 Kal & Lebenserwartung >=65	Mittelwert	348,061	75,78	97,56
	N	18	18	18
	Standardabweichung	1029,9311	12,346	2,975
<3000 Kal & Lebenserwartung >=65	Mittelwert	129,200	50,40	89,40
	N	5	5	5
	Standardabweichung	120,1695	28,693	10,691
<3000 Kal & Lebenserwartung < 65	Mittelwert	279,833	24,33	62,83
	N	6	6	6
	Standardabweichung	268,3441	11,075	25,451
Insgesamt	Mittelwert	296,210	60,76	88,97
	N	29	29	29
	Standardabweichung	815,9166	26,087	18,198

Dieser Vergleich von Mittelwerten deutet an, dass möglicherweise weitere Variablen beim Zusammenhang mit täglicher Kalorienzufuhr und der Lebenserwartung von Männern eine Rolle spielen könnten, z.B. das Leben in Städten oder auch das Ausmaß von Analphabetismus in einem Land.

An den beiden o.a. Tabellen ist wie auch schon am Portfolio-Diagramm zu erkennen, dass die Kriterien (CALORIES, LIFEEXPM) zwar Referenzlinien bzw. Kategoriengrenzen setzen, der jeweilige Quadrant bzw. das jeweilige Cluster aber nicht notwendigerweise Fälle enthalten muss (vorausgesetzt, es liegen keine Logik- oder Programmierfehler vor), vgl. z.B. „>=3000 Kal und Lebenserwartung < 65". Nicht alles, was theoretisch möglich ist, muss empirisch möglich bzw. gegeben sein.

Die Clusterung von Fällen auf der Basis eines Index zeichnet sich durch diverse Vorzüge aus: Die Clusterbildung ist theoriegeleitet und somit inhaltlich nachvollziehbar, also auch interpretierbar. In die Clusterdefinition können auch die Ausprägungen von Kategorial-, Ordinal- und Stringvariablen einbezogen werden. Die Index-Methode ist also nicht nur für verschiedene Skalenniveaus (gemischte Daten), sondern auch für verschiedene Variablenformate (numerisch, String, Datum, Währungen) geeignet. Die Clusterung ist dabei unabhängig von der Stichprobengröße, also sowohl für sehr wenige, aber auch für sehr viele Fälle gleichermaßen geeignet. Im Prinzip ist die Index-Bildung auf beliebig viele Variablen erweiterbar; wobei man jedoch berücksichtigen sollte, dass die erschöpfende Umsetzung des exponentiell ansteigenden Umfangs der Kombinatorik mehrerer Variablen einen gewissen Programmieraufwand erfordern kann (vgl. dazu Abschnitt 1.5.4).

Nichtsdestotrotz ist der klare Vorteil der Index-Bildung die theoriegeleitete Clusterbildung; die statistikgeleitete Clusterung ist immer mit semantischen Unsicherheiten behaftet. Eine Absicherung einer statistisch ermittelten Clusterlösung mittels eines Index-Ansatzes ist sicher von Vorteil. Visuelle Alternativen zur logischen Clusterung sind das visuelle und optimale Klassieren, vorgestellt in den Abschnitten 1.5.7 und 1.5.8. Ein Vorzug des visuellen

Klassierens ist z.B., dass visualisiert wird, wie viele Fälle in etwa in eine Kategorie fallen könnten, ob es eventuell Lücken oder Modi in einer Verteilung gibt usw.

1.5.3 Zufallsbasierte Cluster

Der zufallsbasierte Ansatz basiert auf der gleichförmigen Verteilung einer diskret skalierten Zufallsvariablen (vgl. Schendera, 2007, Kap. 10). Die Zugehörigkeit zu einem Cluster basiert somit zu einem zufällig zugewiesenen Zufallswert. Damit evtl. die Zeilenabfolge keinen Einfluss auf die Zuweisung eines Falles zu einem Cluster hat, sollten die Datenzeilen vorher ebenfalls nach dem Zufallsprinzip sortiert werden. Das nachfolgende Programm kann auf jeden SPSS Datensatz in beliebiger Länge angewandt werden.

```
compute ZUFALL_SRT = RV.NORMAL(1,100) .
exe.
sort cases by ZUFALL_SRT.
exe.

compute ZUFALL = RV.UNIFORM(0,3) .
exe.
if ZUFALL > 2.00 Z_GRUPPE = 1 .
if ZUFALL > 1.00 & ZUFALL <= 2.00 Z_GRUPPE = 2 .
if ZUFALL <= 1.00 Z_GRUPPE = 3 .
exe.

FREQUENCIES
VARIABLES=Z_GRUPPE
/BARCHART   FREQ
/ORDER=   ANALYSIS .
```

Zufallsgruppierung

		Häufigkeit	Prozent	Gültige Prozente	Kumulierte Prozente
Gültig	1,0	33	30,3	30,3	30,3
	2,0	38	34,9	34,9	65,1
	3,0	38	34,9	34,9	100,0
	Gesamt	109	100,0	100,0	

Über RV.NORMAL(1,100) wird eine normalverteilte Zufallsvariable mit dem Mittelwert 1 und der Standardabweichung 100 angelegt.

1.5.4 Clusterung auf der Basis gemeinsamer Merkmale (Kombinatorik)

Oft ist es auch notwendig, für sehr große Datenmengen bzw. bei vielen Variablen mit jew. vielen Ausprägungen Gruppierungsvariablen zu bilden, die für jede Merkmalskombination aus den jew. einbezogenen Variablen genau einen einzelnen Wert bzw. Kode aufweist. Die Ermittlung über IF-Befehle wie z.B. in 1.5.2 oder 1.5.3 ist zwar theoretisch möglich, aber bei vielen Variablen und Merkmalsausprägungen ziemlich aufwendig bzw. für den Programmierer fehleranfällig.

```
if (VAR1='AA' & VAR2='AA' & VAR3='AA' & VAR4='AA') KODE = 1 .
exe.
if (VAR1='AA' & VAR2='AA' & VAR3='AA' & VAR4='BB') KODE = 2 .
exe.
```

Der folgende Ansatz wurde für vier kurze Strings (idealerweise in gleicher Länge) entworfen, kann jedoch unkompliziert auf beliebige viele bzw. beliebig lange Strings erweitert werden.

```
data list free
/VAR1(A2) VAR2(A2) VAR3 (A2) VAR4 (A2).
begin data
AA AA AA BB BB BB CC CC CC AA BB CC
AA BB CC AA BB BB BB CC AA AA BB AA
AA AA AA BB BB BB CC CC CC AA BB CC
AA BB CC AA BB BB BB CC AA AA BB AA
end data.
string KODE (A11).
compute KODE= concat(substr(VAR1,1,2),':',substr(VAR2,1,2),':',
                     substr(VAR3,1,2),':',substr(VAR4,1,2)) .
exe.
AUTORECODE
   VARIABLES=KODE   /INTO KODENUM
/PRINT.
list variables= KODE KODENUM .
```

Diese CONCAT/SUBSTR-Kombination wurde um einen abschließenden AUTORECODE-Schritt ergänzt (zu seinen Schwächen vgl. Schendera, 2005). Die Interpunktion erleichtert die Lesbarkeit der zusammengefügten Strings.

1.5 Alternativen: Grafische bzw. logische Clustermethoden

```
KODE            KODENUM

AA:AA:AA:BB     1
BB:BB:CC:CC     5
CC:AA:BB:CC     6
AA:BB:CC:AA     3
BB:BB:BB:CC     4
AA:AA:BB:AA     2
AA:AA:AA:BB     1
BB:BB:CC:CC     5
CC:AA:BB:CC     6
AA:BB:CC:AA     3
BB:BB:BB:CC     4
AA:AA:BB:AA     2

Number of cases read:   12    Number of cases listed:   12
```

Jeder KODE- bzw. jeder KODENUM-Wert repräsentiert eine einzigartige Kombination der zusammengestellten Variablen. „1" repräsentiert z.B. die Kombination „AA:AA:AA:BB" und damit alle Fälle, die in der Variablen VAR1 die Strings „AA", in den Variablen VAR2 und VAR3 ebenfalls die Strings „AA" und in der Variablen VAR4 die Strings „BB" besitzen. Der Kode „1" wurde nur dieser Kombination vergeben und keiner anderen. Der höchste KODENUM-Wert repräsentiert die Variabilität der Kombinatorik. Im Beispiel repräsentiert der Wert „6", dass z.B. die zeilenweise Kombination von vier Variablen letztlich sechs verschiedene Kombinationen ergibt. Oder, in anderen Worten ausgedrückt, die Fälle/Zeilen lassen sich anhand ihrer Ausprägungen in den Variablen VAR1 bis VAR4 in sechs verschiedene Gruppen einteilen. Dasselbe Prinzip liegt auch der RFM-Analyse (vgl. 1.5.8) zugrunde. Die RFM-Analyse konkateniert mehrere numerische, gleich gepolte Scores so, dass das Ergebnis ein mindestens ordinalskalierter Score ist, der zur Klassifizierung, auch Rangordnung von Kundendaten verwendet werden kann.

Die Kombination der Ausprägungen mehrerer Variablen ist im Prinzip nichts anderes als das Anlegen eines sog. zusammengesetzten Index (syn.: Indikator). Ein Index wird z.B. dann eingesetzt, wenn ein Datensatz z.B. nach den Ausprägungen mehrerer, aber immer denselben Variablen sortiert wird. Es ist informationstechnisch v.a. bei sehr großen Datenhaltungen viel effektiver, einen Datensatz nur über einen Indikator zu sortieren als über alle Variablen einzeln, aus denen er sich zusammensetzt. KODENUM setzt sich z.B. aus den Variablen VAR1 bis VAR4 zusammen und kann so als Index anstelle dieser Variablen eingesetzt werden. Die resultierende Sortierung ist in jedem Falle dieselbe, nur die Geschwindigkeit um ein vielfaches schneller. Die Performanz bei der Arbeit mit großen Datensätzen kann so sehr einfach erhöht werden.

1.5.5 Analyse Nächstgelegener Nachbar (KNN): Prototypenanalyse II

Seit Version 17.0 bietet SPSS die Option „Analyse Nächstgelegener Nachbarn" (KNN) an. Bei einer abhängigen, kategorialskalierten Variablen kann das Modell verwendet werden, um Fälle in die „beste" Kategorie auf der Basis der Input-Prädiktoren zuzuweisen. Die Nächste Nachbarn-Analyse ist eine Methode für die Klassifizierung von Fällen nach ihrer Ähnlichkeit anhand ihres Abstands zu anderen Fällen. Ähnliche Fälle liegen nah beieinander und Fälle mit geringer Ähnlichkeit sind weit voneinander entfernt. Daher ist der Abstand zwischen zwei Fällen das Maß für ihre Ähnlichkeit bzw. Unähnlichkeit. Fälle, die nah beieinander liegen, werden als „Nachbarn" bezeichnet. Bei einem (neuen) Fall wird der Abstand zu den einzelnen Fällen im Modell berechnet. Die Klassifizierungen der ähnlichsten Fälle – der nächstgelegenen Nachbarn – werden ermittelt und der neue Fall wird in die Kategorie eingeordnet, die die größte Anzahl an nächstgelegenen Nachbarn aufweist.

Der Vorzug der Nächste Nachbarn-Analyse sind die zahlreichen Visualisierungsmöglichkeiten, die SPSS anbietet. Nominale und ordinale Variablen werden in der Nächste Nachbarn-Analyse gleich behandelt. Der Umgang mit Missings ist bei KNN etwas unübersichtlich (vgl. SPSS, 2008a, 952ff.): Alle benutzerdefiniert fehlenden Werte von metrischen Variablen werden immer als ungültig behandelt. Alle benutzerdefiniert fehlenden Werte für die Partitionsvariable werden immer als gültig behandelt. Voreingestellt ist bei KNN zudem der „Listenweise Fallausschluss" bei fehlenden Werten. Holdout-Fälle sollten idealerweise keine Missings in der Zielvariablen (abhängige Variable) haben. Die Nächste Nachbarn-Analyse setzt voraus, dass die Kovariaten ähnliche Verteilungen in Training- und Holdout-Gruppen aufweisen (SPSS, 2008a, 958). Bei sehr langsamen Analysen ist es bei kategorialen Einflussvariablen bzw. abhängigen Variablen u.U. empfehlenswert, die Anzahl der Kategorien zu verringern, indem ähnliche Kategorien zusammengefasst werden, oder Fälle ausschlossen werden, die extrem seltene Kategorien aufweisen.

Die Benutzerführung wird im Wesentlichen nach der Maussteuerung erläutert, mit Ausnahme für die Berechnung der beiden Parameter FOCAL und PARTITION vor der Analyse. Hier ist die Erläuterung ihrer Herleitung anhand der SPSS Syntax transparenter.

Beispiel:
Das folgende Beispiel basiert auf einer SPSS Fallstudie auf der Basis der SPSS Beispieldatei „car_sales.sav". Die Datei enthält fiktive Fahrzeug-Daten (Verkaufspreise, Listenpreise, Größen- und u.a. Längenangaben) zu verschiedenen Herstellern, Marken und Typen von Fahrzeugen. Eine weitere Datei enthält die Daten zweier neuer Fahrzeuge (ein Pkw, ein Lkw); nicht im Datensatz „car_sales.sav", sondern im separaten Datensatz „new_cars.sav" (nicht im Lieferumfang von SPSS, wird vom Anwender selbst angelegt).

Der erste Analyseschritt ist nun, aus den Fahrzeug-Daten aus „car_sales.sav" Klassen mit Prototypen zu bilden (in diese Kategorienbildung gehen die Werte der beiden zu analysierenden Werte nicht ein). Der zweite Analyseschritt ist, die Daten aus „new_cars.sav" anzuwenden, und zu überprüfen, ob und inwieweit sie in diese Kategorien fallen. In diesem Ana-

1.5 Alternativen: Grafische bzw. logische Clustermethoden

lyseschritt werden die Werte der beiden neuen Fahrzeuge einbezogen. Im Ergebnis hat man erste Erkenntnisse darüber, ob die neuen Fahrzugmodelle gut in die Kategorien (und damit die Wahrnehmung des Marktes passen), oder ob es auffällige Abweichungen gibt. Ein dritter Analyseschritt ist die Prüfung der Qualität des Modells (u.a. im Hinblick auf Fehlklassifikationen und Modellgüte).

Vorarbeiten:
Über dieses kleine Programm können die Demodaten eingelesen werden. Wenn Sie möchten, ändern Sie die Werte und beobachten Sie den Effekt auf die Klassifizierung des jeweiligen Fahrzeugs. Die erste Zeile enthält fiktive Daten für einen neuen Pkw („newCar"). Die zweite Zeile enthält fiktive Daten für einen neuen Lkw („newTruck").

```
DATA LIST FREE
/ model (A17) price engine_s horsepow wheelbas width
            length curb_wgt fuel_cap mpg.
BEGIN DATA
newCar      21,5   1,5   76   106,3   67,9   175    2,932   11,9   46
newTruck    34,2   3,5   167  109,8   75,2   188,4  4,508   17,2   26
END DATA.
SAVE OUTFILE='C:\Programme\SPSS\Samples\German\new_cars.sav '.
```

Über dieses kleine Programm werden die Demodaten über ADD FILES an die SPSS Datei car_sales.sav angehängt, und zusammen unter der neu angelegten SPSS Datei „more_cars.sav" abgelegt. Die Nächste Nachbarn-Analyse wird an der neu angelegten SPSS Datei „more_cars.sav" vorgenommen.

```
GET
  FILE='C:\Programme\SPSS\Samples\German\car_sales.sav'.
ADD FILES /FILE=*
  /FILE='C:\Programme\SPSS\Samples\German\new_cars.sav'.
EXE.
SAVE OUTFILE='C:\Programme\SPSS\Samples\German\more_cars.sav'.
```

Vor der eigentlichen Nächste Nachbarn-Analyse muss die SPSS Datei „more_cars.sav" geöffnet werden. Im Kontext dieses Beispiels müssen zwei neue Variablen angelegt werden, um die beiden neuen Fahrzeuge von den anderen unterscheiden zu können. Beide Variablen sind 1/0-kodiert. FOCAL ist dabei das Gegenteil zu PARTITION.

```
GET FILE='C:\Programme\SPSS\Samples\German\more_cars.sav'.

COMPUTE focal = any(model, 'newCar', 'newTruck').
EXE.
COMPUTE partition = 1 - focal.
EXE.
```

Die Variable FOCAL dient dazu, die beiden neuen, eigentlich *im Fokus* stehenden Fahrzeuge als sog. Fokusfälle identifizieren zu können. Der Wert 1 bedeutet, es handelt sich um einen Fokusfall. Der Wert 0 bedeutet, es handelt sich um keinen Fokusfall. Mit der Unterscheidung „Fokusfall ja/nein" ist die Nächste Nachbarn-Analyse in der Lage anzugeben, welche anderen Fahrzeuge die nächsten Nachbarn zu den Fokusfällen sind

Die Variable PARTITION dient dazu, die beiden neuen Variablen aus der Berechnung des Nächste Nachbarn-Modells auszuschließen, und dazu nur die Daten aller anderen Fahrzeuge zu verwenden. Der Wert 0 bedeutet, dieses Fahrzeug wird nicht in die Berechnung des Modells einbezogen (sog. „Holdout"). Der Wert 1 bedeutet dagegen, dieses Fahrzeug wird in die Berechnung des Modells einbezogen.

Sind diese Vorbereitungen abgeschlossen, kann nun die Anforderung einer Nächste Nachbarn-Analyse per Mausführung erläutert werden.

I. Mausführung
Pfad: Analysieren → Klassifizieren → Nächstgelegener Nachbar …

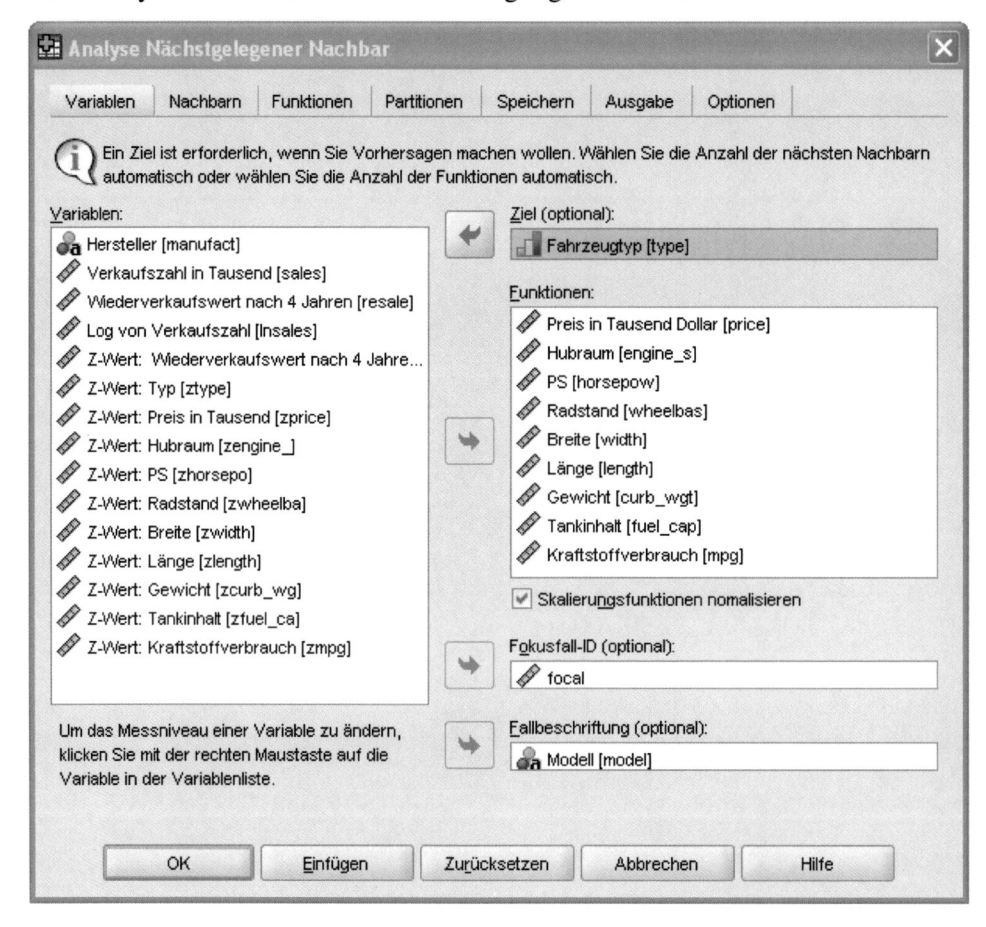

1.5 Alternativen: Grafische bzw. logische Clustermethoden

Hauptfenster:
Die zu klassifizierenden Variablen werden aus dem Auswahlfenster links in das Feld „Funktionen:" rechts verschoben, z.B. „PRICE". Verwenden Sie die neu angelegte FOCAL als Fokusfall-ID und die Variable MODEL zur Fallbeschriftung. Legen Sie die Variable TYPE als Ziel fest. Gehen Sie zum Reiter „Nachbarn".

Reiter „Nachbarn":

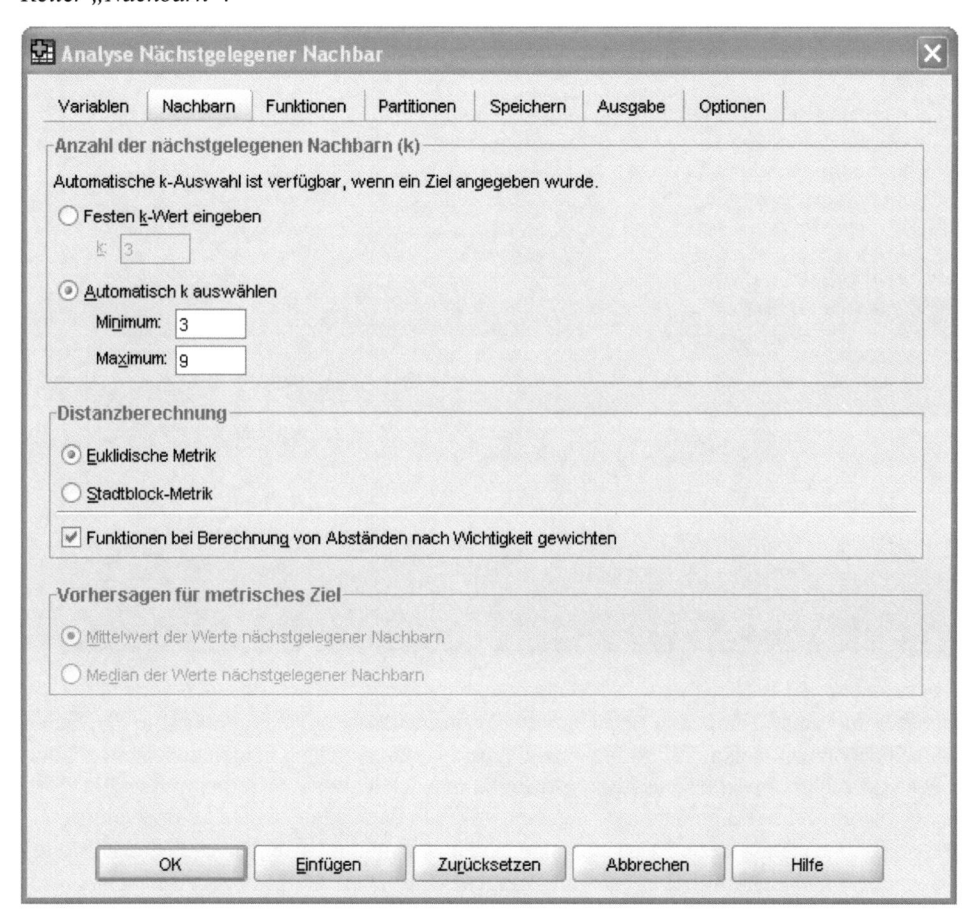

Wählen Sie unter „Anzahl der nächstgelegenen Nachbarn (k)" die Option „Automatisch auswählen". Tragen Sie in „Minimum" 3 und in „Maximum" 9 ein. Höhere k Werte ergeben nicht unbedingt ein präziseres Modell. Übernehmen Sie für die Distanzberechnung die voreingestellte Euklidische Distanz. Aktivieren Sie die Option „Funktionen bei Berechnung von Abständen nach Wichtigkeit gewichten." Gehen Sie zum Reiter „Partitionen".

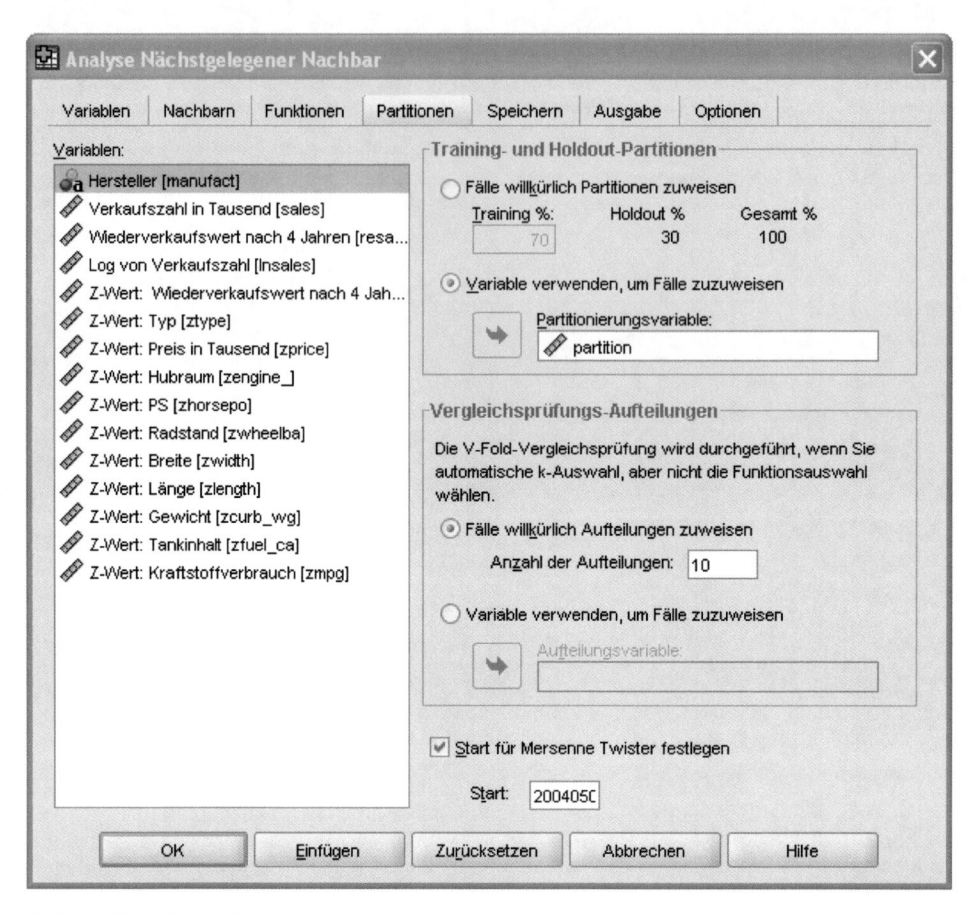

Reiter „Partitionen":

Übergeben Sie unter „Training- und Holdout-Partitionen" die angelegte Variable PARTITION an SPSS, um zwischen Fällen für Training und Holdout unterscheiden zu können. Übernehmen Sie unter „Vergleichsprüfungs-Aufteilungen" den voreingestellten Wert 10. „Vergleichsprüfungs-Aufteilungen" sind unterschiedliche Aufteilungen zur Kreuzvalidierung (cross-validation). Das „beste" k an nächstgelegenen Nachbarn ist schlussendlich das Modell mit den wenigsten Fehlern bei allen Aufteilungen. Aktivieren Sie „Start für Mersenne Twister festlegen". Tragen Sie den Wert 20040509 als Startwert (Seed) für exakt reproduzierbare Ergebnisse ein.

Klicken Sie auf OK (die mit ausgeführten Standardeinstellungen werden weiter unten bei der Syntax erläutert). SPSS gibt folgende Syntax aus:

II. Syntax:

```
*Nearest Neighbor Analysis.
PRESERVE.
SET RNG=MT MTINDEX=20040509.
SHOW RNG.
```

1.5 Alternativen: Grafische bzw. logische Clustermethoden

```
KNN type (MLEVEL=O) WITH price engine_s horsepow wheelbas
width length curb_wgt fuel_cap mpg
  /FOCALCASES VARIABLE=focal
  /CASELABELS VARIABLE=model
  /RESCALE COVARIATE=ADJNORMALIZED
  /MODEL NEIGHBORS=AUTO(KMIN=3, KMAX=9) METRIC=EUCLID FEA-
TURES=ALL
  /CRITERIA WEIGHTFEATURES=YES
  /PARTITION  VARIABLE=partition
  /CROSSVALIDATION FOLDS=10
  /PRINT CPS
  /VIEWMODEL DISPLAY=YES
  /MISSING USERMISSING=EXCLUDE.
RESTORE.
```

Die PRESERVE und RESTORE Befehle vor und nach dem Abschnitt zu KNN zwischenspeichern den aktuellen Stand des Zufallszahlengenerators, setzen ihn während der KNN-Analyse auf den Startwert 20040509, und nach der Analyse den Zufallszahlengenerator auf den Wert davor.

Direkt nach KNN, mit der die Nächste Nachbarn-Analyse angefordert wird, ist die abhängige Variable TYPE angegeben. Nach WITH sind die Prädiktoren PRICE bis MPG als Kovariaten angegeben. Nach FOCALCASES wird eine Variable zum Identifizieren von Fokusfällen angegeben (z.B. FOCAL). Fälle mit einem positiven Wert werden als Fokusfälle identifiziert und entsprechend behandelt. Nach CASELABELS wird eine Variable zum Beschriften der Fälle in den KNN Ausgaben angegeben (z.B. MODEL). Nach PARTITION wird eine Variable zum Unterscheiden zwischen Fällen für Training und Holdout angegeben (z.B. PARTITION). Fälle mit einem positiven Wert werden als Trainingsfälle, Fälle mit einem nonpositiven Wert werden als Holdout-Fälle identifiziert und jeweils entsprechend behandelt. Der Unterbefehl MODEL legt fest, dass KNN die „beste" Anzahl an nächstgelegenen Nachbarn (k) automatisch auswählen soll (AUTO), und zwar im Bereich von 3 bis 9 (KMIN, KMAX). Als Maß für die Distanzberechnung wird die (voreingestellte) Euklidische Distanz (EUCLID) verwendet. FEATURES=ALL veranlasst, alle nach WITH angegebenen Prädiktoren zu verwenden. Wegen WEIGHTFEATURES=YES (nach dem Unterbefehl CRITERIA) werden Funktionen bei der Berechnung von Abständen nach ihrer Wichtigkeit gewichtet. Der Unterbefehl CROSSVALIDATION legt nach FOLDS= fest, dass 10 Aufteilungen für Kreuzvalidierungen vorgenommen werden sollen. Die Fälle werden demnach in zehn Gruppen zur Kreuzvalidierung unterteilt.

Alle weiteren Angaben dokumentieren die Standardeinstellungen: Mit dem Unterbefehl RESCALE werden Kovariaten neu skaliert. COVARIATE=ADJNORMALIZED bedeutet, dass metrische Funktionen standardmäßig normalisiert werden. ADJNORMALIZED bedeutet konkret: Adjustierte Version von ‚Subtrahiere das Minimum und dividiere durch den Range': $[2*(x-min)/(max-min)]-1$. PRINT CPS fordert die Ausgabe der Tabelle „Zusammenfassung der Fallverarbeitung" (case processing summary) an. Mit dem Unterbefehl VIEWMODEL wird durch die Option DISPLAY=YES die Ausgabe zahlreicher Tabellen, (interaktiver) Diagramme und Kreuztabellen veranlasst. MISSING USERMISSING=EXCLUDE bedeutet, dass benutzerdefinierte fehlende Werte für metrische Variablen aus der Analyse ausgeschlossen werden.

Systemeinstellungen		
Schlüsselwort	Beschreibung	Einstellung
RNG	Zufallszahlengenerator	MT (Mersenne Twister)

Die Tabelle „Systemeinstellungen" informiert, dass vor der Analyse der voreingestellte Zufallszahlengenerator auf den Mersenne Twister umgestellt wurde.

Zusammenfassung der Fallverarbeitung

		N	Prozent
Beispiel	Training	152	98,7%
	Prüfung (Holdout)	2	1,3%
Gültig		154	100,0%
Ausgeschlossen		5	
Gesamt		159	

Die Tabelle „Zusammenfassung der Fallverarbeitung" informiert (insgesamt und nach Trainings- und Holdout-Stichprobe geordnet), dass 152 Fälle der Trainingsstichprobe und 2 Fälle der Holdout-Stichprobe zugewiesen wurden. 5 Fälle wurden wegen Missings aus der Analyse ausgeschlossen.

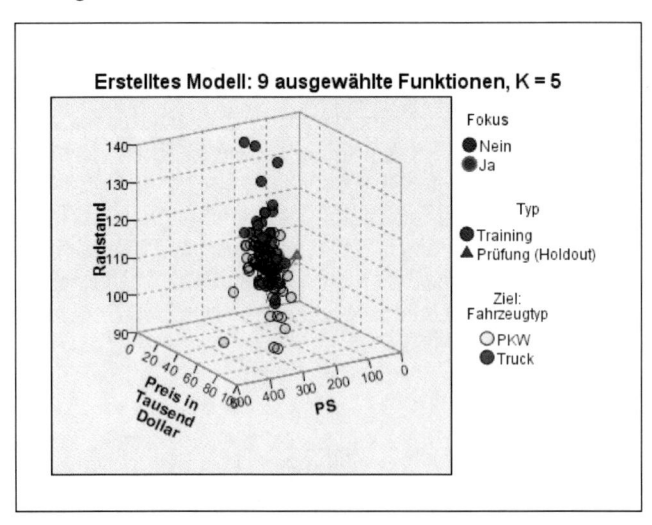

Die Ausgabe mit der Überschrift „Erstelltes Modell: 9 Ausgewählte Funktionen, K=5" hat zwei Funktionen: Zum einen wird zunächst eine Übersicht über das Modell gezeigt, zum anderen können über einen Doppelklick auf das angezeigte Diagramm weitere Diagramme geöffnet werden (u.a. ein Auswahlfehler-Protokoll, ein Wichtigkeitsdiagramm für die Funk-

1.5 Alternativen: Grafische bzw. logische Clustermethoden

tionen, sowie u.a. Peers-Diagramme). Das Übersichtsdiagramm stellt eine interaktive Grafik des Merkmalsraumes der Prädiktoren dar. Die Abbildung zeigt einen Teilraum definiert durch „PS", „Preis in tausend Dollar" und „Radstand". Darin werden als Symbole die Fälle für Training (Kreise) und die beiden Fälle des Holdout (Dreiecke) angezeigt. Fokusfälle werden in rot angezeigt. Im Beispiel fallen Fälle für Holdout und Fokusfälle zusammen und ergeben somit rote Dreiecke. Linien verbinden die Fokusfälle mit ihren k nächsten Nachbarn. Wird die Grafik angeklickt und fixiert, kann der 3dimensionale Würfel um seine eigene Achse gedreht werden, um die 3dimensionale Verteilung besser beurteilen zu können. Beachten Sie in der nächsten Abbildung, dass der Würfel in eine andere Position rotiert wurde. Wenn auf die Grafik doppelgeklickt wird, eröffnet sich eine weitere interaktive Sicht auf das Modell.

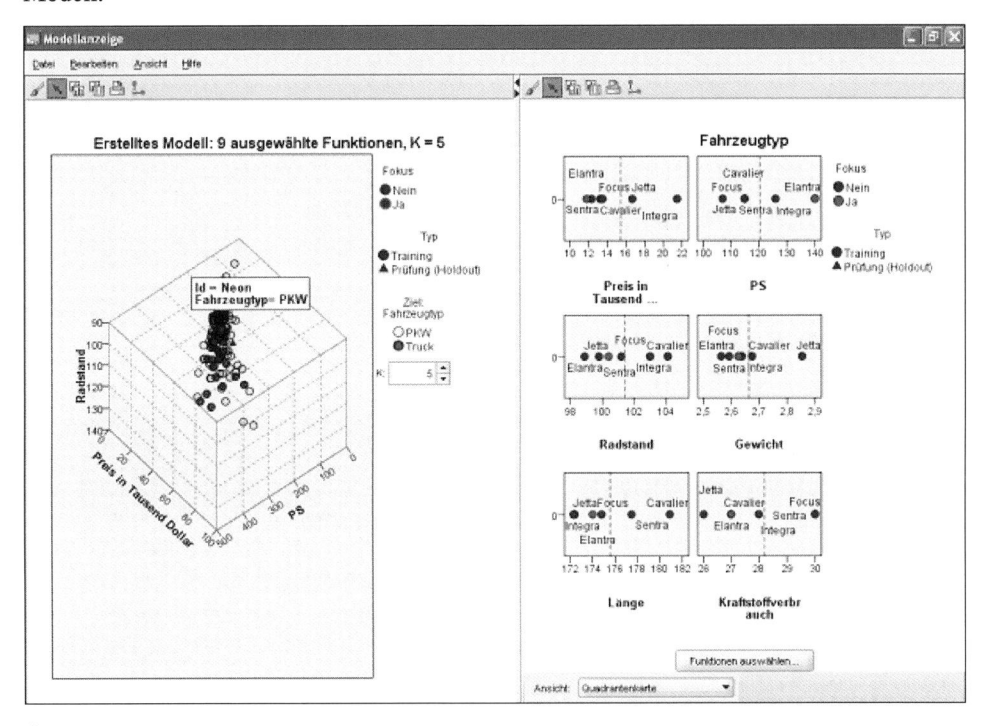

Über das Auswahlmenü „Funktionen auswählen" (unten rechts) können die Prädiktoren zur Ansicht im rechten Panel ausgewählt werden. Das Panel links kann dadurch nicht gesteuert werden. Das Auswahlmenü „Ansicht:" zeigt je nach Analyse u.a. eine Grafik für die Bedeutsamkeit der Variablen, eine Nachbar- und Abstands-Tabelle, ein Peers-Diagramm, Merkmalsauswahl, K-Auswahl, sowie eine Quadrantenkarte (im rechten Panel wiedergegeben). Die Panels rechts sind entweder Drill Down-Views, wenn auf die Grafik links geklickt wird. Oder es sind von der Grafik links unabhängige Zusatzinformationen, die z.B. gezielt über das Auswahlmenü „Ansicht:" abgerufen werden können.

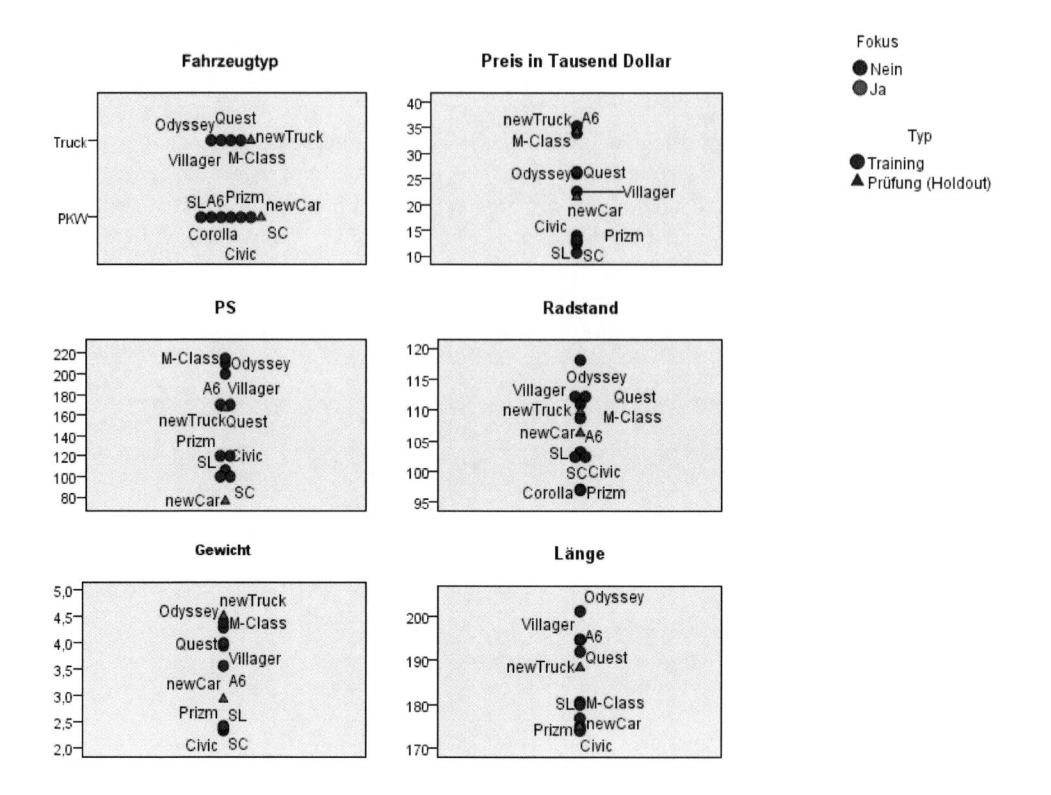

Diese Diagramme zeigen die Fokusfälle (die beiden Prototypen „newCar" und „NewTruck") und ihre k Nachbarn auf je einem Streudiagramm pro Merkmal (Prädiktor). Angezeigt werden die Prädiktoren (Merkmale) nach abnehmender Bedeutsamkeit (Voreinstellung). Bei einer Zielvariablen im Modell (z.B. Fahrzeugtyp, TYPE) wird diese Variable ebenfalls angezeigt (links oben). Die Werte der Prototypen in dieser Grafik sind nicht die beobachteten, sondern ihre vorhergesagten Werte. In dieser Diagrammvariante werden pro Teilgrafik die Daten für die beiden Prototypen, also Pkws und Trucks gleichzeitig angezeigt. Da hier im Prinzip zwei konzeptionell *unterschiedliche* Fokusfälle vorliegen, sollte in den Merkmalsräumen, in denen sie gemeinsamen wiedergegeben werden, zumindest eine räumliche Trennung zu erkennen sein.

Wenn Sie nun auf eines der kleinen roten Dreiecke für Pkws oder Trucks klicken, erhalten Sie separate und damit auch überschaubarere Diagramme, z.B. nur für Pkws (siehe unten).

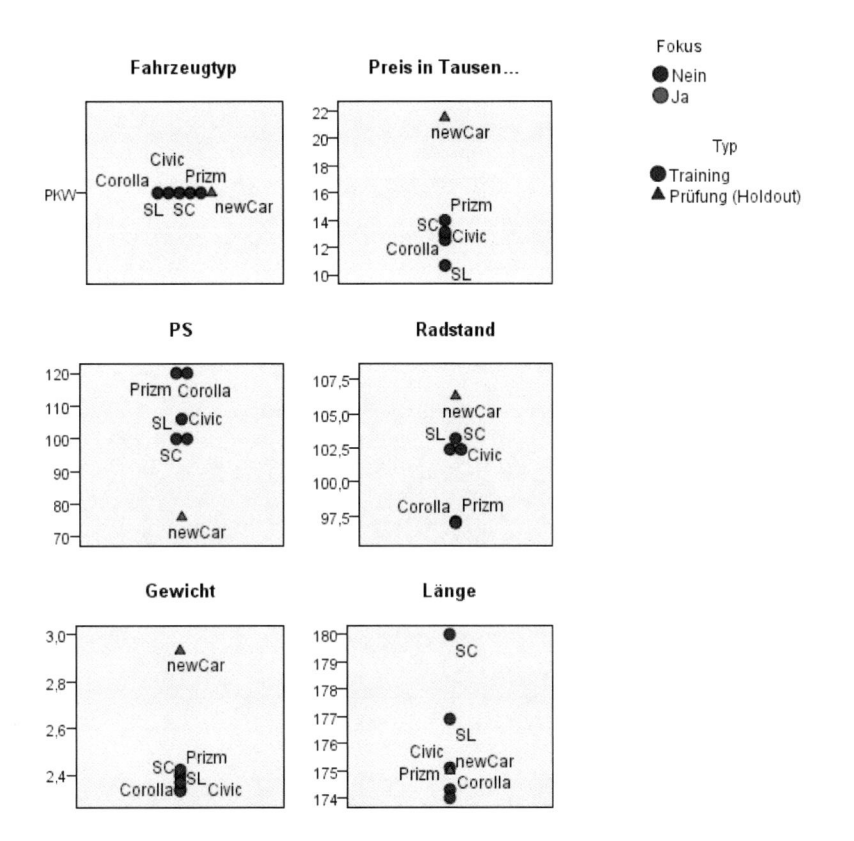

1.5 Alternativen: Grafische bzw. logische Clustermethoden

Das sogenannte Peers-Diagramm zeigt nur die jeweiligen Mitglieder einer Kategorie. In jeder Teilabbildung werden immer dieselben Mitglieder einer Kategorie angezeigt. Die Interpretation einer solchen Grafik erfordert Sachnähe. Alle, die sich mit Fahrzeuge auskennen (und vermutlich nur diese), werden u.a. feststellen, dass alle k Nachbarn des Prototyps „newCar" tatsächlich ausschließlich Pkws sind (was nicht selbstverständlich ist; es könnten je nach Analysesituation auch Trucks, Omnibusse usw. sein). Würden Sie diese Teilanalyse nur für den Prototyp „newTruck" (nicht dargestellt) vornehmen, könnten Sie feststellen, dass einer seiner Nachbarn gar kein Truck ist, sondern ein Pkw. Dieses Teilergebnis zumindest für „newCar" deutet an, dass der Prototyp gut in die ermittelte Kategorie passt. In den Teilgrafiken rechts oben („Preis") und links unten („Gewicht") ist z.B. zu erkennen, dass sich der Prototyp von seinen k nächsten Nachbarn jeweils etwas nach oben hin abhebt. Die weiteren Diagramme liefern ergänzende Informationen über das Nächste Nachbarn-Modell mit k=5 (u.a. zu seiner Modellgüte).

Bedeutsamkeit der Variablen

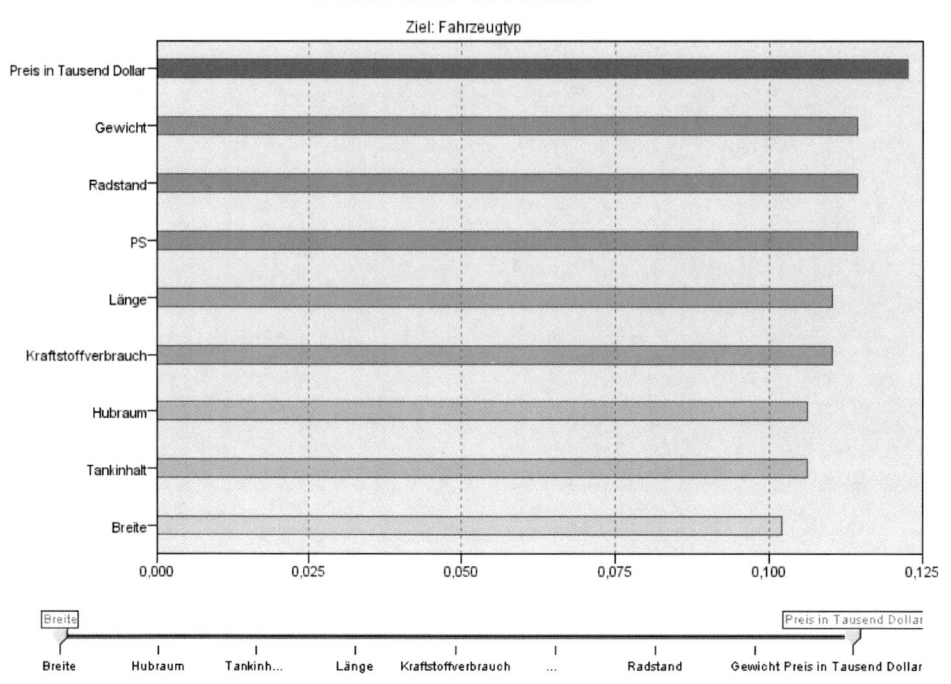

Ziel: Fahrzeugtyp

Die Grafik „Bedeutsamkeit der Variablen" bezieht sich auf die Bedeutsamkeit jeder Variablen für eine Vorhersage. Die Summe aller angezeigten Variablen ergibt 1. Die neun Merkmale sind nach abnehmender Bedeutsamkeit angeordnet. „Preis" und z.B. „Gewicht" sind demnach bedeutsamer als „Tankinhalt" und „Breite".

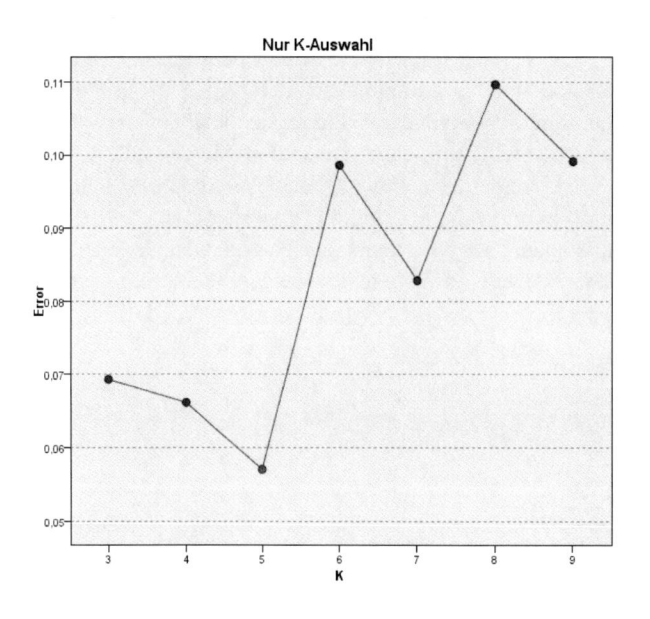

In der Grafik „Nur K-Auswahl" wird für jedes Modell und der Anzahl der k Nächsten Nachbarn (x-Achse) der dazugehörige Fehler (y-Achse) ausgegeben. Das Modell mit 5 Nächsten Nachbarn besitzt den kleinsten Fehler. Nach dem Modell mit k= 5 steigt der Fehler drastisch an.

1.5 Alternativen: Grafische bzw. logische Clustermethoden

Partition		Vorhergesagt		
		PKW	Truck	Prozent korrekt
Training	PKW	112	0	100%
	Truck	9	31	77.50%
	Prozent (insgesamt)	79.61%	20.40%	94.08%
Prüfung (Holdout)	PKW	0	0	
	Truck	0	0	
	Fehlend	1	1	
	Prozent (insgesamt)	50.00%	50.00%	

Diese Tabelle gibt pro Partition (Training, Holdout) eine Kreuztabellierung der beobachteten und der vorhergesagten Werte der abhängigen Variablen aus, und erlaubt damit eine erste Einschätzung der Leistungsfähigkeit v.a. des Training-Modells. Je weniger inkorrekt vorhergesagte Werte vorliegen, um so besser ist das Modell. Werte auf einer Diagonalen von links oben nach rechts unten repräsentieren korrekte Vorhersagen (z.B. 112 und 31). Werte neben der Diagonalen geben nicht korrekte Vorhersagen an (z.B. 9); lägen 100% korrekte Vorhersagen vor, würden die Zellen neben der Diagonalen nur Nullen enthalten. Das Modell liefert insgesamt ca. 94% korrekte Vorhersagen (100% für die PKW, 77,5% für die Trucks). Die Tabelle zeigt im Detail, dass alle N=112 Pkws korrekt als Pkws identifiziert wurden. Von den N=40 Trucks wurden nur N=31 korrekt als Trucks identifiziert. N=9 wurden mit Pkws verwechselt. Das Modell erscheint insgesamt gut, für Pkws alleine jedoch sehr gut. Es wäre natürlich ideal, Holdout-Fälle ohne Missings in der Zielvariablen (abhängige Variable) zu haben, um eine „ehrliche" Schätzung der Vorhersagekraft des Modells zu erhalten.

Zusammenfassung für Pkws („newCar"):
Es konnte ein sehr gutes Modell für Pkws ermittelt werden. Das Modell liefert 100% korrekte Vorhersagen. Die Grafik „Nur K-Auswahl" bestätigt dieses Ergebnis durch einen sehr niedrigen Fehlerwert (der jedoch ohne eine Analyse der Trucks noch besser ausfiele). Die bedeutsamste Variable ist dabei der Preis. Die Peers-Diagramme zeigen weder Fehlklassifikationen (wie z.B. bei Trucks, nicht angezeigt), noch extrem periphere Positionen der untersuchten Fokusfälle. Im Merkmalsraum „Länge" liegt „newCar" mitten in der Verteilung der k Nachbarn. In den Merkmalsräumen („Preis") und („Gewicht") liegt „newCar" jeweils deutlich über seinen k nächsten Nachbarn. Dieses Ergebnis könnte man sich zunutze machen, um über Adjustierungen an prinzipiell variablen Merkmalen, z.B. Preis, sich an Prototypen erfolgreicher Fahrzeugmodelle anzunähern und von ihrem positiv Wahrgenommenwerden mit zu profitieren („bandwaggon"-Effekt, vgl. Runia et al., 2007, 188ff.).

1.5.6 Klassifikationsanalyse: Entscheidungsbäume (TREE)

Entscheidungsbäume sind das am häufigsten Verfahren im Data Mining (Rexer et al., 2007, 3). Die SPSS Prozedur TREE („Entscheidungsbaum") ermöglicht Klassifikationsanalysen in Gestalt baumartiger Wahrscheinlichkeitshierarchien. Die analysierten Fälle werden dabei in Gruppen klassifiziert oder es werden Werte für eine abhängige Variable (Zielvariable) auf der Grundlage der Werte von Prädiktoren vorhergesagt. „Entscheidungsbaum" ermittelt dabei u.a. homogene Gruppen, wie auch Regeln zur Vorhersage der Zugehörigkeit zu diesen Gruppen. TREE ist für die explorative und die konfirmatorische Klassifikationsanalyse gleichermaßen geeignet. Die SPSS Prozedur TREE („Entscheidungsbaum") ist trotz ihrer Mächtigkeit ausgesprochen benutzerfreundlich. Diverse Entscheidungsbäume sind auch in SPSS CLEMENTINE implementiert, z.B. u.a. CHAID und QUEST.

Beispiel:
Eine fiktive Bank möchte Kreditanträge danach kategorisieren, ob sie ein annehmbares Kreditrisiko darstellen oder nicht. Auf der Grundlage verschiedener Faktoren (z.B. bekanntes Kreditrating bisheriger Kunden) soll ein Modell aufgebaut werden, mit dem vorhergesagt werden, ob zukünftige Kunden mit der Rückzahlung ihres Kredits in Verzug geraten könnten oder nicht. Eine baumbasierte Analyse ermöglicht dabei u.a., Prädiktoren für Gruppen mit hohem oder niedrigem Kreditrisiko zu identifizieren.

Zunächst wird der SPSS Datensatz *„tree_credit.sav"* geöffnet.

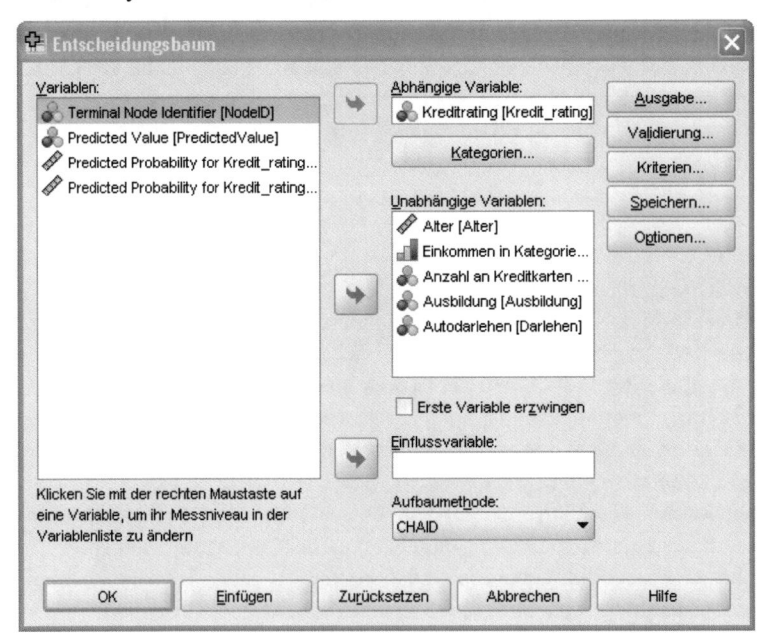

Pfad: Analysieren → Klassifizieren → Baum…

Hauptfenster:
Übernehmen Sie die angezeigten Variablen im Auswahlfenster links in die jeweiligen Felder „Abhängige Variable:" und „Unabhängige Variablen:" rechts, z.B. „Kredit_rating". Markieren Sie unter „Kategorien…" die Ausprägung „schlecht" als die Sie eigentlich interessierende Zielkategorie von „Kedit_rating". Wählen Sie als Aufbaumethode „CHAID". CHAID wählt bei jedem Analyseschritt diejenige unabhängige Variable mit der stärksten Wechselwirkung mit der abhängigen Variablen. CHAID bedeutet „Chi-squared Automatic Interac-

1.5 Alternativen: Grafische bzw. logische Clustermethoden

tion Detection". TREE schließt automatisch jeden Prädiktor aus, der keinen signifikanten Beitrag zum endgültigen Modell leistet.

Unterfenster „Ausgabe...":
Kreuzen Sie „Baum in Tabellenformat" an (unten links). Übernehmen Sie alle weiteren Voreinstellungen.

Unterfenster „Diagramme...":
Aktivieren Sie die Diagramme „Knotenleistung" und „Treffer" zur Beurteilung der Performanz der Knoten. Übernehmen Sie alle weiteren Voreinstellungen.

Unterfenster „Kriterien...":
Reiter Aufbaubegrenzungen. Tragen Sie bei „Mindestanzahl der Fälle" für übergeordnete Knoten den Wert 400 und für untergeordnete Knoten den Wert 200 ein. Übernehmen Sie alle weiteren Voreinstellungen.

Reiter CHAID: Übernehmen Sie unter „Chi-Quadrat-Statistik" die voreingestellte Methode „Pearson". Legen Sie ansonsten die „Chi-Quadrat-Statistik" immer nach dem Skalenniveau der abhängigen Variablen fest: Bei ordinalem Skalenniveau wird der Chi-Quadrat-Wert mittels der Methode „Likelihood-Quotient" berechnet. Bei nominalem Skalenniveau können Sie abwägen zwischen zuverlässigen oder schnellen Berechnungen. „Likelihood-Quotient" ist stabiler als „Pearson", die Berechnungen sind jedoch sehr zeitintensiv. „Pearson" (voreingestellt) liefert schnellere Berechnungen, und ist damit ideal für große Datenmengen. SPSS empfiehlt „Pearson" bei kleineren Stichproben nur nach sorgfältiger Erwägung zu verwenden.

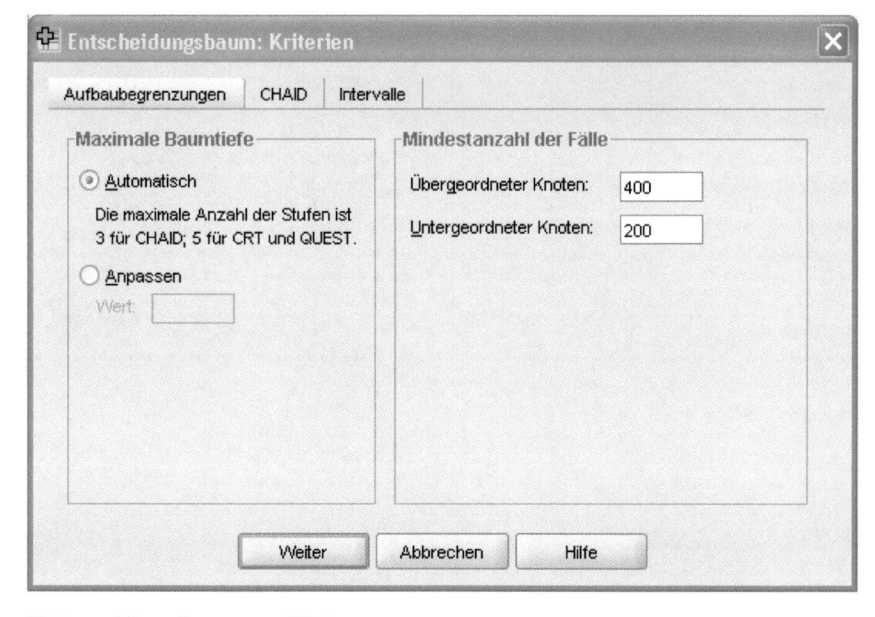

Weitere Unterfenster und Reiter:
Nehmen Sie an den weiteren Unterfenstern keine Einstellungen vor. Übernehmen Sie alle weiteren Voreinstellungen. Klicken Sie auf OK.

Ausgabe (Auszug):
Von der umfangreichen TREE Ausgabe werden exemplarisch nur das Baumdiagramm und die Tabellen „Risiko" und „Klassifikation" erläutert. Das Baumdiagramm visualisiert das hierarchische Wahrscheinlichkeitsmodell, das den Entscheidungsbäumen zugrunde liegt. Das standardmäßig ausgegebene Baumdiagramm wurde im Baumeditor nachbearbeitet. Unter „Optionen" wurde für die Anzeige des Knoteninhalts „Tabelle und Diagramm" gewählt.

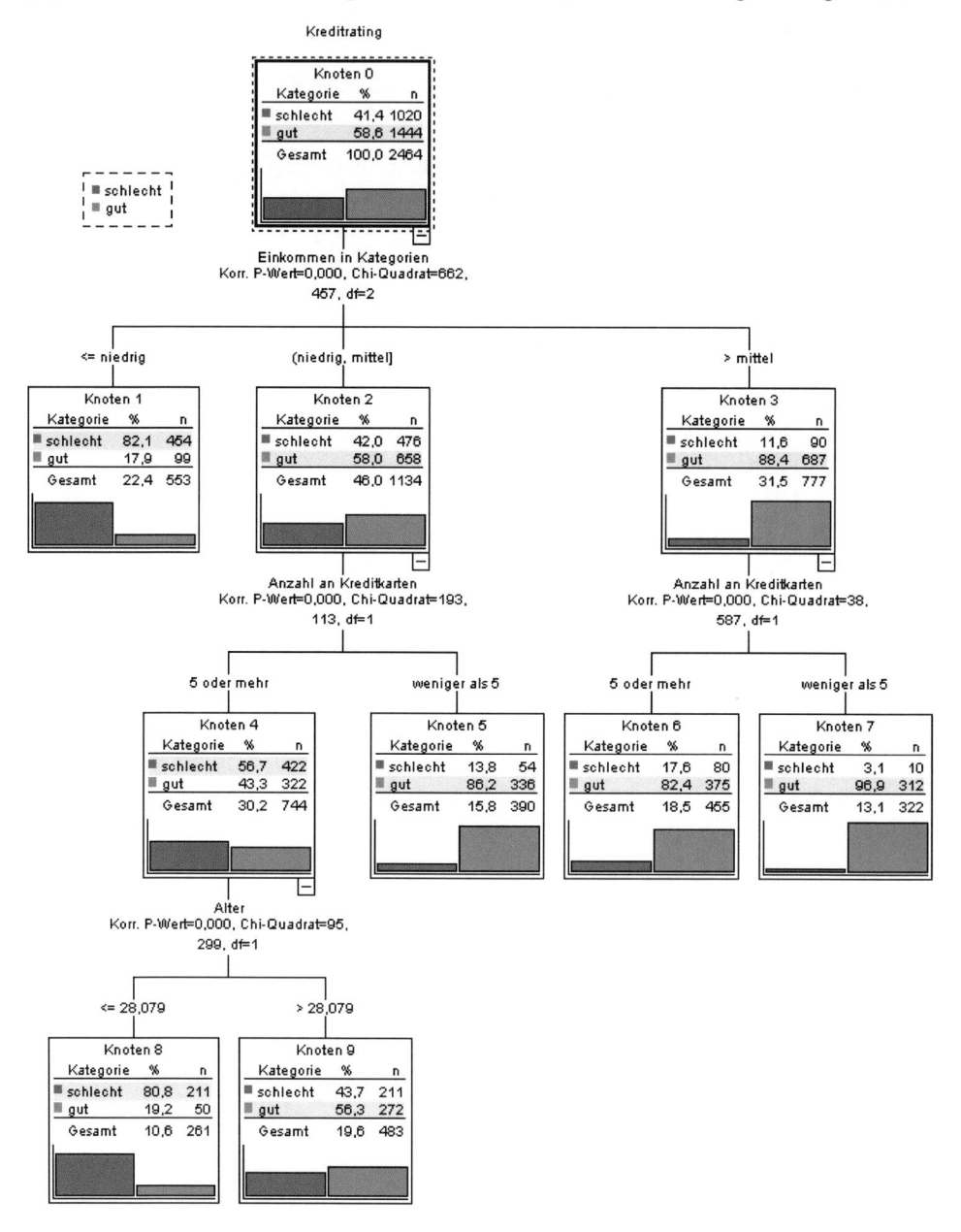

Kreditrating

Knoten 0
Kategorie	%	n
schlecht	41,4	1020
gut	58,6	1444
Gesamt	100,0	2464

Einkommen in Kategorien
Korr. P-Wert=0,000, Chi-Quadrat=662, 457, df=2

<= niedrig

Knoten 1
Kategorie	%	n
schlecht	82,1	454
gut	17,9	99
Gesamt	22,4	553

(niedrig, mittel]

Knoten 2
Kategorie	%	n
schlecht	42,0	476
gut	58,0	658
Gesamt	46,0	1134

> mittel

Knoten 3
Kategorie	%	n
schlecht	11,6	90
gut	88,4	687
Gesamt	31,5	777

Anzahl an Kreditkarten
Korr. P-Wert=0,000, Chi-Quadrat=193, 113, df=1

Anzahl an Kreditkarten
Korr. P-Wert=0,000, Chi-Quadrat=38, 587, df=1

5 oder mehr

Knoten 4
Kategorie	%	n
schlecht	56,7	422
gut	43,3	322
Gesamt	30,2	744

weniger als 5

Knoten 5
Kategorie	%	n
schlecht	13,8	54
gut	86,2	336
Gesamt	15,8	390

5 oder mehr

Knoten 6
Kategorie	%	n
schlecht	17,6	80
gut	82,4	375
Gesamt	18,5	455

weniger als 5

Knoten 7
Kategorie	%	n
schlecht	3,1	10
gut	96,9	312
Gesamt	13,1	322

Alter
Korr. P-Wert=0,000, Chi-Quadrat=95, 299, df=1

<= 28,079

Knoten 8
Kategorie	%	n
schlecht	80,8	211
gut	19,2	50
Gesamt	10,6	261

> 28,079

Knoten 9
Kategorie	%	n
schlecht	43,7	211
gut	56,3	272
Gesamt	19,6	483

1.5 Alternativen: Grafische bzw. logische Clustermethoden

Weil hierarchisch zuoberst angeordnet, ist die Variable „Einkommen in Kategorien" der beste Prädiktor für das Kreditrating. Darin ist die Kategorie „niedrig" der einzige signifikante Prädiktor für Kreditrating. Über 80% der Bankkunden in dieser Kategorie haben einen Kreditausfall.

Für die Kategorien des mittleren und hohen Einkommens ist die Anzahl der Kreditkarten der (nächst)beste Prädiktor. Bei Bankkunden mit hohem Einkommen *und* weniger als drei Kreditkarten liegt z.B. der Anteil der Bankkunden mit einem Kreditausfall bei ca. 3%. Für die Kategorie des mittleren Einkommens *und* 5 Kreditkarten oder mehr *und* einem Alter unter knapp 28 Jahren liegt z.B. der Anteil der Bankkunden mit einem Kreditausfall bei ca. 80%; bei einem Alter über 28 Jahren liegt z.B. der Anteil der Bankkunden mit einem Kreditausfall bei ca. 44%.

Die Tabellen „Risiko" und „Klassifikation" erlauben eine Beurteilung der Performanz dieses Modells.

Risiko

Schätzer	Standardfehler
,205	,008

Aufbaumethode: CHAID
Abhängige Variable: Kreditrating

Der Risiko-Schätzer von 0.205 ist so zu verstehen, dass das Modell bei der Vorhersage der Kategorien in rund 20.5% der Fälle Fehlentscheidungen traf. Das Risiko, einen Kunden falsch einzustufen, liegt demnach bei (relativ hohen) 20%.

Klassifikation

Beobachtet	Vorhergesagt		
	schlecht	gut	Prozent korrekt
Schlecht	665	355	65,2%
Gut	149	1295	89,7%
Gesamtprozentsatz	33,0%	67,0%	79,5%

Aufbaumethode: CHAID
Abhängige Variable: Kreditrating

Der Prozentanteil in der Tabelle „Klassifikation" stimmt mit dem Risiko-Schätzer in etwa überein. Der Gesamtprozentsatz „korrekt" ist so zu verstehen, dass das Modell für 79.5% der Fälle korrekte Entscheidungen traf. Für die eigentlich interessierende Zielkategorie relativiert sich dieser Wert jedoch auf knapp 65%. 2 von 3 Kreditanträgen werden darin richtig beurteilt.

Die SPSS Prozedur TREE („Entscheidungsbaum") identifizierte somit „Einkommen", „Anzahl der Kreditkarten" und „Alter" als vielversprechende Prädiktoren. Aufgrund dieser Informationen können Vorhersagemodelle erstellt werden. Darüber hinaus wurde die Variable „Alter" (ursprünglich intervallskaliert) für die Klassifikationsanalyse in zwei homogene Klassen mit dem Trennwert bei ca. 28 Jahren unterteilt.

Syntax (unkommentiert):

```
GET FILE='C:\Programme\SPSSInc\Statistics17\
                Samples\German\tree_credit.sav'.
* Entscheidungsbaum.
TREE
   Kredit_rating [n]
   BY Alter [s] Einkommen [o] Kreditkarten [n]
      Ausbildung [n] Darlehen [n]
   /TREE DISPLAY=TOPDOWN NODES=CHART BRANCHSTATISTICS=YES
      NODEDEFS=YES SCALE=AUTO
   /DEPCATEGORIES USEVALUES=[0.00 1.00] TARGET=[0.00]
   /PRINT MODELSUMMARY CLASSIFICATION RISK TREETABLE
   /GAIN CATEGORYTABLE=YES TYPE=[NODE] SORT=DESCENDING
      CUMULATIVE=NO
   /PLOT GAIN INDEX INCREMENT=10
   /METHOD TYPE=CHAID
   /GROWTHLIMIT MAXDEPTH=AUTO MINPARENTSIZE=400
      MINCHILDSIZE=200
   /VALIDATION TYPE=NONE OUTPUT=BOTHSAMPLES
   /CHAID ALPHASPLIT=0.05 ALPHAMERGE=0.05 SPLITMERGED=NO
      CHISQUARE=PEARSON CONVERGE=0.001 MAXITERATIONS=100
      ADJUST=BONFERRONI INTERVA    LS=10
   /COSTS EQUAL    /MISSING NOMINALMISSING=MISSING.
```

1.5.7 Ungewöhnliche Fälle identifizieren (DETECT ANOMALY)

Seit Version 14 bietet SPSS unter dem „Daten"-Menüpunkt „Ungewöhnliche Fälle identifizieren…" (bei entsprechender Lizenzierung der SPSS Software) die Prozedur DETECTANOMALY für die Exploration auch größerer Datenmengen auf ungewöhnliche Fälle (sog. Anomalien) in einem Datensatz an.

Die Prozedur DETECTANOMALY basiert auf einem clusteranalytischen Ansatz (Two-Step) und identifiziert ungewöhnliche Fälle (Anomalien) aufgrund ihrer Abweichung von den Normen ihrer jeweiligen Clustergruppen. Die Prozedur DETECTANOMALY wurde für ein allgemeines, anwendungsunabhängiges Auffinden von Datenanomalien entwickelt, d.h. die Definition eines bestimmten Falles als Anomalie ist allgemeiner statistischer Art und nicht anwendungsabhängig-theoriegeleitet.

1.5 Alternativen: Grafische bzw. logische Clustermethoden

Der Anomalie-Ansatz und seine konzeptionelle und technische Nähe zu clusteranalytischen Ansätzen (v.a. Two-Step) wird ausführlich in Schendera (2007, 219–237) vorgestellt. Daraus sind auch die folgenden Visualisierungen zur Identifizierung von Anomalien entnommen.

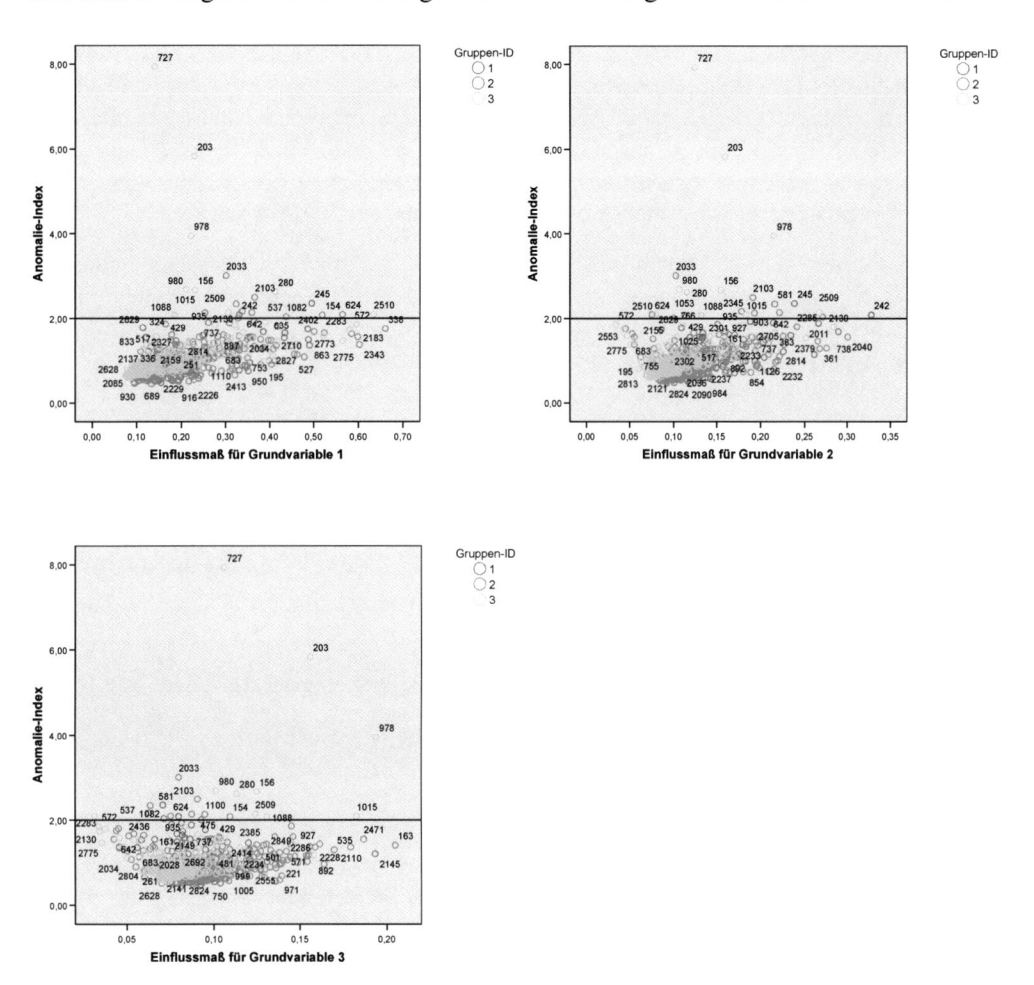

Als Interpretationshilfe wurde eine Referenzlinie in Höhe des Anomalie-Index = 2 eingezeichnet. Bei der Interpretation ist zu beachten, dass die x-Achse einen unterschiedlichen Range hat. Bei der Abbildung zur Grundvariablen 1 reicht der Range z.B. bis 0,7, bei der Abbildung zur Grundvariablen 3 reicht der Range nur bis ca. 0,2.

Die PATNR 727, 203 und 978 fallen eindeutig als ungewöhnliche Fälle auf. Alle drei Fälle gehören zur selben Gruppe (GruppenID=3). In den beiden weiteren Streudiagrammen für die Grundvariablen 2 und 3 finden sich die PATNR 727, 203 und 978 ebenfalls als ungewöhnliche Fälle wieder.

Der Vorteil der Prozedur DETECTANOMALY liegt in einer Vereinfachung der Exploration größerer Variablenmengen, die im Gegensatz zu den theoriegeleiteten Ansätzen mit weniger Planungs- und Programmieraufwand auskommt. Demgegenüber steht die prozedurale Verkomplizierung, im Detail die mehrstufigen mathematischen Prozesse, wie auch im Nachhinein das Rückübertragen der ausgegebenen Statistiken auf die Originalwerte (Interpretation der Plausibilität). Für die Beurteilung des korrekten Ablaufs dieser Prozedur (z.B. ob die statistischen Voraussetzungen erfüllt sind), wie auch ihrer Ergebnisse sind Methoden- und Statistikkenntnisse erforderlich, ansonsten wäre eine „Anomalie" nur ‚per fiat' beurteilbar. Eine statistische Anomalie ist somit solange eine *potentielle* Anomalie, bis die Plausibilität dieser Annahme durch ein eher theoriegeleitetes Vorgehen bestätigt werden konnte.

Bei DETECTANOMALY werden qualitative, wie auch quantitative Unterschiede oder Gemeinsamkeiten zwischen Fällen quantifiziert. Diese Prozedur ist daher auch für die Exploration von kategorialen Daten, wie auch gemischten Datenmengen geeignet. Auch Stringvariablen können als Kategorialvariablen in die Analyse einbezogen werden.

1.5.8 Visuelles Klassieren und Optimales Klassieren

Mittels „Visuelles Klassieren" (bis SPSS V14: „Bereichseinteiler") können Werte einer *einzelnen* Variablen in Bereiche (syn.: Gruppen, Kategorien) unterteilt werden. Die Option „Optimales Klassieren" (siehe unten) erlaubt dagegen mehrere Variablen zu klassieren. „Optimales Klassieren" ist Bestandteil des SPSS Moduls „Data Preparation", „Visuelles Klassieren" (bis SPSS V14: „Bereichseinteiler") gehört dagegen zum Modul „Base".

„Visuelles Klassieren" kann für zwei Ansätze der Klassierung eingesetzt werden:

- Eine metrische Variable kann in Kategorien (Bereiche) unterteilt werden.
- Bei einer ordinalen Variablen können nebeneinanderliegende Kategorien zusammengefasst werden.

Ein Vorzug des visuellen Klassierens ist, dass wiedergegeben wird, wie viele Fälle in etwa in eine erzeugte Kategorie fallen könnten, ob es eventuell Lücken oder Modi in einer Verteilung gibt usw. Eine definierte Gruppierung kann mit Labels für Variable und Werte versehen werden. Das folgende Beispiel verwendet „loan_binning.sav".

Pfad: Analysieren → Transformieren → Visuelles Klassieren…

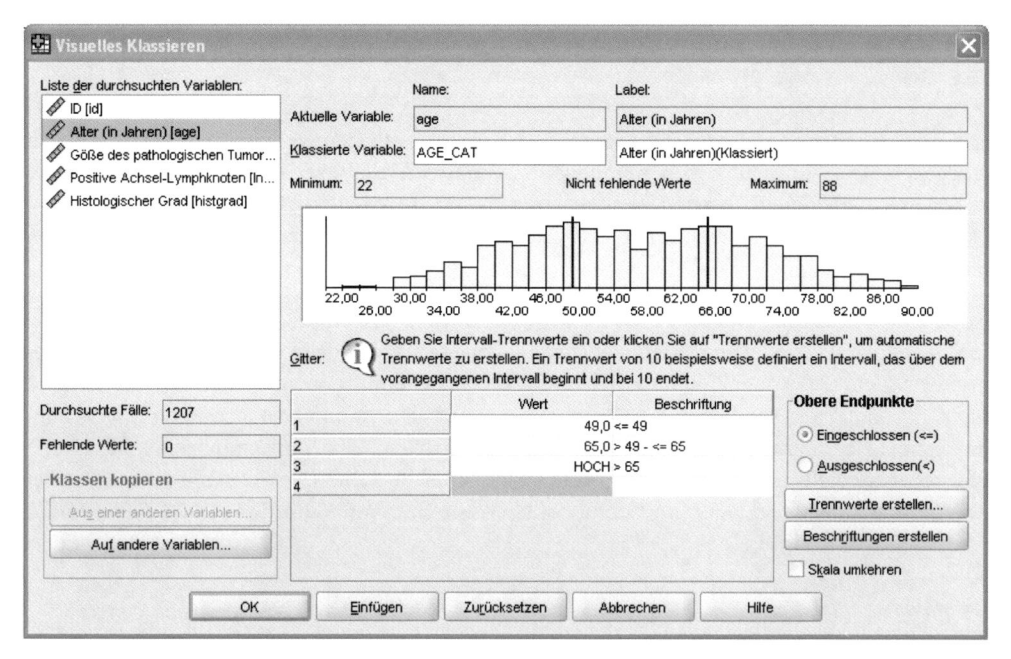

1.5 Alternativen: Grafische bzw. logische Clustermethoden

Die Abbildung zeigt, wie die Variable AGE aus der SPSS Beispieldatei „Breast cancer survival.sav" in drei Bereiche unterteilt wurde. Sobald über das Unterfenster „Trennwerte erstellen..." die gewünschten Trennwerte (oder z.B. anstelle von konkreten Werten nur die gewünschte Anzahl an Trennwerten) an SPSS übergeben wurden, werden diese als Trennstriche in eine Visualisierung der Häufigkeitsverteilung der zu klassifizierenden Variablen eingezeichnet. Die Abbildung zeigt, dass die Trennwerte an die Positionen 49 und 65 gesetzt wurden. Wegen der „Obere Endpunkte"-Option „Eingeschlossen" sind die Trennwerte in den Bereich der jeweils unteren Kategorie eingeschlossen. Bei der Alternative „Ausgeschlossen" wären die Trennwerte aus den Bereichen der jeweils unteren Kategorie aus- und in die jeweils darüber liegende Kategorie eingeschlossen.

Anschließend können unter „Klassierte Variable" (oben) und Beschriftung (unten) Labels vergeben werden (unter „Klassierte Variable" zusätzlich einen Namen für die neu angelegte Variable). Unten wird die von SPSS generierte Syntax wiedergegeben. Dem visuellen Klassieren liegt im Wesentlichen die SPSS Prozedur RECODE zugrunde.

```
GET FILE='C:\Programme\SPSS\Samples\
           German\Breast cancer survival.sav'.
* Visuelles Klassieren.
*age.
RECODE   age (MISSING=COPY) (LO THRU 49.0=1) (LO THRU 65.0=2)
(LO THRU HI=3) (ELSE=SYSMIS) INTO AGE_CAT.
VARIABLE LABELS   AGE_CAT 'Alter (in Jahren)(Klassiert)'.
FORMAT   AGE_CAT (F5.0).
VALUE LABELS   AGE_CAT 1 '<= 49' 2 '>49 - <= 65' 3 '> 65'.
MISSING VALUES   AGE_CAT ( ).
```

```
VARIABLE LEVEL  AGE_CAT (ORDINAL).
EXECUTE.
```

Für den „Bereichseinteiler" sind numerische Variablen ab dem ordinalen Skalenniveau erforderlich. Die Einteilung von numerisch-nominalen Variablen ist nicht sinnvoll. Möglicherweise vorhandene String-Variablen werden im Auswahlfenster nicht angezeigt. Das „Visuelle Klassieren" ersetzt die früheren SPSS Optionen bzw. Bezeichnungen „Bereichseinteiler" und „Variablen kategorisieren".

Mittels der Option „Optimales Klassieren" (seit SPSS V15, unter dem Menü „Transformieren") können Werte einer (oder mehrerer) Variablen ebenfalls kategorisiert werden. Das grundsätzliche Ziel des Optimalen Klassierens ist, Fälle mittels eines Binning-Algorithmus nicht nur für eine, sondern auch für mehrere Variablen optimal zu klassieren. „Binning" bezeichnet den Vorgang des Klassifizierens einer großen Zahl von numerischen Werten in eine kleinere Zahl an Gruppen oder Kategorien. Das Verfahren des Optimalen Klassierens unterscheidet sich nicht nur im zugrundeliegenden Binning-Algorithmus von allen bereits vorgestellten Verfahren.

Beispiel:
Diverse Prädiktoren einer fiktiven Bank sollen anhand von Kundendaten daraufhin sondiert werden, ob sie zur Vorhersage eines möglichen Kreditausfalls geeignet sind.

Pfad: Analysieren → Transformieren → Optimales Klassieren…

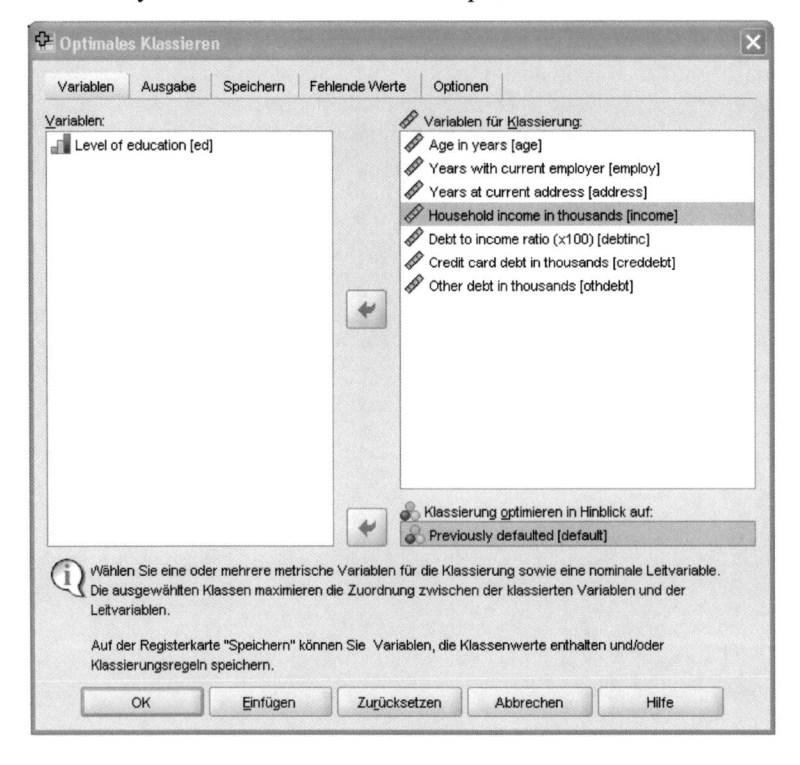

1.5 Alternativen: Grafische bzw. logische Clustermethoden

Der zentrale Unterschied ist, dass der Binning-Ansatz für jeden Prädiktor eine *eigene* Clustervariable angelegt. Die Anzahl der Kodierungen in jeder Clustervariable muss nicht dieselbe sein. Ein Fall hat daher über alle Clustervariablen hinweg üblicherweise nicht übereinstimmende Kodierungen. Ein Fall wird dadurch gleichzeitig mehreren Clustern, und damit sogar evtl. überschneidenden Gruppen zugewiesen. Die folgende Abbildung zeigt den SPSS Beispieldatensatz „loan_binning.sav", *nachdem* er durch durch das Optimale Klassieren um sieben „Cluster"variablen erweitert worden war. Die Bezeichnung „Cluster" wurde vom Verfasser gewählt, um die Nähe zu den bereits vorgestellten Verfahren hervorzuheben. SPSS selbst hat die Bezeichnung „Bin" voreingestellt. Es ist auf der rechten Seite der Tabelle deutlich zu erkennen, dass die Kodierungen für die wiedergegebenen Fälle über die Clustervariablen hinweg ausnahmslos verschieden sind.

Für jeden Prädiktor im Modell wird separat ausgegeben, wie er sich auf einer für ihn entwickelten Clustervariablen verteilt. Für die Variable „age" wurde z.B. eine Clustervariable mit zwei Ausprägungen angelegt. Der „Endpunkt" (vgl. die u.a. Tabelle) wurde dabei durch das Verfahren „Optimales Klassieren" ermittelt und ist dabei der Trennwert zwischen beiden Klassen. Der „Endpunkt" mit dem Wert 32 ist demnach in Klasse 1 das Maximum, und bei Klasse 2 das Minimum.

Age in years

Klasse	Endpunkt		Anzahl der Fälle nach Niveau von Previously defaulted		
	Minimum	Maximum	No	Yes	Gesamt
1	a	32	1129	639	1768
2	32	a	2615	617	3232
Gesamt			3744	1256	5000

Jede Klasse wird wie folgt berechnet: Minimum <= Age in years < Maximum.

a. Unbegrenzt

Von den insgesamt 5000 Fällen entfallen N=1768 auf die Klasse 1 (32 Jahre oder jünger), während die verbleibenden N=3232 auf die Klasse 2 entfallen (älter als 32 Jahre). Der Anteil an Bankkunden mit Kreditausfall ist in Klasse 1 (639 / 1768 = 0,361) fast doppelt so hoch wie in Klasse 2 (617 / 3232 = 0,191).

Die Variable Alter scheint in Kombination mit dem ermittelten Trennwert von 32 ein ergiebiger Prädiktor für die Vorhersage der Wahrscheinlichkeit eines möglichen Kreditausfalls zu sein. Anwender können prüfen, ob dies im selben Maße auch auf die anderen Variablen zutrifft.

Syntax (unkommentiert):

```
GET
  FLE='C:\Programme\SPSS\Samples\German\bankloan_binning.sav'.
OPTIMAL BINNING
  /VARIABLES GUIDE=default
      BIN=age employ address income debtinc creddebt othdebt
      SAVE=YES
     (INTO=age_Cluster employ_Cluster address_Cluster income_Cluster
           debtinc_Cluster creddebt_Cluster othdebt_Cluster)
  /CRITERIA METHOD=MDLP
           PREPROCESS=EQUALFREQ (BINS=1000)
           FORCEMERGE=0 LOWERLIMIT=INCLUSIVE
           LOWEREND=UNBOUNDED UPPEREND=UNBOUNDED
  /MISSING SCOPE=PAIRWISE
  /PRINT ENDPOINTS DESCRIPTIVES ENTROPY.
```

Ein weiterer Ansatz, der ebenfalls auf dem Binning-Prinzip aufbaut, ist die sog. RFM-Analyse (Recency – Aktualität, Frequency – Häufigkeit, Monetary – Geldwert). Mit der RFM-Analyse werden v.a. im Bereich Database Marketing aus bereits vorhandenen Kunden diejenigen identifiziert, die am wahrscheinlichsten auf ein neues Angebot reagieren werden. Die RFM-Analyse basiert auf den drei folgenden Annahmen zu Aktualität, Häufigkeit, und Geldwert:

- Der wichtigste Faktor bei der Identifizierung von Kunden, die wahrscheinlich auf ein neues Angebot reagieren, ist Aktualität. Kunden, die kürzlich gekauft haben, kaufen wahrscheinlicher wieder ein als Kunden, die weiter zurück in der Vergangenheit gekauft haben.
- Der zweitwichtigste Faktor ist Häufigkeit. Kunden, die in der Vergangenheit häufiger gekauft haben, kaufen wahrscheinlicher wieder ein als Kunden, die weniger häufig gekauft haben.
- Der drittwichtigste Faktor ist der ausgegebene Betrag, der als Geldwert bezeichnet wird. Kunden, die in der Vergangenheit (für alle Einkäufe insgesamt) mehr ausgegeben haben, reagieren wahrscheinlicher als Kunden, die weniger ausgegeben haben.

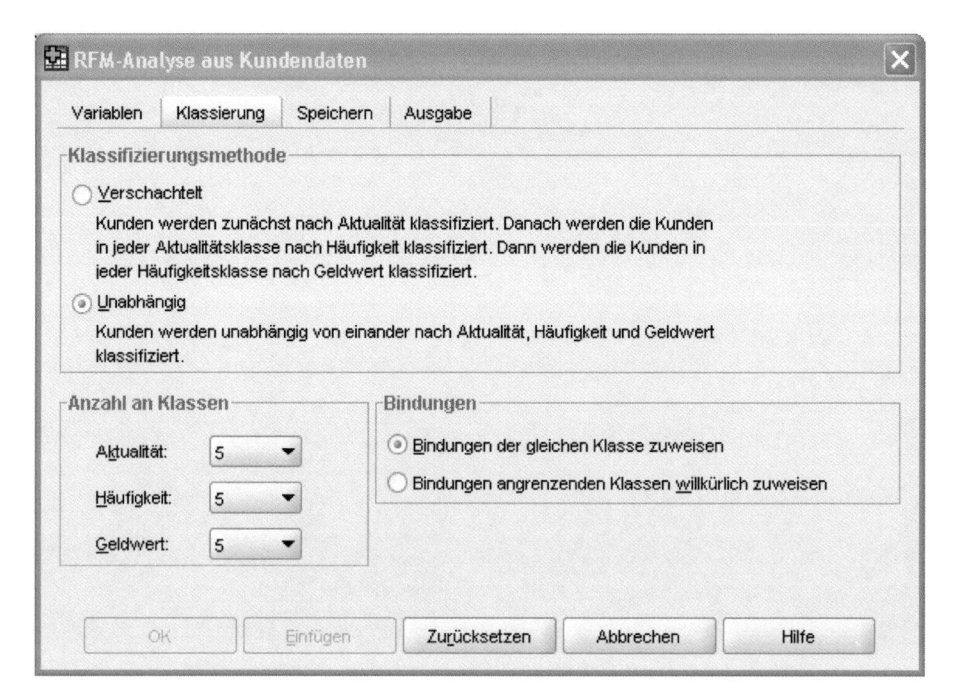

1.5 Alternativen: Grafische bzw. logische Clustermethoden

[Screenshot: RFM-Analyse aus Kundendaten – Dialog mit Reitern Variablen, Klassierung, Speichern, Ausgabe. Klassifizierungsmethode: Verschachtelt / Unabhängig (ausgewählt). Anzahl an Klassen: Aktualität 5, Häufigkeit 5, Geldwert 5. Bindungen: Bindungen der gleichen Klasse zuweisen (ausgewählt).]

Den bestehenden Kunden wird nun basierend auf dem Datum des letzten Kaufs ein Aktualitäts-Score zugewiesen. Je aktueller der Kauf, desto höher der Score, z.B. 5. Auf ähnliche Weise wird Kunden dann eine Häufigkeitseinstufung zugewiesen, wobei höhere Werte eine höhere Kaufhäufigkeit bedeuten. Zuguterletzt werden die Kunden nach dem Faktor Geldwert (Ausgaben) eingestuft, wobei die höchsten Geldwerte die höchste Einstufung erhalten. SPSS erlaubt hier nun z.B. zwei verschiedene Klassifizierungsmethoden, das unabhängige und das verschachtelte Klassifizieren.

Aus diesen drei Scores wird der kombinierte RFM-Score ermittelt. Beim RFM-Score werden einfach die drei einzelnen Scores in einem einzigen, dreistelligen Wert konkateniert. Das Minimum des RFM-Scores ist demnach 111, das Maximum 555. Die „besten" Kunden (die am wahrscheinlichsten auf ein Angebot reagieren) sind diejenigen Kunden mit den höchsten kombinierten RFM-Scores, also „555". Anhand dieses Scores können die Kunden klassifiziert und entsprechend abgestimmten Marketing-Kampagnen zugeteilt werden, z.B. mit Hilfe der Portfolio-Analyse.

Mit dem Hinweis auf das Prinzip dieses Verfahrens soll das Kapitel zu den alternativen Clustermethoden abgeschlossen werden.

2 Faktorenanalyse

Dieses Kapitel führt ein in die Familie der Faktorenanalyse mit SPSS. Es gibt nicht „die", sondern viele verschiedene Faktorenanalysen. Die Faktorenanalyse (factor analysis, FA) ist ein Sammelbegriff für verschiedene Verfahren, die es ermöglichen, aus einer großen Zahl von beobachteten Variablen eine möglichst geringe Anzahl von nicht beobachteten Faktoren bzw. beobachtbaren Komponenten zu extrahieren.

Die Faktorenanalyse umfasst zahlreiche Klassen und Varianten (Harman, 1976³). Diese Einführung in die Faktorenanalyse wird ausschließlich die von SPSS angebotenen Methoden vorstellen (in Klammern von SPSS verwendete Kürzel): Hauptachsen-Faktorenanalyse (PAF), Hauptkomponenten (PCA), Image-Faktorisierung (IMAGE), Alpha-Faktorisierung (ALPHA), Maximum Likelihood (ML), sowie Ungewichtete Kleinste Quadrate (ULS) und Verallgemeinerte Kleinste Quadrate (GLS). Diese Methoden werden alle zum Ansatz der **R-Typ** Faktorenanalyse gezählt. Die R-Typ Faktorenanalyse untersucht *Korrelationen zwischen Variablen* und ist der am häufigsten gebrauchte Typ Faktorenanalyse. Bei der R-Typ Faktorenanalyse sind in der Matrix die Zeilen die Fälle, die Spalten die Variablen, und die Zellen die Werte der Fälle in diesen Variablen zu einem Zeitpunkt. Weiter unten werden weitere Verfahren und Typen vorgestellt.

Die Kapitel 2.1 bis 2.3 führen in das Grundprinzip (2.1) und die Varianten „der" Faktorenanalyse (z.B. Alpha-Faktorisierung, Hauptachsen-Faktorenanalyse, Hauptkomponentenanalyse) ein, die wichtigsten Extraktions- (2.2), wie auch Rotationsmethoden (z.B. orthogonal vs. oblique), einschließlich ihres Bias (2.3). Das Kapitel 2.4 behandelt Kriterien zur Bestimmung, Interpretation und Benennung der Faktoren. In Kapitel 2.5 wird an zahlreichen Beispielen die Interpretation der Statistiken und Überprüfung der Verfahrensvoraussetzungen demonstriert: Abschnitt 2.5.1: Hauptkomponentenanalyse (EFA) mit dem Ziel der Datenreduktion und dem Ableiten einer Vorhersagegleichung. Abschnitt 2.5.2: Maximum Likelihood mit Hypothesentest (KFA) und Heywood-Fälle. Abschnitte 2.5.3 bis 2.5.5: Hauptachsen-Faktorenanalyse (EFA): Rotation (2.5.3), Statistik (2.5.4), sowie Optimierung (2.5.5). Abschnitt 2.5.6 stellt eine Faktorenanalyse für Fälle (Q-Typ) vor, Abschnitt 2.5.7 eine Variante der Faktorenanalyse eingelesener Matrizen, die u.a. dann zum Einsatz kommen könnte, wenn die korrelationsanalytischen Voraussetzungen der Faktorenanalyse nicht erfüllt sind. Kapitel 2.6 stellt die diversen Voraussetzungen der Faktorenanalyse zusammen.

Alle Extraktionsvarianten der Faktorenanalyse sind auch in SPSS CLEMENTINE implementiert, z.B. als Factor/PCA-Knoten. Alle in SPSS bzw. CLEMENTINE implementierten Verfahrensvarianten gehören zur Gruppe der *linearen* Faktorenanalysen, die auf Korrelationen *linearer* Zusammenhänge basieren. Die Korrelationen meinen damit nicht den systematischen Zusammenhang zweier Variablen *A* und *B*, sondern dass eine hinter diesen beiden Variablen stehende, *dritte* (latente) Variable (Faktor, Komponente) *C* die eigentliche Ursache für die Korrelation zwischen *A* und *B* ist. Für Informationen zur *nichtlinearen* Faktorenanalyse wird der interessierte Leser z.B. auf die Übersicht von Wall & Amemiya (2007) verwiesen. Die folgenden Ausführungen gehen davon aus, dass die faktoranalysierten *manifesten Variablen*, wie auch die *latenten Faktoren* jeweils metrisches (kontinuierliches) Skalenniveau aufweisen. Falls diese grundlegenden Voraussetzungen nicht gegeben sein sollten, falls z.B. stattdessen Nonnormalität der Verteilungen, Nonkontinuität des Skalenniveaus und/oder auch gemischte Daten vorliegen sollten, hilft Kapitel 2.6 mit Hinweisen auf weitere Verfahrensvarianten weiter (u.a. Modelle latenter Klassen, Profile oder Traits).

2.1 Einführung: „Die" Faktorenanalyse

Die Faktorenanalyse (factor analysis, FA) ist ein Oberbegriff für diverse Verfahren, die es ermöglichen, aus einer großen Zahl von korrelierenden Variablen eine möglichst geringe Anzahl von (nicht beobachteten) ‚Faktoren' (auch: ‚Komponenten', ‚Typen', ‚Dimensionen') zu extrahieren. Die Faktorenanalyse geht dabei nicht von unabhängigen oder abhängigen Variablen aus, wie z.B. die Varianzanalyse oder auch die konfirmatorische Faktorenanalyse, sondern behandelt alle Analysevariablen unabhängig von einem Kausalitätsstatus.

Die Faktorenanalyse wurde Anfang des 19.Jahrhundert vom Psychologen Charles E. Spearman (1904) entwickelt. Spearman ging ursprünglich der Frage nach, ob die zahlreichen Maße für intellektuelle Fähigkeiten (z.B. Latein und Griechisch, Englisch, mathematische Fähigkeiten, usw.) untereinander oder mit denjenigen der sensorischen Wahrnehmung zusammenhingen, oder ob sie durch einen einzigen zugrundeliegenden Faktor eher allgemeiner Intelligenz erklärt werden können, der in Wirklichkeit die alleinige kausale Ursache für das individuell unterschiedliche Abschneiden in diesen Maßen ist.

Die Leistung Spearmans kann nicht hoch genug eingeschätzt werden (z.B. Horn & McArdle, 2007; Lubinski, 2004; Bartholomew, 1995; Lovie, 1995; Mulaik, 1987, 1972). Spearmans Artikel (1904) lieferte:

- ein Modell zur Untersuchung der Existenz und Wirkweise *latenter* Faktoren,
- die konzeptionellen *Grundlagen* zur Untersuchung individueller Unterschiede in menschlichen Fähigkeiten,
- durch u.a. die *Reduktion* vieler beobachteter Variablen auf wenige, aber grundlegende Konstrukte (Faktoren), in Spearman's Fall den Faktor *g*,
- wie auch ein statistisches *Verfahren* zu ihrer Ermittlung: die Faktorenanalyse,
- und damit eine *falsifizierbare* Theorie über Hypothesen menschlicher Intelligenz.
- Spearman begründete mit seinem Artikel „‚General intelligence', objectively determined and measured." praktisch im Alleingang die moderne Intelligenzforschung (zur notwendigen Relativierung dieser Aussage vgl. Fußnote 7 in Horn & McArdle, 2007, 211–212).
- Darüber hinaus stimulierte Spearman's Artikel für Jahrzehnte (sic) die Modellbildung in der Statistik, die Theoriebildung in den Objektwissenschaften, wie auch die Diskussion

der Modell-Methoden-Gegenstands-Interaktion, der (statistischen, methodischen, theoretischen, empirischen usw.) Gegenstandsangemessenheit inkl. des oft impliziten Gegenstands(vor)verständnisses, was man sich nicht angemessener vorstellen kann als in Gestalt der im Mai 2004 an der Universität von North Carolina in Chapel Hill zu Ehren von Spearman's Artikel von 1904 veranstalteten Konferenz „Factor Analysis at 100", und den 2007 erschienen gleichnamigen Tagungsband, herausgegeben von Robert Cudeck und Robert C. MacCallum. Eine Visualisierung der Entwicklung der Faktorenanalyse seit Spearman bis in die Gegenwart kann unter http://www.fa100.info/timeline050504.pdf heruntergeladen werden. Prof. MacCallum gestattete eine Wiedergabe dieses Zeitstrahls in diesem Buch, allerdings sprengen seine Dimensionen den Rahmen jeglichen Buchformats und es verbleibt dem Verfasser nur, die Leser auf die URL zum persönlichen Download zu verweisen. Den enormen Wandel der seit Spearmans Artikel entwickelten statistischen Modelle „der" Faktorenanalyse umschrieb David Bartholomew (1995, 218) mit der nur scheinbar paradoxen Aussage, dass die Faktorenanalyse „was born before its time".

Die historische Entwicklung der Faktorenanalyse als Methode, der Intelligenzforschung, wie auch der Modellbildung ist ausgesprochen vielfältig und faszinierend. Während Spearman's ursprüngliches Modell eines Generalfaktor g zunehmend Modellen mit zwei oder mehreren Generalfaktoren (z.B. g_{fluid} und $g_{crystallized}$) bzw. innovativen Ansätzen, z.B. *EDR* (expertise deductive reasoning) zu weichen scheint, ist die Faktorenanalyse als modellbildender, wie auch statistischer Ansatz weiterhin hochgradig aktuell.

Die weiteren Ausführungen werden wieder die Gruppe der Faktorenanalysen in den Fokus rücken. Für die Bedeutung der Faktorenanalyse für die Intelligenzforschung sei der interessierte Leser z.B. auf Horn & McArdle (2007) verwiesen: Für eine kritische Analyse zum Missbrauchs von Forschungsmethoden (u.a. der Faktorenanalyse in u.a. der Intelligenzforschung) ist immer noch Gould (1983) maßgeblich (vgl. auch Schönemann, 1981; Steiger & Schönemann, 1978).

Die Faktorenanalyse ist mittlerweile in der Gegenwart angekommen und als Verfahren beinahe schon als allgegenwärtig zu nennen: In der Kreditwürdigkeitsprüfung (Scholz, 2009), im Health Care-Bereich (Pett et al., 2003), Zeitreihenanalyse und Ökonometrie (Engle & Watson, 1981; Geweke & Singleton, 1981), in der Medizin (Kubicki et al., 1980), Chemie (Malinowski, 2006), Soziologie (Jackson & Borgatta, 1981), Psychologie (Geider et al., 1982), oder auch in der Markt- und Medienanalyse (Hornig Priest, 2009; Schreiber, 2007; Wimmer & Dominick, 2003). Gerade in der Markt- und Medienforschung sind die Anwendungen ausgesprochen facettenreich: Schreiber (2007) untersuchte z.B. den Einfluss von Lebensstilen auf die Medien-Nutzung. Wessel (2004) untersuchte z.B. Erfolgsfaktoren für grundlegende Strategien im Marketing (u.a. Mehrmarkenstrategie, Markentransferstrategie, duale Markenstrategie, internationale Markenstrategie und Öko-Markenstrategie). Kiousis (2004) untersuchte z.B. die Berichterstattung der New York Times während der Wahl zum US Präsidenten im Jahr 2000. Im Bereich der Gesundheitspsychologie versuchten Mohr et al. (2007) aus Lebensstilen auf Ernährungsgewohnheiten (v.a. im Hinblick auf den Konsum von Fastfood) zu schließen. Anandan et al. (2006) untersuchten u.a. faktorenanalytisch den Einfluss von Werten und Lebensstilen auf Brand Loyalty. Louho et al. (2006) erforschten z.B. Faktoren, die möglicherweise die Anwendung hybrider Medientechnologien beeinflussen; in diesem Fall von Kode-Lesegeräten. Ein extrahierter Faktor war z.B. Technik-Affinität. Eighmey & McCord (1998) untersuchten z.b. die Rezeption von fünf kommerziellen Webseiten vor dem Hintergrund eines Uses and Gratification-Ansatzes, u.a. auch im Hinblick auf Webdesign und seinen Einfluss auf Besucherbindung.

Folgende Fragestellungen sind erste, allgemeine Beispiele für real-life-Anwendungen einer Faktorenanalyse:

- Bildung einer Theorie: Aus Maßen wie z.B. Performanz in klassischen Sprachen (Griechisch, Latein), Mathematik-Fähigkeiten, usw. kann z.B. eine Theorie über menschliche kognitive Fähigkeiten gebildet werden (vgl. Spearman, 1904; experimentelle Daten).
- Datenreduktion: Mehrere sozioökonomische Variablen (u.a. „Total Population", „Median School Years", „Total Employment", usw.) werden zu wenigen Komponenten zusammengefasst (vgl. Harman, 1976[3], 14; Census-Daten).
- Bildung eines Index: Aus Variablen wie z.B. Ausgaben für Nahrung, Ausgaben für Kleidung, oder dem Vorhandensein bestimmten Eigentums im Haushalt (z.B. Auto, Videorekorder) kann z.B. ein Wohlfahrts- bzw. Armutsindex ermittelt werden (vgl. Moustaki, 2007, 306–308; Umfrage-Daten).
- Typen-Scoring: Auf der Grundlage von Maßen für Kaufgewohnheiten (Konsumvariablen wie z.B. Geldanlage, Hausbesitz, Anzahl und Marke der eigenen Autos, Anzahl und Marken der Kreditkarten, Einkommen, Marke und Alter der Hifi-Anlage) lassen sich Konsumenten in bestimmte Typen einordnen (DWH-Daten).

Das sich anschließende Kapitel 2.2 führt in das Grundprinzip „der" Faktorenanalyse ein (erläutert an der Hauptachsen-Faktorenanalyse). Das Kapitel 2.3 stellt diverse Varianten „der" Faktorenanalyse vor (u.a. Hauptachsen-Faktorenanalyse, Hauptkomponentenanalyse, Maximum Likelihood), wie auch Ansätze zur Rotation. Kapitel 2.4 behandelt Kriterien zur Bestimmung, Interpretation und Benennung der Faktoren. Ab Kapitel 2.5 werden Faktorenanalysen mittels SPSS berechnet.

2.2 Grundprinzip „der" Faktorenanalyse

Das Grundprinzip „der" Faktorenanalyse wird im Folgenden an der Hauptachsen-Faktorenanalyse erläutert. Mit diesem Hinweis soll auch hervorgehoben werden, dass z.B. die anderen Varianten, wie z.B. Hauptkomponentenanalyse oder Maximum Likelihood-Faktorenanalyse, auf völlig anderen methodisch-statistischen Prinzipien basieren, umso mehr die psychometrischen Varianten Alpha- und Image-Faktorisierung. Das Ziel einer Hauptachsen-Faktorenanalyse ist die Repräsentation manifester Variablen als eine lineare Funktion zugrundeliegender latenter Faktoren, und dabei möglichst viel Information (Varianz) der linear miteinander korrelierenden, beobachtbaren Variablen zu erklären (bzw. möglichst wenig Information dabei zu verlieren) und die Interpretation der ermittelten Lösung zu vereinfachen (z.B. mittels Rotation). Eine Hauptachsen-Faktorenanalyse geht dabei im Allge-

2.2 Grundprinzip „der" Faktorenanalyse

meinen in drei Schritten vor: Matrixbildung, Faktorextraktion und Lösungsrotation. Je nach Variante der Faktorenanalyse gibt es methodisch-statistischen Unterschiede in I., II. oder III.:

I. Variablenmatrix

Für n Objekte werden Messungen auf m Variablen vorgenommen. Die Korrelationsmatrix (ggf. Kovarianzmatrix) der m Variablen gibt anhand der vorgefundenen Korrelationen (ggf. Kovarianzen) bereits Hinweise, zwischen welchen Variablen Zusammenhänge bestehen und das mögliche Vorhandensein eines dahinter stehenden Faktors vermuten lassen [**Eigenschaft der Mustererkennung**]. Hohe Korrelationen zwischen einzelnen Variablen deuten an, dass diese womöglich jeweils etwas Gemeinsames messen, einen extrahierbaren Faktor. Niedrige Korrelationen zwischen Variablen(gruppen) lassen vermuten, dass *verschiedene* Faktoren vorliegen. Ausschließlich niedrige Korrelationen weisen darauf hin, dass vermutlich kein zu extrahierender Faktor existiert. Die Korrelationsmatrix liefert darüber hinaus weitere Hinweise für das Überprüfen bestimmter Voraussetzungen des Verfahrens (siehe dazu auch die Anmerkungen zu den Voraussetzungen der Faktorenanalyse).

II. Faktorextraktion (Kommunalitätsschätzung, Anfangslösung)

In diesem Schritt fasst die Faktorenanalyse korrelierende Variablen zu Faktoren auf einer höheren Ebene zusammen [**Eigenschaft der Faktorextraktion**]. Die *Diagonale* der Korrelationsmatrix ist der Ausgangspunkt für die Faktorextraktion. Im Prinzip müssten die Korrelationen der Variablen mit sich selbst (eben die Diagonale) durch die Kommunalitäten ersetzt werden (Kommunalitäten sind die durch die Faktoren erklärte Varianz einer Variablen).

Die faktoranalytischen Verfahren unterscheiden sich u.a. darin, welche Werte in die Matrixdiagonale eingetragen werden. Die Haupt*komponenten*variante geht z.B. davon aus, dass keine Einzelrestfaktoren übrig bleiben; standardmäßig werden daher die Diagonalwerte gleich 1 gesetzt (weil davon ausgegangen wird, dass die Varianz vollständig durch die Faktoren erklärt wird). Die (im Folgenden weiter beschriebene) Hauptachsen-*Faktoren*analyse geht dagegen von Einzelrestfaktoren aus; die Kommunalitäten können daher nur kleiner als 1 sein, weil die Varianz *nicht* vollständig durch die Faktoren aufgeklärt wird. Die Hauptachsen-Faktorenanalyse geht somit von einer sog. *reduzierten* Korrelationsmatrix aus.

Da die Kommunalitäten zu diesem Zeitpunkt noch gar nicht in die Diagonale eingetragen werden können, weil sie ja aus den Faktorladungen (Korrelationen zwischen Variablen und Faktoren) ermittelt werden sollen, die mit ihrer Hilfe eigentlich erst extrahiert werden sollen, werden zunächst *geschätzte* Kommunalitäten in die Diagonale eingetragen und so lange über den Vergleich zwischen geschätzten und berechneten Kommunalitäten verbessert, bis ein bestimmtes Toleranzkriterium erreicht ist.

Die Werte für die geschätzten Kommunalitäten liegen zwischen 0 und 1. R^2, die quadrierte multiple Korrelation der jeweils analysierten Variable mit jeweils allen anderen Variablen, wird sehr häufig bei der Anfangslösung als Schätzwert in die Diagonale eingetragen.

Aus einer etwas anderen Perspektive betrachtet, wird in der Korrelationsmatrix der Zusammenhang jeder einzelnen Variable mit allen anderen Variablen, also der Varianzanteil jeder einzelnen Variable an der gemeinsamen Varianz aller Variablen geschätzt (sog. 'Kommunalität'). Auf der Basis der jeweiligen (anfangs geschätzten) Kommunalitäten werden Faktoren so extrahiert, dass diese jeweils einen möglichst großen Anteil an der Gesamtvarianz (sog. 'Eigenwert') reproduzieren. Je größer die Eigenwerte, desto größer ist der Anteil an der Varianzaufklärung. Für die Schätzung der Ladungsmatrix gibt es verschiedene Verfahrens- und Rotationsvarianten; auf die Unterschiede zwischen den Extraktionsverfahren wird im Abschnitt 2.3.1 eingegangen.

Anm.: Die Begriffe „Faktorladung" und „Faktorwert" sind leicht miteinander zu verwechseln: Eine Faktorladung bezeichnet eine Korrelation zwischen Variable und Faktor; ein Faktorwert ist dagegen die standardisierte Ausprägung eines Faktors bei einer Beobachtung bzw. einem Fall (zur Berechnung vgl. 2.5.4).

III. Lösungsrotation
Warum nun in einem dritten Schritt eine Rotation notwendig ist, kann man sich am besten an der Art und Weise vorstellen, wie die Faktoren (z.B. bei der Hauptachsenmethode) extrahiert wurden. Die Faktoren werden *nacheinander* hinweg extrahiert, d.h. ihre Varianz wird sukzessive über alle Variablen hinweg maximiert. Nur der erste Faktor lädt auf vielen Variablen hoch, alle nachfolgenden Faktoren laden dagegen zunehmend gemischt, also auf den einen Variablen positiv, und auf den anderen negativ. Aufgrund dieser gemischten Ladungen sind die meisten Faktoren schwierig zu interpretieren. Eine Rotation dient nun dazu, diese gemischten Ladungen durch leichter interpretierbare Ladungsstrukturen zu ersetzen.
Die Technik der Rotation dient v.a. dazu, möglichst gut differenzierende Faktoren extrahieren zu können, und Subjektivität bei der Interpretation der Faktoren weitestgehend auszuschließen. Eine Rotation kann man sich statistisch als einfache Umrechnung der Anfangs- bzw. Ursprungslösung mit Hilfe einer sog. Transformationsmatrix vorstellen, was sich gut am einfachsten Fall, einer 2-Faktorenlösung, erläutern lässt: Bildlich gesprochen werden hierbei im (2dimensionalen) Achsenkreuz (die Achsen stellen die (nicht rotierten) Faktoren, die Punkte die ladenden Variablen dar) die Achsen in einem bestimmten Winkel um den Ursprung gedreht (ohne dass dabei die Abstände der Punkte (Variablen) zueinander verändert werden) und zwar so, dass sie durch die Punkteschwärme gehen, die ja eigentlich bzw. idealerweise auch auf ihnen laden (siehe auch unten die Plots vor und nach einer Rotation, vgl. die Demonstration in 2.5.3). Für n-Faktor-Lösungen läuft die Rotation nach demselben Prinzip, allerdings im n-dimensionalen Raum ab.

Eine Rotation beeinflusst nicht die statistische Erklärungskraft der jeweiligen Faktoren: Der Anteil der aufgeklärten Gesamtvarianz (sog. 'Eigenwert') bleibt erhalten; es ändert sich nur die Verteilung auf die einzelnen Faktoren entsprechend der gewählten Rotationsmethode. Jede Rotationsmethode (s.u.) strebt dabei eine bestimmte ‚Einfachstruktur' an, womit gemeint ist, dass damit vorgegeben werden kann, wie das Ergebnis einer Rotation idealerweise aussehen soll. Bildlich gesprochen also, wie die Achsen gedreht werden bzw. faktorenanalytisch, nach welchen Kriterien die Gesamtvarianz verteilt werden soll.
Das Rotationsverfahren läuft im Prinzip darauf hinaus, möglichst alle Ladungen einer Variablen auf (um) Null bzw. Eins zu setzen, so dass letztlich eine Variable nur noch mit einem oder zwei Faktoren hoch korreliert, womit wiederum umgekehrt der jeweilige Faktor als Repräsentation besonderer Variablengruppierungen leichter interpretiert werden kann. Die

2.2 Grundprinzip „der" Faktorenanalyse

rotierten Faktoren sind in einer solchen Struktur einfacher zu interpretieren, vorausgesetzt, dass sie auch möglichst viel Varianz erklären.

Die schließlich extrahierten Faktoren repräsentieren im Idealfall die gesamte Information der jeweils gebündelten Variablen, und erklären vollständig ihren Varianzanteil mit möglichst wenigen Faktoren [**Eigenschaft der Datenreduktion**]. Es stellt sich natürlich die Frage, wie viel Varianz eine Lösung erklären sollte, um als „gut" bezeichnet werden zu können. Mehr Faktoren sollten selbstverständlich mehr Varianz aufklären. Eine erste Heuristik ist: 75% bei 2 Faktoren- und ca. 85% bei 3-Faktorenlösungen. Das Ausmaß der aufgeklärten Varianz wird (neben der reproduzierten Korrelationsmatrix und ggf. einem Chi^2-Test) als Maß für die Angemessenheit des Modells interpretiert (Bartholomew et al., 2008, 186).

Exkurs:
Man könnte sagen, dass bei der Anwendung der Faktorenanalyse im Allgemeinen nur die Faktoren interessant sind, die Varianz aufklären bzw. Variablen, die auf einem Faktor (oder auch mehreren) laden. An dieser Stelle möchte der Verfasser auf eine alternative Anwendungsmöglichkeit der Faktorenanalyse hinweisen: Es kann erfahrungsgemäß gleichermaßen ergiebig sein, auch oder sogar ausschließlich die Faktoren genauer zu untersuchen, die nur marginale Varianz aufklären bzw. die Variablen, die auf keinem oder nur wenigen Faktoren laden.

Exkursende

Die vorgestellten Eigenschaften der Mustererkennung, Faktorextraktion und Datenreduktion machen die Faktorenanalyse *im Allgemeinen* interessant für viele Anwendungen (vgl. u.a. Stewart, 1981, 51, 56; Unterschiede zwischen einzelnen Verfahren werden an späterer Stelle herausgearbeitet):

- *Variablenreduktion:* Verringerung einer großen Anzahl an Variablen.
- *Varianzaufklärung:* Maximale Extraktion der Varianz dieser Variablen und „Übertragung" auf wenige Faktoren.
- Qualitative oder quantitative *Mustererkennung* (Dimensionen) bei großen Datenmengen, z.B. zur Modellbildung.
- *Theoriebildung:* Beziehungen zwischen Variablen untereinander und gegenüber Faktoren können theoretisch formuliert und in Form von Hypothesen getestet werden.
- *Hypothesentest* z.B. zur Anzahl der Dimensionen und damit der zu extrahierenden Faktoren (nicht bei allen Extraktionsverfahren).
- Ableitung einer Vorhersagegleichung (nicht bei allen Extraktionsverfahren).
- Auswahl eines *Subsets an Variablen* auf der Grundlage ihrer Korrelation (Ladung) auf Faktoren.
- Konstruktion von Faktoren, die bei *Multikollinearität* (z.B. in einer multiplen Regressionsanalyse) als unkorrelierte unabhängige Variablen eingesetzt werden können. Alternativ können Prädiktoren mittels der Hauptkomponentenanalyse auf Multikollinearität untersucht werden.
- *Validierung* eines Messinstruments (Skala), indem z.B. nachgewiesen wird, dass die einzelnen Items tats. auf einem bestimmten Faktor laden.

- Bei zahlreichen *multiplen Testungen* könnte z.B. nachgewiesen werden, dass diese denselben Faktor erheben und dass u.U. weniger Testungen ausreichend sein könnten.

2.3 Varianten der Faktorenanalyse

Wie die Einleitung bereits andeutete, gibt es nicht „die", sondern viele verschiedene Faktorenanalysen (Typen). SPSS enthält v.a. den Typ **R** Faktorenanalyse. Bei R-Typ laden Variablen auf Faktoren, es werden Zusammenhänge über mehrere Fälle hinweg ermittelt und es wird zu einem Messzeitpunkt („occasion") gemessen. Die Verfahren in SPSS (PAF, PCA IMAGE, ALPHA, ML, sowie ULS und GLS) werden übrigens alle zum Ansatz vom Typ R Faktorenanalyse gezählt.

Typ	Faktoren werden geladen durch ...	Assoziationen werden über ... hinweg ermittelt	Daten werden gesammelt zu ...
R	... Variablen	... Fälle ...	... einem Messzeitpunkt
Q	... Fälle	... Variablen ...	... einem Messzeitpunkt
S	... Fälle	... Messzeitpunkte ...	... einer Variablen
T	... Messzeitpunkte	... Fälle ...	... einer Variablen
P	... Variablen	... Messzeitpunkte ...	... einem Fall
O	... Messzeitpunkte	... Variablen ...	... einem Fall

Neben dem R-Typ gibt es darüber hinaus noch weitere Typen (vgl. Stewart, 1981, 53): Die **Q-Typ** Faktorenanalyse (sog. inverse Faktorenanalyse) untersucht *Korrelationen zwischen Fällen:* Bei Q-Typ laden Fälle auf Faktoren, es werden Zusammenhänge über mehrere Variablen hinweg ermittelt und es wird zu einem Messzeitpunkt gemessen. Bei Q-Typ sind in der Rohdatenmatrix die Zeilen die Variablen und die Spalten die Fälle (vgl. dagegen R-Typ). Die Q-Typ Faktorenanalyse entspricht demnach einer Art *Clusteranalyse* (vgl. Abschnitt 2.5.6; vgl. Stewart, 1981, 52–56 für einen Vergleich von R- und Q-Typ). Bei der **S-Typ** Faktorenanalyse laden Fälle auf Faktoren, es werden Zusammenhänge über mehrere Messzeitpunkte hinweg ermittelt und es werden Daten zu einer Variablen gemessen. Bei S-Typ befinden sich die Fälle in den Spalten, die Zeitpunkte (z.B. Jahre) in den Zeilen, und die Zellen enthalten die Ausprägungen einer einzelnen Variablen. Bei der **T-Typ** Faktorenanalyse laden Messzeitpunkte auf Faktoren, es werden Zusammenhänge über mehrere Fälle hinweg ermittelt und es werden Daten zu einer Variablen gemessen. Bei T-Typ befinden sich die Zeitpunkte (z.B. Jahre) in den Spalten, die Zeilen enthalten die Fälle, und die Zellen enthalten die Ausprägungen einer einzelnen Variablen. Die Faktorenanalysen vom Typ **P** und **O** sind auch auf Einzelfälle anwendbar (vgl. auch Nesselroade, 2007; Browne & Zhang, 2007). Die **P-Typ** Faktorenanalyse enthält in den Spalten die Variablen einer Person, in den Zeilen die Zeitpunkte, und die Zellen die Werte einer einzelnen Person. Die **O-Typ** Faktorenanalyse ist eine ältere Form der Zeitreihenanalyse. Die Spalten enthalten Zeitpunkte (z.B. Jahre), die Zeilen

2.3 Varianten der Faktorenanalyse

die Variablen, und die Zellen die Werte einer einzelnen Person. Anstelle einer einzelnen Person können mit P- und O-Typ auch aggregierte Gruppenwerte analysiert werden.

Bereits innerhalb der Klasse der R-Typ Faktorenanalyse sind durch Kombination von Extraktionsmethode (PAF, PCA, ...), Rotationsverfahren (Varimax, Promax, ...), sowie Parametern (bei obliquen Verfahren) viele weitere Varianten möglich. Die Entscheidung, welche der Verfahrensvarianten eingesetzt werden sollte, wird im Allgemeinen durch konzeptionelle, wie auch methodische Überlegungen bestimmt. Es gibt klassische Empfehlungen:

Kaiser (1970) empfiehlt z.B. eine Hauptkomponentenanalyse (PCA), das Kaiser-Kriterium, sowie eine Varimax-Rotation (sog. „Little Jiffy"). Harman (1976^3, 107) empfiehlt z.B. eine Hauptachsen-Faktorenanalyse (PAF) mit Varimax-Rotation, eine Hauptkomponentenanalyse (PCA), wobei er zusätzlich das Maximum Likelihood-Verfahren der Hauptachsen-Faktorenanalyse vorziehen würde. Pett et al. (2003, 114–115) empfehlen, bei einer explorativen Faktorenanalyse (EFA) zunächst mit einer Hauptkomponentenanalyse (PCA) zu beginnen, erste Fehler zu beheben, um dann eine erste vorläufige Lösung zu ermitteln. In einem zweiten Schritt können dann dieselben Daten einer Hauptachsen-Faktorenanalyse (PAF) und verschiedene Extraktionsmethoden unterzogen zu werden, um dann anhand einer gründlichen Zusammenschau der Ergebnisse schließlich diejenige Lösung auszuwählen, die die statistischen und inhaltlichen Kriterien am besten erfüllt. Costello & Osborne (2005) empfehlen z.B. bei normalverteilten Daten das ML-Verfahren, bei nicht normalverteilten Daten die Hauptachsen-Faktorenanalyse (PAF), und ziehen die obliquen den orthogonalen Rotationsverfahren vor.

Die Empfehlung des Autors ist, sich vor „der" Faktorenanalyse mindestens sechs fundamentale, u.a. auf das erwartete Resultat bezogene Fragen zu stellen. Je nach Antwort wird dadurch das erforderliche Verfahren deutlich eingegrenzt:

- Liegen Daten in der Struktur für die Analyse mittels einer Faktorenanalyse vom Typ R vor? Falls *nein*, muss ggf. auf andere Verfahren ausgewichen werden.
- Benötige ich beobachtbare Komponenten oder nicht beobachtete Faktoren? Im ersten Fall: PCA, im letzten Fall: alle weiteren Extraktionsverfahren.
- Benötige ich eine Extraktion einer unbekannten Zahl von Faktoren oder Komponenten (explorative Faktorenanalyse, EFA)? Falls ja, sind die infrage kommenden Verfahren: PAF, PCA, IMAGE, ALPHA.
- Kenne ich andererseits die Anzahl von Faktoren bereits und möchte ich sie daher einem Hypothesentest unterziehen (konfirmatorische Faktorenanalyse, KFA)? Falls ja, sind die infrage kommenden Verfahren: ML, GLS, ULS.
- Benötige ich eine genaue Vorhersagegleichung? Falls ja, ist das infrage kommende Verfahren: PCA. Alle anderen Verfahren liefern nur Approximationen.
- Interessieren mich eher die *Tests* als Auswahl aller möglichen Tests anstelle der Verallgemeinerung von *Probanden* (Fälle) auf eine Grundgesamtheit? Falls ja, sind die infrage kommenden *psychometrischen* Verfahren: IMAGE, ALPHA.

Selbstverständlich sind dies nur erste eingrenzende Hilfsfragen. Je nach Analysesituation können und werden weitere, z.B. eher statistische Aspekte, eine Rolle spielen, z.B.:

- Liegt eine Korrelations- oder eine Kovarianzmatrix vor?
- Wie ist das Verhältnis zwischen Variablen- und Datenmenge zu beurteilen?
- Soll die Varianz der manifesten Variablen in der Rohdatenmatrix oder die der Offdiagonal-Korrelation aufgeklärt werden?
- Werden die Kommunalitäten in der Matrixdiagonalen gleich 1 gesetzt (z.B. bei PCA) oder geschätzt (z.B. bei PAF)? uvam.

Im Wesentlichen laufen all die Fragen i.S.d. Klärung der Annahmen von Anwender *und* faktorenanalytischem Modell darauf hinaus, die eigentliche Frage zu klären:

- Welches Modell unterstelle ich meinem Vorgehen?

Anhand der obigen Ausführungen wissen nun Anwender auch, warum sie um (nicht allzu seltene) „Empfehlungen" zur Faktorenanalyse, wie z.B. die „Abfolge" (1) Daten sammeln, (2) Datenmatrix bilden, (3) Anzahl der Faktoren festlegen, (4) extrahieren, (5) rotieren, und (6) interpretieren, einen – ganz großen – Bogen machen sollten. Diese „Empfehlungen" gehen mit keinem Wort auf grundlegende Aspekte wie Wahl des Modells, Rotation (oder nicht), oder auch Konfirmation einer faktoriellen Invarianz ein, und haben nichts mit seriöser wissenschaftlicher Beratungs- bzw. Forschungspraxis gemein.

Verschiedene Verfahren schätzen somit die zugrundeliegenden Daten auf unterschiedliche Weise und haben daher erwartungsgemäß unterschiedliche Ergebnisse zur Folge (vgl. Widaman, 2007, *passim*; Harman, 1976[3]; Revenstorf, 1976). Bei der EFA können verschiedene Faktorenladungen trotz derselben Datengrundlage durchaus als konfligierend verstanden werden, *gerade weil* das Ergebnis eine Folge der Betrachtung derselben Daten mittels unterschiedlichen statistischen Methoden ist. Eine Schlussfolgerung, die darauf hinausläuft, dass nur eine dieser Extraktions- bzw. Rotationsmethoden korrekt sei, wäre aus methodisch-statistischer Perspektive nicht zulässig, allerdings unter Umständen sehr wohl aus inhaltlicher Sicht. Es wäre hier jedoch empfehlenswert, zu einer KFA überzugehen. Unter 2.3.1 werden die von SPSS angebotenen Extraktionsmethoden (Verfahren der Schätzung der Faktoren) und ihre Eigenschaften vorgestellt. Unter 2.3.2 werden diverse Rotationsverfahren vorgestellt.

Extraktionsmethoden (siehe 2.3.1):
Hauptachsen-Faktorenanalyse, Hauptkomponenten, Image-Faktorisierung, Maximum Likelihood, Alpha-Faktorisierung, Ungewichtete Kleinste Quadrate (ULS Faktorenanalyse), Verallgemeinerte Kleinste Quadrate (GLS) uvam.

Rotationsmethoden (siehe 2.3.2):
Orthogonale Rotation: Varimax, Quartimax, Equamax, uvam.
Schiefe (oblique) Rotation: Promax, Oblimin.

Exkurs: Explorative vs. konfirmatorische Faktorenanalyse (EFA, KFA)
In der Literatur ist oft von der explorativen oder der konfirmatorischen Faktorenanalyse die Rede. Was hat es damit auf sich? Sind dies weitere statistische, mathematische oder psychometrische usw. Verfahrensvarianten? Bei EFA bzw. KFA handelt es sich um *Einteilungen* der zahlreichen statistischen, mathematischen usw. Faktorenanalysen, und zwar *im Hinblick*

2.3 Varianten der Faktorenanalyse

auf das Vorgehen des Forschers bei der Bildung und Testung statistischer Modelle (vgl. 2.4.2; vgl. Jöreskog, 1969).

Das Problem der Faktorenanalyse *im Allgemeinen* ist dabei, dass Ergebnisse (z.B. Anzahl von Faktoren, Ladungen, usw.) von Merkmalen der Stichprobe beeinflusst sein könnten. Möchte man nun z.B. nur wissen, wie viele Faktoren benötigt werden, um die Interkorreliertheit der untersuchten (manifesten) Variablen aufzuklären, sind also *vor einer Analyse* z.B. die Anzahl der zu extrahierenden Faktoren oder auch ihre Bedeutung unbekannt, so handelt es sich um eine explorative Faktorenanalyse (EFA). Zu den explorativen Verfahren werden *im Allgemeinen* z.B. PAF und PCA gezählt.

Bei der konfirmatorischen Faktorenanalyse werden im Vergleich dazu in einem ersten Schritt zunächst die nachzuweisenden latenten Faktoren definiert, und in einem zweiten Schritt die manifesten Variablen festgelegt, mit denen die zuvor definierten, latenten Variablen erfasst werden sollen. Bei der KFA wird die Anzahl der Variablen also vor der Analyse (theoriegeleitet) festgelegt; bei der EFA wird die Anzahl der Variablen während bzw. nach der Analyse (datengeleitet) festgelegt. Ein klassisches Beispiel für eine KFA ist z.B. der Goodness-of-fit Test (Chi^2-Test) in Bezug auf die Anzahl der Variablen. Bei einer KFA könnte jedoch darüber hinaus auch die Faktorenstruktur vor der Analyse (theoriegeleitet) festgelegt werden, also z.B., welche Variable in welchem Ausmaß auf welchem Faktor lädt, oder ob z.B. Ergebnisse auch für gruppierte (z.B. nach Geschlecht oder Vorher/Nachher-Vergleich) Daten gelten sollen. Zu den konfirmatorischen Verfahren werden *im Allgemeinen* z.B. ML, ULS und GLS gezählt (wobei hier der implementierte Chi^2-Test jedoch auf die Anzahl der Variablen beschränkt ist), wie auch weitere Ansätze aus dem Bereich der Strukturgleichungsmodelle, die jedoch nicht Gegenstand dieser Darstellung sind.

Die Einteilung von statistischen, mathematischen usw. Verfahren der Faktorenanalyse in EFA- bzw. KFA-Varianten ist jedoch nicht unkompliziert, da das zentrale Einteilungskriterium das konkrete Vorgehen des Forschers und nicht Merkmale der Verfahren selbst ist. Eine PCA („eigentlich" EFA) kann z.B. auch als KFA eingesetzt werden, z.B. mittels einer Kreuzvalidierung an Trainings- oder Lerndaten. Der Signifikanztest einer ML („eigentlich" KFA) mag wiederum vielleicht für die *Anzahl* der extrahierten Faktoren brauchbar sein, erreicht seine Grenzen jedoch mit der *Bedeutung* der extrahierten Faktoren, wie u.a. auch der Art und Verteilung der extrahierten Faktorladungen. Mit Jöreskog (2007, 58) lässt sich sagen, dass jede Faktorenanalyse immer explorative, wie auch konfirmatorische Merkmale aufweist.

Darüber hinaus kann man anhand des Gesagten jedoch hervorheben: *Werden Theorien oder Hypothesen* über z.B. Anzahl oder *Bedeutung* der extrahierten Faktoren, oder auch der Art und Verteilung der extrahierten Faktorladungen usw. *überprüft*, w*ird eine KFA vorgenommen*. Eine KFA prüft vorrangig, ob die vorgefundenen Befunde *unabhängig* von der Stichprobe sind, an denen sie gewonnen wurden. Eine KFA schreibt nicht vor, mit welcher Forschungsmethode dies zu geschehen hat. Grundsätzlich sollte jedoch immer auch bereits bei der Planung einer Faktorenanalyse festgelegt werden, wie die Stichprobenunabhängigkeit (und damit eine zentrale Voraussetzung des Nachweises der faktorieller Invarianz) der erzielten Befunde belegt werden kann.

Exkursende

Die Vielfalt der Faktorenanalyse ist mit der Anwendung auf Querschnittdaten keinesfalls erschöpft. Auch die Faktorenanalyse von Längsschnitt- bzw. Messwiederholungsdaten („multiocccasion longitudinal data") ist im Hinblick auf die Untersuchung der Zeit- oder Interventions*un*abhängigkeit der sog. Konstruktäquivalenz bzw. faktorielle Invarianz sehr reizvoll. Es lässt sich gleichzeitig zweierlei untersuchen, nämlich ob sich die *qualitative* Bedeutung von Faktoren über die Zeit ändert, wie auch, ob und inwieweit *quantitative* Unterschiede zwischen den Faktoren über die Zeit hinweg auftreten (z.B. McArdle, 2007). Die Gruppe der Faktorenanalyse ist dabei umfangreich genug, Verfahren für individuelle Wachstumskurven, oder auch für die gruppenweise Analyse bereitzustellen (vgl. z.B. Bollen, 2007; Browne & Zhang, 2007; Nesselroade, 2007; vgl. auch Schendera, 2008, 365ff. für einen regressionsanalytischen Ansatz). Diese Anwendungen werden durch diverse explorative, aber umso mehr durch die konfirmatorische Faktorenanalyse geleistet, die Hypothesen über faktorielle Invarianz über die Zeit hinweg erlauben (z.B. McArdle, 2007).

Auf weitere Entwicklungen „der" Faktorenanalyse, wie z.B. die konfirmatorische Faktorenanalyse, oder auch Strukturgleichungs- oder Pfadmodelle (z.B. Jöreskog, 2007, 58–71; McArdle, 2007; Moustaki, 2007) kann leider nicht eingegangen werden.

2.3.1 Die wichtigsten Extraktionsmethoden

Die im Folgenden aufgeführten Extraktionsmethoden zielen auf eine möglichst gute Reproduktion der Varianz (Korrelationen neben der Diagonalen, Rohdaten) und die Extraktion unkorrelierter Faktoren (Komponenten) ab. Die jeweiligen Extraktionsmethoden unterscheiden sich u.a. in den Approximationen der Variablen, wie auch den Optimalitätskriterien für die Faktoren. Die Entscheidung für ein Extraktionsverfahren wird u.a. von den Datenvoraussetzungen, Verfahrensbesonderheiten, sowie auch dem konkreten Anwendungszweck mit bestimmt.

Alle faktoranalytischen Verfahren setzen als Datenstruktur im Allgemeinen mehr Fälle als Variablen voraus, mit Ausnahme des Hauptkomponenten- und des ULS-Verfahrens. Diese beiden Verfahren sind die einzigen Verfahren, die auch bei mehr Variablen als Fällen noch funktionieren (vgl. Gorsuch, 1983^2, 313–318). Die weitere Darstellung der Extraktions- und Rotationsmethoden basiert im Wesentlichen auf Widaman (2007), Pett et al. (2003), Browne (2001) und Harman (1976^3).

Historisch und technisch wird die kompetente Unterscheidung zwischen Hauptachsen-Faktorenanalyse (PAF) und Hauptkomponentenanalyse (PCA) als die zunächst wichtigste (und oft am meisten unterschätzte) gesehen. Die weiteren Verfahren, wie z.B. Maximum Likelihood, sind historisch spätere, und oft auch statistisch anspruchsvollere Weiterentwicklungen dieser beiden Ansätze (z.B. Jöreskog, 2007). Widaman (2007) formulierte drei Prinzipien, die Anwendern als Entscheidungshilfe bei der Wahl zwischen diesen beiden grundlegenden Ansätzen dienen mögen. Das vierte Prinzip gilt generell und wird in dieser Darstellung allen drei Verfahren übergeordnet vorangestellt; in seiner Allgemeingültigkeit gilt dies nicht nur für die Cluster- und Diskriminanzanalyse in diesem Buch, sondern für das professionelle wissenschaftliche Arbeiten generell (vgl. Schendera, 2007):

„The researcher must be aware and beware of all assumptions underlying a method of analysis, the mathematical consequences of these assumptions, and their relations to the hypotheses pursued, data collected, and outcomes of statistical modeling in order to perform a meaningful analysis" (Widaman, 2007, 185; Hervorhebung vom Verfasser).

Alle Varianten der Extraktion, wie auch Rotation sind insofern gleichwertig und gleich wichtig. Dieses Prinzip ist auch Anlass, im Gegensatz zur üblichen Darstellung der Faktorenanalyse, durch den Verzicht auf elaborierte Berechnungen „von Hand" für Extraktion oder Rotation usw. keinen impliziten Vorschub für ein willkürlich gewähltes Verfahren zu leisten. Der Vorzug einer vermutlich eher nichttechnischen Darstellung (Statistiker möchten dies dem Verfasser bitte nachsehen) wird mithin um eine etwas ausgewogenere bzw. differenziertere Darstellung *aller* Verfahren der Extraktion und Rotation ergänzt. Viele Anwender *sind* durch die mathematische Komplexität der Verfahrensvarianten tendenziell überfordert (bereits MacCallum, 1983); nicht gerade erleichtert wird die Arbeit dadurch, dass besonders in Veröffentlichungen zur Faktorenanalyse (nicht nur in der Anwendung mit SPSS) widersprüchliche Empfehlungen, sowie (leider) eindeutige Fehler zu finden sind.

Hauptachsen-Faktorenanalyse versus Hauptkomponentenanalyse

Wie bereits angedeutet, gilt die kompetente Unterscheidung zwischen Hauptachsen-Faktorenanalyse (PAF) und Hauptkomponentenanalyse (PCA) als die zunächst wichtigste. Nach Widaman (2007, 182–185) sind bei der Entscheidung zwischen diesen beiden Ansätzen vier Prinzipien zu beachten (das vierte Prinzip wurde oben bereits in Gestalt des Zitats vorgestellt): Modellannahmen, Ziel, Hintergrund, sowie Ergebnisinvarianz. Der Verfasser nimmt sich die Freiheit, Widamans Liste in Anlehnung an Gorsuch (1990) um ein weiteres, zentrales (fünftes) Prinzip zu ergänzen: das Fehler-Konzept. Diverse Empfehlungen in älteren Veröffentlichungen (aber nicht nur dort) zur Entscheidung zwischen diesen beiden (und anderen) Ansätzen sind z.T. dadurch gekennzeichnet, dass sie diese *fundamentalen* Unterschiede nicht berücksichtigen und daher mit äußerster Zurückhaltung zu rezipieren (z.B. Revenstorf, 1976, 205).

- Prinzip 1: *Ziel*: PAF und PCA haben unterschiedliche Ziele. Demnach sollten unterschiedliche Ergebnisse zu erwarten sein (wobei hier erschwerenderweise die Spezialliteratur nicht eindeutig ist). Das Ziel von PAF ist die maximale Aufklärung der Korrelation (neben der Diagonalen) zwischen manifesten Variablen durch latente Faktoren, die für die Korrelation zwischen den manifesten Variablen verantwortlich sind (wobei die Diagonalelemente selbst nicht berücksichtigt werden). Das Ziel von PCA ist die maximale Aufklärung der Gesamtvarianz aller manifesten Variablen in der Rohdatenmatrix durch möglichst wenige Komponenten. Die Aufklärung der Korrelationen neben der Diagonalen sind ein Nebeneffekt des Verfahrens.
- Prinzip 2: *Hintergrund*: PAF und PCA haben einen unterschiedlichen theoretischen Hintergrund. PAF basiert auf einer Theorie manifester Variablen und latenter Faktoren (und damit dem Problem der Indeterminiertheit der Faktorscores; vgl. v.a. Maraun, 1996, 520ff. zur facettenreichen Diskussion dieser Metapher). PCA basiert auf einer Theorie manifester Variablen, die in Komponentenscores münden (und dem oft damit einhergehenden Problem der stichprobenabhängigen Ergebnisvarianz).

- Prinzip 3: *Ergebnisinvarianz*: *„It is a fundamental criterion for a valid method of isolating primary abilities that the weights of the primary abilities for a test must remain invariant when it is moved from one test battery to another test battery"* (Thurstone, 1935, 55; zit. in Widaman, 2007, 184). Das Problem der faktoriellen Invarianz bedeutet dabei sowohl Unabhängigkeit des Ergebnisses von Stichproben (v.a. PCA), aber auch von Variationen manifester Variablen in der Testbatterie (v.a. PAF), z.B. der konstanten Höhe extrahierter Faktorladungen bei Variation der Anzahl von Variablen in der Analyse. Widaman (2007, 191–92) demonstriert dagegen, wie z.B. die Anzahl von Variablen (bei einer konstant gehaltenen Zahl an extrahierten Faktoren bzw. Komponenten) in einer Analyse mittels PAF und PCA einen massiv unterschiedlichen Effekt auf das erzielte Resultat hat. Bei PAF hat eine unterschiedliche Zahl an Variablen in einer Analyse keinen Einfluss auf die Höhe der extrahierten Faktorenladungen. Bei PCA wird die Höhe der sukzessiv aufgeklärten Varianz entsprechend der zunehmenden Zahl an Variablen in einer Analyse „auf später" verschoben. Umgekehrt hängt das Ergebnis von PCA darüber hinaus von der Anzahl und Korreliertheit der Variablen in der Analyse ab. Bei PAF führt eine unterschiedliche Anzahl an nichtkorrelierenden Variablen nicht zu unterschiedlichen Lösungen. Bei der PCA hängt dagegen die Höhe der Ladungen direkt von der Anzahl der *m* Variablen in der Analyse ab. Drei Variablen in einer PCA-Analyse verursachen wegen

    $$\text{Minimum PCA-Ladung} = \sqrt{\frac{1}{m}}$$

    der Wurzel aus $1/m$ eine Mindest-Ladung von .58 in der ersten Komponente, acht Variablen zu einer Mindest-Ladung von .35, *selbst wenn die Variablen in der Analyse völlig unkorreliert sind*. Die PCA könnte man demnach als heikel für den Nachweis faktorieller Invarianz betrachten.
- Prinzip 4: *Fehler-Konzept*: Die Hauptachsen-Faktorenanalyse (PAF) und die Hauptkomponentenanalyse (PCA) unterscheiden sich fundamental im Fehler-Konzept und somit auch die Lösungen im Umgang mit Fehleranteilen. Die Hauptachsen-Faktorenanalyse ist ein *Schätzverfahren*, weil es einen Fehlerterm im Modell enthält. Die Hauptkomponentenanalyse ist ein *Rechenverfahren*, da es *keinen* Fehlerterm enthält (Gorsuch, 1990, 36): Bei der Hauptkomponentenmethode werden daher Komponenten ermittelt, die die *gesamte* Variablenvarianz (*common + unique + error*) aufklären, während bei der Hauptachsen-Faktorenanalyse eine Mindestanzahl an Faktoren ermittelt wird, die nur die *gemeinsame* Varianz (*common – unique – error*) innerhalb eines Variablensets erklären. Das folgende Schema versucht die Konsequenz der unterschiedlichen Definition des Fehler-Konzepts für die Ermittlung und Interpretation der Faktoren bzw. Komponenten verdeutlichen.

Hauptkomponentenmethode (beliebige 3 Komponenten-Lösung):

1	2	3

Hauptachsen-Faktorenanalyse (beliebige 3 Faktoren-Lösung):

1	2	3	*unique/error*

Anmerkung: Die Gesamtlänge aller Kästchen demonstriert die Ausgangsvarianz aller Variablen von 100%. Die nummerierten Kästchen repräsentieren die extrahierten Komponenten bzw. Faktoren, die Ziffern ihre jew. Nummer. Bei der Hauptachsen-Faktorenanalyse stellt das verbleibende weiße Kästchen die nicht extrahierte (aufgeklärte) Varianz dar, also den expliziten Fehleranteil im Modell. Der Grauton repräsentiert den Grad der Fehlerfreiheit der extrahierten Komponenten bzw. Faktoren (je dunkler, desto geringer der Fehleranteil). Das Grau bei den Faktoren der Hauptachsen-Faktorenanalyse ist also deshalb stärker, weil die extrahierten Faktoren frei von Fehleranteilen sind; der Fehler befindet sich ausschließlich im weißen Kästchen für den Fehleranteil im Modell, aber nicht in den extrahierten Faktoren. Das Grau bei der Hauptkomponentenmethode ist insofern schwächer, weil ein Fehleranteil in den Komponenten weiterhin vorhanden ist, weil er nicht auf eine „Fehlerkomponente" o.ä. „verschoben" o.ä. werden konnte.

Für weitere Unterschiede zwischen Hauptachsen-Faktorenanalyse (PAF) und die Hauptkomponentenanalyse (PCA), z.B. im Hinblick auf (non)sphärische Verteilungen von Korrelationskoeffizienten, wird z.B. auf Widaman (2007, 1993) verwiesen.

Hauptachsen-Faktorenanalyse
Die Hauptachsen-Faktorenanalyse hat viele Namen (und Eltern; vgl. dazu auch Widaman, 2007, 178–185): Common Factor Model (z.B. Pett et al., 2003), Hauptfaktorenanalyse (principal factor analysis, PFA, z.B. Harman, 1976[3]) oder Hauptachsen-Faktorisierung (principal axis factoring, PAF, z.B. Gorsuch, 1983[2]). Die terminologische Abgrenzung vom zeitgleich entwickelten Hauptkomponentenmodell ist ebenfalls nicht immer einfach.

Das Ziel einer Hauptachsen-Faktorenanalyse ist die Repräsentation manifester Variablen als eine lineare Funktion zugrundeliegender latenter Faktoren. Das Modell der Hauptachsen-Faktorenanalyse kann z.B. geschrieben werden als (Widaman, 2007, 186):

$$z_{ij} = l_{j1}\eta_{1i} + l_{j2}\eta_{2i} + \ldots + l_{jr}\eta_{ri} + l_{ju}\eta_{jui}$$

z_{ij} ist z.B. der Score von Person i in der manifesten Variablen j ($i=1,\ldots,N; j=1,\ldots,p$).
l_{jk} ist z.B. die Ladung der manifesten Variablen j auf dem latenten Faktor k ($k=1,\ldots,r$).
η_{ki} ist z.B. der Score von Person i auf dem latenten Faktor k.
l_{ju} ist z.B. die Ladung der manifesten Variablen j auf seinem uniquen Faktor.
η_{jui} ist der Score von Person i auf dem uniquen Faktor für die manifeste Variable j.

Das in Kapitel 2.2 beschriebene Grundprinzip entspricht im Wesentlichen den Rechenschritten der Hauptachsen-Faktorenanalyse. Im Folgenden dennoch eine Zusammenfassung des dort beschriebenen Vorgehens.

Die Hauptachsen-Faktorenanalyse geht von einer Ladungsmatrix aus, und extrahiert Faktoren mit dem Ziel maximaler Varianzaufklärung. Die extrahierten Faktoren werden bei der Hauptachsen-Faktorenanalyse rotiert. Die iterative Hauptachsen-Faktorenanalyse geht vom Vorliegen von Einzelrestfaktoren aus. Einzelrestfaktoren sind Faktoren, die speziell nur eine Variable beeinflussen und werden nicht von jedem Faktorenanalysetyp berücksichtigt. Iterativ bedeutet, dass die Faktoren so oft extrahiert werden, bis die geschätzten und die berechneten Kommunalitäten annähernd gleich sind. Die Faktoren können je nach Rotation voneinander unabhängig oder miteinander korreliert sein.

Die Hauptachsen-Faktorenanalyse ist dabei nicht zu verwechseln mit der Haupt*komponenten*analyse. Die Hauptachsen-Faktorenanalyse versucht im Unterschied zur Hauptkomponentenanalyse, nur den Teil der Varianz der Variablen zu erklären, der durch die anderen Variablen bestimmt wird (iterativ berechnete initiale Kommunalität). Die Lösung einer Hauptachsen-Faktorenanalyse ist somit „fehlerfrei", weil sie die sog. unique Varianz (Einzelvarianz), sowie Fehlervarianz (Residualvarianz) ausschließt. Neben der Programmierung gibt es darüber hinaus weitere Unterschiede, die hier stichwortartig aufgeführt werden sollen.

In der Hauptachsen-Faktorenanalyse gilt ein Faktor als *nichtbeobachtbares Konstrukt*, während bei der Hauptkomponentenanalyse eine Komponente eine *beobachtbare lineare Gleichung* darstellt. Eine der Grundannahmen des Modells gemeinsamer Faktoren ist, dass die extrahierten Faktoren keine Linearkombination der beobachteten Variablen repräsentieren. Komponentenmodelle, die auf linearen Variablenkombinationen aufbauen, wie z.B. Imageoder Harris-Komponentenmodell rekonstruieren im Allgemeinen eine Faktorenlösung nicht korrekt, und damit geben die ermittelten Lineargleichungen die Faktoren nicht korrekt wieder.

Eine Hauptachsen-Faktorenanalyse basiert auf dem Konzept der gemeinsamen Varianz und bildet dies durch R^2-Werte ab. Das Problem daran ist, dass das Konzept der gemeinsamen Varianz sich darauf bezieht, wieviel Varianz die Variablen mit den Faktoren teilen. R^2-Werte bilden dagegen ab, wieviel Varianz die Variablen untereinander teilen. R^2-Werte bringen dabei zwei Probleme mit sich: R^2-Werte ändern sich je nach Stichprobe: Lösungen einer Hauptachsen-Faktorenanalyse sind daher meist keine generellen, sondern oft stichprobenabhängige Lösungen. Nähern sich R^2-Werte dem Wert 1.0 an, funktionieren die meisten Algorithmen nicht mehr richtig; in der Folge werden die Kommunalitäten unterschätzt. Manchmal erklären implementierte Algorithmen mehr als an Varianz eigentlich vorhanden ist, und münden in sog. Heywood-Fälle (Pett et al., 2003, 110–111).

Hauptkomponentenanalyse

Das Ziel einer Hauptkomponentenanalyse ist (a) Datenreduktion und (b) Erklärung (Widaman, 2007, 187). Im Ergebnis erklären zueinander orthogonale (unkorrelierte) Komponenten die vollständige Varianz der Rohdatenmatrix. Die erste Komponente erklärt dabei den größten Anteil, die nächste Komponente den nächstkleineren Anteil, nachdem der Einfluss der ersten Komponente herauspartialisiert wurde usw. (Eigenschaft der bedingten Varianzmaximierung). Die Lösung einer Hauptkomponentenanalyse wird beim Fokus auf der *Datenreduktion* üblicherweise nicht rotiert, weil dadurch v.a. die Eigenschaft der bedingten Varianzmaximierung zerstört wird. Beim Fokus auf der *Erklärung* würde jedoch rotiert i.S.e. KFA, um extrahierte Komponenten als Einfachstruktur interpretieren zu können. – Nach Ansicht des Verfassers ist eine Rotation bei der PCA jedoch nicht erforderlich: Die Komponenten sind bereits linear unabhängig voneinander, stehen also orthogonal zueinander, und können oft bereits entsprechend unkompliziert interpretiert werden; auch wird durch die Rotation die Eigenschaft der bedingten Varianzmaximierung zerstört. Darüber hinaus gilt die PCA sowieso als heikel für den Nachweis faktorieller Invarianz.

2.3 Varianten der Faktorenanalyse

Das Modell der Hauptkomponentenanalyse kann z.B. geschrieben werden als (Widaman, 2007, 187):

$$z_{ij} = a_{j1}s_{1i} + a_{j2}s_{2i} + \ldots + a_{jp}s_{jpi}$$

z_{ij} ist z.B. der Score von Person i in der manifesten Variablen j.
a_{jk} ist z.B. die Ladung der manifesten Variablen j auf der Komponenten k ($k=1,\ldots,$ p).
s_{ki} ist z.B. der Score von Person i auf der Komponenten k.

Die Hauptkomponentenanalyse geht ebenfalls von einer Korrelationsmatrix aus, und führt viele beobachtete Merkmale durch Transformation in wenige, unabhängige Komponenten über, die sukzessiv und in ihrer Gesamtheit die Varianz der (standardisierten) beobachteten Variablen *vollständig* erklären. Der erste Faktor wird dabei über eine Linearkombination von Variablen bestimmt, die ein Maximum an Varianz erklärt. Der zweite Faktor erklärt ein Maximum der Restvarianz und ist zum ersten orthogonal (unkorreliert, unabhängig) usw. Die Hauptkomponentenanalyse unterscheidet sich von der Hauptachsen-Faktorenanalyse auch darin, dass sie nicht davon ausgeht, dass Einzelrestfaktoren übrig bleiben (siehe unten). Die Kommunalitäten in der Matrixdiagonale werden gleich 1 gesetzt. Die Lösung einer Hauptkomponentenanalyse ist, wie oben ausgeführt, *nicht* „fehlerfrei", weil sie weiterhin die unique, sowie Fehlervarianz enthält. Anders ausgedrückt ist der Nachteil der Hauptkomponentenanalyse der, dass sie den Messfehler nicht von der gemeinsamen Varianz abgrenzt; demnach überschätzen die extrahierten Komponenten im Allgemeinen die Linearität zwischen Variablengruppen (Pett et al., 2003, 102).

Wie eingangs bereits erwähnt, hängt bei der PCA die Höhe der Ladungen direkt von der Anzahl der *m* Variablen in der Analyse ab. Um Anwendern eine bessere Beurteilung der extrahierten Ladungen, und damit auch auf den Nachweis faktorieller Invarianz mittels einer PCA zu ermöglichen, stellt der Verfasser in Anlehnung an Widaman (2007) eine Tabelle mit Minimal-Werten bereit.

m	Minimum PCA-Ladung	m (Fortsetzung)	Minimum PCA-Ladung
1	1,000		
2	,707		
3	,577	20	,224
4	,500	25	,200
5	,447	30	,183
6	,408	35	,169
7	,378	40	,158
8	,354	45	,149
9	,333	50	,141
10	,316	60	,129
11	,302	70	,120
12	,289	80	,112
13	,277	90	,105
14	,267	100	,100
15	,258		

Legende: m gibt die Anzahl der Variablen in einer Analyse mittels PCA an. *Minimum PCA-Ladung* gibt für die erste extrahierte Komponente die unterste Grenze der extrahierten Ladung an, wenn die *m* Variablen in der Analyse *völlig unkorreliert sind*.

Beispiel: Eine PCA wird auf die Extraktion der Ladungen bzw. Komponenten von *m*= 8 Variablen angewandt. Die acht extrahierten Ladungen der *ersten* Komponente sollten demnach *deutlich* über 0,354 liegen (vgl. auch 2.5.1).

Weitere Extraktionsverfahren und ein erster Vergleich
Bis zur Mitte des 20. Jahrhunderts wurden Faktorenanalysen ohne weitere Annahmen über die Verteilung der Daten angewandt. Man berechnete Korrelationen und unterzog diese einer Faktorenanalyse. Die Hauptachsen-Faktorenanalyse und die Hauptkomponentenanalyse waren demnach in der praktischen Anwendung reine mathematische Rechenverfahren, die u.a. Aspekte wie z.B. Grundgesamtheit oder Stichprobenabhängigkeit nicht berücksichtigten (Überla, 1977, 146). Im Verlaufe der jahrelangen z.T. mit äußerster Heftigkeit geführten Diskussion um die Passung von Modellen, Methoden und Gegenstand (u.a. auch unter Berücksichtigung von Phänomenen, die Spearman's Theorie nicht erklären konnte), wurden weitere Verfahren und Modelle entwickelt. Die Einsicht, dass die Annahmen in den faktoranalytischen Modellen gerade diejenigen Phänomene übervereinfachen, die sie eigentlich in ihrer realen Komplexität zu erfassen beanspruchten, führte in logischer Konsequenz zu komplexeren Modellen, mithin als Annäherungen an die Komplexität der empirischen Wirklichkeit. Lawley (1940) führt z.B. die Annahme ein, dass die Daten eine Zufallsstichprobe an Beobachtungen aus einer multivariaten Normalverteilung mit Kovarianzmatrix stammen. Die Grundlage der Maximum Likelihood-Faktorenanalyse war damit geschaffen (Jöreskog, 1969; Jöreskog & Lawley, 1968). Das Besondere dieses Ansatzes (und auch weiterer) ist der nun mögliche statistische Modelltest (der übrigens somit auch an die Stelle der Faktorrotation trat).

Maximum-Likelihood Faktorenanalyse
Das Ziel der Maximum-Likelihood-Faktorenanalyse (ML; Lawley & Maxwell, 1971; Jöreskog, 1969; Jöreskog & Lawley, 1968; Lawley, 1940) ist ebenfalls die Reduktion komplexer Datenstrukturen. Die ML-Faktorenanalyse entwickelt eine Parameterschätzung, die am besten die empirisch beobachtete Korrelationsmatrix rekonstruiert (inkl. Chi²-Test auf Güte der Anpassung).

Das Verfahren setzt Startwerte in eine Gleichung ein, die eine Matrix mit dem Ziel generiert, die konkret vorliegende Korrelationsmatrix zu reproduzieren. Anschließend überprüft ML über einen Vergleich zwischen beobachteter und geschätzter Korrelationsmatrix, wie genau die geschätzten Werte die beobachteten Werte reproduzieren. Dieser Vorgang wird solange wiederholt durchlaufen, bis eine optimale Annäherung (Konvergenz) zwischen geschätzter und beobachteter Korrelationsmatrix erreicht wurde. Der Goodness-of-fit Test basiert auf der Abweichung zwischen Modell und beobachteten Daten; fällt dieser Test nicht signifikant aus, so weicht das Modell nicht statistisch bedeutsam von den beobachteten Daten ab. ML ist daher in gewissen Grenzen für die konfirmatorische Faktorenanalyse (KFA) geeignet.

Die ML-Faktorenanalyse schätzt die gesuchten Parameter *gleichzeitig*, die Hauptachsen-Faktorenanalyse schätzt dagegen Kommunalitäten und Ladungsmatrix nacheinander. Eine Rotation ist demnach nicht erforderlich. Eine multivariate Normalverteilung ist nicht für die Phase der Extraktion, allerdings für die des Signifikanztests erforderlich. Nach Boomsma & Hoogland (2001) gilt die ML-Faktorenanalyse gegenüber Verletzungen der multivariaten Normalverteilung jedoch als ausgesprochen robust (vgl. auch Browne, 1987). Eine weitere Voraussetzung ist eine positiv-definite Korrelationsmatrix, d.h. alle Eigenwerte sind größer als 0 (Jöreskog, 1977). Ist ML nicht positiv-definit, ist ULS eine Alternative. ML gilt als ausgesprochen vielseitig: Geweke & Singleton (1981) erweiterten z.B. die ML-Faktorenanalyse hin zur einem Modell der dynamischen konfirmatorischen Faktorenanalyse ökonometrischer Zeitreihendaten; auch der Ansatz von Engle & Watson (1981) basiert auf ML-Methoden. Die ML-Faktorenanalyse nimmt implizit u.a. an, dass der einzige Fehler ein zufälliger Ziehungsfehler unter Normalverteilungsannahme ist (vgl. MacCallum et al., 2007, 160–164). Das Konzept der ML-Faktorenanalyse schließt einen möglichen *statistischen* Fehler des Modells in der Grundgesamtheit vom Ansatz her a priori aus (Modellfehler können z.B. Nichtlinearität oder viele Faktoren mit niedriger Ladung sein). Trifft besonders die letztere Annahme zu, dann wären ML-Schätzer effizienter als die jeden anderen Ansatzes. Bei schwachen Faktoren sei die Alpha-Faktorenanalyse jedoch besser geeignet, das Fehler-Konzept von ML kann nur suboptimal mit niedrigen Korrelationen umgehen (vgl. Briggs & MacCallum, 2003, 48–54; MacCallum et al., 2007, 169–170). Es kann als Nachteil gesehen werden, dass bei der ML die Anzahl der zu extrahierenden Faktoren vor der Analyse bekannt sein muss. Olsson et al. (1999; LISREL-Kontext) verglichen ML mit GLS u.a. im Hinblick auf den Einfluss des Modellfehlers, Güte der Anpassung an empirische Daten („empirical fit") und Rekonstruktion („recovery") der zugrundeliegenden Struktur („theoretical fit"). GLS schnitt beim „empirical fit" besser ab, ML jedoch besser beim „theoretical fit", und sei daher nach Olsson et al. (1999) zu bevorzugen. Nach Gerbing & Anderson (1985, 268; LISREL-Kontext) habe das N im Vergleich zu Ladungen und Indikatoren den größten Einfluss auf die Standardfehler der Modellparameter: Je größer das N, desto kleiner der Standardfehler. ML erreicht nicht immer Konvergenz, z.B. bei Heywood-Fällen. Laut SPSS (2008a, 673) nicht gültig bei METHOD=VARIANCE (diese Option gibt es nicht in der SPSS Syntax).

Least Squares (LS)-Analysen (ULS, GLS)
Die Verfahren der ungewichteten Least Squares-Analyse (ULS, Unweighted least square; Jöreskog, 1977) bzw. verallgemeinerten Least Squares-Analyse (GLS, Generalized least squares; Jöreskog & Goldberger, 1972) sind die „aktuellsten" Extraktionsverfahren in SPSS Statistics 17.0. Konzeptionell hängen ML, GLS und US miteinander zusammen: Die Anpassungsfunktionen für ML, GLS und ULS können als Spezialfälle einer allgemeinen Familie von Anpassungsfunktionen für Least Squares interpretiert werden. GLS Schätzer können z.B. über die Minimierung der Anpassungsfunktion von ML direkt aus ML abgeleitet werden, umgekehrt können ML Schätzer wiederum aus *um*gewichteten Least Squares ermittelt werden (Jöreskog, 2007, 1977). Aufgrund der konzeptionellen Nähe des Fehler-Konzepts dieser beiden Verfahren zur ML ist in Anlehnung an MacCallum et al. (2007) zu vermuten, dass auch ULS und GLS mit schwachen Faktoren nur suboptimal umgehen können. Auch bei ULS und GLS sind Rotationen nicht erforderlich.

ULS basiert darauf, dass sie die quadrierten Differenzen zwischen der beobachteten und der reproduzierten Korrelationsmatrix minimiert. Der Goodness-of-fit Test basiert auf der Abweichung zwischen Modell und beobachteten Daten; fällt dieser Test nicht signifikant aus, so weicht das Modell nicht statistisch bedeutsam von den beobachteten Daten ab. ULS ist daher in gewissen Grenzen für die konfirmatorische Faktorenanalyse (KFA) geeignet. Comrey & Lee (1992) empfehlen, ULS nur für die Korrelationsmatrix zu verwenden, da Faktorlösungen mittels ULS skalenabhängig sind. ULS ist eine Alternative zu ML, wenn einige Eigenwerte negativ sind (wenn also die Korrelationsmatrix nicht positiv-definit ist). ULS gilt auch dann als Alternative, wenn die Items nicht normalverteilt sind. Als Nachteil kann gesehen werden, dass die Anzahl der zu extrahierenden Faktoren vor der Analyse bekannt sein muss. Laut SPSS (2008a, 673) nicht gültig bei METHOD=COVARIANCE.

GLS basiert ebenfalls darauf, dass sie die quadrierten Differenzen zwischen der beobachteten und der reproduzierten Korrelationsmatrix minimiert. Der Goodness-of-fit Test basiert ebenfalls auf der Abweichung zwischen Modell und beobachteten Daten. Die Interpretation des Tests ist analog: Fällt der Test nicht signifikant aus, so weicht das Modell nicht statistisch bedeutsam von den beobachteten Daten ab. GLS ist daher in gewissen Grenzen für die konfirmatorische Faktorenanalyse (KFA) geeignet. Der zentrale Unterschied zwischen GLS und ULS ist, dass die Korrelationen gewichtet sind, und zwar durch die Inverse ihrer Uniqueness. Dies bedeutet, dass Variablen, die bereits hoch mit anderen Variablen korrelieren, und dadurch hohe R^2 aufweisen, stärker gewichtet werden als Variablen, die niedrigere R^2 aufweisen. GLS kann nach Pett et al. (2003, 114) sowohl für die Korrelations-, wie auch die Kovarianzmatrix verwendet werden (siehe jedoch den Hinweis seitens SPSS unten). Auch hier kann es als Nachteil gesehen werden, dass die Anzahl der zu extrahierenden Faktoren vor der Analyse bekannt sein muss. Laut SPSS (2008a, 673) nicht gültig bei METHOD=COVARIANCE.

Alpha-Faktorenanalyse
Die Alpha-Faktorenanalyse (Kaiser & Caffrey, 1965) basiert auf der Maximierung des Alpha nach Cronbach, den Reliabilitäten der Faktoren. Variablen (nicht Fälle!) werden in diesem Ansatz als eine Stichprobe aus der Grundgesamtheit möglicher Variablen gesehen. Die Grundannahme dabei ist, dass gemeinsame Faktoren (in einer Stichprobe) dann als *determiniert* betrachtet werden, wenn sie eine maximale Korrelation mit den entsprechenden gemeinsamen Faktoren in der Grundgesamtheit aufweisen. Den Faktoren wird weiter unterstellt, dass sie eine maximale Generalisierbarkeit haben, um wiederum auf die Gesamtheit der Variablen zurückschließen zu können. Generalisierbarkeit ist dabei ein anderer Ausdruck für multiple Korreliertheit und wird als Cronbach's Alpha ausgedrückt (Harman, 1976³, 229; Revenstorf, 1976, 202). Das Alpha des extrahierten Faktors wird dabei als eine Art „Generalisierbarkeitskoeffizient" in Bezug auf den gemeinsamen Faktor aus einem Universum an Variablen interpretiert. Harman (1976³, 104) und Gorsuch (1983², 117) bewerten dieses Verfahren nicht als statistisch, sondern als eindeutig psychometrisch.

Bei der Alpha-Faktorenanalyse bezieht sich ein möglicher Ziehungsfehler nicht auf Fälle, sondern Variablen. Der *psychometrische* Fehler würde darin bestehen, keinen uneingeschränkten Zugang zum Variablen-Universum zu haben. Die Alpha-Faktorenanalyse sei für

2.3 Varianten der Faktorenanalyse

die Extraktion schwacher Faktoren besser geeignet als Maximum Likelihood, weil sie vom Fehler-Konzept her besser mit niedrigen Korrelationen umgehen kann (vgl. MacCallum et al., 2007, 169–170).

Die Alpha-Faktorenanalyse nimmt an, dass die Korrelationskoeffizienten aus der Grundgesamtheit und nicht aus einer Stichprobe stammen. Die Analyse selbst beginnt bei den Kommunalitätsschätzungen, die zur Adjustierung der Korrelationsmatrix verwendet werden. Die Faktoren werden anschließend aus der adjustierten Matrix extrahiert. Im Ergebnis hat der erste extrahierte Faktor die höchste Reliabilität, der zweite erste extrahierte Faktor die zweithöchste Reliabilität usw. Werden die Faktoren rotiert, gehe diese Eigenschaft verloren (Gorsuch, 1983^2, 117). Faktoren auf der Basis einer Alpha-Faktorenanalyse sollten daher nicht rotiert werden. Laut SPSS (2008a, 673) nicht gültig bei METHOD=COVARIANCE.

Image-Faktorisierung
Die Image-Faktorisierung (syn: Image-Analyse; Kaiser, 1963; auch: gewichtete Hauptkomponentenanalyse, Meredith & Millsap, 1985) ist nicht zu verwechseln mit der sehr ähnlichen Image-Faktorenanalyse (syn.: Image Factor Analysis) von Jöreskog (1962), die einen Parameter mehr aufweist. Die Image-Faktorisierung basiert auf dem Konzept des „Abbildes" (Image) einer Variablen (vgl. Harman, 1976^3, 221–228). Das „Image" einer Variablen ist dabei der Anteil, der durch eine multiple Regression aus allen anderen Variablen im selben Set geschätzt werden kann. Das sog. „Anti-Image" ist entsprechend der Teil, der nicht aus den anderen Variablen vorhergesagt werden kann. Jede Variable wird dabei aus allen übrigen Variablen durch die angemessenen, regressionsanalytisch ermittelten Beta-Gewichte (Image-Koeffizienten) vorhergesagt. Die Kommunalität bei der Image-Faktorisierung basiert demnach auf der quadrierten multiplen Korrelation zwischen dieser Variablen und allen anderen Variablen des Sets. Die quadrierte multiple Korrelation wiederum repräsentiert den Anteil an der Gesamtvarianz, den sie gemeinsam mit anderen Variablen im Set hat. Die Image-Faktorisierung geht dabei von z-standardisierten Werten aus (Gorsuch, 1983^2, 112–114), funktioniert sowohl bei Korrelations-, wie auch Kovarianzmatrizen und gilt somit als skaleninvariant. Die Image-Faktorisierung umgeht somit das Problem der Schätzung der Kommunalitäten: Sie sucht nicht nach dem kommunalen Anteil der Daten, der von unbekannten hypothetisch gemeinsamen Faktoren erklärt wird, sondern ermittelt aus den Daten das Image als den Teil der Variablen, der jeweils durch den Rest der anderen zu untersuchenden Variablen vorhersagbar ist. Da die Image-Faktorisierung u.a. auf der Regressionsanalyse aufbaut (vgl. auch Schendera, 2008), sollten die Daten auf auffällige Korrelationen überprüft werden, z.B. zwischen Variablen und aus ihnen abgeleiteten Variablen (z.B. Summen, (Sub)Skalen, usw.) (Gorsuch, 1983^2, 114). Ähnlich der Hauptachsen-Faktorenanalyse sollen die Faktoren auch bei der Image-Faktorisierung eine maximale Varianz haben (Revenstorf, 1976, 202). Nachdem die Korrelationsmatrix für die Analyse entsprechend aufbereitet wurde (sie wird u.a. zu einer Kovarianzmatrix), werden aus ihr die Faktoren extrahiert. Bei einer unendlich großen Variablenmenge nähert sich die Image-Faktorisierung an die Hauptkomponentenanalyse an (vgl. Harman, 1976^3, 221–223). In mehreren Vergleichen mit PCA und ML schnitt IMAGE insgesamt am schlechtesten ab (vgl. Velicer & Fava, 1998, 248; 1987, 206).

Übersicht und Vergleich (vgl. u.a. Harman, 1976³, 107–109):

Verfahren	Ansatz	Vorgehen
Hauptkomponenten Lit.: z.B. Pearson (1901), Hotelling (1936, 1933), Rao (1964), Harman (1976³). SPSS Befehl: PC, PA1.	Mathematischer Ansatz. Ziel: Datenreduktion bzw. Erklärung. Erfordert Schätzer der Kommunalitäten (setzt diese auf 1). Eigenschaft der bedingten Varianzmaximierung. Extrahierte Komponenten direkt ausdrückbar (Lineargleichung).	Maximale Varianzextraktion der Rohdatenmatrix. Integriert gemeinsame bzw. unique Varianz, und Fehlervarianz in den jew. Komponenten. Die Komponenten-Lösung als rein formelle Reduktion von Daten enthält weiterhin Fehlervarianz. Anzahl der Faktoren muss nicht vorgegeben werden.
Hauptachsen-Faktorenanalyse SPSS Befehl: PAF, PA2.	Mathematischer Ansatz. Ziel: Repräsentation manifester Variablen als eine lineare Funktion zugrundeliegender latenter Faktoren. Erfordert Schätzer der Kommunalitäten (Korrelationsansatz). Erfasste Faktoren indirekt ausdrückbar (Approximation).	Maximale Varianzextraktion der Offdiagonal-Korrelationen. Schätzt Kommunalitäten, um unique Varianz, sowie Fehlervarianz aus Faktoren zu eliminieren. Die Faktoren-Lösung ist als „fehlerfrei" interpretierbar. Lösung kann durch die anfangs geschätzten Kommunalitäten mit beeinflusst sein. Anzahl der Faktoren muss nicht vorgegeben werden.
Maximum-Likelihood Lit.: z.B. Lawley & Maxwell (1971); Jöreskog (1969); Jöreskog & Lawley (1968), Lawley (1940). SPSS Befehl: ML.	Statistischer Ansatz. Schluss auf Grundgesamtheit. Erfordert Schätzer der Faktorenzahl (Hypothese über Faktorzahl). Wahrscheinlichste Reproduktion der beobachteten Korrelationsmatrix. Ohne Rotation.	Iteratives Durchlaufen einer Schätzgleichung bis optimale Annäherung an beobachtete Korrelationsmatrix (Konvergenz). Enthält einen Chi²-Anpassungstest; geeignet für die konfirmatorische Faktorenanalyse (KFA). Laut SPSS (2008a, 673) nicht gültig bei METHOD=VARIANCE.
ULS Lit.: z.B. Jöreskog (1977). SPSS Befehl: ULS.	Statistischer Ansatz. Minimierung der quadrierten Differenzen zwischen der beobachteten und der reproduzierten Korrelationsmatrix. Nur Werte neben der Diagonalen werden berücksichtigt. Ohne Rotation.	Enthält einen Chi²-Anpassungstest; geeignet für die konfirmatorische Faktorenanalyse (KFA). Alternative zu Maximum Likelihood. Laut SPSS (2008a, 673) nicht gültig bei METHOD=COVARIANCE.

2.3 Varianten der Faktorenanalyse

GLS Lit.: z.B. Jöreskog & Goldberger (1972). SPSS Befehl: GLS.	Statistischer Ansatz. Wie ULS, zusätzlich mit Gewichtung der Korrelationen durch die Inverse ihrer Uniqueness. Ohne Rotation.	Enthält einen Chi²-Anpassungstest; geeignet für die konfirmatorische Faktorenanalyse (KFA). Laut SPSS (2008a, 673) nicht gültig bei METHOD=COVARIANCE.
Image-Faktorisierung Lit.: z.B. Kaiser (1963). SPSS Befehl: IMAGE.	Psychometrischer Ansatz (Harman, 1976³). Erfordert Schätzer der Kommunalitäten (Kovarianzansatz). Jede Variable wird durch Image-Koeffizienten vorhergesagt. Kommunalität basiert auf der quadrierten multiplen Korrelation zwischen dieser Variablen und allen anderen Variablen des Sets. Ladungen repräsentieren Kovarianzen, nicht Korrelationen.	Verwendet Varianzen basierend auf der multiplen Regression einer Variablen mit allen anderen Variablen um zu einem mathematisch determinierten Lösung zu gelangen, bei der unique, sowie Fehlervarianz eliminiert sind.
Alpha Lit.: z.B. Kaiser & Caffrey (1965). SPSS Befehl: ALPHA.	Psychometrischer Ansatz (Harman, 1976³). Erfordert Schätzer der Kommunalitäten (Reliabilitätsansatz). Basiert auf der Maximierung des Alpha nach Cronbach, den Reliabilitäten der Faktoren. Ohne Rotation (Gorsuch, 1983²).	Ein Alpha wird als eine Art „Validitätskoeffizient" des extrahierten Faktors in Bezug auf den gemeinsamen Faktor aus einem Universum an Variablen interpretiert. Laut SPSS (2008a, 673) nicht gültig bei METHOD=COVARIANCE.

Viele Veröffentlichungen betonen Unterschiede zwischen den Verfahren (vgl. u.a. Widaman, 2007 zu PAF und PCA; MacCallum et al., 2007 zu ML und ALPHA; MacCallum et al., 2001, 1999), manche Veröffentlichungen betonen die Ähnlichkeit der Verfahren (z.B. Bookstein, 1990, 79 zu PAF und PCA: „nearly identical approaches to the low-rank approximation of a correlation matrix"). Die bloße Wahl des Extraktions- oder auch Rotationsverfahrens beeinflusst das Ergebnis. Verschiedene Verfahren würden demnach an denselben Daten wegen ihren Unterschieden in expliziten (oft auch nur impliziten) Modellcharakteristika überwiegend auch zu verschiedenen Ergebnissen führen, wie seit langem (Harman, 1976³; Überla, 1977; Revenstorf, 1976) und immer wieder behauptet wird (z.B. Costello & Osborne, 2005). Tatsächlich ist die Forschungslage weit davon entfernt, eindeutig zu sein, sondern im Gegenteil höchst umstritten. Diverse (ältere) Vergleichs- bzw. Simulationsstudien kommen z.B. zum gegenteiligen Schluss, nämlich dass verschiedene Extraktionsverfahren im Prinzip zur selben Lösung gelangen bzw. die Unterschiede nur noch marginal seien (z.B. Velicer & Jackson, 1990, 21–24; Gorsuch, 1990 bzw. Snook & Gorsuch, 1989 zu PAF und

PCA; Stewart, 1981, 56). Widaman (2007, 182) schreibt dazu jedoch unmissverständlich „[...] researchers may be led seriously astray if they attend too closely to Goldberg and Velicer on the issue of CFA versus PCA".

Um die Angelegenheit neben den expliziten oder auch impliziten Modellcharakteristika vollends unübersichtlich zu machen, scheinen in einigen Fällen oft auch von der Datenseite her mögliche Ursachen verantwortlich für unterschiedliche Ergebnisse zu sein. Bereits 1987 wiesen z.b. Velicer & Fava (1987) auf das Verhältnis der Anzahl der Variablen pro Faktor als mögliche (zusätzliche) Ursache für unterschiedliche Güten von Faktorlösungen hin. Mittlerweile scheint sich die Befundlage daraufhin zu entwickeln, dass beispielsweise das Variablen/Faktoren-Verhältnis die Güte der Faktorlösungen sogar eher zu beeinflussen scheint als die absolute Fallzahl (vgl. MacCallum, Widaman, Zhang & Hong, 1999; MacCallum, Widaman, Preacher & Hong, 2001). Widaman (1993) weist z.b. darauf hin, dass eine mögliche Überschätzung der Kommunalitäten in der Hauptkomponentenanalyse zu diesem Befund zusätzlich beitrage (vgl. auch MacCallum et al., 2001). Im Falle z.B. weniger Variablen (N=30-40) schneide z.b. die Hauptkomponentenanalyse gegenüber den anderen Verfahren anscheinend etwas ungünstiger ab; ab 40 Variablen oder mehr seien diese Unterschiede nur noch marginal (z.B. Snook & Gorsuch, 1989). Darüber hinaus macht es einen entscheidenden Unterschied, ob die zitierten Studien auf realen Daten mit Modellfehler (z.B. Briggs & MacCallum, 2003; MacCallum et al., 2001) oder simulierten (unrealistischen) Daten ohne Modellfehler (z.B. Velicer & Fava, 1998) basieren.

Mit dem Hinweis, dass faktoranalytische Modelle immer noch („nur") Annäherungen an die Komplexität der empirischen Wirklichkeit sind, und dass diverse Aspekte wie z.B. Fehler-Konzepte, Stichprobengröße / Power, Parameterschätzung, Modellfehler oder Modellanpassung (v.a. *underextraction*) derzeit Gegenstand intensiver Diskussion und Forschung sind (vgl. Cudeck & MacCallum, 2007), sollen die Ausführungen zu den Extraktionsmethoden abgeschlossen werden.

2.3.2 Rotationsmethoden und ihre Funktion

Mittels „explorativer" Faktorenanalysen (PAF, ggf. auch PCA oder IMAGE) ermittelte Faktoren sind, sobald sie extrahiert sind, indeterminiert, also zwar numerisch, aber nicht inhaltlich bestimmt. Eine Rotation ist ein (mathematischer) Versuch, die Komplexität der faktoriellen Beschreibung von Variablen und damit ihre Interpretation zu vereinfachen (Jennrich, 2007; Browne, 2001; Cattell, 1978; Harman, 1976³, 283). Bei den „konfirmatorischen" Verfahren wie z.B. ML, ULS oder GLS sind Rotationen nicht erforderlich; bei ALPHA rät Gorsuch (1983²) davon ab. Anstelle der Probleme mit Faktorrotation und -interpretation treten dort jedoch Probleme des statistischen Modelltests: „In a way, confirmatory factor analysis shifts the focus from the problems of factor extraction and rotation to the problem of testing a specified model" (Jöreskog, 2007, 60). Eine Rotation hat dabei mind. vier Funktionen:

- Vereinfachung der Komplexität der faktoriellen Beschreibung von Variablen.
- Erzeugen zuverlässiger und replizierbarer Ergebnisse.

2.3 Varianten der Faktorenanalyse

- Mathematisch gesehen die Ausgangsstruktur idealerweise nicht zu verändern.
- Herausarbeiten potentiell kausal verursachender Faktoren („causal determiner", Cattell, 1978).

„Rotation" meint damit nichts anderes, als die anfängliche (nonrotierte) Faktormatrix einer nonsingulären linearen Transformation zu unterziehen. Um eine optimale Transformation festzulegen, muss vorher eine sogenannte Einfachstruktur (syn.: „simple structure", „simplicity structure") als *Ergebnis* bzw. Rotationsverfahren (syn.: rotation function, simplicity function) als *Transformationsvorschrift* festgelegt werden. Die im folgenden vorgestellten Verfahren gelten als *objektive* Verfahren der Rotation (wobei jedoch bereits bei der Wahl der Methoden, wie auch dem Festlegen von Parametern (z.B. Kappa oder Delta bei den obliquen Varianten) eine gewisse Subjektivität, um nicht zu sagen „Raten", in das Ergebnis mündet (vgl. Pett et al., 2003, 156). Mit der Wahl des angemessenen Rotationsverfahrens steht und fällt das Erzeugen zuverlässiger und replizierbarer Ergebnisse, was Browne (2001, 148) u.a. zur Empfehlung veranlasst, rotierte Faktorenlösungen um eine konfirmatorische Faktorenanalyse zu ergänzen.

Das Ziel all dieser Rotationsverfahren ist, eine sogenannte Einfachstruktur zu erzielen, d.h. Faktoren mit wenigen hohen und ansonsten niedrigen Ladungen zu ermitteln. Etwas ausdifferenziert sind die grundlegendsten Kriterien für eine Einfachstruktur (vgl. auch Thurstone, 1947; Mulaik, 1972): (1) Jede Zeile weist nur ein Element ungleich Null auf. (2) Jede Spalte weist einige Nullen auf. (3) Bei jedem Paar an Spalten überschneiden sich die Nonnull-Elemente nicht (Kim & Mueller, 1978, 31–32).

Exkurs:
Die Einfachstruktur im *numerischen* Relativ sollte keinesfalls gleichgesetzt werden mit der Einfachstruktur im *empirischen* Relativ. Es lassen sich zahlreiche Gründe dagegen einwenden, warum denn empirische Realität überhaupt derart einfach sein sollte, um sie auf wenige, rein *algebraisch* formulierte Kriterien reduzieren zu können. In jeglichem Kontext der Wissenskonstruktion (v.a. im Kontext der Psychometrie), wäre ab und an ein kritisches Hinterfragen angebracht, ob es sinnvoll und angebracht ist, komplexe, mehrdimensionale Phänomene nur wegen einer „bequemeren" Wahrnehmung anhand rein algebraisch bestimmter Kriterien zu rotieren und reduzieren (vgl. Gould, 1983).

Exkursende

Die Faktoren werden zunächst so extrahiert, dass sie unabhängig sind, d.h. sie korrelieren nicht miteinander. Die anschließende sog. „Rotation" dient v.a. dazu, möglichst gut interpretierbare Faktoren extrahieren zu können und Subjektivität bei der Interpretation der Faktoren auszuschließen. Eine Rotation beeinflusst nicht die statistische Erklärungskraft der jeweiligen Faktoren bzw. „verbessert" auch nicht die Varianzaufklärung usw. Der Anteil der aufgeklärten Gesamtvarianz (sog. ‚Eigenwert') bleibt erhalten; es ändert sich nur die Verteilung auf die einzelnen Faktoren entsprechend der gewählten Rotationsmethode. Jede Rotationsmethode strebt eine bestimmte ‚Einfachstruktur' an; dadurch kann mit vorgegeben werden, welche Merkmale die Faktoren nach einer Rotation idealerweise aufweisen sollten (s.o.). Die Wahl der jeweiligen Rotation hängt u.a. davon ab, ob man davon ausgehen kann, ob die Faktoren miteinander korrelieren oder voneinander unabhängig sind. Üblicherweise wird die

Rotation bzw. die inhärente Einfachstruktur gewählt, die am leichtesten interpretierbar ist bzw. in Übereinstimmung mit den maßgeblichen Theorien ist.

Bei der Wahl zwischen den Rotationsverfahren ist zu beachten, dass die implementierte Einfachstruktur (Bias) eigentlich nur für ideale Daten gilt, genauer: dass der Anwender zuvor auch die *korrekte* Anzahl an Faktoren extrahiert hat. In jedem anderen Fall liegen die Risiken der (schwerer wiegenden) Extraktion zu weniger Faktoren und demgegenüber die Extraktion zu vieler Faktoren vor (Wood et al., 1996). Gerade im Falle zuwenig extrahierter Faktoren kann eine Rotation eine Lösung deutlich verschlechtern. Das Problem bei der Entscheidung zwischen Rotationsverfahren ist demnach, dass auch hier die Forschung erst an ihrem Anfang steht und derzeit noch keine abgesicherten Empfehlungen aussprechen kann: „[T]here is no gold standard and hence no way to make comparisons" (Jennrich, 2007, 332; Brown, 2001). Anwender sollten bei der Wahl zwischen Rotationsansätzen den inhärenten Bias bei der Auswahl des Verfahrens, wie auch bei der Interpretation der Ergebnisse berücksichtigen, *unter der explizit zu prüfenden Voraussetzung, dass zuvor die korrekte Anzahl an Faktoren extrahiert wurde.*

Rotationsverfahren „drehen" Ladungen um ein Achsenkreuz, aber (leider) *nicht* so, dass die ursprüngliche räumliche (und damit auch inhaltliche) Ladungskonfiguration absolut unverändert bleibt (vgl. Brown, 2001, *passim*). Dieses Phänomen wird im Abschnitt 2.5.3 demonstriert, worin nach einer Hauptachsen-Faktorenanalyse verschiedene Rotationsmethoden (orthogonal, oblique) auf dieselben Daten angewandt werden. Die Rotationsverfahren gelangen zu marginal unterschiedlichen Lösungen, in denen sich jedoch der jeweilige Bias der Einfachstruktur des jeweiligen Rotationsverfahrens niederschlägt. Unter bestimmten Umständen (z.B. *underextraction*) kann eine Rotation (z.B. Varimax mit PCA) eine Faktorlösung sogar *verschlechtern*! Bei Wood et al. (1996, 361) waren z.B. nichtrotierte Faktoren näher an der korrekten Lösung als Varimax-rotierte Faktoren. Wenn im *underextraction*-Fall diejenigen Variablen, die eigentlich zu den nichtextrahierten Faktoren gehören, auf den extrahierten Faktoren laden, kann eine Rotation diesen Fehler u.U. sogar verstärken. Der Verfasser nahm die Mühe auf sich, die Literatur auf Studien zu einem möglichen Bias der Rotationsansätze durchzusehen, um dem Leser zumindest eine gewisse Entscheidungsgrundlage zu ermöglichen. Soweit Bias bekannt sind, sind diese bei der Vorstellung der Rotationsverfahren in SPSS auf den nächsten Seiten aufgeführt. Der Verfasser wäre dankbar für Hinweise auf mögliche Bias bei Promax und anderen Verfahren.

SPSS bietet Methoden der orthogonalen (rechtwinkligen) und der obliquen (schiefen) Rotation an. Der wichtigste Unterschied zwischen einer orthogonalen (rechtwinkligen) und einer obliquen (schiefen) Rotation ist daher der, dass nach einer obliquen (schiefen) Rotation die Faktoren miteinander korrelieren (können), während sie nach einer orthogonalen (rechtwinkligen) Rotation weiterhin nicht miteinander korrelieren. Bei den orthogonalen Verfahren stimmt die Faktorstruktur vor und nach der Rotation überein. Bei den obliquen Verfahren stimmen Faktorstruktur vor und Faktormuster nach der Rotation nicht überein (präzise Terminologie: vorher: „Strukturmatrix", nachher: „Mustermatrix").

Bei miteinander korrelierenden Faktoren wären eigentlich *oblique* Rotationsverfahren vorzuziehen. Man kann davon ausgehen, dass diese Lösung *kein* Artefakt des Rotationsverfahrens ist, wenn *oblique* Verfahren in ihrer Standardeinstellung zu einer orthogonalen Lösung

2.3 Varianten der Faktorenanalyse

kommen (Kim & Mueller, 1978, 37). Wenn die „wahren" Faktoren wirklich nicht miteinander korrelieren, kommen beide Verfahrensansätze zum selben Ergebnis. Dass in SPSS die orthogonale Rotation voreingestellt ist, bedeutet nicht, dass diese Rotationsvariante generell vorgezogen werden sollte, im Gegenteil: *Oblique* Rotationsverfahren können demnach sowohl bei korrelierten, wie auch nonkorrelierten Faktoren eingesetzt werden, *orthogonale* Rotationsverfahren dagegen nur bei korrelierten Faktoren. Oblique Faktoren gelten als im Allgemeinen den orthogonalen Verfahren darin überlegen, Faktorlösungen mit einer einfacher zu interpretierenden Struktur zu ermitteln. Wie bei vielen Verallgemeinerungen sollte man auch hier zurückhaltend sein; gerade bei obliquen Verfahren spielen die Subjektivität des Anwenders bei der Festlegung des Kappas bzw. Deltas, sowie auch die Anzahl der Faktoren und Variablen eine maßgebliche Rolle. Thurstone (1947) ist übrigens z.B. der Ansicht, dass korrelierende Faktoren eher der empirischen Realität entsprechen, in der alles mit jedem auf irgendeine Weise zusammenhängt. *Sehr hoch* korrelierende Faktoren zu rotieren ist jedoch sinnfrei, weil sie *bereits vor der Rotation* nicht mehr als separate Faktoren auseinandergehalten werden können.

Zusammenfassung:
Eine Rotation dient vorwiegend dazu, subjektive Einflüsse bei der Interpretation von Faktoren auszuschließen. Eine Rotation hat selbst keinen Einfluss auf die statistische Erklärungskraft der jeweiligen Faktoren; sie beeinflusst nur die Verteilung der Gesamtvarianz auf die extrahierten Faktoren. Jede Rotationstechnik zielt dabei auf besondere Einfachstrukturen. Es gibt nur ein „angemessen", kein „besser" oder „schlechter". Nach der anfänglichen Faktorextraktion sind die Faktoren unkorreliert. Werden die Faktoren *orthogonal* rotiert, bleiben die rotierten unkorrelierten Faktoren weiterhin unkorreliert. Werden die Faktoren jedoch *oblique* rotiert, bleiben die rotierten (un)korrelierten Faktoren weiterhin (un)korreliert.
Eine **orthogonale Rotation** sollte also nur dann vorgenommen werden, wenn bekannt ist, dass die Faktoren nicht miteinander korrelieren.
Eine **oblique Rotation** sollte im Allgemeinen dann durchgeführt werden, wenn vorher empirisch bekannt ist bzw. von der Theorie her angenommen wird, dass die Faktoren miteinander korrelieren (sollen). Es wird jedoch empfohlen, oblique auch dann zu rotieren, wenn geprüft werden soll, ob Faktoren tatsächlich miteinander korrelieren. Dass die oblique Rotation insofern seltener sei, weil zwar auf der einen Seite die Variablen-Faktoren-Verknüpfung klarer, andererseits die Unterscheidung zwischen den ermittelten Faktoren schwerer sei, ist insofern nur ein Mythos. Die Standardeinstellung von SPSS ist, dass die Faktoren nicht rotiert werden. Eine Rotation vermag vielleicht als *Verfahren* subjektive Einflüsse bei der Interpretation von Faktoren ausschließen. Der Anwender führt jedoch bei der *Festlegung* des Verfahrens (Datenmenge, Verfahren, Bias, Parameter) wieder eine Subjektivität in die Rotation ein.

Orthogonale Rotation:
Die Rotationsverfahren Quartimax, Varimax und Equamax gehören alle zur Orthomax-Familie.

Varimax (Kaiser, 1958) strebt z.B. nach einer Vereinfachung der *Faktoren*.

Einfachstruktur: Die Anzahl von Variablen mit hoher Ladung auf einem Faktor wird minimiert, d.h. pro Faktor sollen einige Variablen hoch, alle übrigen aber möglichst gering laden. Durch die Reduktion auf wenige Variablen mit hohen Faktorladungen auf einem Faktor erhöht Varimax die Interpretierbarkeit des jeweiligen *Faktors*.

Einfachfunktion: Das Verfahren wurde so bezeichnet, weil es die Einfachheit eines Faktors als die (maximale) Varianz seiner quadrierten Ladungen definiert. Ist die Varianz maximal, sind die Faktoren am besten interpretierbar (Harman, 1976[3], 290).

Bias: Varimax strebt tendenziell eine faktoriell invariante Lösung an, in anderen Worten, trotz Rotation und damit anderer Lage im Achsenkreuz bleiben die Faktoren selbst unverändert (Harman, 1976[3], 299). Varimax ist effektiv, wenn eine perfekte orthogonale Lösung vorliegt, liefert jedoch schlechte Lösungen bei komplexen Faktormustern (Browne, 2001, 126).

Quartimax (Neuhaus & Wrigley, 1954) strebt dagegen eine andere Einfachstruktur an, nämlich die Vereinfachung der *Variablen*.

Einfachstruktur: Die Anzahl von Faktoren zur Interpretation einer Variablen wird minimiert, indem die Varianz einer Variablen auf ein Minimum von Faktoren entfällt. Durch die Reduktion auf wenige Faktoren erhöht Quartimax die Interpretierbarkeit der jeweiligen *Variablen*.

Einfachfunktion: Das Verfahren wurde so bezeichnet, weil es auf der maximierten Summe der vierten Potenzen der Faktorladungen aufbaut (Harman, 1976[3], 283).

Bias: Quartimax strebt tendenziell eine 1 Faktor-Lösung (Generalfaktor) an (Browne, 2001, 112; Harman, 1976[3], 290). In anderen Worten, Quartimax strebt die Erklärung der Gesamtvarianz durch einen Faktor an. Quartimax wird deshalb eher selten benutzt.

Equamax (Kaiser, 1974) ist eine Kombination aus Varimax und Quartimax. Die Anzahl der Variablen mit hohen Ladungen auf einen Faktor sowie die Anzahl der Faktoren, die benötigt werden, um eine Variable zu erklären, werden minimiert (in Kap. 4 als Equimax bezeichnet).

Oblique Rotation:

Direktes Oblimin (Jennrich, 1979; Jennrich & Sampson, 1966) ist ein Verfahren zur schiefwinkligen (nichtorthogonalen) Rotation.
Das Verfahren sei überlegen wegen seiner Einfachheit und weil seine Flexibilität eine große Vielfalt möglicher obliquer Lösungen gestattet (Harman, 1976[3], 326–327). Beim voreingestellten Wert 0 entspricht das Verfahren der Quartimin-Rotation (Harman, 1976[3], 311–312; Carroll, 1953). Direktes Oblimin galt lange Zeit als ausgesprochen rechenintensiv. Der Name leitet sich her aus: *obli*que Faktoren mit *Mi*nimierungskriterium *direkt* ermittelt.

Einfachstruktur: Direktes Oblimin vereinfacht Faktoren, indem es die Korrelation (Schiefwinkligkeit) zwischen den Faktoren über den Parameter Delta anpasst.

2.3 Varianten der Faktorenanalyse

Einfachfunktion: Direktes Oblimin vereinfacht Faktoren, indem es die Korrelation (Schiefwinkligkeit) zwischen den Faktoren über den Parameter Delta anpasst. Hohe negative (positive) Delta-Werte verringern (erhöhen) z.B. die Korrelation zwischen den Faktoren. Harman (1976³, 322) empfiehlt, Delta auf 0 oder negative Werte zu beschränken, weil sonst ausgesprochen hoch korrelierende Faktoren die Folge sind. Hoch korrelierende Faktoren seien wiederum sinnfrei, weil sie nicht mehr auseinandergehalten werden können.

Bias: Harman (1976³, 323) deutet an, dass das Verfahren den Bias haben könnte, sich bei hohen negativen Delta-Werten wieder an die Originallösung anzunähern. Die „hohen" Werte bewegten sich zwischen -25 und -95, bei unterschiedlichen Ausgangsdaten. Es kann nicht genau gesagt werden, ob bestimmte Delta-Werte zu bestimmten Lösungen führen. Verbindliche Regeln für Delta anzugeben ist nicht möglich, da der Effekt von Delta u.a. auch von der Anzahl der Faktoren und Variablen vermittelt wird.

Promax (Cureton, 1976; Hendrickson & White, 1964) (Parameter: Kappa) galt lange Zeit als Rotationsverfahren der Wahl für große Datenmengen (schneller als die eine direkte Oblimin-Rotation). Promax rotiert orthogonale Faktoren auf oblique Positionen.

Einfachstruktur: Das Ziel von Promax ist ebenfalls eine Einfachstruktur mit (aus der Sicht der Variablen) möglichst hohen Ladungen auf möglichst wenigen Faktoren (idealerweise nur einem) bzw. (aus der Sicht der Faktoren) mit möglichst niedrigen Faktorladungen und somit möglichst niedrigen Korrelationen zwischen den Faktoren.

Einfachfunktion: Die Einfachfunktion von Promax ist definiert als die Summe der quadrierten Differenzen zwischen dem rotierten Faktormuster und der Zielmatrix. Promax beginnt mit einer Vor-Rotation auf der Basis von Varimax, die Faktorladungen werden anschließend um die angegebene Potenz erhöht, anschließend wird rotiert, um Korrelationen zwischen den Faktoren zuzulassen. Das Erhöhen der Ladungen um Potenzen führt dazu, dass die kleineren Werte um 0 zu liegen kommen; die die höheren Ladungen bleiben jedoch im Wesentlichen unverändert (Pett et al., 2003). Je höher die Potenz Kappa (Potenz, voreingestellt ist Kappa=4), desto einfacher die Struktur der Ladungen, jedoch desto höher die Korrelation der Faktoren.

Bias: Nicht bekannt.

Der Leser wird sich unter Umständen fragen: Was ist zu tun, wenn zwei Rotationsansätze zu unterschiedlichen Ergebnissen kommen? Nun, dies ist *nicht* so zu verstehen, dass ein und dieselben Daten aus unterschiedlichen Perspektiven betrachtet werden, und unterschiedliche Ergebnisse völlig legitim seien, im Gegenteil: Faktoren sind *Populations*parameter, ihre Ermittlung darf *nicht* abhängig sein von Extraktion, Rotationskriterium und/oder Stichprobe (vgl. Abschnitt 2.4.2 zur fundamentalen Interpretation von Faktoren und der *sine non qua*-Bedingung der faktoriellen Invarianz).

Um zuverlässige und replizierbare Ergebnisse zu gewährleisten, empfiehlt Browne (2001, 148) z.B. folgende Maßnahmen gegen Methodenabhängigkeit oder Zufälligkeit erzielter Faktoren:

- Einschalten des gesunden Menschenverstands: „All this involves human thought and judgment, which seems unavoidable if exploration is to be carried out" (Brown, *ibid.*).

- Anwenden und Vergleichen mehrerer, in SPSS implementierter Rotationsverfahren.
- Anwenden alternativer Rotationsverfahren, z.B. Crawford-Ferguson Verfahren, oder Infomax bzw. Minimum Entropy (orthogonal), oder Geomin (oblique).
- Ergänzen von rotierten Faktorenlösungen um konfirmatorische Faktorenanalysen.
- Verwenden mehrerer Stichproben.

Wood et al. (1996, 360) sprechen drei Empfehlungen aus, um zu interpretierbaren Faktoren *vor* einer Rotation zu gelangen (Kriterien für echte, fragwürdige oder sogar um falsche bzw. fehlerhafte Faktoren *nach* einer Rotation werden im nächsten Abschnitt vorgestellt):

- Verwenden effektiver Methoden zur Schätzung der Anzahl der Faktoren (z.B. MAP).
- Vermeidung von „underextraction" unter Inkaufnahme des Risikos der „overextraction" (vgl. dazu 2.4.1), außer falls ein Generalfaktor der Gegenstand der Analyse sein sollte; s.u.). Das Problem dabei ist: Wenn z.B. nur zwei anstelle von vier Faktoren extrahiert wurden, werden Variablen, die eigentlich zu den nichtextrahierten Faktoren gehören, auch auf den extrahierten Faktoren laden. Eine anschließende Rotation kann diesen Fehler nicht eliminieren, sondern u.U. sogar verstärken.
- Falls ein Generalfaktor der Gegenstand der Analyse sein sollte: Einbinden zufallsgenerierter, uniquer Variablen als „Versicherung" gegen das sog. Faktorsplitting, oder alternativ sog. „falscher" Variablen, die mit allen anderen Variablen zu 0,00 korrelieren. Falls ein Generalfaktor der Gegenstand der Analyse sein sollte, kann dieser Ansatz um eine einfache, schrittweise Rotationsstrategie ergänzt werden: Zunächst werden die Faktoren 1 und 2 so rotiert, dass die beiden höchsten Ladungen auf Faktor 1 maximiert sind. Anschließend werden die Faktoren 2 und 3 so rotiert, dass die beiden höchsten Ladungen auf Faktor 2 maximiert sind usw. bis die beiden letzten Faktoren rotiert wurden. Laut Wood et al. (1996, 362) habe dieser Ansatz bei Generalfaktoren nicht nur den Vorteil, zu exzellenten Lösungen zu gelangen, sondern auch transparent zu sein, d.h. der Anwender kann genau sehen, was die Rotation bei dem Schritt macht und ob die Rotation wirklich plausibel ist.

Wood et al. (1996, 361) empfehlen folgende vier Kriterien, um Faktoren *nach* einer Rotation daraufhin zu prüfen, ob es sich eher um echte, fragwürdige oder sogar um falsche bzw. fehlerhafte Lösungen handelt:

- Höhe der Faktorladungen (*size of factor loadings*): Faktoren mit hohen Ladungen gelten demnach eher als echt als Faktoren mit niedrigen Ladungen.
- Korrelation der Variablen mit dem jeweiligen Faktor (*raw correlation*): Ein Faktor, mit dem die ladenden Variablen in den Originaldaten korrelieren, gilt demnach eher als ein echter Faktor.
- Bedeutsamkeit des Faktors (*meaningfulness*): Messen die auf einem Faktor gemeinsam ladenden Faktor in etwa dasselbe, z.B. Luftfeuchtigkeit (vgl. Kapitel 2.5.5), dann gilt ein Faktor eher als echt, als wenn die Variablen völlig unterschiedliches messen.
- Replizierbarkeit (*replicability*): Je eher sich ein Faktor in anderen Faktorenanalysen replizieren lässt, umso eher handelt es sich um einen echten Faktor.

Ist keines dieser Kriterien gegeben, gilt ein Faktor als vermutlich falsch und sollte eliminiert werden. Umgekehrt gilt: Sind zwei oder drei Faktoren gegeben, gilt ein Faktor als wahrscheinlich als echt und sollte beibehalten werden. Ist nur ein Kriterium gegeben, gilt ein Faktor als fragwürdig, und sollte weiteren Analysen unterzogen werden.

Vgl. Abschnitt 2.4.2 zu weiteren Hinweisen auf Maßnahmen zur Absicherung gegen faktoranalytische Artefakte.

2.4 Kriterien zur Bestimmung der Faktoren: Anzahl und Interpretation

Bevor die Faktoren interpretiert werden, wird üblicherweise die Angemessenheit des Modells als Ganzes überprüft, mit dessen Hilfe diese Faktoren ermittelt wurden. Es gibt drei grundlegende Maße für die Angemessenheit eines Modells (vgl. auch Dziuban & Shirkey, 1974; Bejar, 1978):

- Ausmaß der aufgeklärten Varianz: Ziel: 100%. Das allererste Ziel ist, den ursprünglichen Informationsgehalt der Variablen rein quantitativ in die extrahierten Faktoren zu überführen. Modelle, die nicht in der Lage sind, die Varianz annähernd aufzuklären (ohne in einem weiteren Schritt zu prüfen, *wie* sich die Varianzen sich verteilen), sind keine angemessenen Modelle.
- Minimale Abweichung der reproduzierten Korrelationsmatrix: Ziel: 0% der Residuen sind größer als 0,05. Der Unterschied zwischen den beobachteten und den geschätzten Korrelationskoeffizienten sollte minimal sein. Abweichungen zwischen den beiden Korrelationsmatrizen werden durch Art und Ausmaß der suboptimalen Varianzaufklärung (s.o.) verursacht. Ein „Residuum" beschreibt die konkrete Abweichung eines geschätzten, von einem beobachteten Korrelationskoeffizienten. Je mehr Residuen um Null liegen, desto besser ist die Faktorenlösung und umso besser erklären die Faktoren die Variablen.
- Bei der Vorgehensweise als KFA: Der Goodness-of-fit Test (Chi²-Test) in Bezug auf die Anzahl der Variablen, z.B. bei der Maximum Likelihood-Faktorenanalyse.

Bartholomew et al. (2008, 187) erwähnen noch die Nützlichkeit der Standardfehler von Faktorladungen als Maß zur Beurteilung der Angemessenheit eines Modells.

2.4.1 Bestimmung der Anzahl der Faktoren

Eine Faktorenanalyse hat zum Ziel, möglichst die *richtige* Anzahl an Faktoren zu ermitteln. Dieses Ziel wird dabei aus inhaltlichen Gründen (Theorien, Hypothesen) gespeist, aber auch aus der Erkenntnis, dass Rotationsverfahren v.a. bei zuwenig extrahierten Faktoren u.U. eine Lösung sogar verschlechtern könnten. Die Annahme, dass die korrekte Anzahl an Faktoren extrahiert wurde, ist daher explizit zu prüfen. Oft stehen Anwender jedoch vor der Frage, wieviele Faktoren sollen extrahiert werden, wenn die korrekte („wahre") Anzahl an Faktoren noch nicht bekannt ist. Dieses Dilemma manifestiert sich in den Risiken „*underextraction*" (Extraktion zu weniger Faktoren) und demgegenüber „*overextraction*" (Extraktion zu vieler Faktoren) (vgl. Wood et al., 1996, 354).

Dieser Abschnitt stellt mehrere Kriterien zur Bestimmung der Anzahl der ermittelten Faktoren vor: die Eigenwerte der Faktoren, der Knick im Scree-Plot, das Minimum-Prozent-Kriterium, sowie ein Hypothesentest einer *a priori* theoretisch bzw. empirisch begründeten Anzahl der Faktoren. Weitere Ansätze und Möglichkeiten (nicht weiter vorgestellt) sind z.B. *ex post* die Faktoren, die eine verständliche Dimension aufweisen, MAP-Kriterium, Jolliffe-Cutoffs, oder auch sog. Parallel-Analysen (Horn, 1965). Auf empirische Vergleiche und theoretische Überlegungen in der Literatur, ob und welche Kriterien die Anzahl der bedeutsamen Faktoren über- bzw. unterschätzen, wird nicht weiter eingegangen. Bei Zwick & Velicer (1986, 1984) bzw. Velicer & Fava (1987) schnitten z.B. das MAP-Kriterium und die Parallel-Analysen (bei der PCA) am besten ab. Das MAP-Kriterium basiert z.B. auf dem minimum average partial (MAP), also der kleinsten durchschnittlichen Partialkorrelation. Bei Parallel-Analysen werden z.B. die ermittelten Eigenwerte mit denjenigen aus Zufallsdaten abgeglichen. MAP-Kriterium und Parallel-Analysen sind bedauerlicherweise nicht in SPSS implementiert (vgl. jedoch die SPSS Lösungen in O'Connor, 2000). Die in SPSS implementierten Methoden zur Bestimmung der Anzahl der Faktoren sind eindeutig überaltert (vgl. Wood et al., 1996; Zoski & Jurs, 1996; Glorfeld, 1995; Coovert, & McNelis, 1988), was in gleichem Maße leider auch für die Verfahren der Extraktion und Rotation zutrifft.

Diese Kriterien zielen auf jeweils spezielle Aspekte der Faktorextraktion ab. Widersprüchliche Empfehlungen seitens der verschiedenen Kriterien sind nie ganz auszuschließen (siehe auch unten in der Beispielberechnung). Ein Forscher sollte jedoch letztlich selbst in der Lage sein, (theoriegeleitet) beurteilen zu können, was die untersuchten Variablen *eigentlich* messen sollten (vgl. Jöreskog, 2007, 49).

Kaiser's Eigenwert-Kriterium
Bei n standardisierten Variablen kann der Eigenwert eines Faktors maximal n * 1 erreichen, da jede der n Variablen bereits eine Varianz (Eigenwert) von 1 besitzt. Bei sechs standardisierten Variablen kann z.B. der Eigenwert eines Faktors den Wert 6 nicht übersteigen. Gemäß Kaiser's Eigenwert-Kriterium (als Element von Kaiser's „Little Jiffy") sollte man nur die Faktoren mit einem Eigenwert ≥ 1 behalten (sog. „Kaiser-Kriterium"), also größer oder gleich dem durchschnittlichen Eigenwert. Bei einem Eigenwert kleiner oder gleich 1 würden sie nicht mehr als den durchschnittlichen Eigenwert der Variablen erklären (z.B. Kaiser, 1970). Die Literatur deutet allerdings an, dass das Kaiser-Kriterium unangemessen ist (z.B. Zwick & Velicer, 1986, 1984; Hakstian et al., 1982). Das Kaiser-Kriterium neigte z.B. zu *overextraction* (z.B. Velicer & Fava, 1998, 248).

Negative Eigenwerte bzw. finale Schätzer der Kommunalität größer als 1 sind datenbedingt. Mögliche Ursachen können u.a. sein: Zu wenig Daten, die Daten passen nicht perfekt zum Modell gemeinsamer Faktoren oder es liegen zu wenige oder zu viele gemeinsame Faktoren vor (siehe die Spezialliteratur zu sog. Heywood- bzw. ultra-Heywood-Fällen und andere Anomalien). Kaiser's Eigenwert-Kriterium war ursprünglich nur für die Eigenwerte der vollständigen, jedoch nicht der reduzierten Korrelationsmatrix gedacht. Das Kaiser-Kriterium ist nicht zu verwechseln mit der Kaiser-Normalisierung. Die Kaiser-Normalisierung (Kaiser, 1958) sollte ursprünglich gewährleisten, dass alle Variablen denselben Einfluss auf die rotierte Lösung ausüben. Die aktuelle Literatur deutet allerdings an, dass die Kaiser-Normalisierung bei kleinen Stichproben unter Umständen unerwünschte Ergebnisse erzielt (vgl. MacCallum et al., 1999); als Alternative wird die Standardisierung nach Cureton-Mulaik empfohlen (z.B. Browne, 2001, 125, 130).

Scree-Test
Der Scree-Test ist eine Visualisierung der anfänglich nacheinander ermittelten Eigenwerte und der Anzahl der extrahierten Faktoren (sog. „Scree-Plot"). Die Eigenwerte und die Faktorennummer beginnen dabei (von *links* nach rechts gesehen) mit einer abfallenden Kurve, die dann meist nach einem auffälligen Knick (Cattell's Ellbogen-Kriterium; z.B. Cattell, 1966) in eine mehr oder weniger horizontale, zur x-Achse parallele Linie übergeht, wobei jeder weitere Faktor immer weniger Varianz erklärt. Die Scree-Regel besagt, so viele Faktoren zu extrahieren, bis die Linie (idealerweise an einem deutlichen Knick) in die Horizontale übergeht. Der letzte (von links nach rechts) *vor* dem Knick liegende (Eigen)Wert gibt dabei die Anzahl der zu behaltenden Faktoren an. Der Scree-Test ist ein rein grafischer, kein inferenzstatistischer Test und je nach Kurvenverlauf nicht immer eindeutig zu interpretieren.
Falls der Scree-Plot keinen deutlichen Knick oder sogar mehrere aufweist, können zusätzlich die abgetragenen Eigenwerte (also das Kaiser-Kriterium) zur Beurteilung herangezogen werden; es werden alle Faktoren behalten, deren Eigenwerte in der Grafik über 1.0 liegen.
Der Scree-Plot basiert bei der Hauptachsen-Faktorenanalyse auf den Eigenwerten der Korrelationsmatrizen. Je nach Methode kann es sich auch um Werte anderer Korrelationsmatrizen handeln (z.B. bei der Hauptkomponentenmethode um eine sog. nichtreduzierte (vollständige) Korrelationsmatrix).

Minimum-Prozent-Kriterium
Das Minimum-Prozent-Kriterium legt ergänzend zur Zielgröße von 100% als *Maximum* der vollständigen Varianzaufklärung *vor* einer Analyse fest, wieviel Prozent der Gesamtvarianz alle extrahierten Faktoren zusammen als *Minimum* erklären sollen. Bpsw. wird das Minimum-Prozent-Kriterium auf 75% festgelegt, und schließlich so viele Faktoren beibehalten, bis diese mind. 75% der Gesamtvarianz erklären. Das Minimum-Prozent-Kriterium ist nach Ansicht des Verfassers, Kaiser und Scree vorzuziehen. Erst wenn die Varianz hinreichend erklärt wurde, macht eine Beurteilung der Anzahl von Faktoren Sinn.

Hypothesentest
Der Hypothesentest kommt dann in Frage, wenn vor der Faktorextraktion eine hinreichend begründete Hypothese zur Anzahl der Faktoren vorliegt (also z.B. *nicht* im Rahmen einer explorativen Faktorenanalyse, EFA). Die Maximum Likelihood-Faktorenanalyse erlaubt z.B. einen Test der Nullhypothese durchzuführen, ob die gewählte Faktorzahl zur Anpassung des Modells an die Daten angemessen ist. Fällt der Chi²-Test für die Güte der Anpassung nicht signifikant aus, dann ist die gewählte Faktorzahl als Lösung für die vorliegenden Daten angemessen. Fällt der Test dagegen signifikant aus, werden mehr Faktoren zur Erklärung der

Varianz benötigt. Es ist auszuschließen, daß eine Signifikanz durch das N der Stichprobe verursacht wurde. Das ML-Verfahren ist (neben GLS und ULS) in Bezug auf die Faktorzahl geeignet für eine konfirmatorische Faktorenanalyse (KFA). Der Signifikanztest, wie auch die Schätzer für Standardfehler und Konfidenzintervalle setzen die zumindest näherungsweise multivariate Normalverteilung voraus; nach Boomsma & Hoogland (2001) gilt zumindest die ML-Faktorenanalyse gegenüber Verletzungen der multivariaten Normalverteilung als ausgesprochen robust.

Die Literatur zur Faktorenanalyse stellt auch diverse Interpretations- und Benennungsregeln bereit (vgl. Abschnitt 2.4.2).

2.4.2 Interpretation und Benennung der Faktoren

Hat man nun zwei Faktoren oder mehr ermittelt, ist es Zeit innezuhalten und sich zu vergegenwärtigen, was denn das besondere eines (latenten) Faktors im Kontext der Faktorenanalyse ausmacht. Was ist also ein (latenter) Faktor? Das zentrale Merkmal eines (latenten) Faktors gemäß der Faktorentheorie ist, dass ein (latenter) Faktor keine Variable, kein Parameter der Stichprobe, sondern ein *Populationsparameter*, ein *invariantes Merkmal der Grundgesamtheit* ist: „[A] *factor* is (...) supposed to characterize everyone in the population. It is supposed to display similar measurement properties across populations. When this is not true, the information in the factor differs for subpopulations, which is *prima facie* evidence that the factor is biased" (Cudeck, 2007, 6; Hervorhebung im Original). Die faktorielle Invarianz oder sogar strikte faktorielle Invarianz ist damit die *sine non qua*-Bedingung der Faktorenanalyse (vgl. auch Mulaik, 1987, 296–301). Ein erfolgreich extrahierter Faktor sollte damit zumindest unabhängig von Merkmalen einer Stichprobe oder auch eines statistischen Ansatzes sein.

Nur weil Faktoren extrahiert werden konnten, bedeutet dies also nicht, dass diese auch faktoriell invariant sind, und somit auch für die Grundgesamtheit gelten. Dieser Nachweis ist erst noch zu erbringen. Welche Möglichkeiten gibt es, um den Nachweis einer faktoriellen Invarianz zu erbringen? Wie die jahrzehntelange Forschung und Diskussion um Spearman's g-Theorie veranschaulichte, ist der Nachweis der faktoriellen Invarianz nicht ganz so einfach zu erbringen (vgl. Millsap & Meredith, 2007, 137–141). Allerdings gibt es jedoch grundlegende Ansätze, die dabei helfen herauszufinden, ob die erzielten Faktorlösungen je nach Datenlage oder Prüfansatz völlig unsystematisch variieren, oder über alle möglichen Überprüfungsvarianten hinweg einigermaßen konstant bleiben, und man somit tatsächlich eine erste Annäherung an eine faktorielle Invarianz erbracht hat:

- Ansatz 1: Arbeit mit einer Rohdatenmatrix: Ermitteln der Faktorenlösung (z.B. in Gestalt eines SPSS Syntaxprogramms) an einer Rohdatenmatrix, anschließend zunächst „grobe" Unterteilung der Rohdatenmatrix. Anwenden des SPSS Programms jeweils auf die Teilmengen. Quantitativer Vergleich der jeweils erzielten Faktorlösungen. Wiederholung dieser Schritte an anderen, und/oder auch feineren Unterteilungen. Die Lösungen sollten u.a. in der Anzahl der Faktoren und ihrer Ladungsmuster übereinstimmen; ansonsten hätte die Unterteilung einen Effekt.

2.4 Kriterien zur Bestimmung der Faktoren: Anzahl und Interpretation

- Ansatz 2: Arbeit mit einer Rohdatenmatrix: Unterteilung einer Rohdatenmatrix, in z.B. 70% und 30% der Daten. Ermitteln der Faktorenlösung zunächst an 70% der Daten, dann Durchführen der exakt derselben Faktorenanalyse an den verbliebenen 30% der Daten. Quantitativer Vergleich der jeweils erzielten Faktorlösungen. Wiederholung dieser Schritte an anderen Unterteilungen. Die Lösungen sollten u.a. in der Anzahl der Faktoren und ihrer Ladungsmuster übereinstimmen.
- Ansatz 3: Arbeit mit zwei Rohdatenmatrizen (keine historisch unterschiedlichen Daten): Ermitteln der Faktorenlösung an der Rohdatenmatrix (z.B. von Kunde A, Klinik I, oder auch aus DWH Süd), anschließend Ermitteln der Faktorenlösung an der zweiten Rohdatenmatrix (z.B. von Kunde B, Klinik II, oder auch aus DWH Nord). Auch diese Lösungen sollten u.a. in Anzahl der Faktoren und ihrer Ladungsmuster übereinstimmen; ansonsten hätte die Stichprobe einen Effekt.
- Ansatz 4: Arbeit mit zwei Rohdatenmatrizen (historisch unterschiedliche Daten): Ermitteln der Faktorenlösung an der Rohdatenmatrix (z.B. vor einem Treatment, einer Intervention usw.), anschließend Ermitteln der Faktorenlösung an der zweiten Rohdatenmatrix (z.B. nach einem Treatment, einer Intervention usw.). Auch diese Lösungen sollten u.a. in Anzahl der Faktoren und ihrer Ladungsmuster übereinstimmen; ansonsten hätte auch hier die Stichprobe (bzw. ihr soziohistorischer Kontext) einen Effekt.
- Ansatz 5: Arbeit mit anderen Ansätzen, z.B. Strukturgleichungsmodellen, Pfadanalysen, usw. Ermitteln der Faktorenlösung z.B. mittels einer explorativen Faktorenanalyse, anschließend Überprüfung der gefundenen Lösung mittels einer konfirmatorischen Faktorenanalyse, z.B. in Gestalt eines Strukturgleichungsmodells, idealerweise an zusätzlich gezielt variierten Rohdatenmatrizen. Auch diese Lösungen sollten u.a. in Anzahl der Faktoren und ihrer Ladungsmuster übereinstimmen; ansonsten hätte hier z.B. die statistische Methode einen Effekt. Besondere Sorgfalt wird beim Nachweis der faktoriellen Invarianz mittels der PCA nahegelegt (vgl. 2.3.1).
- Ansatz 6: Kombination und Vergleich der vorgestellten Ansätze, oder auch anderer, nicht vorgestellter Ansätze (z.B. Bootstrap). Die Lösungen sollten übereinstimmen; ansonsten hätte z.B. der Ansatz einen Effekt.

Gelang vor dem Hintergrund der *fundamentalen Interpretation* eines Faktors der Nachweis einer zumindest zufriedenstellenden faktoriellen Invarianz, ist es Zeit für die *statistische Interpretation* eines Faktors, und seiner anschließenden Benennung. Für die Interpretation und Benennung von Faktoren gibt es die unterschiedlichsten Regeln und Empfehlungen, die sich jedoch allesamt aus einer Kombination aus quantitativen Richtgrößen, sowie inhaltlichen Richtlinien speisen. Grundsätzlich gilt, dass ein Faktor zumindest mehr Varianz als eine einzelne Variable erklären sollte. Wie es „darüber hinaus" aussieht, darüber herrscht kein Konsens. Im Kern geht es bei der Interpretation darum, aus der Sicht eines Faktors die Anzahl der Variablen, ihre Ladungen, und ihre Vorzeichen *quantitativ* und *qualitativ* interpretieren zu können und zwar so, dass die Interpretation innerhalb eines Faktors, wie auch vergleichend zwischen den weiteren extrahierten Faktoren erschöpfend, stimmig und widerspruchsfrei ist. Die im folgenden aus der Literatur zusammengestellten Empfehlungen sind als erste Hinweise zu verstehen, um die Aufmerksamkeit des Anwenders auf etwaige Besonderheiten seiner Ergebnisse zu lenken.

Die Faktoren sollten mindestens drei hohe interpretierbare Ladungen aufweisen, andernfalls wurden u.U. zu viele Faktoren angefordert. Auch wenn ein Faktor die im vorangehenden Abschnitt aufgeführten Kriterien nicht erfüllen sollte, sollten auf jeden Fall die Korrelationen mit den ladenden Variablen überprüft werden, bevor er ausgeschlossen wird. Auch ein sehr kleiner Faktor kann eine hohe Korrelation mit der ladenden Variablen besitzen. In diesem Falle sollte der Faktor beibehalten werden.

Für eine generalisierende Interpretation sollten folgende Bedingungen erfüllt sein: Wenn auf jedem bedeutsamen Faktor mind. 4 Variablen mit jew. mind. 0.60 laden, kann eine Faktorenstruktur unabhängig vom Stichprobenumfang interpretiert werden (vgl. Velicer & Fava, 1998, 1987; für PFA, ML bzw. IMAGE). Ein Faktor mit nur drei Variablen gilt selbst unter besten Bedingungen als kritisch:

- *Ein Faktor sollte mind. vier Variablen mit Ladungen zu jew. mind. 0,60 besitzen.*
- *Ein Faktor mit weniger als drei Variablen gilt als schwach und instabil.*
- *Ein Faktor mit fünf oder mehr Variablen ($\geq 0,50$) gilt als stark und stabil.*

Die am höchsten ladenden Variablen werden als „Markier"- bzw. „Leitvariablen" bezeichnet, und für die Benennung des Faktors verwendet. In der Faktorenanalyse wird je nach Ladungsart zwischen drei Faktorentypen unterschieden: Laden alle Variablen auf einem Faktor hoch, so laden sie auf einem Generalfaktor (allgemeiner Faktor, general factor; Spezialfall der common factors). Sind die Ladungen für mind. zwei Variablen hoch, laden sie auf einem gemeinsamen Faktor (common factor). Ist die Ladung nur für eine Variable hoch, so lädt diese auf einem Einzelrestfaktor (unique factor, siehe dazu auch die Anmerkung bei den Voraussetzungen); Einzelrestfaktoren reduzieren u.U. den Erklärungswert eines Faktorenanalysen-Modells.

Das Ausmaß einer Faktorladung wird je nach Kriterium völlig verschieden bewertet. Als untere Grenze gilt bei einem liberalen Kriterium bereits .3, bei einem anderen Kriterium dann .4. Ein drittes, strengeres Kriterium bezeichnet Ladungen unter .4 als „schwach", Ladungen über .6 als „stark", und Ladungen dazwischen als „bescheiden". Die o.a. Vorgehensweise ist ein Kompromiss zwischen dem zweiten und dritten Kriterium. Die Skalierung spielt bei der Interpretation des Ausmaßes einer Faktorladung ebenfalls eine Rolle; weisen z.B. dichotome und Likert-skalierte Items dieselben Ladungswerte auf, so sind die der dichotomen Variablen als höher einzustufen.

Variablen, die auf mehreren Faktoren (Komponenten) gleichzeitig jew. über 0,32 (sog. „cross-loader") laden, weisen u.U. auf suboptimale Erhebungsinstrumente hin. Es besteht auch die Möglichkeit, dass die a priori Faktorenstruktur verzerrt ist (Costello & Osborne, 2005).

Soweit zur eher *quantitativen* Interpretation. Die linear-korrelativen Zusammenhänge zwischen den einzelnen Variablen (auch: ‚Items', ‚Indikatoren') sind dabei grundlegend für die Ermittlung der im Hintergrund stehenden ‚Faktoren'. Diese ‚Faktoren' können idealerweise als voneinander unabhängige Gruppierungsvariablen zur Klassifikation der ursprünglichen Variablen dienen (daher auch eine gewisse konzeptionelle Nähe zur Clusteranalyse). Die folgenden Beispiele heben das *qualitative* Prinzip der Faktorenanalyse hervor:

- Was sind (variablen-bündelnde) ‚Faktoren' folgender olympischer Sportarten: Fußball, Marathon, Delphinschwimmen, Volleyball, 100m Lauf, Handball, Turmspringen, Wasserball, Kunstturnen?
  Man könnte bspw. die Faktoren „Mannschaftssport" vs. „Einzelsport" ‚extrahieren'.
  Faktor1(„Mannschaftssport"): Fußball, Volleyball, Handball, Wasserball.
  Faktor2 („Einzelsport"): Marathon, Delphinschwimmen, 100m Lauf, Turmspringen, Kunstturnen.
  Denkbar wären aber auch ‚Faktoren' wie z.B. „Laufsport", „Schwimmsport", und „Akrobatischer Sport" usw.
- Was sind (variablen-bündelnde) ‚Faktoren' folgender Nahrungsmittel: Kiwi, Kopfsalat, Feigen, Gurken, Hamburger, Oliven, Äpfel, Currywurst, Birnen, Pizza, Orangen, Pommes Frites, Tomaten, Trauben, Döner?
  Man könnte bspw. die ‚Faktoren' „Natürliche Ernährung" vs. „Junk Food" ‚extrahieren';
  denkbar wären aber auch ‚Faktoren' wie z.B. „Obst" vs. „Gemüse" usw.

Diese Beispiele zu olympischer Sportarten oder auch Nahrungsmittel sollten zum einen helfen nachzuvollziehen, was unter einem „übergeordneten Faktor" zu verstehen ist. Auf der anderen Seite sollen diese Beispiele auch sensibilisieren helfen: Denn die aus den Beispielen ‚extrahierten' Faktoren werden vor allem deshalb als plausibel akzeptiert, weil sie in der Realität als Ober- bzw. Sammelbegriffe tatsächlich vorkommen. Oft genug aber sind die extrahierten Faktoren rein hypothetische Konstrukte, ohne direkt beobachtbaren und damit schwer nachzuvollziehenden Bezug zur empirischen Realität. Nehmen wir an, nach einer Faktorenanalyse würden die olympischen Sportarten folgendermaßen gebündelt:

- Faktor1: Fußball, Marathon, Delphinschwimmen
- Faktor2: Volleyball, 100m Lauf, Turmspringen
- Faktor3: Handball, Wasserball, Kunstturnen

Bei dieser Bündelung fällt es schwerer, das inhaltlich Gemeinsame zu beschreiben und zu benennen. Man kann nicht ohne weiteres einen bereits verfügbaren Oberbegriff anwenden, sondern ist an ein hypothetisches Konstrukt geraten, das zu beschreiben und zu benennen genaue Kenntnisse der besonderen Merkmale der Variablen innerhalb jedes einzelnen Faktors erforderlich macht. Eine erste Orientierung bietet die Zusammenstellung der manifesten Variablen, die die jeweiligen Faktoren bewirken, und ihre Ausprägung innerhalb eines einzelnen Faktors. Letztlich wäre man an dieser Stelle bei der Validierung der qualitativen Befunde anhand eines quantitativen Ansatzes angelangt, der konfirmatorischen Faktorenanalyse (KFA).

2.5 Durchführung einer Faktorenanalyse

Die Faktorenanalyse ist angesichts der Extraktions- und Rotationsverfahren ausgesprochen vielfältig durchzuführen und zu interpretieren. Ein einziges Beispiel ist der Mächtigkeit der Familie der Faktorenanalysen nicht angemessen. Die folgenden Beispiele setzen daher in jedem Kapitel jeweils einen separaten Schwerpunkt:

An der Hauptkomponentenanalyse (Kapitel 2.5.1) wird das Prinzip der Datenreduktion und u.a. das Ableiten einer Vorhersagegleichung demonstriert. An der Maximum Likelihood-Faktorenanalyse (Kapitel 2.5.2) wird der Hypothesentest und das Problem der Heywood-Fälle erläutert. Die Erläuterung der Hauptachsen-Faktorenanalyse verteilt sich sogar auf drei Kapitel: In Kapitel 2.5.3 liegt der Fokus auf den Rotationen, in Kapitel 2.5.4 liegt der Fokus auf der Statistik, und Kapitel 2.5.5 führt die Effektivität diverser Maßnahmen zur Modell-Optimierung vor.

Die Durchführung einer Faktorenanalyse ist ausgesprochen rechenintensiv. Per Hand oder Taschenrechner ist sie praktisch nicht mehr durchführbar (vgl. Diehl & Kohr, 1999[12]). Auf ein einführendes Rechenbeispiel „von Hand" wird daher verzichtet. Nichtsdestotrotz sollten die folgenden Beispiele einen tragfähigen Einstieg in die Möglichkeiten „der" Faktorenanalyse erleichtern. Für Interessierte an Formeln, Matrizenberechnung, vielen Rechenbeispielen, sowie technischen Details wird auf die immer noch aktuelle „Bibel" der Faktorenanalyse, „Modern Factor Analysis" von Harry H. Harman (1976[3]) verwiesen. Neben vielen weiteren, sind die meisten in SPSS implementierten Verfahren der Extraktion und Rotation darin bereits beschrieben (die Ansätze ULS und GLS nur en passant). Für neuere Ansätze und Diskussionen wird Cudeck & MacCallum (2007) empfohlen.

Erste Hinweise zur Interpretation vorneweg
Bei der Faktorenanalysierung realer Daten sollten Matrizen, Plots, sowie Statistiken einer genauen Betrachtung unterzogen werden: Korrelationsmatrizen können z.B. auf hoch miteinander korrelierende Variablen überprüft werden. Diesen Variablen liegt *unter Umständen* dann ein gemeinsamer Faktor zugrunde, *sofern* die Interkorrelation tatsächlich auch durch diesen Faktor verursacht wurde. Die quadrierten multiplen Korrelationen geben das Ausmaß an, ob sich die Variablen einer bestimmten Faktorlösung untereinander substantiell überschneiden. Bei der Tabelle „Anti-Image-Matrizen" werden die Werte auf der Diagonalen anders interpretiert als die Werte neben der Diagonalen. Die Werte *auf* der Diagonalen sind ein Maß der *Stichprobeneignung*, die Werte *neben* der Diagonalen sind *Partialkorrelationen*. Die Tabelle „Erklärte Gesamtvarianz" gibt für die erzielte Lösung Eigenwerte, erklärte Varianz und kumulierte erklärte Varianz wieder. Dabei ist das Ziel, mit möglichst wenigen Faktoren (oder Komponenten) möglichst viel Varianz (idealerweise 100%) aufzuklären. Das Scree-Plot basiert auf diesen Eigenwerten und veranschaulicht auch grafisch, ob und in welchem Ausmaß die extrahierten Faktoren die gemeinsame Varianz der faktoranalysierten Variablen erklären.

Liegt eine optimale Faktorenlösung vor, kann in der rotierten Faktormatrix (Tabelle „Rotierte Faktorenmatrix", sog. ‚Rotated Factor Pattern') zunächst formal das Ausmaß abgelesen werden, mit dem eine oder mehrere Variablen auf einem Faktor laden (korrelieren). Idealerweise sollte jeweils eine Variable auf nur einem Faktor laden; es sollten keine substantiellen Ladungen auf bzw. Korrelationen mit anderen Faktoren vorliegen (vgl. „cross-loaders"). Der formalen Interpretation folgt die inhaltliche Interpretation, wobei eine semantisch einheitliche Polung der Variablen hilfreich ist.

Analog zur Clusteranalyse sollte man bei der Interpretation von Faktorenlösungen vorsichtig sein und sicherstellen, dass es sich um ein verfahrensunabhängiges Ergebnis und kein methodisches Artefakt handelt. Eine erzielte Faktorlösung sollte sich durch andere Faktormethoden annähernd bestätigen lassen können (mögliche Ausnahme: PCA).

2.5.1 Beispiel 1: Hauptkomponentenanalyse (PCA): Datenreduktion

1. Einführung und Beispiel:

Die Hauptkomponentenanalyse (Principal Component (Analysis), PCA, PC) ist ein multivariates Verfahren zur Analyse der Beziehungen zahlreicher quantitativer Variablen. Die Hauptkomponentenanalyse erlaubt, Daten zu explorieren, zusammenzufassen, und lineare Zusammenhänge zu entdecken. Darüber hinaus kann die Hauptkomponentenanalyse eingesetzt werden, um polynomiale Zusammenhänge zu untersuchen und Ausreißer zu entdecken. Aufgrund ihrer Fähigkeit zur Komponentenbildung ist die Hauptkomponentenanalyse ebenfalls ein Verfahren zur Reduktion der Komplexität von Daten, z.B. der Anzahl von Variablen in einem SPSS Datensatz. Eine Hauptkomponentenanalyse kann z.B. bei folgenden Fragestellungen mit Gewinn eingesetzt werden:

- Variablen-Verdichtung:
  Liegen vor einer Analyse sehr zahlreiche Variablen vor, können diese zu wenigen Hauptkomponenten verdichtet, und so besser visualisiert und analysiert werden.
  Beispiel: An verendeten Fischen wurden zahlreiche und völlig verschiedene Merkmale gemessen (z.B. Alter, Gewicht, Länge, Leberbelastung etc.), die nun zu wenigen, diese zahlreichen Merkmale bündelnden Komponenten verdichtet werden sollen.
- Indikatoren-Verdichtung:
  Falls für verschiedene Fälle bzw. Gruppen mehrere Beurteilungen in derselben Dimension vorliegen, können diese zunächst auf Übereinstimmung überprüft, und anschließend zu einer einzigen Beurteilungsvariable verdichtet werden.
  Beispiel: Mehrere Experten begutachten zahlreiche Gewässer anhand eines festen Kriterienkatalogs. Mit der Hauptkomponentenanalyse kann nun zunächst das Ausmaß ihrer Übereinstimmung festgestellt werden, und die Kriterien u.U. zu einem zusammengefasst werden.
- Index-Bildung:
  Falls für verschiedene Fälle bzw. Gruppen verschiedene Indizes (in verschiedenen Dimensionen) vorliegen, können diese zu einem zuverlässigen Index zusammengefasst werden.
  Beispiel: Es gibt für bestimmte Phänomene, z.B. Merkmale verendeter Fische (siehe obiges Beispiel), zahlreiche konkurrierende Indizes (z.B. Alter/Gewicht, Länge/Gewicht, Leberbelastung/Alter, etc.). Eine Hauptkomponentenanalyse ist in der Lage, diese Indizes aus ermittelten Hauptkomponenten sinnvoll abzuleiten.

Für die Datenexploration gilt die Hauptkomponentenanalyse im Allgemeinen als geeigneter als die Faktorenanalyse. Sollen Daten zusammengefasst, und lineare Zusammenhänge untersucht werden, besonders wenn die ermittelten Komponenten durch Lineargleichungen wiedergegeben werden sollen, ist die Hauptkomponentenanalyse anstelle der Faktorenanalyse das Verfahren der Wahl. Hauptkomponenten können z.B. verwendet werden, um die Anzahl von Variablen für Regressionen oder vor dem Clustern zu verringern. Eine Hauptkomponentenanalyse sollte dagegen niemals verwendet werden, wenn eigentlich eine faktorenanalytische Lösung benötigt wird (Lee & Comrey, 1979; Dziuban & Harris, 1973). Nach Widaman

(2007) sei demnach der Einsatz der PCA für den Nachweis faktorieller Invarianz ausgesprochen heikel. Tatsächlich bestehen zwischen Hauptkomponentenanalyse und Faktorenanalyse zentrale Unterschiede, die es nahe legen, die beiden Verfahren grundsätzlich auseinander zu halten: Das Ziel von PCA ist die maximale Aufklärung der Gesamtvarianz aller manifesten Variablen in der Rohdatenmatrix durch möglichst wenige Komponenten. PCA basiert auf einer Theorie auf manifesten Variablen, die in Komponentenscores münden (und dem oft damit einhergehenden Problem der stichprobenabhängigen Ergebnisvarianz). Bei der PCA hängt dagegen die Höhe der Ladungen direkt von der Anzahl der m Variablen in der Analyse ab. Bei der Komponentenanalyse stellt eine Hauptkomponente eine beobachtbare lineare Gleichung dar, während bei der Faktorenanalyse ein Faktor eher als nichtbeobachtbares Konstrukt gilt. Bei der Hauptkomponentenanalyse brauchen die Komponenten im Prinzip keiner Rotation unterzogen werden. Fundamental ist auch der Unterschied im Fehler-Konzept (s.o.). Bei der Berechnung einer Hauptkomponentenanalyse treten darüber hinaus nicht die Probleme auf, wie sie bei der Berechnung einer Hauptachsen-Faktorenanalyse auftreten können, wenn z.B. die Kommunalität einer Variablen 1,0 übersteigt (z.B. sog. Heywood-Fälle).

Das Prinzip der Hauptkomponentenanalyse
Die Hauptkomponentenanalyse fasst hochdimensionale Daten in einige wenige Dimensionen auf folgende Weise zusammen: Aus einem gegebenen Datensatz mit n Variablen werden aus dessen Korrelationsmatrix (bzw. Kovarianzmatrix) n Eigenwerte und die dazugehörigen Eigenvektoren ermittelt. Die Eigenvektoren werden auf eine gemeinsame Einheit standardisiert. Die Hauptkomponenten (principal components) sind Linearkombinationen der n Variablen. Die ermittelten Eigenvektoren sind die Koeffizienten der Linearkombinationen.

Die erste Hauptkomponente ist die Linearkombinationen der n Variablen, die die größtmögliche Varianz aufklärt. Jede folgende Hauptkomponente ist eine Linearkombinationen an n Variablen, die soviel wie möglich von der Varianz erklären, die die jeweils vorausgehende Hauptkomponente nicht erfassen konnte, und zu den bereits definierten Hauptkomponenten orthogonal, also nicht korreliert ist.

Die erste Hauptkomponente besitzt die größtmögliche Varianz auf der Basis einer linearen Kombination der beobachteten Variablen; die letzte Hauptkomponente besitzt dagegen die geringste Varianz irgendeiner Linearkombination der beobachteten Variablen. Hochdimensionale Daten können auf diese Weise auf wenige Komponenten zusammengefasst werden, die dann leicht in Grafiken zwei- und dreidimensional untersucht werden können.

Beispiel:
Fünf sozioökonomische Variablen sollen zu möglichst wenigen Komponenten zusammengefasst werden. Bei den sozioökonomischen Variablen handelt sich dabei um „Total Population", „Median School Years", „Total Employment", „Misc. Professional Services", sowie „Median Value House". Die Beispieldaten sind „Modern Factor Analysis" von Harry H. Harman (1976^3, 14) entnommen. Jede Beobachtung entspricht dabei einer von zwölf Flächenstichproben eines Census im Los Angeles Standard Metropolitan Statistical Area.

2.5 Durchführung einer Faktorenanalyse

Die anschließend durchgeführte Hauptkomponentenanalyse verfolgt zwei Ziele:

- Ziel 1: Mit möglichst wenigen Komponenten möglichst viel Varianz (ideal: 100%) der Rohdatenmatrix aufklären.
- Ziel 2: Auf der Grundlage der ermittelten Komponenten eine Lineargleichung ableiten.

Nach der Maussteuerung wird auch kurz die Syntaxsteuerung vorgestellt.

2. Steuerung (Maus, SPSS Syntax):
Anm.: Der Datensatz „Harman76.sav" wird zuvor geöffnet.

Pfad: Analysieren → Dimensionsreduzierung → Faktorenanalyse…

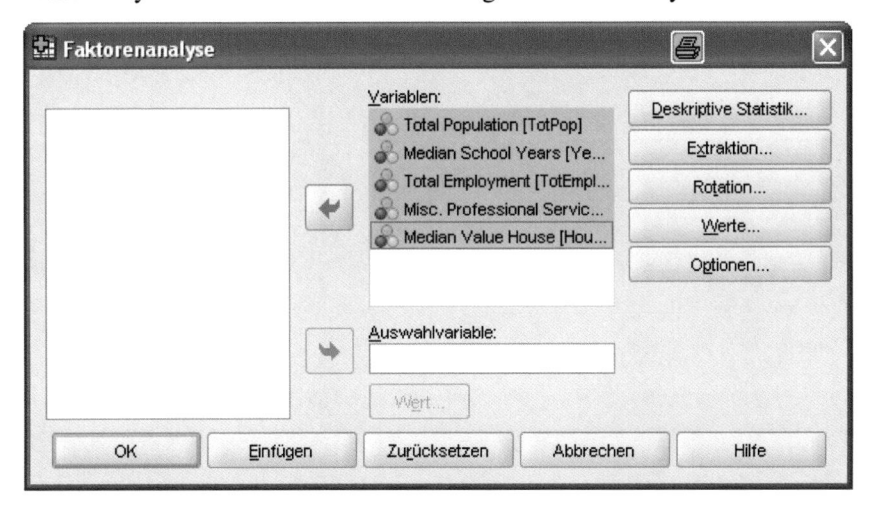

Hauptfenster:
Die zu faktorisierenden Variablen werden aus dem Auswahlfenster links in das Feld „Variablen:" rechts verschoben, z.B. „TOTPOP" usw.

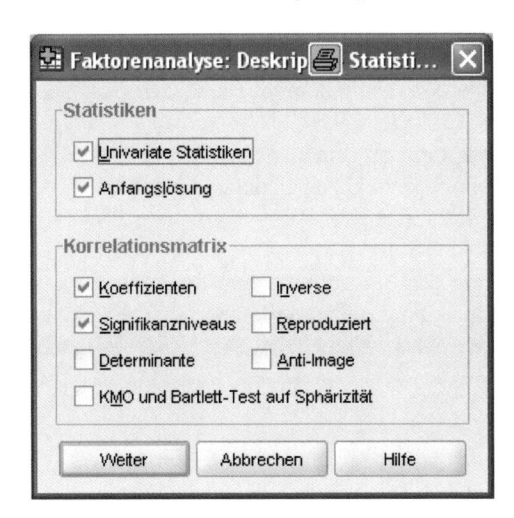

Unterfenster „Deskriptive Statistik... ":
Als anzufordernde Statistiken werden die „Univariaten Statistiken" und die „Anfangslösung" aktiviert. Die univariaten Statistiken geben pro Variable die Anzahl der gültigen Fälle, Mittelwert und Standardabweichung an. Die Anfangslösung zeigt die anfänglichen Kommunalitäten, Eigenwerte und den Prozentwert der erklärten Varianz an. Für die Korrelationsmatrix werden die Optionen „Koeffizienten" und „Signifikanzniveaus" aktiviert.

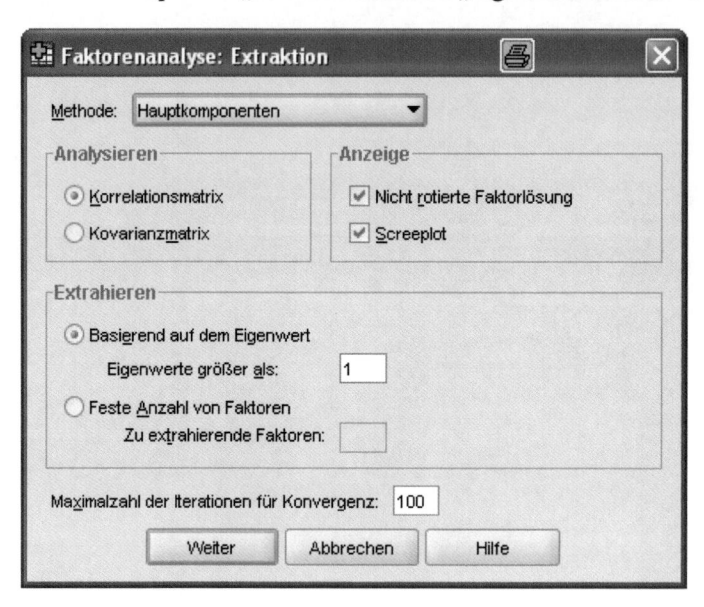

Unterfenster „Extraktion ... ":
Unter „Methode" wird die Hauptkomponentenanalyse gewählt. Unter „Analysieren" wird als Matrix die Korrelationsmatrix angegeben. Die Korrelationsmatrix (voreingestellt) ist dann zu bevorzugen, wenn die Variablen in der Analyse (wie z.B. in diesem Beispiel) unterschiedliche Einheiten aufweisen, also z.B. mittels unterschiedlicher Skalen gemessen wurden. Eine Kovarianzmatrix ist dagegen dann nützlich, wenn die Faktorenanalyse an mehreren Gruppen mit unterschiedlichen Varianzen der einzelnen Variablen vorgenommen werden soll. Die Kovarianzmatrix ist nur zulässig bei den Methoden Hauptkomponenten, Hauptachsen-Faktorenanalyse, sowie Image-Faktorisierung (SPSS, 2008a, 667).
Unter „Extrahieren" wird festgelegt, dass alle Faktoren mit einem Eigenwert größer als 1 behalten werden sollen. Alternativ kann eine bestimmte, vorher festgelegte Anzahl von Faktoren behalten werden. Unter „Maximalzahl der Iterationen für Konvergenz" wird im Beispiel der Wert 100 übergeben. Der von SPSS für die Extraktion vorgegebene Wert (25) ist erfahrungsgemäß als Maximalzahl an Schritten, die der Algorithmus zum Schätzen der Lösung benötigen darf, oft nicht ausreichend, und die Iterationen werden vor dem Erreichen einer Lösung entsprechend unnötig vorzeitig abgebrochen. Unter „Anzeige" wird ein Scree-Plot der Eigenwerte angefordert. Auch die Anzeige der nicht rotierten Faktorlösung ist erforderlich.

2.5 Durchführung einer Faktorenanalyse

Unterfenster „Rotation ...":
Als „Methode" wird „Keine" gewählt. Unter „Anzeige" werden die Ladungsdiagramme für die ersten Komponenten angefordert, in diesem Fall die ausgesprochen nützlichen Komponentendiagramme.

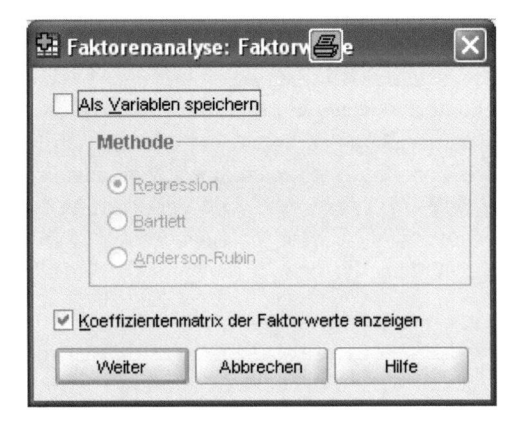

Unterfenster „Werte ...":
Die Option „Koeffizientenmatrix der Faktorwerte anzeigen" aktivieren. Dadurch werden die Koeffizienten angezeigt, mit denen die Variablen multipliziert werden, um die Faktorwerte zu erhalten. Außerdem werden dadurch auch die Korrelationen zwischen den Faktorwerten angefordert.

Unterfenster „Optionen ...":
Bei „Fehlende Werte" wird festgelegt, dass möglicherweise fehlende Werte mit der Methode „Durch Mittelwert ersetzen" behandelt werden sollen. Weiter stehen „listenweiser Fallausschluss" und der „paarweise Fallausschluss" zur Verfügung. Zu den Vor- und Nachteilen dieser Methoden im Umgang mit Missings wird auf Schendera (2007, 119–161) verwiesen. Beim „Anzeigeformat für Koeffizienten" können nach Bedarf die Koeffizienten nach ihrer

Größe sortiert werden bzw. Koeffizienten unterdrückt werden, die kleiner als ein vorgegebener Wert sind. Keine Einstellungen vornehmen.

Syntaxsteuerung:

```
GET FILE= "C:\Programme\SPSS\...\Harman76.sav".
FACTOR
  /VARIABLES TotPop YearsSch TotEmploy ProfServ HouseVal
  /MISSING LISTWISE
  /ANALYSIS TotPop YearsSch TotEmploy ProfServ HouseVal
  /PRINT UNIVARIATE INITIAL CORRELATION SIG EXTRACTION FSCORE
  /FORMAT SORT
  /PLOT EIGEN ROTATION
  /CRITERIA MINEIGEN(1) ITERATE(100)
  /EXTRACTION PC
  /ROTATION NOROTATE
  /METHOD=CORRELATION.
```

Erläuterung:
Mit dem Befehl FACTOR wird die Berechnung einer Faktorenanalyse angefordert.
In der Zeile /VARIABLES werden alle Variablen aufgeführt, die in die Faktorenanalyse einbezogen werden sollen, z.B. „TotPop" usw. Der Befehl /MISSING legt mittels der Option LISTWISE legt fest, dass bei möglicherweise fehlenden Werten die Methode „Listenweiser Fallausschluss" angewandt werden soll. Weiter stehen „Durch Mittelwert ersetzen" und der „paarweise Fallausschluss" zur Verfügung. Zu den Vor- und Nachteilen dieser Methoden im Umgang mit Missings wird auf Schendera (2007, 119–161) verwiesen. Die Variablen hinter /ANALYSIS werden für die Berechnung der Faktorenanalyse herangezogen. Hinter ANALYSIS können nur solche Variablen aufgeführt werden, die bereits hinter VARIABLES angegeben waren.

Nach /PRINT kann angegeben werden, welche Statistiken bzw. Tabellen in der SPSS Ausgabe erscheinen sollen (u.a.): UNIVARIATE: Anzahl der gültigen Fälle, Mittelwerte und Standardabweichungen der Variablen (Tabelle „Deskriptive Statistiken"). CORRELATION: Korrelationsmatrix (Tabelle „Korrelationsmatrix"). SIG: Matrix mit den Signifikanzwerten der Korrelationen (Tabelle „Korrelationsmatrix"). INITIAL: Anfängliche Kommunalitäten für jede Variable, Eigenwerte der nichtreduzierten Korrelationsmatrix, Prozent der erklärten Varianz für jede Komponente (u.a. Tabelle „Kommunalitäten"). EXTRACTION: Komponentenmatrix, Kommunalitäten, die Eigenwerte jeder ermittelten Komponente, Prozent der erklärten Varianz der Eigenwerte (u.a. Tabelle „Erklärte Gesamtvarianz"). FSCORE: Fordert die Gewichte bzw. Koeffizienten an, mit denen die standardisierten Werte der Originalvariablen multipliziert werden, um den jeweiligen Wert der ermittelten Komponenten zu berechnen („Koeffizientenmatrix der Komponentenwerte", „Kovarianzmatrix des Komponentenwerts").

2.5 Durchführung einer Faktorenanalyse

Nach /PLOT werden Grafiken angefordert. EIGEN gibt den Scree-Plot aus. Mit ROTATION werden die Variablen im n-dimensionalen Komponentenraum dargestellt (vgl. „Komponentendiagramm"). Um auch bei höherdimensionalen Lösungen z.B. nur zweidimensionale Plots ausgegeben zu bekommen, können diese über Syntax explizit angefordert werden, z.B. /PLOT ROTATION (1,2) (1,3) (2,3). Der Befehl ROTATION ist irreführend, da er auch für die Visualisierung von nichtrotierten Lösungen erforderlich ist. Über /CRITERIA können Optionen für die Komponentenextraktion angegeben werden. Über MINEIGEN(1) wird eine Schwelle für den minimalen Eigenwert für die Extraktion einer Komponente angegeben (im Beispiel: 1). ITERATE (100) legt die maximale Anzahl der Iterationen für die Komponentenextraktion fest. Nach /EXTRACTION wird das Extraktionsverfahren angegeben: PC für Hauptkomponentenanalyse (principal components analysis, PC). Nach /ROTATION wird angegeben, dass nicht rotiert werden soll (NOROTATE). METHOD=CORRELATION gibt vor, dass es sich um die Analyse einer Korrelationsmatrix handelt. Die Prozedur FACTOR ermittelt auch bei Weglassen des einen oder anderen Unterbefehls eine hinreichende Minimalmenge an Informationen und legt diese in die SPSS Ausgabe ab.

3. Ergebnisse und Interpretation

Faktorenanalyse

Nach dieser Überschrift folgt die Ausgabe einer Hauptkomponentenanalyse.

Deskriptive Statistiken

	Mittelwert	Standard-abweichung	Analyse N
Total Population	6241,67	3439,994	12
Median School Years	11,4417	1,78654	12
Total Employment	2333,33	1241,212	12
Misc. Professional Services	120,83	114,928	12
Median Value House	17000,00	6367,531	12

Die Tabelle „Deskriptive Statistiken" listet für alle Variablen den dazugehörigen Mittelwert, Standardabweichung und N auf. Variablen mit geringer oder gar keiner Standardabweichung sind ggf. aus der Analyse auszuschließen, da es sich um Variablen mit geringer Variation oder sogar Konstanten handelt. In Faktorenanalysen sollten solche Variablen aus der Analyse ausgeschlossen werden, da sie für eine Korrelation nicht die erforderliche Messwertvariation mitbringen. Im Zweifelsfall können über die Prozedur DESCRIPTIVES standardisierte Standardabweichungen angefordert werden.

Korrelationsmatrix[a]

		Total Population	Median School Years	Total Employment	Misc. Professional Services	Median Value House
Korrelation	Total Population	1,000	,010	,972	,439	,022
	Median School Years	,010	1,000	,154	,691	,863
	Total Employment	,972	,154	1,000	,515	,122
	Misc. Professional Services	,439	,691	,515	1,000	,778
	Median Value House	,022	,863	,122	,778	1,000
Signifikanz (1-seitig)	Total Population		,488	,000	,077	,472
	Median School Years	,488		,316	,006	,000
	Total Employment	,000	,316		,043	,353
	Misc. Professional Services	,077	,006	,043		,001
	Median Value House	,472	,000	,353	,001	

a. Determinante = ,002

Die Tabelle „Korrelationsmatrix" gibt in der oberen Tabellenhälfte die Interkorrelationen zwischen den Variablen in der Hauptkomponentenanalyse wieder. Die Werte auf der Diagonalen sind 1, da jede Variable mit sich selbst perfekt korreliert. Die weiteren Korrelationskoeffizienten über und unter der Diagonalen sind zueinander spiegelbildlich angeordnet. Die Korrelationskoeffizienten werden für die Ermittlung der Komponentenladungen benötigt.

Die Korrelationskoeffizienten liegen zwischen -1 und +1, wobei negative Werte einen entgegensetzten Zusammenhang und positive Werte einen gleichgerichteten Zusammenhang angeben (gleiche Polung der Variablen vorausgesetzt). Ein Wert von 0 bedeutet, dass kein Zusammenhang zwischen den Variablen besteht.

In der unteren Hälfte der Tabelle „Korrelationsmatrix" sind die p-Werte für die statistische Signifikanz (1-seitig) der Korrelationen aufgelistet. Unter der Tabelle (links) ist in der Legende die Determinante der Korrelationsmatrix ausgegeben. Der Wert der Determinante gibt an, ob die Matrix singulär ist oder nicht. Bei 0 ist sie singulär, sonst nicht.

In der Korrelationsmatrix lassen sich bereits erste Hinweise für die Faktorenanalyse erkennen. „Total Population" und „Total Employment" korrelieren z.B. mit .972 sehr hoch miteinander. *Möglicherweise* können diese beiden Variablen zu einer gemeinsamen Komponente gebündelt werden, sofern die Interkorrelation durch diese Komponente verursacht wird.

2.5 Durchführung einer Faktorenanalyse

Kommunalitäten

	Anfänglich	Extraktion
Total Population	1,000	,988
Median School Years	1,000	,885
Total Employment	1,000	,979
Misc. Professional Services	1,000	,880
Median Value House	1,000	,938

Extraktionsmethode: Hauptkomponentenanalyse.

In der Tabelle „Kommunalitäten" werden die Kommunalitäten vor bzw. nach der Extraktion der Komponenten ausgegeben. Der Inhalt dieser Tabelle ist z.T. abhängig von Besonderheiten des gewählten Verfahrens: Beim Verfahren der Hauptkomponentenanalyse sind die Kommunalitäten vor der Extraktion („Anfänglich") auf 1 gesetzt (nicht jedoch bei der Analyse einer Kovarianzmatrix!). Kommunalitäten nach der Extraktion („Extraktion") werden durch die Komponenten der Lösung erklärt.

Als Kommunalität wird der Varianzanteil einer Variablen bezeichnet, der durch die extrahierten Komponenten erklärt werden kann. Die Summe aller Kommunalitäten entspricht daher der Summe der durch alle Komponenten erklärten Varianz (vgl. dazu auch die Tabelle „Erklärte Gesamtvarianz" weiter unten). Eine Kommunalität ist umso höher, je besser die Varianz der jeweiligen Variablen durch die Komponenten insgesamt erklärt werden kann. Der (i.A. nur theoretisch erreichbare) Sollwert einer Kommunalität ist 1.

Kommunalitäten sind im Prinzip Korrelationskoeffizienten und können auch analog interpretiert werden. Kommunalitäten gelten als hoch, wenn sie $\geq 0,8$ sind (Velicer & Fava, 1987) (für andere Extraktionsmethoden werden diese Werte auch als Mengen, z.B. für Kovarianzanalysen, interpretiert). Variablen mit ausgesprochen niedrigen Kommunalitäten ($\leq 0,40$) hängen entweder nicht mit anderen Variablen zusammen (und können versuchsweise aus der Analyse ausgeschlossen werden) oder deuten an, dass die Datenkonstellation auf die Wirkweise einer weiteren Komponente überprüft werden sollte.

Die Kommunalitäten der hauptkomponentenanalytisch untersuchten Variablen sind jedoch ausgezeichnet: Den „schlechtesten" Wert erreicht „Misc. Professional Services" (,880), der beste Wert jedoch annähernd perfekte ,988 („Total Population"). Der Ausschluss einer „schlechten" Variablen bzw. die Ermittlung einer weiteren Komponente ist demnach nicht erforderlich.

Erklärte Gesamtvarianz

Komponente	Anfängliche Eigenwerte			Summen von quadrierten Faktorladungen für Extraktion		
	Gesamt	% der Varianz	Kumulierte %	Gesamt	% der Varianz	Kumulierte %
1	2,873	57,466	57,466	2,873	57,466	57,466
2	1,797	35,933	93,399	1,797	35,933	93,399
3	,215	4,297	97,696			
4	,100	1,999	99,695			
5	,015	,305	100,000			

Extraktionsmethode: Hauptkomponentenanalyse.

Die Tabelle „Erklärte Gesamtvarianz" gibt für die erzielte Lösung Eigenwerte, erklärte Varianz und kumulierte erklärte Varianz wieder, und zwar anfänglich (vor der Extraktion) und nach der Extraktion. Die Spalten „Gesamt" geben dabei die Eigenwerte bzw. quadrierten Ladungen einer jeden Komponente wieder. Die Spalten „% der Varianz" geben den jeweiligen Prozentanteil der durch die jeweiligen Komponente erklärten Varianz wieder. Die Spalten „Kumulierte %" geben die kumulierten Prozentanteile der erklärten Varianz jeweils aller eingeschlossenen Komponenten wieder.

Der linke Teil der Tabelle („Anfängliche Eigenwerte") basiert auf den anfänglichen Eigenwerten (vor der Extraktion). Für die anfängliche Lösung gibt es daher so viele Komponenten, wie es Variablen in der Analyse gibt. Im Beispiel sind es fünf Variablen, also gibt es anfangs fünf Komponenten. Alle fünf extrahierten Komponenten erklären 100% der Gesamtvarianz (Spalte „Kumulierte %"). Die Anzahl der anfänglich extrahierten Komponenten entspricht der Anzahl der Variablen in der Analyse (N=5).

Der rechte Teil der Tabelle enthält eine automatisierte, womöglich irreführende Überschrift („Summe von quadrierten Faktorladungen für Extraktion"). Tatsächlich basiert die Tabelle auf den Summe von quadrierten Ladungen von Komponenten nach der Extraktion (ggf. vor der Rotation). Als Information über die extrahierten Komponenten werden die Summen der quadrierten Komponentenladungen, sowie die erklärten (prozentualen, kumulierten) Varianzanteile angegeben. Das Analyseziel war eine Komponentenlösung mit Eigenwerten über 1 (siehe oben); es konnten zwei Komponenten mit Eigenwerten über 1,0 extrahiert werden.

Das Ziel war, mit möglichst wenigen Komponenten möglichst viel Varianz (100%) aufzuklären. Die beiden extrahierten Komponenten erklären ca. 93% der Gesamtvarianz (Spalte „Kumulierte %"). Die fehlenden 7% beschreiben den Informationsverlust, den man aufgrund der Reduktion vieler Variablen auf wenige Komponenten inkaufzunehmen bereit ist.

Ein Vergleich der rechten Tabelle mit der Tabelle links erlaubt erste Aufschlüsse über das Verhältnis von Gesamtvarianz und Komponentenzahl; links erklären 5 Komponenten 100%, rechts 2 Komponenten (> 1) ca. 93% der Gesamtvarianz. Die ermittelten Komponenten erklären annähend genauso viel Varianz wie die fünf ursprünglichen Variablen. Damit ist das erste Ziel, die Datenreduktion durch brauchbare Komponenten, erreicht. – Ob die Extraktion

2.5 Durchführung einer Faktorenanalyse

einer dritten Komponente zwecks höherer Varianzaufklärung Sinn macht, ist im Einzelfall formell und inhaltlich genau abzuwägen. Zumindest würde sich die Anzahl der Komponenten u.U. wieder an die Anzahl der Variablen vor der Hauptkomponentenanalyse annähern, von der u.U. erschwerten inhaltlichen Interpretierbarkeit gar nicht zu reden.

Die in der Tabelle „Erklärte Gesamtvarianz" angezeigten Komponentenlösungen sind abhängig von der gewählten Extraktionsmethode: Je nach gewünschter Komponentenlösung werden entweder n Komponenten mit Eigenwerten größer 1 oder Lösungen mit der vorgegebenen Anzahl von Komponenten angezeigt (wobei hier durchaus Komponenten mit Eigenwerten > 1 unterschlagen werden können). Im Falle der Methode „Hauptkomponenten" werden darüber hinaus in der rechten Tabelle auch dieselben Werte wie unter „Anfängliche Eigenwerte" (links) angezeigt. Bei anderen Extraktionsmethoden sind die Werte aufgrund von Messfehlern im Allgemeinen kleiner als in „Anfängliche Eigenwerte". Die Anzeige ändert sich ebenfalls auch dann etwas, falls eine zusätzliche Rotation angefordert wurde.

Screeplot - nachbearbeitet

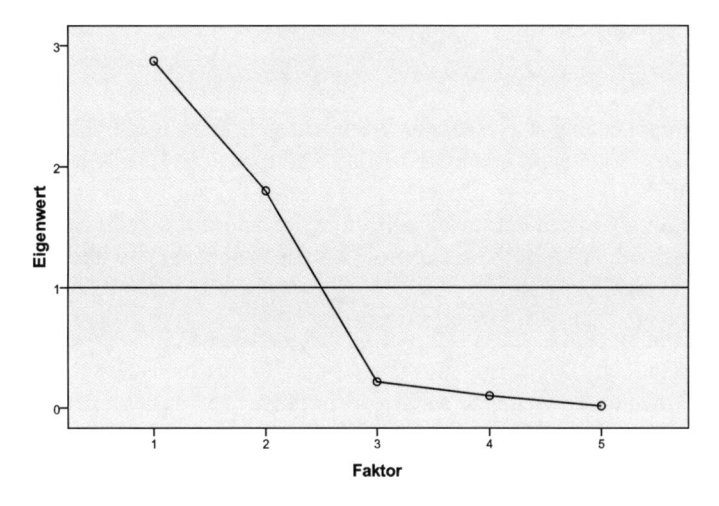

Der sog. „Scree-Plot" zeigt die Eigenwerte (x-Achse) der anfänglichen Komponenten (y-Achse); ein Scree-Plot visualisiert somit 100% ursprüngliche Varianz (vgl. „Anfängliche Eigenwerte" in der Tabelle „Erklärte Gesamtvarianz"). Die Legende der x-Achse ist automatisiert und womöglich verwirrend. Der Scree-Plot zeigt die Eigenwerte von Komponenten. Gemäß der Scree-Regel sollen in etwa so viele Faktoren extrahiert werden, bis die Linie (idealerweise an einem deutlichen Knick) in die Horizontale übergeht. Der letzte (von links nach rechts) vor dem Knick liegende (Eigen)Wert gibt dabei die Anzahl der zu behaltenden Faktoren an. Es werden alle Faktoren behalten, deren Eigenwerte über 1 liegen (vgl. die zusätzlich eingezeichnete Referenzlinie in Höhe von Eigenwert=1). Im Beispiel befindet sich Komponente 2 eindeutig im steilen Abschnitt, hat einen Eigenwert von ca. 1,8 und liegt somit ebenfalls über dem Mindest-Eigenwert von 1. Die dritte Komponente hat einen Wert um 0,2, und wird wegen der Eigenwert-Schwelle 1 nicht behalten. Darüber hinaus bzw. deswegen befindet sich zwischen Komponente 3 in Richtung Komponente 2 ein deutlicher Knick (Anstieg). Der Scree-Plot basiert auf den Eigenwerten der Korrelationsmatrizen. Je nach Methode handelt es sich dabei um die Werte anderer Extraktionsverfahren. Alle Regeln für eine optimale Komponentenzahl stimmen überein: Die optimale Komponentenzahl ist 2. Die beiden ermittelten Komponenten können somit die ursprünglichen fünf Variablen ersetzen bei einem (zumindest nur formell bestimmten) Informationsverlust von 7%.

Komponentenmatrix[a]

	Komponente	
	1	2
Misc. Professional Services	,932	-,104
Median Value House	,791	-,558
Median School Years	,767	-,545
Total Population	,581	,806
Total Employment	,672	,726

Extraktionsmethode: Hauptkomponentenanalyse.
a. 2 Komponenten extrahiert

Mit Hilfe der Tabelle „Komponentenmatrix" können Komponenten und ihr Verhältnis zu den auf sie ladenden Variablen formell und inhaltlich bestimmt werden. Die Tabelle zeigt die Ladungen der Variablen auf den beiden extrahierten, nichtrotierten Komponenten an. Jeder Wert gibt dabei die Korrelation zwischen der jeweiligen Variablen und der jeweiligen Komponente wieder. Anhand der Korrelationen (Vorzeichen, Richtung) könnten erste Interpretationen der Komponenten entwickelt werden.

Die erste Komponente hat hohe positive Ladungen auf allen fünf Variablen (vielleicht mit Ausnahme von „Total Population". Die Korrelation mit „Misc. Professional Services" ist besonders hoch (0.93). Die zweite Komponente steht jedoch mindestens in den ersten drei Variablen in starkem Kontrast zur ersten Komponente: „Total Population" (,104 vs. ,932), „Median Value House" (-,558 vs. ,791), und „Median School Years" (-,545 vs. ,767). Die Variable „Total Population" repräsentiert Komponente 1 zumindest formell am deutlichsten, weil sie zugleich kaum mit Komponente 2 korreliert ist. Einen Repräsentanten für Komponente 2 zu finden ist angesichts der Ladungsmuster weniger einfach. Bei $m=5$ Variablen in der Analyse ist von der ersten Komponente eine Minimum PCA-Ladung von 0,447 *deutlich* zu übertreffen. In Komponente 1 liegen die ermittelten Ladungen deutlich über dieser Schwelle (die niedrigste Ladung ist die von „Total Population" mit 0,581. Die Ladungen in der Tabelle „Komponentenmatrix" werden weiter unten zusätzlich im Diagramm „Komponentendiagramm" visualisiert und sind somit einer leichteren Interpretation zugänglich. Eine inhaltliche Interpretation dieser Komponenten sei an dieser Stelle der Expertise der Leserinnen und Leser überlassen.

Aufgrund der ausgesprochen kontrastiven Korrelationen können sich weitergehende Analysen u.U. auch nur auf die Variablen „Total Population", „Median Value House" und „Median School Years" konzentrieren. Die Arbeit mit den beiden ermittelten Komponenten hat

2.5 Durchführung einer Faktorenanalyse

jedoch den Vorteil, dass diese vom Konzept her bereits so ermittelt wurden, dass sie zu 0 miteinander linear korrelieren. Diese Annahme sollte jedoch abschließend sicherheitshalber zumindest anhand der Tabelle „Kovarianzmatrix des Komponentenwerts" geprüft werden.

Koeffizientenmatrix der Komponentenwerte

	Komponente	
	1	2
Total Population	,202	,449
Median School Years	,267	-,303
Total Employment	,234	,404
Misc. Professional Services	,325	-,058
Median Value House	,275	-,311

Extraktionsmethode: Hauptkomponentenanalyse.

Bei der Tabelle „Koeffizientenmatrix der Komponentenwerte" handelt es sich um „Gewichte" (genauer: Koeffizienten) mit denen die standardisierten (!, nicht: Roh!)Werte der fünf Originalvariablen multipliziert werden können, um den jeweiligen Wert (Score) von Komponente 1 bzw. 2 ermitteln zu können. Dieses Ergebnis kann in Form einer Lineargleichung ausgedrückt werden:

Berechnung der Komponentenwerte:

Komponente $_1$=(0.202*Z_Wert_Pop) + (0.267* Z_Wert_Sch) + (0.234* Z_Wert_Emp) + ...
Komponente $_2$=(0.449*Z_Wert_Pop) - (0.303* Z_Wert_Sch) + (0.404* Z_Wert_Emp) - ...

Eine Weiterverarbeitung in SPSS kann z.B. so aussehen, für die Werte der Originalvariablen zunächst mittels DESCRIPTIVES standardisierte Werte zu ermitteln und diese dann auf folgende Weise in eine COMPUTE-Gleichung einzubeziehen. Das nachfolgende Beispiel zeigt die Berechnung der Komponentenwerte für Komponente$_1$; die Berechnung der weiteren Komponente(n) folgt derselben Logik.

```
COMPUTE Kompo_1 =
(0.202*zTotPop) + (0.267*zYearsSch) + (0.234*zTotEmploy) +
(0.325*zProfServ) + (0.325*zHouseVal).
exe.
```

Je nach Güte der Schätzung stimmen die „von Hand" bzw. COMPUTE ermittelten Komponentenwerte perfekt mit den unter „Werte" (nicht oben erläutert) abgespeicherten Komponentenwerte überein. – SPSS vergibt beim Abspeichern leider automatisch den Präfix FACn_n, tatsächlich enthalten die Variablen die Werte von Komponenten. – Damit ist das zweite Ziel erreicht, die Ableitung einer Lineargleichung für die ermittelten Komponenten.

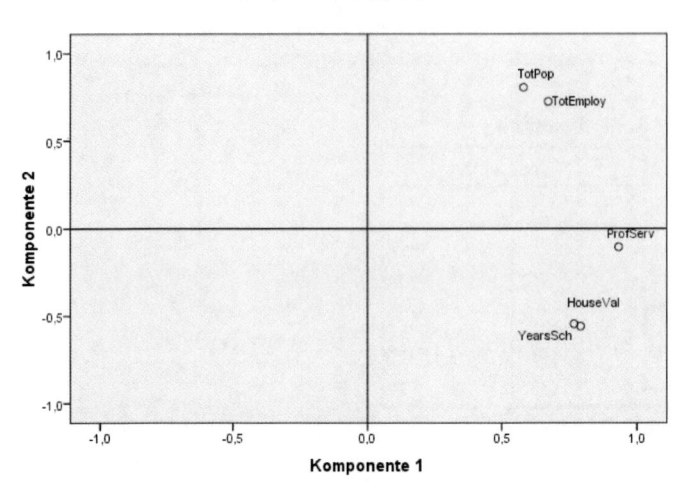

Komponentendiagramm

[Komponentendiagramm: Streudiagramm mit Komponente 1 auf der x-Achse und Komponente 2 auf der y-Achse. Variablen: TotPop (ca. 0,1/0,9), TotEmploy (ca. 0,2/0,8), ProfServ (ca. 0,9/0,0), HouseVal (ca. 0,8/-0,4), YearsSch (ca. 0,8/-0,5).]

Das Komponentendiagramm gibt die Ladungen der Variablen auf den Komponenten aus der Komponentenmatrix wieder. Auf der x-Achse wird die Ladung auf Komponente 1 und auf der y-Achse die Ladung auf Komponente 1 und auf der y-Achse abgetragen. Die Variable „Total Population" befindet sich demnach an den „Koordinaten" 0,104/0,932. Komponentendiagramme erleichtern es besonders bei Lösungen mit wenigen Komponenten, einen schnellen Überblick zur „Nähe" der ladenden Variablen auf den jeweiligen Komponenten zu gewinnen.

Kovarianzmatrix des Komponentenwerts

Komponente	1	2
1	1,000	,000
2	,000	1,000

Extraktionsmethode: Hauptkomponentenanalyse.

Die Tabelle „Kovarianzmatrix des Komponentenwerts" gibt die Korrelation der ermittelten Komponentenwerte wieder. Komponenten werden so ermittelt, dass sie zu 0 miteinander linear korrelieren. Diese Annahme wird z.B. durch die Komponentenzellen rechts oben bzw. links unten bestätigt. Die Komponentenzellen korrelieren mit sich selbst perfekt zu 1, aber untereinander ebenfalls perfekt zu 0.

2.5.2 Beispiel 2: Maximum Likelihood-Faktorenanalyse (ML): Hypothesentest (KFA)

1. Einführung und Beispiel:
Die Maximum Likelihood-Faktorenanalyse (in SPSS: Maximum Likelihood, ML) zählt neben der Hauptachsen-Faktorenanalyse zu den bei Anwendern, v.a. Statistikern zu den beliebtesten Extraktionsmethoden (z.B. Lawley & Maxwell, 1971; Jöreskog & Lawley, 1968; Lawley, 1940). Eine Maximum Likelihood bietet diverse Vorzüge bei der Faktorextraktion:

- Hypothesentest: Maximum Likelihood erlaubt, die Nullhypothese zu prüfen, ob die gewählte Anzahl der Faktoren angemessen ist, um die Kovarianz der untersuchten Variablen zu erklären. Fällt der ausgegebene „Test auf Güte der Anpassung" signifikant aus, dann ist die gewählte Faktorzahl nicht als angemessene Lösung für die vorliegenden Daten geeignet, und es ist eine höhere Faktorzahl zu wählen. Fällt der Test dagegen nicht signifikant aus, dann ist die gewählte Faktorzahl ausreichend, um die gemeinsame Varianz zu erklären. Maximum Likelihood ist von daher, in gewissen Grenzen, auch für eine konfirmatorische Faktorenanalyse (KFA) geeignet. Die Einschränkung der SPSS Prozedur FACTOR ist, daß damit nicht die Höhe der Faktorladungen getestet werden kann.
- Asymptotische Qualitäten: Maximum Likelihood erzeugt in großen Stichproben bessere Schätzer als die Hauptachsen-Faktorenanalyse (Bickel & Doksum, 1977).
- Die nonrotierte ML-Lösung entspricht u.a. Rao's (1955) Lösung als kanonischem Faktor (Morrison, 1976).
- Maße für Schätzgenauigkeit: Maximum Likelihood generiert für zahlreiche Parameter (u.a. nonrotierte Faktorladungen, Faktorkorrelationen usw.) Standardfehler und Schätzer für Konfidenzintervalle.
- Als deskriptive Methode setzt Maximum Likelihood keine keine multivariate Normalverteilung voraus.

Demgegenüber stehen gleich mehrere Nachteile von Maximum Likelihood, speziell in der in SPSS implementierten Version, auf die gleich von Anfang an hingewiesen werden sollte:

- Maximum Likelihood kann nicht bei sog. singulären Korrelationsmatrizen eingesetzt werden.
- Multivariate Normalverteilung: Der Signifikanztest, wie auch die Schätzer für Standardfehler und Konfidenzintervalle setzen die zumindest näherungsweise multivariate Normalverteilung voraus.
- A priori festgelegte Anzahl an Faktoren: Die Schätzer für Standardfehler und Konfidenzintervalle erfordern eine priori festgelegte Anzahl an Faktoren. Sollen zu viele Faktoren extrahiert werden, bricht v.a. die in SPSS implementierte Maximum Likelihood-Variante besonders bei sog. Heywood-Fällen mit einer Fehlermeldung ab.
- Ressourcen: Weil die Kommunalitäten iterativ geschätzt werden, kann die Maximum Likelihood durchaus rechenintensiv sein. Hinzu kommt, dass Lösungen mit einer unterschiedlichen Anzahl an Faktoren jeweils einzeln berechnet werden müssen (um die angemessene Faktorzahl einzugrenzen, empfiehlt sich eine vorgeschaltete PAF).

Das Prinzip von Maximum Likelihood

Das Ziel von Maximum Likelihood ist die mittels eines Signifikanztests auf die Grundgesamtheit verallgemeinerbare Extraktion einer vorgegebenen Zahl an Faktoren. Maximum Likelihood entwickelt eine Parameterschätzung, die am wahrscheinlichsten die empirisch beobachtete Korrelationsmatrix rekonstruiert. Die Korrelationen werden dabei durch die inverse Eindeutigkeit der Variablen gewichtet und es wird ein iterativer Algorithmus eingesetzt. Der Chi^2-Test für die Güte der Anpassung (Goodness-of-fit) basiert auf der Abweichung zwischen Modell und beobachteten Daten; fällt dieser Test nicht signifikant aus, so weicht das Modell *in Bezug auf die Faktorzahl* statistisch nicht bedeutsam von den beobachteten Daten ab. Maximum Likelihood schätzt die gesuchten Parameter iterativ und *gleichzeitig*, die Hauptachsen-Faktorenanalyse z.B. dagegen Kommunalitäten und Ladungsmatrix nacheinander.

Beispiel:

Im Gegensatz zur Darstellung bei der Hauptkomponentenanalyse rückt das Beispiel zur Maximum Likelihood die Besonderheiten bei der Vorgehensweise in den Vordergrund. Die erzielten Statistiken werden analog zur Hauptkomponentenanalyse interpretiert und werden nur noch rudimentär erläutert. Stattdessen wird auf mögliche statistische Probleme verwiesen. Ein Studium des vorangegangenen Kapitels zur Hauptkomponentenanalyse ist empfehlenswert. Das Beispiel basiert auf von SPSS mitgelieferten Datensätzen und kann somit selbst nachgerechnet werden („car_sales.sav").

Neun Variablen zur Attraktivität von Automerkmalen in der Werbung sollen zu möglichst wenigen Faktoren zusammengefasst werden. Um welche marketingwissenschaftlich erhobenen Variablen es sich dabei handelt, zeigt die Tabelle „Deskriptive Statistiken".

Deskriptive Statistiken

	Mittelwert	Standard-abweichung	Analyse N
PS	181,28	58,592	117
Radstand	107,326	8,0506	117
Breite	71,190	3,5302	117
Länge	187,718	13,8499	117
Gewicht	3,32405	,597177	117
Tankinhalt	17,813	3,7946	117
Kraftstoffverbrauch	24,12	4,404	117
Preis in Tausend Dollar	25,96949	14,149699	117
Wiederverkaufswert nach 4 Jahren	18,03154	11,605632	117

Die im Anschluss durchgeführten Maximum Likelihoods verfolgen drei Ziele:

- Ziel 1: Eine angemessene Faktorenzahl finden, die mit möglichst wenigen Faktoren möglichst viel Varianz aufklärt.
- Ziel 2: Hervorheben der Besonderheiten beim Vorgehen mit Maximum Likelihood.
- Ziel 3: Hervorheben möglicher statistischer Probleme.

2.5 Durchführung einer Faktorenanalyse

Um eine angemessene Faktorenzahl zu finden, die mit möglichst wenigen Faktoren möglichst viel Varianz aufklärt, wird keine vorgeschaltete PAF durchgeführt, sondern es werden vier Lösungen mit einer unterschiedlichen Anzahl an Faktoren einzeln angefordert. Der Ergebnisteil ist entsprechend folgendermaßen aufgebaut:

- I. Lösungen mit 3 bzw. 4 Faktoren (ausgewählte Tabellen)
- II. Lösung mit 5 Faktoren (ausgewählte Tabellen)
- III. Lösung mit 6 Faktoren (ausgewählte Tabellen)

Vorab kann verraten werden, dass die Lösungen mit 3 bzw. 4 Faktoren Signifikanz erzielen, die Lösung mit 5 Faktoren verfehlt knapp die Signifikanz. Die angeforderte Lösung mit 6 Faktoren führt aufgrund eines Heywood-Falles zum Abbruch von Maximum Likelihood. Da der Output im Wesentlichen analog zur Hauptkomponentenanalyse ist, wird der Fokus der Interpretation der Vergleich der Lösungen mit den unterschiedlichen Faktorzahlen an den wichtigsten SPSS Tabellen sein. Eine vertiefende Interpretation der einzelnen Lösungen wird der Expertise der Anwender überlassen.

Nach der Maussteuerung wird auch kurz die Syntaxsteuerung in Form eines komprimierten SPSS Makros vorgestellt. Die Darstellung der Maussteuerung beschränkt sich auf das Wesentliche.

2. Steuerung (Maus, SPSS Syntax)
Anm.: Der SPSS Datensatz „car_sales.sav" wird zuvor geöffnet.

Pfad: Analysieren → Dimensionsreduzierung → Faktorenanalyse...

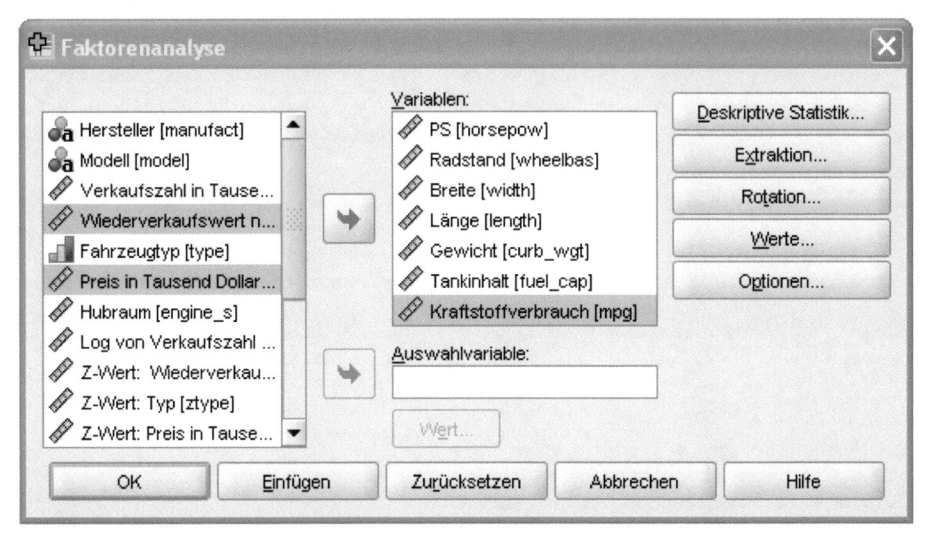

Hauptfenster:
Die zu faktorisierenden Variablen werden aus dem Auswahlfenster links in das Feld „Variablen:" rechts verschoben, z.B. „HORSEPOW" usw.

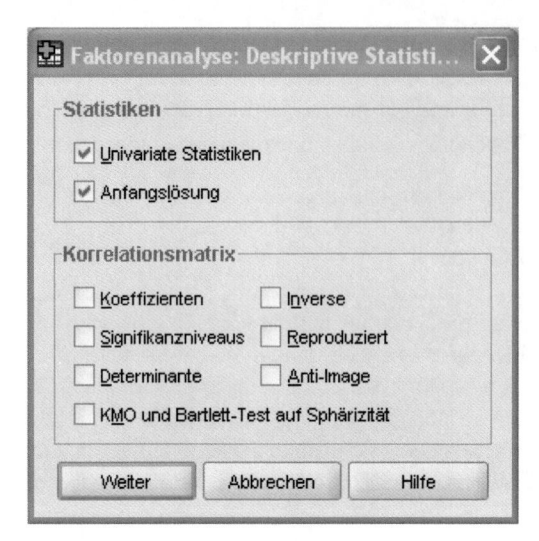

Unterfenster „Deskriptive Statistik...":
Als anzufordernde Statistiken werden die „Univariaten Statistiken" und die „Anfangslösung" aktiviert. Die univariaten Statistiken geben pro Variable die Anzahl der gültigen Fälle, Mittelwert und Standardabweichung an. Die Anfangslösung zeigt die anfänglichen Kommunalitäten, Eigenwerte und den Prozentwert der erklärten Varianz an.

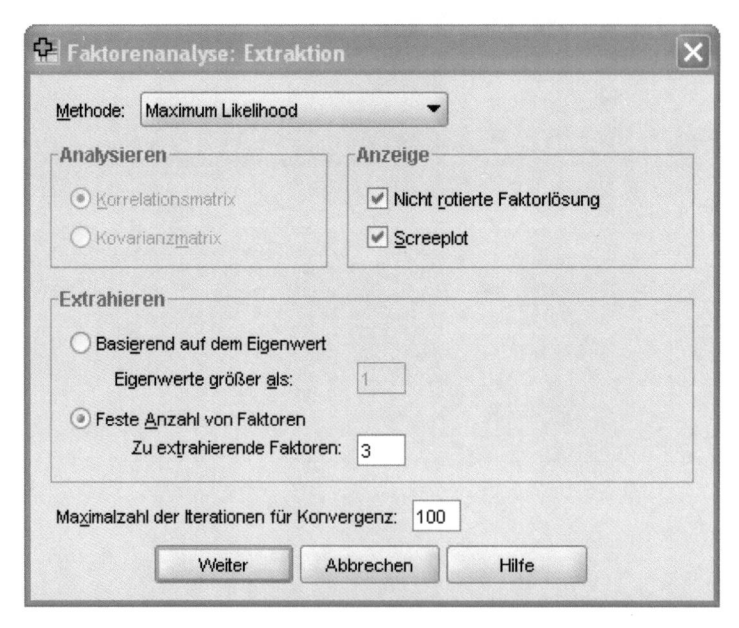

Unterfenster „Extraktion ...":
Unter „Methode" wird Maximum Likelihood gewählt. Unter „Analysieren" wird die voreingestellte Korrelationsmatrix übernommen. Unter „Extrahieren" wird festgelegt, dass 3 Faktoren extrahiert werden sollen. Setzen Sie in den späteren Durchgängen diesen Wert schritt-

2.5 Durchführung einer Faktorenanalyse

weise höher. Unter „Maximalzahl der Iterationen für Konvergenz" wird im Beispiel der Wert 100 eingestellt. Unter „Anzeige" wird ein Scree-Plot der Eigenwerte angefordert. Auch die Anzeige der nicht rotierten Faktorlösung ist erforderlich.

Unterfenster Rotation:
Keine Einstellungen vornehmen bzw. Ausgaben anfordern.

Unterfenster Faktorwerte:
Keine Einstellungen vornehmen bzw. Ausgaben anfordern.

Unterfenster Optionen:
„Listenweiser Fallausschluss" einstellen. Bei „Anzeigeformat für Koeffizienten" die Option „Sortiert nach Größe" ankreuzen.

Klicken Sie auf OK.

Führen Sie anschließend dieselbe Maximum Likelihood durch, indem Sie jeweils die Faktorzahl unter „Extrahieren" schrittweise auf 4, 5, sowie 6 erhöhen.

Syntaxsteuerung:

```
* Maximum Likelihood Makro *.
DEFINE ml_fact (!POS!CHAREND('/')).
!DO !i !IN (!1).
title "Maximum Likelihood mit !i Faktoren".
GET
  FILE='C:\Programme\SPSS\Samples\German\car_sales.sav'.
FACTOR
  /VARIABLES horsepow wheelbas width length
             curb_wgt fuel_cap mpg price resale
  /MISSING LISTWISE
  /ANALYSIS horsepow wheelbas width length
            curb_wgt fuel_cap mpg price resale
  /PRINT UNIVARIATE INITIAL EXTRACTION
  /FORMAT SORT
  /PLOT EIGEN
  /CRITERIA FACTORS(!i) ITERATE(100)
  /EXTRACTION ML
  /ROTATION NOROTATE.
!DOEND
!ENDDEFINE.

ml_fact  3 4 5 6  /.
```

Erläuterung:
Das Makro ML_FACT veranlasst den viermaligen Durchlauf desselben Programms für eine Maximum Likelihood mit einer jeweils anderen Faktorenzahl (3, 4, 5, sowie 6) für eine Lösung (zur Programmierung von Makros mit SPSS vgl. z.B. Schendera, 2005).

Der Befehl FACTOR fordert die Berechnung einer Faktorenanalyse an.
In der Zeile nach /VARIABLES werden alle Variablen aufgeführt, die in die Faktorenanalyse einbezogen werden sollen, z.B. „Horsepow" usw.
Die Option LISTWISE legt nach /MISSING fest, dass bei möglicherweise fehlenden Werten die Methode „Listenweiser Fallausschluss" angewandt werden soll. Weiter stehen „Durch Mittelwert ersetzen" und der „paarweise Fallausschluss" zur Verfügung. Zu den Vor- und Nachteilen dieser Methoden im Umgang mit Missings wird auf Schendera (2007, 119–161) verwiesen.
Die Variablen hinter /ANALYSIS werden für die Berechnung der Faktorenanalyse herangezogen. Hinter ANALYSIS können nur solche Variablen aufgeführt werden, die bereits hinter VARIABLES angegeben waren.
Mittels /PRINT kann angegeben werden, welche Statistiken bzw. Tabellen in der SPSS Ausgabe erscheinen sollen (u.a.): UNIVARIATE: Anzahl der gültigen Fälle, Mittelwerte und Standardabweichungen der Variablen (Tabelle „Deskriptive Statistiken"). CORRELATION: Korrelationsmatrix (Tabelle „Korrelationsmatrix"). SIG: Matrix mit den Signifikanzwerten der Korrelationen (Tabelle „Korrelationsmatrix"). INITIAL: Anfängliche Kommunalitäten für jede Variable, Eigenwerte der nichtreduzierten Korrelationsmatrix, Prozent der erklärten Varianz für jeden Faktor (u.a. Tabelle „Kommunalitäten"). EXTRACTION: Komponentenmatrix, Kommunalitäten, die Eigenwerte jedes ermittelten Faktors, Prozent der erklärten Varianz der Eigenwerte (u.a. Tabelle „Erklärte Gesamtvarianz").
Nach /PLOT wird mit EIGEN der Scree-Plot angefordert. Nach /CRITERIA können Optionen für die Faktorenextraktion angegeben werden. Nach FACTORS(!i) wird vom Makro anstelle des Platzhalters !i in jedem Durchlauf eine andere Faktorzahl für die Extraktion angegeben. Die konkreten Werte werden nach dem Makroaufruf „ml_fact" (letzte Zeile) vorgegeben: 3, 4, 5, sowie 6. ITERATE (100) legt die maximale Anzahl der Iterationen für die Faktorenextraktion fest. Nach /EXTRACTION ist das Extraktionsverfahren angegeben: ML für Maximum Likelihood. Nach /ROTATION ist angegeben, dass nicht rotiert werden soll (NOROTATE). Die Prozedur FACTOR ermittelt auch bei Weglassen des einen oder anderen Unterbefehls eine hinreichende Minimalmenge an Informationen und legt diese in die SPSS Ausgabe ab.

3. Ergebnisse und Interpretation

Der Ergebnisteil besteht aus drei Abschnitten:

- I. Lösungen mit 3 bzw. 4 Faktoren (ausgewählte Tabellen)
- II. Lösung mit 5 Faktoren (ausgewählte Tabellen)
- III. Lösung mit 6 Faktoren (ausgewählte Tabellen)

I. Lösungen mit 3 bzw. 4 Faktoren (ausgewählte Tabellen)

Faktorenanalyse

Nach dieser Überschrift folgt die Ausgabe der Maximum Likelihoods. Die Tabelle „Deskriptive Statistiken" stimmt für alle vier angeforderten Lösungen überein und ist in der Einführung zum Beispiel angegeben.

Kommunalitäten[a]

	Anfänglich	Extraktion
PS	,834	,793
Radstand	,825	,799
Breite	,686	,672
Länge	,836	,999
Gewicht	,881	,895
Tankinhalt	,816	,859
Kraftstoffverbrauch	,773	,780
Preis in Tausend Dollar	,961	,999
Wiederverkaufswert nach 4 Jahren	,946	,936

Extraktionsmethode: Maximum Likelihood.

a. Während der Iterationen sind eine oder mehrere Kommunalitätsschätzungen größer 1 aufgetreten. Die ausgegebene Lösung sollte mit Vorsicht behandelt werden.

Kommunalitäten[a]

	Anfänglich	Extraktion
PS	,834	,855
Radstand	,825	,896
Breite	,686	,693
Länge	,836	,957
Gewicht	,881	,885
Tankinhalt	,816	,894
Kraftstoffverbrauch	,773	,845
Preis in Tausend Dollar	,961	,999
Wiederverkaufswert nach 4 Jahren	,946	,939

Extraktionsmethode: Maximum Likelihood.

a. Während der Iterationen sind eine oder mehrere Kommunalitätsschätzungen größer 1 aufgetreten. Die ausgegebene Lösung sollte mit Vorsicht behandelt werden.

In der Tabelle „Kommunalitäten" werden die Kommunalitäten vor bzw. nach der Extraktion der Faktoren ausgegeben. Die Kommunalitäten nach der Extraktion („Extraktion") werden durch die Faktoren der Lösung erklärt. Die Faktoren der 4-Faktorenlösung (rechts) erklären die Kommunalitäten tendenziell besser als die Faktoren der 3-Faktorenlösung. Eine Ausnahme ist z.B. die Variable „Länge". Der Ausschluss einer „schlechten" Variablen bzw. die Ermittlung eines weiteren Faktors erscheint demnach nicht erforderlich.

Erklärte Gesamtvarianz

Faktor	Anfängliche Eigenwerte			Summen von quadrierten Faktorladungen für Extraktion		
	Gesamt	% der Varianz	Kumulierte %	Gesamt	% der Varianz	Kumulierte %
1	5,284	58,709	58,709	4,481	49,784	49,784
2	2,169	24,105	82,814	2,006	22,289	72,074
3	,639	7,099	89,913	1,245	13,837	85,911
4	,330	3,664	93,577			
5	,228	2,533	96,110			
6	,134	1,491	97,601			
7	,111	1,230	98,831			
8	,083	,921	99,752			
9	,022	,248	100,000			

Extraktionsmethode: Maximum Likelihood.

Die erste Tabelle „Erklärte Gesamtvarianz" gibt Eigenwerte, erklärte Varianz und kumulierte erklärte Varianz für die 3 Faktoren-Lösung wieder.

Erklärte Gesamtvarianz

Faktor	Anfängliche Eigenwerte			Summen von quadrierten Faktorladungen für Extraktion		
	Gesamt	% der Varianz	Kumulierte %	Gesamt	% der Varianz	Kumulierte %
1	5,284	58,709	58,709	3,468	38,533	38,533
2	2,169	24,105	82,814	3,635	40,391	78,924
3	,639	7,099	89,913	,660	7,335	86,260
4	,330	3,664	93,577	,199	2,206	88,466
5	,228	2,533	96,110			
6	,134	1,491	97,601			
7	,111	1,230	98,831			
8	,083	,921	99,752			
9	,022	,248	100,000			

Extraktionsmethode: Maximum Likelihood.

Die zweite Tabelle „Erklärte Gesamtvarianz" gibt Eigenwerte, erklärte Varianz und kumulierte erklärte Varianz für die 4 Faktoren-Lösung wieder. Im rechten Teil der Tabelle „Erklärte Gesamtvarianz" für die 4 Faktoren-Lösung ist zu erkennen, dass die ermittelte erklärte Gesamtvarianz auf 88,5% angestiegen ist, im Vergleich zu 85,9% der 3 Faktoren-Lösung. Ob jedoch wegen nur 2,5% mehr Varianzaufklärung die Berechnung und Interpretation eines neuen Faktors erforderlich sein sollte, ist vor dem Hintergrund von Daten und Theoriemodell abzuwägen. Interessant ist u.a. auch die Verlagerung der Varianz vom ersten auf den zweiten

2.5 Durchführung einer Faktorenanalyse

Faktor: Bei der 3 Faktoren-Lösung erklärten die ersten beiden Faktoren noch 49,8% bzw. 22,3% Varianz. Bei der 4 Faktoren-Lösung erklärten die ersten beiden Faktoren jedoch 38,5% bzw. 40,4% Varianz.

Test auf Güte der Anpassung

Chi-Quadrat	df	Signifikanzgüte
59,254	12	,000

Test auf Güte der Anpassung

Chi-Quadrat	df	Signifikanzgüte
26,806	6	,000

Die Tabelle „Test auf Güte der Anpassung" gibt das Ergebnis des Tests der Nullhypothese daraufhin wieder, ob die gewählte Faktorzahl für die Anpassung des Modells an die beobachteten Daten angemessen war. Da der Chi²-Test für die Modelle mit 3 bzw. 4 Faktoren jeweils statistisch signifikant ausfällt, ist eine höhere Faktorzahl zu wählen.

Beachten Sie bitte die mit zunehmender Faktorzahl rapide abnehmenden Freiheitsgrade (df). Die 3 Faktoren-Lösung weist noch 12 Freiheitsgrade auf, die 4 Faktoren-Lösung jedoch nur noch 6 Freiheitsgrade. Dieses Phänomen wird spätestens bei der 6 Faktoren-Lösung relevant.

Das erste Ziel war, mit möglichst wenigen Faktoren möglichst viel Varianz aufzuklären. Nach dem Test auf Güte der Anpassung deuten beide Lösungen an, jeweils aus statistischer Sicht in Bezug auf die gewählte Faktorzahl nicht angemessen zu sein. Eine Signifikanz eines Chi²-Test kann u.U. auch durch das N der Stichprobe verursacht sein, was im Beispiel bei einem N=12 jedoch ausgeschlossen werden kann. Bevor abschließend das Scree-Plot zur 3 Faktoren-Lösung wiedergegeben wird, werden zuvor die Interkorrelationen der Faktorwerte zum Vergleich nebeneinander gestellt.

Kovarianzmatrix für Faktorwerte

Faktor	1	2	3
1	,999	,000	,000
2	,000	,999	,000
3	,000	,000	,890

Extraktionsmethode: Maximum-Likelihood.

Kovarianzmatrix für Faktorwerte

Faktor	1	2	3	4
1	,999	,000	,000	,000
2	,000	,976	,000	,000
3	,000	,000	,868	,000
4	,000	,000	,000	,605

Extraktionsmethode: Maximum-Likelihood.

Die Tabellen „Kovarianzmatrix für Faktorwerte" geben die Korrelationen der ermittelten Faktorwerte untereinander wieder. In der 4 Faktoren-Lösung (rechts) sind die Korrelationen tendenziell niedriger als in der 3 Faktoren-Lösung (links). Für die Interpretation sind dabei zwei Sichtweisen zu beachten: (a) Je mehr Faktoren extrahiert werden, um so weniger perfekt korrelieren sie mit sich selbst. Innerhalb eines Modells mit n (z.B. 3) Faktoren nehmen die Werte auf der Diagonalen jeweils sukzessive ab. (b) Bei $n+m$ (z.B. 3+1) Faktoren verringern sich die Werte auf der Diagonalen umso stärker, je mehr m zusätzliche Faktoren extrahiert wurden. Die Korrelation des Faktors 3 senkt sich von 0,890 (Tabelle links) auf 0,868 (Tabelle rechts). Untereinander korrelieren die Faktorwerte jedenfalls perfekt zu 0.

Screeplot

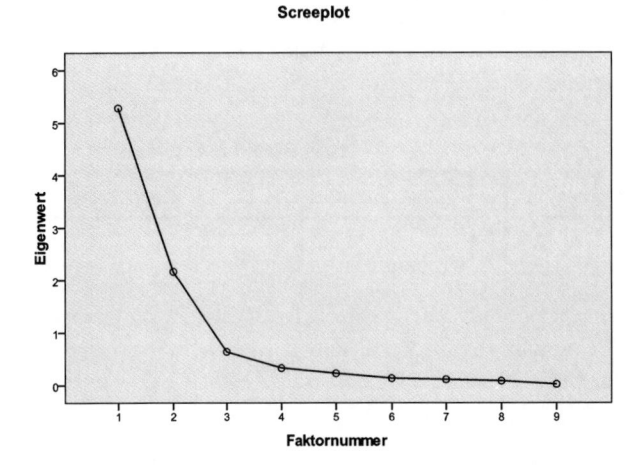

Der Scree-Plot zeigt die Eigenwerte (x-Achse) der anfänglichen Faktoren (y-Achse); ein Scree-Plot visualisiert 100% ursprüngliche Varianz (vgl. „Anfängliche Eigenwerte" in der Tabelle „Erklärte Gesamtvarianz").

Gemäß der Scree-Regel sollen in etwa so viele Faktoren extrahiert werden, bis die Linie (idealerweise an einem deutlichen Knick) in die Horizontale übergeht. Demnach sollten nur zwei Faktoren behalten werden, auch, was die Höhe des Eigenwerts angeht. Im Beispiel befindet sich Faktor 2 eindeutig im steilen Abschnitt, hat einen Eigenwert von ca. 2,2 und liegt somit ebenfalls über dem Mindest-Eigenwert von 1. Der dritte Faktor hat einen Eigenwert um 0,64, und muss wegen der Eigenwert-Schwelle nicht behalten werden. Gemäß der Scree-Regel erscheint es vielversprechend, die bereits durchgeführten Maximum Likelihoods um die Berechnung einer 2 Faktoren-Lösung zu ergänzen (nicht dargestellt).

II. Lösung mit 5 Faktoren (ausgewählte Tabellen)

Erklärte Gesamtvarianz

Faktor	Anfängliche Eigenwerte			Summen von quadrierten Faktorladungen für Extraktion		
	Gesamt	% der Varianz	Kumulierte %	Gesamt	% der Varianz	Kumulierte %
1	5,284	58,709	58,709	4,669	51,880	51,880
2	2,169	24,105	82,814	2,090	23,226	75,106
3	,639	7,099	89,913	,821	9,117	84,223
4	,330	3,664	93,577	,307	3,413	87,636
5	,228	2,533	96,110	,233	2,584	90,219
6	,134	1,491	97,601			
7	,111	1,230	98,831			
8	,083	,921	99,752			
9	,022	,248	100,000			

Extraktionsmethode: Maximum Likelihood.

2.5 Durchführung einer Faktorenanalyse

Die zweite Tabelle „Erklärte Gesamtvarianz" gibt Eigenwerte, erklärte Varianz und kumulierte erklärte Varianz für die 5 Faktoren-Lösung wieder. Im rechten Teil der Tabelle „Erklärte Gesamtvarianz" für die 5 Faktoren-Lösung ist zu erkennen, dass die ermittelte erklärte Gesamtvarianz auf 90,2% angestiegen ist, im Vergleich zu 85,9% der 3 Faktoren-Lösung. Ob man jedoch wegen nur 4,3% mehr Varianzaufklärung die Berechnung und Interpretation zweier neuer Faktoren in Kauf zu nehmen bereit ist, ist vor dem Hintergrund von Daten und Theoriemodell abzuwägen.

Interessant ist u.a. auch hier die Verlagerung der Varianz vom ersten auf den zweiten Faktor: Bei der 3 Faktoren-Lösung erklärten die ersten beiden Faktoren noch 49,8% bzw. 22,3% Varianz. Bei der 5 Faktoren-Lösung erklärten die ersten beiden Faktoren jedoch 51,9% bzw. 23,2% Varianz.

Test auf Güte der Anpassung

Chi-Quadrat	df	Signifikanzgüte
3,113	1	,078

Die Tabelle „Test auf Güte der Anpassung" gibt das Ergebnis des Tests der Nullhypothese daraufhin wieder, ob die gewählte Faktorzahl für das Modell angemessen war. Da der Chi²-Test nicht signifikant ausfällt, ist aus statistischer Sicht das 5-Faktoren-Modell angemessen, um die gemeinsame Varianz der untersuchten Variablen zu erklären. Beachten Sie bitte den Freiheitsgrad (df=1). Dieses Phänomen wird bei der anschließend vorgestellten 6 Faktoren-Lösung relevant.

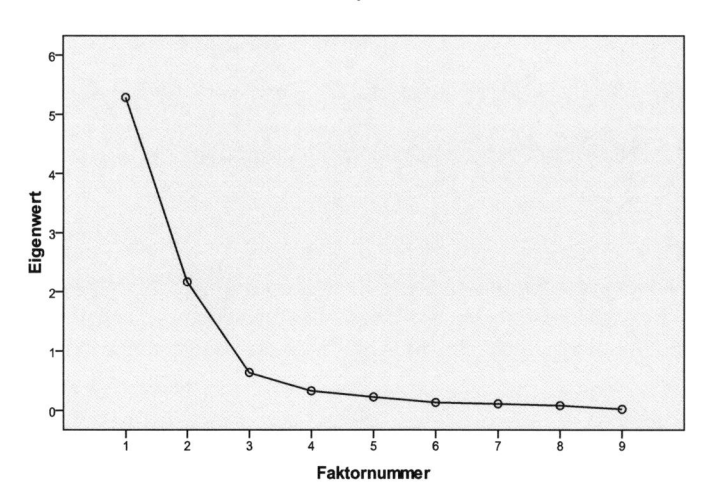

Screeplot

Da der Scree-Plot auf den anfänglichen Faktoren basiert, stimmt es mit dem Scree-Plot der 3 Faktoren-Lösung absolut überein (s.o.). An dieser Stelle ist das zweite Ziel erreicht, das Hervorheben von Besonderheiten beim Vorgehen mit Maximum Likelihood.

III. Lösung mit 6 Faktoren (ausgewählte Tabellen)

Warnungen

Die Anzahl der Freiheitsgrade (-3) ist nicht positiv. Die Faktorenanalyse ist möglicherweise ungeeignet.

Die Ausgabe zur 6 Faktoren-Lösung beginnt mit einer Warnung: Der Hinweis „Die Anzahl der Freiheitsgrade (-3) ist nicht positiv. Die Faktorenanalyse ist möglicherweise ungeeignet". Ursache ist dabei zunächst die abnehmende Anzahl an Freiheitsgraden im Verhältnis zur zunehmenden Anzahl an zu extrahierenden Faktoren. Im Prinzip versucht Maximum Likelihood mehr Parameter zu schätzen, als Elemente in der zugrundeliegenden Korrelationsmatrix vorhanden sind. Ein weiteres Problem ist, wenn die Kommunalität einer Variable 1,0 übersteigt. Man spricht in diesem Fall von sog. Heywood-Fällen.

Im Falle negativer Freiheitsgrade können weder Eigenwerte, erklärte Varianz und kumulierte erklärte Varianz für Faktoren-Lösungen, noch der Test auf Güte der Anpassung berechnet werden.

Ein weiteres Beispiel für einen Heywood-Fall können Anwender selbst untersuchen, indem sie z.B. versuchen, die Daten von Harman (1976[3]) aus 2.5.1 einer Hauptachsen-Faktorenanalyse mit Promax-Rotation zu unterziehen. Die Extraktion wird abbrechen, weil die Kommunalität einer Variablen den Wert 1,0 überschreitet.

Die Prozedur FACTOR von SPSS ist im Gegensatz zu anderen Statistikprogrammen nicht in der Lage, mit Heywood-Fällen umzugehen. In diesem Fall verbleibt nur, die Art und Anzahl der Variablen anzupassen (falls möglich) bzw. die Extraktionsmethode zu wechseln. Ungewichtete kleinste Quadrate (Unweighted least squares, ULS; Jöreskog, 1977) gilt als die beste Alternative zu Maximum Likelihood. Damit ist das dritte Ziel dieses Kapitels erreicht: das Hervorheben möglicher statistischer Probleme bei Maximum Likelihood, und ersten Ansätzen zu ihrer Lösung.

2.5.3 Beispiel 3: Hauptachsen-Faktorenanalyse (PAF): Fokus: Rotation (Maus)

Die Hauptachsen-Faktorenanalyse (principal axis factor analysis; PAF, PA2) zählt neben der Hauptkomponentenanalyse zu den ältesten und auch beliebtesten Extraktionsmethoden. Das Ziel einer Hauptachsen-Faktorenanalyse ist die Reduktion komplexer Daten auf einfache Strukturen. Die Hauptachsen-Faktorenanalyse bietet als Methode der Faktorextraktion diverse Vorzüge (u.a.):

- Modellbildung: Die Hauptachsen-Faktorenanalyse ermöglicht (latente) Faktoren aus der Varianz linear interkorrelierender Variablen zu extrahieren. Diese Eigenschaft ist v.a. für die Modellbildung interessant, z.B. bei der Konstruktion einer psychometrischen Skala.
- Datenreduktion: Reduktion einer großen Anzahl an Variablen auf wenige *Faktoren* (z.B. zur Modellbildung). Die extrahierten Faktoren können als „fehlerfrei" interpretiert werden (vgl. dagegen die Hauptkomponentenanalyse).

- Rotation: Rotationen helfen, die extrahierten Faktoren durch das Anstreben einer sog. Einfachstruktur besser interpretieren zu können. Die rotierten Faktoren sind in einer solchen Struktur einfacher zu interpretieren, vorausgesetzt, dass sie auch möglichst viel Varianz erklären.
- Faktorenzahl: Die Anzahl der extrahierenden Faktoren braucht vor der Analyse nicht bekannt zu sein. Diverse Kriterien unterstützen den Anwender bei der Festlegung der angemessenen Faktorzahl.

Diesen Vorzügen stehen mehrere Nachteile der Hauptachsen-Faktorenanalyse gegenüber (u.a.):

- Die generelle Übertragbarkeit des Einfachstruktur-Axioms auf jegliche empirische Realität ist unklar.
- Die extrahierten Faktoren repräsentieren keine Lineargleichung der beobachteten Variablen (vgl. dagegen die Hauptkomponentenanalyse).
- Die Hauptachsen-Faktorenanalyse enthält keinen Signifikanztest (vgl. dagegen ML, GLS, ULS), und ist daher weniger für die konfirmatorische Faktorenanalyse geeignet.
- Lösungen einer Hauptachsen-Faktorenanalyse sind keine generellen, sondern üblicherweise stichprobenabhängige Lösungen (vgl. das R^2-Problem).
- Suboptimale asymptotische Qualitäten: Maximum Likelihood erzeugt in großen Stichproben bessere Schätzer als die Hauptachsen-Faktorenanalyse. Die Hauptachsen-Faktorenanalyse ist darüber hinaus nicht immun gegenüber sog. Heywood-Fällen.
- Die mathematische Komplexität der Verfahrensvarianten (u.a. der Phasen „Extraktion" und „Rotation"), wie auch der in SPSS einstellbaren Optionen überfordert viele Anwender (bereits MacCallum, 1983).

Die Hauptachsen-Faktorenanalyse ist ausgesprochen mächtig und liefert entsprechend umfangreichen Output. Aus didaktischen Gründen wird nun ein Beispiel auf zwei separate Kapitel mit unterschiedlichen Schwerpunkten aufgeteilt: Dieses Kapitel (2.5.3) behandelt anhand dieses Beispiels zunächst die Anwendung und Interpretation ausgewählter *Rotationsmethoden*. Als Bedienweise wird die (zu wiederholende) Mausführung erläutert. Trotz unterschiedlicher Rotationen stimmen die *vorher* ausgegebenen Statistiken ausnahmslos überein. Die ausgegebenen Tabellen für *Statistiken* werden separat im anschließenden Kapitel 2.5.4 behandelt. Als alternative Bedienweise wird in diesem Kapitel die Syntaxsteuerung erläutert.

1. Einführung und Beispiel
Im Rahmen einer explorativen Faktorenanalyse (EFA) werden ein und dieselben Daten einer Hauptachsen-Faktorenanalyse (PAF) und verschiedenen Rotationsmethoden unterzogen (vgl. Browne, 2001). Anhand einer ersten Übersicht wird in Kapitel 2.5.4 schließlich die Lösung gewählt, die die statistischen und inhaltlichen Kriterien am besten erfüllt.

Im Rahmen einer Untersuchung zum Wachstum von Pflanzen wurde eine Reihe von Variablen erhoben. Die Daten erfassen zahlreiche Parameter des Bodens und der Luft, sowie das Anfangsgewicht der Pflanzen. Diese Daten möchte man auf jeweils zwei einfach zu interpretierende Faktoren reduzieren (2 Faktoren-Lösung). Als Extraktionsmethode wird die Hauptachsen-Faktorenanalyse eingesetzt. Mit derselben Methode und denselben Daten werden nacheinander die Rotationen Varimax, Quartimax, Oblimin (direkt), sowie Promax (in dieser Reihenfolge) vorgenommen.

2. Bedienung (Maus)
Zunächst wird der SPSS Datensatz „Dünger.sav" geöffnet.

Pfad: Analysieren → Dimensionsreduzierung → Faktorenanalyse...

Hauptfenster:
Die zu faktorisierenden Variablen werden aus dem Auswahlfenster links in das Feld „Variablen:" rechts verschoben, z.B. „AGEWICHT" usw.

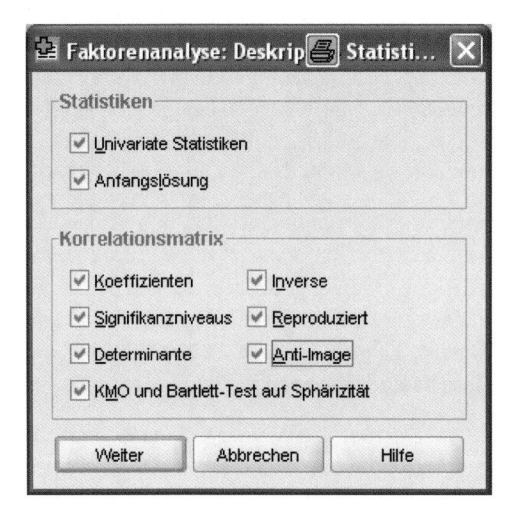

2.5 Durchführung einer Faktorenanalyse

Unterfenster „Deskriptive Statistik...":
Als anzufordernde Statistiken werden die „Univariaten Statistiken" und die „Anfangslösung" aktiviert. Die univariaten Statistiken geben pro Variable die Anzahl der gültigen Fälle, Mittelwert und Standardabweichung an. Die Anfangslösung zeigt die anfänglichen Kommunalitäten, Eigenwerte und den Prozentwert der erklärten Varianz an. Für die Korrelationsmatrix werden die Optionen „Koeffizienten", „Signifikanzniveaus", „Determinante", „Inverse", „Reproduziert", „Anti-Image" und „KMO und Bartlett-Test auf Sphärizität" angefordert. KMO (Kaiser-Meyer-Olkin-Maß) prüft, ob die partiellen Korrelationen zwischen Variablen klein sind. Der Bartlett-Test auf Sphärizität prüft, ob die Korrelationsmatrix eine Einheitsmatrix ist. „Reproduziert" zeigt u.a. die geschätzte Korrelationsmatrix aus der Faktorlösung, sowie Differenzen zwischen geschätzten und beobachteten Korrelationen) an. Mittels „Anti-Image" wird die Anti-Image-Korrelationsmatrix angefordert; auf ihrer Diagonalen kann die Stichprobeneignung einer Variablen abgelesen werden.

Nicht immer sind alle angeforderten Statistiken in der Ausgabe zu finden. Die tats. Ausgabe hängt u.a. von der gewählten Datenmatrix ab (METHOD=) ab; davon betroffen sind z.B. „Determinante" oder „Invers". Die Ausgabe weiterer Statistiken kann ebenfalls durch Eigenschaften der Datenmatrix bestimmt sein, die Ausgabe des KMO hängt z.B. von einer ausreichend großen Anzahl von Fällen ab.

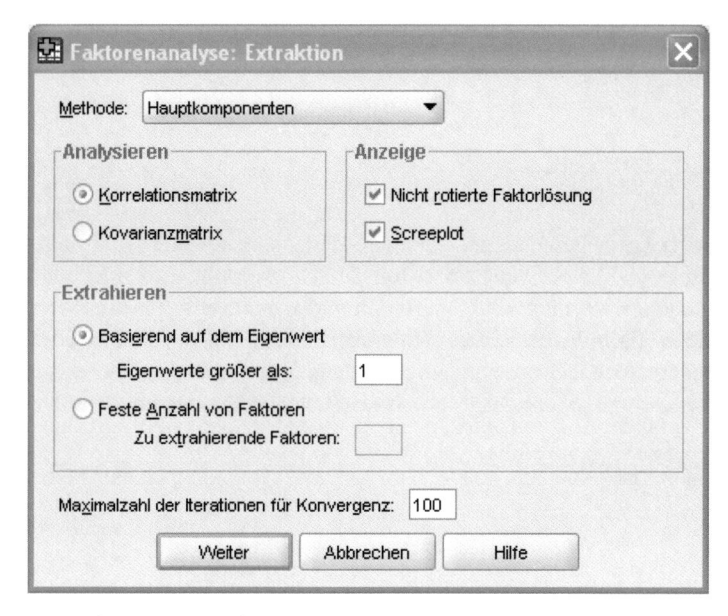

Unterfenster „Extraktion ...":
Unter „Methode" wird die Hauptachsen-Faktorenanalyse gewählt. Unter „Analysieren" wird als Matrix die Korrelationsmatrix angegeben. Die Korrelationsmatrix ist dann zu bevorzugen, wenn die Variablen in der Analyse (wie z.B. in diesem Beispiel) unterschiedliche Einheiten aufweisen, also z.B. mittels unterschiedlicher Skalen gemessen wurden. Eine Kovarianzmatrix ist dagegen dann nützlich, wenn die Faktorenanalyse an mehreren Gruppen mit unterschiedlichen Varianzen der einzelnen Variablen vorgenommen werden soll. Unter „Ex-

trahieren" wird festgelegt, dass 2 Faktoren extrahiert werden sollen. Alternativ können alle Faktoren mit einem Eigenwert größer als 1 behalten werden. Unter „Maximalzahl der Iterationen für Konvergenz" wird im Beispiel der Wert 100 übergeben. Der von SPSS für die Extraktion vorgegebene Wert (25) ist erfahrungsgemäß als Maximalzahl an Schritten, die der Algorithmus zum Schätzen der Lösung benötigen darf, oft nicht ausreichend, und die Iterationen werden vor dem Erreichen einer Lösung entsprechend unnötig vorzeitig abgebrochen. Unter „Anzeige" wird ein Scree-Plot der Eigenwerte angefordert. Auch die Anzeige der nicht rotierten Faktorlösung ist erforderlich.

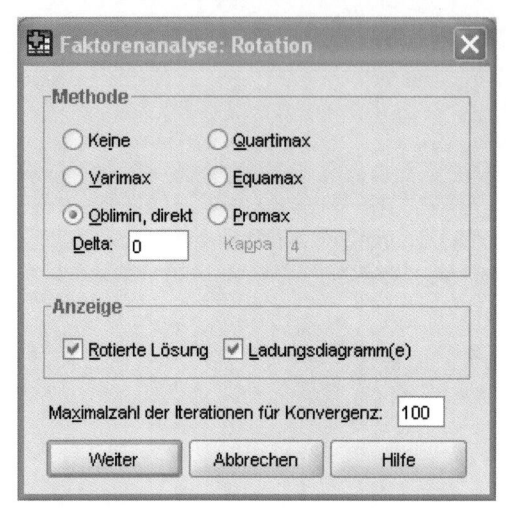

Unterfenster „Rotation ...":
Als „Methode" wird im ersten Durchgang Varimax angefordert, dann jeweils Quartimax, Oblimin (direkt), sowie Promax. Die Abbildung überspringt das unkomplizierte Anfordern der beiden orthogonalen Rotationen Varimax und Quartimax und gibt bereits das Anfordern der obliquen Rotationsmethode Oblimin bei einem (voreingestellten) Delta von 0 wieder. Unter „Anzeige" werden die rotierte Lösung und die Ladungsdiagramme für die ersten Komponenten angefordert, in diesem Fall die ausgesprochen nützlichen Faktorendiagramme.

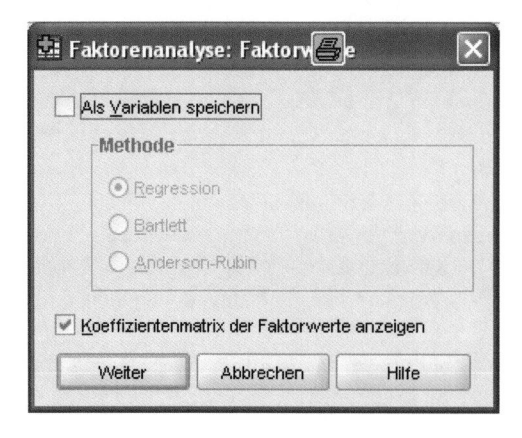

2.5 Durchführung einer Faktorenanalyse

Unterfenster „Werte ...":
Die Option „Koeffizientenmatrix der Faktorwerte anzeigen" aktivieren. Dadurch werden die Koeffizienten angezeigt, mit denen die Variablen multipliziert werden, um die Faktorwerte zu erhalten. Außerdem werden dadurch auch die Korrelationen zwischen den Faktorwerten angefordert.

Unterfenster „Optionen ...":
Bei „Fehlende Werte" wird festgelegt, dass möglicherweise fehlende Werte mit der Methode „Listenweiser Fallausschluss" behandelt werden sollen. Weiter stehen „Durch Mittelwert ersetzen" und der „paarweise Fallausschluss" zur Verfügung. Zu den Vor- und Nachteilen dieser Methoden im Umgang mit Missings wird auf Schendera (2007, 119–161) verwiesen.

Führen Sie nun diese Einstellungen viermal hintereinander aus. Ändern Sie dabei nur die Rotationsmethode: Beginnen Sie bei Varimax. Ändern Sie die Rotationsmethode dann vor dem nächsten Durchlauf auf Quartimax, dann auf Oblimin (direkt), sowie abschließend Promax.

3. Ergebnisse und Interpretation
Der Output ist in die Erläuterung der Faktormatrix *vor* der jeweiligen Rotation (I.), sowie Faktorenmatrizen *nach* der Rotation (II.) unterteilt. Es werden jeweils Tabellen und Faktordiagramme erläutert.

I. Anfängliche Faktorenmatrix (vor der Rotation)
In der anfänglichen Faktorenmatrix („anfänglich", da *vor* der Rotation), sind die ausgegebenen Lösungen bereits im 2dimensionalen schwer zu interpretieren, da die Variablen erfahrungsgemäß auf mehreren Faktoren laden. Der Interpretation liegt das Konzept der Referenzachsen zugrunde. Das Ziel ist daher, die verteilten Variablen so zu „drehen" (im 2dimensionalen Raum z.B. um den Schnittpunkt der x- und y-Achsen), so dass die Variablen idealerweise *auf* den Achsen zu liegen kommen.

Die folgende Abbildung „Anfängliche Faktormatrix" ist nicht Bestandteil der SPSS Ausgabe, sondern wurde vom Verfasser erzeugt. Die „Koordinaten" aus der darunter angegebenen Tabelle „Faktormatrix" wurden dazu in eine SPSS Datei übertragen und mittels eines überarbeiteten Streudiagramms ausgegeben.

Anfängliche Faktormatrix

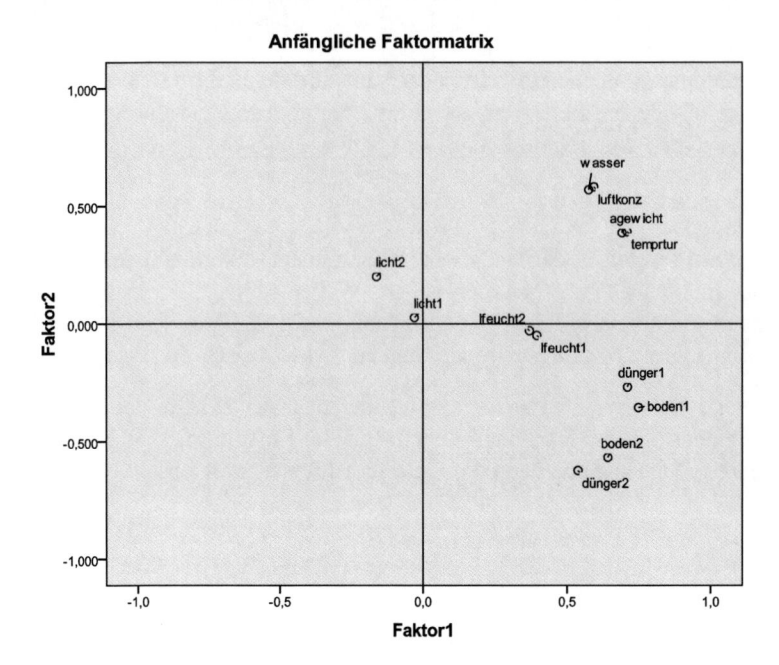

Die obere Abbildung zeigt die extrahierten Daten *vor* einer Rotation. Die Ladungswerte bzw. „Koordinaten" stammen aus der unten angegebenen Tabelle „Faktorenmatrix". Die Variable „Licht 1" (fast perfekt im Achsenkreuz) lädt z.B. auf Faktor 1 mit -0,030 und auf Faktor2 mit 0,027. Die Variable „Dünger 2" (fast perfekt auf der Diagonalen im Quadranten unten rechts) lädt z.B. auf Faktor 1 mit 0,538 und auf Faktor 2 mit -0,624. Die Werte sollten idealerweise auf den Achsen der Matrix liegen. Die Linien repräsentieren dabei die beiden latenten Faktoren bzw. Faktorvariablen (bei einer 2 Faktoren-Lösung) mit den ermittelten Werten.

Die Abbildung veranschaulicht auch, wie ein Ergebnis *nach* einer Rotation *nicht* aussehen sollte, nämlich, dass die Daten inmitten der Quadranten liegen bzw. genauer: auf den Diagonalen innerhalb der Quadranten. So ist unklar, ob eine Variable eher zu Faktor 1 oder Faktor 2 „gehört". Bei den Daten in der Abbildung handelt es sich jedoch noch um die unrotierten Daten. Würden die unrotierten Ladungen bereits auf den Achsen liegen, wäre eine Rotation eigentlich nicht erforderlich. Da die Daten jedoch nicht auf den Achsen liegen, ist eine Rotation angebracht. Die folgende Tabelle „Faktorenmatrix" enthält die Ladungen bzw. „Koordinaten" der unrotierten Daten, wie sie in dem oben angegebenen Diagramm für die nonrotierten Werte veranschaulicht wurden. Diese Tabelle „Faktorenmatrix" ist für alle vier Durchläufe identisch.

Faktorenmatrix[a]

	Faktor	
	1	2
Ausgangsgewicht	,692	,388
Temperatur	,710	,392
Dünger 1	,711	-,268
Dünger 2	,538	-,624
Licht 1	-,030	,027
Bodenkonzentration 1	,749	-,355
Bodenkonzentration 2	,642	-,568
Licht 2	-,164	,202
Wassermenge	,575	,570
Luftfeuchtigkeit 1	,395	-,049
Luftkonzentration	,593	,582
Luftfeuchtigkeit 2	,369	-,029

Extraktionsmethode: Hauptachsen-Faktorenanalyse.
a. 2 Faktoren extrahiert. Es werden 7 Iterationen benötigt.

Hinweis: In den „Transformationsmatrizen" (vgl. 2.5.4) kann das Ausmaß der Höhe der Rotation pro Variable abgelesen werden.

II. Faktorenmatrizen nach der Rotation (Tabellen und Faktordiagramme)
Bekanntlich ist eine Rotation der Versuch, die Beschreibung von Variablen in Bezug auf die zugrundeliegenden Faktoren, und damit ihrer beider Interpretation zu vereinfachen. Das Ziel aller Rotationsverfahren ist, eine sogenannte Einfachstruktur zu erzielen, d.h. Faktoren mit wenigen hohen und ansonsten niedrigen Ladungen zu ermitteln.

Hinweis: SPSS gibt in der Tabelle „Faktor-Transformationsmatrix" die Werte aus, mit denen die nonrotierte Faktorenmatrix in die rotierte Faktorenmatrix umgerechnet wurde (jeweils nicht ausgegeben). Je größer die Werte neben der Diagonalen im Betrag, desto größer war die Rotation.

Nach der anfänglichen Faktorextraktion sind die Faktoren unkorreliert. Werden die Faktoren *orthogonal* rotiert, bleiben die rotierten Faktoren weiterhin unkorreliert.

VARIMAX

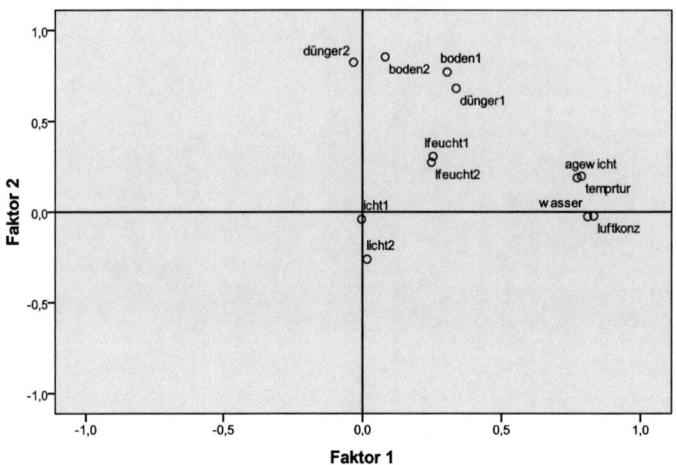

Faktordiagramm im gedrehten Faktorbereich

[Streudiagramm mit Faktor 1 (x-Achse) und Faktor 2 (y-Achse); Variablen: dünger2, boden2, boden1, dünger1, lfeucht1, lfeucht2, licht1, licht2, agewicht, temprtur, wasser, luftkonz]

Das Varimax-Kriterium (Kaiser, 1958) strebt eine Vereinfachung der Faktoren an. Pro Faktor sollen einige Variablen hoch, alle übrigen aber möglichst gering laden. Dadurch erhöht Varimax die Interpretierbarkeit des jeweiligen *Faktors*.

Die obere Abbildung zeigt nun die eingangs dargestellten Daten *nach* einer Rotation (Varimax). Die Ladungswerte bzw. „Koordinaten" stammen aus der unten angegebenen Tabelle „Rotierte Faktorenmatrix". Die Variable „Dünger 2" (vorher fast perfekt auf der Diagonalen im Quadranten unten rechts; Faktor 1: 0,538, Faktor 2: -0,624) liegt nach der Rotation annähernd perfekt auf der Achse von Faktor 1 mit 0,823 und auf Faktor2 mit -0,032. Auch alle weiteren Variablen wurden (mit Ausnahme der „Licht"- und Luftfeuchtigkeit"-Variablen) durch Rotation aus ihrer ursprünglichen Lage auf den Diagonalen innerhalb der vier Felder auf das Achsenkreuz gedreht.

Dass sich die „Licht"- und „Luftfeuchtigkeit"-Variablen nicht haben rotieren lassen, hat u.a. damit zu tun, dass die gewählte 2 Faktoren-Lösung zwar zur Veranschaulichung einer Rotation geeignet ist, jedoch zur Faktorisierung der Variablen eine höhere Faktorzahl benötigt. Anders ausgedrückt: Wenn sich Variablen nicht rotieren lassen, dann deshalb, weil sie (noch) zu keinem Faktor gehören. Variablen *können* deshalb einem noch nicht vorhandenen Faktor noch nicht „zurotiert" werden. Der Anwender sei an dieser Stelle daher angeregt, in einer Replikation z.B. die „Licht"- und „Luftfeuchtigkeit"-Variablen aus der Analyse auszuschließen bzw. in einem anspruchsvolleren Schritt die Faktorzahl von 2 z.B. auf 3 zu erhöhen.

Das Faktordiagramm veranschaulicht mit Ausnahme der „Licht"- und „Luftfeuchtigkeit"-Variablen auch, wie ein Ergebnis *nach* einer Rotation aussehen sollte: Die Daten liegen auf bzw. in der Nähe der Achsen. Das Faktordiagramm veranschaulicht auch den Bias von Varimax: Trotz Rotation und damit anderer Lage im Achsenkreuz bleiben die räumlichen Verhältnisse der Variablen untereinander, und damit auch zu den latenten Faktoren selbst unverändert.

2.5 Durchführung einer Faktorenanalyse

Die folgende Tabelle „Rotierte Faktorenmatrix" enthält die Ladungen bzw. „Koordinaten" der rotierten Daten, wie sie in dem oben angegebenen Faktordiagramm angezeigt wurden.

Rotierte Faktorenmatrix[a]

	Faktor 1	Faktor 2
Ausgangsgewicht	,771	,188
Temperatur	,787	,196
Dünger 1	,338	,681
Dünger 2	-,032	,823
Licht 1	-,003	-,040
Bodenkonzentration 1	,306	,770
Bodenkonzentration 2	,083	,853
Licht 2	,017	-,259
Wassermenge	,809	-,026
Luftfeuchtigkeit 1	,256	,305
Luftkonzentration	,831	-,022
Luftfeuchtigkeit 2	,250	,273

Extraktionsmethode: Hauptachsen-Faktorenanalyse.
Rotationsmethode: Varimax mit Kaiser-Normalisierung.

a. Die Rotation ist in 3 Iterationen konvergiert.

QUARTIMAX

Faktordiagramm im gedrehten Faktorbereich

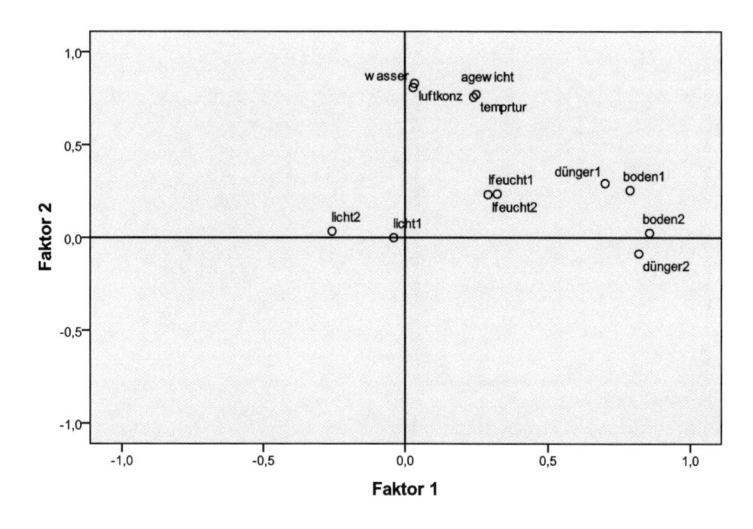

Das Quartimax-Kriterium (Neuhaus & Wrigley, 1954) strebt eine Vereinfachung der Variablen an. Die Varianz einer Variablen entfällt auf ein Minimum von Faktoren. Dadurch erhöht Quartimax die Interpretierbarkeit der jeweiligen *Variablen*.

Die obere Abbildung zeigt nun die eingangs dargestellten Daten *nach* einer Rotation (Quartimax). Die Ladungswerte bzw. „Koordinaten" stammen aus der unten angegebenen Tabelle „Rotierte Faktorenmatrix". Die Variable „Dünger 2" (vor der Rotation perfekt auf der Diagonalen im Quadranten unten rechts; Faktor 1: 0,538, Faktor 2: -0,624) liegt nach der Rotation annähernd perfekt auf der Achse von Faktor 1 mit 0,819 und auf Faktor 2 mit -0,086 (Varimax: Faktor 1: 0,823, Faktor 2: -0,032). Auch alle weiteren Variablen wurden (diesmal nur mit Ausnahme der „Licht"-Variablen) durch Rotation aus ihrer ursprünglichen Lage auf das Achsenkreuz gedreht.

Das Faktordiagramm veranschaulicht mit Ausnahme der „Licht"-Variablen auch, wie ein Ergebnis *nach* einer Rotation aussehen sollte: Möglichst alle Variablen liegen auf bzw. in der Nähe der Achsen. Das Faktordiagramm veranschaulicht auch den Bias von Quartimax: Quartimax strebt tendenziell die Erklärung der Gesamtvarianz durch einen Faktor an. Dies mag eine Erklärung dafür sein, warum die ursprünglich eher unbestimmten „Luftfeuchtigkeit"-Variablen nun eher Faktor 1 zurotiert wurden

Die folgende Tabelle „Rotierte Faktorenmatrix" enthält die Ladungen bzw. „Koordinaten" der rotierten Daten, wie sie in dem oben angegebenen Faktordiagramm angezeigt wurden.

Rotierte Faktorenmatrix[a]

	Faktor	
	1	2
Ausgangsgewicht	,238	,757
Temperatur	,248	,772
Dünger 1	,701	,292
Dünger 2	,819	-,086
Licht 1	-,040	,000
Bodenkonzentration 1	,789	,255
Bodenkonzentration 2	,857	,026
Licht 2	-,258	,034
Wassermenge	,028	,809
Luftfeuchtigkeit 1	,321	,235
Luftkonzentration	,033	,831
Luftfeuchtigkeit 2	,289	,232

Extraktionsmethode: Hauptachsen-Faktorenanalyse.
Rotationsmethode: Quartimax mit Kaiser-Normalisierung.
a. Die Rotation ist in 3 Iterationen konvergiert.

Nach einer orthogonalen Rotation bleiben die Faktoren unkorreliert. Werden die Faktoren jedoch *oblique* rotiert, sind die rotierten Faktoren u.U. korreliert.

OBLIMIN, direkt

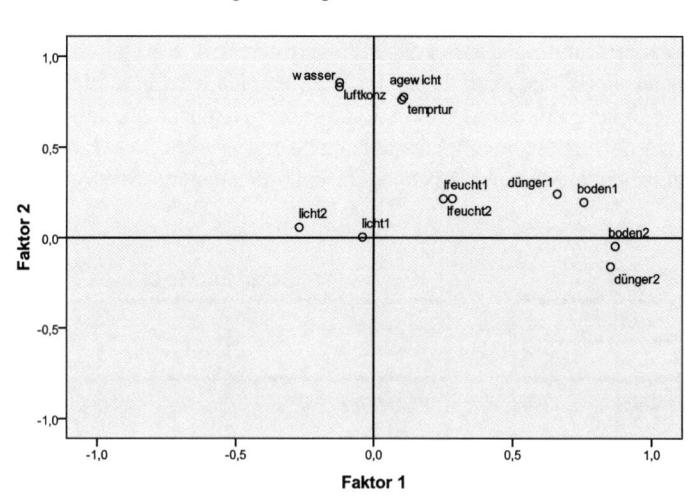

Faktordiagramm im gedrehten Faktorbereich

Das direkte Oblimin-Kriterium (Jennrich & Sampson, 1966) strebt ebenfalls eine Vereinfachung der Faktoren an. Direktes Oblimin vereinfacht Faktoren, indem es ihre Interkorrelation über den Parameter Delta anpasst. Es wurde eine Rotation mit Delta=0 vorgenommen.

Die obere Abbildung zeigt nun die eingangs dargestellten Daten *nach* einer Rotation (Direktes Oblimin, Delta=0). Die Ladungswerte bzw. „Koordinaten" stammen aus der unten angegebenen Tabelle „Mustermatrix". Die Variable „Dünger 2" (vor der Rotation perfekt auf der Diagonalen im Quadranten unten rechts; Faktor 1: 0,538, Faktor 2: -0,624) liegt nach der Rotation annähernd perfekt auf der Achse von Faktor 1 mit 0,852 und auf Faktor 2 mit -0,160 (Quartimax: Faktor 1: 0,819, Faktor 2: -0,086; Varimax: Faktor 1: 0,823, Faktor 2: -0,032). Auch alle weiteren Variablen wurden (diesmal wieder nur mit Ausnahme der „Licht"-Variablen) durch Rotation aus ihrer ursprünglichen Lage auf das Achsenkreuz gedreht. Wichtig ist als Zwischenergebnis außerdem, dass sich die Positionen nach einer Rotation (sei sie orthogonal, sei sie oblique) bislang nur marginal unterscheiden. Die folgende Tabelle „Mustermatrix" enthält die Ladungen bzw. „Koordinaten" der rotierten Daten, wie sie in dem oben angegebenen Faktordiagramm angezeigt wurden.

Hier gibt es nun bei den obliquen Verfahren eine Besonderheit im Vergleich zu den orthogonalen Rotationsverfahren: Bei orthogonalen Verfahren wird außer „Faktorenmatrix" nur eine weitere Tabelle ausgegeben („Rotierte Faktorenmatrix"), bei obliquen Rotationsverfahren dagegen zwei Tabellen, die „Mustermatrix" und die „Strukturmatrix". Der Hintergrund ist der (vgl. auch Harman, 1976[3], 20–24):

Bei einer orthogonalen Rotation (und damit nonkorrelierten Faktoren) sind die Ladungen auf den extrahierten Faktoren und die Korrelationen zwischen Faktoren und den Variablen identisch, und ergeben daher nur eine Tabelle („Rotierte Faktorenmatrix"). Bei einer obliquen

Rotation (sofern die Faktoren korrelieren) sind die Ladungen auf den extrahierten Faktoren, und die Korrelationen zwischen Faktoren und den Variablen dagegen verschieden. Die *Strukturmatrix* enthält die unbereinigten *Korrelationen* zwischen Variablen und Faktoren, die *Mustermatrix* enthält dagegen bereinigten Korrelationen zwischen Variablen und Faktoren als *Ladungen*. Sind die Faktoren korreliert, also im obliquen Fall, entspricht die Mustermatrix *nicht* der Strukturmatrix. Sind die Faktoren dagegen nonkorreliert, also im orthogonalen Fall, entspricht die Mustermatrix der Strukturmatrix (weil es nichts zu bereinigen gab). Das oben ausgegebene Faktordiagramm basiert nicht auf der Faktorenmatrix, sondern auf der Mustermatrix (vgl. z.B. die „Koordinaten" der Variablen „Ausgangsgewicht", AGEWICHT). Die Ausführungen zu Struktur- und Mustermatrix werden nach den beiden SPSS Tabellen fortgesetzt.

Mustermatrix[a]

	Faktor 1	Faktor 2
Ausgangsgewicht	,099	,762
Temperatur	,106	,776
Dünger 1	,659	,242
Dünger 2	,852	-,160
Licht 1	-,041	,003
Bodenkonzentration 1	,756	,195
Bodenkonzentration 2	,868	-,047
Licht 2	-,269	,058
Wassermenge	-,125	,833
Luftfeuchtigkeit 1	,283	,216
Luftkonzentration	-,124	,855
Luftfeuchtigkeit 2	,250	,214

Extraktionsmethode: Hauptachsen-Faktorenanalyse.
Rotationsmethode: Oblimin mit Kaiser-Normalisierung.
a. Die Rotation ist in 8 Iterationen konvergiert.

Strukturmatrix

	Faktor 1	Faktor 2
Ausgangsgewicht	,300	,788
Temperatur	,311	,804
Dünger 1	,723	,416
Dünger 2	,809	,065
Licht 1	-,040	-,008
Bodenkonzentration 1	,807	,395
Bodenkonzentration 2	,856	,182
Licht 2	-,254	-,014
Wassermenge	,095	,800
Luftfeuchtigkeit 1	,340	,290
Luftkonzentration	,102	,823
Luftfeuchtigkeit 2	,307	,281

Extraktionsmethode: Hauptachsen-Faktorenanalyse.
Rotationsmethode: Oblimin mit Kaiser-Normalisierung.

Aus einer anderen Perspektive betrachtet begründet sich die Berechnung beider Matrizen mit der Interpretation einer Rotation korrelierter Faktoren: Eine oblique Rotation kann zu korrelierten Faktoren führen. Korrelationen als Maße reichen jedoch zur Interpretation nicht aus, da sie nicht um den Effekt der anderen, korrelierten Faktoren bereinigen. In der Folge ist eine bloße Korrelation kein eindeutiges Maß dafür, welche Bedeutung ein Faktor für das Erklären einer Variablen hat. Die ‚übliche' „Rotierte Faktorenmatrix" enthält somit nicht ausreichende Informationen zur Interpretation der Faktoren. Um den Effekt besser auseinanderhalten werden können, wird bei den ‚üblichen' Korrelationen der Effekt der weiteren Faktoren im obliquen Modell herauspartialisiert. Dies ist der Grund, warum bei bei bei obliquen Rotationen

2.5 Durchführung einer Faktorenanalyse

auf die „Mustermatrix" und die „Strukturmatrix" zurückgegriffen werden muss: Im Falle korrelierter Faktoren *muss* die Varianz, die ein Faktor erklärt, auf zwei Arten erklärt werden: Der Effekt anderer Faktoren wird bei der Berechnung berücksichtigt (*Ladung*, „Mustermatrix") und zum Vergleich auch nicht (*Korrelation*, „Strukturmatrix").

Die *Mustermatrix* (syn.: pattern structure, pattern) ermittelt die Varianz, die ein Faktor unter der Berücksichtigung anderer Faktoren erklärt (*Ladung*). Die Mustermatrix gibt die Semipartial-Korrelationen zwischen Variablen und den gemeinsamen Faktoren wieder, nachdem aus jedem gemeinsamen Faktor der Effekt aller anderen gemeinsamen Faktoren herauspartialisiert wurde. Jede Zeile einer Mustermatrix entspricht daher einer Regressionsgleichung, bei der jede (standardisierte) Variable als eine Funktion der Faktoren ausgedrückt wird (und um den Einfluss anderer Faktoren bereinigt wird).

Die *Strukturmatrix* (syn.: factor structure, structure) ermittelt die Varianz, die ein Faktor erklärt, ohne dass ein möglicher Effekt anderer Faktoren berücksichtigt wird (*Korrelation*). Die Strukturmatrix gibt „nur" die Korrelationen zwischen Variablen und den gemeinsamen Faktoren wieder. Sind die Faktoren korreliert, also im obliquen Fall, entspricht die Mustermatrix *nicht* der Faktorenmatrix; im orthogonalen Fall entspricht die Mustermatrix der Strukturmatrix.

Bei der Interpretation sollten üblicherweise zunächst die Mustermatrix mit der Faktorenmatrix, und anschließend die Mustermatrix mit der Strukturmatrix jeweils auf substantielle Unterschiede hin miteinander verglichen werden. Anschließend sollte, je nach Ergebnislage, entweder mit der Mustermatrix (bei non- oder marginal korrelierten Faktoren) oder der Strukturmatrix (bei korrelierten Faktoren), idealerweise jedoch beiden Matrizen weitergearbeitet werden, um den potentiellen Effekt der Faktoren im Modell abschätzen zu können.

Im Beispiel unterscheiden sich die Muster- und Faktorenmatrix: Man kann nicht von einem orthogonalen Fall ausgehen. Die Unterschiede zwischen Muster- und Strukturmatrix liegen absolut bei maximal im Bereich =0,2. Vergleicht man die Mustermatrix mit der Strukturmatrix, so liegt z.B. die Variable „Dünger 2" in der Mustermatrix Rotation bei Faktor 1 (0,852) bzw. Faktor 2 (-0,160), in der Strukturmatrix im Vergleich dazu bei vergleichbaren (0,809) bzw. Faktor 2 (0,065). Vergleicht man die Mustermatrix mit der Faktorenmatrix, so liegt z.B. die Variable „Dünger 2" in der Faktorenmatrix vor der Rotation bei Faktor 1 (0,538) bzw. Faktor 2 (-0,624), in der Mustermatrix dagegen (0,852) bzw. Faktor 2 (-0,160). Zum Vergleich hier die Ergebnisse der vorangegangenen Rotationen: Quartimax: Faktor 1: 0,819, Faktor 2: -0,086; Varimax: Faktor 1: 0,823, Faktor 2: -0,032.

PROMAX

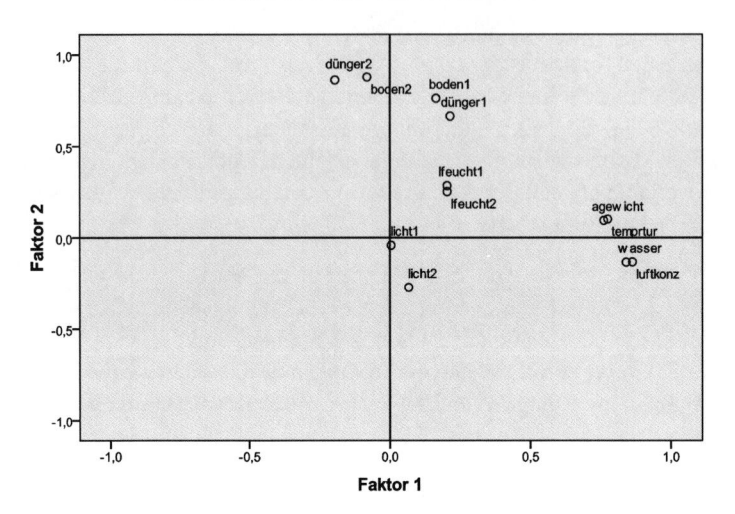

Faktordiagramm im gedrehten Faktorbereich

[Streudiagramm mit Faktor 1 (x-Achse) und Faktor 2 (y-Achse); Variablen: dünger2, boden2, boden1, dünger1, lfeucht1, lfeucht2, agewicht, temprtur, licht1, wasser, licht2, luftkonz]

Promax (Hendrickson & White, 1964) strebt ebenfalls eine Vereinfachung der Faktoren an. Promax vereinfacht Faktoren, indem es eine Struktur mit möglichst niedrigen Faktorladungen, und somit möglichst niedrigen Interkorrelationen zwischen den Faktoren über den Parameter Kappa herbeiführt. Es wurde eine Rotation mit Kappa=4 vorgenommen.

Die obere Abbildung zeigt nun die eingangs dargestellten Daten *nach* einer Rotation (Promax, Kappa=4). Die Ladungswerte bzw. „Koordinaten" stammen aus der unten angegebenen Tabelle „Mustermatrix". Die Variable „Dünger 2" (vor der Rotation perfekt auf der Diagonalen im Quadranten unten rechts; Faktor 1: 0,538, Faktor 2: -0,624) liegt nach der Rotation annähernd perfekt auf der Achse von Faktor 1 mit -0,194 und auf Faktor 2 mit 0,863. Man beachte, dass diese Rotation völlig spiegelverkehrte Ergebnisse im Vergleich zu allen drei vorausgegangen Rotationen ergibt: Direktes Oblimin: Faktor 1: 0,852, Faktor 2: -0,160; Quartimax: Faktor 1: 0,819, Faktor 2: -0,086; Varimax: Faktor 1: 0,823, Faktor 2: -0,032). Variationen des Kappa mit 2 oder 6 ändern nichts am substantiellen Ergebnis. Die Ursache für diesen völlig erwartungswidrigen Befund konnte vor Drucklegung dieses Buches nicht geklärt werden. Anscheinend gibt SPSS Werte, die eigentlich zu Faktor 1 gehören, als zu Faktor 2 gehörig aus und umgekehrt. Auf eine weitergehende Interpretation wird daher an dieser Stelle verzichtet. Anwender mit älteren Versionen seien darauf hingewiesen, dass fehlerhafte Berechnungen im Zusammenhang mit Promax zumindest in SPSS Version 14.0.2. und 15.0 dokumentiert sind.

2.5 Durchführung einer Faktorenanalyse

Mustermatrix[a]	Faktor	
	1	2
Ausgangsgewicht	,760	,094
Temperatur	,774	,101
Dünger 1	,216	,665
Dünger 2	-,194	,863
Licht 1	,005	-,041
Bodenkonzentration 1	,165	,763
Bodenkonzentration 2	-,082	,879
Licht 2	,069	-,273
Wassermenge	,840	-,133
Luftfeuchtigkeit 1	,205	,284
Luftkonzentration	,863	-,132
Luftfeuchtigkeit 2	,205	,252

Extraktionsmethode: Hauptachsen-Faktorenanalyse.
Rotationsmethode: Promax mit Kaiser-Normalisierung.

a. Die Rotation ist in 3 Iterationen konvergiert.

Strukturmatrix	Faktor	
	1	2
Ausgangsgewicht	,789	,328
Temperatur	,805	,340
Dünger 1	,421	,732
Dünger 2	,072	,803
Licht 1	-,008	-,040
Bodenkonzentration 1	,400	,814
Bodenkonzentration 2	,189	,854
Licht 2	-,016	-,252
Wassermenge	,799	,126
Luftfeuchtigkeit 1	,292	,347
Luftkonzentration	,822	,133
Luftfeuchtigkeit 2	,282	,315

Extraktionsmethode: Hauptachsen-Faktorenanalyse.
Rotationsmethode: Promax mit Kaiser-Normalisierung.

Bei der Interpretation werden üblicherweise wieder die Mustermatrix mit der Faktorenmatrix, und anschließend die Mustermatrix mit der Strukturmatrix abgeglichen.

Zusammenfassung:
Vor der Rotation sind die Werte in der Tabelle „Faktorenmatrix" für alle vier Durchläufe identisch. Nach der Rotation (sei sie orthogonal, sei sie oblique) unterscheiden sich die Positionen nur marginal. Im Detail deutet sich tendenziell der jeweilige Bias der Einfachstruktur jedes Rotationsverfahrens an. Die Ursache für die erwartungswidrigen Ergebnisse des Verfahrens Promax ist derzeit unklar.

2.5.4 Beispiel 4: Hauptachsen-Faktorenanalyse (PAF): Fokus: Statistik (Syntax)

1. Einleitung (Fortsetzung)
Im Rahmen einer explorativen Faktorenanalyse (EFA) werden ein und dieselben Daten einer Hauptachsen-Faktorenanalyse (PAF) und verschiedenen Rotationsmethoden unterzogen (vgl. Browne, 2001), um die am besten interpretierbare 2 Faktoren-Lösung zu erzielen. Dieselben Daten wurden nacheinander mittels der Verfahren Varimax, Quartimax, Oblimin (direkt), sowie Promax (in dieser Reihenfolge) rotiert. Die SPSS Ausgaben zu diesen vier Durchläufen, an denen außer dem Rotationsverfahren nichts geändert wurde, stimmen mit drei Ausnahmen in allen Diagrammen und Tabellen absolut überein, mit Ausnahme der Spalte „Gesamt" (mit dennoch identischen Werten) bei obliquen Verfahren in der Tabelle „Erklärte

Gesamtvarianz". Die einzigen Unterschiede entstehen durch die Art der Rotation und beschränken sich auf die Tabellen „Rotierte Faktorenmatrix" und „Faktor-Transformationsmatrix" (Ausgabe nur bei orthogonalen Varianten) bzw. „Mustermatrix" und "Strukturmatrix" (nur bei obliquen Varianten).

Vor der Rotation waren die Werte in der Tabelle „Faktorenmatrix" in allen vier Durchläufen identisch. Nach der Rotation unterschieden sich die Werten in den rotierten Faktorenmatrizen bzw. Mustermatrizen nur marginal. Im Detail deutete sich tendenziell auch der jeweilige Bias der Einfachstruktur jedes Rotationsverfahrens an. Auf die im vorangehenden Kapitel festgestellten erwartungswidrigen Ergebnisse des Verfahrens Promax wird im Weiteren nicht eingegangen. Dieses Kapitel wird nun die ausgegebenen (bis auf wenige Ausnahmen identischen) Tabellen für die Statistiken erläutern. Wegen der orthogonalen Rotation werden für Varimax nur die Tabellen „Rotierte Faktorenmatrix" und „Faktor-Transformationsmatrix" dargestellt. Ein detaillierter Vergleich zwischen diesen Tabellen wurde im vorangehenden Kapitel vorgenommen.

Abschließend wird die Lösung gewählt, die die statistischen und inhaltlichen Kriterien am besten erfüllt. Als alternative Bedienweise wird in diesem Kapitel die Syntaxsteuerung erläutert.

2. Bedienung (Syntax, SPSS Makro)

```
DEFINE paf_fact2 (!POS!CHAREND('/')).
!DO !i !IN (!1).
title Hauptachsen-Faktorenanalyse mit !i-Rotation.

GET FILE='C:\Programme\SPSS\...\dünger.sav'.
FACTOR
   /VARIABLES agewicht temprtur dünger1 dünger2 licht1
            boden1 boden2 licht2 wasser lfeucht1 luftkonz
lfeucht2
  /MISSING LISTWISE
  /ANALYSIS agewicht temprtur dünger1 dünger2 licht1
            boden1 boden2 licht2 wasser lfeucht1 luftkonz
lfeucht2
  /PRINT UNIVARIATE INITIAL CORRELATION SIG DET KMO INV
                     REPR AIC EXTRACTION ROTATION
  /PLOT EIGEN ROTATION
  /CRITERIA FACTORS(2) ITERATE(100)
  /EXTRACTION PAF
  /ROTATION !i
  /METHOD=CORRELATION .
!DOEND
!ENDDEFINE.

paf_fact2   VARIMAX QUARTIMAX OBLIMIN PROMAX /.
```

2.5 Durchführung einer Faktorenanalyse

Erläuterung:
Das Makro PAF_FACT2 veranlasst den viermaligen Durchlauf desselben Programms für eine Hauptachsen-Faktorenanalyse mit einer jeweils anderen Rotationsmethode (zur Programmierung von Makros mit SPSS vgl. z.B. Schendera, 2005).

Mit dem Befehl FACTOR wird die Berechnung einer Faktorenanalyse angefordert.
In der Zeile /VARIABLES werden alle Variablen aufgeführt, die in die Faktorenanalyse einbezogen werden sollen, z.B. „AGEWICHT" usw. Nach /MISSING legt die Option LISTWISE fest, dass bei möglicherweise fehlenden Werten die Methode „Listenweiser Fallausschluss" angewandt werden soll. Weiter stehen „Durch Mittelwert ersetzen" und der „paarweise Fallausschluss" zur Verfügung. Zu den Vor- und Nachteilen dieser Methoden im Umgang mit Missings wird auf Schendera (2007, 119–161) verwiesen. Die Variablen hinter /ANALYSIS werden für die Berechnung der Faktorenanalyse herangezogen. Hinter ANALYSIS können nur solche Variablen aufgeführt werden, die bereits hinter VARIABLES angegeben waren.

Nach /PRINT wird angegeben, welche Statistiken bzw. Tabellen in der SPSS Ausgabe erscheinen sollen (u.a.): UNIVARIATE: Anzahl der gültigen Fälle, Mittelwerte und Standardabweichungen der Variablen (Tabelle „Deskriptive Statistiken"). CORRELATION: Korrelationsmatrix (Tabelle „Korrelationsmatrix"). SIG: Matrix mit den Signifikanzwerten der Korrelationen (Tabelle „Korrelationsmatrix"). INITIAL: Anfängliche Kommunalitäten für jede Variable, Eigenwerte der nichtreduzierten Korrelationsmatrix, Prozent der erklärten Varianz für jede Komponente (u.a. Tabelle „Kommunalitäten"). EXTRACTION: Faktorenmatrix, Kommunalitäten, die Eigenwerte jedes ermittelten Faktors, Prozent der erklärten Varianz der Eigenwerte (u.a. Tabelle „Erklärte Gesamtvarianz"). FSCORE: Fordert die Gewichte bzw. Koeffizienten an, mit denen die standardisierten Werte der Originalvariablen multipliziert werden, um den jeweiligen Wert des ermittelten Faktors zu ermitteln. („Koeffizientenmatrix der Faktorenwerte", „Kovarianzmatrix des Faktorenwerts").

Nach /PLOT werden Grafiken angefordert. EIGEN gibt den Scree-Plot aus. Mit ROTATION werden die Variablen im n-dimensionalen Faktorenraum dargestellt (vgl. „Faktorendiagramm"). Um auch bei höherdimensionalen Lösungen z.B. nur zweidimensionale Plots ausgegeben zu bekommen, können diese über Syntax explizit angefordert werden, z.B. /PLOT ROTATION (1,2) (1,3) (2,3). Der Befehl ROTATION ist irreführend, da er auch für die Visualisierung von nichtrotierten Lösungen erforderlich ist. Nach /CRITERIA werden Optionen für die Faktorenextraktion angegeben. Über MINEIGEN(1) wird die eine Schwelle für den minimalen Eigenwert für die Extraktion eines Faktors angegeben (im Beispiel: 1). ITERATE (100) legt die maximale Anzahl der Iterationen für die Faktorenextraktion fest. Nach /EXTRACTION wird das Extraktionsverfahren angegeben: PAF für Hauptachsen-Faktorenanalyse (principal axis factoring). Nach /ROTATION wird vom Makro anstelle des Platzhalters !i in jedem Durchlauf eine andere Methode angegeben, nach der rotiert werden soll. Die konkrete Abfolge wird nach dem Makroaufruf „paf_fact2" (letzte Zeile) vorgegeben: VARIMAX, QUARTIMAX, OBLIMIN, sowie zuguterletzt PROMAX. METHOD=CORRELATION gibt vor, dass es sich um eine Analyse einer Korrelationsmatrix handelt. Die Prozedur FACTOR ermittelt trotz des Weglassens des einen oder anderen Unterbefehls eine hinreichende Minimalmenge an Informationen und legt diese in die SPSS Ausgabe ab.

3. Ergebnisse und Interpretation

Faktorenanalyse

Deskriptive Statistiken

	Mittelwert	Standard-abweichung	Analyse N
Ausgangsgewicht	148,45	18,640	109
Temperatur	39,86	14,102	109
Dünger 1	1,5543	,22010	109
Dünger 2	2,9062	,83688	109
Licht 1	1501,99	1076,265	109
Bodenkonzentration 1	1,5380	,24828	109
Bodenkonzentration 2	2,9604	,77265	109
Licht 2	1549,50	1038,818	109
Wassermenge	99,64	9,173	109
Luftfeuchtigkeit 1	54,02	6,025	109
Luftkonzentration	97,90	8,980	109
Luftfeuchtigkeit 2	51,99	6,721	109

Die Tabelle „Deskriptive Statistiken" listet für alle Variablen der Faktorenanalyse jeweils Mittelwert und Standardabweichung auf. Die Standardabweichung weist auf die Variabilität (Messwertvariation) innerhalb jeder Variablen hin. In der Spalte „Analyse N" ist angegeben, wie viele Fälle bei jeder Variable in der Analyse verbleiben. Da der Datensatz fehlende Werte aufweist, und für den Umgang mit Missings „Listenweise Fallausschluss" angegeben wurde, ist die Anzahl der Fälle von Variable zu Variable konstant. Es verbleiben 109 Fälle mit vollständigen Daten.

2.5 Durchführung einer Faktorenanalyse

Korrelationsmatrix[a]

		Ausgangs-gewicht	Tempe-ratur	Dünger 1	Dünger 2	Licht 1	Bodenkon-zentration 1	Bodenkon-zentration 2	Licht 2	Wasser-menge	Luftfeuch-tigkeit 1	Luftkon-zentration	Luftfeuch-tigkeit 2
Korrelation	Ausgangsgewicht	1,000	,944	,458	,070	-,034	,414	,241	,106	,480	,113	,510	,156
	Temperatur	,944	1,000	,436	,068	-,112	,458	,230	,048	,498	,140	,521	,163
	Dünger 1	,458	,436	1,000	,609	-,048	,640	,571	-,224	,199	,204	,292	,143
	Dünger 2	,070	,068	,609	1,000	,170	,583	,766	-,287	,025	,170	,044	,123
	Licht 1	-,034	-,112	-,048	,170	1,000	-,060	,101	,505	,139	-,129	,078	-,213
	Bodenkonzentration 1	,414	,458	,640	,583	-,060	1,000	,747	-,178	,225	,249	,184	,188
	Bodenkonzentration 2	,241	,230	,571	,766	,101	,747	1,000	-,009	,067	,229	,027	,235
	Licht 2	,106	,048	-,224	-,287	,505	-,178	-,009	1,000	,010	-,296	-,060	-,266
	Wassermenge	,480	,498	,199	,025	,139	,225	,067	,010	1,000	,257	,928	,222
	Luftfeuchtigkeit 1	,113	,140	,204	,170	-,129	,249	,229	-,296	,257	1,000	,237	,900
	Luftkonzentration	,510	,521	,292	,044	,078	,184	,027	-,060	,928	,237	1,000	,198
	Luftfeuchtigkeit 2	,156	,163	,143	,123	-,213	,188	,235	-,266	,222	,900	,198	1,000
Signifikanz (1-seitig)	Ausgangsgewicht		,000	,000	,236	,364	,000	,006	,136	,000	,121	,000	,052
	Temperatur	,000		,000	,242	,124	,000	,008	,310	,000	,073	,000	,046
	Dünger 1	,000	,000		,000	,312	,000	,000	,009	,019	,016	,001	,068
	Dünger 2	,236	,242	,000		,039	,000	,000	,001	,399	,038	,324	,101
	Licht 1	,364	,124	,312	,039		,269	,147	,000	,075	,091	,209	,013
	Bodenkonzentration 1	,000	,000	,000	,000	,269		,000	,032	,009	,005	,028	,025
	Bodenkonzentration 2	,006	,008	,000	,000	,147	,000		,465	,246	,008	,388	,007
	Licht 2	,136	,310	,009	,001	,000	,032	,465		,460	,001	,268	,003
	Wassermenge	,000	,000	,019	,399	,075	,009	,246	,460		,003	,000	,010
	Luftfeuchtigkeit 1	,121	,073	,016	,038	,091	,005	,008	,001	,003		,007	,000
	Luftkonzentration	,000	,000	,001	,324	,209	,028	,388	,268	,000	,007		,019
	Luftfeuchtigkeit 2	,052	,046	,068	,101	,013	,025	,007	,003	,010	,000	,019	

a. Determinante = 1,83E-005

Die Tabelle „Korrelationsmatrix" gibt in der oberen Tabellenhälfte die Interkorrelationen zwischen den in die Faktorenanalyse einbezogenen Variablen wieder. Die Werte auf der Diagonalen sind 1, da jede Variable mit sich selbst perfekt korreliert. Die weiteren Korrelationskoeffizienten über und unter der Diagonalen sind zueinander spiegelbildlich angeordnet. Die Korrelationskoeffizienten werden für die Ermittlung von Faktorladungen benötigt.

Die Korrelationskoeffizienten liegen zwischen -1 und +1, wobei negative Werte einen entgegensetzten Zusammenhang und positive Werte einen gleichgerichteten Zusammenhang angeben (gleiche Polung der Variablen vorausgesetzt). Ein Wert von 0 bedeutet, dass kein Zusammenhang zwischen den Variablen besteht.

In der unteren Hälfte der Tabelle „Korrelationsmatrix" sind die p-Werte für die statistische Signifikanz (1-seitig) der Korrelationen aufgelistet. Unter der Tabelle ist in der Legende die Determinante der Korrelationsmatrix ausgegeben. Der Wert der Determinante gibt mit 0,0000183 an, dass die Matrix nicht singulär ist. In der Korrelationsmatrix lassen sich bereits erste Hinweise für die Faktorenanalyse erkennen. „Temperatur" und „Ausgangsgewicht" korrelieren z.B. mit .944 sehr hoch miteinander. Möglicherweise werden sie also durch einen gemeinsamen Faktor beeinflusst.

Inverse Korrelationsmatrix

	Ausgangsgewicht	Temperatur	Dünger 1	Dünger 2	Licht 1	Bodenkonzentration 1	Bodenkonzentration 2	Licht 2	Wassermenge	Luftfeuchtigkeit 1	Luftkonzentration	Luftfeuchtigkeit 2
Ausgangsgewicht	11,234	-10,226	-1,456	1,035	-,990	,811	-,820	-,088	,391	1,630	-,502	-1,663
Temperatur	-10,226	11,442	,744	-,563	1,235	-1,699	1,011	-,415	-,455	-,916	-,313	,925
Dünger 1	-1,456	,744	2,829	-1,170	,297	-,853	,010	-,021	1,523	-,640	-1,674	,631
Dünger 2	1,035	-,563	-1,170	4,689	-1,416	,466	-3,348	1,859	,451	,246	-,382	,166
Licht 1	-,990	1,235	,297	-1,416	2,140	,059	,621	-1,347	-,711	-,828	,243	,881
Bodenkonzentration 1	,811	-1,699	-,853	,466	,059	3,785	-2,505	,694	-1,419	-,914	1,415	1,144
Bodenkonzentration 2	-,820	1,011	,010	-3,348	,621	-2,505	5,508	-1,776	-,349	,670	,642	-1,441
Licht 2	-,088	-,415	-,021	1,859	-1,347	,694	-1,776	2,525	-,185	,399	,416	,126
Wassermenge	,391	-,455	1,523	,451	-,711	-1,419	-,349	-,185	9,345	-,047	-8,694	-,423
Luftfeuchtigkeit 1	1,630	-,916	-,640	,246	-,828	-,914	,670	,399	-,047	6,468	-,265	-5,860
Luftkonzentration	-,502	-,313	-1,674	-,382	,243	1,415	,642	,416	-8,694	-,265	9,706	,407
Luftfeuchtigkeit 2	-1,663	,925	,631	,166	,881	1,144	-1,441	,126	-,423	-5,860	,407	6,631

Die Berechnung der inversen Korrelationsmatrix basiert im Wesentlichen auf der original Korrelationsmatrix, die zunächst einer Quadratwurzeloperation, und anschließend einer Spalte für Spalte-Multiplikation unterzogen wird. Die inverse Korrelationsmatrix wird bei der Faktorenanalyse in ausgesprochen vielfältigen Anwendungen eingesetzt (vgl. Harman,

2.5 Durchführung einer Faktorenanalyse

1976[3], 44–46): Die inverse Korrelationsmatrix beschleunigt u.a. die Berechnung der quadrierten multiplen Korrelation, die wiederum die untere Grenze der Kommunalität ist. Oder sie wird bei obliquen Rotationen für die Überführung der Faktoren- in die Strukturmatrix eingesetzt. Oder sie wird bei der Schätzung von wenigen Faktoren eingesetzt. Die Interpretation der inversen Korrelationsmatrix hängt mithin auch von ihrem jeweiligen Anwendungszusammenhang ab, und soll daher an dieser Stelle nicht weiter ausgeführt werden.

KMO- und Bartlett-Test

Maß der Stichprobeneignung nach Kaiser-Meyer-Olkin.		,605
Bartlett-Test auf Sphärizität	Ungefähres Chi-Quadrat	1125,172
	Df	66
	Signifikanz nach Bartlett	,000

In der Tabelle „KMO- und Bartlett-Test" werden das Kaiser-Meyer-Olkin-Maß der Stichprobeneignung und der Bartlett-Test auf Sphärizität ausgegeben. Diese beiden Tests lassen Rückschlüsse darauf zu, inwieweit die Daten für eine Faktorenanalyse geeignet sind.

Das Maß der Stichprobeneignung nach Kaiser-Meyer-Olkin (KMO) gibt den Anteil der Varianz in den untersuchten Variablen an, *der auf gemeinsamer Varianz basiert*, vermutlich verursacht durch einen oder mehrere zugrundeliegende Faktoren. Das Kaiser-Meyer-Olkin-Maß beruht auf den sog. MSA-Werten (measure of sampling adequacy), die sich auf der Diagonalen der Anti-Image-Korrelationsmatrix (s.u.) befinden (vgl. den Hinweis „Maß der Stichprobeneignung"). KMO kann Werte zwischen 0 und 1 annehmen. KMO-Werte um 1 weisen darauf hin, dass eine Faktorenanalyse für die vorliegenden Daten ergiebig sein kann; KMO-Werte $\leq 0,5$ weisen darauf hin, dass eine Faktorenanalyse vermutlich nicht besonders ergiebig ist. Mit 0,605 ergibt sich eine mittlere Eignung der Variablen für eine Faktorenanalyse.

Der Bartlett-Test auf Sphärizität geht von der Null-Hypothese aus, dass alle Variablen in der Grundgesamtheit eine Korrelation von 0 aufweisen (damit wäre die Korrelationsmatrix eine Identitätsmatrix). Damit bestünde kein Zusammenhang zwischen den Variablen und sie wären für eine Faktorenanalyse ungeeignet. Der Bartlett-Test erzielt statistische Signifikanz mit 1125,172 („Ungefähres Chi-Quadrat") bei 66 Freiheitsgraden („Df"), sowie p=0,000 („Signifikanz nach Bartlett"). Die Nullhypothese wird zurückgewiesen; es kann davon ausgegangen werden, dass (mindestens zwei) Variablen in der Grundgesamtheit statistisch bedeutsam miteinander korrelieren. p-Werte $\geq 0,1$ können als Hinweis daraufhin interpretiert werden, dass keine statistisch bedeutsam miteinander korrelierenden Variablen vorliegen und somit die Daten für eine Faktorenanalyse nicht brauchbar sind.

Anti-Image-Matrizen

		Ausgangsgewicht	Temperatur	Dünger 1	Dünger 2	Licht 1	Bodenkonzentration 1	Bodenkonzentration 2	Licht 2	Wassermenge	Luftfeuchtigkeit 1	Luftkonzentration	Luftfeuchtigkeit 2
Anti-Image-Kovarianz	Ausgangsgewicht	,089	-,080	-,046	,020	-,041	,019	-,013	-,003	,004	,022	-,005	-,022
	Temperatur	-,080	,087	,023	-,010	,050	-,039	,016	-,014	-,004	-,012	-,003	,012
	Dünger 1	-,046	,023	,353	-,088	,049	-,080	,001	-,003	,058	-,035	-,061	,034
	Dünger 2	,020	-,010	-,088	,213	-,141	,026	-,130	,157	,010	,008	-,008	,005
	Licht 1	-,041	,050	,049	-,141	,467	,007	,053	-,249	-,036	-,060	,012	,062
	Bodenkonzentration 1	,019	-,039	-,080	,026	,007	,264	-,120	,073	-,040	-,037	,039	,046
	Bodenkonzentration 2	-,013	,016	,001	-,130	,053	-,120	,182	-,128	-,007	,019	,012	-,039
	Licht 2	-,003	-,014	-,003	,157	-,249	,073	-,128	,396	-,008	,024	,017	,008
	Wassermenge	,004	-,004	,058	,010	-,036	-,040	-,007	-,008	,107	,000	-,096	-,007
	Luftfeuchtigkeit 1	,022	-,012	-,035	,008	-,060	-,037	,019	,024	,000	,155	-,004	-,137
	Luftkonzentration	-,005	-,003	-,061	-,008	,012	,039	,012	,017	-,096	-,004	,103	,006
	Luftfeuchtigkeit 2	-,022	,012	,034	,005	,062	,046	-,039	,008	-,007	-,137	,006	,151
Anti-Image-Korrelation	Ausgangsgewicht	,642[a]	-,902	-,258	,143	-,202	,124	-,104	-,017	,038	,191	-,048	-,193
	Temperatur	-,902	,656[a]	,131	-,077	,250	-,258	,127	-,077	-,044	-,107	-,030	,106
	Dünger 1	-,258	,131	,776[a]	-,321	,121	-,261	,002	-,008	,296	-,150	-,319	,146
	Dünger 2	,143	-,077	-,321	,576[a]	-,447	,111	-,659	,540	,068	,045	-,057	,030
	Licht 1	-,202	,250	,121	-,447	,328[a]	,021	,181	-,580	-,159	-,223	,053	,234
	Bodenkonzentration 1	,124	-,258	-,261	,111	,021	,728[a]	-,549	,224	-,239	-,185	,233	,228
	Bodenkonzentration 2	-,104	,127	,002	-,659	,181	-,549	,608[a]	-,476	-,049	,112	,088	-,238
	Licht 2	-,017	-,077	-,008	,540	-,580	,224	-,476	,390[a]	-,038	,099	,084	,031
	Wassermenge	,038	-,044	,296	,068	-,159	-,239	-,049	-,038	,607[a]	-,006	-,913	-,054
	Luftfeuchtigkeit 1	,191	-,107	-,150	,045	-,223	-,185	,112	,099	-,006	,561[a]	-,033	-,895
	Luftkonzentration	-,048	-,030	-,319	-,057	,053	,233	,088	,084	-,913	-,033	,614[a]	,051
	Luftfeuchtigkeit 2	-,193	,106	,146	,030	,234	,228	-,238	,031	-,054	-,895	,051	,534[a]

a. Maß der Stichprobeneignung

2.5 Durchführung einer Faktorenanalyse

Die Tabelle „Anti-Image-Matrizen" enthält die negativen partiellen Kovarianzen und Korrelationen aller Variablen. Die obere Tabellenhälfte enthält die Anti-Image-Kovarianzen, die untere Hälfte die Anti-Image-Korrelationen. Da als Datenmatrix eine Korrelationsmatrix vorgegeben wurde, wird aus der Tabelle „Anti-Image-Matrizen" die Teiltabelle „Anti-Image-Korrelation" erläutert. Die Werte auf der Diagonalen werden anders interpretiert wie die Werte neben der Diagonalen.

Werte auf der Diagonalen (vgl. „Maß der Stichprobeneignung"):
Die Werte auf der Diagonalen geben den sog. MSA-Wert (*measure of sample adequacy, MSA*) der jeweiligen Variablen an, also die jeweilige Eignung der jeweiligen Variablen für die Faktorenanalyse. Diese Maße geben den Anteil der Korrelation zwischen zwei Variablen an, der sich *nicht* durch gemeinsame Faktoren erklären lässt. Diese Maße können Werte zwischen 0 und 1 annehmen. Die Werte auf der Diagonalen sollten jeweils idealerweise über 0,8 liegen. Variablen mit MSA-Werten ≤ 0,5 sollten aus der Analyse ausgeschlossen werden, oder, falls möglich, um Variablen ergänzt werden, die mit ihnen zusammenhängen. Die MSA-Werte gehen in die Berechnung des KMO-Maßes ein (s.o.). Das MSA über alle Variablen hinweg sollte mindestens 0,60 erreichen. Falls nicht, können Variablen mit den niedrigsten MSA-Werten aus der Analyse ausgeschlossen werden, oder mit ihnen zusammenhängende Variablen in die Analyse aufgenommen werden, bis die allgemeine MSA-Statistik 0,60 übersteigt.

Werte neben der Diagonalen:
Die Werte neben der Diagonalen sind Partialkorrelationen, die um alle weiteren Variablen im Modell kontrollieren (sog. negative Anti-Image-Korrelationen). Wenn die Daten für das Modell geeignet sind, sollten die Partialkorrelationen klein sein. Für eine gute Eignung der Variablen für eine Faktorenanalyse sollten die meisten Werte neben der Diagonalen idealerweise um Null liegen. Werte um Null bedeuten, dass die Variablen relativ frei von nicht erklärten Korrelationen sind. Eine weitere Heuristik ist, dass der Anteil an Werten neben der Diagonalen, die ungleich Null (genauer: > 0,09) sind, *unter 25%* liegen sollte (Dziuban & Shirkey, 1974, 360).

Im Beispiel weist die Variable „Dünger 1" den höchsten MSA-Wert auf (0,776). Die Variablen „Licht 1" und „Licht 2" weisen mit 0,328 und 0,390 nur geringe MSA-Werte auf und erscheinen daher für die geplante Faktorenanalyse nicht besonders gut geeignet. Es wäre aus inhaltlicher, wie statistischer Sicht eine Überlegung wert, diese beiden Variablen versuchsweise in einer weiteren Faktorenanalyse auszuschließen. – Aufgrund nicht weiter vorhandener Daten verbietet sich die Alternative des Aufnehmens weiterer, korrelierender Variablen. – Inhaltlich scheint „Licht" ein eigenständiger Faktor zu sein und nicht unbedingt zu den beiden anderen Faktoren zu passen. Auch der hohe Anteil an Partialkorrelationen, deren Betrag größer als 0,09 ist, deutet darauf hin, dass dieses Modell optimiert werden kann und auch sollte. Aus statistischer Sicht wäre zu erwarten, dass das Entfernen dieser beiden Variablen das mittlere MSA- bzw. das KMO-Maß deutlich anhebt bzw. den Anteil auffälliger Partialkorrelationen senkt. Anstelle einer 2 Faktoren-Lösung z.B. eine Lösung 3 oder mehr Faktoren anzustreben, hat keinen Einfluss auf die Werte der Tabelle „Anti-Image-Matrizen".

Kommunalitäten

	Anfänglich	Extraktion
Ausgangsgewicht	,911	,630
Temperatur	,913	,658
Dünger 1	,647	,577
Dünger 2	,787	,679
Licht 1	,533	,002
Bodenkonzentration 1	,736	,687
Bodenkonzentration 2	,818	,735
Licht 2	,604	,068
Wassermenge	,893	,655
Luftfeuchtigkeit 1	,845	,159
Luftkonzentration	,897	,691
Luftfeuchtigkeit 2	,849	,137

Extraktionsmethode: Hauptachsen-Faktorenanalyse.

In der Tabelle „Kommunalitäten" werden die Kommunalitäten vor bzw. nach der Faktorextraktion ausgegeben. Als Kommunalität wird der Varianzanteil einer Variablen bezeichnet, der durch alle Faktoren oder Komponenten erklärt werden kann (was wiederum auf das Vorliegen eines Faktors hinweist). Die Summe aller Kommunalitäten entspricht daher der Summe der durch alle Faktoren erklärten Varianz (vgl. die Tabelle „Erklärte Gesamtvarianz", siehe unten). Eine Kommunalität ist umso höher, je besser die Varianz der jeweiligen Variablen durch die Faktoren insgesamt erklärt werden kann. Der (i.A. nur theoretisch erreichbare) Sollwert einer Kommunalität ist 1.

Kommunalitäten sind im Prinzip Korrelationskoeffizienten und können auch analog interpretiert werden. Kommunalitäten gelten als hoch, wenn sie ≥ 0,8 sind (Velicer & Fava, 1987) (für andere Extraktionsmethoden werden diese Werte auch als Mengen, z.B. für Kovarianzanalysen, interpretiert). Der Inhalt dieser Tabelle ist z.T. abhängig von Besonderheiten des gewählten Verfahrens. Kommunalitäten vor der Extraktion („Anfänglich") werden durch alle Faktoren oder Komponenten erklärt; beim Verfahren der Hauptkomponentenanalyse sind diese jedoch auf 1 gesetzt. Kommunalitäten nach der Extraktion („Extraktion") werden durch die Faktoren oder Komponenten der Lösung erklärt.

Variablen mit ausgesprochen niedrigen Kommunalitäten (≤ 0,40) hängen entweder nicht mit anderen Variablen zusammen (und können versuchsweise aus der Analyse ausgeschlossen bzw. um weitere Variablen ergänzt werden) oder deuten an, dass die Datenkonstellation auf die Wirkweise eines weiteren Faktors untersucht werden sollte. Eine Option wäre z.B. eine Lösung mit 3 oder mehr Faktoren anzustreben. Eine Lösung mit mehr Faktoren hat keinen Einfluss auf die Werte in der Spalte „Anfänglich"; jedoch auf diejenigen in der Spalte „Extraktion".

2.5 Durchführung einer Faktorenanalyse

Von den Variablen „Bodenkonzentration 1" und „Bodenkonzentration 2" werden vor der Extraktion („Anfänglich") jeweils ca. 74% bzw. 82% Varianz aufgeklärt, danach („Extraktion") 69% bzw. 74%. Zumindest die Variable „Licht 1" weist nach der Extraktion ausgeprägt niedrige Kommunalitäten auf (0,002) und sollte versuchsweise aus der weiteren Analyse ausgeschlossen werden.

SPSS ermittelt die anfänglichen Kommunalitäten in der Hauptachsen-Faktorenanalyse üblicherweise iterativ mittels den R^2 der jeweiligen Variablen als Startwerten. Das R^2 (syn.: multiples Bestimmtheitsmaß) gibt den Varianzanteil einer Variablen an, den sie mit anderen Variablen gemeinsam hat. Können diese Werte nicht ermittelt werden, wird von SPSS die maximale absolute Korrelation zwischen den betreffenden Variablen und allen anderen Variablen in der Analyse herangezogen (nicht weiter dargestellt).

Erklärte Gesamtvarianz

Faktor	Anfängliche Eigenwerte			Summen von quadrierten Faktorladungen für Extraktion			Rotierte Summe der quadrierten Ladungen		
	Gesamt	% der Varianz	Kumulierte %	Gesamt	% der Varianz	Kumulierte %	Gesamt	% der Varianz	Kumulierte %
1	4,147	34,556	34,556	3,754	31,281	31,281	2,904	24,196	24,196
2	2,277	18,972	53,528	1,923	16,025	47,306	2,773	23,110	47,306
3	1,955	16,292	69,821						
4	1,302	10,850	80,670						
5	,972	8,097	88,768						
6	,453	3,776	92,544						
7	,340	2,833	95,377						
8	,277	2,309	97,686						
9	,105	,879	98,565						
10	,076	,632	99,197						
11	,053	,440	99,637						
12	,044	,363	100,000						

Extraktionsmethode: Hauptachsen-Faktorenanalyse.

Die Tabelle „Erklärte Gesamtvarianz" gibt für die erzielte Lösung Eigenwerte, erklärte Varianz und kumulierte erklärte Varianz wieder, und zwar anfänglich (vor der Extraktion), nach der Extraktion (ggf. vor der Rotation) und ggf. nach der Rotation.

Die Spalten „Gesamt" geben dabei die Eigenwerte bzw. quadrierten Ladungen eines jedes Faktors wieder. Die Spalten „% der Varianz" geben den jeweiligen Prozentanteil der durch den jeweiligen Faktor erklärten Varianz wieder. Die Spalten „Kumulierte %" geben die kumulierten Prozentanteile der erklärten Varianz jeweils aller eingeschlossenen Faktoren wieder.

Der linke Teil der Tabelle („Anfängliche Eigenwerte") basiert auf den anfänglichen Eigenwerten (vor der Extraktion). Für die anfängliche Lösung gibt es daher so viele Faktoren (oder je nach Verfahren, auch Komponenten), wie es Variablen in der Analyse gibt.

Alle zwölf extrahierten Faktoren erklären 100% der Gesamtvarianz (Spalte „Kumulierte %"). Die Anzahl der anfänglich extrahierten Faktoren entspricht der Anzahl der Variablen in der Analyse (N=12).

Der mittlere Teil der Tabelle („Summe von quadrierte Faktorladungen für Extraktion") basiert auf den Summen der quadrierten Faktorladungen nach der Extraktion (ggf. vor der Rotation). Als Information über die extrahierten Faktoren werden die Summen der quadrierten Faktorladungen, sowie die erklärten (prozentualen, kumulierten) Varianzanteile angegeben. Das Analyseziel war eine 2 Faktoren-Lösung. Möglicherweise weitere Faktoren mit Eigenwerten über 1 fließen nicht in die Lösung ein (vgl. das u.a. Scree-Plot); es konnte demnach erfolgreich eine Lösung mit zwei Faktoren mit Eigenwerten über 1,0 extrahiert werden.

Das Ziel war, mit 2 Faktoren möglichst viel Varianz (100%) aufzuklären. Die beiden extrahierten Faktoren erklären ca. 47% der Gesamtvarianz (Spalte „Kumulierte %"). Die fehlenden 53% beschreiben den Informationsverlust, den man aufgrund der Reduktion vieler Variablen auf wenige Faktoren inkaufzunehmen bereit ist.

Die anzeigten Faktorlösungen sind abhängig von der gewählten Extraktionsmethode: Je nach gewünschter Faktorlösung werden entweder *n* Faktoren mit Eigenwerten größer 1 *oder* Lösungen mit der *vorgegebenen* Anzahl von Faktoren angezeigt (wobei hier durchaus Faktoren mit Eigenwerten > 1 unterschlagen werden könnten, vgl. das u.a. Scree-Plot). Im Falle der Methode „Hauptkomponenten" werden darüber hinaus in dieser Tabelle auch dieselben Werte wie unter „Anfängliche Eigenwerte" angezeigt. Bei weiteren Extraktionsmethoden sind die Werte aufgrund von Messfehlern im Allgemeinen kleiner als in „Anfängliche Eigenwerte". Ein Vergleich der mittleren mit der Tabelle links erlaubt erste Aufschlüsse über das Verhältnis von Gesamtvarianz und Faktorenzahl; links erklären 12 Faktoren 100%, in der Mitte 2 Faktoren (> 1) nur ca. 47% der Gesamtvarianz.

Der rechte Teil der Tabelle („Rotierte Summe der quadrierten Ladungen") basiert auf den rotierten Summen der quadrierten Faktorladungen nach der Extraktion (diese Teiltabelle wird nur mit ausgegeben, falls eine Rotation voreingestellt war). In der Spalte „Rotierte Summe der quadrierten Ladungen" werden die quadrierten Ladungen und Varianzanteile nach der Faktorenrotation ausgegeben.

Die beiden extrahierten Faktoren erklären ca. 47% der Gesamtvarianz (Spalte „Kumulierte %"). Durch die (orthogonale) Rotation ändert sich nicht der Anteil der erklärten Gesamtvarianz, sondern nur die Verteilung der Ladungen auf den Faktoren (vgl. die Spalten: „Gesamt" und „% der Varianz"). Die Anzeige ist abhängig von der gewählten Rotationsmethode; im Falle von obliquen Methoden wird nur eine Spalte „Gesamt" angezeigt.

2.5 Durchführung einer Faktorenanalyse

Screeplot - nachbearbeitet

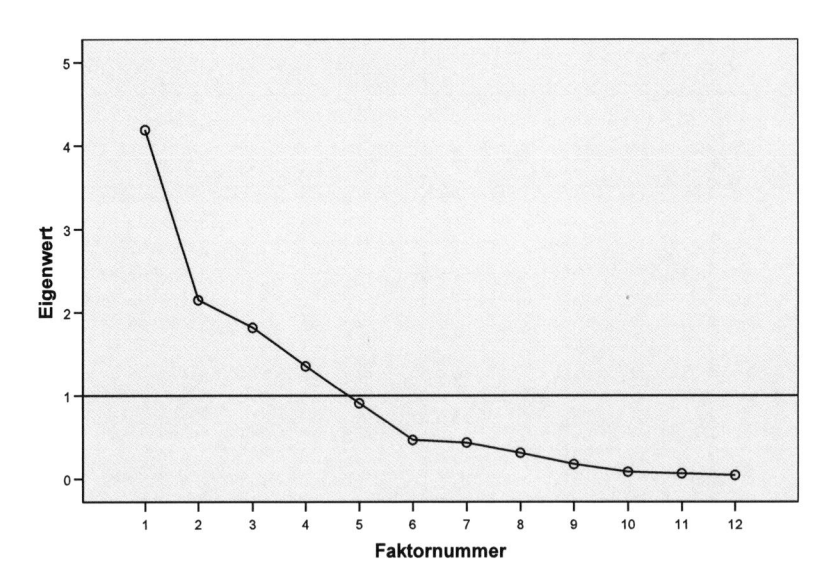

Der sog. „Scree-Plot" zeigt die Eigenwerte (y-Achse) der anfänglichen Faktoren (x-Achse); ein Scree-Plot visualisiert somit 100% ursprüngliche Varianz (vgl. „Anfängliche Eigenwerte" in der Tabelle „Erklärte Gesamtvarianz"). Gemäß der Scree-Regel sollen in etwa so viele Faktoren extrahiert werden, bis die Linie (idealerweise an einem deutlichen Knick) in die Horizontale übergeht. Der letzte (von links nach rechts) *vor* dem Knick liegende (Eigen)Wert gibt dabei die Anzahl der zu behaltenden Faktoren an.

Es werden im Beispiel nur 2 Faktoren behalten. Weitere Faktoren, deren Eigenwerte über 1 liegen, sind aus der gewünschten Lösung ausgeschlossen. Im Prinzip wäre im Beispiel eine 4-Faktor-Lösung möglich (vgl. die zusätzlich eingezeichnete Referenzlinie in Höhe von Eigenwert=1). Im Beispiel befindet sich z.B. Faktor 5 noch im steilen Abschnitt und liegt mit seinem Eigenwert von ca. 0,97 (vgl. Tabelle „Erklärte Gesamtvarianz") nur (knapp) unter dem Mindest-Eigenwert von 1. Der Scree-Plot basiert auf den Eigenwerten der Korrelationsmatrizen. Je nach Methode handelt es sich dabei um die Werte anderer Extraktionsverfahren.

Faktorenmatrix[a]

	Faktor	
	1	2
Ausgangsgewicht	,692	,388
Temperatur	,710	,392
Dünger 1	,711	-,268
Dünger 2	,538	-,624
Licht 1	-,030	,027
Bodenkonzentration 1	,749	-,355
Bodenkonzentration 2	,642	-,568
Licht 2	-,164	,202
Wassermenge	,575	,570
Luftfeuchtigkeit 1	,395	-,049
Luftkonzentration	,593	,582
Luftfeuchtigkeit 2	,369	-,029

Extraktionsmethode: Hauptachsen-Faktorenanalyse.
a. 2 Faktoren extrahiert. Es werden 7 Iterationen benötigt.

Die Tabelle „Faktorenmatrix" wurde bereits im vorangehenden Kapitel erläutert. Die Tabelle gibt die extrahierten Ladungswerte für eine 2-Faktoren-Lösung *vor* einer Rotation wieder. Jede Spalte repräsentiert einen Faktor. Jeder Wert in einer Spalte gibt dabei die Korrelation zwischen der jeweiligen Variablen und dem nonrotierten Faktor an. Je höher der Wert einer Variablen ist, umso stärker wird der Faktor durch die betreffende Variable mitbestimmt, d.h. höher ist die Bedeutung der Variablen für den jeweiligen Faktor. Die Tabelle „Faktorenmatrix" ist für die Interpretation der Ergebnisse einer Faktorenlösung von zentraler Bedeutung. Anhand der Korrelationen (Vorzeichen, Richtung) können somit erste Interpretationen der Faktoren entwickelt werden. Wie im vorangehenden Kapitel jedoch bereits demonstriert, ist eine Interpretation der Variablen bzw. Benennung der Faktoren ohne Visualisierung bzw. Rotation bzw. schwierig. So bleibt unklar, ob eine Variable eher zu Faktor 1 oder Faktor 2 „gehört". Würden die unrotierten Ladungen bereits auf den Achsen liegen, wäre eine Rotation jedoch nicht erforderlich. Die Variable „Licht 1" (fast perfekt im Achsenkreuz) lädt z.B. vor der Rotation auf „Faktor 1" mit -0,030 und auf „Faktor2" mit 0,027. Die Variable „Dünger 2" (fast perfekt auf der Diagonalen im Quadranten unten rechts) lädt z.B. auf Faktor 1 mit „0,538" und auf „Faktor 2" mit -0,624.

Aus der Fußnote: „2 Faktoren extrahiert. Es werden 7 Iterationen benötigt." kann geschlossen werden, dass die gewünschte 2-Faktoren-Lösung erfolgreich extrahiert werden konnte. Wäre dort jedoch zu lesen: „Es wurde versucht, 2 Faktoren zu extrahieren. Es werden mehr als 100 Iterationen benötigt. (Konvergenz=,005). Die Extraktion wurde abgebrochen.", kann daraus geschlossen werden, dass die (vor)eingestellte Anzahl der Iterationen zu optimistisch war und die vorliegende Faktorenlösung wegen des vorzeitigen Abbruchs ggf. suboptimal ist. In einem solchen Fall wäre die Zahl der Iterationen höher einzustellen.

2.5 Durchführung einer Faktorenanalyse

Reproduzierte Korrelationen

		Ausgangsgewicht	Temperatur	Dünger 1	Dünger 2	Licht 1	Bodenkonzentration 1	Bodenkonzentration 2	Licht 2	Wassermenge	Luftfeuchtigkeit 1	Luftkonzentration	Luftfeuchtigkeit 2
Reproduzierte Korrelation	Ausgangsgewicht	,630[a]	,644	,389	,130	-,010	,381	,224	-,036	,619	,255	,637	,244
	Temperatur	,644	,658[a]	,400	,137	-,010	,392	,233	-,038	,631	,261	,650	,251
	Dünger 1	,389	,400	,577[a]	,550	-,028	,628	,609	-,171	,256	,294	,266	,270
	Dünger 2	,130	,137	,550	,679[a]	-,033	,624	,700	-,214	-,047	,243	-,044	,217
	Licht 1	-,010	-,010	-,028	-,033	,002[a]	-,032	-,035	,010	-,001	-,013	-,002	-,012
	Bodenkonzentration 1	,381	,392	,628	,624	-,032	,687[a]	,682	-,195	,228	,313	,238	,287
	Bodenkonzentration 2	,224	,233	,609	,700	-,035	,682	,735[a]	-,220	,045	,281	,050	,253
	Licht 2	-,036	-,038	-,171	-,214	,010	-,195	-,220	,068[a]	,020	-,075	,020	-,067
	Wassermenge	,619	,631	,256	-,047	-,001	,228	,045	,020	,655[a]	,199	,673	,195
	Luftfeuchtigkeit 1	,255	,261	,294	,243	-,013	,313	,281	-,075	,199	,159[a]	,206	,147
	Luftkonzentration	,637	,650	,266	-,044	-,002	,238	,050	,020	,673	,206	,691[a]	,202
	Luftfeuchtigkeit 2	,244	,251	,270	,217	-,012	,287	,253	-,067	,195	,147	,202	,137[a]
Residuum[b]	Ausgangsgewicht		,301	,069	-,060	-,024	,033	,017	,142	-,139	-,142	-,127	-,088
	Temperatur	,301		,036	-,069	-,101	,066	-,003	,085	-,134	-,121	-,129	-,088
	Dünger 1	,069	,036		,059	-,019	,012	-,037	-,054	-,057	-,090	,026	-,127
	Dünger 2	-,060	-,069	,059		,203	-,041	,067	-,073	,072	-,072	,089	-,093
	Licht 1	-,024	-,101	-,019	,203		-,028	,136	,494	,140	-,116	,080	-,201
	Bodenkonzentration 1	,033	,066	,012	-,041	-,028		,064	,016	-,003	-,065	-,054	-,099
	Bodenkonzentration 2	,017	-,003	-,037	,067	,136	,064		,211	,021	-,052	-,023	-,019
	Licht 2	,142	,085	-,054	-,073	,494	,016	,211		-,011	-,221	-,080	-,199
	Wassermenge	-,139	-,134	-,057	,072	,140	-,003	,021	-,011		,058	,256	,027
	Luftfeuchtigkeit 1	-,142	-,121	-,090	-,072	-,116	-,065	-,052	-,221	,058		,030	,753
	Luftkonzentration	-,127	-,129	,026	,089	,080	-,054	-,023	-,080	,256	,030		-,004
	Luftfeuchtigkeit 2	-,088	-,088	-,127	-,093	-,201	-,099	-,019	-,199	,027	,753	-,004	

Extraktionsmethode: Hauptachsen-Faktorenanalyse.

a. Reproduzierte Kommunalitäten

b. Residuen werden zwischen beobachteten und reproduzierten Korrelationen berechnet. Es liegen 46 (69,0%) nicht redundante Residuen mit absoluten Werten größer 0,05 vor.

Die Tabelle „Reproduzierte Korrelationen" zeigt die Korrelationskoeffizienten an, so wie sie auf der Grundlage der ermittelten Faktorenlösung geschätzt wurden. Wenn die Erklärung der Variablen durch die Faktoren vollständig und korrekt wäre, sollten sich auch die zugrundeliegenden Korrelationen rekonstruieren lassen. Abweichungen zwischen den beiden Korrelationsmatrizen werden durch Art und Ausmaß der suboptimalen Varianzaufklärung (Informationsverlust) verursacht. Diese Tabelle enthält in der oberen Tabellenhälfte („Reproduzierte Korrelation") das rekonstruierte Muster der Variablen-Interkorrelationen; im Idealfall sollte diese Tabelle den Korrelationskoeffizienten aus der Tabelle „Korrelationsmatrix" entsprechen (siehe oben). In der Diagonale sind anstelle des Wertes 1 die reproduzierten Kommunalitäten der jeweiligen Variablen eingetragen (vgl. dazu auch die Tabelle „Kommunalitäten" und darin die Spalte „Extraktion".

Die untere Tabellenhälfte („Residuum") enthält die jeweilige Abweichung zwischen einem beobachteten und dem reproduzierten Korrelationskoeffizienten. Die Korrelation zwischen Temperatur und Ausgangsgewicht beträgt z.B. in der Tabelle „Korrelationsmatrix" (siehe oben) 0,944 („beobachtet"), rekonstruiert wurde eine Korrelation von 0,644 („reproduziert"); die Differenz zwischen beiden ergibt 0,301 („Residuum").

Je mehr Residuen um Null liegen, desto besser ist die Faktorenlösung und umso besser erklären die Faktoren die Variablen. In der Legende wird mitgeteilt, dass 69% (N=46) der Residuen größer als 0,05 sind. Die Passung von Modell und Daten sollte demnach voraussichtlich verbessert werden können (u.a. Entfernen diverser Variablen, Wahl einer höheren Faktorzahl, ggf. Höhersetzen der Iterationsschritte usw.). Eine 4 Faktoren- anstelle der durchgeführten 2 Faktoren-Lösung erzielt z.B. mit 37% (N=25) Residuen größer als 0,05 ein bereits deutlich besseres Ergebnis.

Rotierte Faktorenmatrix[a]

	Faktor	
	1	2
Ausgangsgewicht	,771	,188
Temperatur	,787	,196
Dünger 1	,338	,681
Dünger 2	-,032	,823
Licht 1	-,003	-,040
Bodenkonzentration 1	,306	,770
Bodenkonzentration 2	,083	,853
Licht 2	,017	-,259
Wassermenge	,809	-,026
Luftfeuchtigkeit 1	,256	,305
Luftkonzentration	,831	-,022
Luftfeuchtigkeit 2	,250	,273

Extraktionsmethode: Hauptachsen-Faktorenanalyse.
Rotationsmethode: Varimax mit Kaiser-Normalisierung.
a. Die Rotation ist in 3 Iterationen konvergiert.

2.5 Durchführung einer Faktorenanalyse

Die „Rotierte Faktorenmatrix" enthält die Ladungen bzw. „Koordinaten" der rotierten Daten, wie sie auch in der weiter unten angegebenen Abbildung „Faktordiagramm im gedrehten Faktorbereich" wiedergegeben werden. Die Tabelle „Rotierte Faktorenmatrix" zeigt die Ladungen der Variablen auf den beiden Faktoren nach der Rotation. Im vorangehenden Kapitel wurde mittels vier verschiedener Rotationsmethoden demonstriert, wie die Art der Rotation die Partialkorrelationen beeinflussen kann. Jeder Wert in der Tabelle repräsentiert eine Partialkorrelation zwischen Variable und rotiertem Faktor. Die mit der Rotation einhergehende Einfachstruktur erleichtert die Interpretation des Variablen/Faktoren-Verhältnisses. Beim Rotationsverfahren Varimax sollen pro Faktor einige Variablen hoch, alle übrigen aber möglichst gering laden.

Auf „Faktor 1" laden z.B. die Variablen „Ausgangsgewicht" (0,771), „Temperatur" (0,787), „Wassermenge" (0,809) und „Luftkonzentration" (0,831) hoch (bei gleichzeitig marginalen Ladungen auf „Faktor 2"). „Faktor 1" erscheint konzeptionell relativ heterogen und wird zunächst mit der Arbeitsbezeichnung „Kontext"-Faktor versehen. Auf „Faktor 2" laden z.B. „Dünger 1" (0,681), „Dünger 2" (0,823), „Bodenkonzentration 1" (0,770) und „Bodenkonzentration 2" (0,853), bei gleichzeitig marginalen Ladungen auf „Faktor 1". „Faktor 2" erscheint konzeptionell relativ homogen und kann als „Boden"-Faktor bezeichnet werden.

Je nach Extraktionsverfahren können anhand der ermittelten Partialkorrelationen z.B. Regressionsgleichungen abgeleitet werden (vgl. Kap. 2.5.1). Die „Gewichte" werden dabei mit den standardisierten Werten der zwölf Originalvariablen multipliziert, anschließend aufaddiert und ergeben pro Fall dessen Wert (Score) in Faktor 1 bzw. 2. Ein Faktorwert ist demnach eine Linearkombination aller (Partial)Korrelationen. Die Hauptfaktorenmethode erzielt dabei keine exakten Faktorwerte sondern nur Approximationen. Vom Einsatz zur Vorhersage sollte man im Beispiel auch angesichts der suboptimalen Modellparameter eher absehen.

Faktor-Transformationsmatrix

Faktor	1	2
1	,732	,681
2	,681	-,732

Extraktionsmethode: Hauptachsen-Faktorenanalyse.
Rotationsmethode: Varimax mit Kaiser-Normalisierung.

Die Tabelle „Faktor-Transformationsmatrix" zeigt die Umrechnungswerte an, mit deren Hilfe die ursprüngliche nonrotierte Faktorenmatrix in die rotierte Faktorenmatrix überführt worden war. Bei Lösungen mit weniger als drei Faktoren gibt es keine Diagonale und es gilt jeder angezeigte Wert. Bei Lösungen mit mehr als zwei Faktoren gilt: Sind die Werte neben der Diagonalen um Null, so war die Rotation gering; sind die Werte dagegen größer als der Betrag von $\geq 0,5$, so war die Rotation substantiell. Im Beispiel wurden an den Faktoren durchaus größere Rotationen vorgenommen.

Faktordiagramm im gedrehten Faktorbereich

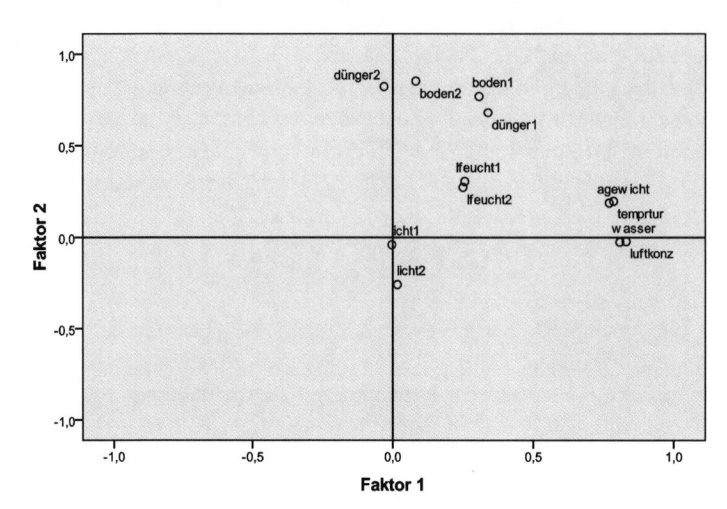

Das Varimax-Kriterium (Kaiser, 1958) strebt eine Vereinfachung der Faktoren an. Pro Faktor sollen einige Variablen hoch, alle übrigen aber möglichst gering laden. Dadurch erhöht Varimax die Interpretierbarkeit des jeweiligen *Faktors*.

Die Abbildung zeigt nun die eingangs dargestellten Daten *nach* einer Rotation (Varimax). Die Ladungswerte bzw. „Koordinaten" stammen aus der oben angegebenen Tabelle „Rotierte Faktorenmatrix". Die Variable „Dünger 2" (vorher fast perfekt auf der Diagonalen im Quadranten unten rechts; Faktor 1: 0,538, Faktor 2: -0,624) liegt nach der Rotation annähernd perfekt auf der Achse von Faktor 1 mit 0,823 und auf Faktor2 mit -0,032. Auch alle weiteren Variablen wurden (mit Ausnahme der „Licht"- und „Luftfeuchtigkeit"-Variablen) durch Rotation aus ihrer ursprünglichen Lage auf den Diagonalen innerhalb der vier Felder auf das Achsenkreuz gedreht.

Dass sich die „Licht"- und „Luftfeuchtigkeit"-Variablen nicht haben rotieren lassen, hat vermutlich damit zu tun, dass die gewählte 2 Faktoren-Lösung zwar zur Veranschaulichung einer Rotation geeignet ist, jedoch zur Faktorisierung der Variablen eine höhere Faktorzahl benötigt (angedeutet auch durch anfängliche Eigenwerte bzw. Scree-Plot). Anders ausgedrückt: Wenn sich Variablen nicht rotieren lassen, dann deshalb, weil sie (noch) zu keinem Faktor gehören. Variablen *können* deshalb einem noch nicht vorhandenen Faktor noch nicht „zurotiert" werden. Der Anwender sei an dieser Stelle daher angeregt, in einer Replikation z.B. die „Licht"- und „Luftfeuchtigkeit"-Variablen aus der Analyse auszuschließen bzw. in einem anspruchsvolleren Schritt die Faktorzahl von 2 z.B. auf 3 zu erhöhen.

Das Faktordiagramm veranschaulicht mit Ausnahme der „Licht"- und „Luftfeuchtigkeit"-Variablen auch, wie ein Ergebnis *nach* einer Rotation aussehen sollte: Die Daten liegen auf bzw. in der Nähe der Achsen. Das Faktordiagramm veranschaulicht auch den Bias von Varimax: Trotz Rotation und damit andere Lage im Achsenkreuz bleiben die räumlichen Verhältnisse der Variablen untereinander, und damit auch zu den latenten Faktoren selbst unverändert.

Zusammenfassung:

Das Ziel dieses Kapitels war, neben der Erläuterung der ausgegebenen Statistiken, die Wahl derjenigen Lösung, die die statistischen und inhaltlichen Kriterien am besten erfüllt. Wie der Vergleich der jeweiligen Faktormatrizen bzw. -diagramme nach der jeweiligen Rotation ergab, unterscheiden sich die ermittelten Parameter nur marginal. Im Detail deutete sich zudem tendenziell der jeweilige Bias der Einfachstruktur jedes Rotationsverfahrens an. Im Prinzip könnte jede erzielte Lösung trotz Rotation als bestes Modell gewählt werden, sofern zumindest keine inhaltlichen Einwände gegen die Wahl der einen oder anderen Lösung sprechen. Aufgrund seiner Eigenschaft der faktoriell invarianten Lösung wäre die Varimax-Lösung zu bevorzugen (vgl. jedoch eher Browne, 2001).

Diverse Parameter wiesen darauf hin, dass die Passung von Modell und Daten verbessert werden kann (u.a. durch Entfernen diverser Variablen, einer Lösung mit mehr Faktoren, ggf. Höhersetzen der Iterationsschritte usw.). Das nächste Kapitel wird zeigen, wie das bisherige Modell in Gestalt der 2 Faktoren-Lösung optimiert werden kann.

2.5.5 Beispiel 5: Hauptachsen-Faktorenanalyse (PAF): Fokus: Optimierung

1. Einleitung (Fortsetzung)

Im vorangegangenen Kapitel deuteten diverse Parameter der erzielten 2 Faktoren-Lösung an, dass die Passung von Modell und Daten verbessert werden könnte. Dieses Kapitel wird zeigen, auf welche Weise das bisherige Modell verbessert werden kann, und welchen Effekt diese im Prinzip unkomplizierten Maßnahmen haben. Es werden auf das bisherige Varimax-Modell nur zwei Maßnahmen angewandt:

- Entfernen diverser Variablen: Die Variable „Licht 2" wird aus dem Modell entfernt (Begründung: u.a. niedrige Kommunalitäten). Das Entfernen von mehr Variablen kann angesichts der Datenlage zu einem Heywood-Fall führen.
- Höhersetzen der Faktorenzahl: Anstelle einer 2- wird eine 3 Faktoren-Lösung angestrebt (Begründung: u.a. größere Varianzaufklärung). Das Extrahieren von mehr Faktoren kann ebenfalls zu einem Heywood-Fall führen.

Anwender können an eigenen Beispielen u.a. auch das Hinzunehmen von Variablen, das Senken der Faktorzahl oder ggf. das Höhersetzen der Iterationsschritte ausprobieren. In diesem Kapitel wird die Anforderung bzw. Durchführung einer Hauptachsen-Faktorenanalyse nicht mehr erläutert. Als Protokoll ist jedoch die verwendete SPSS Syntax unkommentiert wiedergegeben. An den Ergebnissen werden nur noch die zentralen Unterschiede zur 2 Faktoren-Lösung hervorgehoben.

Bei der Optimierung handelt sich bei nicht um eine konfirmatorische Faktorenanalyse. Bei einer konfirmatorischen Faktorenanalyse wird *dasselbe* Modell u.a. an verschiedenen Stichproben validiert; bei der Optimierung werden *verschiedene Modelle* überprüft. Eine Optimierung ist jedoch üblicherweise abschließend ebenfalls um eine konfirmatorische Faktorenanalyse zu ergänzen.

2. Syntax (unkommentiert)

```
FACTOR
   /VARIABLES agewicht temprtur dünger1 dünger2
              licht1 boden1 boden2 wasser
              lfeucht1 luftkonz lfeucht2
  /MISSING LISTWISE
  /ANALYSIS agewicht temprtur dünger1 dünger2
             licht1 boden1 boden2 wasser
             lfeucht1 luftkonz lfeucht2
 /PRINT UNIVARIATE INITIAL CORRELATION SIG DET KMO INV
                REPR AIC EXTRACTION ROTATION
  /PLOT EIGEN ROTATION
  /CRITERIA FACTORS(3) ITERATE(100)
  /EXTRACTION PAF
  /ROTATION VARIMAX
  /METHOD=CORRELATION .
```

3. Ergebnisse und Interpretation

Es werden an ausgewählten Tabellen die zentralen Unterschiede zur 2 Faktoren-Lösung hervorgehoben. Auf die Wiedergabe u.a. der Tabellen „Deskriptive Statistiken", „Korrelationsmatrix" und „Inverse Korrelationsmatrix", sowie „Anti-Image-Matrizen", „Faktorenmatrix", sowie „Reproduzierte Korrelationen" und „Faktor-Transformationsmatrix" wird deshalb verzichtet.

KMO- und Bartlett-Test

Maß der Stichprobeneignung nach Kaiser-Meyer-Olkin.		,635
Bartlett-Test auf Sphärizität	Ungefähres Chi-Quadrat	1032,954
	df	55
	Signifikanz nach Bartlett	,000

Das KMO-Maß verbessert sich von 0,605 auf 0,635. Der Bartlett-Test erzielt wiederum statistische Signifikanz mit 1032,954 („Ungefähres Chi-Quadrat") bei 55 Freiheitsgraden („Df"), sowie p=0,000 („Signifikanz nach Bartlett"). Die Daten sind für eine Faktorenanalyse brauchbar.

2.5 Durchführung einer Faktorenanalyse

Kommunalitäten

	Anfänglich	Extraktion
Ausgangsgewicht	,911	,705
Temperatur	,912	,723
Dünger 1	,646	,586
Dünger 2	,699	,668
Licht 1	,296	,030
Bodenkonzentration 1	,722	,694
Bodenkonzentration 2	,765	,821
Wassermenge	,893	,624
Luftfeuchtigkeit 1	,844	,897
Luftkonzentration	,896	,669
Luftfeuchtigkeit 2	,849	,901

Extraktionsmethode: Hauptachsen-Faktorenanalyse.

In der 2 Faktorenlösung wurde von den Variablen „Bodenkonzentration 1" und „Bodenkonzentration 2" nach der „Extraktion" 69% bzw. 74% Varianz aufgeklärt, in der 3 Faktorenlösung dagegen 69% bzw. 82%. Nur noch die Variable „Licht 2" weist ausgeprägt niedrige Kommunalitäten auf (0,030) und könnte in einem weiteren Durchgang aus der Analyse ausgeschlossen werden.

Erklärte Gesamtvarianz

Faktor	Anfängliche Eigenwerte			Summen von quadrierten Faktorladungen für Extraktion			Rotierte Summe der quadrierten Ladungen		
	Gesamt	% der Varianz	Kumulierte %	Gesamt	% der Varianz	Kumulierte %	Gesamt	% der Varianz	Kumulierte %
1	4,112	37,385	37,385	3,824	34,762	34,762	2,770	25,180	25,180
2	2,211	20,098	57,482	1,906	17,329	52,091	2,766	25,148	50,328
3	1,749	15,899	73,381	1,588	14,437	66,529	1,782	16,201	66,529
4	1,211	11,006	84,388						
5	,669	6,080	90,467						
6	,427	3,881	94,348						
7	,282	2,561	96,909						
8	,165	1,504	98,413						
9	,078	,706	99,119						
10	,053	,482	99,600						
11	,044	,400	100,000						

Extraktionsmethode: Hauptachsen-Faktorenanalyse.

Die drei extrahierten Faktoren erklären ca. 66% der Gesamtvarianz (Spalte „Kumulierte %"). Die 2 Faktoren-Lösung erklärte nur ca. 47% der Gesamtvarianz. Die Hinzunahme eines weiteren Faktors in das Modell führte zur zusätzlichen Aufklärung von knapp 20% bzw. stellt einer Performancesteigerung der Modell-Daten-Passung um knapp 50% dar.

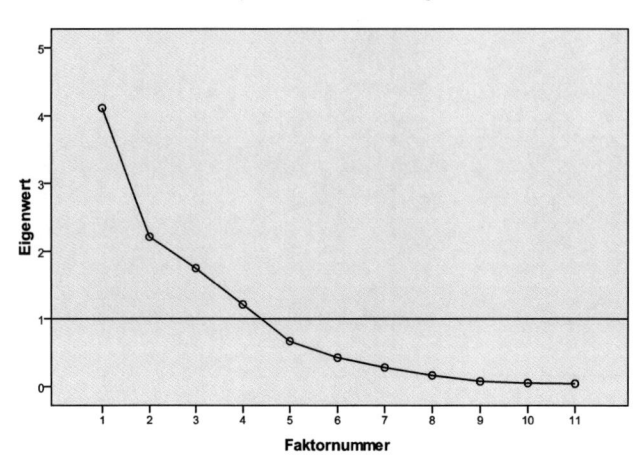

Screeplot - 3 Faktoren-Lösung

Der Scree-Plot (wie auch die o.a. Tabelle „Erklärte Gesamtvarianz") zeigt, dass ggf. durch die Hinzunahme eines weiteren Faktors noch mehr Varianz aufgeklärt werden könnte.

Die Tabelle „Reproduzierte Korrelationen" (nicht wiedergegeben) teilte mit, dass 40,0% (N=22) der Residuen größer als 0,05 sind. In der 2 Faktoren-Lösung waren 69% (N=46) der Residuen größer als 0,05.

Rotierte Faktorenmatrix[a]

	Faktor		
	1	2	3
Ausgangsgewicht	,252	,800	-,038
Temperatur	,250	,813	-,016
Dünger 1	,693	,325	,009
Dünger 2	,815	-,060	,012
Licht 1	,044	,003	-,167
Bodenkonzentration 1	,784	,278	,050
Bodenkonzentration 2	,903	,026	,068
Wassermenge	-,004	,772	,165
Luftfeuchtigkeit 1	,201	,132	,916
Luftkonzentration	-,005	,805	,145
Luftfeuchtigkeit 2	,161	,129	,926

Extraktionsmethode: Hauptachsen-Faktorenanalyse.
Rotationsmethode: Varimax mit Kaiser-Normalisierung.
a. Die Rotation ist in 4 Iterationen konvergiert.

2.5 Durchführung einer Faktorenanalyse

Die „Rotierte Faktorenmatrix" zeigt nun die Ladungen auf drei Faktoren. Die Ladungsgrößen zwischen 2 und 3 Faktor-Lösung können nicht direkt miteinander verglichen werden, da die Varianz im Vergleich zum Vorgängermodell um die ausgeschlossene Variable verringert ist:

Auf „Faktor 1" laden (wieder) „Dünger 1", „Dünger 2", „Bodenkonzentration 1" und „Bodenkonzentration 2", bei gleichzeitig marginalen Ladungen auf den beiden anderen Faktoren. „Faktor 1" erscheint konzeptionell relativ homogen und wird als „Boden"-Faktor bezeichnet.

Auf „Faktor 2" laden die Variablen „Ausgangsgewicht", „Temperatur", „Wassermenge" und „Luftkonzentration", bei gleichzeitig marginalen Ladungen auf den beiden anderen Faktoren. „Faktor 2" erscheint konzeptionell relativ heterogen und wird (wieder) mit der Arbeitsbezeichnung „Kontext"-Faktor versehen.

Auf „Faktor 3" laden neu die Variablen „Luftfeuchtigkeit 1" und „Luftfeuchtigkeit 2" annähernd maximal, bei gleichzeitig marginalen Ladungen auf den beiden anderen Faktoren. „Faktor 3" erscheint konzeptionell eindeutig homogen und wird als „Luftfeuchtigkeit"-Faktor bezeichnet.

Faktordiagramm im gedrehten Faktorbereich

Das „Faktordiagramm im gedrehten Faktorbereich" zeigt, wie sich die Variablen nach der Rotation im mehrdimensionalen Faktorraum anordnen. Bei gelungenen Faktorlösungen visualisiert dieses Diagramm die Variablengruppierungen, die sich aus der rotierten Faktorenmatrix ergeben. Die „Koordinaten" der Variablen basieren auf den Ladungen der Variablen in der Tabelle „Rotierte Faktorenmatrix". Variablen nahe einer Achse laden entsprechend hoch am dazugehörigen Faktor. Lösungen mit mehr als vier oder fünf Faktoren sind grafisch u.U. nicht mehr optimal visualisierbar.

Dieses Kapitel veranschaulichte, wie durch wenige, aber effektive Maßnahmen die Passung von Modell und Daten bei einer Faktorenanalyse deutlich verbessert werden kann.

2.5.6 Faktorenanalyse von Fällen – Q-Typ Faktorenanalyse (Syntax)

Das Analyseziel einer Typ Q-Faktorenanalyse ist das Bündeln von Fällen, während eine Faktorenanalyse von einer Typ R Variablen bündelt, die über eine Menge von Fällen hinweg ein ähnliches Profil haben. Die Typ Q-Faktorenanalyse fasst also Fälle, die über eine Menge von Variablen hinweg ein ähnliches Profil haben, in Gruppen zusammen (vgl. Burt & Stephenson, 1939; Stephenson, 1935). Die Typ Q-Faktorenanalyse ist insofern ein Klassifikationsverfahren, eine Art Clusteranalyse, die sich in der Markt-, Medien und Meinungsforschung zunehmender Beliebtheit erfreut (z.B. Marshall & Reday, 2007; Singer, 1997; Nitcavic & Dowling, 1990; Walker, 1986).

Die Analyseschritte entsprechen im Wesentlichen dem Vorgehen der üblichen Typ R-Faktorenanalyse. In anderen Worten: Will man für einen bestimmten Datensatz eine Typ Q Faktorenanalyse durchführen, wird der Datensatz nur transponiert und im Anschluss daran die bereits vorgestellte Faktorenanalyse vom Typ R durchgeführt. Das Mengenverhältnis zwischen Variablen und Fällen macht es jedoch erforderlich, auf diverse Besonderheiten hinzuweisen:

Vor einer Typ Q-Faktorenanalyse sollten mehr Variablen als Fälle vorliegen (die untere Grenze ist eine gleiche Anzahl von Variablen und Fällen). Dieses Variablen/Fall-Verhältnis wird dann vor der eigentlichen Faktorenanalyse mittels FLIP transponiert. Nach der Transponierung liegen die (nun für die Typ R-Faktorenanalyse) erforderlichen mehr Fälle als Variablen vor. Die Methoden Hauptkomponenten bzw. ULS sind die einzigen Extraktionsmethoden, die auch dann funktionieren, wenn mehr Variablen als Fälle vorliegen.

Bei unterschiedlichen Messeinheiten sollten die Variablen vor der Transponierung standardisiert werden, um zu vermeiden, dass Variablen mit höheren Einheiten die Analyse verzerren (z.B. mittels DESCRIPTIVES und der SAVE Option). Binäre, sowie kategorial skalierte Variablen sollten aus der Analyse ausgeschlossen werden.

Beispiel:
Der SPSS Beispieldatensatz „anorectic.sav" soll einer Faktorenanalyse vom Typ Q unterzogen werden. Die Analyse wird ausschließlich mit SPSS Syntax erfolgen, um die einzelnen Schritte besser herausheben zu können. Der Beispieldatensatz wird zunächst so ausgefiltert, dass mehr Variablen als Fälle vorliegen. Den zu Demonstrationszwecken behaltenen Variablen wird metrisches Skalenniveau unterstellt; binär sowie kategorial skalierte Variablen wurden jedoch explizit aus der Analyse ausgeschlossen. Da bei den verbleibenden „metrischen" Variablen unterschiedliche Einheiten vorkommen, werden diese Variablen mittels DESCRIPTIVES und der SAVE Option standardisiert. Da als Methode eine Hauptkomponentenanalyse angewendet wird, kann auf eine Rotation verzichtet werden. Es wird eine Lösung mit 3 Komponenten angefordert (vgl. FACTORS in der Zeile CRITERIA; zur Erläuterung der

2.5 Durchführung einer Faktorenanalyse

Syntax vgl. Kapitel 1.5). Das Beispiel ist bewusst einfach gehalten. Aus dem Umstand, dass ordinal skalierte Variablen und Konstanten der Einfachheit halber in die Demonstration einbezogen wurden, sollte keinesfalls der Schluss abgeleitet werden, dass dies auch in seriösen Analysen so gemacht werden dürfte.

Da als Extraktionsmethode die Hauptkomponentenanalyse gewählt wurde, wird in den SPSS Ausgaben, sowie den Kommentaren anstelle von „Faktor" überwiegend der Begriff „Komponente" verwendet.

In älteren SPSS Versionen besteht unter Umständen die Möglichkeit, dass eine Q-Typ Faktorenanalyse fehlerhaft berechnet wird.

Syntax:

```
GET
  FILE='C:\Programme\SPSS\...\anorectic.sav'
/drop=diag diag2 time time2 number mens fast tidi .

* Filter für ein angemessenes Variablen-/Fallverhältnis für
die Demo *.
compute ID=$casenum.
exe.
select if ID <= 14.
exe.

* Anzeige des Datensatzes vor den weiteren Transformationen *.
LIST.

* Ermitteln der Variabilität innerhalb eines Falles *.
compute CASE_mean=mean(weight, binge, vomit, purge, hyper,
fami, eman, frie, school, satt, sbeh, mood, preo, body).
exe.
compute CASE_sd=sd(weight, binge, vomit, purge, hyper, fami,
eman, frie, school, satt, sbeh, mood, preo, body).
exe.

* Anzeige der Variabilität innerhalb eines Falles *.
SUMMARIZE
  /TABLES=ID CASE_mean CASE_sd
  /FORMAT=VALIDLIST NOCASENUM NOTOTAL
  /TITLE='Variablität innerhalb eines Falles'
  /MISSING=VARIABLE.

* Löschen der beiden Hilfsvariablen CASE_mean CASE_sd  *.
DELETE
VARIABLES= CASE_mean CASE_sd.
exe.
```

```
* Doppelschritt: *.
* (I) Ermitteln und Anzeige der Variabilität innerhalb einer
Variablen mittels DESCRIPTIVES *.
* (II)Standardisierung der Variablen und Speicherung der neuen
Werte unter demselben Namen plus einem vorangehenden ‚z'   *.
DESCRIPTIVES
    VARIABLES=weight binge vomit purge hyper fami eman frie
             school satt sbeh mood preo body
    /SAVE.

* Drehen des Datensatzes: Zeilen werden zu Spalten und umge-
kehrt  *.
FLIP
VARIABLES=zweight zbinge zvomit zpurge zhyper zfami zeman
          zfrie zschool zsatt zsbeh zmood zpreo zbody
/ NEWNAMES = id .

* Anzeige des Datensatzes nach den weiteren Transformationen *.
LIST.

* Visualisierung über eine Streudiagramm-Matrix*.
GRAPH
  /SCATTERPLOT(MATRIX)=K_1_00 K_2_00 K_3_00 K_4_00 K_5_00
                      K_6_00 K_7_00 K_8_00 K_9_00 K_10_00
                      K_11_00 K_12_00 K_13_00 K_14_00
  /MISSING=LISTWISE .

* Faktoranalyse (von Fällen!) *.
FACTOR
  /VARIABLES k_1 to k_12
  /MISSING LISTWISE
  /ANALYSIS k_1 to k_12
  /PRINT UNIVARIATE INITIAL EXTRACTION
  /FORMAT SORT
  /PLOT EIGEN ROTATION
  /CRITERIA FACTORS(3) ITERATE(125)
  /EXTRACTION PC
  /ROTATION NOROTATE
  /METHOD=CORRELATION .
```

Output

Liste

```
Weight binge vomit purge hyper fami eman frie school satt sbeh mood preo body   ID
   1     4     4     4     1    1    1    3    2      2    2    3    1    2   1,00
   1     4     4     4     2    1    2    3    2      2    2    1    1    1   2,00
   1     4     4     4     3    1    2    3    2      2    1    2    1    1   3,00
   1     4     4     4     2    1    1    3    2      2    2    3    1    2   4,00
   3     4     4     4     2    2    1    1    2      2    2    3    1    1   5,00
   1     4     4     4     2    1    1    1    2      2    2    3    1    2   6,00
   1     4     4     4     2    1    1    1    1      1    1    1    1    2   7,00
   1     4     4     4     3    1    2    3    2      1    2    3    2    3   8,00
   1     4     4     4     2    2    2    3    3      3    2    1    1    3   9,00
   1     4     4     4     2    2    2    3    2      2    2    1    1    1  10,00
   1     4     4     4     1    1    2    2    1      1    1    3    1    1  11,00
   1     4     4     4     1    1    1    2    2      3    2    3    1    1  12,00
   1     4     4     4     2    1    1    1    2      2    2    3    2    3  13,00
   1     4     4     4     2    2    1    3    2      2    2    3    1    1  14,00

Number of cases read:   14    Number of cases listed:   14
```

Die Liste listet für die Variablen in der Analyse die Messwerte vor der Transformation auf.

In den Spalten der Liste befinden sich die Fälle, in den Zeilen die Variablen. Bei den Variablen „binge eating", „vomiting" und „purging" ist zu erkennen, dass alle Fälle denselben Wert aufweisen und dass somit diese Variablen eigentlich Konstanten sind.

Deskriptive Statistik

Deskriptive Statistik

	N	Minimum	Maximum	Mittelwert	Standardabweichung
Body Weight	14	1	3	1,14	,535
Binge eating	14	4	4	4,00	,000
Vomiting	14	4	4	4,00	,000
Purging	14	4	4	4,00	,000
Hyperactivity	14	1	3	1,93	,616
Family relations	14	1	2	1,29	,469
Emancipation from family	14	1	2	1,43	,514
Friends	14	1	3	2,29	,914
School/employment record	14	1	3	1,93	,475
Sexual attitude	14	1	3	1,93	,616
Sexual behavior	14	1	2	1,79	,426
Mental state (mood)	14	1	3	2,36	,929
Preoccupation with food and weight	14	1	2	1,14	,363
Body perception	14	1	3	1,71	,825
Gültige Werte (Listenweise)	14				

Die Tabelle „Deskriptive Statistiken" (Prozedur DESCRIPTIVES) listet für alle original Variablen u.a. Mittelwert und Standardabweichung auf.

Bei den Variablen „binge eating", „vomiting" und „purging" deutet die Standardabweichung gleich Null an, dass alle Fälle denselben Wert aufweisen und es sich genau betrachtet jeweils um Konstanten handelt. In Clusteranalysen, also auch Faktorenanalysen vom Typ Q, sollten solche Variablen jedoch aus der Analyse ausgeschlossen werden, weil sie nicht helfen, zwischen verschiedenen Fällen zu trennen: Wenn sich alle Fälle in derselben Variablen nicht unterscheiden, dann unterscheidet auch diese Variable nicht zwischen den Fällen. Es ist also bereits zu diesem Zeitpunkt der Analyse davon ausgehen, dass diese Konstanten das Ergebnis der Typ Q Faktorenanalyse ungünstig belasten.

Variablität innerhalb eines Falles

	ID	CASE_mean	CASE_sd
1	1,00	2,21	1,19
2	2,00	2,14	1,17
3	3,00	2,21	1,19
4	4,00	2,29	1,14
5	5,00	2,29	1,14
6	6,00	2,14	1,17
7	7,00	1,79	1,25
8	8,00	2,50	1,09
9	9,00	2,50	1,09
10	10,00	2,21	1,12
11	11,00	1,93	1,27
12	12,00	2,14	1,23
13	13,00	2,29	1,14
14	14,00	2,29	1,14
Mittelwert	7,5000	2,2092	1,1660
N	14	14	14
Standardabweichung	4,18330	,18891	,05481

Die Tabelle „Variabilität innerhalb eines Falles" listet für jeden Fall im Datensatz u.a. den Mittelwert und die Standardabweichung über alle Variablen hinweg auf.

Diese Exploration ist notwendig, weil in einem späteren Schritt der Datensatz transponiert wird. Auf diese Weise kann bereits vor der Transponierung in den Fällen exploriert werden, ob bei den nachher entstandenen Variablen zumindest eine gewisse Messwertvariation zu erwarten ist. Die Standardabweichungen in der Tabelle „Variabilität innerhalb eines Falles" liefern keine Hinweise darauf, dass sich einzelne Fälle nach der Transponierung als Konstanten entpuppen könnten.

Liste

```
CASE_LBL   K_1    K_2    K_3    K_4    K_5    K_6    K_7    K_8    K_9    K_10   K_11   K_12   K_13   K_14

Zweight   -,27   -,27   -,27   -,27   3,47   -,27   -,27   -,27   -,27   -,27   -,27   -,27   -,27   -,27
Zbinge      .      .      .      .      .      .      .      .      .      .      .      .      .      .
Zvomit      .      .      .      .      .      .      .      .      .      .      .      .      .      .
Zpurge      .      .      .      .      .      .      .      .      .      .      .      .      .      .
Zhyper   -1,51   ,12   1,74    ,12    ,12    ,12    ,12   1,74    ,12    ,12  -1,51  -1,51   ,12    ,12
Zfami     -,61  -,61   -,61   -,61   1,52  -,61   -,61   -,61   1,52   1,52  -,61   -,61   -,61   1,52
Zeman     -,83  1,11   1,11   -,83   -,83  -,83   -,83   1,11   1,11   1,11   1,11  -,83   -,83   -,83
Zfrie      ,78   ,78    ,78    ,78  -1,41 -1,41  -1,41    ,78    ,78    ,78   -,31  -,31  -1,41    ,78
Zschool    ,15   ,15    ,15    ,15    ,15   ,15  -1,96    ,15   2,26    ,15  -1,96   ,15    ,15    ,15
Zsatt      ,12   ,12    ,12    ,12    ,12   ,12  -1,51  -1,51   1,74    ,12  -1,51  1,74    ,12    ,12
Zsbeh      ,50   ,50  -1,85    ,50    ,50   ,50  -1,85    ,50    ,50    ,50  -1,85   ,50    ,50    ,50
Zmood      ,69 -1,46   -,38    ,69    ,69   ,69  -1,46    ,69  -1,46  -1,46    ,69   ,69    ,69    ,69
Zpreo     -,39  -,39   -,39   -,39   -,39  -,39   -,39   2,36   -,39   -,39   -,39  -,39   2,36   -,39
Zbody      ,35  -,87   -,87    ,35   -,87   ,35    ,35   1,56   1,56   -,87   -,87  -,87   1,56   -,87

Number of cases read:    14     Number of cases listed:    14
```

Die Liste listet für die „Variablen" in der Analyse die standardisierten Messwerte auf.

An dieser Stelle muss hervorgehoben werden: In den Spalten der Liste befinden sich nach dem Transponieren die Fälle, in den Zeilen die Variablen. Wenn also jetzt von „Variablen" (mit Anführungszeichen!) die Rede ist, sind damit immer die Fälle gemeint. Die „Variablen" (also Fälle) werden durch sich anschließenden Hauptkomponentenanalyse zu Komponenten zusammengefasst. Bei den neu angelegten Variablen ZBINGE, ZVOMIT und ZPURGE ist zu erkennen, dass alle „Variablen" denselben Wert (Missing!) aufweisen. Konstanten führen also im Allgemeinen dazu, dass Gruppen nicht mehr auseinander gehalten werden können. Im Besonderen führen Konstanten bei einer eventuell erforderlichen z-Transformation zu Missings und fallen somit aus der Menge der trennenden Variablenausprägungen i.S.v. Werten vollständig heraus.

Diagramm

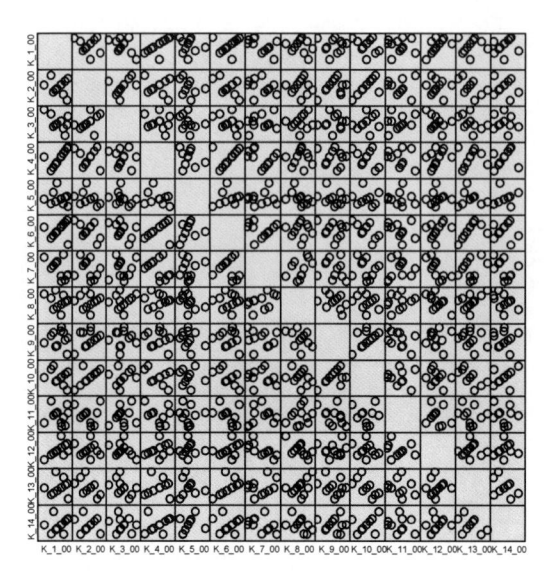

Die Streudiagramm-Matrix zeigt, dass die wenigsten Variablenpaare sich zueinander linear verhalten; auch sind Ausreißer und Diskontinuitäten zu erkennen.

Angesichts eines solchen Befundes ist es empfehlenswert, zunächst die Datenqualität generell zu prüfen. Als weiterer Schritt wäre dann möglich, diejenigen Variablen zu entfernen, die am wenigsten linear mit allen anderen Variablen korrelieren, um dann mit einer (Pearson) Korrelationsmatrix fortzufahren. Oder es werden alle Variablen behalten und diese einer nichtlinearen Korrelation unterzogen (vgl. Kapitel 2.5.7).

Faktorenanalyse

Deskriptive Statistiken

	Mittelwert	Standardabweichung	Analyse N
K_1	-,09	,705	11
K_2	-,07	,747	11
K_3	-,04	,990	11
K_4	,05	,527	11
K_5	,28	1,338	11
K_6	-,14	,628	11
K_7	-,89	,793	11
K_8	,59	1,118	11
K_9	,68	1,108	11
K_10	,12	,862	11
K_11	-,68	,994	11
K_12	-,15	,891	11

2.5 Durchführung einer Faktorenanalyse

Die Tabelle „Deskriptive Statistiken" (Prozedur FACTOR) listet für alle standardisierten „Variablen" u.a. Mittelwert und Standardabweichung auf.

Die Tabellen „Korrelationsmatrix", „Inverse Korrelationsmatrix", sowie „Anti-Image-Matrizen" und „Reproduzierte Korrelationen" werden nicht ausgegeben.
Die Tabelle „KMO- und Bartlett-Test" wird nicht ausgegeben, weil nicht genug Fälle vorliegen.

Kommunalitäten

	Anfänglich	Extraktion
K_1	1,000	,797
K_2	1,000	,769
K_3	1,000	,502
K_4	1,000	,775
K_5	1,000	,810
K_6	1,000	,612
K_7	1,000	,737
K_8	1,000	,835
K_9	1,000	,554
K_10	1,000	,856
K_11	1,000	,239
K_12	1,000	,777

Extraktionsmethode: Hauptkomponentenanalyse.

In der Tabelle „Kommunalitäten" werden die Kommunalitäten vor bzw. nach der Faktorextraktion ausgegeben. Da im Beispiel das Verfahren der Hauptkomponentenanalyse eingesetzt wird, sind diese anfänglich auf 1 gesetzt. Die „Variable" K_11 scheint nicht gut zur Lösung zu passen und sollte versuchsweise aus der Analyse ausgeschlossen werden.

Erklärte Gesamtvarianz

Komponente	Anfängliche Eigenwerte			Summen von quadrierten Faktorladungen für Extraktion			Rotierte Summe der quadrierten Ladungen		
	Gesamt	% der Varianz	Kumulierte %	Gesamt	% der Varianz	Kumulierte %	Gesamt	% der Varianz	Kumulierte %
1	3,681	30,678	30,678	3,681	30,678	30,678	3,125	26,042	26,042
2	2,777	23,139	53,817	2,777	23,139	53,817	2,947	24,560	50,603
3	1,804	15,036	68,853	1,804	15,036	68,853	2,190	18,250	68,853
4	1,332	11,099	79,951						
5	,795	6,628	86,579						
6	,576	4,799	91,378						
7	,512	4,264	95,643						
8	,212	1,764	97,406						
9	,178	1,480	98,887						
10	,134	1,113	100,000						
11	6,17E-016	5,14E-015	100,000						
12	2,68E-016	2,23E-015	100,000						

Extraktionsmethode: Hauptkomponentenanalyse.

Die Tabelle „Erklärte Gesamtvarianz" zeigt, dass die drei extrahierten Faktoren ca. 69% der Gesamtvarianz (Spalte „Kumulierte %") erklären. Da als Extraktionsmethode die Hauptkomponentenanalyse gewählt wurde, werden unter den quadrierten Faktorladungen dieselben Werte wie unter „Anfängliche Eigenwerte" angezeigt.

Screeplot

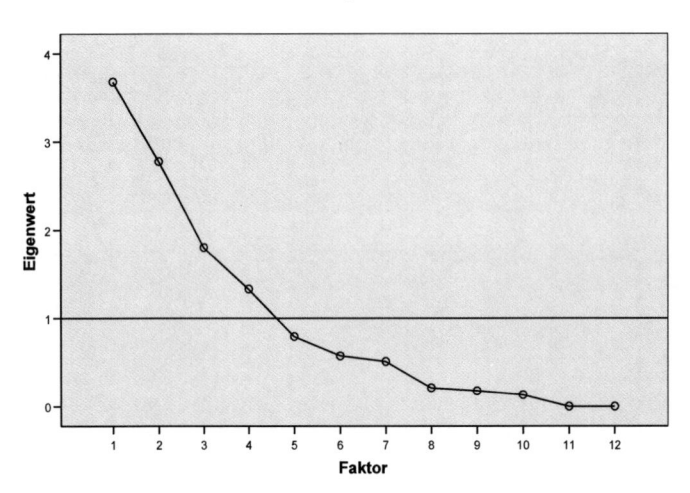

Der sog. „Scree-Plot" zeigt die Eigenwerte (x-Achse) der anfänglichen Komponenten (Komponenten, y-Achse) (vgl. auch die Tabelle „Erklärte Gesamtvarianz"). Zwar wurde eine 3-Faktoren-Lösung explizit angefordert; es liegt jedoch noch eine weitere Komponente vor, deren Eigenwert über 1 liegt (vgl. die zusätzlich eingezeichnete Referenzlinie). Das Scree-Plot ist dieses Mal nicht besonders gut interpretierbar; ein deutlicher Knick ist nicht erkennbar.

Komponentenmatrix[a]

	Komponente		
	1	2	3
K_1	,773	,206	,396
K_12	,764	,430	-,089
K_6	,687	-,329	-,176
K_4	,670	-,004	,571
K_3	-,663	,019	,250
K_9	-,188	,718	-,062
K_10	-,593	,690	-,165
K_7	-,505	-,667	-,192
K_2	-,505	,660	,279
K_8	-,346	-,629	,565
K_11	-,285	-,382	,107
K_5	,201	-,161	-,863

Extraktionsmethode: Hauptkomponentenanalyse.
a. 3 Komponenten extrahiert

Die Tabelle „Komponentenmatrix" zeigt die Ladungen der „Variablen" auf den vier extrahierten (nonrotierten) Komponenten an. Jeder Wert gibt dabei die Korrelation zwischen der jeweiligen „Variablen" und der nonrotierten Komponente an. Anhand der Korrelationen (Vorzeichen, Richtung) könnten erste Interpretationen der Komponenten entwickelt werden.

2.5 Durchführung einer Faktorenanalyse

Bei der Hauptkomponenten-Methode können mit den ermittelten Korrelationen die jeweiligen exakten Komponentenwerte pro „Fall" (also Datenzeile bzw. Variable!) ermittelt werden. Dies geschieht dadurch, indem pro „Fall" jeder Rohwert einer „Variablen" mit der ermittelten Korrelation aus der Tabelle „Komponentenmatrix" multipliziert und schließlich aufaddiert wird.

Jeder „Fall" erhält so viele Komponentenwerte, wie Komponenten ermittelt wurden, im Beispiel also drei Komponentenwerte. Zur Berechnung des ersten Komponentenwerts werden die Korrelationen der ersten Komponente verwendet, für die des zweiten Wertes die der zweiten Komponente usw.

Beispiel:

Berechnung des Wertes des ersten Faktors des „Falles" ZHYPER:

$Zhyper_{Komponente\ 1} = (K\_1 * RohwertK\_1) + (K\_2 * RohwertK\_2) + (K\_3 * RohwertK\_3) + \ldots$
$Zhyper_{Komponente\ 1} = (0{,}773 * -1{,}51) + (-0{,}505 * {,}12) + (-0{,}663 * 1{,}74) + \ldots$

Berechnung des Wertes des zweiten Faktors des „Falles" ZHYPER:

$Zhyper_{Komponente\ 2} (K\_1 * RohwertK\_1) + (K\_2 * RohwertK\_2) + (K\_3 * RohwertK\_3) + \ldots$
$Zhyper_{Komponente\ 2} = (0{,}206 * -1{,}51) + (0{,}660 * {,}12) + (0{,}019 * 1{,}74) + \ldots$
etc.

Da keine Rotation angefordert wurde, gibt SPSS auch keine Tabelle „Komponententransformationsmatrix" mit Umrechnungswerten aus, die eine nonrotierte Komponentenmatrix in die rotierte Komponentenmatrix überführen.

Komponentendiagramm

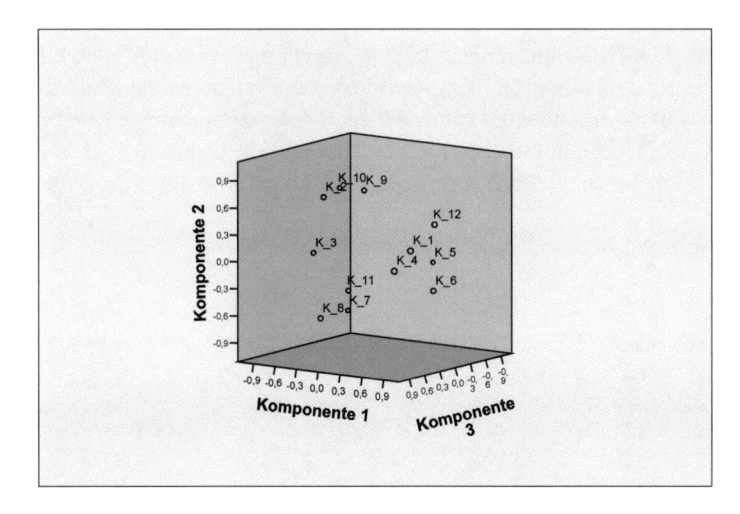

Da keine Rotation angefordert wurde, gibt SPSS ein „Komponentendiagramm" anstelle des Diagramms „Komponentendiagramm im rotierten Raum" aus.

Zusammenfassung:
Mit SPSS ist es möglich, eine Typ Q-Faktorenanalyse durchzuführen. Das Analysebeispiel demonstrierte Besonderheiten dieses Ansatzes (u.a. Mengenverhältnis zwischen Variablen und Fällen, möglicherweise erforderliche Standardisierungen, sowie der Effekt von Konstanten). Diverse Parameter wiesen im Beispiel darauf hin, dass die Passung von Modell und Daten verbessert werden kann, z.B. durch das Entfernen der „Variablen" K_11.

2.5.7 Faktorenanalyse eingelesener Matrizen (Syntax)

Die R Typ-Faktorenanalyse setzt im Allgemeinen lineare Beziehungen zwischen metrisch skalierten linearen manifesten, wie auch latenten Variablen voraus. Ein *ad hoc*-Verfahren zur Faktorisierung von Koeffizienten auf der Basis ordinal skalierter Daten kann unter Umständen dann zur Anwendung kommen, wenn z.B.

- ein rein deskriptiver Ansatz ausreichend ist,
- keine hohen Ansprüche an das inhärente „faktoranalytische" Modell und seine Lösung herangetragen werden, wenn z.B. eine erste Approximation an eine Lösung ausreichend ist; besonders, wenn
- eine professionelle Analyse mittels angemessener Verfahren, wie z.B. Strukturgleichungsmodellen als nächster Schritt geplant ist.

Bei diesem *ad hoc*-Ansatz werden (z.B. im Falle nonlinearer Beziehungen metrischer Variablen oder auch ordinal skalierter Variablen) z.B. Spearman- oder Kendall-Koeffizienten separat ermittelt, und dann anstelle der üblichen Rohdatenmatrix als Korrelationsmatrix in die Faktorenanalyse einbezogen. Zu den Grenzen dieses Ansatzes vgl. die Ausführungen im Kapitel 2.6. Im folgenden Beispiel werden über NONPAR CORR ermittelte Kendall-Koeffizienten in eine Korrelationsmatrix abgelegt und von FACTOR über die Option MATRIX IN direkt wieder aufgenommen.

Bei der Programmierung mit MATRIX sind diverse Besonderheiten zu beachten, wie z.B. die Abfolge von Befehlen (vgl. dazu die SPSS Command Syntax Reference zur Prozedur FACTOR). Die Prozedur FACTOR erkennt z.B. nicht den von NONPAR CORR angelegten Eintrag „TAUB" für die ROWTYPE_-Variable. Für ein erfolgreiches Einlesen in FACTOR muss „TAUB" über RECODE zuvor in „CORR" umbenannt werden.

```
get file='C:\Programme\SPSS\...\dünger.sav'.

NONPAR CORR
agewicht temprtur dünger1 dünger2 licht1 boden1
boden2 licht2 wasser lfeucht1 lfeucht2 luftkonz
/PRINT=KENDALL
/MISSING=LISTWISE
/MATRIX=OUT(*).

RECODE ROWTYPE_ ("TAUB"="CORR").
```

```
FACTOR
    MATRIX IN(COR=*)
    /MISSING=LISTWISE.
```

Ohne weitere Erläuterung.

2.6 Voraussetzungen für eine Faktorenanalyse

Der Begriff „Faktorenanalyse" ist keine Bezeichnung für ein einzelnes Verfahren, sondern als ein Oberbegriff für eine Verfahrens*gruppe* zu verstehen. Jedes einzelne der darunter subsumierten Verfahren geht von bestimmten Voraussetzungen aus, die im Rahmen professioneller Analysen auf jeden Fall überprüft und bewertet werden müssen. Erschwerend kommt hinzu, dass diese Voraussetzungen zum Teil in Zusammenhang stehen, zum Teil miteinander konkurrieren bzw. in Widerspruch stehen können. Der Einfachheit halber werden in dieser Zusammenfassung die Ausdrücke „Faktor" und „Komponente" soweit möglich gleichgesetzt.

1. Modellspezifikation: Eine sine non qua-Bedingung ist, sich vor „der" Faktorenanalyse Fragen in Bezug auf das Modell, das erwartete Resultat, aber auch die vorliegenden Dateneigenschaften (z.B. Variablen in den Spalten, Fälle in den Zeilen), zu stellen, um damit das Verfahren und das inhärente Modell einzugrenzen. Die Extraktionsverfahren können anhand sachlicher Kriterien eingegrenzt werden, wie z.B. Komponenten vs. Faktoren, Extraktion einer unbekannten Zahl von Faktoren oder Komponenten vs. Konfirmation einer bekannten Anzahl von Faktoren, genaue Vorhersagegleichung vs. Approximation, Tests vs. Fälle, Korrelations- vs. Kovarianzmatrix, Variablenmenge vs. Datenmenge usw. Weitere Kriterien können u.a. sein: Aussagebereich, Vorinformationen über die Korreliertheit der Faktoren bzw. Variablen/Faktoren-Verhältnisse, sowie das Fehler-Konzept zur Unterscheidung zwischen Hauptachsen-Faktoranalyse und des Hauptkomponentenverfahrens uvam. Die Rotationsverfahren können analog eingegrenzt werden (eine korrekt angegebene Zahl an zu extrahierenden Faktoren unterstellt).
2. EFA oder KFA: Anwender sollten sich vor der Durchführung einer Faktorenanalyse darüber im Klaren sein, wie sie vorzugehen gedenken. Möchten sie nur wissen, wie viele Faktoren benötigt werden, um die Interkorreliertheit der untersuchten Variablen aufzuklären, ist eine explorative Faktorenanalyse (EFA) ausreichend. Zu den explorativen Verfahren werden *im Allgemeinen* z.B. PAF und PCA gezählt. Sollen jedoch *Theorien oder Hypothesen* über z.B. *Anzahl* oder *Bedeutung* der extrahierten Faktoren usw. geprüft werden, wird eine KFA vorgenommen. Eine KFA prüft, ob die vorgefundenen Befunde *unabhängig* von der Stichprobe sind, und liefert damit eine zentrale Voraussetzung des Nachweises faktorieller Invarianz.
3. Variablenauswahl (Theorie vs. Bias): Vor der Durchführung einer Faktorenanalyse sollten inhaltsorientierte Vermutungen über zu bündelnde Dimensionen (Faktoren, Komponenten) vorliegen. Eine Faktorenanalyse kann keine validen Faktoren oder Komponenten ermitteln, wenn diese nicht einmal von der Theorieseite her unterstellt werden können.

Angesichts einer immer notwendigen Rückversicherung gegenüber diesem vernunftorientierten Minimalkriterium als sine non qua ist *jede* Faktorenanalyse eine konfirmatorische Faktorenanalyse. Für genuine KFA gilt, dass u.a. die Anzahl, das Zustandekommen (Erklärung, Interpretation), und die Bezeichnungen v.a. der relevanten Faktoren aus einer Theorie abgeleitet sein sollten oder zumindest Augenscheinvalidität (face validity) aufweisen. Die vermuteten relevanten Faktoren sollten wiederum die Variablenauswahl dahingehend leiten, dass wichtige Variablen ein-, und irrelevante Variablen aus der Analyse ausgeschlossen werden. Idealerweise sollten die Vorüberlegungen so weit gehen, dass für jeden theoretisch möglichen relevanten Faktor auch die vermutlich darauf ladenden Variablen festgelegt werden. Manche Autoren empfehlen, für jeden relevanten Faktor fünf bis sechs Variablen festzulegen. Jede dieser später erhobenen Variablen sollte, inhaltlich gesehen, ein relativ eindeutiges Maß des Faktors sein. Mehrfache vorhandene (aber eigentlich inhaltlich identische) Variablen, die eine ähnliche bzw. gleiche Definition, und damit entsprechende Daten repräsentieren, sollten aus dem Variablenpool entfernt werden, weil sie sonst zu tautologischen Ergebnissen führen.

4. Skalenniveau: Die faktoranalysierten manifesten Variablen, wie auch die *latenten Faktoren* haben metrisches (kontinuierliches) Skalenniveau (vgl. auch Bartholomew et al., 2008, 212). Der Typ der ermittelten Korrelation muss vom Typ Produkt-Moment (Pearson) sein (Harman, 1976[3], 24f.). Jöreskog (2007, 72) schlägt folgende Klassifikation und Vorgehensweise bei der faktorenanalytischen Modellierung vor (vgl. auch Moustaki, 2007):

	Manifeste Variablen	
Latente Faktoren	*Kontinuierlich*	*Kategorial*
Kontinuierlich	Faktorenanalysen	Modelle latenter Traits
Kategorial	Modelle latenter Profile	Modelle latenter Klassen

Beispiel: Haben z.B. die manifesten Variablen, wie auch die latenten Faktoren ein kontinuierliches Skalenniveau, so ist die in Frage kommende Verfahrensgruppe die der Faktorenanalysen.

Sind die Variablen weder metrisch, linear korreliert, noch multivariat-normalverteilt, sind in der (nicht notwendigerweise älteren) Literatur mittlerweile überholte Ansätze für die Faktorenanalyse ordinaler oder dichtomer Daten zu finden (vgl. Hartung & Elpelt, 1999[6], 517–518). Diese älteren Ansätze gelten als *ad hoc*-Ansätze (Bartholomew et al., 2008, 245), sind unter Umständen sogar geeignet zur deskriptiven Analyse, aber sonst mit weitestgehend ungeklärtem, wenn nicht sogar problematischem Bezug zur Faktorenanalyse und gelten mittlerweile als eindeutig überholt, obwohl sie noch immer wieder zur Anwendung kommen. Die *modernen* Verfahren enthalten *explizit* faktorenanalytische *Modelle* und sind daher bereits vom Ansatz, wie auch der Leistungsfähigkeit her den älteren Verfahren deutlich überlegen. Die älteren Ansätze treffen z.B. im Gegensatz zu Jöreskog (2007) keine expliziten Annahmen über das Skalenniveau der *latenten* Variablen.

Ordinale Skalierung: Die Faktorisierung ordinalskalierter Variablen ist nicht korrekt. „[O]rdinality is most often ignored and numbers such as 1, 2, 3, 4, representing ordered categories, are treated as numbers having metric properties, a procedure which is incorrect in several ways" (Jöreskog & Moustaki, 2001, 347). *Moderne Ansätze*: z.B. Item-

2.6 Voraussetzungen für eine Faktorenanalyse

Response-Theorie (als Erweiterung eines Modells für binäre Antwortmöglichkeiten) oder des sog. UV-Ansatzes auf der Basis sog. polychorischer Korrelationskoeffizienten (vgl. Bartholomew et al., 2008, 243–270, 289–323; Jöreskog & Moustaki (2001) und ihr Vergleich von u.a. FIML-Ansätzen in Strukturgleichungsmodellen; Jöreskog, 1984). Im Prinzip können Variablen auf Ordinalniveau auch in binär skalierte Variablen umkodiert werden. *Veraltete=suboptimale Ansätze* (vgl. Gilley & Uhlig, 1993): z.B. Spearman's R, Kruskal's *Gamma*, Somer's d, Kendall's *tau* (vgl. 2.5.7). Die Korrelation zwischen ordinal skalierten Variablen wird übrigens auch als polychorische Korrelation bezeichnet. Darüber hinaus existiert ein älteres Verfahren für die nichtmetrische Faktorenanalyse nach Kruskal & Shepard (1974).

Dichotome Skalierung: Moderne Ansätze: z.B. Item-Response-Theorie (Rasch-Modell; Bartholomew et al., 2008, 209-241; *veralteter=suboptimaler Ansatz*: z.B. Phi-Koeffizient (vgl. auch Muthén, 1978; Christofferson, 1975), jedoch nicht tetrachorische Korrelation, vgl. Harman, 1976[3], 24).

Die *Faktorisierung von Koeffizienten* auf der Basis ordinal, wie auch dichotom skalierter Daten ist zwar *technisch* möglich (vgl. 2.5.7), jedoch schließen sich oft Probleme der Interpretation und Generalisierung der gewonnenen Faktoren an, deren häufigste Ursache oft bereits in impliziten Eigenschaften der *ad hoc* angewandten Maßen zu finden ist (z.B. (Jöreskog & Moustaki, 2001; Diehl & Kohr, 1999[12], 373–374; Gilley & Uhlig, 1993; Stewart, 1981; Überla, 1977, 302; Gaensslen & Schübö, 1973): Der Korrelationskoeffizient sollte, wie vom Produkt-Moment-Modell her eigentlich gefordert, frei zwischen 0 und +/- 1,0 variieren können. Bei dichotomen Daten ist der Korrelationskoeffizient (z.B. Phi) allerdings von den jeweiligen Randsummen abhängig. Bei (üblicherweise) nicht perfekt übereinstimmenden Randsummen (z.B. bei dicho- oder auch polytom skalierten Daten) können Korrelationskoeffizienten daher gar nicht 1,0 erreichen, gelangen unter Umständen gar nicht über 0,50 hinaus. Von der Faktorisierung gemischter Skalenniveaus oder sogar verschiedener Maße mittels der klassischen explorativen Faktorenanalyse wird u.U. aus diesem Grund abgeraten (vgl. Stewart, 1981, 60). Stattdessen wird den Anwendern empfohlen, sich den innovativen faktoranalytischen Ansätzen zuzuwenden, z.B den Mehrebenen-Modellen (vgl. Bartholomew et al., 2008, 348–355).

5. Variation zwischen den Beobachtungen (Fällen): Mit dem Intervallniveau geht auch die Voraussetzung einer, dass die erhobenen Werte der Variablen eine gewisse Streuung (Range) aufweisen. Eine Einschränkung des Ranges kann u.U. einen Bias in den Vorgängen des Samplings oder auch Messens andeuten, und kann u.U. ausgesprochen niedrige Korrelationskoeffizienten verursachen. Auf der Grundlage solcherart eingeschränkter Korrelationskoeffizienten können wiederum keine brauchbaren Faktoren extrahiert werden. Dasselbe gilt, wenn nur ein Teil der faktoranalysierten Variablen eine solche Einschränkung ihres Ranges aufweist und andere Variablen in der Analyse nicht (Stewart, 1981, 60).

6. Interkorrelationen: Die Variablen sollten untereinander (gruppenweise) korrelieren, als Grundvoraussetzung für das Vorhandensein eines Faktors. Sehr hohe Korrelationen sind dabei ein Hinweis auf (unerwünschte) Multikollinearität; im Zweifelsfall ist ein Test auf Vorliegen von Multikollinearität durchzuführen. Sehr niedrige Korrelationen laufen dagegen auf Lösungen hinaus, bei denen im Extremfall die Zahl der Einzelfaktoren denen der Variablen (Items) entspricht. Liegen keine Korrelationen über .30 vor, gibt es für eine

Faktorenanalyse demnach auch nichts zu faktoranalysieren. Zeitlich verbundene Daten weisen künstlich überhöhte Korrelationen auf. Man erwäge vor der Extraktion sehr genau, wie man mit der Interpretation des konfundierenden „Faktors" Zeit umzugehen gedenke.

7. Linearität: Die Faktorenanalyse stützt sich auf Korrelationen, die wiederum *lineare* Zusammenhänge wiedergeben (Harman, 1976³, 95): „A linear model for the variables is assumed". Lineare Zusammenhänge zwischen den einzelnen Variablenpaaren müssen gegeben sein. Je kleiner die Stichprobe ist (v.a. durch den Ausschluss fehlender Werte), umso wichtiger ist es, die Daten auf Linearität, Kontinuität und Ausreißer zu überprüfen (v.a. bei der linearen Hauptkomponentenanalyse).
Im Falle nonlinearer Beziehungen metrischer Variablen können im Rahmen eines *ad hoc*-Ansatzes evtl. Spearman- oder Kendall-Koeffizienten in die Analyse einbezogen werden (vgl. NONPAR CORR; vgl. Abschnitt 2.5.7); im Falle nonmetrischer Variablen kann evtl. eine hierarchische Clusteranalyse angewandt werden.

8. Anzahl der Variablen: Die Anzahl an Variablen pro zu erwartendem Faktor kann die Güte der Lösung beeinflussen. Velicer & Fava (1998, 247) empfehlen *unter besten Bedingungen* (allgemein hohen Ladungen) mind. 6–10 Variablen pro Faktor (*simple oversampling*). *Unter suboptimalen Bedingungen* (allgemein niedrigen Ladungen) mind. 10–20 Variablen pro Faktor (*extensive oversampling*). Mit einer noch höheren Anzahl an Variablen pro Faktor (z.B. 30–60 Variablen) kann u.U. bis einem gewissen Ausmaß die Anzahl der (zu wenigen) Fälle in einer Analyse kompensiert werden (*extreme oversampling*). Treffen in einer Faktorenanalyse wenige Variablen auf wenige Fälle, so ist eine suboptimale Lösung fast unausweichlich.

9. Anzahl der Fälle (Stichprobengröße, N): Für die erforderliche Stichprobe gibt es in der Literatur verschiedene Kriterien, die aber alle auf dieselbe Voraussetzung hinauslaufen: Die Anzahl der Beobachtungen N ist deutlich größer als die Anzahl der Variablen p (bei zwei Ausnahmen, s.u.). Ein zu kleines N, v.a. wenn es nicht durch zusätzliche p Variablen kompensiert werden kann, ist kritisch für eine Analyse. In der Literatur sind folgende klassische Heuristiken für die Bestimmung des N zu finden: N = der maximal verfügbaren Fallzahl. N $\geq$ einer Mindeststichprobengröße, z.B. N=100 (z.B. Gorsuch, 1983²). N $\geq$ der Anzahl der Items p multipliziert mit 10 (z.B. Nunnally, 1978). N $\geq$ des Verhältnisses von p zu N, z.B. 2:1 bis 20:1. N $\geq$ der Anzahl der erwartenden Faktoren (z.B. Cattell, 1978). Velicer & Fava (1998, 247) schlagen außerdem für PCA, ML und IMAGE vor: „The square root of the sample size is linearly related to pattern reproduction". Demnach werde die erforderliche Mindeststichprobe N durch die gewünschte durchschnittliche Mindestladung der beobachteten Variablen bestimmt. Wie ist zwischen all diesen Heuristiken zu entscheiden? MacCallum et al. (2001, 634) betrachteten dagegen das N aus der Perspektive realer Daten unter Einbeziehung eines Modellfehlers, und in der Konsequenz in Abhängigkeit von der Kommunalität: Bei hohen Kommunalitäten sei ein Verhältnis von 4 : 1 ausreichend; bei niedrigen Kommunalitäten steige dagegen das Verhältnis ohne weiteres auf 20 : 1 an. Ergänzend sollte hinzugefügt werden, dass die Aussage von Velicer & Fava (1998, 231–232), alle klassischen Heuristiken seien nicht korrekt, auf Simulationsdaten ohne Modellfehler basieren und entsprechend empirisch unrealistisch sind. PCA und ULS sind darüber hinaus die einzigen Verfahren, die auch bei mehr Variablen als Fällen noch funktionieren (Gorsuch, 1983², 313–318).

2.6 Voraussetzungen für eine Faktorenanalyse

10. Normalverteilung: Ob eine Normalverteilung der Daten vorausgesetzt ist, hängt vom Anwendungszusammenhang ab, ob also damit die Beschreibung, Extraktion oder inferenzstatistische Tests nach der Extraktion gemeint sind. Für die Beschreibung ist keine Normalverteilung der Daten erforderlich. Im Allgemeinen wird für die Phase der Extraktion i.S.e. deskriptiv-mathematischen Vorgangs ebenfalls keine Normalverteilung vorausgesetzt. Für inferenzstatistische Tests nach der Extraktion (z.B. Bartlett's Chi²-Test) wird jedoch üblicherweise eine multivariate Normalverteilung der Daten vorausgesetzt. Für große Stichproben wird von der Gültigkeit des Zentralen Grenzwerttheorems (ZGT) ausgegangen. Grundsätzlich sollten alle Variablen ähnliche Verteilungen aufweisen, da unterschiedliche Verteilungen (bimodal vs. normal) ausreichen, eine theoretisch perfekte Korrelation (Kovarianz) auszudünnen. Je kleiner die Stichprobe, umso wichtiger ist es, die Daten auf Normalverteilung zu überprüfen.
11. Ausreißer: Bei Faktorenanalysen können Ausreißer als Beobachtungen und als Variablen die Faktorenlösung stören. *Beobachtungen* als Ausreißer können einfach identifiziert, überprüft und ggf. korrigiert oder entfernt werden. *Variablen* als Ausreißer sind Variablen, die mit allen bedeutsamen Faktoren nur gering korrelieren bzw. nur eine niedrige quadrierte Korrelation mit allen anderen Variablen aufweisen. Variablen als Ausreißer werden üblicherweise aus der Analyse ausgeschlossen.
12. Orthogonalität: Die Einzelrestfaktoren (unique factors) sollten weder untereinander, noch mit den gemeinsamen Faktoren korrelieren. Dies gilt nur für die Hauptachsen-Faktorenanalyse, weil diese im Gegensatz zur Hauptkomponentenanalyse die Einzelrestvarianz ignoriert; während die Hauptkomponentenanalyse dahingegen die gesamte Varianz faktorisiert.
13. Polung der Items: Vor allem bei sozialwissenschaftlichen Studien können die Items in den verwendeten Fragebögen in einer gemischten Polung vorliegen, also z.B. in einer negativen und einer positiven Formulierung gleichzeitig. Eine Vereinheitlichung der Polung in eine gemeinsame Richtung hat keinen Einfluss auf die ermittelten Faktoren (nur die Vorzeichen der Ladungen werden geändert), erleichtert aber ihre Interpretation durch die semantische Vereinheitlichung der Vorzeichen.
14. Drei Maße für die Angemessenheit des faktoranalytischen Modells:
Ausmaß der aufgeklärten Varianz: Ziel: 100%.
Minimale Abweichung der reproduzierten Korrelationsmatrix: Ziel: 0% der Residuen sind größer als 0,05.
Goodness-of-fit Test (je nach Extraktionsverfahren) in Bezug auf die Anzahl der Faktoren: Quantitatives Ziel: Keine Signifikanz.
15. Faktorisierbarkeit: Ob die Korrelationsmatrix überhaupt einer Faktorenanalyse unterzogen werden kann, zeigen u.a. die Negative Anti-Image-Korrelation und das MSA als Kriterien für die Faktorisierbarkeit.
Das Maß der negativen Anti-Image-Korrelation (AIC) ist die Partialkorrelation zwischen zwei Variablen, aus denen der Einfluss der übrigen Variablen herausgerechnet ist. In der AIC-Matrix geben die Diagonalelemente die MSA-Werte für die einzelnen Variablen an; aus ihnen wird ein Gesamt MSA ermittelt. Die Nicht-Diagonal-Elemente (Anti-Image-Korrelationen) müssen klein (um 0) sein; der Anteil der Nicht-Diagonal-Elemente, der größer als 0,09 ist, sollte unter 25% liegen.

Das MSA-Maß (measure of sampling adequacy, Kaiser-Meyer-Olkin-Maß, KMO) überprüft, ob die partiellen Korrelationen zwischen den Variablen klein sind, und gibt auf dieser Grundlage die Wahrscheinlichkeit an, mit der die Daten gut faktorisieren werden. Das MSA über alle Variablen hinweg sollte mind. .60 erreichen. Falls nicht, sollten versuchsweise so lange Items mit den niedrigsten MSA-Werten in der Diagonale ausgeschlossen werden, bis die allgemeine MSA-Statistik .60 übersteigt. Das MSA-Kriterium kann auch für den Ausschluss multikollinearer Variablen verwendet werden. Die MSA-Werte können nach Kaiser & Rice (1974) bzw. Dziuban & Shirkey (1974, 359) folgendermaßen bewertet werden:

MSA	Interpretation
in den 0,9 ern	Erstaunlich (marvelous)
in den 0,8 ern	Verdienstvoll (meritorius)
in den 0,7 ern	Ziemlich gut (middling)
in den 0,6 ern	Mittelmäßig (mediocre)
in den 0,5 ern	Kläglich (miserable)
unter 0,5	Untragbar (unacceptable)

Übersicht 1: Interpretation von MSA-Werten

Beide Maße werden über die MSA-Option angefordert. Weitere Maße und Tests sind das Maß der anfänglichen Kommunalität, und Bartlett's Test auf Sphärizität. Die Ermittlung dieser Kriterien wird nicht weiter vorgestellt. Die anfängliche Kommunalität ist ein Maß für die lineare Abhängigkeit der Variablen, und wird als Quadrat des multiplen Korrelationskoeffizienten einer Variablen mit allen anderen berechnet (vgl. R^2 bei der Schätzung der anfänglichen Kommunalität). Der Sphärizitätstest nach Bartlett prüft z.B., ob die Korrelationsmatrix eine Einheitsmatrix ist (Nullhypothese). Wird die Hypothese zurückgewiesen, ist die Datenmatrix zur Analyse geeignet (Dziuban & Shirkey, 1974, 358). Bartlett's Test setzt u.a. eine multivariate Normalverteilung voraus.

Der Bartlett-Test auf Sphärizität hängt jedoch direkt von der Stichprobengröße ab und gibt bei großen Stichproben auch für sehr niedrige Korrelationen ein signifikantes Ergebnis aus (z.B. $N \geq 200$, 10 Variablen und Korrelationen um 0,1; vgl. Stewart, 1981, 57). Eine Signifikanz des Bartlett-Tests ist daher nicht leider nicht immer aussagekräftig. Der Bartlett-Test auf Sphärizität ist, wenn überhaupt, nur für kleine Stichproben zu empfehlen.

16. Die extrahierten Faktoren oder Komponenten sollten maximal Varianz aufklären. Der Idealwert ist 100%. Approximativ bedeutet dies: Je mehr Faktoren, desto mehr aufgeklärte Varianz.
17. Faktorenanalyse im Zusammenspiel mit anderen Ansätzen: Beim oft empfohlenen Einsatz der vorgeschalteten Faktorenanalyse muss auf die damit verbundenen Probleme hingewiesen werden. Die Faktorenanalyse wird bei einer Clusteranalyse v.a. dann eingesetzt, wenn hoch korrelierende, also intervallskalierte Daten auf wenige Faktoren verdichtet werden sollen, die nicht mehr miteinander korrelieren. Der Vorzug dieses Vorgehens ist, dass für eine Clusteranalyse wenige und nicht korrelierende Faktoren tatsächlich brauchbarer sind als viele hoch korrelierende Einzelvariablen, auch umgeht man das Problem der Messfehlerbehaftetheit von Variablen (v.a. bei der Hauptkomponentenanalyse).

2.6 Voraussetzungen für eine Faktorenanalyse

Möchte man auf diese Weise vorgehen, sollte aber unbedingt beachtet werden, dass die Voraussetzungen des jeweils gewählten faktorenanalytischen Ansatzes optimal erfüllt sind, dass also die Faktoren sinnvoll sind, und ihre Ermittlung ohne Informationsverlust verbunden ist. In jedem anderen Fall entsprechen die extrahierten Faktoren nicht mehr den Ausgangsdaten, weder inhaltlich, noch quantitativ (z.B. durch eine suboptimale Varianzaufklärung).

Darüber hinaus wären analysespezifische Besonderheiten zu prüfen: Bei der Clusteranalyse wäre z.B. sicherzustellen, dass die an der gesamten Stichprobe ermittelte Faktorenstruktur jedem Cluster zugrundeliegt. Der interpretative Rückbezug der Clusterlösungen (auf der Basis suboptimal ermittelter Faktoren) auf die Einzeldaten, bevor sie einer Faktoranalyse unterzogen wurden, kann schwierig bis gar nicht mehr möglich sein.

3 Diskriminanzanalyse

Die Diskriminanzanalyse wird erfahrungsgemäß häufig zusammen mit der Clusteranalyse eingesetzt (z.B. Schreiber, 2007), aber nicht selten auch im Zusammenspiel mit der Faktorenanalyse (z.B. Scholz, 2009). Die Diskriminanzanalyse kehrt dabei die Vorgehensweise der Clusteranalyse um und versucht aus den clusteranalysierten Variablen auf die ermittelte Clusterzugehörigkeit zu schließen. Aus dieser Perspektive heraus kann man die Diskriminanzanalyse *auch* als einen statistischen Plausibilitätstest der erzielten Clusterlösung verstehen. Das diskriminanzanalytisch erzielte Ergebnis ist dabei im Allgemeinen hinsichtlich zweier Aspekte zu interpretieren: (a) Beim Test von Variablen, auf deren Grundlage die Cluster ermittelt wurden, ist eine *Nichtsignifikanz* einer oder mehrerer Variablen ein wichtiges (aber unerwünschtes) Ergebnis. Dieses Ergebnis besagt, dass die ermittelte Lösung für ein oder mehrere Cluster zumindest für die identifizierte Variable(n) nicht zuverlässig zu sein scheint. (b) Beim Test von Variablen, die nicht in der Herleitung der Cluster einbezogen waren, können sowohl ein signifikantes, wie auch eine nichtsignifikantes Ergebnis relevant sein: Eine Signifikanz weist auf ein potentiell diskriminierendes Merkmal hin, eine Nichtsignifikanz dagegen auf ein allen Clustern potentiell gemeinsames Merkmal. Wird die Diskriminanzanalyse (oder z.B. auch eine Varianzanalyse usw.) als Nullhypothesentest der Variablen im Clustervorgang mißverstanden, mündet sie in eine Tautologie (vgl. dazu die einführenden Anmerkungen bei der Clusteranalyse zu Anfang von Kapitel 1).
Dieses Kapitel führt in die Diskriminanzanalyse (DA, syn.: DFA, Diskriminanzfunktionsanalyse) ein. Kapitel 3.1 erläutert das zentrale Ziel dieses Ansatzes. Kapitel 3.2 stellt dazu Logik und Phasen der Diskriminanzanalyse auch in einem Vergleich mit anderen Verfahren vor. In den beiden folgenden Kapiteln werden exemplarische multiple schrittweise Diskriminanzanalysen mit zwei Gruppen (Beispiel I, Kapitel 3.3) bzw. drei Gruppen (Beispiel II, Kapitel 3.4) durchgeführt. Der Fokus ist dabei jeweils ein anderer: Beispiel I (mit zwei Gruppen; Kapitel 3.3) erläutert u.a. diverse Methoden der Variablenselektion (direkt, schrittweise), sowie die Berechnung und Interpretation diverser Statistiken (u.a. Box-Test und Kreuzvalidierung). Beispiel II (mit drei Gruppen; Kapitel 3.4) erläutert u.a. zusätzlich das Identifizieren von Multikollinearität, sowie Gebietskarten (Territorien). Kapitel 3.5 stellt die diversen Voraussetzungen der Diskriminanzanalyse zusammen.

3.1 Das Ziel der Diskriminanzanalyse

Das generelle Ziel der Diskriminanzanalyse (DA, syn.: DFA, Diskriminanzfunktionsanalyse) ist, die beste Trennung (Diskriminanz) zwischen Zugehörigkeiten einer abhängigen Gruppenvariable für mehrere unabhängige Einflussvariablen zu finden (in Einzelfällen weicht die Darstellung in der Literatur von dieser Konvention ab, z.B. Bortz, 1993). In anderen Worten, die Diskriminanzanalyse liefert die Antwort auf die Frage: Welche Kombination von Einflussvariablen erlaubt eine maximal trennende Aufteilung der Fälle in die bekannten Ausprägungen einer Gruppe? Weitere, damit in Zusammenhang stehende Fragen können sein: Auf welche Weise werden die Fälle klassiert (erkennbar an der Anzahl der ermittelten Diskriminanzfunktionen), wie genau werden die Fälle klassiert (erkennbar an der Anzahl der Fehlklassifikationen), und wie sind die schlussendlich entstehenden Klassifizierungen zu interpretieren (erkennbar u.a. an der Höhe der standardisierten Korrelation zwischen Einflussvariablen und Gruppenzugehörigkeit bzw. den deskriptiven Statistiken)?

Über die Klassierung von Fällen hinaus erlaubt die Diskriminanzanalyse Prognosemodelle zu entwickeln, z.B. anhand der optimalen Klassifizierung von bekannten Fällen einer Stichprobe entwickelten Diskriminanzfunktion(en) auch die Gruppenzugehörigkeit unbekannter Fälle aus der Grundgesamtheit möglichst gut vorherzusagen.

Für die Klassifikation bzw. Prognose können auf der Seite der Einflussvariablen (syn.: Merkmalsvariablen) aus einem Variablenpool die Einflussvariablen mit der stärksten Trennkraft herausgearbeitet bzw. bedeutungslose Variablen eliminiert werden. Auf der Seite der Gruppenzugehörigkeiten kann mittels mehrerer Variablensets überprüft werden, ob sich die Fälle in den unterschiedlichen Gruppen überhaupt in den Variablenkombinationen unterscheiden und ob anders definierte Gruppen eventuell sinnvoller wären.

Zusätzlich liefert die Diskriminanzanalyse ein Maß für die Vorhersagegenauigkeit des entwickelten Klassifikations- bzw. Prognosemodells, das über den Anteil der über die Diskriminanzanalyse richtig bzw. falsch klassierten Fälle ermittelt wird. Die zentralen Leistungen einer Diskriminanzanalyse lassen sich also wie folgt zusammenfassen:

- Klassierung von Fällen
- Entwicklung von Prognosemodellen
- Gütemaße für Klassierungs- und Prognosemodelle

Typische Fragestellungen von Diskriminanzanalysen sind z.B.:

- Welche Einflussvariablen (z.B. Effizienz, Anzahl lokaler Sonnentage, Werbeetat, Preis, Ausmaß staatlicher Förderung) entscheiden über den (Nicht)Kauf eines Produkts, z.B. einer Solaranlage?
- Welche Laborparameter erlauben die eindeutige Unterscheidung zwischen Patientinnen mit und ohne positiver Diagnose?
- Welche Bilanzparameter (Einkommen, Sparvolumen, Hypotheken, etc.) stufen einen Bankkunden eindeutig als kreditwürdig oder als nicht kreditwürdig ein (Bonität)?
- Welche Einflussvariablen trennen eindeutig zwischen der Präferenz für politische Parteien, z.B. CDU/CSU, SPD, Grüne, FDP?
- Welche Einflussvariablen (z.B. Dauer des Alkoholabusus, Alkoholmenge, Geschlecht, Stärke des sozialen Netzwerkes usw.) sagen bei Alkohol-Patienten bestimmte Möglichkeiten des Therapieeffektes vorher, u.a. Rückfall oder erfolgreicher Abschluss?

Jede dieser praktischen Fragestellungen ist ein typisches Anwendungsbeispiel der Diskriminanzanalyse. Engere Fragestellungen für eine Diskriminanzanalyse sind in der klinischen Praxis im Allgemeinen folgende Anwendungen: Klassifizierung von Fällen anhand eines Sets von Einflussvariablen, Entwicklung von Prognosemodellen bezüglich der zu erwartenden Gruppenzugehörigkeit, und ein Maß für die Vorhersagegüte, also den Anteil der richtig bzw. falsch zugeordneten Fälle. Mittels SPSS können die ermittelten Diskriminanzfunktionen aus Fällen mit bekannter Gruppenzugehörigkeit auf Fälle mit unbekannter Gruppenzugehörigkeit, aber mit Messungen für dieselben Einflussvariablen angewendet werden.

3.2 Logik, Phasen und Vergleich mit anderen Verfahren

Bei der Diskriminanzanalyse gibt es zwei grundsätzliche Ansätze, die quadratische und die lineare Diskriminanzanalyse. Die quadratische Diskriminanzanalyse setzt normalverteilte Gruppen voraus; die quadratische Diskriminanzanalyse ist in SPSS 17 nicht verfügbar.
Die lineare Diskriminanzanalyse geht zusätzlich zu den normalverteilten Gruppen von gleichen Kovarianzmatrizen aus. Diese Ansätze unterscheiden sich dabei weiter nach der Variablenauswahl; es gibt dabei die direkte (voreingestellt), die schrittweise und die sequentielle Methode. In diesem Kapitel wird ausschließlich die schrittweise lineare Diskriminanzanalyse vorgestellt; auf die anderen Varianten wird in Anmerkungen eingegangen.

3.2.1 Logik und Phasen der Diskriminanzanalyse

Logik der Diskriminanzanalyse
Die Logik der Diskriminanzanalyse kann am Fall einer Diskriminanzanalyse mit zwei Merkmalen 1 und 2 und zwei Gruppen I und II demonstriert werden. In einem bivariaten Streudiagramm befinden sich im linken Kreis die Fälle mit der Zugehörigkeit zur Gruppe I (symbolisiert durch Kreise) und im rechten Kreis die Fälle der Gruppe II, symbolisiert durch Kreuze. Der didaktischen Einfachheit halber überschneiden sich diese beiden Punktewolken nicht (die Analysereälität ist leider nicht so unkompliziert). Die beiden Merkmale 1 und 2 definieren jeweils die Achsen des Streudiagramms. Aus didaktischen Gründen kann daher hier nicht von x- und y-Achse gesprochen werden, stattdessen von „Achse des Merkmals 1" bzw. „Achse des Merkmals 2".

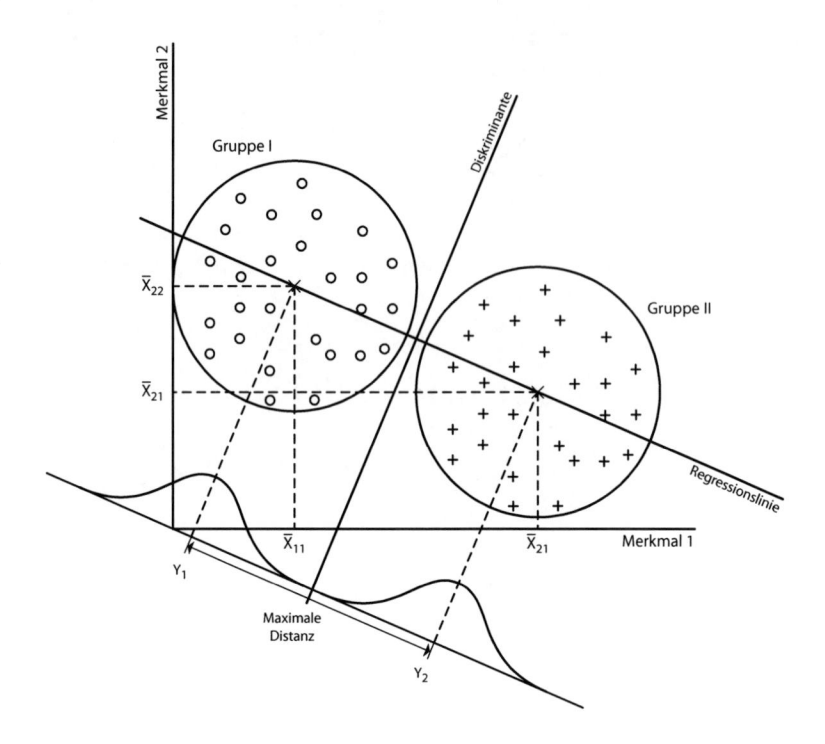

Eine Diskriminanzanalyse legt eine sog. Diskriminante (syn.: Trennlinie, Diskriminanzlinie bzw. -achse) so zwischen die Punkte, dass der Abstand zwischen den Fällen der beiden Gruppen maximal ist (vgl. „Maximale"). Die Maximale liegt dabei auf der durch die Diskriminanzanalyse geschätzten Diskriminanzfunktion Y. Die Diskriminanzfunktion Y ist dabei nichts anderes als die *geschätzte* eindimensionale Beschreibung der Position *aller* Fälle zueinander anstelle der Beschreibung durch die *beobachteten* Merkmale im zwei- oder mehrdimensionalen Raum. Anders ausgedrückt beschreibt eine eindimensionale Position auf Y die zwei- oder mehrdimensionale Position eines Falles zu allen anderen Fällen im beobachteten Merkmalsraum. Im Beispiel wird z.B. Gruppe I auf Y z.B. durch Y_1 beschrieben, hergeleitet über $\bar{x}_{11}$ bzw. $\bar{x}_{22}$. Gruppe II wird z.B. durch Y_2 beschrieben, hergeleitet über $\bar{x}_{12}$ bzw. $\bar{x}_{21}$. $\bar{x}_{11}$, ... sind dabei die Mittelwerte der jeweils *beobachteten* Merkmale in den jeweiligen Gruppen. Y_1 bis Y_n beschreiben dabei die Mittelwerte der jeweiligen Gruppen auf der Achse des *geschätzten* Y. Die „Maximale" ergibt sich dabei aus dem maximalen Abstand der beiden Gruppen auf der zusätzlich errechneten „Y-Achse" („Maximale" = $Y_2 - Y_1$). Die Diskriminante ergibt sich aus der Linearkombination der beiden Merkmale 1 und 2 in ihrem Einfluss auf die Zugehörigkeit zu den Gruppen I und II. Die Gewichte werden dabei so bestimmt, dass die Maximale auf der ermittelten Funktion Y zwischen den Gruppen optimal trennt. Je ähnlicher allerdings die Mittelwerte der beobachteten $\bar{x}_{11}$, ... sind, z.B. bei überlappenden Verteilungen von zwei oder mehr Gruppen, umso näher liegen Y_1,... beieinander, und umso schwieriger wird die Diskrimination zwischen zwei oder mehr Gruppen. Bei $\bar{x}_{11}$ =

3.2 Logik, Phasen und Vergleich mit anderen Verfahren

$\bar{x}_{22} = \bar{x}_{12} = \bar{x}_{21} = \bar{x}_{11} = \ldots$ ergeben sich $Y_1 = Y_2 = \ldots$ und damit ist der mögliche „Maximalabstand" gleich 0.

Die Punktewolken zweier Gruppen im zweidimensionalen Merkmalsraum können üblicherweise auch einfach durch eine Linie visuell voneinander abgegrenzt werden. Für mehr als zwei Gruppen ist die Diskriminanzfunktion in der Regel nicht mehr geometrisch im zweidimensionalen Raum bestimmbar, sondern üblicherweise nur noch rechnerisch im mehrdimensionalen Raum.

Wird eine Diskriminanzfunktion über eine Linearkombination von Variablen ermittelt, wird sie auch als „kanonisch" bezeichnet; die über eine Linearkombination von Variablen ermittelte *metrische* Diskriminanzvariable wird entsprechend als kanonische Variable bezeichnet. Die Werte der Diskriminanzvariablen (die z-standardisierten Positionen der Fälle auf der Trennachse) werden als Diskriminanzwerte (syn.: Funktionswerte) bezeichnet. Gruppierte und gemittelte Diskriminanzwerte geben an, wie gut die Gruppen durch die Diskriminanzlinie (Diskriminanzfunktion) getrennt werden. Betragsmäßig ausgeprägt hohe Gewichte in der schlussendlich ermittelten Diskriminanzfunktion weisen auf Einflussvariablen mit hohem diskriminatorischen Potential hin; das Vorzeichen gibt Aufschluss über die Richtung des Zusammenhangs zwischen den Werten der Einfluss- und der Diskriminanzvariablen.

Es gibt drei Kriterien für die Güte der Trennung der Gruppen (Diskriminanzkriterium); die beiden ersten Kriterien stammen aus der Phase der Funktion, das dritte aus der Phase der Klassifizierung:

- Mittelwertsunterschiede zwischen den Gruppen (Quadratsummen zwischen den Gruppen: möglichst groß; je größer, desto besser).
- Ausmaß der Überschneidung der Gruppen (Punktewolken) (Quadratsummen innerhalb der Gruppen: möglichst klein; je geringer, desto besser).
- Trennvermögen: Vergleich der vorhergesagten mit der tatsächlichen Gruppenzugehörigkeit (Tabelle „Klassifizierungsergebnisse"); je größer der Anteil der korrekt klassifizierten Fälle ist, desto besser ist das Modell.

Diejenige Gerade, die am besten zwischen den Punktewolken trennt (maximiertes Diskriminanzkriterium), ist die gesuchte Diskriminanzfunktion, und zwar auf der Basis, dass die Quadratsummen zwischen den Gruppen möglichst groß sind, und die Quadratsummen innerhalb der Gruppen möglichst klein. Die ermittelte Funktion bestimmt die Steigung/Neigung der Gerade über die Diskriminanzkoeffizienten (wobei die Koeffizienten zuvor so normiert werden, dass die Innergruppen-Varianz aller Diskriminanzwerte 1 ergibt und über eine geeignete Festlegung der Konstanten ihr Mittelwert 0 ergibt; darüber hinaus spielt die Konstante keine Rolle).

Phasen der Diskriminanzanalyse

Das formale Verfahren der Diskriminanzanalyse besteht im Wesentlichen aus drei Phasen, nämlich der Phase der Bestimmung und Prüfung der Diskriminanzfunktion (kurz: Funktionsphase), und der sich anschließenden Phase der Klassifizierung (kurz: Klassifikationsphase) der Fälle auf der Basis der ermittelten Diskriminanzfunktion. Die dritte Phase, die abschließend vorgestellte Phase der Modellspezifikation, geht im praktischen Forschungsprozess den beiden anderen Phasen *voraus*.

I. Funktionsphase: Bestimmung und Prüfung der Diskriminanzfunktion
Während der Phase der Bestimmung der Diskriminanzfunktion besteht das Ziel der Diskriminanzanalyse darin, aus den während der Modellphase zusammengestellten Einflussvariablen eine oder mehrere Linearkombinationen, die sog. Diskriminanzfunktionen zu ermitteln, die eine maximale Aufteilung der Fälle in die (un)bekannten Gruppen ermöglichen. Für n Gruppen werden n-1 Diskriminanzfunktionen benötigt. Anhand dieser Diskriminanzfunktion unterscheiden sich die sog. Diskriminanzwerte (basierend auf einer Linearfunktion mehrerer Einflussvariablen) verschiedener Gruppen idealerweise optimal. Die beste Trennung zwischen den Punktegruppen wird über die quadrierten Abweichungen der einzelnen Datenpunkte ermittelt. Die Streuung zwischen den Gruppen I und II wird dabei maximiert (durch Diskriminanzfunktion „erklärter Anteil", ermittelt über die quadrierten Abweichungen der Gruppenmittel/-zentroide vom Gesamtmittel) und die Streuung innerhalb der Gruppen (jew. innerhalb I und II) minimiert (durch Diskriminanzfunktion „nicht erklärter Anteil", ermittelt über die quadrierten Abweichungen der Gruppenelemente (Fälle) vom jew. Gruppenmittel/-zentroiden).

Wilks' Lambda gilt als das gebräuchlichste Maß für die Trennung der Gruppen, indem es das Verhältnis der maximalen innerhalb- und minimalen gesamt-Abweichungsquadrate wiedergibt. Einflussvariablen werden bei der schrittweisen Methode so lange in die Modellgleichung aufgenommen, bis keine weitere bedeutsame Erhöhung von Lambda möglich ist. Den relativen Beitrag einer einzelnen Einflussvariablen zur ermittelten Diskriminanzfunktion drückt der jeweilige standardisierte Diskriminanzkoeffizient aus. Diese Koeffizienten sagen, wie die einzelnen Einflussvariablen zu gewichten sind, um eine maximale Trennung (Diskriminanz) zwischen den abhängigen Gruppen zu erreichen. In die Gleichung zur Berechnung der Diskriminanzwerte für die einzelnen Fälle werden die *nicht* standardisierten Koeffizienten eingesetzt.

II. Klassifikationsphase: Bestimmung und Prognose einer Gruppenzugehörigkeit
Sind nun die Diskriminanzfunktion und der jeweilige relativen Beitrag der im Modell verbliebenen Einflussvariablen bekannt, werden die Fälle in der sich anschließenden Phase der Klassifikation nach ihren Diskriminanzwerten auf die Gruppen verteilt unter der Voraussetzung, dass die Streuung zwischen den Gruppen im Verhältnis zur Streuung innerhalb der Gruppen verhältnismäßig groß ist. Die Folge ist ein hoher Eigenwert, was ebenfalls eine gute Trennung der Gruppen repräsentiert. Nur dann ist gewährleistet, dass sich Diskriminanzwerte nicht nur innerhalb einer Gruppe ähneln, sondern auch zwischen verschiedenen Gruppen unterscheiden.
Die Diskriminanzanalyse unterstellt allerdings nicht vereinfachend, dass sich Fälle mit unterschiedlichen Diskriminanzwerten auch unterschiedlichen Gruppen zuweisen lassen, sondern zusätzlich, dass diese Diskriminanzwerte für die verschiedenen Gruppen mit einer bestimmten Wahrscheinlichkeit auftreten. Für jeden Fall wird eine sog. A-Posteriori-Wahrscheinlich-

keit berechnet (über a-priori-Wahrscheinlichkeit und bedingte Wahrscheinlichkeit), mit der dieser Fall einer dieser Gruppen angehört.

Die a-priori-Wahrscheinlichkeit ist die Wahrscheinlichkeit für eine Gruppenzugehörigkeit, wenn keine weiteren Informationen vorliegen. Liegen z.B. drei Gruppen vor, ist die a-priori-Wahrscheinlichkeit jeweils 0.33. Die bedingte Wahrscheinlichkeit ist die Wahrscheinlichkeit dafür, dass sich ein bestimmter Diskriminanzwert ergibt, wenn der jeweilige Fall der Gruppe entstammt. Voraussetzung für die Ermittlung bedingter Wahrscheinlichkeiten ist, dass die Diskriminanzwerte innerhalb jeder Gruppe normalverteilt sind.

Wird eine Diskriminanzanalyse für zwei Gruppen berechnet, wird z.B. für jeden Fall die Wahrscheinlichkeit angegeben, mit der er bei gegebenem Diskriminanzwert der Höchsten und der Zweithöchsten Gruppe angehört. Beide Wahrscheinlichkeiten ergeben 1.0 (Beispiel I, vgl. 3.3). Für eine Diskriminanzanalyse für mehr als zwei Gruppen werden die Wahrscheinlichkeiten für die weiteren Gruppen nicht ausgegeben (Beispiel II, vgl. 3.4). Aus dem Verhältnis zwischen beobachteter und diskriminanzanalytisch berechneter Gruppenzugehörigkeit wird ein Gesamtmaß für die Richtigkeit der Klassifikation ermittelt. Je höher dieser Wert, desto besser ist die Rekonstruktion der Gruppenzugehörigkeit durch die diskriminanzanalytisch ermittelte Modellgleichung.

III. Modellierungsphase: Modellspezifikation
Die Phase der Modellspezifikation ist bei vielen, v.a. multivariaten, Verfahren zentral für die modellspezifisch ermittelten Ergebnisse. Bei der Diskriminanzanalyse sind ebenfalls *vor* der rechnerischen Durchführung mehrere Besonderheiten zu beachten. Dazu zählen grundsätzliche Festlegungen zu Einflussvariablen, Gruppenzugehörigkeiten und Missings, aber auch u.a. Überlegungen zu Auswahlmethode, a-priori-Wahrscheinlichkeit und Power.
Von Anfang sollte der Zweck der Diskriminanzanalyse festgelegt sein: Klassifikation oder auch Prognose? Die Entwicklung eines Modells anhand der Klassifikation der Fälle einer Stichprobe garantiert nicht notwendigerweise auch gute Prognoseeigenschaften für die Fälle der Grundgesamtheit. Bei der Diskriminanzanalyse wird die Gruppenzugehörigkeit generell durch die abhängige Variable definiert. Für die Gruppenzugehörigkeiten sollte apriori gewährleistet sein, dass diese zumindest *sinnvoll* sind; falls nicht, wäre zu überlegen, ob anders definierte Gruppen nicht geeigneter wären. Die voreingestellte direkte Methode sollte dann verwendet werden, wenn Anzahl und diskriminatorische Effizienz der Einflussvariablen bekannt oder zumindest fest vorgegeben sind. Schrittweise Methoden sollten dann eingesetzt werden, wenn das diskriminatorische Potential unklar ist bzw. ein effizientes Prognosemodell mit wenigen Variablen ermittelt werden soll. Je mehr Einflussvariablen in das Modell aufgenommen werden (was auch von den Einschlussparametern mitbestimmt wird) bzw. je größer die Power des Modells sein soll, desto mehr Fälle werden benötigt. Fehlende Daten können besonders bei der Entwicklung von Vorhersagemodellen während der Klassifikationsphase zu Problemen führen. Die a-priori-Wahrscheinlichkeit ist in zweierlei Hinsicht ebenfalls zentral für die Klassifikationsphase: Erstens legt sie mit fest, ob die Gruppenzugehörigkeit in dieser Form in der Stichprobe bzw. Grundgesamtheit selbst wahrscheinlich ist; zweites neigt die auf der Fallhäufigkeit basierende Methode im Falle ungleich großer Gruppen dazu, Fälle eher den Gruppen mit den größeren Streuungen zuzuweisen.

Weitere Hinweise sind unter den abschließend zusammengestellten Voraussetzungen zusammengefasst.

3.2.2 Vergleich mit anderen Verfahren

Die Diskriminanzanalyse geht zurück auf R.A. Fisher (1936) und kann etwas vereinfachend als zwischen Varianz- und Regressionsanalyse stehendes Verfahren umschrieben werden. Es bestehen Gemeinsamkeiten bzw. Unterschiede zu Clusteranalyse, Neuronalen Netzen, Varianzanalyse (MANOVA), zur multiplen Linearen Regression, sowie Ordinalen und Logistischen Regression. In Bortz (1993) ist sogar eine Darstellung der Diskriminanzanalyse analog zur Hauptkomponentenanalyse (PCA) zu finden; die faktorenanalytische Terminologie (z.B. „Diskriminanzfaktor" anstatt Diskriminanzfunktion) dürfte jedoch gewöhnungsbedürftig sein. Auf diese Variante soll an dieser Stelle nicht weiter eingegangen werden; ebenso wenig auf die praktische Nähe der Diskriminanzanalyse zu *Neuronalen Netzen*. Die praktische Nähe besteht v.a. darin, dass beide Verfahren trotz völlig unterschiedlicher Annahmen nach einer Funktions- (Diskriminanzanalyse) bzw. Lernphase (Neuronale Netze) Daten anhand einer Funktion bzw. Regel (sog. Klassifikator) zu klassifizieren erlauben. Die Gemeinsamkeit mit der *Clusteranalyse* ist, dass auch die Diskriminanzanalyse zu den klassifizierenden Verfahren gezählt wird. Der wichtigste Unterschied ist der, dass die Clusteranalyse Gruppen erzeugt, während die Diskriminanzanalyse vorgegebene Gruppen untersucht (in der KI oft auch als Mustererkennung (pattern recognition) bezeichnet).

Die Diskriminanzanalyse ist im Prinzip eine „umgedrehte" einfaktoriell-multivariate *Varianzanalyse* (MANOVA). Die Diskriminanzanalyse untersucht, ob die Gruppen mit einer Kombination von Einflussvariablen vorhergesagt werden können, die MANOVA analog, ob sich die Gruppen in den Mittelwerten abhängiger Variablen unterscheiden. Bei der Diskriminanzanalyse sind bei der Interpretation also eher Kombinationen von Variablen relevant, während bei der MANOVA die Unterschiede einzelner Variablen untersucht werden. Warum nicht mehrere univariate Varianzanalysen anstelle einer MANOVA? Eine Reihe univariater (sic) Varianzanalysen führt nicht nur zum Fehler I. Art (Alpha-Kumulation); darüber hinaus kann die isolierte Analyse mehrerer abhängiger Variablen in völlig falsch interpretierte Ergebnisse hinsichtlich der Bedeutsamkeit einzelner abhängiger Variablen für die Trennung der Gruppen münden, da sie die oft gegebene wechselseitige Korreliertheit der abhängigen Variablen untereinander nicht berücksichtigen (die Diskriminanzanalyse berücksichtigt diese wechselseitigen Korrelationen).

Der größte strukturelle Unterschied ist die Angabe der Gruppenzugehörigkeit im Modell; zusätzlich nimmt die Diskriminanzanalyse im Gegensatz zur MANOVA eine genuine Klassifikation vor. Bei einer MANOVA wird die Gruppenzugehörigkeit in Gestalt einer unabhängigen Variable vorgegeben. Bei der Diskriminanzanalyse wird die Gruppenzugehörigkeit durch eine abhängige Variable vorgegeben. Aus dieser „Umkehrung" im Modell ergibt sich ein zentraler mathematischer Unterschied zur MANOVA: Während in der MANOVA die Streuungen der erklärenden Variablen innerhalb und zwischen den Gruppen durch die Beobachtungen selbst vorgegeben sind, wird in der Diskriminanzanalyse die Varianz innerhalb der Einflussvariablen so zerlegt, dass die Streuung zwischen den Gruppen maximiert und

3.2 Logik, Phasen und Vergleich mit anderen Verfahren

innerhalb der Gruppen minimiert wird. Die Varianzanteile zwischen und innerhalb der Gruppen werden miteinander in Beziehung gesetzt; ihr Verhältnis wird durch Wilks' Lambda bzw. ein approximatives F repräsentiert. Wilks' Lambda kann in Logik und Interpretation in etwa mit dem aus der Varianzanalyse bekannten F-Test verglichen werden. Die ermittelten Diskriminanzfunktionen sind dabei Regressionsgleichungen vergleichbar: Für jeden Fall wird mit jeder zuverlässigen Diskriminanzfunktion (für n Gruppen werden n-1 Diskriminanzfunktionen benötigt) ein Diskriminanzwert aus einer Kombination von unterschiedlich gewichteten Einflussvariablen ermittelt. Die ermittelten Gewichtskoeffizienten besagen dabei, wie die einzelnen Einflussvariablen zu gewichten sind, um eine maximale Trennung (Diskriminanz) der Fälle zwischen den verglichenen Gruppen zu erreichen (Mittelwert der Diskriminanzwerte, Zentroide). Das Ziel ist eine möglichst große Diskriminanzfunktion.

Litz (2000, 351) umschreibt (vereinfachend) die Diskriminanzanalyse als (multiple) *Regressionsanalyse* für nominalskalierte abhängige Variablen. Das Gemeinsame zur multiplen linearen Regression ist, dass Werte der abhängigen Variablen anhand der Werte aus einem Set unabhängiger Variablen vorhergesagt werden, und zwar bei einem schrittweisen Verfahren so lange, bis die verbleibenden Variablen keinen signifikanten Erklärungsbeitrag mehr liefern. Standardisierte Diskriminanzkoeffizienten drücken analog zu standardisierten Regressionskoeffizienten den relativen Beitrag einer einzelnen Einflussvariablen zur jeweiligen Funktion aus. Während eine Regressionsanalyse nur abhängige Variablen mit den Merkmalen Zufallsvariable und Intervallskalenniveau untersucht, sind die Werte der abhängigen Variablen bei der Diskriminanzanalyse keine Zufallsvariablen (sondern sind fest vorgegeben) und besitzen diskretes Kategorialniveau (nominal, ordinal). Darüber hinaus wäre eine Diskriminanzanalyse einer multiplen Regressionsanalyse dann vorzuziehen, wenn bei einer multiplen Regressionsanalyse Kollinearitäts- oder auch Suppressionseffekte die Einschätzung des Beitrags einzelner Prädiktorvariablen erschweren, wenn nicht sogar unmöglich machen würden. Weiter unterscheiden sich beide Verfahren in verfahrensspezifischen Voraussetzungen, die Diskriminanzanalyse erwartet z.B. eine multivariate Normalverteilung in den zwei oder mehr Populationen, wie auch eine Homogenität der jeweiligen Kovarianzmatrizen (das multivariate Analogon zur Varianzhomogenität). Zur Prognose von kategorialen Gruppenzugehörigkeiten (mit Ausnahme vielleicht in Form der Kodierung der abhängigen Variablen mit 0 und 1) kann eine (multiple) lineare Regressionsanalyse nicht eingesetzt werden, sehr wohl dagegen eine Logistische bzw. Ordinale Regression.

Das Gemeinsame zur Logistischen oder Ordinalen Regression ist, dass Werte der abhängigen Variablen, die Gruppenzugehörigkeit, anhand der Werte aus den erklärenden Variablen vorhergesagt werden. Tatsächlich gilt die Diskriminanzanalyse als Alternative zur Logistischen Regression, unter der Voraussetzung, dass die besonderen Voraussetzungen des Verfahrens eingehalten sind (z.B. Klecka, 1980, Press & Wilson, 1978). Die Logistische Regression gilt als etwas robuster als die Diskriminanzanalyse; im Falle extrem ungleich großer Gruppen, nicht gegebener multivariater Normalverteilung, oder auch dichotomer Einflussvariablen ist z.B. die logistische Regression der Diskriminanzanalyse vorzuziehen. Sofern alle ihre Voraussetzungen eingehalten sind, gilt die Diskriminanzanalyse als der logistischen Regression überlegen, mit der Einschränkung, dass die Diskriminanzanalyse bei dichotomen Prädiktoren zur Überschätzung des Zusammenhangs neige (Hosmer & Lemeshow, 2000, 22, 43f.).

Theoretisch könnte eine Diskriminanzanalyse auch anstelle einer Ordinalen Regression eingesetzt werden, sofern auf die Ranginformation in der Gruppierungsvariable verzichtet werden kann (da diese von der Diskriminanzanalyse ignoriert wird), und weitere verfahrensspezifische Voraussetzungen erfüllt sind.

In den folgenden Kapiteln wird die Durchführung einer Diskriminanzanalyse in zwei Varianten erläutert. Am Beispiel einer multiplen schrittweisen Diskriminanzanalyse (Wilks' Verfahren) mit vier metrischen Einflussvariablen, einer zweistufigen abhängigen Variable (Gruppenzugehörigkeit) und einer ermittelten Funktion (vgl. 3.3) wird zunächst das Grundprinzip der Diskriminanzanalyse einschl. einer Kreuzvalidierung ausführlich erläutert. Am zweiten, komplexeren Beispiel einer multiplen schrittweisen Diskriminanzanalyse (Wilks' Verfahren) mit drei Gruppen, drei Einflussvariablen und zwei ermittelten Funktionen (vgl. 3.4) wird die Berechnung und Interpretation der Funktionen und Parameter vertieft.

3.3 Beispiel I: Multiple schrittweise Diskriminanzanalyse mit zwei Gruppen

Kurzbeschreibung: Multiple schrittweise Diskriminanzanalyse mit zwei Gruppen und einer Funktion einschl. Kreuzvalidierung und Interpretation von Kovarianzmatrizen

Fragestellung:
In einer geriatrischen Klinik wurden 123 über 60 Jahre alte Patientinnen und Patienten anhand eines Depressivitätsscore in zwei Gruppen unterteilt, „Depressivität ja" (N=60) und „Depressivität nein" (N=63). Das Ziel der Analyse ist, aus einem Pool von vier metrisch skalierten Variablen (Alter, Körpergewicht, allgemeine körperliche Funktionsfähigkeit und Rückenschmerz) diejenigen Variablen zu identifizieren, die am besten zwischen den beiden Depressivitätsgruppen unterscheiden. Vorab ein Hinweis zur Polung der Einflussvariablen: Je höher die Werte für die körperliche Funktionsfähigkeit sind, umso besser ist der körperliche Allgemeinzustand. Die Werte für den Rückenschmerz werden umgekehrt interpretiert: Je höher die Werte für den Rückenschmerz sind, umso intensiver sind die Rückenschmerzen.

Die Anforderung dieser ersten Diskriminanzanalyse wird anhand Maussteuerung (vgl. I.) und SPSS Syntax (vgl. II.) demonstriert. Eine weitergehende Erläuterung der einzelnen Optionen von DISCRIMINANT findet sich jedoch nur bei der SPSS Syntax.

I. Maussteuerung:
Anm.: Die SPSS Datei „backpain.sav" sollte zuvor geöffnet sein.

Pfad: Analysieren → Klassifizieren → Diskriminanzanalyse…

3.3 Beispiel I: Multiple schrittweise Diskriminanzanalyse mit zwei Gruppen

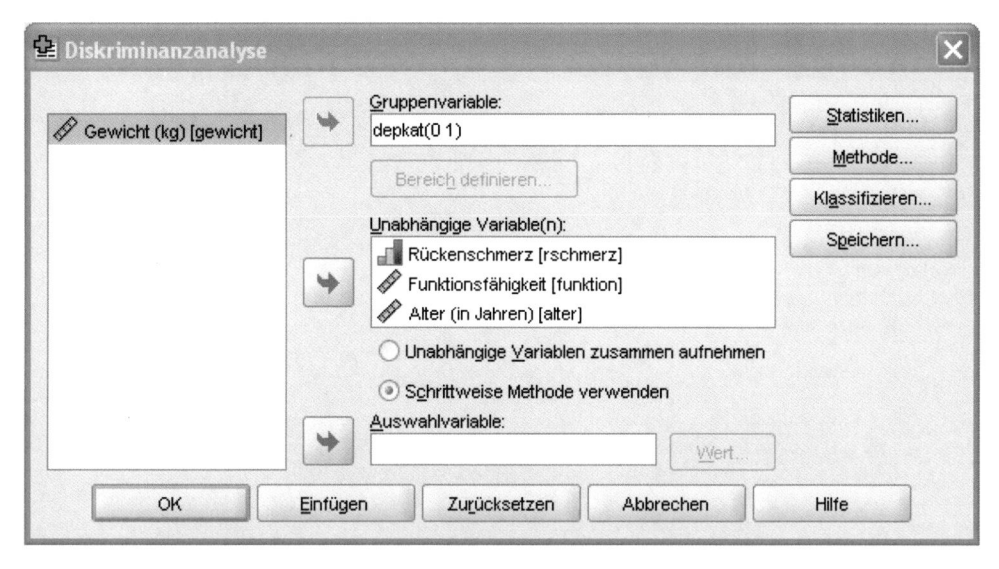

Hauptfenster:
Die zu analysierenden Variablen werden aus dem Auswahlfenster links in das Feld „Unabhängige Variable(n):" rechts verschoben, z.B. „RSCHMERZ". Geben Sie über das Untermenü „Bereich definieren" für die (abhängige) Gruppenvariable das Minimum (hier z.B. 0) und das Maximum (z.B. 1) des zu untersuchenden Wertebereiches an. Verwenden Sie die schrittweise Methode.

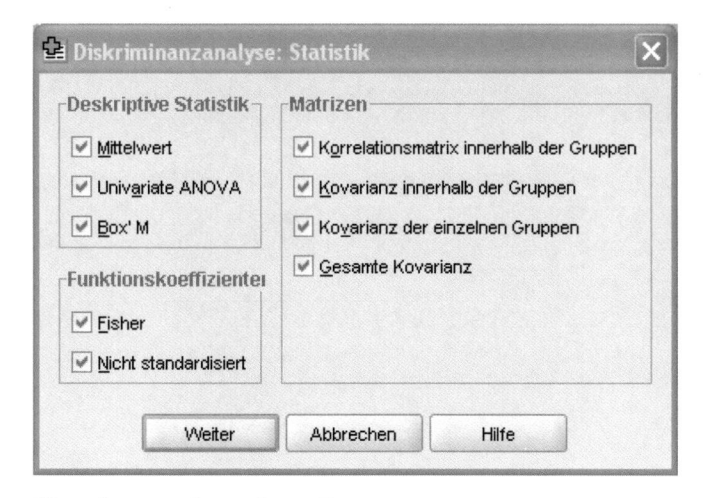

Unterfenster „Statistiken...":
Aktivieren Sie alle verfügbaren Optionen.

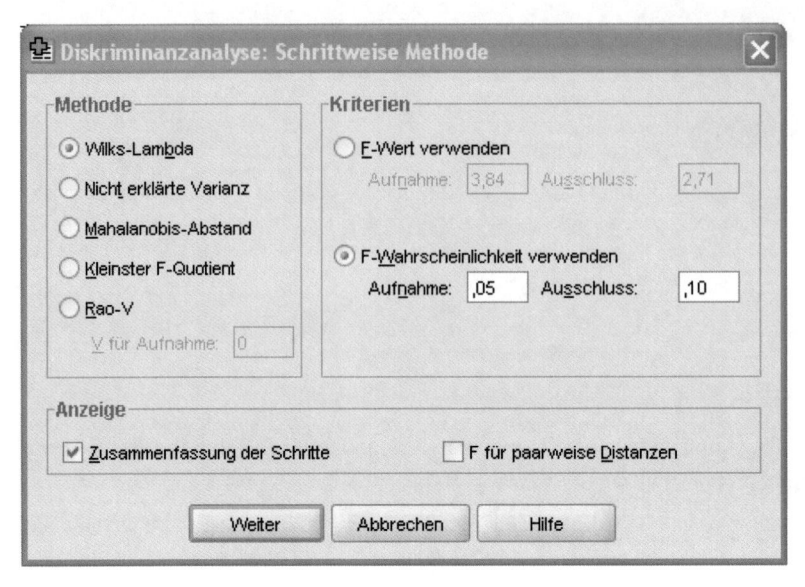

Unterfenster „Methode...":
Wählen Sie die Methode „Wilks-Lambda". Wählen Sie als „Kriterien" F-Wahrscheinlichkeiten und übernehmen Sie die voreingestellten Werte. Wählen Sie für die Anzeige die Zusammenfassung der Schritte. Für nur zwei Gruppen sind F-Statistiken für paarweise Distanzen nicht erforderlich.

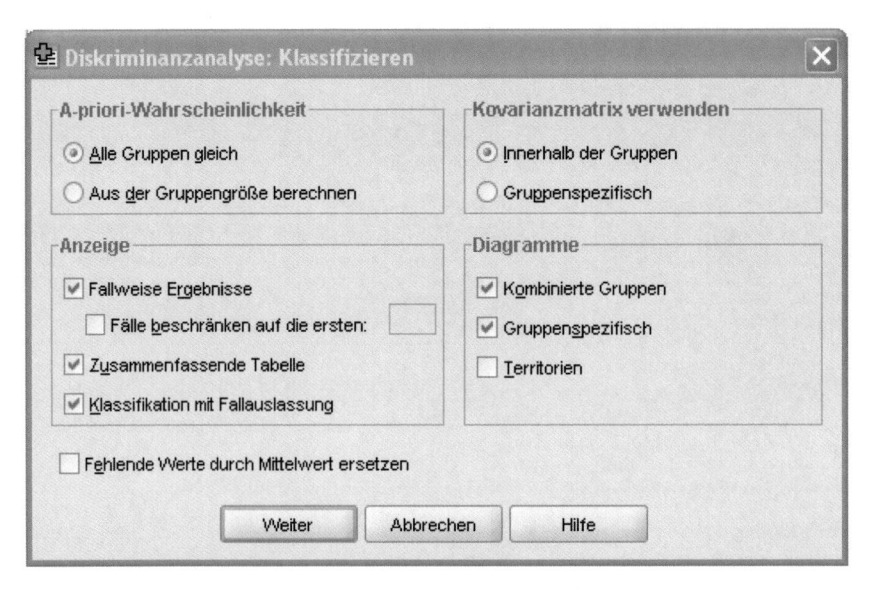

Unterfenster „Methode...":
Wählen Sie bei der A-priori-Wahrscheinlichkeit die Option „Alle Gruppen gleich". Wählen Sie bei „Kovarianzmatrix verwenden" die Option „Innerhalb der Gruppen". Wählen Sie bei Anzeige „Fallweise Ergebnisse" die Optionen „Zusammenfassende Tabelle", sowie „Klassi-

3.3 Beispiel I: Multiple schrittweise Diskriminanzanalyse mit zwei Gruppen

fikation mit Fallauslassung". Bei den Diagrammen wählen Sie „Kombinierte Gruppen" und „Gruppenspezifisch".

Unterfenster „Speichern ... ":
Keine Einstellungen vornehmen bzw. Ausgaben anfordern.

II. Syntax:
Für eine bessere Transparenz wurden in der Syntax einige Optionen, die SPSS standardmäßig ausführen würde, explizit angegeben, z.B. TOLERANCE=0.001. Per Maussteuerung würde SPSS zwar mit diesem Toleranzwert rechnen, die Wirksamkeit dieser Option jedoch nicht in der Syntax ausgeben. Zum Teil werden auch Optionen vorgestellt, die nicht per Maussteuerung möglich sind.

```
GET FILE='C:\Programme\SPSS\...\backpain.sav'.

DISCRIMINANT
  /GROUPS = depression(0 1)
  /VARIABLES = funktion alter gewicht rschmerz
  /ANALYSIS ALL
  /METHOD = WILKS
  /TOLERANCE = 0.001
  /PIN = .05
  /POUT = .10
  /PRIORS  EQUAL
  /HISTORY = STEP
  /STATISTICS = MEAN STDDEV COEFF RAW UNIVF BOXM
                CORR COV GCOV TCOV CROSSVALID
  /PLOT = COMBINED SEPARATE MAP
  /PLOT = CASES
  /CLASSIFY = NONMISSING POOLED .
```

Erläuterung der Syntax:
Der Befehl DISCRIMINANT fordert die Berechnung einer oder mehrerer Diskriminanzanalysen an. Die Prozedur gibt standardmäßig zahlreiche Tabellen und Statistiken aus, die über /STATISTICS= um zahlreiche weitere Tabellen und Statistiken (z.B. zu Matrizen und zur Klassifikation) ergänzt bzw. über HISTORY=NONE unterdrückt werden können: Deskriptive Tabellen und Statistiken sind u.a. eine Analyse der verarbeiteten Fälle und eine Gruppenstatistik auf der Basis der gültigen Fälle. Schrittweise Statistiken sind u.a. Wilks' Lambda, äquivalentes F, Freiheitsgrade, Signifikanzen, Toleranzen, Variablenanzahl und eine Übersicht der Variablen, die die angegebenen Toleranzen verfehlen. Abschließende Tabellen und Statistiken zur Zusammenfassung der kanonischen Diskriminanzfunktion in Form einer Eigenwert- und einer Wilks' Lambda-Tabelle, die standardisierten kanonischen Diskriminanzfunktionskoeffizienten, die Struktur-Matrix der gemeinsamen Korrelationen innerhalb der Gruppen zwischen den Diskriminanzvariablen und den standardisierten kanonischen

Diskriminanzfunktionen (die Variablen sind nach ihrer absoluten Korrelationsgröße innerhalb der Funktion geordnet), sowie die Funktionen bei den Gruppen-Zentroiden.

Unter GROUPS= wird die abhängige, diskret gestufte Gruppenvariable (hier: DEPKAT) angegeben; es kann nur eine Variable angegeben werden. Die GROUPS-Variable muss numerisch sein. String-Variablen sind in numerische Kodierungen zu überführen. In Klammern wird der Range der zu analysierenden ganzzahligen Kategorien angegeben, hier z.B. die Werte 0 und 1. Leere Kategorien werden ignoriert und haben keinen Einfluss auf die Berechnungen. Werte außerhalb der definierten Kategorien oder auch Missings werden während der Funktionsphase ignoriert, jedoch in der Klassifikationsphase klassifiziert.

Unter /VARIABLES= werden die unabhängigen Einflussvariablen (hier z.B. die intervallskalierten Einflussvariablen funktion, alter, gewicht, rschmerz) angegeben, um Fälle in die unter GROUP= angegebenen Gruppen zu klassifizieren. Unter /VARIABLES= können sowohl metrische, wie auch dichotome Variablen angegeben werden. Es muss mindestens eine Einflussvariable angegeben werden. Wechselwirkungen können nicht definiert werden. Die Befehle GROUPS und VARIABLES, wie auch SELECT müssen allen anderen Befehlen vorausgehen.

/ANALYSIS= hat zwei Funktionen: In einer schrittweisen Diskriminanzanalyse kann erstens die Reihenfolge festgelegt werden, in der die Variablen in die schrittweise Analyse aufgenommen werden sollen (z.B. für eine sog. sequentielle bzw. hierarchische Diskriminanzanalyse). Zweitens können für dieselbe Gruppierungsvariable gleich mehrere Varianten an Diskriminanzanalysen hintereinander angefordert werden, z.B. in folgenden Befehlsvarianten:

```
/ANALYSIS=ALL
/ANALYSIS= funktion, alter, gewicht
/ANALYSIS= funktion TO gewicht
```

Mittels ALL wird auf alle vier unter VARIABLES= angegebenen Variablen zugegriffen. Die zweite Analysevariante greift nur auf drei Variablen zu. Der TO-Befehl im dritten ANALYSIS-Befehl bezieht sich auf die Spezifizierung des Anfangs und Endes einer Variablenliste (von funktion bis gewicht, also einschließlich alter), wobei aber die Abfolge unter VARIABLES= gemeint ist, nicht notwendigerweise die Anordnung im Datensatz. Die Voraussetzung des Funktionierens von ANALYSIS ist, dass die angeforderten Variablen tatsächlich unter VARIABLES= spezifiziert sind.

Wenn unter dem folgenden METHOD=-Unterbefehl nicht DIRECT, sondern eine schrittweise Methode angefordert wird (also jede andere als die voreingestellte Methode DIRECT), kann unter ANALYSIS= die Reihenfolge der Variablen für die Aufnahme bzw. das Entfernen angegeben werden. Voreingestellt ist der Wert 1; der höchste Wert ist 99. Variablen, die das Toleranzkriterium verfehlen, werden unabhängig ihrer jew. Einschlussschwellen nicht aufgenommen. Ist die direkte Eingabemethode eingestellt, haben Einschlussschwellen keine Wirkung.

3.3 Beispiel I: Multiple schrittweise Diskriminanzanalyse mit zwei Gruppen

Beispiel 1:
Direkt (voreingestellt): /ANALYSIS=ALL (2) bei METHOD=DIRECT. Alle Variablen werden in die Modellgleichung gezwungen.

Schrittweise: /ANALYSIS= ALL (1) bei METHOD=WILKS, MAHAL, MAXMINF, MINRESID, RAO. Variablen werden schrittweise in die Modellgleichung aufgenommen und entfernt.

Schrittweise (nur vorwärts): /ANALYSIS= ALL (3) bei METHOD=WILKS, MAHAL, MAXMINF, MINRESID, RAO. Variablen werden schrittweise in die Modellgleichung aufgenommen, aber nicht entfernt.

Schrittweise (vorwärts und rückwärts): /ANALYSIS= ALL (2) ALL (1) bei METHOD=WILKS, MAHAL, MAXMINF, MINRESID, RAO. Alle Variablen werden in die Modellgleichung gezwungen und anschließend schrittweise entfernt.

Variablen mit höheren Einschlussschwellen werden gegenüber Variablen mit niedrigeren Einschlussschwellen bevorzugt. Variablen mit dem Wert 0 werden nicht aufgenommen, obwohl statistische Kennziffern ausgegeben werden. Variablen mit geraden Werten werden als Gruppe aufgenommen. Variablen mit ungeraden Werten werden einzeln aufgenommen. Nur Variablen mit dem Wert 1 können aus der Analyse ausgeschlossen werden. Um eine Variable mit einem höheren Einschlussschwelle aus der Analyse ausschließen zu können, muss sie zweimal unter ANALYSIS angegeben werden; zuerst mit dem gewünschten Einschlussschwelle für die Aufnahme, und anschließend mit Wert 1 für die Entfernung.

Beispiel 2 (Annahme: VARIABLES= funktion, alter, gewicht, rschmerz):

/ANALYSIS= funktion, alter (2) gewicht, rschmerz (1)
/ANALYSIS= funktion TO gewicht
/ANALYSIS= ALL (2) ALL (1)

funktion und alter werden aufgrund der gleichen Einschlussschwelle als Gruppe in die Analyse aufgenommen (vorausgesetzt, sie erfüllen das jew. Toleranzkriterium). Gewicht und rschmerz werden schrittweise aufgenommen. Die weitere Reihenfolge hängt von der angegebenen Methode ab. Bei der Methode WILKS wird z.B. die Variable zuerst aufgenommen, die Wilks' Lambda minimiert. Nach der Aufnahme überprüft SPSS, ob das jeweilige partielle F ein Entfernen aus der Gleichung rechtfertigt (siehe dazu FOUT und POUT, s.u.). Im letzten Beispiel werden alle Variablen zunächst in die Modellgleichung gezwungen und anschließend schrittweise entfernt. Die Bedeutung der jeweiligen Einflussvariablen kann eine andere sein, wenn man Variablen nicht einzeln, sondern gruppenweise entfernt.

Unter /METHOD = wird das Verfahren der direkten (DIRECT) bzw. der schrittweisen (WILKS, MAHAL, MAXMINF, MINRESID, RAO) Aufnahme von Variablen in die Diskriminanzanalyse festgelegt. Die Verfahren WILKS und RAO optimieren die Trennung zwischen allen Gruppen. Die Verfahren MAHAL, MAXMINF und MINRESID streben eine optimale Trennung der am schlechtesten trennbaren Gruppen an. Eine Variable, die nicht das Toleranzkriterium erfüllt (angegeben unter TOLERANCE oder voreingestellt), wird grundsätzlich nicht aufgenommen. /METHOD = bezieht sich immer nur auf die zuvor angegebene ANALYSIS-Befehlszeile. Folgende Verfahren können mittels /METHOD= angegeben werden:

DIRECT (Voreinstellung, direktes Verfahren): Alle Variablen, die das Toleranzkriterium erfüllen, werden gleichzeitig aufgenommen. Ist die direkte Eingabemethode eingestellt, haben unter ANALYSIS angegebene Einschlussschwellen keine Wirkung.

WILKS (schrittweises Verfahren): Bei jedem Schritt wird die Variable aufgenommen, die den Gesamtwert von Wilks' Lambda am meisten vermindert.

MAHAL (schrittweises Verfahren): Bei jedem Schritt wird die Variable aufgenommen, die die Mahalanobis-Distanz zwischen den beiden am dichtesten liegenden Variablen am meisten maximiert. Die Mahalanobis-Distanz legt fest, wie weit die Werte der unabhängigen Variablen eines Falles vom Mittelwert aller Fälle abweichen. Eine große Mahalanobis-Distanz weist auf einen Fall hin, der evtl. bei einer oder mehreren unabhängigen Variablen Extremwerte aufweist.

MAXMINF (schrittweises Verfahren): Bei jedem Schritt wird die Variable aufgenommen, die den F-Quotienten am meisten maximiert. Der F-Quotient wird aus dem Mahalanobis-Abstand zwischen den Gruppen ermittelt.

MINRESID (schrittweises Verfahren): Bei jedem Schritt wird die Variable aufgenommen, die die Summe der nicht erklärten Streuung zwischen den Gruppen am meisten minimiert.

RAO (schrittweises Verfahren): Bei jedem Schritt wird die Variable aufgenommen, die das Ansteigen von Rao's V maximiert. Rao's V ist ein Maß für die Unterschiede zwischen Gruppenmittelwerten, auch Lawley-Hotelling-Spur genannt. Bei dieser Option muss über VIN= ein minimaler V-Wert angegeben werden, den eine Variable für die Aufnahme in die Analyse aufweisen muss.

Alle schrittweisen Verfahren schließen die Möglichkeit nicht aus, dass alle, aber auch keine der angegebenen Variablen in das Modell aufgenommen werden.

Über /PIN= und /POUT= werden F-Wahrscheinlichkeiten zwischen 0 und 1 für die Aufnahme bzw. den Ausschluss von Variablen in das Modell festgelegt (F-Werte können analog über /FIN= und /FOUT= angegeben werden, s.u.). Mit PIN=.05 wird der Wert für eine Aufnahme einer Variable in das Modell vorgegeben (das seitens SPSS voreingestellte .05 gilt als relativ restriktiv; zur Aufnahme potentiell relevanter Einflussvariablen ist bis zu .20 akzeptabel). Eine Variable wird dann in das Modell aufgenommen, wenn die Wahrscheinlichkeit ihres F-Wertes kleiner als der Aufnahmewert (PIN) ist. Mit POUT=.10 wird der Wert für den Ausschluss einer Variable aus dem Modell definiert. Die Variable wird dann aus dem Modell ausgeschlossen, wenn die ermittelte F-Wahrscheinlichkeit größer ist als der Ausschlusswert. Der Aufnahmewert muss kleiner sein als der Ausschlusswert, und beide Werte müssen positiv sein. Alternativ können Variablen über die Angabe von partiellen F-Werten (FIN=, FOUT=) in das Modell aufgenommen bzw. wieder daraus entfernt werden. FIN= und FOUT= sind nicht für die Methode DIRECT geeignet. Der voreingestellte Wert für FIN= ist 3.84 und für FOUT= 2.71. Sind auch PIN= und POUT= angegeben, sind die unter FIN= und

FOUT= angegebenen F-Werte ohne Wirkung. PIN/POUT und FIN/FOUT sind in ihrer Wirkweise nicht identisch. Da das Signifikanzniveau des F-Wertes (PIN/POUT) von der Anzahl der Freiheitsgrade und damit der Anzahl der bereits aufgenommen Variablen abhängt, erzielen PIN/POUT und FIN/FOUT nur im Falle einer verbliebenen Einflussvariablen identische Ergebnisse.

Über /TOLERANCE wird die zulässige Toleranz angegeben, die eine Variable aufweisen kann, um noch in die Analyse aufgenommen werden zu können. Die Toleranz einer Variablen ist, einfach ausgedrückt, das Ausmaß ihrer zulässigen Korreliertheit mit anderen unabhängigen Variablen (auf das Problem der Multikollinearität wird bei der Erläuterung der Voraussetzungen einer Diskriminanzanalyse eingegangen). Variablen mit sehr niedrigen Toleranzen sind annähernd lineare Funktionen anderer Variablen. Als Toleranz kann ein Wert für das Ausmaß der gerade noch akzeptierten Interkorrelation zwischen 0 und 1.0 angegeben werden (voreingestellt ist 0.001). Variablen mit Werten unter der angegebenen Toleranzschwelle werden nicht ins Modell aufgenommen; ihre Aufnahme würde die Analyse des Modells unzuverlässig bzw. instabil machen.

Über /PRIORS können die a-priori-Wahrscheinlichkeiten der Gruppenzugehörigkeit für die GROUPS-Variable in Werten von 0 bis 1.0 angegeben werden (in Gruppen mit 0 werden keine Fälle klassifiziert). Die angegebenen Wahrscheinlichkeiten werden nur in der Phase der Klassifikation verwendet. Das (voreingestellte) EQUAL wird dann verwendet, wenn die a-priori-Wahrscheinlichkeiten beim Klassifizieren der Fälle als gleich angenommen werden können. Wird von unterschiedlichen a-priori-Wahrscheinlichkeiten ausgegangen, können diese mit SPSS differenziert angegeben, und somit bei der Adjustierung der Klassifikationskoeffizienten berücksichtigt werden.

Beispiel 1:

```
/GROUP= triathlon (1 3)
/PRIORS=2* .25, .50
```

Beispiel 2:

```
/GROUP= triathlon (1 3)
/PRIORS=.25, .25, .50
```

Der PRIORS-Befehl weist den beiden ersten triathlon-Gruppen (1, 2) die a-priori-Wahrscheinlichkeit 0.25 zu, und der dritten (Wert 3) die Wahrscheinlichkeit 0.50. Beispiel 2 hat denselben Effekt wie Beispiel 1. Die angegebenen a-priori-Wahrscheinlichkeiten müssen als Summe 1.0 ergeben. Über SIZE können alternativ die a-priori-Wahrscheinlichkeiten über die Größe der jew. Gruppe vorgegeben werden (ermittelt über die jew. Anzahl der Fälle nach dem Ausschluss von Fällen mit fehlenden Werten in den unabhängigen Variablen). Falls z.B. 25% der in die Analyse eingeschlossenen Fälle in die erste Gruppe fallen, 35% in die zweite Gruppe fallen, und 40% in die dritte Gruppe fallen, so sind die a-priori-Wahrscheinlichkeiten .25, .35 und .40.

Über /HISTORY kann (auch über STEP bzw. END) festgelegt werden, ob eine Zusammenfassung der Schritte ausgegeben werden soll. Ausgegeben werden in Tabellenform Angaben zu Schritten des Verfahrens, Wilks' Lambda (einschl. Freiheitsgrade), F-Werte (einschl. Freiheitsgrade und Signifikanz), aufgenommene/entfernte Variablen, und in der Analyse (nicht) verbliebene Variablen. Weiter wird die Signifikanz des jew. F-Werts (bzw. Toleranz oder VIN) für Aufnahme bzw. Ausschluss angegeben. /HISTORY=NONE unterdrückt diese voreingestellte Ausgabe.

Über /STATISTICS= können zahlreiche Statistiken (deskriptive Statistiken, Matrizen und Funktionskoeffizienten) angefordert werden, die für die Beurteilung der Angemessenheit einer Diskriminanzanalyse unerlässlich sind.

Deskriptive Statistiken:
MEAN bzw. STDDEV fordern Gesamt- und Gruppenmittelwerte sowie Standardabweichungen für die unabhängigen Variablen an.

UNIVF führt für jede unabhängige Variable eine einfaktorielle Varianzanalyse für einen Test auf Gleichheit der Gruppenmittelwerte durch.

BOXM ermittelt das Box-M. Box's M-Test prüft die Null-Hypothese der Gleichheit der Kovarianzmatrizen der Gruppen. Bei ausreichend großen Stichproben bedeutet ein nichtsignifikanter p-Wert, dass keine hinreichenden Anhaltspunkte für unterschiedliche Kovarianzmatrizen vorliegen. Box's M-Test ist empfindlich gegenüber Abweichungen von der multivariaten Normalverteilung.

Funktionskoeffizienten:
Als Funktionskoeffizienten sind Klassifikationskoeffizienten nach Fisher und nicht standardisierte Koeffizienten verfügbar. Über COEFF zeigt die Klassifizierungsfunktion nach Fisher die Koeffizienten, die direkt für die Klassifizierung verwendet werden können. Es wird ein Satz von Koeffizienten für jede Gruppe ermittelt. Ein Fall wird der Gruppe zugewiesen, für den er den größten Diskriminanzwert aufweist. RAW zeigt nicht standardisierte Koeffizienten der Diskriminanzfunktion an.

Matrizen:
COV zeigt die gemeinsame (gepoolte) Kovarianzmatrix innerhalb der Gruppen an, die als Mittel der einzelnen Kovarianzmatrizen für alle Gruppen ermittelt wird. Die Kovarianzen werden unter Berücksichtigung der Gruppenzugehörigkeit ermittelt. Die gemeinsame (gepoolte) Kovarianzmatrix kann sich von der Gesamt-Kovarianzmatrix deutlich unterscheiden.

CORR zeigt die gemeinsame (gepoolte) Korrelationsmatrix innerhalb der Gruppen an, die als Mittel der einzelnen Kovarianzmatrizen für alle Gruppen vor der Berechnung der Korrelationen ermittelt wird. Die Korrelationen werden unter Berücksichtigung der Gruppenzugehörigkeit ermittelt, und können sich somit von Korrelationen unabhängig von der Gruppenzugehörigkeit deutlich unterscheiden.

3.3 Beispiel I: Multiple schrittweise Diskriminanzanalyse mit zwei Gruppen

GCOV zeigt separate Kovarianzmatrizen für jede einzelne Gruppe an.

TCOV zeigt die Gesamt-Kovarianzmatrix an, so als ob alle Fälle aus einer einzigen Stichprobe der gültigen Fälle stammen würden.

Über den Befehl CROSSVALID können für /PLOT=CASES kreuzvalidierte fallweise Statistiken angefordert werden (Klassifikation mit Fallauslassung: Jeder Fall in der Analyse wird durch eine Funktion klassifiziert, die auf allen übrigen Fällen, d.h. unter Auslassung des Falles selbst basiert, sog. ‚Jack-Kniving‘, ‚Leave-One-Out‘-Methode, ‚U-Methode‘). Weist das kreuzvalidierte Modell einen signifikant geringeren Anteil korrekt klassifizierter Fälle als das Ausgangsmodell auf, kann dies als Hinweis auf zu viele Einflussvariablen im Ausgangsmodell zu verstehen sein. TABLE gibt eine Tabelle für die Klassifizierungsergebnisse aus. Diese Tabelle gibt die Anzahl der Fälle an, die auf Grundlage der Diskriminanzanalyse jeder der Gruppen richtig oder falsch zugeordnet werden. Diese Tabelle wird auch als Klassifikationsmatrix bezeichnet.

Der Befehl ALL fordert alle verfügbaren Statistiken an.

Über /PLOT = können verschiedene Diagramme angefordert werden, die die Beurteilung der Angemessenheit einer Diskriminanzanalyse erleichtern. Voreingestellt sind COMBINED und CASES. Da im Beispiel nur eine Diskriminanzfunktion vorliegt, werden anstelle der angeforderten Diagramme nur Histogramme ausgegeben.

COMBINED erzeugt ein alle Gruppen umfassendes Streudiagramm der Werte für die ersten beiden Diskriminanzfunktionen. Auf den beiden Achsen werden für jeden Fall die beiden ersten Diskriminanzwerte angezeigt und somit die tatsächliche Gruppenzugehörigkeit angezeigt. Wenn nur eine Diskriminanzfunktion vorliegt, wird stattdessen ein Histogramm angezeigt.

SEPARATE fordert dasselbe Diagramm wie COMBINED an mit dem Unterschied, dass dieses Diagramm für jede Gruppe separat ausgegeben wird. Wenn nur eine Diskriminanzfunktion vorliegt, wird anstelle dieses Diagramms ein Histogramm angezeigt.

CASES(Wert für n) fordert die Anzeige fallweiser Ergebnisse an. Für jeden Fall werden für die höchste, wie auch die zweithöchste Gruppe Klassifikationsinformationen in Form von tatsächlicher bzw. vorhergesagter Gruppe, a-posteriori-Wahrscheinlichkeiten, der quadrierten Mahalanobis Distanz zum Zentroid, wie auch Diskriminanzwerte angezeigt. Über die Angabe des Befehls CROSSVALID unter /STATISTICS können kreuzvalidierte Statistiken angefordert werden. Die Kreuzvalidierung wird nur für Fälle in dieser Analyse vorgenommen. In der Kreuzvalidierung ist jeder Fall durch die Funktionen klassifiziert, die von allen anderen Fällen außer diesem Fall abgeleitet werden (Klassifikation mit Fallauslassung).

MAP zeigt in Gestalt einer Textgrafik (sog. Territorien, syn.: Gebietsgrafik) ein Diagramm der Grenzen, mit denen Fälle auf der Grundlage von Diskriminanzwerten (Zentroide) in Gruppen klassifiziert werden. Die Zahlen entsprechen den Gruppen, in die die Fälle klassifiziert wurden. Der Mittelwert jeder Gruppe wird durch einen darin liegenden Stern (*) angezeigt. Wenn nur eine Diskriminanzfunktion vorliegt, wird anstelle dieses Diagramms ein Histogramm angezeigt.

ALL fordert alle verfügbaren Diagramme an.

Unabhängig vom angegebenen /PLOT=-Stichwort gibt DISCRIMINANT eine Zusammenfassung der Verarbeitung von Klassifizierungen an, die angibt, wie viele Fälle verarbeitet wurden, als Gruppen-Kodierungen (siehe GROUPS=) fehlen oder außerhalb des angegebenen Bereiches liegen, sowie die Anzahl der Fälle, bei denen mindestens eine Diskriminanzvariable fehlt.

Mittels /CLASSIFY wird festgelegt, wie mit den Fällen während der Phase der Klassifikation umgegangen werden soll. Voreingestellt sind NONMISSING und POOLED, wodurch die Klassifikation für alle Fälle ohne Missings in den Einflussvariablen (NONMISSING) vorgenommen wird und gleichzeitig die gemeinsame (gepoolte) Kovarianzmatrix innerhalb der Gruppen verwendet wird. Nur bei der Angabe der Option POOLED ist die Ausgabe der Klassifikation mit Fallauslassung möglich. Bei Angabe einer SELECT-Variablen werden für NONMISSING zwei Ausgaben für die Klassifikation erzeugt, die erste für die über SELECT ausgewählten Fälle, die zweite für die nicht ausgewählten Fälle.

Eine weitere Möglichkeit bei /CLASSIFY ist das Ersetzen von fehlenden Werten (Missings) durch Mittelwerte (MEANSUB). Während der Funktionsphase, der Bestimmung der Diskriminanzfunktion, werden Fälle mit Missings in der unabhängigen oder abhängigen Variable ausgeschlossen. Während der Klassifikationsphase werden Fälle mit Missings in der unabhängigen Variable ebenfalls ausgeschlossen; Fälle mit Missings in der abhängigen Variable bzw. Werten außerhalb des angegebenen Wertebereiches werden berücksichtigt. Die Option MEANSUB bewirkt, dass während der Klassifikationsphase Mittelwerte für fehlende Werte in Einflussvariablen eingesetzt werden und somit auch Fälle mit vormals fehlenden Werten klassifiziert werden können (vgl. Schendera, 2007, 119–161). Der aktive Datensatz wird durch diese Option nicht verändert.

Mittels der Option SEPARATE wird eine Klassifizierung mittels der einzelnen Gruppen-Kovarianzmatrizen der Diskriminanzfunktionen durchgeführt (führt oft zu Overfitting, nur für genügend große Stichproben geeignet, um eine Kreuzvalidierung durchzuführen). DISCRIMINANT zeigt Gruppen-Kovarianzmatrizen für kanonische Diskriminanzfunktionen und den Box-Test für die Gleichheit kanonischer Diskriminanzfunktionen an. Da die Klassifizierung auf den Diskriminanzfunktionen basiert, nicht jedoch der ursprünglichen Variablen, ist diese Option nicht notwendigerweise äquivalent zur quadratischen Diskriminierung. Der Unterschied tritt deutlich zutage, sobald weniger Funktionen als Variablen vorhanden sind. Über UNSELECTED kann die Klassifikationsphase für die Fälle unterdrückt werden, die über SELECT ausgewählt wurden. Wurden über SELECT alle Fälle ausgewählt, wird die Klassifikationsphase völlig unterdrückt, und es werden keine Klassifikationsergebnisse angezeigt. Mittels UNCLASSIFIED können nur die nicht klassifizierten Fälle in der Klassifikationsphase verwendet werden. Es werden also nur die Fälle klassifiziert, die nicht in den unter GROUPS= angegebenen Range fallen. Für Fälle aus dem angegebenen Range wird die Klassifikationsphase unterdrückt.
Es werden ausschließlich nichtrotierte Ergebnisse ausgegeben.

Den Unterbefehlen MISSING, HISTORY, ROTATE, CLASSIFY, STATISTICS, PLOT und MATRIX dürfen keine anderen Unterbefehle folgen. Per SPSS Syntax könnten in dem o.a.

3.3 Beispiel I: Multiple schrittweise Diskriminanzanalyse mit zwei Gruppen

Syntax-Beispiel noch mehr Output-Optionen eingestellt werden. Für die Berechnung einer Diskriminanzanalyse kann das beispielhaft vorgestellte DISCRIMINANT-Programm durch zahlreiche Optionen (z.B. OUTFILE, MATRIX, MISSING, SAVE) entsprechend den eigenen Anforderungen weiter ausdifferenziert werden. Für Details wird auf die SPSS Syntax Dokumentation und die notwendige statistische Spezialliteratur verwiesen. Am zweiten, komplexeren Beispiel werden weitere Optionen vorgestellt.

Output und Interpretation:

Diskriminanzanalyse

Unter dieser Überschrift stellt SPSS Ergebnistabellen und Diagramme für eine oder mehrere angeforderte Diskriminanzanalysen zusammen.

Warnungen

Das gestapelte Histrogramm aller Gruppen wird nicht länger angezeigt.

Das Histogramm wird nur dann ausgegeben, wenn mehr als zwei Diskriminanzfunktionen bestimmt werden. Wird im Verlauf der Analyse nur eine Diskriminanzfunktion ermittelt, erscheint dieser Hinweis.

Analyse der verarbeiteten Fälle.

Ungewichtete Fälle		N	Prozent
Gültig		123	100,0
Ausgeschlossen	Gruppencodes fehlend oder außerhalb des Bereichs	0	,0
	Mindestens eine fehlende Diskriminanz-Variable	0	,0
	Beide fehlenden oder außerhalb des Bereichs liegenden Gruppencodes und mindestens eine fehlende Diskriminanz-Variable	0	,0
	Gesamtzahl der ausgeschlossenen	0	,0
Gesamtzahl der Fälle		123	100,0

Die Tabelle „Analyse der verarbeitete Fälle" zeigt die Anzahl der gültigen Fälle an (N=123) und ganz unten die Gesamtzahl der ausgeschlossenen Fälle an (N=0). Kein Gruppencode fehlt oder liegt außerhalb des definierten Bereiches. Keine Diskriminanzvariable fehlt. Fehlende oder außerhalb des Bereichs liegende Gruppencodes treten auch nicht zusammen mit fehlenden Diskriminanzvariablen auf.

Gruppenstatistik

Depressivität nach ADS		Mittelwert	Standardabweichung	Gültige Werte (listenweise)	
				Ungewichtet	Gewichtet
Nein	Rückenschmerz	3,5238	2,02291	63	63,000
	Funktionsfähigkeit	69,9365	20,51818	63	63,000
	Gewicht (kg)	70,3841	10,67997	63	63,000
	Alter (in Jahren)	68,4921	4,93138	63	63,000
Ja	Rückenschmerz	4,7833	2,18695	60	60,000
	Funktionsfähigkeit	55,6667	23,50454	60	60,000
	Gewicht (kg)	71,6417	10,65356	60	60,000
	Alter (in Jahren)	68,1000	6,47210	60	60,000
Gesamt	Rückenschmerz	4,1382	2,18911	123	123,000
	Funktionsfähigkeit	62,9756	23,07417	123	123,000
	Gewicht (kg)	70,9976	10,64203	123	123,000
	Alter (in Jahren)	68,3008	5,71443	123	123,000

Die Tabelle „Gruppenstatistik" zeigt als deskriptive Statistik für die gültigen Fälle (N=123) Gesamt- und Gruppenmittelwerte sowie Standardabweichungen für die vier unabhängigen Einflussvariablen Rückenschmerz, Funktionsfähigkeit, Gewicht und Alter an. Die rechte Spalte gibt die jeweilige Gewichtung der Fälle an. Jeder Fall ist mit 1 gewichtet; die Spalte „Gewichtet" enthält nur dann von „Ungewichtet" abweichende Werte, wenn unter /PRIORS eine entsprechende Gewichtung vorgenommen wurde. Durch die Betrachtung der Lage- und Streuparameter lässt sich ein erster Eindruck vom Erklärungspotential der Einflussvariablen gewinnen. Die Variable Funktionsfähigkeit fällt z.B. mit deutlich unterschiedlich hohen Mittelwerten in den beiden Depressivitätsgruppen auf (69,9 vs. 55,7; weniger ausgeprägt: Rückenschmerz), während die Werte für Alter bzw. Gewicht in beiden Gruppen nahezu gleich sind. Da eine der Voraussetzungen der Diskriminanzanalyse die Unkorreliertheit von Mittelwert und Varianz bzw. Varianzengleichheit ist, sollten auch die Gruppenstandardabweichungen daraufhin untersucht werden, ob sie sich bedeutsam über die Gruppen hinweg unterscheiden (wovon man, außer vielleicht bei Alter, nicht ausgehen kann). Im Idealfall liegen zwischen den Mittelwerten möglichst große Unterschiede und zwischen den Standardabweichungen möglichst geringe Unterschiede vor. Bei der Inaugenscheinnahme der jew. Lage- und Streuparameter ist der Einfluss der Einheit der jew. Variable zu berücksichtigen, um eine Überinterpretation zu vermeiden. Die rein deskriptiven Vergleiche werden im Folgenden durch einen Hypothesentest auf die Gleichheit der Gruppenmittelwerte ergänzt.

Gleichheitstest der Gruppenmittelwerte

	Wilks-Lambda	F	df1	df2	Signifikanz
Rückenschmerz	,917	11,008	1	121	,001
Funktionsfähigkeit	,904	12,900	1	121	,000
Gewicht (kg)	,996	,427	1	121	,515
Alter (in Jahren)	,999	,144	1	121	,705

3.3 Beispiel I: Multiple schrittweise Diskriminanzanalyse mit zwei Gruppen

Die Tabelle „Gleichheitstest der Gruppenmittelwerte" gibt über Wilks' Lambda, die F-Statistik, Freiheitsgrade und Signifikanz die Ergebnisse eines Tests auf Gleichheit der Gruppenmittelwerte aus, und liefert erste Hinweise auf potentiell relevante Diskriminatoren. Bei der Interpretation signifikanter, aber auch nichtsignifikanter Ergebnisse ist zu beachten, dass eine univariate Signifikanz mehrerer Einflussvariablen jedoch nicht immer auch diskriminatorische Relevanz bedeutet, da die Ermittlung der univariaten Signifikanz nicht in der Lage ist, mögliche Wechselwirkungen zwischen den einzelnen Variablen zu berücksichtigen. Wilks' Lambda gibt dabei das Verhältnis der Innerhalb-Quadratsummen zu der Gesamtsumme der Quadrate an, und reicht von 0 bis 1.0. Werte nahe 0 bedeuten, dass die Gruppenmittelwerte verschieden sind Je größer Wilks' Lambda, desto geringer die Gruppenunterschiede. Ein Lambda-Wert von 1.0 würde bedeuten, dass keine Unterschiede zwischen den Gruppen vorliegen. Die F-Statistik gibt das Verhältnis zwischen der Zwischengruppen- zur Innergruppenvariabilität an. Zur F-Statistik gehören ein Freiheitsgrad für den Zähler (df1) und ein Freiheitsgrad für den Nenner (df2). Auf der Grundlage von df1 und df2 wird die Signifikanz ermittelt. Signifikanzen unter 0.05 (Alpha) weisen auf signifikante Gruppenunterschiede hin. Die beiden Depressivitätsgruppen unterscheiden sich in den Variablen Funktionsfähigkeit und Rückenschmerz. Diese beiden Variablen sind potentiell relevante Diskriminatoren. Signifikanzen über dem Alpha sind als Hinweis darauf zu verstehen, dass Gruppenunterschiede nicht nur nicht statistisch bedeutsam sind, z.B. bei den Variablen Alter und Gewicht, sondern dass diese Variablen vermutlich auch über kein diskriminatorisches Potential verfügen.

Gemeinsam Matrizen innerhalb der Gruppen[a]

		Rückenschmerz	Funktionsfähigkeit	Gewicht (kg)	Alter (in Jahren)
Kovarianz	Rückenschmerz	4,429	-22,647	3,096	-,677
	Funktionsfähigkeit	-22,647	485,100	-7,583	-20,802
	Gewicht (kg)	3,096	-7,583	113,787	-10,096
	Alter (in Jahren)	-,677	-20,802	-10,096	32,886
Korrelation	Rückenschmerz	1,000	-,489	,138	-,056
	Funktionsfähigkeit	-,489	1,000	-,032	-,165
	Gewicht (kg)	,138	-,032	1,000	-,165
	Alter (in Jahren)	-,056	-,165	-,165	1,000

a. Die Kovarianzmatrix hat einen Freiheitsgrad von 121.

Die Tabelle „Gemeinsam Matrizen innerhalb der Gruppen" zeigt eine Kovarianz- und eine Korrelationsmatrix für gepoolte Innergruppen-Matrizen. Die gepoolten Innergruppen-Kovarianzen erhält man über die Mittelung der separaten Kovarianzmatrizen aller Gruppen. Die gepoolten Innergruppen-Korrelationen werden über die Kovarianzen und Varianzen ermittelt. Die Kovarianzmatrix zeigt auf der Diagonalen die Varianzen und daneben spiegelbildlich angeordnete Kovarianzen. Die Korrelationsmatrix zeigt auf der Diagonalen perfekte Korrelationen der Variablen mit sich selbst (1.0) und daneben spiegelbildlich angeordnet die weiteren Interkorrelationen. Hohe Korrelationen (z.B. > +/- 0.70) können als Hinweise auf alternative Einflussvariablen(sets) bzw. Multikollinearität verstanden werden, die jedoch im Beispiel nicht vorliegen.

Kovarianzmatrizen[a]

Depressivität nach ADS		Rückenschmerz	Funktionsfähigkeit	Gewicht (kg)	Alter (in Jahren)
Nein	Rückenschmerz	4,092	-15,805	7,128	-1,052
	Funktionsfähigkeit	-15,805	420,996	-11,862	-27,984
	Gewicht (kg)	7,128	-11,862	114,062	-5,024
	Alter (in Jahren)	-1,052	-27,984	-5,024	24,318
Ja	Rückenschmerz	4,783	-29,836	-1,140	-,283
	Funktionsfähigkeit	-29,836	552,463	-3,086	-13,254
	Gewicht (kg)	-1,140	-3,086	113,498	-15,425
	Alter (in Jahren)	-,283	-13,254	-15,425	41,888
Gesamt	Rückenschmerz	4,792	-26,988	3,470	-,796
	Funktionsfähigkeit	-26,988	532,417	-12,041	-19,222
	Gewicht (kg)	3,470	-12,041	113,253	-10,137
	Alter (in Jahren)	-,796	-19,222	-10,137	32,655

a. Die Kovarianzmatrix für alle Fälle hat einen Freiheitsgrad von 122.

Eine der notwendigen Voraussetzungen für die Diskriminanzanalyse ist die Gleichheit der Gruppen-Kovarianzmatrizen. Die Tabelle „Kovarianzmatrizen" zeigt eine Kovarianzmatrix für die die einzelnen Gruppen und insgesamt, und erlaubt, die Gruppen auf gleiche Varianzen und Kovarianzen hin miteinander zu vergleichen. Die Varianzen liegen auf der Diagonale. Die Kovarianzen sind daneben spiegelbildlich angeordnet. Als Daumenregel gilt, dass die Kovarianzen der Gruppen dasselbe Vorzeichen aufweisen müssen und sich maximal um das 10fache unterscheiden dürfen. Die beiden Depressivitätsgruppen deuten zulässige Unterschiede in den Kovarianzen für Funktionsfähigkeit und Gewicht an: Funktionsfähigkeit hat z.B. in der Gruppe „Nein" eine Kovarianz von -11,862 und in der „Ja"-Gruppe eine Kovarianz von -3,086. Für eine weitere Untersuchung auf die Gleichheit der Gruppen-Kovarianzen können gruppenspezifische Streudiagramme bzw. Histogramme wie auch die Log-Determinanten herangezogen werden.

Analyse 1

Die Überschrift „Analyse 1" gibt u.a. Log-Determinanten und unter „Testergebnisse" Box's M-Test aus. Da mittels DISCRIMINANT unter ANALYSIS für dieselbe Gruppierungsvariable mehrere Varianten an Diskriminanzanalysen hintereinander angefordert werden können, werden die Ausgaben für die Analysen durchgezählt („Analyse 1", „Analyse 2", usw.). Wird nur eine Analyse angefordert, folgt nach „Analyse 1" verständlicherweise keine weitere Ausgabe.

Box-Test auf Gleichheit der Kovarianzmatrizen

Log-Determinanten

Depressivität nach ADS	Rang	Log-Determinante
Nein	1	6,043
Ja	1	6,314
Gemeinsam innerhalb der Gruppen	1	6,184

Die Ränge und natürlichen Logarithmen der ausgegebenen Determinanten sind die der Gruppen-Kovarianz-Matrizen.

Die Tabelle „Log-Determinanten" gibt anhand der Log-Determinante einen ersten Hinweis darauf, ob und welche der Gruppen-Kovarianzmatrizen sich von den anderen unterscheiden. Für jede Gruppe ist wird als Streumaß die Log-Determinante der Kovarianzmatrix der jew. Einflussvariablen angegeben (in diesem Fall nur Funktionsfähigkeit). In diesem Beispiel sind die Log-Determinanten der Gruppe „Nein" nur wenig kleiner als die der Gruppe „Ja" (6,043 bzw. 6,314). Der Befund spricht nicht gegen die Annahme gleicher Kovarianzen; ansonsten könnte z.B. eine Gruppe mit extrem abweichenden Log-Determinanten auch aus der Analyse entfernt werden, um die Gleichheit der Kovarianzmatrizen für die verbleibenden Gruppen zu gewährleisten. Als Rang wird der Zeilen- oder Spaltenrang der größtmöglichen Anzahl linear unabhängiger Zeilen oder Spalten angegeben. Die folgende Tabelle enthält das Ergebnis von Box's M-Test auf Gleichheit der Kovarianzmatrizen.

Testergebnisse

Box-M		1,115
F	Näherungswert	1,106
	df1	1
	df2	43851,044
	Signifikanz	,293

Testet die Null-Hypothese der Kovarianzmatrizen gleicher Grundgesamtheit

Die Tabelle „Testergebnisse" gibt das Ergebnis des Tests der Null-Hypothese der Gleichheit der Kovarianzmatrizen der Gruppen an. Box-M gilt für maximal fünf Einflussvariablen und maximal fünf Gruppen bei mindestens N=20 pro Gruppe. In jedem anderen Fall ist der F-Näherungswert vorzuziehen. Die Signifikanz basiert auf einer F-Näherung. Bei Box' M-Test ist ein nichtsignifikantes Resultat wünschenswert: Ein nichtsignifikanter p-Wert (z.B. > 0,05) bedeutet, dass keine ausreichenden Hinweise auf unterschiedliche Kovarianzmatrizen vorliegen. Bei einem signifikanten Wert (z.B. < 0,05) liegen statistisch bedeutsame Unterschiede zwischen den Kovarianzmatrizen vor. Die erzielte Statistik von p=0,293 legt nahe, dass keine statistisch bedeutsamen Unterschiede zwischen den Kovarianzmatrizen vorliegen. Box's M-Test wird bei Abweichungen von der multivariaten Normalverteilung oder bei großen Gruppenstichproben allzu leicht signifikant; in jedem Falle sind die Kovarianzmatrizen einzusehen (s.o.).

Schrittweise Statistik

Ab der Überschrift „Schrittweise Statistik" werden Statistiken zur schrittweisen Ermittlung des Modells ausgegeben, u.a. zu aufgenommenen bzw. entfernten Variablen, (nicht) in der Analyse verbliebenen Variablen und Wilks' Lambda. Die angezeigten Inhalte hängen z.T. von der gewählten Methode und den Voreinstellungen ab.

Aufgenommene/Entfernte Variablen[a,b,c,d,e]

Schritt	Aufgenommen	Wilks-Lambda							
		Statistik	df1	df2	df3	Exaktes F			
						Statistik	df1	df2	Signifikanz
1	Funktionsfähigkeit	,904	1	1	121,000	12,900	1	121,000	,000

Bei jedem Schritt wird die Variable aufgenommen, die das gesamte Wilks-Lambda minimiert.
a. Minimales Toleranzniveau ist 0.001.
b. Maximale Anzahl der Schritte ist 8.
c. Maximale Signifikanz des F-Werts für die Aufnahme ist .05.
d. Minimale Signifikanz des F-Werts für den Ausschluß ist .10.
e. F-Niveau, Toleranz oder VIN sind für eine weitere Berechnung unzureichend.

Die Tabelle „Aufgenommene/Entfernte Variablen" zeigt Statistiken für bei jedem Schritt aufgenommene bzw. je nach Methode auch wieder entfernte Variablen an. Da die schrittweise Analyse für das Beispiel bereits nach dem ersten Schritt stoppt, enthält diese Tabelle nur eine Zeile, nämlich für den ersten (hier zugleich auch letzten) Schritt 1. Der Inhalt dieser Tabelle hängt davon ab, welche schrittweise Methode und welche Voreinstellungen vorgenommen wurden (u.a. FIN/FOUT, TOLERANCE, VIN usw.). Der Zeile unterhalb der Tabelle kann entnommen werden, dass die Methode nach Wilk (Maximierung des Lambdas) gewählt wurde. Die weiteren Fußnoten geben die eingestellten Parameter wieder (u.a. Toleranz, Signifikanzen für die Aufnahme bzw. den Ausschluss von Variablen aus dem Modell). Die maximale Anzahl der Schritte wird bei schrittweisen Verfahren verwendet, um die Höchstzahl an erlaubten Schritten zu einzugrenzen (z.B. um Endlosschleifen zu vermeiden). Die maximale Anzahl der Schritte ermittelt sich über die Anzahl der Variablen mit Inklusionsschwellen (s.o.) größer als 1 plus zweimal die Anzahl der Variablen mit Inklusionsschwellen gleich 1 (für dieses Beispiel also 0 + 2 x 4 = 8). Nach dem letzten (im Beispiel bereits nach dem ersten) Schritt meldet SPSS, dass die eingestellten Parameter (F-Niveau, Toleranz bzw. VIN) für eine weitere Berechnung unzureichend sind. Für das Beispiel wird Funktionsfähigkeit in Schritt 1 mit einem Wilks' Lambda von 0,904 und einem Exakten F von 0,000 aufgenommen. Die eingangs vielversprechende Variable Rückenschmerz wurde aufgrund des restriktiven PIN nicht aufgenommen; eine ex post-Überprüfung ergab, dass Rückenschmerz bei einem PIN von 0,10 im Modell verblieben wäre. Diese Werte deuten zwar statistisch bedeutsame, aber nicht besonders große Unterschiede zwischen den Gruppenmittelwerten an.

3.3 Beispiel I: Multiple schrittweise Diskriminanzanalyse mit zwei Gruppen

Variablen in der Analyse

Schritt		Toleranz	Signifikanz des F-Werts für den Ausschluss
1	Funktionsfähigkeit	1,000	,000

Minimales Toleranzniveau ist 0.001.

Die Tabelle „Variablen in der Analyse" gibt Statistiken für die zu jedem Schritt im Modell verbliebenen Variablen wieder. Art und Umfang der angezeigten Statistiken hängen vom gewählten schrittweisen Verfahren ab. Das Kriterium, eine Variable in ein Modell aufzunehmen, hängt von der gewählten schrittweisen Methode ab (Wilks' Lambda, nicht erklärte Streuung, quadrierte Mahalanobis-Distanz, F-Quotient, Rao's V). Da die schrittweise Analyse für das Beispiel bereits nach dem ersten Schritt stoppt, enthält diese Tabelle nur die Zeile für den Schritt 1. Toleranz ist das Ausmaß der Korrelation der aufgenommenen Variable mit allen anderen unabhängigen Variablen und wird üblicherweise als Prüfmaß für das Ausmaß der linearen Interkorreliertheit der unabhängigen metrischen Einflussvariablen verwendet. Da im Modell nur eine unabhängige Variable verbleibt, ist die Toleranz gleich 1 und die Toleranz als Maß für die Multikollinearität redundant. Die Signifikanz des F-Werts für den Ausschluss ist nützlich, um zu beschreiben, was passieren würde, wenn die betreffende Variable aus dem aktuellen Modell ausgeschlossen würde (vorausgesetzt, weitere Variablen verbleiben im Modell). Unterhalb der Tabelle ist noch das vorgegebene minimale Toleranzniveau angegeben.

Variablen, die NICHT in der Analyse sind

Schritt		Toleranz	Minimale Toleranz	Signifikanz des F-Werts für den Ausschluss	Wilks-Lambda
0	Rückenschmerz	1,000	1,000	,001	,917
	Funktionsfähigkeit	1,000	1,000	,000	,904
	Gewicht (kg)	1,000	1,000	,515	,996
	Alter (in Jahren)	1,000	1,000	,705	,999
1	Rückenschmerz	,761	,761	,093	,883
	Gewicht (kg)	,999	,999	,612	,902
	Alter (in Jahren)	,973	,973	,353	,897

Minimales Toleranzniveau ist 0.001.

Die Tabelle „Variablen, die NICHT in der Analyse sind" gibt zu jedem Schritt Statistiken für die nicht im Modell verbliebenen Variablen wieder. Art und Umfang der angezeigten Statistiken hängen vom gewählten schrittweisen Verfahren ab. Da die schrittweise Analyse für das Beispiel bereits nach dem ersten Schritt stoppt, enthält diese Tabelle nur die Zeilen für die Schritte 0 (alle Variablen) und 1 (alle Variablen mit Ausnahme von Funktionskapazität). Die Definition und Anwendung der Toleranz-Statistik ist dieselbe wie bei der Interpretation wie oben, nur für ausgeschlossene Variablen. Die Minimale Toleranz-Statistik gibt im Gegensatz zur Toleranz-Statistik nicht die Korrelation einer ausgeschlossenen Variable mit allen verbliebenen Variablen auf einmal an, sondern die höchste Einzelkorrelation. Ganz unten ist wieder das vorgegebene minimale Toleranzniveau angegeben. Beim schrittweisen Verfahren nach Wilks' werden die Variablen mit dem kleinsten Wilks' Lambda bzw. dem größten F-Wert aufgenommen. Die Variablen Rückenschmerz, Alter und Gewicht werden deshalb nicht ins Modell aufgenommen, weil ihr jew. F-Wert (0.093, 0.612, 0.353) über dem mittels PIN=0.05 voreingestellten Signifikanz des F-Wertes für die Aufnahme liegt. In der Tabelle wird das Nichterfüllen eines Einschlusskriteriums als Ausschlusskriterium angezeigt.

Wilks-Lambda

Schritt	Anzahl der Variablen	Lambda	df1	df2	df3	Exaktes F			
						Statistik	df1	df2	Signifikanz
1	1	,904	1	1	121	12,900	1	121,000	,000

Die Tabelle „Wilks-Lambda" gibt die im Modell verbliebenen Variablen wieder.
Unter „Schritt" wird die Anzahl der durchlaufenen Schritte durchgezählt. Vom Beispiel kann nur Schritt 1 dargestellt werden. Unter „Anzahl der Variablen" wird die Anzahl der Variablen in jedem Schritt angegeben. Für das Beispiel liegt nach Schritt 1 nur eine Variable vor. Wilks' Lambda ist an dieser Stelle ein multivariater Signifikanztest (sog. ‚U-Statistik') und reicht von 0 bis 1.0. Werte nahe 0 bedeuten, dass die Gruppenmittelwerte verschieden sind. Je größer Wilks' Lambda, desto geringer die Gruppenunterschiede. Aus Lambda und den dazugehörigen Freiheitsgraden werden die F-Statistik und ihre Signifikanz ermittelt. Signifikanzen unter 0.05 (Alpha) weisen auf signifikante Gruppenunterschiede hin. Für das Beispiel wird für die in Schritt 1 im Modell verbliebene Variable Funktionsfähigkeit ein Wilks' Lambda von 0,904 und ein Exaktes F von 0,000 angegeben. Da im Modell nur eine Variable vorkommt, entspricht dieses Ergebnis dem oben durchgeführten Test auf Gruppenunterschiede (siehe Tabelle „Gleichheitstest der Gruppenmittelwerte" s.o.).

Zusammenfassung der kanonischen Diskriminanzfunktionen

Ab der Überschrift „Zusammenfassung der kanonischen Diskriminanzfunktionen" werden zur Beurteilung der Modellgüte die Kennwerte der ermittelten kanonischen Diskriminanzfunktion(en) (z.B. Eigenwerte, Wilks' Lambda) zusammengefasst und mit dazugehörigen Tests ausgegeben. Je nach Modell (z.B. bei Modellen mit nur einer Prädiktorvariablen) können sich einige Ergebnisse aus der Ausgabe zur schrittweisen Statistik wiederholen.

Eigenwerte

Funktion	Eigenwert	% der Varianz	Kumulierte %	Kanonische Korrelation
1	,107[a]	100,0	100,0	,310

a. Die ersten 1 kanonischen Diskriminanzfunktionen werden in dieser Analyse verwendet.

Die Tabelle „Eigenwerte" enthält Eigenwerte, Prozentanteile der Varianz, kumulierte Prozentanteile der Varianz, und die kanonische Korrelation für jede kanonische Variable bzw. kanonische Diskriminanzfunktion. Ein Eigenwert ermittelt sich aus dem Quotienten der

3.3 Beispiel I: Multiple schrittweise Diskriminanzanalyse mit zwei Gruppen

Quadratsummen zwischen und innerhalb der Gruppen. Der Eigenwertanteil entspricht dem Anteil der erklärten Varianz. Wenn das Ziel der Diskriminanzanalyse erreicht ist, dass die Streuung zwischen den Gruppen verhältnismäßig groß im Vergleich zur Streuung innerhalb der Gruppen ist, so ergibt sich ein hoher Eigenwert. Große Eigenwerte erklären somit demnach viel an der Gesamtstreuung. Der ermittelte Eigenwert gibt an, dass die Streuung zwischen den Gruppen das 0,107fache der Streuung innerhalb der Gruppen beträgt. Der ausgesprochen niedrige Eigenwert ist ein Hinweis darauf, dass der Erklärungswert des Modells eindeutig verbesserungsbedürftig ist. Die Prozentanteile der Varianz erlauben abzuschätzen, welche kanonische Variable bzw. kanonische Diskriminanzfunktion den größten Anteil an der Ausdehnung der Gruppenmittelwerte aufklärt. Die kumulierten Prozentanteile der Varianz geben den Prozentanteil an der Gesamtvariation an, der durch alle kanonischen Variablen bzw. Diskriminanzfunktionen aufgeklärt wird. Im Falle zweier Gruppen kann immer nur eine Funktion ermittelt werden; die 100%-Angaben dazu sind daher ohne weiteren Informationsgehalt. Im Beispiel wurde z.B. für zwei Depressivitätsgruppen auf der Basis der Variablen Funktionsfähigkeit eine kanonische Variable bzw. Diskriminanzfunktion („Funktion 1") ermittelt, die 100% der Varianz aufklärt.

Die kanonische Korrelation ermittelt sich in der einfachsten Form über die Quadratwurzel aus den *innerhalb*-Quadratsummen dividiert durch die *gesamt*-Quadratsummen. Je größer die angestrebte Streuung „zwischen" den im Verhältnis zu „innerhalb" der Gruppen, umso größer ist der ermittelte Koeffizient. Ein hoher Koeffizient repräsentiert eine gute Trennung zwischen den Gruppenzugehörigkeiten, und somit einen hohen Zusammenhang (Assoziation) zwischen den Diskriminanzwerten und den Gruppenzugehörigkeiten (im Falle zweier Gruppen entspricht die kanonische Korrelation dem Eta bzw. der Pearson Korrelation). Je höher die Werte, desto stärker die Assoziation und desto besser die Diskriminanz (Trennung). Werte gegen 1 deuten einen hohen Zusammenhang zwischen den Diskriminanzwerten und den Gruppen an. Die kanonische Korrelation (0,310) aus dem Beispiel kann als eher schwach bezeichnet werden, und lässt auf eine suboptimale Trennung zwischen den Gruppen, und auf ein verbesserungsbedürftiges Modell schließen.

Wilks' Lambda

Test der Funktion(en)	Wilks-Lambda	Chi-Quadrat	df	Signifikanz
1	,904	12,207	1	,000

Die Tabelle „Wilks' Lambda" gibt einen Test für die Funktionen wieder, die für die im Modell verbliebenen Variablen ermittelt wurden. Der Test der Funktion(en) testet die Nullhypothese, dass der Mittelwert der Diskriminanzwerte in der bzw. den aufgeführten Funktion(en) über die Gruppen hinweg gleich sind. Werte der auf der Grundlage eines Chi²-transformierten Lambda ermittelten Signifikanz unter 0,05 (Alpha) weisen auf Unterschiede zwischen den Gruppen für die aufgeführten Funktionen hin. Mittels der Signifikanz wird die Nullhypothese zu Funktion 1 zurückgewiesen (im Beispiel wurde nur eine Funktion ermittelt). Die Funktionsmittelwerte sind bei der Funktion 1 über die Gruppen nicht immer gleich. Eine Signifikanz ist nicht gleichbedeutend mit einer guten Diskriminanz des Modells. Trotz statistisch bedeutsamer Unterschiede kann die praktische diskriminatorische Leistungsfähigkeit eines getesteten Modells durchaus unbefriedigend sein. Da Funktion 1 auf nur einer im

Modell verbliebenen Variable (Funktionsfähigkeit) basiert, entspricht das Wilks' Lambda dem Gleichheitstest der Gruppenmittelwerte bzw. dem Wilks' Lambda (0,904) für die im Modell verbliebene Variable (siehe oben) und entspricht einem recht großen Anteil an der Gesamtvarianz der Diskriminanzwerte, der nicht durch die Unterschiede der Gruppen erklärt wird. Wilks' Lambda ermittelt sich im Gegensatz zur kanonischen Korrelation über die Quadratwurzel aus den *zwischen*-Quadratsummen dividiert durch die *gesamt*-Quadratsummen. Wilks' Lambda und die quadrierte kanonische Korrelation ergeben in der Summe immer 1.

Kanonische Diskriminanzfunktionskoeffizienten

	Funktion 1
Funktionsfähigkeit	,045
(Konstant)	-2,859

Nicht-standardisierte Koeffizienten

Die Tabelle „Kanonische Diskriminanzfunktionskoeffizienten" gibt in Form nichtstandardisierter Diskriminanzkoeffizienten den partiellen Beitrag einer einzelnen Einflussvariablen (hier: Funktionsfähigkeit) zur jeweiligen Funktion an. Im Falle von Variablen in verschiedenen Einheiten (als Illustration: z.B. Rückenschmerz von 1 bis 10 und Funktionsfähigkeit von 1 bis 100) wären unstandardisierte Koeffizienten wenig informativ, da im Wert die Skaleneinheit (1 bis 10 bzw. 1 bis 100) und die tatsächliche Diskriminanzleistung nicht auseinandergehalten werden können. Der relative Beitrag einer einzelnen Einflussvariablen lässt sich daher in der Diskriminanzfunktion nur mittels standardisierter Diskriminanzkoeffizienten ausdrücken (siehe dazu die folgende Tabelle).

Standardisierte kanonische Diskriminanzfunktionskoeffizienten

	Funktion 1
Funktionsfähigkeit	1,000

Die Tabelle „Standardisierte kanonische Diskriminanzfunktionskoeffizienten" gibt den relativen Anteil einer Variable an der Gesamtdiskriminanz in Gestalt eines standardisierten Koeffizienten an (im Gegensatz zu den Korrelationen in der Struktur-Matrix, s.u.). Da die Variable standardisiert ist, wird keine Konstante benötigt (s.o.). Der Vorteil der Standardisierung der Einflussvariablen vor der Berechnung der Diskriminanzfunktion besteht darin, dass die Koeffizienten unabhängig von ihrer Einheit direkt miteinander verglichen werden können. Der maximal erreichbare Anteilswert ist 1,000. Für das Beispiel wird für die Variable Funktionsfähigkeit 1,000 als relativer Anteil an der Gesamtdiskriminanz für Funktion 1 angegeben. Dieser Wert verwundert nicht, da Funktion 1 alleine auf der Variablen Funktionsfähigkeit ermittelt wurde. Aus den Koeffizienten der jeweiligen kanonischen Variable kann für jeden Fall ein kanonischer Variablenwert ermittelt werden, für das Beispiel würde die Ermittlung so aussehen: Kanonischer Variablenwert = 1.00 * Funktionsfähigkeit. Aus den Betragswerten der standardisierten Koeffizienten kann nicht auf Zusammenhänge zwischen den unabhängigen und abhängigen Variablen bzw. den Einflussvariablen untereinander ge-

3.3 Beispiel I: Multiple schrittweise Diskriminanzanalyse mit zwei Gruppen

schlossen werden; die ermittelten Koeffizienten könnten z.B. durch Interkorrelationen der Einflussvariablen untereinander, also u.U. den Einflüssen anderer Variablen beeinflusst sein. Bei mehr als zwei Gruppen entspricht die Anzahl der kanonischen Variablen dem kleineren Wert von entweder der Anzahl der Gruppen minus 1 oder der Anzahl der Variablen. Auch die folgende Struktur-Matrix erlaubt, die Nützlichkeit jeder Variable in der ermittelten Diskriminanzfunktion zu beurteilen.

Struktur-Matrix

	Funktion 1
Funktionsfähigkeit	1,000
Rückenschmerz[a]	-,489
Alter (in Jahren)[a]	-,165
Gewicht (kg)[a]	-,032

Gemeinsame Korrelationen innerhalb der Gruppen zwischen Diskriminanzvariablen und standardisierten kanonischen Diskriminanzfunktionen
Variablen sind nach ihrer absoluten Korrelationsgröße innerhalb der Funktion geordnet.

a. Diese Variable wird in der Analyse nicht verwendet.

Die Tabelle „Struktur-Matrix" gibt die Korrelationen der angegebenen Einflussvariablen und der Diskriminanzfunktion wieder (im Gegensatz zur Aufklärung an der Gesamtdiskriminanz in der Tabelle „Standardisierte kanonische Diskriminanzfunktionskoeffizienten", s.o.). Die gezeigten Korrelationskoeffizienten sind Durchschnittswerte der gruppenspezifisch („ja"/„nein") ermittelten Korrelationen der Variablen- mit den Diskriminanzwerten (gepoolte Koeffizienten). Unabhängig davon, ob sie im Modell aufgenommen wurden, sind alle Einflussvariablen nach dem Absolutbetrag ihrer Korrelation ranggeordnet. Nicht verwendete Variablen sind mit einem Superskript gekennzeichnet (z.B. Rückenschmerz, Alter und Gewicht). Bei mehreren Funktionen wird bei jeder Variablen die jeweils höchste Korrelation mit einem Stern markiert. Im Beispiel hat z.B. die Variable Funktionsfähigkeit die höchste Korrelation mit Funktion 1 mit 1,000. Da keine weiteren Funktionen ermittelt wurden, werden keine Sterne vergeben. Die Variable Rückenschmerz weist z.B. eine Korrelation mit Funktion 1 mit -0,489 auf, ist jedoch nicht ins Modell aufgenommen.

Die angegebenen gepoolten Koeffizienten können sich von nichtgepoolt ermittelten Koeffizienten deutlich unterscheiden; auch kann nicht ohne weiteres auf Zusammenhänge zwischen den unabhängigen und abhängigen Variablen bzw. den Einflussvariablen untereinander geschlossen werden. Die ermittelten Koeffizienten können z.B. durch Interkorrelationen der Einflussvariablen beeinflusst sein.

Funktionen bei den Gruppen-Zentroiden

Depressivität nach ADS	Funktion
	1
Nein	,316
Ja	-,332

Nicht-standardisierte kanonische Diskriminanzfunktionen, die bezüglich des Gruppen-Mittelwertes bewertet werden

Die Tabelle „Funktionen bei den Gruppen-Zentroiden" enthält die Mittelwerte (Gruppen-Zentroide) der Diskriminanzwerte in den einzelnen Gruppen. Der Abstand („Lage") der Gruppen-Zentroide zueinander sagt etwas über die Trennbarkeit der Fälle aus. Das Ziel der Diskriminanzanalyse ist die maximale Trennung der Fälle. Je näher die Gruppen-Zentroide zueinander liegen, umso schwieriger ist es, die Fälle anhand ihrer Diskriminanzwerte eindeutig trennen zu können. Je größer der Unterschied zwischen den Gruppen-Zentroiden ist, desto besser gelingt die Trennung der Fälle. Im Beispiel wurde der Unterschied zwischen beiden Gruppen-Zentroiden bereits oben auf der Grundlage einer Chi²-transformierten Lambda ermittelten Signifikanz als statistisch bedeutsam belegt, wobei zu beachten ist, dass die praktische diskriminatorische Leistungsfähigkeit eines Modells dennoch unbefriedigend sein kann. Im Falle zweier Gruppen werden die Werte nach ihrer Lage über bzw. unter Null klassifiziert. Im Beispiel beträgt der Mittelwert der Diskriminanzwerte für die Gruppe „Ja" 0,316 und für die Gruppe „Nein" -0,332. Der absolute Abstand beträgt also im Durchschnitt ca. 0,65, was trotz Signifikanz nicht besonders groß ist, und realistischerweise das Auftreten von Fehlklassifikationen erwarten lässt.

Klassifizierungsstatistiken

Ab der Überschrift „Klassifizierungsstatistiken" werden Statistiken zur Fallverarbeitung, A-priori-Wahrscheinlichkeiten der Gruppen, Klassifizierungsfunktionskoeffizienten und fallweise Statistiken ausgegeben.

Zusammenfassung der Verarbeitung von Klassifizierungen

Verarbeitet		123
Ausgeschlossen	Fehlende oder außerhalb des Bereichs liegende Gruppencodes	0
	Wenigstens eine Diskriminanzvariable fehlt	0
In der Ausgabe verwendet		123

Die Tabelle „Zusammenfassung der Verarbeitung von Klassifizierungen" zeigt die Anzahl der verarbeiteten bzw. verwendeten Fälle (N=123) und die Anzahl der ausgeschlossenen Fälle an, bei denen ein Gruppencode fehlt oder außerhalb des definierten Bereiches liegt oder mind. eine Diskriminanzvariable fehlt (jew. N=0). Diese Tabelle gleicht in etwa der ganz am Anfang ausgegeben Tabelle „Analyse der verarbeitete Fälle".

3.3 Beispiel I: Multiple schrittweise Diskriminanzanalyse mit zwei Gruppen

A-priori-Wahrscheinlichkeiten der Gruppen

Depressivität nach ADS	A-priori	In der Analyse verwendete Fälle	
		Ungewichtet	Gewichtet
Nein	,500	63	63,000
Ja	,500	60	60,000
Gesamt	1,000	123	123,000

Die Tabelle „A-priori-Wahrscheinlichkeiten der Gruppen" gibt für die in der Analyse verbliebenen Fälle (N=123) A-priori-Wahrscheinlichkeiten und Gewichtungen an. A-priori-Wahrscheinlichkeiten werden zur Klassifikation der Fälle benötigt und geben (falls weitere Informationen fehlen) in Form einer „Vorab"-Schätzung an, mit welcher Wahrscheinlichkeit ein Fall in eine bestimmte Gruppe fällt. Wenn unter /PRIORS nichts anderes angegeben wurde, ist die Wahrscheinlichkeit der Zugehörigkeit für jede Gruppe dieselbe, und ermittelt sich über 1,000 dividiert durch die Anzahl der Gruppenkategorien (im Beispiel beträgt sie 1 / 2 = 0,50 bzw. ,500 für jede Depressivitätsgruppe). Unter „In der Analyse verwendete Fälle" wird die Anzahl der ungewichteten und gewichteten Variablen aufgeführt. Unter „Ungewichtet" beträgt die Anzahl 60, 63 bzw. 123, da die Variablen unter /PRIORS nicht gewichtet wurden. Da die Variablen mit derselben Gewichtung (nämlich 1,0) gewichtet wurden, kommen unter „Gewichtet" dieselben Angaben vor.

Klassifizierungsfunktionskoeffizienten

	Depressivität nach ADS	
	Nein	Ja
Funktionsfähigkeit	,144	,115
(Konstant)	-5,734	-3,887

Lineare Diskriminanzfunktionen nach Fisher

Mittels Klassifizierungsfunktionen werden Fälle den Gruppen zugewiesen. Die Tabelle „Klassifizierungsfunktionskoeffizienten" enthält in jeder Spalte die Schätzer der Koeffizienten einer Klassifikationsfunktion pro Gruppe. Ein Fall wird auf der Basis des über den Klassifizierungsfunktionskoeffizienten ermittelten Diskriminanzwertes einer bestimmten Gruppe zugeordnet; es ist immer die Gruppe mit dem höchsten Diskriminanzwert. Die geschätzte Klassifikationsfunktion für die Depressivitätsgruppe „Nein" beträgt z.B. 0.144*Funktionsfähigkeitswert; die geschätzte Klassifikationsfunktion für die Depressivitätsgruppe „Ja" beträgt z.B. 0.115*Funktionsfähigkeitswert. Ein Beispiel mit nur einer Einflussvariablen ist recht unergiebig. Das zweite Rechenbeispiel wird eine komplexere Modellgleichung vorstellen.

Klassifizierungsergebnisse[b,c]

		Depressivität nach ADS	Vorhergesagte Gruppenzugehörigkeit		Gesamt
			Nein	Ja	
Original	Anzahl	Nein	44	19	63
		Ja	30	30	60
	%	Nein	69,8	30,2	100,0
		Ja	50,0	50,0	100,0
Kreuzvalidiert[a]	Anzahl	Nein	44	19	63
		Ja	30	30	60
	%	Nein	69,8	30,2	100,0
		Ja	50,0	50,0	100,0

a. Die Kreuzvalidierung wird nur für Fälle in dieser Analyse vorgenommen. In der Kreuzvalidierung ist jeder Fall durch die Funktionen klassifiziert, die von allen anderen Fällen außer diesem Fall abgeleitet werden.
b. 60,2% der ursprünglich gruppierten Fälle wurden korrekt klassifiziert.
c. 60,2% der kreuzvalidierten gruppierten Fälle wurden korrekt klassifiziert.

Die Tabelle „Klassifizierungsergebnisse" fasst die Ergebnisse der Klassifikation in Gestalt der Häufigkeit und Prozentanteile (nicht) korrekt klassifizierter Fälle zusammen. Im Beispiel wurden z.B. N=44 bzw. 69.8% der Nein-Fälle korrekt klassifiziert. 19 der original Nein-Fälle (30,2%) wurden fälschlicherweise als Ja-Fälle vorhergesagt. Den Fußnoten können Gesamtmaße für die Richtigkeit der Klassifikation entnommen werden. Insgesamt wurden 60,2% der Originalwerte korrekt klassifiziert. Die Kreuzvalidierung erreicht zufälligerweise einen identischen Wert (siehe jedoch die nicht identischen Einzelfallstatistiken, s.u.). Eine korrekte Klassifikation von ca. 60% der Fälle ist nicht besonders gut; im Klartext bedeutet dies, dass nämlich ca. 40% der Fälle falsch klassifiziert wurden, was allgemein in der Praxis ein nicht akzeptables Fehlerausmaß darstellen dürfte. Das untersuchte Modell weist eindeutig Optimierungsbedarf auf (siehe dazu die Einzelfallstatistiken, s.u.).

3.3 Beispiel I: Multiple schrittweise Diskriminanzanalyse mit zwei Gruppen

Fallweise Statistiken

	Fallnummer	Tatsächliche Gruppe	Vorhergesagte Gruppe	Höchste Gruppe P(D>d | G=g) p	df	P(G=g | D=d)	Quadrierter Mahalanobis-Abstand zum Zentroid	Zweithöchste Gruppe Gruppe	P(G=g | D=d)	Quadrierter Mahalanobis-Abstand zum Zentroid	Diskriminanzwerte Funktion 1
Original	1	1	0**	,237	1	,726	1,400	1	,274	3,353	1,499
	2	1	1	,372	1	,687	,797	0	,313	2,374	-1,225
	3	1	1	,940	1	,564	,006	0	,436	,524	-,408
	4	1	1	,030	1	,834	4,684	0	,166	7,908	-2,496
	5	1	1	,535	1	,648	,385	0	,352	1,609	-,952
	6	1	1	,628	1	,628	,235	0	,372	1,282	-,816
	7	1	1	,115	1	,774	2,477	0	,226	4,937	-1,906
	8	0	0	,553	1	,644	,352	1	,356	1,540	,909
	9...	0	0	,818	1	,589	,053	1	,411	,771	,546
	116	1	1	,797	1	,593	,066	0	,407	,819	-,589
	117	0	0	,818	1	,589	,053	1	,411	,771	,546
	118	0	0	,681	1	,617	,169	1	,383	1,122	,728
	119	0	1**	,940	1	,564	,006	0	,436	,524	-,408
	120	1	0**	,753	1	,501	,099	1	,499	,111	,001
	121	1	0**	,894	1	,531	,018	1	,469	,265	,183
	122	1	0**	,412	1	,677	,673	1	,323	2,155	1,136
	123	1	0**	,316	1	,702	1,004	1	,298	2,721	1,318
Kreuzvalidiert[a]	1	1	0**	,232	1	,742	1,429	1	,258	3,539	
	2	1	1	,364	1	,684	,823	0	,316	2,370	
	3	1	1	,939	1	,564	,006	0	,436	,519	
	4	1	1	,025	1	,829	5,001	0	,171	8,164	
	5	1	1	,529	1	,646	,396	0	,354	1,601	
	6	1	1	,623	1	,626	,241	0	,374	1,274	
	7	1	1	,107	1	,769	2,595	0	,231	5,000	
	8	0	0	,548	1	,642	,361	1	,358	1,532	
	9...	0	0	,816	1	,588	,054	1	,412	,764	
	116	1	1	,794	1	,592	,068	0	,408	,813	
	117	0	0	,816	1	,588	,054	1	,412	,764	
	118	0	0	,677	1	,616	,174	1	,384	1,115	
	119	0	1**	,940	1	,566	,006	0	,434	,538	
	120	1	0**	,754	1	,502	,098	1	,498	,114	
	121	1	0**	,894	1	,532	,018	1	,468	,272	
	122	1	0**	,410	1	,687	,679	1	,313	2,251	
	123	1	0**	,313	1	,715	1,019	1	,285	2,856	

Für die Originaldaten basiert der quadrierte Mahalanobis-Abstand auf den kanonischen Funktionen.
Für die kreuzvalidierten Daten basiert der quadrierte Mahalanobis-Abstand auf den Beobachtungen.
**. Falsch klassifizierter Fall
a. Die Kreuzvalidierung wird nur für Fälle in dieser Analyse vorgenommen. In der Kreuzvalidierung ist jeder Fall durch die Funktionen klassifiziert, die von allen anderen Fällen außer diesem Fall abgeleitet werden.

Die Tabelle „Fallweise Statistiken" gibt original und kreuzvalidierte Statistiken für jeden Fall separat aus, und erlaubt, neben differenzierten Kriterien zur Modellgüte auf Einzelfallebene (z.B. in Form von Fehlklassifikationen) auch Hinweise zu einem möglicherweise fehlerhaften Erklärungsmodell zu entnehmen. Die ursprünglich sehr umfangreiche Tabelle (123 Zeilen für die Originalwerte plus 123 Zeilen für die kreuzvalidierten Werte) musste aus Platzgründen stark gekürzt werden. Die Tabelle gibt für einen Fall die tatsächliche (original) und vorhergesagte Gruppenzugehörigkeit, a-posteriori-Wahrscheinlichkeiten, quadrierte Mahalanobis-Distanzen zum Zentroiden und Diskriminanzwerte aus. Während alle vorangegangenen Statistiken und Tabellen für Gesamt- oder Einzelgruppen ausgegeben wurden, können anhand dieser Tabelle für jeden Einzelfall Statistiken zur tatsächlichen und vorhergesagten Gruppenzugehörigkeit eingesehen und miteinander verglichen werden; insbesondere ähnliche a-posteriori-Wahrscheinlichkeiten in der Höchsten und Zweithöchsten Gruppe sind als Hinweise auf eine Art „Verwechslungsgefahr" bei der Zuordnung der Fälle zu verstehen. Die erste Spalte gibt die Fallnummer an; als Fallnummer ist die Zeilennummer im aktiven SPSS Datensatz gemeint, nicht eine Zahl einer ID-Variablen. Die nächsten beiden Spalten für die höchste und zweithöchste Gruppe enthalten Hinweise auf die vorhergesagte und tatsächliche Gruppe, a-posteriori-Wahrscheinlichkeiten ($P(G=g|D=d)$, einschl. Signifikanzen und Freiheitsgraden) und quadrierte Mahalanobis-Distanzen zum Zentroiden. Welche Gruppe gemeint ist, lässt sich u.a. anhand der mittels /SAVE unter Dis1_2 bzw. Dis2_2 im Datensatz abgespeicherten Kodierung ablesen (im Beispiel repräsentiert die höchste Gruppe „Depressivität: nein"). Die letzte Spalte enthält die Diskriminanzwerte (über /SAVE z.B. als Dis1_1 ablegbar). Diskriminanzwerte werden ermittelt über die Multiplikation der nichtstandardisierten Diskriminanzkoeffizienten mit den Werten der unabhängigen Variablen (im Beispiel nur Funktionsfähigkeit); bei weiteren im Modell verbliebenen Variablen werden die Produkte summiert und um eine Konstante ergänzt. Das Modell gibt basierend auf den Diskriminanzwerten an, mit welcher a-posteriori-Wahrscheinlichkeit ($P(G=g|D=d)$) ein Fall tatsächlich in eine vorhergesagte Gruppe fällt. Die a-posteriori-Wahrscheinlichkeit für die Höchste Gruppe ist die Wahrscheinlichkeit des beobachteten Werts eines einzelnen Falles in die höchstwahrscheinliche Gruppe zu fallen. Fallnummer 4 gehört z.B. mit einer Wahrscheinlichkeit von 0.83 zur Höchsten Gruppe, und mit einer Wahrscheinlichkeit von 0.17 zur Zweithöchsten Gruppe (über /SAVE z.B. als Dis1_2 bzw. Dis2_2 ablegbar). In den Spalten für die Zweithöchste Gruppe sind die a-posteriori-Wahrscheinlichkeiten für die nächstwahrscheinliche Gruppe enthalten. Falsche Zuordnungen auf der Basis der a-posteriori-Wahrscheinlichkeiten werden durch zwei Sternchen angezeigt (z.B. Fallnummer 1). Im Beispiel mit zwei Gruppen addieren sich die a-posteriori-Wahrscheinlichkeiten für die Höchste und Zweithöchste Gruppe für jeden Fall zu 1.0 auf (die Diskriminanzanalyse sieht nicht vor, dass ein Fall überhaupt nicht klassifiziert werden kann). In der Spalte $P(D>d | G=g)$ ist die bedingte Wahrscheinlichkeit (Signifikanz inkl. Freiheitsgrad) für den angegebenen Diskriminanzwert (oder eines höheren) angegeben, vorausgesetzt, dass der betreffende Fall tatsächlich wie klassifiziert auftritt. Die letzte Spalte enthält die quadrierte Mahalanobis-Distanz. Für die Originaldaten basiert die quadrierte Mahalanobis-Distanz auf den kanonischen Funktionen, für die kreuzvalidierten Daten dagegen auf den Beobachtungen. Anhand hoher quadrierter Mahalanobis-Distanzen zum Zentroiden können mögliche Ausreißer identifiziert werden. Fallnummer 4 weist z.B. eine ausgeprägte quadrierte Mahalanobis-Distanz zum Zentroiden auf (4,684) und erscheint als Ausreißer ebenso verdächtig wie z.B. Fallnummer 1 (1,400), der darüber hinaus falsch klassifiziert wurde.

Graphische Darstellung getrennter Gruppen

Falls nur eine Diskriminanzfunktion ermittelt wurde, gibt DISCRIMINANT für jede Gruppe ein Histogramm aus, das die Streuung der Diskriminanzwerte zeigt. Ansonsten werden gruppenspezifische Streudiagramme für die ersten beiden Diskriminanzfunktionen angezeigt. Diese Diagramme geben Aufschluss darüber, ob von einer Gleichheit der Gruppen-Kovarianzen (Homogenität der Varianz-Kovarianz-Matrizen) ausgegangen werden kann. Vom Verfasser wurden die Werte in Histogrammen mit Normalverteilungskurve ausgegeben, anstelle der etwas unästhetischen DISCRIMINANT-Diagramme. Das Design bleibt im Wesentlichen, die statistische Information exakt dieselbe.

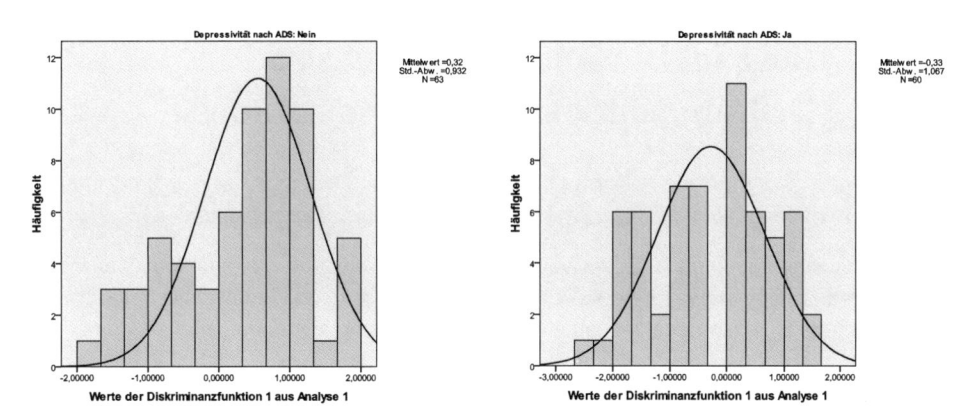

Angesichts dieser beiden Histogramme kann „in etwa" von einer vergleichbaren Streuung der Diskriminanzwerte für die beiden Depressivitätsgruppen ausgegangen werden (siehe auch die Mittelwerte und Standardabweichungen). Eine weitere Voraussetzung der Diskriminanzanalyse, die gruppenspezifische Normalverteilung (zur Ermittlung der bedingten Wahrscheinlichkeiten), scheint nicht gegeben zu sein; zumindest die Verteilung von „nein" scheint rechts trunkiert zu sein (zur Interpretation vgl. Schendera, 2007, 125f.). Die Interpretation von Histogrammen kann durch unterschiedliche Ranges der x- und y-Achsen u.U. erschwert werden; vor einem Vergleich sollten daher alle Achsen vereinheitlicht werden.

Fazit:
In einer geriatrischen Klinik wurden 123 über 60 Jahre alte Patientinnen und Patienten anhand eines Depressivitätsscore in zwei Gruppen unterteilt. Die Variable allgemeine körperliche Funktionsfähigkeit trennte am besten zwischen den beiden Depressivitätsgruppen. Die Gruppe „Depressivität ja" (N=60) weist signifikant höhere Werte für die körperliche Funktionsfähigkeit als die Gruppe „Depressivität nein" (N=63) auf. Da Alter, Gewicht, und Rückenschmerz (letzterer vermutlich im Zuge des allgemeinen körperlichen Funktionsabbaus) keine nennenswerte Rolle in der Analyse spielen, könnte man (etwas vereinfachend) formulieren, dass die Depressivität bei der untersuchten Stichprobe v.a. durch den allgemein höheren Funktionsabbau bedingt ist. Obschon dieser Befund plausibel ist, weist die durchgeführte Diskriminanzanalyse dennoch Klärungs- bzw. Optimierungsbedarf auf, z.B. die ad hoc verliehene PIN bzw. a-priori-Wahrscheinlichkeit, die fehlende Voraussetzung der Normalvertei-

lung der Diskriminanzwerte für die Ermittlung der bedingten Wahrscheinlichkeiten, und konsequenterweise die suboptimale Trefferrate des Klassifikationsmodells und die Ausreißer in der fallweisen Statistik.

Neben der ausführlichen Erläuterung der Schritte und Parameter einer schrittweisen Diskriminanzanalyse sollte dieses Beispiel darüber hinaus verdeutlichen, dass signifikante Mittelwert- und Funktionstests alleine keine Garanten für ein optimales Klassifikationsmodell sind; auch andere Modellparameter (wie z.B. Streuungsgleichheit, Kovarianzen) in Gestalt deskriptiver Statistiken, Matrizen und Streuungsdiagramme bedürfen der Aufmerksamkeit.

3.4 Beispiel II: Multiple schrittweise Diskriminanzanalyse mit drei Gruppen

Kurzbeschreibung: Multiple schrittweise Diskriminanzanalyse mit drei Gruppen und zwei Funktionen einschl. Kreuzvalidierung: Identifizieren von Multikollinearität

Das vorangegangene Kapitel führte ausführlich in die Schritte und Parameter einer schrittweisen Diskriminanzanalyse für zwei Gruppen ein. Das folgende Analysebeispiel basiert auf einer dreistufigen abhängigen Variable (Gruppenzugehörigkeit) und dreier erklärenden metrischen Variablen. Dieses zweite Beispiel versucht die Besonderheiten hervorzuheben, wenn in einer Diskriminanzanalyse die Gruppenzugehörigkeit mehr als zwei Ausprägungen aufweist, dazu gehören u.a. Anzahl, Abfolge und Relevanz der ermittelten Diskriminanzfunktionen und die Interpretation von Territorien, sowie zusammenfassenden Streudiagrammen. Für mehr als zwei Gruppen sind die benötigten Diskriminanzfunktionen nur im mehrdimensionalen Raum bestimmbar. Für n Gruppen werden n-1 Diskriminanzfunktionen benötigt. Durch die erste Diskriminanzfunktion wird nur ein Teil der Gesamtvarianz der Variablen erklärt. Für die Restvarianz wird eine zweite Diskriminanzfunktion ermittelt, die mit der ersten Funktion unkorreliert (orthogonal) ist. Verbleibt immer noch eine Restvarianz, wird eine weitere Funktion ermittelt usw. Die Reihenfolge der Diskriminanzfunktionen ist dadurch festgelegt, dass die verglichenen Gruppen sukzessiv und maximal getrennt werden und dass die Funktionen selbst paarweise voneinander unabhängig sind. Die Varianzaufklärung (Eigenwertanteil, nicht zu verwechseln mit dem Eigenwert) nimmt erheblich ab: Die erste Diskriminanzfunktion erklärt am besten, die zweite Funktionen am zweitbesten usw. Die insgesamt aufgeklärte Varianz aller Funktionen ergibt 100% (die Eigenwertanteile addieren sich zu 1 auf) und entspricht damit dem ursprünglichen diskriminatorischen Potential aller Einflussvariablen.

Die Diskriminanzanalyse wurde im vorangegangenen Abschnitt ausführlich erläutert. In diesem Abschnitt werden vorrangig Besonderheiten in der Syntax und den Ergebnissen für Gruppen mit mehr als zwei Ausprägungen bzw. mehr als zwei ermittelten Diskriminanzfunktionen vorgestellt. Es gibt bei der Anforderung dieser (zweiten) Diskriminanzanalyse nur marginale Unterschiede zur ersten Analyse. Die Anforderung dieser Diskriminanzanalyse wird daher nur anhand der SPSS Syntax demonstriert. Für die umfangreichen Leistungsmög-

3.4 Beispiel II: Multiple schrittweise Diskriminanzanalyse mit drei Gruppen

lichkeiten von Unterbefehlen wie z.B. ANALYSIS=, METHOD=, oder auch STATISTICS= wird auf die ausführliche Erläuterung von Beispiel I verwiesen.

Fragestellung:
Zur Diagnose der Alzheimer-Demenz (AD) wurden mit Hilfe bildgebender Verfahren und biologischer Marker diverse Positivkriterien zur Diagnose u.a. auf der Basis einer Atrophie des Hippokampus, eines phosphorylierten Tau Protein und diverser immunologischer Parameter entwickelt. In einer klinischen Studie wurden 203 Patientinnen und Patienten in drei Gruppen mit unterschiedlichen Graden der Alzheimer-Krankheit unterteilt, „leicht" (N=65), „mittel" (N=70), und „schwer" (N=68). Das Ziel der Analyse ist, aus einem Pool von drei metrisch skalierten Positivkriterien (phosphoryliertes Tau-Protein, Hippokampusvolumen, und kortikaler Hypermetabolismus) diejenige Variablenkombination(en) zu identifizieren, die am besten zwischen den drei Alzheimerguppen zu trennen erlauben.

Syntax:
```
GET FILE='C:\Programme\SPSS\...\alzheimer.sav' .

DISCRIMINANT
  /GROUPS=ADH3(1 3)
  /VARIABLES=TAUPROT HIPPO HYPERMET
  /ANALYSIS ALL
  /METHOD=WILKS
  /PIN= .15
  /POUT= .20
  /PRIORS EQUAL
  /SAVE CLASS PROBS SCORES
  /HISTORY
  /STATISTICS=MEAN STDDEV UNIVF BOXM COEFF RAW CORR COV GCOV
              TCOV TABLE CROSSVALID
  /PLOT=COMBINED SEPARATE MAP
  /PLOT=CASES(10)
  /CLASSIFY=NONMISSING POOLED  .
```

Erläuterung der Syntax:
Der Befehl DISCRIMINANT fordert die Berechnung einer oder mehrerer Diskriminanzanalysen an. Die Prozedur gibt standardmäßig zahlreiche Tabellen und Statistiken aus, die über /STATISTICS= um zahlreiche weitere Tabellen und Statistiken (z.B. zu Matrizen und zur Klassifikation) ergänzt bzw. über HISTORY=NONE unterdrückt werden können. Unter GROUPS= wird die abhängige diskret gestufte Gruppenvariable (hier: ADH3) angegeben. Unter /VARIABLES= werden die unabhängigen Einflussvariablen (hier z.B. die intervallskalierten Variablen TAUPROT, HIPPO und HYPERMET) angegeben, um Fälle in die unter GROUP= angegebenen Gruppen zu klassifizieren. Die Befehle GROUPS und VARIABLES, wie auch SELECT müssen allen anderen Befehlen vorausgehen.

/ANALYSIS= hat zwei Funktionen. Erstens kann in einer schrittweisen Diskriminanzanalyse die Reihenfolge festgelegt werden, in der die Variablen in die schrittweise Analyse aufgenommen werden sollen. Zweitens können für dieselbe Gruppierungsvariable gleich mehrere Varianten an Diskriminanzanalysen hintereinander angefordert werden. Voraussetzung ist, dass die angeforderten Variablen tatsächlich unter VARIABLES= spezifiziert sind. Für /ANALYSIS= wird auf die ausführliche Erläuterung bei Beispiel I verwiesen.

Unter /METHOD = wird das Verfahren der direkten (DIRECT) bzw. der schrittweisen (WILKS, MAHAL, MAXMINF, MINRESID, RAO) Aufnahme von Variablen in die Diskriminanzanalyse festgelegt. Die Verfahren WILKS und RAO optimieren die Trennung zwischen allen Gruppen. Die Verfahren MAHAL, MAXMINF und MINRESID streben eine optimale Trennung der am schlechtesten trennbaren Gruppen an. Für /METHOD= wird auf die ausführliche Erläuterung bei Beispiel I verwiesen.

Über /PIN= und /POUT= werden F-Wahrscheinlichkeiten zwischen 0 und 1 für die Aufnahme bzw. den Ausschluss von Variablen in das Modell festgelegt. Alternativ können Variablen über die Angabe von partiellen F-Werten (FIN=, FOUT=) in das Modell aufgenommen bzw. wieder daraus entfernt werden. FIN= und FOUT= sind nicht für die Methode DIRECT geeignet.

Über /TOLERANCE wird die zulässige Toleranz angegeben, die eine Variable aufweisen kann, um noch in die Analyse aufgenommen werden zu können. Angegeben werden können Werte zwischen 0 und 1.0; voreingestellt ist 0.001.

Über /PRIORS können die a-priori-Wahrscheinlichkeiten der Gruppenzugehörigkeit für die GROUPS-Variable in Werten von 0 bis 1.0 angegeben werden (in Gruppen mit 0 werden keine Fälle klassifiziert).

Unter /SAVE werden mittels CLASS die vorhergesagte Gruppenzugehörigkeit in der betreffenden Analyse (z.B. DIS_1, in Analyse 1), mittels SCORES für jede Funktion die ermittelten Diskriminanzwerte in der betreffenden Analyse (z.B. DIS1_1 und DIS2_1, bei zwei ermittelten Funktionen in Analyse 1), und mittels PROBS die jeweiligen Wahrscheinlichkeiten dazu im Datensatz abgelegt (z.B. DIS1_2, DIS2_2 und DIS3_2, bei drei Gruppen in Analyse 1). Wird mit demselben aktiven Datensatz eine weitere, separate Analyse durchgeführt, dann heißt die vorhergesagte Gruppenzugehörigkeit in der betreffenden Analyse DIS_2, die ermittelten Diskriminanzwerte DIS1_3 und DIS2_3 bei zwei ermittelten Funktionen in Analyse, und die jeweiligen Wahrscheinlichkeiten dazu DIS1_4, DIS2_4 und DIS3_4 (bei drei Gruppen) usw.

Über /HISTORY kann (auch über STEP bzw. END) festgelegt werden, ob eine Zusammenfassung der Schritte ausgegeben werden soll. Ausgegeben werden in Tabellenform Angaben zu Schritten des Verfahrens, Wilks' Lambda (einschl. Freiheitsgrade), F-Werte (einschl. Freiheitsgrade und Signifikanz), aufgenommene/entfernte Variablen, und in der Analyse (nicht) verbliebene Variablen. Weiter wird die Signifikanz des jew. F-Werts (bzw. Toleranz oder VIN) für Aufnahme bzw. Ausschluss angegeben. /HISTORY=NONE unterdrückt diese voreingestellte Ausgabe.

3.4 Beispiel II: Multiple schrittweise Diskriminanzanalyse mit drei Gruppen

Über /STATISTICS= können zahlreiche Statistiken angefordert werden, die für die Beurteilung der Angemessenheit einer Diskriminanzanalyse unerlässlich sind, neben deskriptiven Statistiken, Box' M-Test und dem Test auf Gleichheit der Gruppenmittelwerte auch Matrizen und Funktionskoeffizienten. Über den Befehl CROSSVALID können für /PLOT=CASES auf der Basis der ‚U-Methode') kreuzvalidierte fallweise Statistiken angefordert werden. FPAIR fordert eine Matrix der gruppenpaarweisen F-Verhältnisse an, und zeigt darin F-Verhältnisse für jedes Gruppenpaar an. Das F ist der Signifikanztest für die Mahalanobis-Distanzen zwischen Gruppen und nur für schrittweise Methoden und nur für mehr als zwei Gruppen verfügbar. Für die zahlreichen weiteren Optionen von /STATISTICS= wird auf die ausführliche Erläuterung bei Beispiel I verwiesen.

Unter /PLOT= werden mittels COMBINED, SEPARATE, und MAPS diverse Diagramme angefordert. COMBINED erzeugt für alle drei AD-Gruppen ein gemeinsames Streudiagramm für die Werte für die ersten beiden Diskriminanzfunktionen. Auf den beiden Achsen werden für jeden Fall die beiden ersten Diskriminanzwerte angezeigt und somit die tatsächliche Gruppenzugehörigkeit angezeigt. Wenn nur eine Diskriminanzfunktion vorliegt, wird stattdessen ein Histogramm angezeigt. SEPARATE fordert dasselbe Diagramm wie COMBINED an mit dem Unterschied, dass diese Diagramme für jede AD-Gruppe separat ausgegeben werden. Wenn nur eine Diskriminanzfunktion vorliegt, wird anstelle dieses Diagramms ein Histogramm angezeigt. MAP zeigt in Gestalt einer Textgrafik ein Diagramm der Grenzen, mit denen Fälle auf der Grundlage von Diskriminanzwerten (Zentroide) in Gruppen klassifiziert werden. Die Zahlen entsprechen den Gruppen, in die die Fälle klassifiziert wurden. Der Mittelwert jeder Gruppe wird durch einen darin liegenden Stern (*) angezeigt. Wenn nur eine Diskriminanzfunktion vorliegt, wird anstelle dieses Diagramms ein Histogramm ausgegeben. Über CASES(10) werden für die ersten 10 Fälle die höchste, wie auch die zweithöchste Gruppe Klassifikationsinformationen in Form von tatsächlicher bzw. vorhergesagter Gruppe, a-posteriori-Wahrscheinlichkeiten, der quadrierten Mahalanobis Distanz zum Zentroid, wie auch Diskriminanzwerte angezeigt (über CROSSVALID unter /STATISTICS auch kreuzvalidiert). Unabhängig vom angegebenen /PLOT=-Stichwort gibt DISCRIMINANT eine Zusammenfassung der Verarbeitung von Klassifizierungen an, die angibt, wie viele Fälle verarbeitet wurden, als Gruppen-Kodierungen (siehe GROUPS=) fehlen oder außerhalb des angegebenen Bereiches liegen, und die Anzahl der Fälle, bei denen mindestens eine Diskriminanzvariable fehlt.

Über /CLASSIFY wird festgelegt, wie mit den Fällen während der Phase der Klassifikation umgegangen werden soll. Voreingestellt sind NONMISSING und POOLED, wodurch die Klassifikation für alle Fälle ohne Missings in den Einflussvariablen (NONMISSING) vorgenommen wird und gleichzeitig die gemeinsame (gepoolte) Kovarianzmatrix innerhalb der Gruppen verwendet wird. Nur bei der Angabe der Option POOLED ist die Ausgabe der Klassifikation mit Fallauslassung möglich. Für die weiteren Möglichkeiten mit /CLASSIFY, z.B. das Ersetzen von fehlenden Werten (Missings) durch Mittelwerte (MEANSUB), Klassifizierung mittels der einzelnen Gruppen-Kovarianzmatrizen der Diskriminanzfunktionen (SEPARATE) wird auf die ausführliche Erläuterung bei Beispiel I verwiesen.
Es werden ausschließlich nichtrotierte Ergebnisse ausgegeben.

Den Unterbefehlen MISSING, HISTORY, ROTATE, CLASSIFY, STATISTICS, PLOT und MATRIX dürfen keine anderen Unterbefehle folgen. Per SPSS Syntax könnten in dem o.a. Syntax-Beispiel noch mehr Output-Optionen eingestellt werden. Für die Berechnung einer Diskriminanzanalyse kann das vorgestellte Beispiel-Programm durch zahlreiche Optionen noch weiter ausdifferenziert werden. Für Details wird auf die SPSS Syntax Dokumentation und die notwendige statistische Spezialliteratur verwiesen.

Output und Interpretation:

Diskriminanzanalyse

Analyse der verarbeiteten Fälle.

Ungewichtete Fälle		N	Prozent
Gültig		203	100,0
Ausgeschlossen	Gruppencodes fehlend oder außerhalb des Bereichs	0	,0
	Mindestens eine fehlende Diskriminanz-Variable	0	,0
	Beide fehlenden oder außerhalb des Bereichs liegenden Gruppencodes und mindestens eine fehlende Diskriminanz-Variable	0	,0
	Gesamtzahl der ausgeschlossenen	0	,0
Gesamtzahl der Fälle		203	100,0

Die Tabelle „Analyse der verarbeitete Fälle" zeigt die Anzahl der gültigen Fälle an (N=203) und ganz unten die Gesamtzahl der ausgeschlossenen Fälle an (N=0).

Gruppenstatistik

AD-Gruppe		Mittelwert	Standardab weichung	Gültige Werte (listenweise)	
				Ungewichtet	Gewichtet
leicht	Tau Protein	22,5406	,62581	68	68,000
	Hippothalamus	19,0387	,54656	68	68,000
	Hypermetabolismus	1,9819	,56228	68	68,000
mittel	Tau Protein	22,8070	,74165	70	70,000
	Hippothalamus	18,4675	,84565	70	70,000
	Hypermetabolismus	1,9707	,47738	70	70,000
schwer	Tau Protein	24,6997	,51240	65	65,000
	Hippothalamus	20,7089	,70616	65	65,000
	Hypermetabolismus	2,5617	,52956	65	65,000
Gesamt	Tau Protein	23,3238	1,14418	203	203,000
	Hippothalamus	19,3765	1,18211	203	203,000
	Hypermetabolismus	2,1637	,58870	203	203,000

3.4 Beispiel II: Multiple schrittweise Diskriminanzanalyse mit drei Gruppen

Durch die Betrachtung der Lage- und Streuparameter in der Tabelle „Gruppenstatistik" lässt sich ein erster Eindruck vom Erklärungspotential der Einflussvariablen gewinnen. Die Variable Tau Protein fällt z.B. mit unterschiedlich hohen Mittelwerten in den beiden AD-Gruppen „leicht" und „schwer" auf (22,5 vs. 24,7), während die Werte für Hippothalamus in diesen beiden Gruppen gegenläufig sind (1,98 vs. 2,56). Mittelwerte und Varianzen sind unkorreliert. Die Unterschiede zwischen den Standardabweichungen erscheinen relativ gering. Die rein deskriptiven Vergleiche werden im Folgenden durch einen Hypothesentest auf die Gleichheit der Gruppenmittelwerte ergänzt.

Gleichheitstest der Gruppenmittelwerte

	Wilks-Lambda	F	df1	df2	Signifikanz
Tau Protein	,306	226,496	2	200	,000
Hippothalamus	,359	178,726	2	200	,000
Hypermetabolismus	,784	27,624	2	200	,000

Die Tabelle „Gleichheitstest der Gruppenmittelwerte" liefert erste Hinweise auf potentiell relevante Diskriminatoren. Die drei AD-Gruppen unterscheiden sich in den Variablen Tau Protein, Hippothalamus bzw. Hypermetabolismus. Alle drei Variablen sind potentiell relevante Diskriminatoren. Je kleiner Wilks' Lambda, desto größer die Gruppenunterschiede. Bei der Interpretation signifikanter, aber auch nichtsignifikanter Ergebnisse gilt: Univariate Signifikanz bedeutet nicht automatisch auch diskriminatorische Relevanz.

Gemeinsam Matrizen innerhalb der Gruppen[a]

		Tau Protein	Hippothalamus	Hypermetabolismus
Kovarianz	Tau Protein	,405	,366	,157
	Hippothalamus	,366	,506	,152
	Hypermetabolismus	,157	,152	,274
Korrelation	Tau Protein	1,000	,809	,470
	Hippothalamus	,809	1,000	,409
	Hypermetabolismus	,470	,409	1,000

a. Die Kovarianzmatrix hat einen Freiheitsgrad von 200.

Die Tabelle „Gemeinsam Matrizen innerhalb der Gruppen" zeigt eine Kovarianz- und eine Korrelationsmatrix für gepoolte Innergruppen-Matrizen. Die Kovarianzmatrix zeigt auf der Diagonalen Varianzen und daneben spiegelbildlich angeordnete Kovarianzen. Die Korrelationsmatrix zeigt auf der Diagonalen perfekte Korrelationen der Variablen mit sich selbst (1.0) und daneben spiegelbildlich angeordnet die weiteren Interkorrelationen. Hohe Korrelationen (z.B. > +/- 0.70, z.B. zwischen Tau Protein und Hippothalamus, 0,81) können als erste Hinweise auf alternative Einflussvariablen(sets) bzw. Multikollinearität verstanden werden.

Kovarianzmatrizen[a]

AD-Gruppe		Tau Protein	Hippothalamus	Hypermetabolismus
leicht	Tau Protein	,392	,285	,184
	Hippothalamus	,285	,299	,115
	Hypermetabolismus	,184	,115	,316
mittel	Tau Protein	,550	,535	,193
	Hippothalamus	,535	,715	,216
	Hypermetabolismus	,193	,216	,228
schwer	Tau Protein	,263	,269	,089
	Hippothalamus	,269	,499	,124
	Hypermetabolismus	,089	,124	,280
Gesamt	Tau Protein	1,309	1,204	,414
	Hippothalamus	1,204	1,397	,403
	Hypermetabolismus	,414	,403	,347

a. Die Kovarianzmatrix für alle Fälle hat einen Freiheitsgrad von 202.

Die Tabelle „Kovarianzmatrizen" erlaubt die Voraussetzung der Gleichheit der Gruppen-Kovarianzmatrizen zu überprüfen. Die Varianzen liegen auf der Diagonale. Die Kovarianzen sind daneben spiegelbildlich angeordnet. Die drei AD-Gruppen weisen vergleichbare Varianzen (z.B. in Gruppe „mittel": ,715 vs. ,228) und Kovarianzen auf (z.B. in Gruppe „mittel" ,550 vs. ,193). Als Daumenregel gilt, dass die Kovarianzen der Gruppen dasselbe Vorzeichen aufweisen müssen und sich maximal um das 10fache unterscheiden dürfen. Für eine weitere Untersuchung der Gruppen-Kovarianzen können gruppenspezifische Streudiagramme wie auch die Log-Determinanten herangezogen werden.

Analyse 1

Box-Test auf Gleichheit der Kovarianzmatrizen

Log-Determinanten

AD-Gruppe	Rang	Log-Determinante
leicht	2	-3,333
mittel	2	-2,231
schwer	2	-2,840
Gemeinsam innerhalb der Gruppen	2	-2,645

Die Ränge und natürlichen Logarithmen der ausgegebenen Determinanten sind die der Gruppen-Kovarianz-Matrizen.

Die Tabelle „Log-Determinanten" weist mittels der Log-Determinante darauf hin, dass sich die Gruppen-Kovarianzmatrix der AD-Gruppe „mittel" (-2,231) von den anderen beiden Gruppen unterscheidet (-3,333 bzw. -2,840). Der Befund spricht zunächst gegen die Annahme gleicher Kovarianzen. Die Gruppe „mittel" könnte auch aus der Analyse entfernt werden, um die Gleichheit der Kovarianzmatrizen für die verbleibenden Gruppen zu gewährleisten.

3.4 Beispiel II: Multiple schrittweise Diskriminanzanalyse mit drei Gruppen

Testergebnisse

Box-M		29,974
F	Näherungswert	4,923
	df1	6
	df2	972804,7
	Signifikanz	,000

Testet die Null-Hypothese der Kovarianzmatrizen gleicher Grundgesamtheit

Das Ergebnis von Box's M-Test auf Gleichheit der Kovarianzmatrizen bestätigt den bereits bekannten Befund. Mit einem signifikanten Wert von 0,000 liegen statistisch bedeutsame Unterschiede zwischen den Kovarianzmatrizen vor. Zur Absicherung dieses Tests sind immer auch die Kovarianzmatrizen einzusehen; ihre Betrachtung ergibt jedoch keine Auffälligkeiten (die Vorzeichen sind gleich und die Größenunterschiede sind akzeptabel, s.o.). Die Signifikanz des Box-Tests kann ignoriert werden. Zu den Besonderheiten von Box's M-Test siehe das erste Beispiel.

Schrittweise Statistik

Die im Abschnitt „Schrittweise Statistik" angezeigten Inhalte hängen z.T. von der gewählten Methode und den Voreinstellungen ab.

Aufgenommene/Entfernte Variablen[a,b,c,d]

Schritt	Aufgenommen	Wilks-Lambda				Exaktes F			
		Statistik	df1	df2	df3	Statistik	df1	df2	Signifikanz
1	Tau Protein	,306	1	2	200,000	226,496	2	200,000	,000
2	Hippothalamus	,184	2	2	200,000	132,725	4	398,000	,000

Bei jedem Schritt wird die Variable aufgenommen, die das gesamte Wilks-Lambda minimiert.
a. Maximale Anzahl der Schritte ist 6.
b. Maximale Signifikanz des F-Werts für die Aufnahme ist .15.
c. Minimale Signifikanz des F-Werts für den Ausschluß ist .20.
d. F-Niveau, Toleranz oder VIN sind für eine weitere Berechnung unzureichend.

Die Tabelle „Aufgenommene/Entfernte Variablen" zeigt an, dass nach Schritt 1 Tau Protein (Lambda: 0,306; Exakte F-Signifikanz: 0,000) und nach Schritt 2 zusätzlich Hippothalamus (Lambda: 0,184; Exakte F-Signifikanz: 0,000) aufgenommen wurde. Die schrittweise Analyse stoppt nach dem zweiten Schritt. Der Inhalt dieser Tabelle hängt davon ab, welche schrittweise Methode und welche Voreinstellungen vorgenommen wurden (u.a. FIN/FOUT, TOLERANCE, VIN usw.). Für Details dazu wird auf das erste Beispiel verwiesen.

Variablen in der Analyse

Schritt		Toleranz	Signifikanz des F-Werts für den Ausschluss	Wilks-Lambda
1	Tau Protein	1,000	,000	
2	Tau Protein	,346	,000	,359
	Hippothalamus	,346	,000	,306

Im Modell verbleiben nach dem letzten Schritt (Schritt 2) die Variablen Tau Protein und Hippothalamus (Toleranz: 0,346; Lambda: 0,359 bzw. 0,306; Signifikanz des F-Wertes für den Ausschluss: jeweils 0,000). Art und Umfang der angezeigten Statistiken hängen vom gewählten schrittweisen Verfahren ab. Toleranz ist das Ausmaß der linearen Interkorreliertheit mit anderen im Modell verbliebenen Variablen. Die Toleranz deutet möglicherweise durch Multikollinearität bedingte Probleme an (s.u.). Für Details dazu wird auf das erste Beispiel verwiesen.

Variablen, die NICHT in der Analyse sind

Schritt		Toleranz	Minimale Toleranz	Signifikanz des F-Werts für den Ausschluss	Wilks-Lambda
0	Tau Protein	1,000	1,000	,000	,306
	Hippothalamus	1,000	1,000	,000	,359
	Hypermetabolismus	1,000	1,000	,000	,784
1	Hippothalamus	,346	,346	,000	,184
	Hypermetabolismus	,779	,779	,142	,300
2	Hypermetabolismus	,777	,323	,233	,181

Die Tabelle „Variablen, die NICHT in der Analyse sind" gibt die bei jedem Schritt ausgeschlossenen Variablen wieder. Art und Umfang der angezeigten Statistiken hängen vom gewählten schrittweisen Verfahren ab. Die schrittweise Analyse stoppt nach dem zweiten Schritt; nach dem letzten Schritt bleibt Hypermetabolismus weiterhin ausgeschlossen, da der F-Wert (0.233) letztlich über der mittels PIN=0.15 voreingestellten Aufnahme-Signifikanz liegt. In der Tabelle wird das Nichterfüllen eines Einschlusskriteriums als Ausschlussgrund angezeigt.

Wilks-Lambda

Schritt	Anzahl der Variablen	Lambda	df1	df2	df3	Exaktes F			
						Statistik	df1	df2	Signifikanz
1	1	,306	1	2	200	226,496	2	200,000	,000
2	2	,184	2	2	200	132,725	4	398,000	,000

Die Tabelle „Wilks-Lambda" gibt die im Modell verbliebenen Variablen wieder.

Im Beispiel liegen im Modell nach Schritt 2 zwei Variablen vor. Das multivariate Wilks' Lambda deutet nach Schritt 2 große Gruppenunterschiede an, ebenfalls die Exakte F-Statistik (Lambda: 0,184, Exakte F-Signifikanz: 0,000).

3.4 Beispiel II: Multiple schrittweise Diskriminanzanalyse mit drei Gruppen

Paarweise Gruppenvergleiche[a,b]

Schritt	AD-Gruppe		leicht	mittel	schwer
1	leicht	F		6,043	382,530
		Signifikanz		,015	,000
	mittel	F	6,043		298,126
		Signifikanz	,015		,000
	schwer	F	382,530	298,126	
		Signifikanz	,000	,000	
2	leicht	F		67,577	197,809
		Signifikanz		,000	,000
	mittel	F	67,577		175,203
		Signifikanz	,000		,000
	schwer	F	197,809	175,203	
		Signifikanz	,000	,000	

a. 1, 200 Freiheitsgrade für Schritt 1.
b. 2, 199 Freiheitsgrade für Schritt 2.

Die Tabelle „Paarweise Gruppenvergleiche" beschreibt schrittweise die Ähnlichkeit bzw. Unterschiedlichkeit der miteinander verglichenen Gruppen. Liegt die angezeigte Signifikanz unter (über) der Schwelle von 0.05, dann ist der Unterschied zwischen den Gruppen (nicht) signifikant. An der paarweise ermittelten F-Statistik (basierend auf der Nullhypothese der Gleichheit der Mittelwerte) kann die Ähnlichkeit bzw. Unterschiedlichkeit der paarweise verglichenen Gruppen abgelesen werden. Die F-Werte von „leicht" und „mittel" unterscheiden sich verhältnismäßig wenig (197,809 vs. 175,203); daraus kann geschlossen werden, dass sich diese beiden Gruppen relativ ähnlich sind. Die F-Werte von „mittel" und „schwer" unterscheiden sich relativ stark (197,809 vs. 67,577); daraus kann geschlossen werden, dass diese beiden Gruppen verhältnismäßig verschieden sind.

Zusammenfassung der kanonischen Diskriminanzfunktionen

Ab dieser Überschrift werden Kennwerte zur Beurteilung der Modellgüte zusammengefasst und mit den dazugehörigen Tests ausgegeben. Je nach Modell können sich einige Ergebnisse aus der Ausgabe zur schrittweisen Statistik wiederholen.

Eigenwerte

Funktion	Eigenwert	% der Varianz	Kumulierte %	Kanonische Korrelation
1	2,269[a]	77,3	77,3	,833
2	,666[a]	22,7	100,0	,632

a. Die ersten 2 kanonischen Diskriminanzfunktionen werden in dieser Analyse verwendet.

Die Tabelle „Eigenwerte" enthält Parameter für zwei ermittelte Funktionen. Funktion 1 mit dem Eigenwert 2,269 erklärt ca. 77% der Varianz; die kanonische Korrelation beträgt 0,833. Funktion 2 mit dem Eigenwert 0,666 erklärt ca. 23% der Varianz; die kanonische Korrelation beträgt 0,632. Zusammen erklären beide Funktionen 100% der Varianz. Die relativ hohen Eigenwerte wie auch die kanonischen Korrelationskoeffizienten (v.a. von Funktion 1), deuten an, dass die Streuung zwischen den Gruppen im Vergleich zur Streuung innerhalb der Gruppen relativ groß ist. Ein hoher Koeffizient repräsentiert eine gute Diskriminanz zwischen den Gruppen. Die erzielten kanonischen Korrelationen (0,833 bzw. 0,632) sind z.T. ausgesprochen hoch und deuten eine gute Trennung zwischen den Gruppen an.

Wilks' Lambda

Test der Funktion(en)	Wilks-Lambda	Chi-Quadrat	df	Signifikanz
1 bis 2	,184	338,172	4	,000
2	,600	101,881	1	,000

Die Tabelle „Wilks' Lambda" gibt einen Test für die beiden Funktionen wieder. Die Signifikanzen (< 0,05) sind so zu verstehen, dass die Mittelwerte der Diskriminanzwerte über die Gruppen hinweg verschieden sind. Die Darstellungsweise ist in SPSS so, dass zunächst alle Funktionen getestet werden, dann alle Funktionen außer der ersten, dann alle Funktionen außer den ersten beiden usw. Entsprechend finden sich in Zeile 1 Lambda und Signifikanz für Funktionen 1 und 2, und in Zeile 2 nur für Funktion 2, wobei die Funktion 2 alleine zwar schlechtere Werte erreicht wie die beiden Funktonen zusammen, jedoch nicht so schlechte Werte (siehe auch die o.a. Varianzaufklärung), dass ein Verzicht auf Funktion 2 zu empfehlen wäre. Trotz statistisch bedeutsamer Unterschiede kann die praktische diskriminatorische Leistungsfähigkeit eines getesteten Modells durchaus unbefriedigend sein.

Kanonische Diskriminanzfunktionskoeffizienten

	Funktion	
	1	2
Tau Protein	1,464	-2,234
Hippothalamus	,117	2,386
(Konstant)	-36,408	5,874

Nicht-standardisierte Koeffizienten

Die Tabelle „Kanonische Diskriminanzfunktionskoeffizienten" gibt in Form nichtstandardisierter Diskriminanzkoeffizienten den partiellen Beitrag einer einzelnen Einflussvariablen (hier: Tau Protein und Hippothalamus) zur jeweiligen Funktion an. Aus den nichtstandardisierten Diskriminanzfunktionskoeffizienten können die geschätzten Diskriminanzfunktionen D_1 und D_2 abgeleitet werden. Die Diskriminanzwerte werden ermittelt über die Multiplikation der nichtstandardisierten Diskriminanzkoeffizienten mit den Werten der unabhängigen Variablen; bei mehreren Variablen im Modell werden die Produkte summiert und um eine Konstante ergänzt:

D_1 = -36,408 + 1.464 * *Tau Protein* + 0,117 **Hippothalamus*.
D_2 = 5,874 - 2,234 * *Tau Protein* + 2,386 **Hippothalamus*.

Über das Einsetzen der Rohdaten von Tau Protein und Hippothalamus in D_1 und D_2 kann für jeden Fall der Funktionswert und damit seine Gruppenzugehörigkeit ermittelt werden (grafisch z.B. leicht über sog. Territorien bzw. Gebietskarten, s.u.).

3.4 Beispiel II: Multiple schrittweise Diskriminanzanalyse mit drei Gruppen

Standardisierte kanonische Diskriminanzfunktionskoeffizienten

	Funktion	
	1	2
Tau Protein	,932	-1,422
Hippothalamus	,083	1,698

Die Tabelle „Standardisierte kanonische Diskriminanzfunktionskoeffizienten" gibt den relativen Anteil einer Variable (Beta-Gewicht) an der Gesamtdiskriminanz (max= 1,000) wieder. Im Beispiel wird für Tau Protein 0,932 als relativer Anteil an der Gesamtdiskriminanz für Funktion 1 angegeben; der relative Anteil von Hippothalamus an Funktion 1 beträgt gerade mal 0,83. Man könnte etwas locker formulieren, dass sich das Diskriminanzpotential von Funktion 1 fast ausschließlich aus der Variablen Tau Protein herleitet. Über die Eigenwertanteile aus der Tabelle „Eigenwerte" lässt sich für die beiden Variablen das jew. Diskriminationspotential in Form des mittleren Diskriminationskoeffizienten ermitteln:

$b_{\text{Tau Protein}}$ = 0.932 (Koeffizient Funktion1) x 0.773 (Eigenwertanteil Funktion 1) - 1.422 (Koeffizient Funktion2) x 0.227 (Eigenwertanteil Funktion 2) = 0.398.

$b_{\text{Hippothalamus}}$ = 0.083 (Koeffizient Funktion1) x 0.773 (Eigenwertanteil Funktion 1) + 1.698 (Koeffizient Funktion2) x 0.227 (Eigenwertanteil Funktion 2) = 0.449.

Die Variable Hippothalamus besitzt demnach ein etwas größeres Diskriminationspotential als Tau Protein.

Auffällig ist, dass die Werte von Funktion 2 größer als der Betrag von 1 sind. Die hohe Interkorrelation zwischen Tau Protein und Hippothalamus (0,81) ist als ein Hinweis zu prüfen, ob die ermittelten Funktionen evtl. nicht optimal stabil bzw. zuverlässig ermittelt wurden. Schrittweise Methoden schützen nicht vor Multikollinearität. Die Standardfehler der Diskriminationskoeffizienten hoch korrelierter Einflussvariablen sind künstlich erhöht, und erschweren die Einschätzung der relativen Bedeutsamkeit der Einflussvariablen.

Struktur-Matrix

	Funktion	
	1	2
Tau Protein	,999*	-,049
Hippothalamus	,836*	,548
Hypermetabolismus [a]	,472*	,027

Gemeinsame Korrelationen innerhalb der Gruppen zwischen Diskriminanzvariablen und standardisierten kanonischen Diskriminanzfunktionen
Variablen sind nach ihrer absoluten Korrelationsgröße innerhalb der Funktion geordnet.

*. Größte absolute Korrelation zwischen jeder Variablen und einer Diskriminanzfunktion

a. Diese Variable wird in der Analyse nicht verwendet.

Die Tabelle „Struktur-Matrix" enthält gruppenspezifisch errechnete Korrelationen aller Einflussvariablen mit den ermittelten Diskriminanzfunktionen. Im Beispiel haben z.B. die Variablen Tau Protein und Hippothalamus die jeweils höchste Korrelation mit Funktion 1 mit 0,999 bzw. 0,836. Für Details wird auf das erste Beispiel verwiesen. Stimmen die Vorzeichen in der Struktur-Matrix mit den Vorzeichen in den Koeffizienten überein, dann ist dies als weiterer Hinweis auf die Stabilität des Modells (Funktion) und der Ergebnisse (Trennvermögen) zu verstehen.

Funktionen bei den Gruppen-Zentroiden

AD-Gruppe	Funktion 1	Funktion 2
leicht	-1,186	,944
mittel	-,863	-1,014
schwer	2,170	,105

Nicht-standardisierte kanonische Diskriminanzfunktionen, die bezüglich des Gruppen-Mittelwertes bewertet werden

Diese Tabelle gibt die Mittelwerte (Gruppen-Zentroide) der Diskriminanzwerte in den AD-Gruppen „leicht", „mittel" und „schwer" für die beiden Funktionen 1 und 2 wieder. Im Beispiel beträgt z.B. für die Funktion 1 der Mittelwert der Diskriminanzwerte für die Gruppe „leicht" -1,186 und für die Gruppe „schwer" 2,170. Der absolute Abstand ist ausgesprochen groß; jedoch nicht zwischen „leicht" und „mittel". Funktion 2 führt jedoch zu einem ausgesprochen großen Abstand zwischen „leicht" (0,944) und „mittel" (-1,014). Was also Funktion 1 nicht zu differenzieren erlaubt, schafft Funktion 2.

Klassifizierungsstatistiken

Zusammenfassung der Verarbeitung von Klassifizierungen

Verarbeitet		203
Ausgeschlossen	Fehlende oder außerhalb des Bereichs liegende Gruppencodes	0
	Wenigstens eine Diskriminanzvariable fehlt	0
In der Ausgabe verwendet		203

Die Tabelle „Zusammenfassung der Verarbeitung von Klassifizierungen" zeigt die Anzahl der verarbeiteten bzw. verwendeten Fälle (N=203) und die Anzahl der ausgeschlossenen Fälle an.

3.4 Beispiel II: Multiple schrittweise Diskriminanzanalyse mit drei Gruppen

A-priori-Wahrscheinlichkeiten der Gruppen

AD-Gruppe	A-priori	In der Analyse verwendete Fälle	
		Ungewichtet	Gewichtet
leicht	,333	68	68,000
mittel	,333	70	70,000
schwer	,333	65	65,000
Gesamt	1,000	203	203,000

Die Tabelle „A-priori-Wahrscheinlichkeiten der Gruppen" gibt für die in der Analyse verbliebenen Fälle (N=203) A-priori-Wahrscheinlichkeiten und Gewichtungen an.

Klassifizierungsfunktionskoeffizienten

	AD-Gruppe		
	leicht	mittel	schwer
Tau Protein	62,583	67,430	69,369
Hippothalamus	-7,657	-12,291	-9,266
(Konstant)	-633,530	-656,544	-761,842

Lineare Diskriminanzfunktionen nach Fisher

Ein Fall wird auf der Basis des über den Klassifizierungsfunktionskoeffizienten ermittelten Diskriminanzwertes einer bestimmten Gruppe zugeordnet; es ist immer die Gruppe mit dem höchsten Diskriminanzwert. Im Beispiel wurden drei gruppenspezifische Klassifikationsfunktionen ermittelt. Die geschätzte Klassifikationsfunktion für die AD-Gruppe „leicht" beträgt z.B. - 633,530 + 62,583 * *Tau Protein* -7,657 * *Hippothalamus*. Über das Eintragen der Rohdaten für Tau Protein und Hippothalamus können für jeden Fall die gruppenspezifischen Werte ermittelt werden.

Territorien (syn.: Gebietskarten) stellen Gruppenzugehörigkeiten in Abhängigkeit von den ermittelten (beiden) Diskriminanzfunktionen dar. Territorien werden also nur dann ausgegeben, wenn mind. zwei Diskriminanzfunktionen ermittelt wurden. Auf der x-Achse werden die Werte der ersten und auf y-Achse die Werte der zweiten (Kanonischen) Diskriminanzfunktion abgetragen. Die Diagrammfläche wird durch „Achsen" in drei Territorien eingeteilt, wobei jedes Territorium eine AD-Gruppe repräsentiert.

Territorien

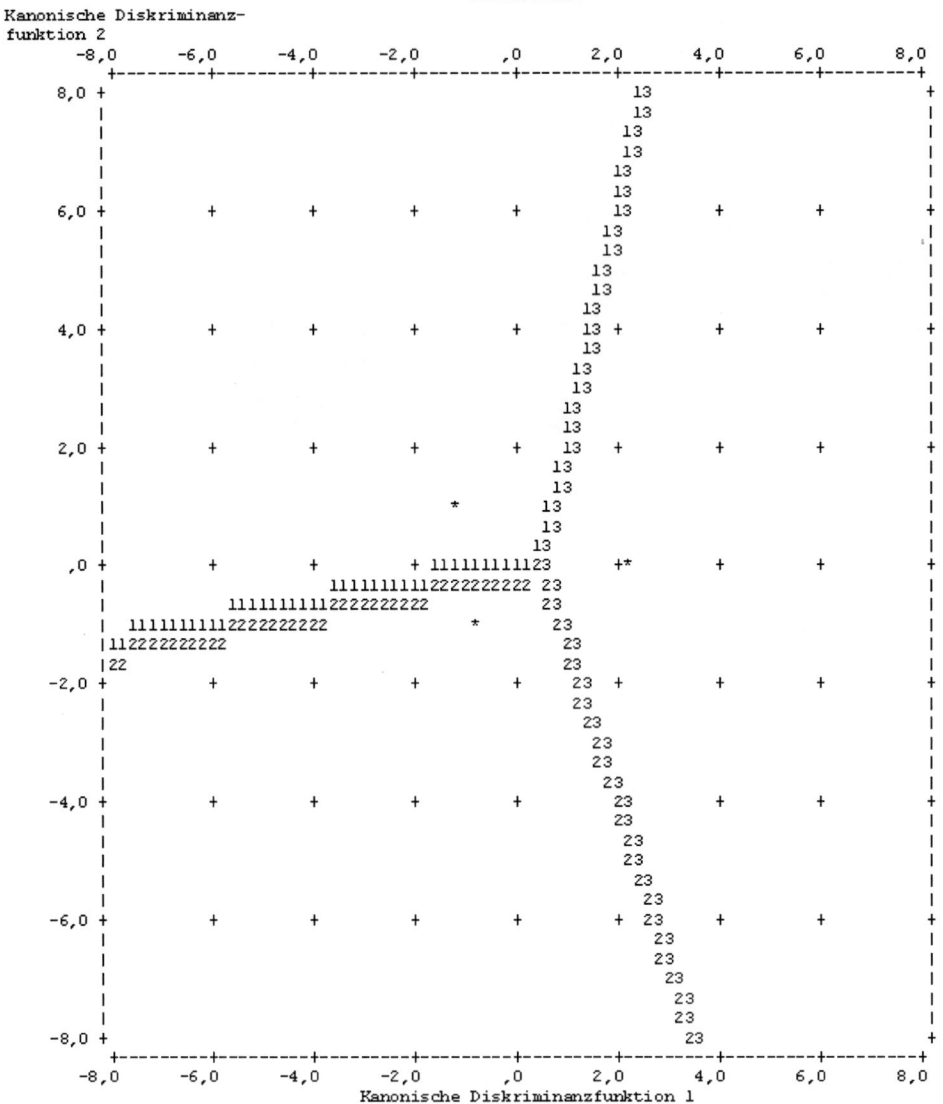

```
Kanonische Diskriminanz-
funktion 2
         -8,0      -6,0      -4,0      -2,0       ,0       2,0       4,0       6,0       8,0
         +---------+---------+---------+---------+---------+---------+---------+---------+
     8,0 +                                                 13                            +
         |                                                 13                            |
         |                                                 13                            |
         |                                                 13                            |
         |                                                 13                            |
         |                                                 13                            |
     6,0 +         +         +         +         +         13        +         +         +
         |                                                 13                            |
         |                                                 13                            |
         |                                                 13                            |
         |                                                 13                            |
         |                                                 13                            |
     4,0 +         +         +         +         +         13        +         +         +
         |                                                 13                            |
         |                                                 13                            |
         |                                                 13                            |
         |                                                 13                            |
         |                                                 13                            |
     2,0 +         +         +         +         +         13        +         +         +
         |                                                 13                            |
         |                                                 13                            |
         |                                       *         13                            |
         |                                                 13                            |
         |                                                 13                            |
      ,0 +         +         +         + 1111111111123     +*        +         +         +
         |                             1111111111112222222222  23                        |
         |                    111111111112222222222        23                            |
         |          111111111112222222222        *         23                            |
         |        |112222222222                            23                            |
         |        |22                                      23                            |
    -2,0 +         +         +         +         +         23        +         +         +
         |                                                 23                            |
         |                                                 23                            |
         |                                                 23                            |
         |                                                 23                            |
         |                                                 23                            |
    -4,0 +         +         +         +         +         23        +         +         +
         |                                                 23                            |
         |                                                 23                            |
         |                                                 23                            |
         |                                                 23                            |
         |                                                 23                            |
    -6,0 +         +         +         +         +         23        +         +         +
         |                                                 23                            |
         |                                                 23                            |
         |                                                 23                            |
         |                                                 23                            |
         |                                                 23                            |
    -8,0 +                                                 23                            +
         +---------+---------+---------+---------+---------+---------+---------+---------+
         -8,0      -6,0      -4,0      -2,0       ,0       2,0       4,0       6,0       8,0
                                 Kanonische Diskriminanzfunktion 1
```

Symbole für Territorien

Symbol	Grp.	Label
1	1	leicht
2	2	mittel
3	3	schwer
*		Markiert Gruppenzentroide

3.4 Beispiel II: Multiple schrittweise Diskriminanzanalyse mit drei Gruppen

Wie der Legende zu entnehmen ist, wird z.B. die AD-Gruppe „leicht" von Einsen umschlossen, die AD-Gruppe „mittel" von Zweien usw. Die Sternchen in den Territorien repräsentieren die jew. Zentroide der Gruppen. Die „+"-Zeichen dienen nur der Orientierung. Werden über nichtstandardisierte Diskriminanzkoeffizienten (z.B. aus der Tabelle „Kanonische Diskriminanzfunktionskoeffizienten") Funktionswerte ermittelt, können Fälle anhand der Territorien unkompliziert der vermutlichen Gruppe zugewiesen werden. Fälle mit z.B. Werten in der Funktion 1 kleiner als ca. 2 *und* Werten in der Funktion 2 ca. größer als -1 gehören z.B. zur Gruppe „leicht". Fälle mit Werten in der Funktion 1 größer als 2 gehören z.B. in die AD-Gruppe „schwer".

Klassifizierungsergebnisse [b,c]

		AD-Gruppe	Vorhergesagte Gruppenzugehörigkeit			Gesamt
			leicht	mittel	schwer	
Original	Anzahl	leicht	57	7	4	68
		mittel	4	60	6	70
		schwer	1	2	62	65
	%	leicht	83,8	10,3	5,9	100,0
		mittel	5,7	85,7	8,6	100,0
		schwer	1,5	3,1	95,4	100,0
Kreuzvalidiert [a]	Anzahl	leicht	57	7	4	68
		mittel	4	60	6	70
		schwer	1	2	62	65
	%	leicht	83,8	10,3	5,9	100,0
		mittel	5,7	85,7	8,6	100,0
		schwer	1,5	3,1	95,4	100,0

a. Die Kreuzvalidierung wird nur für Fälle in dieser Analyse vorgenommen. In der Kreuzvalidierung ist jeder Fall durch die Funktionen klassifiziert, die von allen anderen Fällen außer diesem Fall abgeleitet werden.

b. 88,2% der ursprünglich gruppierten Fälle wurden korrekt klassifiziert.

c. 88,2% der kreuzvalidierten gruppierten Fälle wurden korrekt klassifiziert.

In der Tabelle „Klassifizierungsergebnisse" finden sich auf den Diagonalen jeweils die Häufigkeiten und Prozentwerte für die korrekt klassifizierten Fälle; versetzt davon die nicht korrekt klassifizierten Fälle, jeweils für original bzw. kreuzvalidierte Daten. Die „Klassifizierungstabelle" ist im Prinzip eine Kreuztabellierung der beobachteten und der vorhergesagten Fälle und erlaubt dadurch eine erste Einschätzung der Leistungsfähigkeit des Modells. Je weniger inkorrekt vorhergesagte Werte vorliegen, desto besser ist das Modell. Das Ziel ist, dass (a) auf der Diagonalen idealerweise alle Fälle (also: „Treffer") liegen und dass (b) neben der Diagonalen idealiter keine Fälle (also: Fehlklassifikationen) liegen. Insgesamt wurden 88,2% der ursprünglich gruppierten Werte korrekt klassifiziert.

Fallweise Statistiken

	Fallnummer	Tatsächliche Gruppe	Vorhergesagte Gruppe	Höchste Gruppe				Zweithöchste Gruppe			Diskriminanzwerte	
				P(D>d | G=g) p	df	P(G=g | D=d)	Quadrierter Mahalanobis-Abstand zum Zentroid	Gruppe	P(G=g | D=d)	Quadrierter Mahalanobis-Abstand zum Zentroid	Funktion 1	Funktion 2
Original	1	1	1	,141	2	,997	3,924	2	,003	15,720	-1,568	2,887
	2	1	2**	,967	2	,901	,068	1	,091	4,658	-,637	-1,144
	3	1	1	,673	2	,700	,792	2	,300	2,487	-1,772	,274
	4	1	2**	,576	2	,509	1,102	1	,490	1,177	-1,409	-,118
	5	1	1	,590	2	,943	1,056	2	,057	6,676	-2,179	1,209
	6	1	2**	,922	2	,926	,163	1	,066	5,449	-,591	-1,314
	7	1	1	,623	2	,939	,945	2	,061	6,423	-2,129	1,181
	8	1	1	,327	2	,661	2,236	3	,222	4,415	,304	1,071
	9	1	1	,730	2	,829	,628	2	,142	4,153	-,394	,969
	10	1	1	,949	2	,805	,104	2	,193	2,961	-1,311	,647
Kreuzvalidiert	1	1	1	,129	2	,997	4,104	2	,003	15,960		
	2	1	2**	,967	2	,910	,068	1	,082	4,889		
	3	1	1	,665	2	,696	,815	2	,304	2,475		
	4	1	2**	,577	2	,513	1,100	1	,485	1,214		
	5	1	1	,580	2	,942	1,089	2	,058	6,661		
	6	1	2**	,920	2	,934	,166	1	,057	5,744		
	7	1	1	,615	2	,938	,973	2	,062	6,406		
	8	1	1	,314	2	,653	2,318	3	,227	4,429		
	9	1	1	,724	2	,826	,646	2	,144	4,133		
	10	1	1	,948	2	,804	,106	2	,194	2,947		

Für die Originaldaten basiert der quadrierte Mahalanobis-Abstand auf den kanonischen Funktionen.
Für die kreuzvalidierten Daten basiert der quadrierte Mahalanobis-Abstand auf den Beobachtungen.
**. Falsch klassifizierter Fall

a. Die Kreuzvalidierung wird nur für Fälle in dieser Analyse vorgenommen. In der Kreuzvalidierung ist jeder Fall durch die Funktionen klassifiziert, die von allen anderen Fällen außer diesem Fall abgeleitet werden.

Die Tabelle „Fallweise Statistiken" gibt für die ersten zehn Fälle original und kreuzvalidierte Statistiken aus, und erlaubt, neben differenzierten Kriterien zur Modellgüte auf Einzelfallebene (z.B. in Form von Fehlklassifikationen) auch Hinweise zu einem möglicherweise fehlerhaften Erklärungsmodell zu entnehmen. Für Details wird auf das ausführlich erläuterte erste Beispiel verwiesen. Im Beispiel mit drei Gruppen werden nur die beiden höchsten Gruppen angezeigt. Die a-posteriori-Wahrscheinlichkeiten für die Höchste und Zweithöchste Gruppe können sich daher nicht zu 1.0 aufsummieren, auch wenn die gerundet wiedergegebenen Werte diesen Eindruck fälschlicherweise vermitteln sollten.

Graphische Darstellung getrennter Gruppen

Falls mehrere Diskriminanzfunktionen ermittelt wurden, gibt DISCRIMINANT gruppenspezifische Streudiagramme für die ersten beiden Diskriminanzfunktionen aus (bei nur einer Diskriminanzfunktion nur ein Histogramm pro Gruppe), die die Streuung der Diskriminanzwerte für jede Gruppe getrennt anzeigen. Ähnliche Streuungsmuster deuten ähnliche Varianz-Kovarianz-Matrizen an.

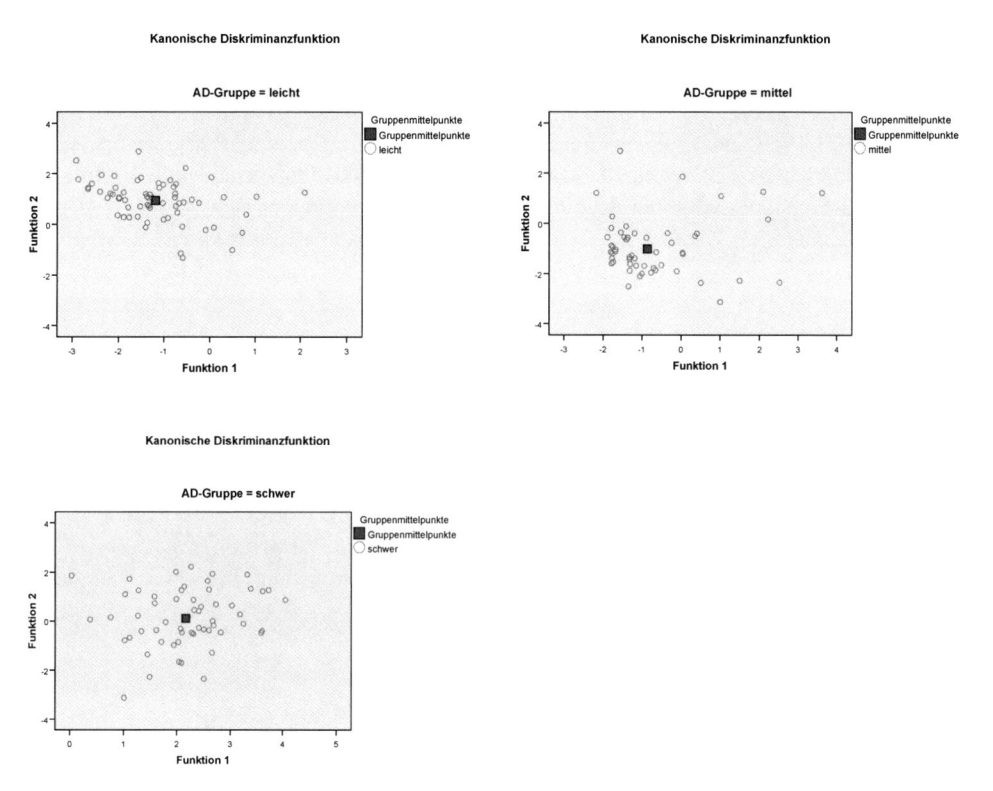

3.4 Beispiel II: Multiple schrittweise Diskriminanzanalyse mit drei Gruppen

Die separaten Streudiagramme deuten an, dass in etwa von einer Gleichheit der Gruppen-Kovarianzen (Homogenität der Varianz-Kovarianz-Matrizen) ausgegangen werden kann. Die ausreißerbedingte Streuung der AD-Gruppe „mittel" unterscheidet sich ein wenig von den beiden anderen Streuungsmustern. Die zentrale Voraussetzung der Diskriminanzanalyse, die Varianzhomogenität der Diskriminanzwerte, ist gegeben.

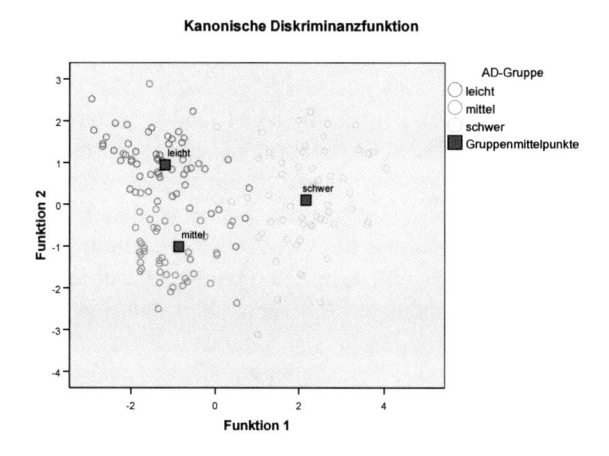

An diesem alle Gruppen umfassenden Streudiagramm können zusätzlich die relativen Abstände der Gruppen-Zentroide und die Überlappungen der Gruppen beurteilt werden. Die Zentroide liegen relativ zentral innerhalb der jew. Punktewolken und auch deutlich voneinander getrennt. Die Überlappungen der Punktewolken sind insgesamt relativ gering, und eher punktuell durch Ausreißer verursacht als durch breite, sich überschneidende Verteilungen. Die Elimination von Ausreißern dürfte selbst dieses ausgesprochen gute Modell noch weiter verbessern können.

Fazit:
In einer klinischen Studie wurden drei Gruppen mit unterschiedlicher Ausprägung der Alzheimer-Krankheit („leicht" (N=65), „mittel" (N=70), und „schwer" (N=68)) auf Unterschiede in drei Positivkriterien untersucht. Die Variablen Tau Protein und Hippothalamus trennen am besten zwischen den drei AD-Gruppen. Das Trennvermögen des Modells liegt bei ca. 90%, was einen ausgesprochen guten Wert repräsentiert. Diverse Hinweise legen jedoch nahe, das Modell auf Multikollinearität zu überprüfen. Eine Korrektur der standardisierten Diskriminanzfunktionskoeffizienten der Funktion 2 (Multikollinearität), wie auch die Elimination einzelner Ausreißer dürfte dieses ausgesprochen gute Modell noch weiter verbessern können.

3.5 Voraussetzungen der Diskriminanzanalyse

Die Diskriminanzanalyse formuliert diverse Voraussetzungen an Modell, Daten und Verteilungen. Diese Voraussetzungen gelten vorwiegend für die Funktionsphase, aber auch z.T. speziell für die Phase der Klassifikation (z.B. die Festlegung der a-priori-Wahrscheinlichkeiten).

1. Die Diskriminanzanalyse unterstellt ein Kausalmodell zwischen mehreren Einflussvariablen (X) und einer abhängigen (Y) Gruppenvariable. Nonsensmodelle, z.B. der Einfluss des Einkommens und der Körpergröße auf das Geschlecht, sind von vornherein sachlogisch auszuschließen. Nur relevante Variablen sind im Modell anzugeben, unwichtige Variablen sind auszuschließen.
2. Ziehung: Die paarweisen Messungen x_i und y_i müssen zum selben Objekt gehören. In anderen Worten: Die untersuchten Merkmale werden dem gleichen Element einer Stichprobe entnommen. Die Fälle müssen unabhängig sein. Die Diskriminanzanalyse ist für eine Analyse verbundener (abhängiger) Daten nicht geeignet. Die Zuweisung der Fälle in die einzelnen Gruppen ist idealerweise völlig zufällig (z.B. via Randomisierung = unproblematische Generalisierung); bei Beobachtungsdaten besitzt die untersuchte Population eine geografische oder andere, situationsbedingte Definition, aber keine genuine Prozesse der Zufallsziehung oder Randomisierung. Wegen der nie ganz auszuschließenden Möglichkeit systematischer Fehler bei der Zusammenstellung von Beobachtungsdaten ist es oft schwierig, von ihrer Repräsentativität und der Repräsentativität der Ergebnisse für eine bestimmte Grundgesamtheit ausgehen zu können.

3.5 Voraussetzungen der Diskriminanzanalyse

3. Linearität: Die Einflussvariablen und die abhängige Variable sind idealerweise hoch (alternatives Prüfmaß: Eta) und untereinander linear miteinander korreliert. Die Linearität kann z.B. durch Histogramme überprüft werden, angefordert über folgendes Programm. Linearität liegt dann vor, wenn die Verteilungsformen einer Einflussvariablen in jeder Gruppe in etwa gleich sind.

Prüfprogramm (z.B.):

```
SORT CASES
BY depression .
SPLIT FILE
   SEPARATE BY depression .
GRAPH
   /HISTOGRAM(NORMAL)= funktion .
SPLIT FILE OFF.
```

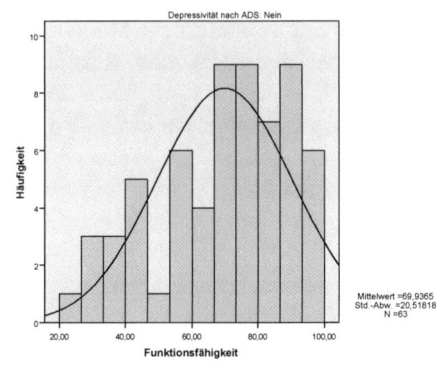

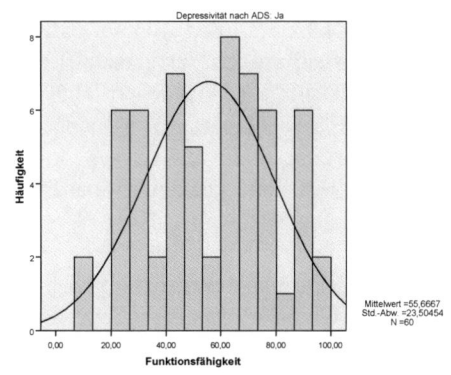

In Beispiel I unterscheiden sich z.B. die Verteilungen der Variablen „Funktionsfähigkeit" in beiden Gruppen. Wären andere Einflussvariablen vorhanden, wäre eine lineare Korrelation mit „Funktionsfähigkeit" zweifelhaft.

4. Abhängige Variable: Bei der Diskriminanzanalyse wird die Gruppenzugehörigkeit generell durch die abhängige Variable definiert. In Einzelfällen weicht die Literatur von dieser Konvention ab (z.B. Bortz, 1993, z.B. 562, 676). Die Gruppenzugehörigkeit muss sich wechselseitig ausschließen, das heißt, kein Fall gehört zu mehr als einer Gruppe. Die abhängige Variable ist bei der Diskriminanzanalyse diskret skaliert. Ordinalvariablen können als abhängige Variablen berücksichtigt werden, sofern auf die Ranginformation verzichtet werden kann. Die Gruppenzugehörigkeit kann dabei zwei oder mehr Abstufungen aufweisen. Besitzt die abhängige Variable mehr als zwei Kategorien, kann über /ROTATE eine Rotation durchgeführt werden (s.u.). Ggf. können die Gruppenzugehörigkeiten (z.B. über Zusammenfassen, quantitative Redefinition der Kategoriengrenzen) variiert werden, um über möglicherweise sinnvollere Gruppen eine optimale Diskriminanz explorativ herzuleiten. Bei einer metrisch skalierten abhängigen Variablen wird die Durchführung einer multiplen Regressionsanalyse empfohlen, sofern deren Voraussetzungen gegeben sind.

5. a-priori-Wahrscheinlichkeit: Die a-priori-Wahrscheinlichkeit ist zentral für die Phase der Klassifikation, weil sie mit festlegt, ob die Gruppenzugehörigkeit in dieser Form in der Stichprobe bzw. Grundgesamtheit selbst wahrscheinlich ist. Die Festlegung der a-priori-Wahrscheinlichkeit sollte sachnahe und repräsentativ für die Grundgesamtheit erfolgen, u.a. über die Wahrscheinlichkeit gleich 1, Häufigkeiten oder andere Kriterien.
6. Fehlende Daten (Missings): Fehlende Daten können v.a. bei der Entwicklung von Vorhersagemodellen während der Klassifikationsphase zu Problemen führen (während der Funktionsphase werden Fälle mit Missings in der unabhängigen oder abhängigen Variable ausgeschlossen). Fehlen keinerlei Daten, ist dies eine ideale Voraussetzung für ein Vorhersagemodell. Fehlen Daten völlig zufällig, entscheidet das konkrete Ausmaß, wie viele Daten proportional in der Analyse verbleiben, was durchaus zu einem Problem werden kann. Stellt sich anhand von sachnahen Überlegungen heraus, dass Missings in irgendeiner Weise mit den Zielvariablen zusammenhängen, entstehen Interpretations- und Modellierungsprobleme, sobald diese Missings aus dem Modell *ausgeschlossen* werden würden. Fehlende Daten können z.B. (a) modellierend über einen Missings anzeigenden Indikator und (b) durch Ersetzen fehlender Werte wieder in ein Modell einbezogen werden; jeweils nur unter der Voraussetzung, dass ihre Kodierung, Rekonstruktion und Modellintegration gegenstandsnah und nachvollziehbar ist (vgl. auch Schendera, 2007). Konzentrieren sich Missings auf eine Variable, könnte diese evtl. auch aus der Analyse ausgeschlossen werden.
7. Einflussvariablen: Die Anzahl der Einflussvariablen sollte größer sein als die Anzahl der Gruppenzugehörigkeiten. Die Werte der Einflussvariablen sind üblicherweise metrisch skaliert und folgen jeweils einer Normalverteilung (multivariate Normalverteilung in zwei oder mehr Populationen; bei nicht normal verteilten Gruppen können entweder normalisierende Transformationen vorgenommen bzw. bei ausreichend großen Gruppen evtl. die Gültigkeit des ZGT unterstellt werden). Ordinalskalierte Einflussvariablen sind für die zu berechnenden Signifikanztests nicht geeignet. Monte Carlo Studien, wie auch einige Autoren (z.B. Klecka, 1980; Litz, 2000) legen nahe, dass auch dichotome Variablen in begrenztem Umfang ohne Beeinträchtigung der Klassifikationswahrscheinlichkeiten als Einflussvariablen mit einbezogen werden können; alternativ kann auch das Berechnen einer logistischen Regression empfohlen werden.
8. Tendenzen: Im Idealfall liegen zwischen den Mittelwerten möglichst große Unterschiede und zwischen den Standardabweichungen möglichst geringe Unterschiede vor. Der Mittelwert und die Varianz einer Einflussvariablen sind beim gruppenweisen Vergleich nicht korreliert.
9. Die Diskriminanzanalyse gilt als relativ robust gegenüber Verstößen der multivariaten Normalverteilung, solange die Gruppen eine annähernd gleiche Verteilungsform aufweisen (ohne Ausreißer, bei nicht balancierten Gruppen mit mind. N=20 in der kleinsten Gruppe). Bei der Interpretation der Einflussvariablen ist ihre Polung zu achten (siehe Beispiel I).
10. Interkorrelationen (Toleranzen, Ausschluss von Multikollinearität): Die Einflussvariablen sollten untereinander nicht korrelieren. Interkorrelationen (z.B. > 0,70) beeinträchtigen mindestens die Interpretation der kanonischen Diskriminanzfunktionskoeffizienten bzw. der Korrelationskoeffizienten in der Struktur-Matrix. Liegt eine Korrelation zwischen zwei Einflussvariablen vor, so sollte sie über die Gruppen hinweg konstant sein. Jede

3.5 Voraussetzungen der Diskriminanzanalyse

Korrelation zwischen den Einflussvariablen ist ein Hinweis auf Multikollinearität und wird durch Toleranztests geprüft. Ob und inwieweit hohe Multikollinearität behoben werden kann, hängt neben der Anzahl und Relevanz der korrelierenden Einflussvariablen u.a. davon ab, an welcher Stelle des Forschungsprozesses der Fehler aufgetreten ist: Theoriebildung, Operationalisierung oder Datenerhebung. Die Standardfehler der Diskriminationskoeffizienten hoch korrelierter Einflussvariablen sind künstlich erhöht, und erschweren die Einschätzung der relativen Bedeutsamkeit der Einflussvariablen (siehe Beispiel II).

11. Diskriminanzwerte: Die Diskriminanzanalyse unterstellt bzgl. der Diskriminanzwerte mind. zwei Voraussetzungen: die gruppenspezifische Normalverteilung (zur Ermittlung der bedingten Wahrscheinlichkeiten), wie auch ihre Varianzhomogenität.

12. Homogenität der Gruppen-Kovarianzmatrizen: Die Gleichheit der Gruppen-Kovarianzmatrizen (Gruppenstreuungen) kann v.a. an der Tabelle „Kovarianzmatrizen", an Log-Determinanten, wie auch gruppenspezifischen Streudiagrammen bzw. Histogrammen überprüft werden. Für die Tabelle „Kovarianzmatrizen" gilt die Daumenregel, dass die Kovarianzen der Gruppen dasselbe Vorzeichen aufweisen müssen und sich maximal um das 10fache unterscheiden dürfen. Box's M-Test gilt als allzu empfindlich für Abweichungen von der Normalverteilung bzw. die Stichprobengröße. Die Diskriminanzanalyse gilt als relativ robust bei Verstößen gegenüber der Homogenität der Varianz-Kovarianz-Matrizen bzw. einem signifikanten Box's M-Test (v.a. in der Funktionsphase) bei großen bzw. gleichen Stichproben (Lachenbruch, 1975); bei kleinen bzw. ungleich großen Stichproben könnte das Ergebnis eines Signifikanztests irreführend sein (v.a. in der Phase der Klassifikation können vermehrte Fehlklassifikationen die Folge sein). Die Homogenität der Varianz-Kovarianz-Matrizen kann neben über /PLOT = SEPARATE angeforderten Grafiken auch mittels SAVE abgespeicherten SPSS Variablen (z.B. Dis1_1) überprüft werden. Trotz derselben Daten kann die grafische Wiedergabe einen anderen Eindruck vermitteln. Ursache dafür können u.a. die Angabe unterschiedlich gerundeter Werte und unterschiedliche Achsenlängen bzw. Balkenbreiten sein (s.o.). Homogenität der Varianz-Kovarianz-Matrizen liegt dann vor, wenn die Verteilungsform der Diskriminanzwerte in jeder Gruppe in etwa gleich ist.

Prüfprogramm (z.B.):

```
SORT CASES
BY depression .
SPLIT FILE
  SEPARATE BY depression .
GRAPH
  /HISTOGRAM(NORMAL)= Dis1_1 .
SPLIT FILE OFF.
```

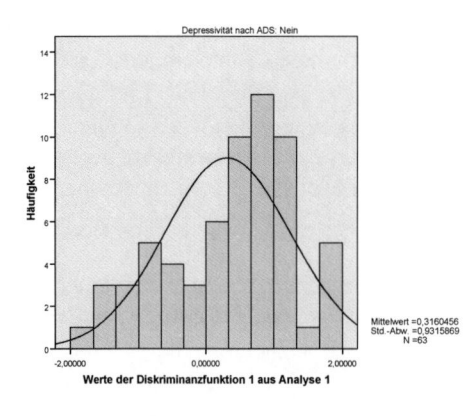

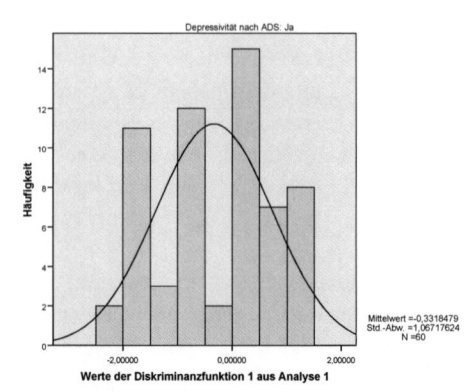

Von einer Heterogenität der Varianz-Kovarianz-Matrizen kann nicht ausgegangen werden. Liegt Heterogenität vor, können entweder Einflussvariablen transformiert (v.a. für Funktionsphase) oder separate anstelle gepoolter Kovarianzmatrizen (v.a. für Klassifikationsphase) verwendet werden. Falls die Stichprobe nicht groß genug ist, führen separate Kovarianzmatrizen evtl. zu Overfitting.

13. Fälle: Je größer die Stichprobe, desto weniger fallen Verstöße gegen die multivariate Normalverteilung ins Gewicht. Gleich große Gruppen (mind. N=20 pro Gruppe) sind das Optimum (bei max. 5 Einflussvariablen, Daumenregel). Bei ungleich großen Gruppen sorgen mind. N=20 in der kleinsten Gruppe für die nötige Robustheit des Verfahrens. Je mehr Einflussvariablen in das Modell aufgenommen werden bzw. je größer die Power des Modells sein soll, desto mehr Fälle werden benötigt. Bei extrem ungleich großen Gruppen sollte auf eine Logistische Regression ausgewichen werden.

14. Modellspezifikation: Von Anfang sollte der Zweck der Diskriminanzanalyse festgelegt sein: Klassifikation oder Prognose? Die Entwicklung eines Modells anhand der Klassifikation der Fälle einer Stichprobe garantiert nicht notwendigerweise auch gute Prognoseeigenschaften für die Fälle der Grundgesamtheit (s.u., Over-/Underfitting). Ein Grund kann z.B. sein, dass das an der Stichprobe entwickelte Modell nicht wichtige bzw. wirksame Variablen der Grundgesamtheit enthält. Die Modellspezifikation sollte eher durch inhaltliche und statistische Kriterien als durch formale Algorithmen geleitet sein. Viele Autoren raten von der Arbeit mit Verfahren der automatischen Variablenauswahl ausdrücklich ab; als explorative Technik unter Vorbehalt jedoch sinnvoll. Für beide Vorgehensweisen empfiehlt sich folgendes Vorgehen: Zunächst Aufnahme inhaltlich relevanter Einflussvariablen, anschließend über Signifikanztests Ausschluss statistisch nicht relevanter Variablen. In SPSS ist die Berechnung einer mehrfaktoriell-multivariaten Diskriminanzanalyse derzeit nicht möglich.

15. Schrittweise Methoden: Schrittweise Methoden arbeiten z.B. auf der Basis von formalen Kriterien, und sind daher für die *theoriegeleitete* Modellbildung nicht angemessen. Die rein *explorative* bzw. *prädikative* Arbeitsweise sollte anhand von plausiblen inhaltlichen Kriterien bzw. einer Kreuzvalidierung gegenkontrolliert werden. Die Rückwärtsmethode erlaubt im Gegensatz zur Vorwärtsmethode eine Rangreihe der Variablen mit dem größten Diskriminanzpotential unter teilweiser Berücksichtigung möglicher Wechselwirkun-

3.5 Voraussetzungen der Diskriminanzanalyse

gen zu identifizieren. Schrittweise Methoden schließen jedoch keine Multikollinearität aus, und sind daher mind. durch Kreuzvalidierungen abzusichern.

16. Funktionen: Werden in einer Analyse neben den ersten Funktionen mit einer substantiellen Varianzaufklärung weitere signifikante Funktionen, allerdings mit marginaler Varianzaufklärung oder sogar ohne Signifikanz ermittelt, wird empfohlen, diese aus der weiteren Analyse auszuschließen, da kein substantieller Gewinn für das Gesamtmodell, sondern eher Zufallseffekte oder Komplikationen zu erwarten sind. Anhand des Vergleichs von Klassifizierungsergebnissen mit und ohne die auszuschließende Funktion kann der Effekt des Verbleibs bzw. des Ausschlusses der betreffenden Funktion auf das Trennvermögen des Modells detailliert untersucht werden. Hier ist v.a. auf gruppenspezifische Effekte zu achten.

17. Modellgüte (Trennvermögen, Fehlklassifikationen): Das Modell sollte in der Lage sein, einen Großteil der beobachteten Ereignisse über optimale Schätzungen korrekt zu reproduzieren. Falls die ermittelte Modellgleichung eine schlechte Anpassung an die Daten hat, kann es jedoch passieren, dass einige Fälle, die tatsächlich zur einen Gruppe gehören, als wahrscheinlich zur anderen Gruppe gehörig ausgegeben werden (siehe auch Ausreißer, s.u.). Solche Fälle sind in der Tabelle „Fallweise Statistiken" mit kleinen Sternchen markiert. Werte unter 80% pro Gruppenzugehörigkeit sind nicht akzeptabel; je nach Anwendungsbereich sind sogar weit höhere Anforderungen zu stellen. Die Fälle und Kosten der Fehlklassifikationen sind zu prüfen (die Kosten falscher Negative sind üblicherweise höher als die Kosten falscher Positive), und ggf. die Klassifikationsphase daran anzupassen. Ob die beobachtete Trefferrate überzufällig ist, lässt sich mit dem Binomialtest überprüfen (vgl. z.B. Bortz, 1993, 579).

18. Ausreißer: Die Diskriminanzanalyse reagiert sehr empfindlich auf Ausreißer. *Vor* einer Analyse können auffällige (univariate) Ausreißer mittels einer systematischen deskriptiven Analyse identifiziert werden (Hilfsregel: Ausreißer sind Werte über 4,5 Standardabweichungen vom Mittelwert entfernt; vgl. auch Schendera, 2007). *Nach* einer Analyse können (multivariate) Ausreißer anhand hoher quadrierter Mahalanobis-Distanzen zum Zentroiden identifiziert werden. Nicht in jedem Fall wird ein Ausreißer auch falsch klassifiziert. Ausreißer sind vor dem Löschen bzw. einer Transformation sorgfältig zu prüfen. Nicht in jedem Fall ist ein formal auffälliger Wert immer auch ein inhaltlich auffälliger Wert (v.a bei sozialwissenschaftlichen Daten).

19. Test der Vorhersagegüte (Ausschluss von Overfitting): Ein Modell sollte nach seiner Parametrisierung auch auf die praktische Relevanz seiner Vorhersagegüte getestet werden. Damit soll u.a. auch die Möglichkeit ausgeschlossen werden, dass ein Modell die Anzahl der Fehler erhöht. Neben der Tabelle „Klassifizierungsergebnisse" (siehe oben) kann zusätzlich auch eine Kreuzvalidierung angefordert werden. Wird ein Modell an der Stichprobe überprüft, anhand der es entwickelt wurde (sog. „Trainingsdaten" oder „Lernstichprobe"), werden die Trefferraten möglicherweise überschätzt (Overfitting). Overfitting tritt v.a. bei zu speziellen Modellen auf. Ursache sind oft Besonderheiten des Trainingsdatensatzes (Bias, Verteilungen, usw.). Anhand von Testdaten sollte daher das Modell über eine Kreuzvalidierung immer auf das Vorliegen von Overfitting überprüft werden. Eine Kreuzvalidierung ist ein Modelltest an einer oder mehreren *anderen (Teil)Stichprobe/n* (sog. „Testdaten"), in DISCRIMINANT unkompliziert anzufordern über CROSSVALID („U-Methode' für kleine Stichproben) bzw. über die Option

/SELECT (für große Stichproben). Liefert das Modell große Leistungsunterschiede, werden z.B. mit den Trainingsdaten 80% der Daten korrekt klassifiziert, an den Testdaten aber vielleicht nur noch 50%, dann liegt Overfitting vor. Beim Gegenteil, dem sog. Underfitting, werden wahre Datenphänomene übersehen. Underfitting kommt v.a. bei zu einfachen Modellen vor.
20. Rotation: In DISCRIMINANT können über /ROTATE rotierte Ergebnisse angefordert werden. Eine Rotation ist bei der Diskriminanzanalyse jedoch nicht nur unüblich, sondern kann unter bestimmten Umständen sogar genau die Probleme herbeiführen, die sie eigentlich verhindern helfen sollte.

4 Anhang: Formeln

Zur Beurteilung der SPSS Ausgaben sind Kenntnisse ihrer statistischen Definition und Herleitung unerlässlich. Der Vollständigkeit halber sind daher auf den folgenden Seiten ausgewählte Formeln der wichtigsten behandelten Verfahren zusammengestellt. Die Übersicht gibt dabei die Notation und Formelschreibweise wieder, wie sie für die Algorithmen der Version 17.0 in den Manualen „SPSS Statistics 17.0 Algorithms" und z.T. in der „SPSS Statistics 17.0 Command Syntax Reference" (z.B. SPSS, 2008a,b) dokumentiert sind. Der interessierte Leser wird auf diese Dokumentation für weitere Informationen weiterverwiesen.

1. Formeln der hierarchischen Clusteranalyse (Prozedur CLUSTER)

Notation:

S : Matrix der Ähnlichkeits- oder Unähnlichkeitsmaße.

S_{ij} : Ähnlichkeits- oder Unähnlichkeitsmaß zwischen Cluster i und Cluster j.

N_i : Anzahl der Fälle in Cluster i.

Algorithmen:

Allgemeines Vorgehen: Beginne mit N Clustern, die jeweils nur einen Fall enthalten. Bezeichne die Cluster 1 bis N.

- Finde das ähnlichste Clusterpaar p und q ($p>q$). Bezeichne diese Ähnlichkeit s_{pq}. Falls ein Unähnlichkeitsmaß verwendet wird, weisen hohe Werte auf Unähnlichkeit hin. Falls ein Ähnlichkeitsmaß verwendet wird, verweisen hohe Werte auf Ähnlichkeit.
- Verringere die Anzahl der Cluster um eins durch das Fusionieren der Cluster p und q. Beschrifte den neuen Cluster $t(=q)$ und aktualisiere die (Un)Ähnlichkeitsmatrix (durch die jeweils angegebene Methode), wobei die Neuberechnung die (Un)Ähnlichkeiten zwischen Cluster t und allen anderen Clustern berücksichtigt. Lösche die Zeile und Spalte von S, die Cluster p entspricht.
- Führe die vorangegangenen beiden Schritte solange aus, bis sich alle Elemente in einem Cluster befinden.
- Für jede der im folgenden aufgeführten Methoden wird die Ähnlichkeits- oder Unähnlichkeitsmatrix S aktualisiert, um die neu berechneten Ähnlichkeiten oder Unähnlichkeiten (s_{tr}) zwischen dem neuen Cluster t und allen anderen Clustern r anhand der unten angegebenen Methoden zu berücksichtigen.

BAVERAGE
(Linkage zwischen den Gruppen; Average linkage between groups, UPGMA).

Vor der ersten Fusionierung setze $N_i=1$ für $i=1$ bis N. Aktualisiere s_{tr} um

$s_{tr} = s_{pr} + s_{qr}$

Aktualisiere N_t um

$N_t = N_p + N_q$

und wähle dann das ähnlichste Paar auf der Basis des Werts

$s_{ij}/(N_i N_j)$

WAVERAGE
(Linkage innerhalb der Gruppen; Average linkage within groups).

Vor der ersten Fusionierung setze $SUM_i = 0$ und $N_i = 1$ für bis N. Aktualisiere s_{tr} um

$s_{tr} = s_{pr} + s_{qr}$

Aktualisiere SUM_t und N_t um

$N_t = N_p + N_q$

und wähle das ähnlichste Paar auf der Basis

$$\frac{SUM_i + SUM_j + s_{ij}}{((N_i + N_j)(N_i + N_j - 1))/2}.$$

SINGLE
(Nächstgelegener Nachbar, Single-Linkage; Single linkage, nearest neighbor).

Aktualisiere s_{tr} um

$$s_{tr} = \begin{cases} \min(s_{pr}, s_{qr}) \\ \max(s_{pr}, s_{qr}) \end{cases}$$

falls S eine Unähnlichkeitsmatrix ist.

falls S eine Ähnlichkeitsmatrix ist

COMPLETE
(Entferntester Nachbar; Complete Linkage; Complete linkage, furthest neighbor).

Aktualisiere s_{tr} um

$$s_{tr} = \begin{cases} \max(s_{pr}, s_{qr}) \\ \min(s_{pr}, s_{qr}) \end{cases}$$

falls S eine Unähnlichkeitsmatrix ist.

falls S eine Ähnlichkeitsmatrix ist.

CENTROID
(Zentroid-Clusterung; Centroid Clustering, UPGMC).

Aktualisiere s_{tr} um

$$s_{tr} = \frac{N_p}{N_p + N_q} s_{pr} + \frac{N_q}{N_p + N_q} s_{qr} - \frac{N_p N_q}{(N_p + N_q)^2} s_{pq}$$

MEDIAN
(Median-Clusterung, Median Clustering, WPGMC).

Aktualisiere s_{tr} um

$$s_{tr} = (s_{pr} + s_{qr})/2 - s_{pq}/4$$

4 Anhang: Formeln

WARD
(Ward-Methode).

Aktualisiere s_{tr} um

$$s_{tr} = \frac{1}{(N_t + N_r)}[(N_r + N_p)s_{rp} + (N_r + N_q)s_{rq} - N_r s_{pq}]$$

Aktualisiere den Koeffizienten W um

$$W = W + .5 s_{pq}$$

Maße (Prozedur PROXIMITIES)

Maße für intervallskalierte Daten

EUCLID
Euklidische Distanz.
$$\text{EUCLID}(x, y) = \sqrt{\Sigma_i (x_i - y_i)^2}$$

SEUCLID
Quadrierte euklidische Distanz.
$$\text{SEUCLID}(x, y) = \Sigma_i (x_i - y_i)^2$$

CORRELATION
Pearson-Korrelation.
$$\text{CORRELATION}(x, y) = \frac{\Sigma_i (Z_{xi} Z_{yi})}{N}$$

COSINE
Kosinus.
$$\text{COSINE}(x, y) = \frac{\Sigma_i (x_i y_i)}{\sqrt{(\Sigma_i x_i^2)(\Sigma_i y_i^2)}}$$

CHEBYCHEV
Tschebyscheff.
$$\text{CHEBYCHEV}(x, y) = \max_i |x_i - y_i|$$

BLOCK
Block.
$$\text{BLOCK}(x, y) = \Sigma_i |x_i - y_i|$$

MINKOWSKI(p)
Minkowski.
$$\text{MINKOWSKI}(x, y) = \left(\Sigma_i |x_i - y_i|^p\right)^{1/p}$$

POWER(p,r)
Benutzerdefiniert.
$$\text{POWER}(x, y) = \left(\Sigma_i |x_i - y_i|^p\right)^{1/r}$$

Maße für Häufigkeit

CHISQ
Chi-Quadrat-Maß (basiert auf dem Chi²-Test auf die Gleichheit zweier Gruppen).
$$\text{CHISQ}(x, y) = \sqrt{\sum_i \frac{(x_i - E(x_i))^2}{E(x_i)} + \sum_i \frac{(y_i - E(y_i))^2}{E(y_i)}}$$

PH2
Phi-Quadrat-Maß.

$$\text{PH2}(x, y) = \frac{\text{CHISQ}(x, y)}{\sqrt{N}}$$

Maße für binäre Variablen

RR[(p[,np])]
Russell und Rao (Ähnlichkeitsmaß).

$$\text{RR}(x, y) = \frac{a}{a + b + c + d}$$

SM
Simple Matching (Ähnlichkeitsmaß).

$$\text{SM}(x, y) = \frac{a + d}{a + b + c + d}$$

JACCARD
Jaccard (Ähnlichkeitsmaß).

$$\text{JACCARD}(x, y) = \frac{a}{a + b + c}$$

DICE
Dice oder Czekanowski oder Sorenson (Ähnlichkeitsmaß).

$$\text{DICE}(x, y) = \frac{2a}{2a + b + c}$$

SS1
Sokal und Sneath 1 (Ähnlichkeitsmaß).

$$\text{SS1}(x, y) = \frac{2(a + d)}{2(a + d) + b + c}$$

RT
Rogers und Tanimoto (Ähnlichkeitsmaß).

$$\text{RT}(x, y) = \frac{a + d}{a + d + 2(b + c)}$$

SS2
Sokal und Sneath 2 (Ähnlichkeitsmaß).

$$\text{SS2}(x, y) = \frac{a}{a + 2(b + c)}$$

K1
Kulczynski 1 (Ähnlichkeitsmaß).

$$\text{K1}(x, y) = \frac{a}{b + c}$$

SS3
Sokal und Sneath 3 (Ähnlichkeitsmaß).

$$\text{SS3}(x, y) = \frac{a + d}{b + c}$$

Konditionale Wahrscheinlichkeiten

K2
Kulczynski 2 (Ähnlichkeitsmaß).

$$\text{K2}(x, y) = \frac{a/(a + b) + a/(a + c)}{2}$$

SS4
Sokal und Sneath 4 (Ähnlichkeitsmaß).
$$SS4(x,y) = \frac{a/(a+b) + a/(a+c) + d/(b+d) + d/(c+d)}{4}$$

HAMANN
Hamann (Ähnlichkeitsmaß).
$$HAMANN(x,y) = \frac{(a+d) - (b+c)}{a+b+c+d}$$

Maße der Vorhersagbarkeit

LAMBDA
Goodman und Kruskal Lambda (Ähnlichkeitsmaß).
$t_1 = \max(a,b) + \max(c,d) + \max(a,c) + \max(b,d)$
$t_2 = \max(a+c, b+d) + \max(a+b, c+d)$
$LAMBDA(x,y) = \frac{t_1 - t_2}{2(a+b+c+d) - t_2}$

D
Anderberg's D (Ähnlichkeitsmaß).
$t_1 = \max(a,b) + \max(c,d) + \max(a,c) + \max(b,d)$
$t_2 = \max(a+c, b+d) + \max(a+b, c+d)$
$D(x,y) = \frac{t_1 - t_2}{2(a+b+c+d)}$

Y
Yule's Y-Index bzw. Yule's Koeffizient der Kolligation (Ähnlichkeitsmaß).
$$Y(x,y) = \frac{\sqrt{ad} - \sqrt{bc}}{\sqrt{ad} + \sqrt{bc}}$$

Q
Yule's Q-Index (Ähnlichkeitsmaß).
$$Q(x,y) = \frac{ad - bc}{ad + bc}$$

Andere binäre Maße

OCHIAI
Ochiai-Index (Ähnlichkeitsmaß).
$$OCHIAI(x,y) = \sqrt{\left(\frac{a}{a+b}\right)\left(\frac{a}{a+c}\right)}$$

SS5
Sokal und Sneath 5 (Ähnlichkeitsmaß).
$$SS5(x,y) = \frac{ad}{\sqrt{(a+b)(a+c)(b+d)(c+d)}}$$

PHI
Phi-4-Punkt-Korrelation (Ähnlichkeitsmaß).
$$PHI(x,y) = \frac{ad - bc}{\sqrt{(a+b)(a+c)(b+d)(c+d)}}$$

BEUCLID
Binäre Euklidische Distanz.
$$BEUCLID(x,y) = \sqrt{b+c}$$

BSEUCLID
Binäre quadrierte Euklidische Distanz.
$$BSEUCLID(x,y) = b+c$$

SIZE
Größendifferenz.
$$\text{SIZE}(x,y) = \frac{(b-c)^2}{(a+b+c+d)^2}$$

PATTERN
Musterdifferenz.
$$\text{PATTERN}(x,y) = \frac{bc}{(a+b+c+d)^2}$$

BSHAPE
Binäre Formdifferenz.
$$\text{BSHAPE}(x,y) = \frac{(a+b+c+d)(b+c)-(b-c)^2}{(a+b+c+d)^2}$$

DISPER
Streuung (Ähnlichkeitsmaß)
$$\text{DISPER}(x,y) = \frac{ad-bc}{(a+b+c+d)^2}$$

VARIANCE
Varianz (Unähnlichkeitsmaß).
$$\text{VARIANCE}(x,y) = \frac{b+c}{4(a+b+c+d)}$$

BLWMN
Distanzmaß nach Lance und Williams (Unähnlichkeitsmaß).
$$\text{BLWMN}(x,y) = \frac{b+c}{2a+b+c}$$

2. Formeln der Two-Step Clusteranalyse (Prozedur TWOSTEP)

Notation:

K^A	Gesamtzahl aller kontinuierlichen Variablen, die in der Prozedur verwendet werden.
K^B	Gesamtzahl aller Kategorialvariablen, die in der Prozedur verwendet werden.
L_k	Anzahl der Kategorien der $k$ten Kategorialvariablen.
R_k	Range (Spannweite) der $k$ten kontinuierlichen Variablen.
N	Anzahl der Datenzeilen insgesamt.
N_k	Anzahl der Datenzeilen in Cluster k.
$\hat{\mu}_k$	Das geschätzte Mittel der $k$ten kontinuierlichen Variablen über den gesamten Datensatz hinweg.
$\hat{\sigma}_k^2$	Die geschätzte Varianz der $k$ten kontinuierlichen Variablen über den gesamten Datensatz hinweg.
$\hat{\mu}_{jk}$	Das geschätzte Mittel der $k$ten kontinuierlichen Variablen in Cluster j.

$\hat{\sigma}^2_{jk}$	Die geschätzte Varianz der $k$ten kontinuierlichen Variablen in Cluster j.
N_{jkl}	Anzahl der Datenzeilen in Cluster j, deren $k$te Kategorialvariable die $l$te Kategorie nimmt.
N_{kl}	Anzahl der Datenzeilen in der $k$ten Kategorialvariablen die die $l$te Kategorie nehmen.
d(j, s)	Distanz zwischen den Clustern j und s.
<j, s>	Index, der den Cluster repräsentiert, der durch die Fusionierung der Cluster j und s entsteht.

Log-Likelihood Distanz

$d(i,j) = \xi_i + \xi_j - \xi_{\langle i,j \rangle}$, wobei

$$\xi_v = -N_v \left(\sum_{k=1}^{K^A} \frac{1}{2} \log(\hat{\sigma}_k^2 + \hat{\sigma}_{vk}^2) + \sum_{k=1}^{K^B} \hat{E}_{vk} \right)$$

und

$$\hat{E}_{vk} = -\sum_{l=1}^{L_k} \frac{N_{vkl}}{N_v} \log \frac{N_{vkl}}{N_v}$$

Anzahl der Cluster

$$BIC(J) = -2 \sum_{j=1}^{J} \xi_j + m_J \log(N)$$, wobei

$$m_J = J \left\{ 2K^A + \sum_{k=1}^{K^B} (L_K - 1) \right\}$$

$$R_1(J) = \frac{dBIC(J)}{dBIC(1)}$$

$$R_2(k) = \frac{d_{\min}(C_k)}{d_{\min}(C_{k+1})}$$

Kontinuierliche Variablen

$$t = \frac{\hat{\mu}_k - \hat{\mu}_{jk}}{\hat{\sigma}_{jk}/\sqrt{N_k}}$$

Kategorialvariablen

$$\chi^2 = \sum_{l=1}^{L_k} \left(\frac{N_{jkl} - N_{kl}}{N_{kl}} \right)^2$$

3. Formeln der Clusterzentrenanalyse (Prozedur QUICK CLUSTER)

Notation:

NC	Anzahl der angeforderten Cluster.
M_i	Mittelwert des $i$ten Clusters.
x_k	Vektor der $k$ten Beobachtung.
$d(x_i, x_j)$	Euklidische Distanz zwischen den Vektoren x_i und x_j.
d_{mn}	$\min_{i,j} d(M_i, M_j)$.
ϵ	Kriterien für die Konvergenz.

Schritt 1:

Wähle die anfänglichen Clusterzentren

Um die anfänglichen Clusterzentren auszuwählen (die Differenzierung zu Cluster*mittel* findet sich in Schritt 2), wird ein einzelner Durchgang über die Daten durchgeführt. Die Werte der ersten NC Fälle ohne Missings Werte werden als Clusterzentren eingeteilt. Die verbleibenden Fälle werden wie folgt verarbeitet:

Falls $\min_i d(x_k, M_i) > d_{mn}$ und $d(x_k, M_m) > d(x_k, M_n)$, dann ersetzt x_k den M_n.
Falls $\min_i d(x_k, M_i) > d_{mn}$ und $d(x_k, M_m) < d(x_k, M_n)$, dann ersetzt x_k den M_m. Falls die Distanz zwischen x_k und seinem nächsten Clustermittel größer ist als die Distanz zwischen den zwei nächstgelegenen Mittelwerten (M_m und M_n), dann ersetzt x_k entweder M_m oder M_n, welcher auch immer näher bei x_k liegt.

Falls x_k kein Clustermittel ersetzt, wird ein zweiter Test vorgenommen:

Es sei M_q das nächstgelegene Clustermittel zu x_k.
Es sei M_p das zweitnächste Clustermittel zu x_k.
Falls $d(x_k, M_p) > \min_i d(M_q, M_i)$, dann $M_q = x_k$. Falls x_k weiter vom Zentrum des zweitnächsten Cluster entfernt liegt als das Zentrum des nächstgelegenen Clusters von jedem anderen Clusterzentrum, dann ersetze das Zentrum des nächstgelegenen Clusters mit x_k. Am Ende dieses Durchgangs durch die Daten sind die anfänglichen Mittelwerte aller NC Cluster festgelegt.
Hinweis: Falls NOINITIAL angegeben ist, liefern die ersten NC Fälle ohne Missings die anfänglichen Clusterzentren.

Schritt 2: **Aktualisiere die anfänglichen Clusterzentren**	Angefangen mit dem ersten Fall, wird jeder Fall wiederum dem nächstgelegenen Cluster zugewiesen und das Clustermittel entsprechend aktualisiert.
	Hinweis: Das anfängliche Clusterzentrum ist in diesem Mittelwert eingeschlossen. Die aktualisierten Clustermittel sind die Clusterzentren der Klassifikation. Falls NOUPDATE angegeben ist, wird dieser Schritt übersprungen.
Schritt 3: **Weise Fälle dem nächstgelegenen Cluster zu**	Der dritte Durchgang durch die Daten weist jeden Fall zum jeweils nächstgelegenen Cluster zu, wobei die Distanz zu einem Cluster die Euklidische Distanz zwischen diesem Fall und den (aktualisierten) Klassifikationszentren. Die endgültigen Clustermittel werden anschließend als die Durchschnittswerte der clusternden Variablen für die zugewiesenen Fälle pro Cluster berechnet. Endgültige Clustermittel enthalten keine Klassifikationszentren.
	Ist die Anzahl der Iterationen größer als 1, werden die endgültigen Clustermittel in Schritt 3 auf Clustermittel der Klassifikation am Ende von Schritt 2 gesetzt, und QUICK CLUSTER wiederholt nochmals Schritt 3. Der Algorithmus hält an, wenn entweder die maximale Anzahl an Iterationen erreicht ist oder wenn die maximale Veränderung von Clusterzentren in zwei aufeinanderfolgenden Iterationen kleiner ist als ε mal die Minimaldistanz zwischen den anfänglichen Clusterzentren.

4. Formeln der Faktorenanalyse (Prozedur FACTOR)

Extaktionsverfahren

Hauptkomponenten *(Principal Components Extraction, PC)*	$\Lambda_m = \Omega_m \Gamma_m^{1/2}$, wobei $\Omega_m = (\omega_1, \omega_2, \ldots, \omega_m)$ $\Gamma_m = diag(\lvert\gamma_1\rvert, \lvert\gamma_2\rvert, \ldots, \lvert\gamma_m\rvert)$ $h_i = \sum_{j=1}^{m} \lvert\gamma_j\rvert \omega_{ij}^2$
Analyse einer Korrelationsmatrix	$\gamma_1 \geq \gamma_2 \geq \ldots \geq \gamma_m$ sind die Eigenwerte und ω_i sind die entsprechenden Eigenvektoren von **R**, wobei **R** die Korrelationsmatrix darstellt.

Hauptachsen-Faktorisierung *(Principal Axis Factoring)*

$$h_{j(i)} = \sum_{j=1}^{m} |\gamma_{k(i)}| \omega_{jk(i)}^2$$

$$\Lambda_{m(i)} = \Omega_{m(i)} \Gamma_{m(i)}^{1/2}$$

Maximum Likelihood *(ML)*

$$F = tr\left[\left(\Lambda\Lambda' + \psi^2\right)^{-1} \mathbf{R}\right] - \log\left|\left(\Lambda\Lambda' + \psi^2\right)^{-1} \mathbf{R}\right| - p$$

$$\mathbf{x}^{(s+1)} = \mathbf{x}^{(s)} - \mathbf{d}^{(s)}$$

wobei $\mathbf{d}^{(s)}$ die Lösung zum System linearer Gleichungen ist.

$$\mathbf{H}^{(s)} \mathbf{d}^{(s)} = \mathbf{h}^{(s)}$$

und wobei

$$\mathbf{H}^{(s)} = \left(\partial^2 f(\psi)/\partial x_i \partial x_j\right)$$

und $\mathbf{h}^{(s)}$ ist der Spaltenvektor, der $\partial f(\psi)/\partial x_i$ enthält. Der Ausgangspunkt $\mathbf{x}^{(1)}$ ist

$$\mathbf{x}_i^{(1)} = \begin{cases} \log\left[(1 - m/2p)/r^{ii}\right] & \text{für ML und GLS,} \\ \left[(1 - m/2p)/r^{ii}\right]^{1/2} & \text{für ULS,} \end{cases}$$

wobei m die Anzahl der Faktoren repräsentiert und r^{ii} das $i$te Element der Diagonalen von $\mathbf{R}^{-1}$.

$$\hat{\Lambda}_m = \hat{\psi} \Omega_m \left(\Gamma_m^{-1} - \mathbf{I}_m\right)^{1/2}, \text{ wobei}$$

$$\Gamma_m = \text{diag}(\gamma_1, \gamma_2, \ldots, \gamma_m)$$
$$\Omega_m = (\omega_1, \omega_2, \ldots, \omega_m)$$

Ungewichtete kleinste Quadrate *(Unweighted Least Squares, ULS)*

$$f(\psi) = \begin{cases} \sum_{k=m+1}^{p} \dfrac{\gamma_k^2}{2} & \text{für ULS} \\ \sum_{k=m+1}^{p} \dfrac{(\gamma_k - 1)^2}{2} & \text{für GLS} \end{cases}$$

Verallgemeinerte kleinste Quadrate *(Generalized Least Squares, GLS)*

Für die Methode ULS wird die Eigenanalyse an der Matrix $\mathbf{R} - \psi^2$ vorgenommen, wobei $\gamma_1 \geq \gamma_2 \geq \ldots \geq \gamma_p$ die Eigenwerte sind.

$$\hat{\Lambda}_m = \Omega_m \Gamma_m^{1/2}$$

$$\chi_m^2 = \left(W - 1 - \frac{2p + 5}{6} - \frac{2m}{3}\right) f(\hat{\psi}), \text{ mit}$$

$$\left((p - m)^2 - p - m\right)/2$$

Alpha-Faktorisierung *(Alpha; Harman, 1976)*

Iteration für Kommunalitäten

Bei jeder Iteration i:

Die Eigenwerte ($r_{(i)}$) und Eigenvektoren ($\Omega_{(i)}$) von $\mathbf{H}^{1/2}_{(i-1)}(\mathbf{R} - \mathbf{I})\mathbf{H}^{1/2}_{(i-1)} + \mathbf{I}$ werden berechnet. Die neuen Kommunalitäten sind

$$h_{k(i)} \left(\sum_{j=1}^{m} |\gamma_{j(i)}| \omega^2_{kj(i)} \right) h_{k(i-1)}$$

Die anfänglichen Werte der Kommunalitäten, H_0, sind

$$h_{io} = \begin{cases} 1 - 1/r^{ii} & |\mathbf{R}| \geq 10^{-8} \text{ und alle } 0 \leq h_{i\,o} \leq 1 \\ \max_j |r_{ij}| & \text{sonst,} \end{cases}$$

wobei r^{ii} der $i$te Eintrag in der Diagonalen von $\mathbf{R}^{-1}$ ist.

Falls $|\mathbf{R}| \geq 10^{-8}$ und alle r^{ii} gleich 1 sind, wird der Vorgang beendet. Falls für einige i die Bedingung $\max_j |r_{ij}| > 1$ erfüllt ist, wird der Vorgang beendet.

Die Iteration hält an, falls irgendeine der folgenden Bedingungen wahr sind:
$\max_k |h_{k(i)} - h_{k(i-1)}| < \text{EPS}$
$i = \text{MAX}$

$h_{k(i)} = 0$ für irgendein k.

Finale Kommunalitäten und Faktormustermatrix (factor pattern matrix)

Die Kommunalitäten sind die Werte, wenn die Iteration anhält (außer wenn das letzte Terminierungskriterium wahr ist). In diesem Fall hält der Vorgang an. Die Faktormustermatrix ist

$$\mathbf{F}_m = \mathbf{H}^{1/2}_{(f)} \Omega_{m(f)} \Gamma^{1/2}_{m(f)},$$

wobei f die finale Iteration ist.

Image-Faktorisierung *(Image; Kaiser, 1963)*

Faktorenanalyse einer Korrelationsmatrix

Eigenwerte und Eigenvektoren von $\mathbf{S}^{-1}\mathbf{R}\mathbf{S}^{-1}$ werden gefunden.
$\mathbf{S}^2 = \text{diag}(1/r^{11},\ldots,1/r^{nn})$.
$r^{ii} = i$tes Element der Diagonalen von $\mathbf{R}^{-1}$.

Die Faktormustermatrix ist

$$\mathbf{F}_m = \mathbf{S}\Omega_m(\Lambda_m - I_m)\Lambda_m^{-1/2},$$

wobei Ω_m und Λ_m den m Eigenwerten größer als 1 entsprechen. Falls $m = 0$, wird der Vorgang beendet. Die Kommunalitäten sind

$$h_i = \sum_{j=1}^{m} (\gamma_j - 1)^2 \omega_{ij}^2 / (\gamma_j r^{ii})$$

Die Image-Kovarianzmatrix ist: $R+S^2R^{-1}S^2-2S^2$.
Die Anti-Image-Kovarianzmatrix ist: $S^2R^{-1}S^2$.

Rotationsverfahren (Unterbefehl ROTATION)

Orthogonale Rotationen (Harman, 1976)

Rotationen werden zyklisch an Faktorenpaaren vorgenommen bis die maximale Anzahl der Iterationen erreicht oder das Konvergenzkriterium erfüllt ist. Der Algorithmus ist für alle orthogonale Rotationen derselbe. Die einzigen Unterschiede bestehen in der Berechnung der Tangenswerte der Rotationswinkel.

Die Faktormustermatrix wird durch die Quadratwurzel der Kommunalitäten normalisiert:

$$\Lambda_m^* = H^{-1/2} \Lambda_m,$$

wobei

$\Lambda_m = (\underline{\lambda}_1, \ldots, \underline{\lambda}_m)$ die Diagonalmatrix der Kommunalitäten ist. Die Transformationsmatrix T wird zu I_m initialisiert.

Bei jeder Iteration i

(1) ist das Konvergenzkriterium

$$SV_{(i)} = \sum_{j=1}^{m} \left(n \sum_{k=1}^{n} \lambda_{kj(i)}^{*4} - \left(\sum_{k=1}^{n} \lambda_{kj(i)}^{*2} \right)^2 \right) / n^2,$$

wobei der Anfangswert von $\Lambda_{m(1)}^*$ die original Faktormustermatrix ist. Für nachfolgende Iterationen ist der Anfangswert der endgültige Wert aus $\Lambda_{m(i-1)}^*$, wenn alle Faktorenpaare rotiert sind.

(2) Für alle Faktorenpaare (λ_j, λ_k), wobei $k>j$, wird folgendes berechnet:

(a) Rotationswinkel

$P = 1/4\tan^{-1}(X/Y)$, wobei

$$X = \begin{cases} D - 2AB/n & \text{Varimax} \\ D - mAB/n & \text{Equimax} \\ D & \text{Quartimax} \end{cases}$$

$$Y = \begin{cases} C - (A^2 - B^2)/n & \text{Varimax} \\ C - m(A^2 - B^2)/2n & \text{Equimax} \\ C & \text{Quartimax} \end{cases}$$

$$u_{p(i)} = f^{*2}_{pj(i)} - f^{*2}_{pk(i)} \quad v_{p(i)} = 2 f^{*}_{pj(i)} f^{*}_{pk(i)} \quad p = 1,\ldots,n$$

$$A = \sum_{p=1}^{n} u_{p(i)} \qquad B = \sum_{p=1}^{n} v_{p(i)}$$

$$C = \sum_{p=1}^{n} \left[u^{2}_{p(i)} - v^{2}_{p(i)} \right] \qquad D = \sum_{p=1}^{n} 2 u_{p(i)} v_{p(i)}$$

Falls $|\sin(P)| \leq 10^{-15}$, wird an den Faktorenpaaren keine Rotation vorgenommen.

(b) Neue rotierte Faktoren:

$$\left(\tilde{\lambda}_{j(i)}, \tilde{\lambda}_{k(i)} \right) = \left(\lambda^{*}_{j(i)}, \lambda^{*}_{k(i)} \right) \begin{vmatrix} \cos(P) & -\sin(P) \\ \sin(P) & \cos(P) \end{vmatrix},$$

wobei $\lambda^{*}_{j(i)}$ die letzten Werte für Faktor j sind, die in dieser Iteration berechnet werden.

(c) Die anfallende Transformationsmatrix der Rotationen:

$$(\tilde{t}_j, \tilde{t}_k) = (t_j, t_k) \begin{vmatrix} \cos(P) & -\sin(P) \\ \sin(P) & \cos(P) \end{vmatrix}, \text{ wobei}$$

t_j und t_k die letzten berechneten Werte der $j$ten und $k$ten Spalten von T sind.

(d) Die Iteration wird beendet bei $|SV_{(i)} - SV_{(i-1)}| \leq 10^{-5}$ oder wenn die maximale Anzahl der Iterationen erreicht ist.

(e) Endgültige rotierte Faktormustermatrix:

$$\tilde{\Lambda}_m = H^{1/2} \Lambda^{*}_{m(f)}, \text{ wobei } \Lambda^{*}_{m(f)}$$

der Wert der letzten Iteration ist.

(f) Berücksichtigen der Faktoren mit negativen Summen

$$\text{falls } \sum_{i=1}^{n} \tilde{\lambda}_{ij(f)} < 0 \quad \text{dann} \quad \tilde{\lambda}_j = -\tilde{\lambda}_{j(f)}.$$

(g) Neu Anordnen der rotierten Faktoren so, dass

$$\sum_{j=1}^{n} \tilde{\lambda}_{j1}^2 \geq \cdots \geq \sum_{j=1}^{n} \tilde{\lambda}_{jm}^2 \, .$$

(h) Die Kommunalitäten sind

$$h_j = \sum_{i=1}^{m} \tilde{\lambda}_{ji}^2 \, .$$

Oblique Rotationen

Direkte Oblimin-Methode

Die direkte Oblimin-Methode wird für die oblique Rotation verwendet. Der Anwender kann den Parameter δ selbst festlegen. Der voreingestellte Wert ist $\delta = 0$.

(a) Die Faktormustermatrix wird durch die Quadratwurzel der Kommunalitäten normalisiert:

$$\Omega_m^* = \mathbf{H}^{-1/2} \Lambda_m,$$

wobei

$$h_j = \sum_{k=1}^{m} \lambda_{jk}^2 \, .$$

Diese Normalisierung wird nur dann vorgenommen, wenn bei den Kriterien die Option KAISER angegeben wurde. Die Kaiser-Normalisierung erzielt bei kleinen Stichproben unter Umständen unerwünschte Ergebnisse (z.B. Browne, 2001, 130; MacCallum et al., 1999).

(b) Initialisierungen

Die Faktorkorrelationsmatrix (factor correlation matrix) C wird auf I_m initialisiert. Die folgenden werden ebenfalls berechnet:

$$s_k = \begin{cases} 1 \\ h_k \end{cases} \quad \text{falls Kaiser} \quad k = 1, \ldots, n$$

4 Anhang: Formeln

$$u_i = \sum_{j=1}^{n} \lambda_{ji}^{*2} \quad \text{falls kein Kaiser} \quad i = 1,\ldots, m$$

$$v_i = \sum_{j=1}^{n} \lambda_{ji}^{*4}$$

$$x_i = v_i - (\delta/n)u_i^2$$

$$D = \sum_{i=1}^{m} u_i$$

$$G = \sum_{i=1}^{m} x_i$$

$$H = \sum_{k=1}^{n} s_i^2 - (\delta/n)D^2$$

$$FO = H - G$$

(c) Bei jeder Iteration werden alle möglichen Faktorenpaare rotiert. Für ein Faktorenpaar λ_p^* und λ_q^* $(p \neq q)$ werden die folgenden berechnet:

$$D_{pq} = D - u_p - u_q$$

$$G_{pq} = G - x_p - x_q$$

$$s_{pq,i} = s_i - \lambda_{ip}^{*2} - \lambda_{iq}^{*2}$$

$$y_{pq} = \sum_{i=1}^{n} \lambda_{ip}^{*} \lambda_{iq}^{*}$$

$$z_{pq} = \sum_{i=1}^{n} \lambda_{ip}^{*2} \lambda_{iq}^{*2}$$

$$T = \sum_{i=1}^{n} s_{pq,i} \lambda_{ip}^{*2} - (\delta/n)u_p D_{pq}$$

$$Z = \sum_{i=1}^{n} s_{pq,i} \lambda_{ip}^{*} \lambda_{iq}^{*} - (\delta/n) y_{pq} D_{pq}$$

$$P = \sum_{i=1}^{n} \lambda_{ip}^{*3} \lambda_{iq}^{*} - (\delta/n) u_p y_{pq}$$

$$R = z_{pq} - (\delta/n) u_p u_q$$

$$P' = \tfrac{3}{2}(c_{pq} - P/x_p)$$

$$Q' = \tfrac{1}{2}(x_p - 4c_{pq}P + R + 2T)/x_p$$

$$R' = \tfrac{1}{2}(c_{pq}(T + R) - P - Z)/x_p$$

Eine Wurzel, a, der Gleichung $b^3 + P'b^2 + Q'b + R = 0$ wird berechnet, wie auch

$$A = 1 + 2c_{pq}a + a^2$$
$$t_1 = |A|^{1/2}$$
$$t_2 = a/t_1$$

Das rotierte Faktorenpaar ist

$$\left(\tilde{\lambda}_p^*, \tilde{\lambda}_q^*\right) = \left(\lambda_p^*, \lambda_q^*\right)\begin{vmatrix} t_1 & -a \\ 0 & 1 \end{vmatrix}$$. Diese ersetzen die vorherigen Faktorwerte. Neue Werte werden berechnet für:

$$\tilde{u}_p = |A|u_p$$

$$\tilde{x}_p = A^2 x_p$$

$$\tilde{v}_q = \sum_{i=1}^{n} \tilde{\lambda}_{iq}^{*4}$$

$$\tilde{u}_q = \sum_{i=1}^{n} \tilde{\lambda}_{iq}^{*2}$$

$$\tilde{x}_q = \tilde{v}_q - (\delta/n)\tilde{u}_q^2$$

$$\tilde{S}_k = S_{pq,k} + \tilde{\lambda}_{kp}^{*2} + \tilde{\lambda}_{kq}^{*2}$$

$$\tilde{D} = D_{pq} + \tilde{u}_p + \tilde{u}_q$$

$$\tilde{G} = G_{pq} + \tilde{x}_p + \tilde{x}_q$$

Alle mit $\tilde{V}$ gekennzeichneten Werte ersetzen V und werden in den anschließenden Berechnungen verwendet.

Die neuen Faktorkorrelation mit dem Faktor p sind

$$\tilde{c}_{ip} = t_1^{-1}c_{ip} + t_2 c_{iq} \quad (i \neq p)$$

$$\tilde{c}_{pi} = \tilde{c}_{ip}$$

$$\tilde{c}_{pp} = 1$$

Nachdem alle Faktorenpaare rotiert worden sind, wird die Iteration beendet.

Falls die maximale Anzahl der Iterationen durchgeführt wurde

$|F1_{(i)} - F1_{(i-1)}| < (FO)(EPS)$, wobei

$F1_{(i)} = \tilde{H} - \tilde{G}$

$\tilde{H} = \sum_{k=1}^{n} \tilde{s}_k^2 - (\delta/n)\tilde{D}^2$

$F1_{(0)} = FO$

Andernfalls werden die Faktorenpaare wieder rotiert.

Die endgültige rotierte Faktormustermatrix ist

$\tilde{\lambda}_m = \mathbf{H}^{1/2} \tilde{\lambda}_m^*$, wobei $\tilde{\lambda}_m$ der Wert der endgültigen Iteration ist.

Die Faktorstrukturenmatrix ist $\mathbf{S} = \tilde{\Lambda}_m \tilde{\mathbf{C}}_m$, wobei $\tilde{\mathbf{C}}_m$ die Faktorkorrelationsmatrix in der endgültigen Iteration ist.

5. Formeln der Diskriminanzanalyse (Prozedur DISCRIMINANT)

Notation:

g	Anzahl der Gruppen.
p	Anzahl der Variablen.
q	Anzahl der ausgewählten Variablen.
X_{ijk}	Wert der Variablen i für den Fall k in Gruppe j.
f_{jk}	Fallgewichte für Fall k in Gruppe j.
m_j	Anzahl der Fälle in Gruppe j.
n_j	Summe der Fallgewichte in Gruppe j.
n	Gesamtsumme der Gewichte.

Grundlegende Statistiken

Mittelwert (Mittel)

$$\overline{X}_{ij} = \left(\sum_{k=1}^{m_j} f_{jk} X_{ijk} \right) / n_j \qquad \text{(Variable } i \text{ in Gruppe } j\text{)}$$

$$\overline{X}_{i\bullet} = \left(\sum_{j=1}^{g} \sum_{k=1}^{m_j} f_{jk} X_{ijk} \right) / n \qquad \text{(Variable } i\text{)}$$

Varianzen	$S_{ij}^2 = \dfrac{\left(\sum_{k=1}^{m_j} f_{jk} X_{ijk}^2 - n_j \overline{X}_{ij}^2\right)}{(n_j - 1)}$	(Variable i in Gruppe j)
	$S_{i\bullet}^2 = \dfrac{\left(\sum_{j=1}^{g}\sum_{k=1}^{m_j} f_{jk} X_{ijk}^2 - n\overline{X}_i^2\right)}{(n-1)}$	(Variable i)

Quadratsummen und Kreuzproduktmatrix innerhalb der Gruppen *(Within-Groups Sums of Squares and Cross-Product Matrix, W)*

$$w_{il} = \sum_{j=1}^{g}\sum_{k=1}^{m_j} f_{jk} X_{ijk} X_{ljk} - \sum_{j=1}^{g}\left(\sum_{k=1}^{m_j} f_{jk} X_{ijk}\right)\left(\sum_{k=1}^{m_j} f_{jk} X_{ljk}\right)/n_j$$

$i, l = 2, \ldots, p$

Gesamt der Quadratsummen und Kreuzproduktmatrix *(Total Sums of Squares and Cross-Product Matrix, T)*

$$t_{il} = \sum_{j=1}^{g}\sum_{k=1}^{m_j} f_{jk} X_{ijk} X_{ljk} - \left(\sum_{j=1}^{g}\sum_{k=1}^{m_j} f_{jk} X_{ijk}\right)\left(\sum_{j=1}^{g}\sum_{k=1}^{m_j} f_{jk} X_{ljk}\right)/n$$

Kovarianzmatrix innerhalb der Gruppen *(Within-Group Covariance Matrix)*

$$\mathbf{C} = \dfrac{\mathbf{W}}{(n-g)} \quad n > g$$

Kovarianzmatrix der einzelnen Gruppe *(Individual Group Covariance Matrices)*

$$c_{il}^{(j)} = \dfrac{\left(\sum_{k=1}^{m_j} f_{jk} X_{ijk} X_{ljk} - \overline{X}_{ij}\overline{X}_{lj} n_j\right)}{(n_j - 1)}$$

Korrelationsmatrix innerhalb der Gruppen *(Gemeinsame (gepoolte) Korrelationsmatrix, Within-Groups Correlation Matrix, R)*

$$r_{il} = \begin{cases} \dfrac{w_{il}}{\sqrt{w_{ii} w_{ll}}} & \text{Falls } w_{ii}\, w_{ll} > 0 \\ \text{SYSMIS} & \text{ansonsten} \end{cases}$$

Gesamte Kovarianzmatrix *(Gesamt-Kovarianzmatrix, Total Covariance Matrix)*

$$\mathbf{T}' = \dfrac{\mathbf{T}}{n-1}$$

Univariates F und Λ für Variable I

$$F_i = \dfrac{(t_{ii} - w_{ii})(n-g)}{w_{ii}(g-1)}$$

mit $g-1$ und $n-g$ Freiheitsgraden.

$$\Lambda_i = \dfrac{w_{ii}}{t_{ii}}$$

mit 1, $g-1$ und $n-g$ Freiheitsgraden.

Berechnungen während des Vorgangs der Variablenauswahl

$$\begin{bmatrix} \mathbf{W}_{11} & \mathbf{W}_{12} \\ \mathbf{W}_{21} & \mathbf{W}_{22} \end{bmatrix},$$

wobei $\mathbf{W}_{11}$ $q \times q$ entspricht. Zu diesem Zeitpunkt / ist die Matrix $\mathbf{W}^*$ definiert durch:

$$\mathbf{W}^* = \begin{bmatrix} -\mathbf{W}_{11}^{-1} & \mathbf{W}_{11}^{-1}\mathbf{W}_{12} \\ \mathbf{W}_{21}\mathbf{W}_{11}^{-1} & \mathbf{W}_{22} - \mathbf{W}_{21}\mathbf{W}_{11}^{-1}\mathbf{W}_{12} \end{bmatrix} = \begin{bmatrix} \mathbf{W}_{11}^* & \mathbf{W}_{12}^* \\ \mathbf{W}_{21}^* & \mathbf{W}_{22}^* \end{bmatrix}$$

Toleranz *(Tolerance)*

$$\mathrm{TOL}_i = \begin{cases} 0 & \text{- falls } w_{ii} = 0 \\ w_{ii}^*/w_{ii} & \text{- falls Variable nicht in der Analyse und } w_{ii} \neq 0 \\ -1/(w_{ii}^* w_{ii}) & \text{- falls Variable in der Analyse und } w_{ii} \neq 0 \end{cases}$$

F *(F für Ausschluss; F-to-Remove)*

$$F_i = \frac{(w_{ii}^* - t_{ii}^*)(n-q-g+1)}{t_{ii}^*(g-1)},$$

mit den Freiheitsgraden $g-1$ und $n-q-g+1$.

F *(F für Aufnahme; F-to-Enter)*

$$F_i = \frac{(t_{ii}^* - w_{ii}^*)(n-q-g)}{w_{ii}^*(g-1)},$$

mit den Freiheitsgraden $g-1$ und $n-q-g$.

Wilks' Lambda für den Test auf Gleichheit von Gruppenmittelwerten *(Wilks' Lambda for Testing the Equality of Group Means)*

$$\Lambda = |\mathbf{W}_{11}|/|\mathbf{T}_{11}|,$$

mit den Freiheitsgraden q, $g-1$ und $n-g$.

Näherungsweiser F-Test für Lambda *(Rao's R, Approximate F Test for Lambda, „overall F"; Tatsuoka, 1971).*

$$F = \frac{(1-\Lambda^s)(r/s+1-qh/2)}{\Lambda^s qh}, \text{ wobei}$$

$$s = \begin{cases} \sqrt{\frac{q^2+h^2-5}{q^2h^2-4}} & \text{Falls } q^2 + h^2 \neq 5 \\ 1 & \text{ansonsten} \end{cases}$$

$r = n - 1 - (q+g)/2$
$h = g - 1$

mit Freiheitsgraden qh und $r/s+1-qh/2$. Die Annäherung ist exakt, falls q oder h 1 oder 2 ist (Rao, 1951).

Rao's V *(Lawley-Hotelling-Spur, Lawley-Hotelling Trace; Rao, 1951; Morrison, 1976)*

$$V = -(n-g) \sum_{i=1}^{q} \sum_{l=1}^{q} w_{il}^*(t_{il} - w_{il})$$

Quadrierte Mahalanobis-Distanz zwischen den Gruppen a und b *(Squared Mahalanobis Distance between groups a and b; Morrison, 1976)*

$$D_{ab}^2 = -(n-g)\sum_{i=1}^{q}\sum_{l=1}^{q} w_{il}^* \left(\overline{X}_{ia} - \overline{X}_{ib}\right)\left(\overline{X}_{la} - \overline{X}_{lb}\right)$$

F-Wert für den Test auf Gleichheit der Mittelwerte der Gruppen a und b *(F Value for Testing the Equality of Means of Groups a and b)*

$$F_{ab} = \frac{(n-q-g+1)n_a n_b}{q(n-g)(n_a+n_b)} D_{ab}^2$$

Summe nicht erklärter Variation *(Sum of Unexplained Variations; Dixon, 1973).*

$$R = \sum_{a=1}^{g-1}\sum_{b=a+1}^{g} 4/\left(4 + D_{ab}^2\right)$$

Klassifikationsfunktionen.

$$b_{ij} = (n-g)\sum_{l=1}^{q} w_{il}^* \overline{X}_{lj} \quad i=1,2,\ldots,q, j=1,2,\ldots,g$$

für die Koeffizienten, und

$$a_j = \log p_j - \tfrac{1}{2}\sum_{i=1}^{q} b_{ij}\overline{X}_{ij} \quad j=1,2,\ldots,q$$

für die Konstante, wobei p_j die vorangegangene Wahrscheinlichkeit von Gruppe j ist.

Kanonische Diskriminanzfunktion

Die Koeffizienten der kanonischen Diskriminanzfunktion werden durch das Lösen eines allgemeinen Eigenwertproblems bestimmt:

(T-W)V = λWV, wobei V der nicht skalierten Matrix der Koeffizienten der Diskriminanzfunktion und λ einer diagonalen Matrix von Eigenwerten entspricht.

Das Eigensystem wird wie folgt gelöst: Es wird die Cholesky-Zerlegung W = LU gebildet, wobei L einer unteren dreieckigen Matrix und U = L´ entspricht. Die symmetrische Matrix $L^{-1} BU^{-1}$ wird gebildet und das System (L^{-1} (T-W)U^{-1} λI)(UV) = 0 wird durch die Verwendung von

Tridiagonalisierung und der QL-Methode gelöst. Das Ergebnis sind m Eigenwerte, wobei $m = \min(q, g -1)$ und entsprechende orthonormale Eigenvektoren, UV. Die Eigenvektoren des ursprünglichen Systems erhält man als $V = U^{-1}(UV)$.

Für jeden der Eigenwerte, angeordnet in abnehmender Größe, werden die nachfolgenden Statistiken berechnet.

Prozentsatz der erklärten Varianz zwischen den Gruppen (Percentage of Between-Groups Variance Accounted for)

$$\frac{\frac{100\lambda_k}{m}}{\sum_{k=1}^{m}\lambda_k}$$

Kanonische Korrelation

$$\sqrt{\lambda_k/(1+\lambda_k)}$$

Wilks' Lambda

Wilks' Lambda testet die Signifikanz aller diskriminierenden Funktionen nach dem ersten k:

$$\Lambda_k = \prod_{i=k+1}^{m} 1/(1+\lambda_i) \quad k = 0, 1, \ldots, m-1$$

Das Signifikanzniveau basiert auf

$$\chi^2 = -(n - (q+g)/2 - 1)\ln \Lambda_k,$$

was x^2-verteilt ist mit $(q-k)(g-k-1)$ Freiheitsgraden.

Matrix der standardisierten kanonischen Diskriminanzkoeffizienten D

Die Matrix der standardisierten kanonischen Diskriminanzkoeffizienten D wird berechnet als

$$D = S_{11}^{-1}V \text{ ,wobei}$$

$S = \text{diag}(\sqrt{w_{11}}, \sqrt{w_{22}}, \ldots, \sqrt{w_{pp}})$.

S_{11} = Partition, die die ersten q Zeilen und Spalten von S enthält. V ist eine Matrix von Eigenvektoren mit der Eigenschaft $V'W_{11}V = I$.

Die Korrelationen zwischen den kanonischen Diskriminanzfunktionen und den diskriminierenden Variablen

Die Korrelationen zwischen den kanonischen Diskriminanzfunktionen und den diskriminierenden Variablen sind gegeben durch

$$\mathbf{R} = \mathbf{S}_{11}^{-11} \mathbf{W}_{11} \mathbf{V}$$

Im Falle, dass einige Variablen für den Einschluss in die Analyse nicht ausgewählt worden waren ($q<p$), werden die Eigenvektoren implizit mit Nullen erweitert, um die nicht ausgewählten Variablen in die Korrelationsmatrix aufnehmen zu können.

Variablen mit $W_{ii} = 0$ werden bei dieser Berechnung aus S und W ausgeschlossen; p repräsentiert dann die Anzahl an Variablen mit Inner-Gruppen Varianz ungleich Null.

Die nichtstandardisierten Koeffizienten

Die nichtstandardisierten Koeffizienten werden aus den standardisierten Koeffizienten ermittelt über

$$\mathbf{B} = \sqrt{(n-g)} \mathbf{S}_{11}^{-1} \mathbf{D}.$$

Die assoziierten Konstanten sind:

$$a_k = -\sum_{i=1}^{q} b_{ik} \overline{X}_{i\bullet}$$

Die Gruppen-Zentroiden sind die kanonischen Diskriminanzfunktionen geschätzt an den Gruppenmitteln:

$$\overline{f}_{kj} = a_k + \sum_{i=1}^{q} b_{ik} \overline{X}_{ij}$$

Tests auf Varianzhomogenität (Gleichheit der Varianzen)

Box's M wird verwendet, um die Gleichheit der Gruppenkovarianzmatrizen zu überprüfen:

$$M = (n-g)\log\left|\mathbf{C}'\right| - \sum_{j=1}^{g}(n_j - 1)\log\left|\mathbf{C}^{(j)}\right|$$

Das Signifikanzniveau erhält man aus der F-Verteilung mit $t1$ und $t2$ Freiheitsgraden unter der Verwendung von (Cooley & Lohnes, 1971):

$$F = \begin{cases} M/b & \text{if } e_2 > e_1^2 \\ \frac{t_2 M}{t_1(b-M)} & \text{if } e_2 < e_1^2 \end{cases}, \text{ wobei}$$

$$e_1 = \left(\sum_{j=1}^{g} \frac{1}{n_j - 1} - \frac{1}{n-g} \right) \frac{2p^2 + 3p - 1}{6(g-1)(p+1)}$$

$$e_2 = \left(\sum_{j=1}^{g} \frac{1}{(n_j-1)^2} - \frac{1}{(n-g)^2} \right) \frac{(p-1)(p+2)}{6(g-1)}$$

$$t_2 = (t_1 + 2)/|e_2 - e_1^2|$$

$$b = \begin{cases} \frac{t_1}{1-e_1-t_1/t_2} & \text{if } e_2 > e_1^2 \\ \frac{t_2}{1-e_1-2/t_2} & \text{if } e_2 < e_1^2 \end{cases}$$

Falls $e_1^2 - e_2$ gleich Null ist oder viel kleiner als e_2, kann t_2 nicht genau oder gar nicht berechnet werden.

Falls $e_2 = e_2 + 0.0001(e_2 - e_1^2)$, verwendet das Programm eher Bartlett's x^2 Statistik als die F-Statistik:

$\chi^2 = M(1 - e_1)$ mit t_1 Freiheitsgraden.

Klassifizierung

Das grundlegende Vorgehen um einen Fall zu klassifizieren ist wie folgt:

Falls X der $1 \times q$ Vektor diskriminierender Variablen für den Fall ist, ist der $1 \times m$ Vektor der Werte der kanonischen Diskriminanzfunktion f = XB + a.

Eine Chi²-Distanz von jedem Zentroiden wird berechnet:

$$\chi_j^2 = (\mathbf{f} - \bar{\mathbf{f}}_j) \mathbf{D}_j^{-1} (\mathbf{f} - \bar{\mathbf{f}}_j)'.$$

Die Klassifikations- bzw. Posterioriwahrscheinlichkeit ist

$$P(\mathbf{G}_j | \mathbf{X}) = \frac{P_j |\mathbf{D}_j|^{-1/2} e^{-\chi_j^2/2}}{\sum_{j=1}^{g} P_j |\mathbf{D}_j|^{-1/2} e^{-\chi_j^2/2}},$$

wobei p_j die vorangegangene Wahrscheinlichkeit für Gruppe j ist. Ein Fall wird der Gruppe zugeteilt, für die $P(G_j | X)$ am höchsten ist.

5 Literatur

Anandan, C.; Prasanna Mohanraj, M. & Madhu, S. (2006). A Study of the Impact of Values and Lifestyles (VALS) on Brand Loyalty with Special Reference to English Newspapers, Vilakshan, XIMB Journal of Management, 97–112.

Anderberg, Michael R. (1973). Cluster Analysis for Applications. New York: Academic Press.

Bacher, Johann (2009). Persönliche Information, 29.05.2009.

Bacher, Johann; Wenzig, Knut & Vogler, Melanie (2004). SPSS Two-Step Cluster – A First Evaluation. Friedrich-Alexander-Universität Erlangen-Nürnberg. Sozialwissenschaftliches Institut. Lehrstuhl für Soziologie. Arbeits- und Diskussionspapiere 2004-2 (2. Auflage).

Bacher, Johann (2002a). Clusteranalyse. München: Oldenbourg.

Bacher, Johann (2002b). Cluster Analysis. Nuremberg. Chair of Sociology. University Erlangen-Nuremberg (zitiert mit Genehmigung des Autors).

Bacher, Johann (2002c). Statistisches Matching: Anwendungsmöglichkeiten, Verfahren und ihre praktische Umsetzung in SPSS. ZA-Information, 51, 38–66.

Bacher, Johann (2001). Teststatistiken zur Bestimmung der Clusterzahl für QUICK CLUSTER. ZA-Information, 48, 71–97.

Bacher, Johann (2000a). Auffinden komplexer Zusammenhänge? Ein Erfahrungsbericht über Erkenntnisstand und Forschungsbedarf der Clusteranalyse. Österreichische Zeitschrift für Soziologie, 25, 4, 29–41.

Bacher, Johann (2000b). A probabilistic clustering model for variables of mixed type. *Quality & Quantity*, 34, 223–235.

Bartholomew, David J.; Steele, Fiona; Moustaki, Irini; Galbraith, Jane I. (2008). Analysis of Multivariate Social Science Data. Boca Raton, Florida: Chapman & Hall (2nd edition).

Bartholomew, David J. (1995). Spearman and the origin and development of factor analysis. British Journal of Mathematical and Statistical Psychology, 48, 211–220.

Bejar, Isaac (1978). Comment on Dziuban and Shirkey's decision rules for factor analysis. Psychological Bulletin, 85, 2, 325–326.

Berry, Michael J.A. & Linoff, Gordon S. (2000). Mastering Data Mining: The Art and Science of Custer Relationship Management. New York: John Wiley & Sons.

Bickel, Peter J. & Doksum, Kjell A. (1977). Mathematical Statistics. San Francisco: Holden-Day.

Biebler, Karl-Ernst & Jäger, Bernd (2008). Biometrische und epidemiologische Methoden. München, Wien: Oldenbourg

Bollen, Kenneth A. (2007). On the origins of latent curve models, 79–97. In: Cudeck, Robert & MacCallum, Robert C. (eds.). Factor analysis at 100: Historical developments and future directions. Mahwah, NJ: Lawrence Erlbaum.

Bookstein, Fred L. (1990). Least squares and latent variables. Multivariate Behavioral Research, 25, 75–80.

Boomsma, Anne & Hoogland, Jeffrey J. (2001). The robustness of LISREL modeling revisited, 139–168. In: Cudeck, Robert, du Toit, Stephen & Sörbom, Dag (eds.). Structural equation modeling: Present and future. Lincolnwood, Il: Scientific Software International.

Borg, Ingwer & Staufenbiel, Thomas (2007). Theorien und Methoden der Skalierung. Bern: Verlag Hans Huber (4.Auflage).

Bortz, Jürgen (1993). Statistik für Sozialwissenschaftler. Heidelberg: Springer.

Briggs, Nancy E. & MacCallum, Robert C. (2003). Recovery of weak common factors by maximum likelihood and ordinary least squares estimation. Multivariate Behavioral Research, 38, 25–26.

Browne, Michael W. (2001). An overview of analytic rotation in exploratory factor analysis. Multivariate Behavioral Research, 36,111–150.

Browne, Michael W. (1987). Robustness of statistical inference in factor analysis and related models. Biometrika, 74, 375–384.

Browne, Michael W. & Zhang, Guangjian (2007). Developments in the factor analysis of individual time series, 265–291. In: Cudeck, Robert & MacCallum, Robert C. (eds.). Factor Analysis at 100: Historical Developments and Future Directions. Mahwah, NJ: Lawrence Erlbaum.

Burt, Cyril & Stephenson, William (1939). Alternative views on correlations between persons. Psychometrika, 4, 269–281.

Carroll, John B. (1953). An analytical solution for approximating simple structure in factor analysis. Psychometrika, 18, 23.

Cattell, Raymond B. (1978). The Scientific Use of Factor Analysis. New York: Plenum.

Cattell, Raymond B. (1966). The scree test for the number of factors. Journal of Multivariate Behavioral Research, 1, 245–276.

Chapman, Pete; Clinton, Julian; Khabaza, Thomas; Reinartz, Thomas; Wirth, Rüdiger (1999). The CRISP-DM Process Model. Discussion Paper. The CRISP-DM consortium NCR System Engineering Copenhagen (Denmark), DaimlerChrysler AG (Germany), Integral Solutions Ltd. (England) and OHRA Verzekeringen en Bank Groep B.V (The Netherlands).

Chiu, Tom; Fang, DongPing; Chen, John; Wang, Yao & Jeris, Christopher (2001). A robust und scalable clustering algorithm for mixed type attributes in large database environment, 263–268. In: Proceedings of the 7th ACM SIGKDD International Conference on Knowledge Discovery und Data Mining.

Christofferson Anders (1975). Factor analysis of dichotomized variables. Psychometrika, 40, 5–32.

Clifford, Brian R.; Gunter, Barrie & McAleer, Jill L. (1995). Television and children: Program evaluation, comprehension, and impact. Hillsdale, New Jersey: Lawrence Erlbaum Associates.

Cooley, William W. & Lohnes, Paul R. (1971). Multivariate data analysis. New York: John Wiley & Sons, Inc.

Coovert, Michael D. & McNelis, Kathleen (1988). Determining the number of common factors in factor analysis: A review and program. Educational and Psychological Measurement, 48, 687–692.

Comrey, Andrew L. & Lee, Howard B. (1992). A first course in factor analysis. Hillsdale, New Jersey: Lawrence Erlbaum Associates.

Costello, Anna B. & Osborne, Jason W. (2005). Best practices in exploratory factor analysis: Four recommendations for getting the most from your analysis. Practical Assessment Research & Evaluation, 10, 7, 1–9.

Cudeck, Robert (2007). Factor analysis in the year 2004: Still spry at 100, 1–7. In: Cudeck, Robert & MacCallum, Robert C. (2007) (eds.). Factor analysis at 100: Historical developments and future directions. Mahwah, NJ: Lawrence Erlbaum.

Cudeck, Robert & MacCallum, Robert C. (2007) (eds.). Factor analysis at 100: Historical developments and future directions. Mahwah, NJ: Lawrence Erlbaum.

Cureton, Edward E. (1976). Studies of the promax and optres rotations. Multivariate Behavioral Research, 11, 449–460.

Diaz-Bone, Rainer (2004). Milieumodelle und Milieuinstrumente in der Marktforschung. FQS: Forum Qualitative Sozialforschung, 5, 2, Art. 28, 1–17.

Diehl, Joerg & Kohr, Heinz U. (1999^{12}). Deskriptive Statistik. Eschborn: Verlag Dietmar Klotz.

Dixon, Wilfred J. (1973). BMD Biomedical computer programs. Los Angeles: University of California Press.

Dziuban, Charles D. & Shirkey, Edwin C. (1974). When is a correlation matrix appropriate for factor analysis? Psychological Bulletin, 81, 358–361.

Dziuban, Charles D. & Harris, Chester W. (1973). On the extraction of components and the applicability of the factor model. American Educational Research Journal, 10, 93–99.

Eighmey, John & McCord, Lola (1998). Adding value in the information age: Uses and gratifications of sites on the World Wide Web. Journal of Business Research, 41, 3, 187–194.

Engle, Robert & Watson, Mark (1981). A one-factor multivariate time series model of metropolitan wages rates. Journal of the American Statistical Association, 76, 367, 774–781.

Everitt, Brian S.; Landau, Sabine & Leese, Morven (2001). Cluster Analysis. London: Hodder Arnold.

Fisher, Ronald A. (1936). The use of multiple measurements in taxonomic problems. Annals of Eugenics, 7, 179–188.

Fleiss, Joseph L. (1981²). Statistical methods for rates und proportions. New York: Wiley.

Gaensslen, Hermann & Schübo, Werner (1973). Einfache und komplexe statistische Analyse. München: Reinhardt.

Geider, Franz Josef; Rogge, Klaus-Eckart & Schaaf, Harald P. (1982). Einstieg in die Faktorenanalyse. Heidelberg: UTB, Quelle & Meyer.

Gerbing, David W. & Anderson, James C. (1985). The effects of sampling error and model characteristics on parameter estimation for maximum likelihood confirmatory factor analysis. Multivariate Behavioral Research, 20, 255–271.

Geweke, John F. & Singleton, Kenneth J. (1981). Maximum Likelihood „confirmatory" factor analysis of economic time series. International Economic Review, 22, 1 (Feb.), 37–54.

Gilley, William F. & Uhlig, George E. (1993). Factor analysis and ordinal data. Education, 114, 2, 258–264.

Glorfeld, Louis W. (1995). An improvement on Horn's parallel analysis methodology for selecting the correct number of factors to retain. Educational and Psychological Measurement, 55, 377–393.

Gordon, Allan D. (1999). Classification. London: Chapman & Hall/CRC.

Gorsuch, Richard L. (1983²). Factor Analysis. Hillsdale, New Jersey: Lawrence Erlbaum Associates.

Gorsuch, Richard L. (1990). Common factor analysis versus component analysis: Some well und little known facts. Multivariate Behavioral Research, 25, 1, 33–39.

Gould, Stephen J. (1983). Der falsch vermessene Mensch. Basel: Birkhäuser.

Graber, Marion (2000). Data Mining: Eine mächtige Methode im Business-Intellligence-Prozess. IT-Management, 1/2, 1–6 (Sonderdruck).

Haas, Alexander & Brosius, Hans-Bernd (2006). Typen gibt's! Zur Brauchbarkeit von Typologien in der Mediaforschung, 159–179. In: Koschnick, Wolfgang (Hrsg.), FOCUS-Jahrbuch 2006. München: FOCUS Magazin Verlag.

Hakstian, A. Ralph; Rogers, W. Todd, & Cattell, Raymond B. (1982). The behavior of number-of-factors rules with simulated data. Multivariate Behavioral Research, 17, 193–219.

Harman, Harry H. (1976³). Modern Factor Analysis. Chicago: University of Chicago Press.

Hartung, Joachim & Elpelt, Bärbel (1999⁶). Multivariate Statistik. München: Oldenbourg Verlag.

Hendrickson, Alan E. & White, Paul O. (1964). Promax: A quick method for rotation to oblique simple structure. British Journal of Mathematical and Statistical Psychology, 17, 65–70.

Hermann, Dieter (2004). Bilanz der empirischen Lebensstilforschung. Kölner Zeitschrift für Soziologie und Sozialpsychologie, 56, 1, 153–179.

Heywood, H.B. (1931). On finite sequences of real numbers. Proceedings of the Royal Society of London, Series A, 134, 486–501.

Horn, John L. & McArdle, John J. (2007). Understanding human intelligence since Spearman, 205–247. In: Cudeck, Robert & MacCallum, Robert C. (eds.). Factor analysis at 100: Historical developments and future directions. Mahwah, NJ: Lawrence Erlbaum.

Horn, John L. (1965). A rational and test for the number of factors in factor analysis. Psychometrika, 30, 179–185.

Hornig Priest, Susanna (2009). Doing Media Research: An Introduction. Thousand Oaks, CA: Sage Publications.

Hosmer, David W. & Lemeshow, Stanley (2000). Applied Logistic Regression. Second Edition. Wiley & Sons: New York.

Hotelling, Harold (1936). Simplified calculation of principal components. Psychometrika, 1, 27–35.

Hotelling, Harold (1933). Analysis of a complex of statistical variables into principal components. Journal of Educational Psychology, 24, 17–41, 498–520.

Inglehart, Ronald (1979). Wertwandel in den westlichen Gesellschaften. Politische Konsequenzen von materialistischen und postmaterialistischen Prioritäten, 279–316. In: Klages, Helmut & Kmieciak, Peter (Hsg.). Wertwandel und gesellschaftlicher Wandel. Frankfurt a.M./New York: Campus Verlag.

Jackson, David J. & Borgatta, Edgar F. (1981) (eds.). Factor Analysis and Measurement in Sociological Research: A Multi-Dimensional Perspective. London: Sage.

Jennrich, Robert I. (2007). Rotation methods, algorithms, and standard errors, 315–335. In: Cudeck, Robert & MacCallum, Robert C. (eds.). Factor analysis at 100: Historical developments and future directions. Mahwah, NJ: Lawrence Erlbaum.

Jennrich, Robert I. (1979). Admissible values of γ *(Gamma)* in direct oblimin rotation. Psychometrika, 44, 173–177.

Jennrich, Robert I. & Sampson Paul F. (1966). Rotation for simple loadings. Psychometrika, 31, 313–323.

Jöreskog, Karl G. (2007). Factor analysis and its extensions, 47–77. In: Cudeck, Robert & MacCallum, Robert C. (eds.). Factor analysis at 100: Historical developments and future directions. Mahwah, NJ: Lawrence Erlbaum.

Jöreskog, Karl G. (1984) On the estimation of polychoric correlations and their asymptotic covariance matrix. Psychometrika, 59, 3, 381–389

Jöreskog, Karl G. (1977). Factor analysis by least-square and maximum-likelihood method. In: Enslein, Kurt; Ralston, Anthony; Wilf, Herbert S. (eds.). Statistical Methods for Digital Computers, Vol. 3, (Hgg.). New York: John Wiley and Sons.

Jöreskog, Karl G. (1969). A general approach to confirmatory maximum likelihood factor analysis. Psychometrika, 34, 183–202.

Jöreskog, Karl G. (1962). On the statistical treatment of residuals in factor analysis. Psychometrika, 27, 335–54.

Jöreskog, Karl G. & Moustaki, Irini (2001). Factor analysis of ordinal variables: A comparison of three approaches. *Multivariate Behavioral Research, 36,* 347–383.

Jöreskog, Karl G. & Goldberger, Arthur S. (1972). Factor analysis by generalized least squares. Psychometrika, 37, 243–260.

Jöreskog, Karl G. & Lawley, Derrick N. (1968). New methods in maximum likelihood factor analysis. British Journal of Mathematical and Statistical Psychology, 21, 85–96.

Kaiser, Henry F. (1974). A note on the equamax criterion. Multivariate Behavioral Research, 9, 501–503.

Kaiser, Henry F. (1970). A second-generation Little Jiffy. Psychometrika, 35, 401–415.

Kaiser, Henry F. (1963). Image analysis, 156–166. In: Harris, Chester W. (ed.). Problems in Measuring Change. Madison: University of Wisconsin Press.

Kaiser, Henry F. (1958). The varimax criterion for analytic rotation in factor analysis. Psychometrika, 23, 187–200.

Kaiser, Henry F. & Rice, John (1974). Little Jiffy, Mark IV. Educational and Psychological Measurement, 34, 111–117.

Kaiser, Henry F. & Caffrey, John (1965). Alpha factor analysis. Psychometrika, 30, 1–14.

Khabaza, Tom (2005). Hard hats for data miners: Myths and pitfalls of data mining. Chicago: SPSS Inc.

Kim, Jae-On & Mueller, Charles W. (1978). Factor analysis: Statistical methods und practical issues. Quantitative Applications in the Social Sciences Series, No. 14. Thousand Oaks, CA: Sage Publications.

Kiousis, Spiro (2004). Explicating media salience: A factor analysis of New York Times issue coverage during the 2000 U.S. Presidential Election. Journal of Communication, 54, 1, 71–87.

Klecka, William R. (1980). Discriminant Analysis. Quantitative Applications in the Social Sciences Series, No. 19. Thousand Oaks, CA: Sage Publications.

Kruskal, Joseph B. & Shepard, Roger N. (1974). A nonmetric variety of linear factor analysis. Psychometrika, 39, 2, 123–157.

Kubicki, Stanislaw K.; Herrmann, Werner M. & Laudahn, Gerhard (1980). Faktorenanalyse und Variablenbildung aus dem Elektroenzephalogramm. Stuttgart: Gustav Fischer Verlag.

Lachenbruch, Peter A. (1975). Discriminant Analysis. New York: Hafner.

Lawley, Derrick N. (1940). The estimaton of factor loadings by the method of maximum likelihood. Proceedings of the Royal Society of Edinburgh, 60, 64–82.

Lawley, Derrick N. & Maxwell, Albert E. (1971). Factor Analysis as a Statistical Method. New York: Macmillan.

Lee, Howard B. & Comrey, Andrew L. (1979). Distortions in a commonly used factor analytic procedure. Multivariate Behavioral Research, 14, 301–321.

Little, Roderick J.A. & Rubin, Donald B. (2002²). Statistical Analysis with Missing Data. New York: John Wiley & Sons.

Litz, Hans Peter (2000). Multivariate statistische Methoden. München: Oldenbourg.

Louho, Riki; Kallioja, Mika; Oittinen, Pirkko (2006). Factors affecting the use of hybrid media applications. Graphic Arts in Finland, 35, 3, 11–21.

Lovie, Pat (1995). Charles Edward Spearman F.R.S. 1863–1945. A commemoration on the 50th anniversary of his death. British Journal of Mathematical and Statistical Psychology, 48, 209–210.

Lubinski, David (2004). Introduction to the special section on cognitive abilities: 100 years after Spearman's „,General intelligence', objectively determined and measured.", Journal of Personality and Social Psychology, 86, 96–111.

Lüdtke, Hartmut (1989). Expressive Ungleichheit. Zur Soziologie der Lebensstile. Opladen: Leske + Budrich.

MacCallum, Robert C. (1983). A comparison of factor analysis programs in SPSS, BMDP, and SAS. Psychometrika, 48, 223–231.

MacCallum, Robert C.; Browne, Michael W. & Cai, Li (2007). Factor analysis models as approximations, 153–175. In: Cudeck, Robert & MacCallum, Robert C. (eds.). Factor analysis at 100: Historical developments and future directions. Mahwah, NJ: Lawrence Erlbaum.

MacCallum, Robert C.; Widaman, Keith F.; Preacher, Kristopher J; Hong, Sehee (2001). Sample size in factor analysis: The role of model error. Multivariate Behavioral Research, 36, 611–637.

MacCallum, Robert C.; Widaman, Keith F.; Zhang, Shaobo & Hong, Sehee (1999). Sample size in factor analysis. Psychological Methods, 4, 84–99.

Malinowski, Edmund R. (2006). Factor Analysis in Chemistry. Malabar, Florida: Krieger.

Maraun, Michael D. (1996). Metaphor taken as math: Indeterminacy in the factor analysis model. Multivariate Behavioral Research, 31, 4, 517–538.

Marshall, Roger & Reday, Peter A. (2007). Internet-enabled youth and power in family decisions. Young Consumers: Insight and Ideas for Responsible Marketers, 8, 3, 177–183.

McArdle, John J. (2007). Five steps in the structural factor analysis of longitudinal data, 99–130. In: Cudeck, Robert & MacCallum, Robert C. (eds.). Factor analysis at 100: Historical developments and future directions. Mahwah, NJ: Lawrence Erlbaum.

Meredith, William & Millsap, Roger E. (1985). On component analysis. Psychometrika, 50, 495–507.

Millsap, Roger E. & Meredith, William (2007). Factorial invariance: Historical perspectives and new problems, 131–152. In: Cudeck, Robert & MacCallum, Robert C. (2007) (eds.). Factor analysis at 100: Historical developments and future directions. Mahwah, NJ: Lawrence Erlbaum.

Mohr, Philip; Wilson, Carlene; Dunn, Kirsten; Brindal, Emily; Wittert, Gary (2007). Personal and lifestyle characteristics predictive of the consumption of fast foods in Australia. Public Health Nutrition, 10(12), 1456–1463.

Morrison, Donald F. (1976). Multivariate statistical methods. New York: McGraw-Hill.

Moustaki, Irini (2007). Factor analysis and latent structure of categorical and metric data, 293–313. In: Cudeck, Robert & MacCallum, Robert C. (eds.). Factor analysis at 100: Historical developments and future directions. Mahwah, NJ: Lawrence Erlbaum.

Mulaik, Stanley A. (1987). A brief history of the philosophical foundations of exploratory factor analysis. Multivariate Behavioral Research, 22, 267–305.

Mulaik, Stanley A. (1972). The foundations of factor analysis. New York: McGraw Hill.

Muthén, Bengt (1978). Contributions to factor analysis of dichotomous variables. Psychometrika, 43, 551–560.

Nesselroade, John R. (2007). Factoring at the individual level: Some matters for the second century of factor analysis, 249–264. In: Cudeck, Robert & MacCallum, Robert C. (eds.). Factor Analysis at 100: Historical Developments and Future Directions. Mahwah, NJ: Lawrence Erlbaum.

Neuhaus, Jack O. & Wrigley, Charles (1954). The quartimax method: An analytical approach to orthogonal simple structure. British Journal of Mathematical and Statistical Psychology, 7, 81–91.

Nitcavic, Richard G. & Dowling, Ralph E. (1990). American perceptions of terrorism. A Q-methodological analysis of types. Political Communication and Persuasion, 7, 147–166.

Nunnally, Jum C. (1978). Psychometric Theory. New York: McGraw-Hill (2nd edition).

O'Connor, Brian P. (2000). SPSS and SAS programs for determining the number of components using parallel analysis and Velicer's MAP test. Behavior Research Methods, Instrumentation, and Computers, 32, 396–402

Olsson, Ulf H.; Troye, Sigurd V. & Howell, Roy D. (1999). Theoretic fit and empirical fit: The performance of maximum likelihood versus generalized least squares estimation in structural equation models. Multivariate Behavioral Research, 34, 1, 31–58.

Otte, Gunnar (2005). Hat die Lebensstilforschung eine Zukunft? Eine Auseinandersetzung mit aktuellen Bilanzierungsversuchen. Kölner Zeitschrift für Soziologie und Sozialpsychologie, 57, 1, 1–31.

Pearson, Karl (1901). On lines and planes of closest fit to systems of points in space. Philosophical Magazine, Series 2, 6, 559–572.

Pett, Marjorie A.; Lackey, Nancy R. & Sullivan John J. (2003). Making sense of cluster analysis: The use of factor analysis for instrument development in health care research. Thousand Oaks, CA: Sage Publications.

Plummer, Joseph T. (1974). The concepts and application of life style segmentation. Journal of Marketing, 38, 1, 33–37.

Pötschke, Manuela & Simonson, Julia (2003). Konträr und ungenügend? Ansprüche an Inhalt und Qualität einer sozialwissenschaftlichen Methodenausbildung. ZA-Information, 52, 72–92.

Press, S. James & Wilson, Sandra (1978). Choosing between logistic regression und discriminant analysis. Journal of the American Statistical Association, Vol. 73: 699–705.

Punj, Girish & Stewart, David W. (1983). Cluster analysis in marketing research: Review and suggestions for application. Journal of Marketing Research, XX, May, 134–148.

Rao, C. Radhakrishna (1964). The use and interpretation of principal component analysis in applied research. Sankhya A, 26, 329–358.

Rao, C.R. (1955). Estimation and tests of significance in factor analysis. Psychometrika, 20, 93–111.

Rao, C. Radhakrishna (1951). An asymptotic expansion of the distribution of Wilks' criterion. Bulletin of the International Statistical Institute, 33:2, 177–180.

Reigber, Dieter (1997). Der Einsatz von Zielgruppenmodellen als Instrument für das Anzeigenmarketing, 114–140. In: Scherer, Helmut/Brosius, Hans-Bernd (Hrsg.): Zielgruppen, Publikumssegmente, Nutzergruppen. Beiträge aus der Rezeptionsforschung. Angewandte Medienforschung – Schriftenreihe des Medien Instituts Ludwigshafen, Band 5. München.

Revenstorf, Dirk (1976). Lehrbuch der Faktorenanalyse. Stuttgart: Kohlhammer.

Rexer, Karl; Gearan, Paul & Allen, Heather N. (2007). Surveying the Field: Current DataMining Applications, Analytic Tools, and Practical Challenges, Data Miner Survey Summary Report, August 2007. Source: www.RexerAnalytics.com.

Rud, Olivia (2001). Data Mining Cookbook. New York: John Wiley & Sons.

Runia, Peter; Wahl, Frank; Geyer, Olaf; Thewißen, Christian (2007). Marketing. München: Oldenbourg.

Schendera, Christian FG (2008). Regressionsanalyse mit SPSS. München: Oldenbourg.

Schendera, Christian FG (2007). Datenqualität mit SPSS. München: Oldenbourg.

Schendera, Christian FG (2005). Datenmanagement mit SPSS. Springer: Heidelberg.

Scholz, Eduard (2009). Diskriminanz- und Faktorenanalyse als Werkzeuge zur Kreditwürdigkeitsprüfung. Saarbrücken: VDM Verlag Dr. Müller.

Schönemann, Peter H. (1981). Factorial definitions of intelligence: Dubious legacy of dogma in data analysis, 325–374, In: Borg, Ingwer (Ed.). Multidimensional data representations: When and why. Ann Arbor, MI: Mathesis.

Schreiber, Petra (2007). Sage mir, wie du lebst – Ich sage dir, was du liebst. Der Einfluss von Lebensstilen auf die Medien-Nutzung. Marburg: Tectum Verlag.

Schulze, Peter M. (2007). Beschreibende Statistik. München: Oldenbourg (6. Auflage).

Singer, Jane B. (1997). Chances and consistencies: Newspaper journalists contemplate an online future. Newspaper Research Journal, 18, 2–18.

Snook, Steven C. & Gorsuch, Richard L. (1989). Principal component analysis versus common factor analysis: A Monte Carlo study. Psychological Bulletin, 106, 148–154.

Spearman, Charles (1904). „General intelligence", objectively determined and measured. American Journal of Psychology, 15, 201–293.

SPSS (2008a). SPSS Statistics 17.0 Command Syntax Reference. Chicago: SPSS Inc.

SPSS (2008b). SPSS Statistics 17.0 Algorithms. Chicago: SPSS Inc.

SPSS (2007). Clementine 12.0. Modeling Nodes. Chicago: SPSS Inc.

SPSS (2001). The SPSS Two-Step Cluster Component. A scalable component enabling more efficient customer segmentation. White Paper – Technical Report, Chicago.

SPSS Technical Support (2009). Persönliche Information, 07.08.2009.

SPSS Technical Support (2006). Persönliche Information, 12.09.2006.

SPSS Technical Support (2004). Persönliche Information, 14.10.2004.

Steiger, James H. & Schönemann, Peter H. (1978). A history of factor indeterminacy, 136–178. In: Shye, Samuel (Ed.). Theory construction and data analysis in the behavioral sciences. San Francisco: Jossey-Bass.

Stephenson, William (1935). Correlation persons instead of tests. Character and Personality, 4, 17–24.

Stewart, David W. (1981). The application and misapplication of factor analysis in marketing research. Journal of Marketing Research, XVIII, February, 51–62.

Tatsuoka, Maurice M. (1971). Multivariate Analysis. New York: John Wiley & Sons, Inc.

Thurstone, Leon L. (1947). Multiple Factor Analysis. Chicago: University of Chicago Press.

Überla, Karl (1977). Faktorenanalyse. Berlin: Springer.

Velicer, Wayne F. & Fava, Joseph L. (1998). Effects of variable und subject sampling on factor pattern recovery. Psychological Methods, 3 (2), 231–251.

Velicer, Wayne & Fava, Joseph L. (1987). An evaluation of the effects of variable sampling on component, image, and factor analysis. Multivariate Behavioral Research, 22, 193–209.

Velicer, Wayne F. & Jackson, Donald N. (1990). Component analysis versus common factor analysis: Some issues in selecting an appropriate procedure. Multivariate Behavioral Research, 25, 1–28.

W&V [werben und verkaufen] (2007, 27). Die Zielgruppen der Zukunft (05.07.07).

Walker, James R. (1986). Mass Media Types: Three Q-Analyses of Mass Media Exposure. Paper presented at the 36th Annual Meeting of the International Communication Association (Chicago/IL, May 22–26, 1986).

Wall, Melanie M. & Amemiya, Yasuo (2007). A review of nonlinear factor analysis and nonlinear structural equation modeling, 337–361. In: Cudeck, Robert & MacCallum, Robert C. (eds.). Factor analysis at 100: Historical developments and future directions. Mahwah, NJ: Lawrence Erlbaum.

Wessel, Imke (2004). Beurteilung von Marketingstrategien im Outfitbereich. Eine empirische Analyse auf Basis von Erfolgsfaktoren. Wiesbaden: DUV, Gabler.

Widaman, Keith F. (2007). Common factors versus components: Principals and principles, errors and misconceptions, 177–203. In: Cudeck, Robert & MacCallum, Robert C. (eds.). Factor analysis at 100: Historical developments and future directions. Mahwah, NJ: Lawrence Erlbaum.

Widaman, Keith F. (1993). Common factor analysis versus principal components analysis: Differential bias in representing model parameters? Multivariate Behavioral Research, 28, 263–311.

Wiedenbeck, Michael & Züll, Cornelia (2001). Klassifikation mit Clusteranalyse: Grundlegende Techniken hierarchischer und K-means-Verfahren, ZUMA How-to-Reihe, Nr. 10, 1–18.

Wimmer, Roger D. & Dominick, Joseph R. (2003). Mass media research: An introduction. Belmont, CA: Wadsworth Publishing Company (7.Auflage).

Witte, Erich H. (1980). Signifikanztest und statistische Inferenz: Analysen, Probleme, Alternativen. Stuttgart: Enke.

Wood, James M.; Tataryn, Douglas J. & Gorsuch, Richard L. (1996). Effects of under- and overextraction on principal axis factor analysis with varimax rotation. Psychological Methods, 1, 354–365.

Zhang, Tian; Ramakrishnon, Raghu & Livny, Miron (1996). BIRCH: An efficient data clustering method for very large databases. Proceedings of the ACM SIGMOD Conference on Management of Data. p. 103–114, Montreal, Canada.

Zoski, Keith W. & Jurs, Stephen (1996). An objective counterpart to the visual scree test for factor analysis: The standard error scree. Educational and Psychological Measurement, 56, 443–451.

Zwick, William R. & Velicer, Wayne F. (1986). Comparison of five rules for determining the number of components to retain. Psychological Bulletin, 99, 432–442.

Zwick, William R. & Velicer, Wayne F. (1984). Comparison of five rules for determining the number of components in data sets. Paper presented at the Annual Meeting of the American Psychological Association (92nd). Toronto, Ontario. August, 24–28, 1984.

6 Ihre Meinung zu diesem Buch

Das Anliegen war, dieses Buch so umfassend, verständlich, fehlerfrei und aktuell wie möglich abzufassen, dennoch kann sich sicher die eine oder andere Ungenauigkeit oder Missverständlichkeit den zahlreichen Kontrollen entzogen haben. In vielleicht zukünftigen Auflagen sollten die entdeckten Fehler und Ungenauigkeiten idealerweise behoben sein. Auch SPSS hat sicher technische oder statistisch-analytische Weiterentwicklungen durchgemacht, die vielleicht berücksichtigt werden sollten.

Ich möchte Ihnen an dieser Stelle die Möglichkeit anbieten mitzuhelfen, dieses Buch zu SPSS noch besser zu machen. Sollten Sie Vorschläge zur Ergänzung oder Verbesserung dieses Buches haben, möchte ich Sie bitten, eine *E-Mail* an folgende Adresse zu senden:

SPSS4@method-consult.de

im „Betreff" das Stichwort „Feedback SPSS-Buch" anzugeben, und unbedingt mind. folgende Angaben zu machen:

21. Auflage
22. Seite
23. Stichwort (z.B. ‚Tippfehler')
24. Beschreibung (z.B. bei statistischen Analysen)
    Programmcode bitte kommentieren.

Herzlichen Dank!
Christian FG Schendera

7 Autor

Wissen und Erkenntnis sind methodenabhängig. Um Wissen und Erkenntnis beurteilen zu können, auch um die Folgen und Qualität darauf aufbauender Entscheidungen abschätzen zu können, muss transparent sein, mit welchen (Forschungs)Methoden diese gewonnen wurden.

Über den Autor
CFG Schendera's Hauptinteresse gilt der rationalen (Re)Konstruktion von Wissen, also des Einflusses von (nicht)wissenschaftlichen (Forschungs)Methoden (u.a. Statistik) jeder Art auf die Konstruktion und Rezeption von Wissen.
CFG Schendera ist Vizedirektor im Ressort Medienforschung von GfK Switzerland, und u.a. verantwortlich für Methoden und Statistik. Der Kompetenzbereich von CFG Schendera umfasst u.a. Advanced Analytics (Datenanalyse / Datamining), Scientific Consulting (wissenschaftliche Methodenberatung), sowie Trainings zu SPSS oder SAS. Zu den Kunden von CFG Schendera gehören u.a. Unternehmen unabhängig von Branche (z.B. Marketing, Medien, und Konsum) und Standort (u.a. Deutschland, Österreich und Schweiz). Betreuung unzähliger Forschungs-, Analyse- und Evaluationsprojekte. Umfangreiche Veröffentlichungen zu Datenanalyse, Datenqualität, SAS, sowie SPSS.

Über Gfk
GfK Switzerland ist mit einem Umsatz von 88,7 Millionen CHF (2008) und einem Marktanteil von rund 40% das größte Marktforschungsinstitut der Schweiz (gemäß vsms-Branchenstatistik) und bietet Marktforschungsdienstleistungen in allen Bereichen. GfK Switzerland gehört seit 1999 zur international tätigen GfK-Gruppe mit Hauptsitz in Nürnberg.
Über 10 000 Mitarbeiter/-innen in 115 operativen Unternehmen in 100 Ländern erwirtschaften einen Umsatz von 1,22 Milliarden Euro (2008). Damit gehört die GfK zu den größten Marktforschungsinstituten der Welt. GfK Switzerland ist in den Geschäftsfeldern Retail and Technology, Custom Research und Media als Full Service Anbieter aktiv.

Die Umfrageforschung von GfK Switzerland AG ist als einziges Marktforschungsinstitut der Schweiz mit dem Datenschutzgütesiegel Good Priv@cy von SQS zertifiziert. Weitere Informationen über GfK in der Schweiz finden Sie auf der schweizerischen Website von GfK unter www.gfk.ch oder unter www.gfk.com.

Syntaxverzeichnis

!CHAREND 235, 258
!CONCAT 37
!DO 235, 258
!DOEND 235, 258
!ENDDEFINE 37, 235, 258
!i 235, 236, 258, 259
!IN 235, 258
!KEY 37
!MACLUST 37, 38
!POS 235, 258
!QUOTE 37
!TOKENS 37
$CASENUM 37, 281

A
ABSOLUTE 44, 45
ADD FILES 155
ADJNORMALIZED 159
ADJUST 103, 106, 170
AGGREGATE 66, 126
AGGREGATE OUTFILE 126
AIC 99, 100, 103, 104, 107, 258, 276, 295
AIM 102, 105, 110
ALL 128, 159, 311–313, 317, 318, 337
ALPHAMERGE 170
ALPHASPLIT 170
ANALYSIS 86, 151, 222, 235, 236, 258, 259, 276, 282, 311–314, 322, 337, 338
ANOVA 122, 125, 126, 129, 133, 137, 140
ANY 155
AUTO 37, 102–104, 159, 170
AUTO KMIN KMAX 159
AUTORECODE 152
AVALUE 87, 133, 149

B
BARCHART 87, 151
BARFREQ 102, 104
BAVERAGE 25, 36, 38, 39, 41, 43, 46, 69, 74, 76, 362
BEGIN DATA 63, 152
BEUCLID 35, 44, 365
BIC 99, 100, 102–104, 106, 107
BIN 37, 176
BINS 176
BIVAR 37, 51, 63, 137, 147
BLOCK 29, 30, 44, 45, 363
BLWMN 36, 44, 46, 366
BONFERRONI 103, 106, 170
BOTHSAMPLES 170
BOXM 311, 316, 337
BRANCHSTATISTICS 170
BREAK 66
BSEUCLID 35, 44, 46, 69, 70, 72, 74, 75, 365
BSHAPE 36, 44, 46, 366
BYCLUSTER 104
BYVAR 102, 104

C
CASE 44, 51, 54, 76, 85, 281, 285
CASELABELS 159
CASES 311, 317, 337, 339, 355, 357
CATEGORICAL 102, 103, 105
CATEGORY 103, 105
CATEGORYTABLE 170
CELL 87, 133, 149
CELLS 37, 87, 131, 133, 137, 149
CENTROID 26, 36, 38, 42, 43, 46, 362
CHAID V, 145, 166, 167, 169, 170
CHART 37, 170

CHEBYCHEV 29, 44, 45, 363
CHISQ 28, 44, 45, 79–81, 363
CHISQUARE 170
CINTERVAL 64
CLASS 337, 338
CLASSIFICATION 170
CLASSIFY 128, 129, 311, 318, 337, 339, 340
CLUS1 123, 126, 129
CLUSN 123
CLUSTER VI, IX, X, XV, 1, 11, 16, 21, 24, 31–33, 37, 44–48, 50–52, 54, 55, 69, 74, 76, 79, 80, 86, 87, 103, 105, 125, 126, 128, 129, 133, 137, 148, 149, 361
COEFF 311, 316, 337
COMBINED 311, 317, 337, 339
COMPARE 64, 102, 104
COMPLETE 25, 36, 38, 41, 43, 46, 48, 53, 80, 86, 362
COMPUTE 37, 63, 66, 76, 123, 126–128, 151, 152, 281
CONCAT 37, 152
CONFIDENCE 102, 104
CONTINUOUS 102, 103, 105
CONVERGE 125, 126, 128, 129, 133, 137, 170
COORDINATE 37
COPY 173
CORR 290, 311, 316, 337
CORRELATION 28, 44, 45, 222, 223, 236, 258, 259, 276, 282, 363
COSINE 29, 44, 45, 363
COSTS 170
COUNT 66
COV 311, 316, 337
COVARIANCE 198–201
COVARIATE 159
CPS 159
CRITERIA 102, 103, 106, 125, 126, 128, 129, 133, 137, 159, 176, 222, 223, 235, 236, 258, 259, 276, 280, 282
CROSSTABS 81, 87, 133, 149
CROSSVALID 311, 317, 337, 339, 359
CROSSVALIDATION 159
CUMULATIVE 170

D
D 16, 31, 35, 44, 45, 82, 123, 128, 165, 172, 257, 258, 275, 312, 333, 334, 365, 381, 387, 388, 392, 393, 396
DATA LIST FREE 152
DEFAULT 128
DELETE 281
DENDROGRAM 37, 46, 47, 51, 54, 55, 69, 74, 76, 79, 86, 87
DEPCATEGORIES 170
DESCENDING 170
DESCRIPTIVES 80, 123, 124, 176, 223, 229, 280, 282, 284
DET 258, 276
DETECTANOMALY 170, 172
DICE 33, 34, 44, 45, 364
DIRECT 312–314, 338
DISCRIMINANT VI, 308, 311, 318, 319, 322, 335, 337, 339, 352, 359, 360, 377
DISPER 36, 44, 46, 366
DISPLAY 159, 170
DIST1 123, 126, 129
DISTANCE 46, 47, 51, 54, 55, 69, 74, 76, 79, 86, 87, 102, 103, 125, 126, 129, 133, 137
DISTRIBUTION 37
DROP 281

E
EIGEN 222, 223, 235, 236, 258, 259, 276, 282
ELSE 173
END 155, 316, 338
END DATA 63, 152
ENDPOINTS 176
ENTROPY 176
EQUAL 170, 311, 315, 337
EQUALFREQ 176
ERASE 76, 79
ERASE FILE 76, 79
ERRORBAR 103, 105
EUCLID 28, 44, 45, 159, 363
EXAMINE 64
EXCLUDE 44–46, 102, 104, 159, 160
EXE 37, 63, 66, 67, 69, 74, 76, 85–87, 126–128, 133, 148, 151, 152, 229, 281

EXTRACTION 222, 223, 235, 236, 258, 259, 276, 282

F
F4.0 63
F8.4 63
FACTOR VI, IX, 222, 223, 231, 235, 236, 242, 258, 259, 276, 282, 287, 290, 291, 369
FACTORS 235, 236, 258, 276, 280, 282
FEATURES 159
FILE 51, 124, 129, 155, 235, 281
FIN 314, 324, 338, 343
FIXED 103, 104
FLIP 280, 282
FOCALCASES 159
FOLDS 159
FORCEMERGE 176
FORMAT 87, 133, 149, 173, 222, 235, 281, 282
FORMATS 37, 63
FOUT 313, 314, 324, 338, 343
FREQUENCIES 61, 86, 151
FSCORE 222, 259

G
GAIN 170
GCOV 311, 317, 337
GE 148, 173, 174
GET 37, 50, 51, 69, 74, 123, 124, 137, 147, 148, 155, 170, 173, 176, 222, 235, 258, 281, 311, 337
GET FILE 37, 50, 66, 69, 74, 85, 123, 137, 147, 148, 155, 170, 173, 222, 258, 290, 311, 337
GLS 179, 186–189, 197, 198, 201, 202, 212, 216, 243, 370
GRAPH 37, 51, 62, 63, 124, 127, 128, 137, 147, 282, 355, 357
GROUP 64, 105, 312, 315, 337
GROUPS 311, 312, 315, 318, 337–339
GROWTHLIMIT 170
GT 148
GUIDE 176

H
HAMANN 35, 44, 45, 365
HANDLENOISE 102, 103
HI 173
HICICLE 46, 47
HIDENOTSIG 103, 106
HISTOBAR 37
HISTOGRAM 355, 357
HISTORY 311, 316, 318, 337, 338, 340

I
IC 102, 104
ID 15, 37, 44–47, 51, 54, 55, 69, 74, 76, 85–87, 120, 129, 137, 157, 281, 283, 334
IF 67, 76, 86, 87, 98, 148, 151, 152, 202, 207
IMAGE 179, 186, 187, 199, 201, 202, 214, 294
IMPORTANCE 103, 105
IN 44–46, 54, 235, 258
INCLUDE 44–46, 104, 128
INCLUSIVE 176
INCREMENT 170
INDEX 170
INITHRESHOLD 102
INITIAL 118, 125, 126, 129, 133, 137, 144, 222, 235, 236, 258, 259, 276, 282
INITTHRESHOLD 103, 104
INTO 152, 173, 176
INV 258, 276

J
JACCARD 33, 34, 44, 45, 364

K
K1 33, 34, 44, 45, 364
K2 34, 44, 45, 364
KAISER 374
KAPPA 133
KENDALL 290
KMEANS 125, 126, 129, 133, 137
KMO 245, 258, 263, 265, 276, 287, 296
KNN VI, X, XVI, 1, 145, 154, 159
KOEFF 63

L
LAMBDA 35, 44, 45, 365
LIFEEXPM 49, 56, 66, 137, 146–148, 150
LIKELIHOOD 102, 103
LINE 124, 127, 128
LIST 63, 66, 67, 76, 87, 152
LIST VARIABLES 76, 87, 152
LISTWISE 37, 51, 63, 64, 80, 125–128, 133, 137, 147, 222, 235, 236, 258, 259, 276, 282, 290, 291
LO 173
LOWEREND 176
LOWERLIMIT 176
LT 148

M
MAHAL 313, 314, 338
MAP 208, 210, 311, 317, 337, 339, 393
MAPS 339
MATRIX 44–47, 51, 54, 55, 76, 79, 85, 86, 282, 290, 291, 318, 340
MATRIX IN 45–47, 51, 54, 55, 76, 79, 86, 290, 291
MATRIX OUT 51, 54, 76, 79, 85
MAX 44, 45, 124, 127, 137, 371
MAXDEPTH 170
MAXITERATIONS 170
MAXMINF 313, 314, 338
MDLP 176
MEAN 37, 44, 45, 66, 80, 124, 131, 137, 149, 311, 316, 337
MEANSUB 318, 339
MEASURE 37, 44–46, 51, 54, 69, 74, 76, 79, 85, 86
MEDIAN 26, 36, 38, 42, 43, 46, 362
MEMALLOCATE 102, 103
METHOD 26, 37, 46, 51, 54, 55, 69, 74, 76, 79, 86, 125, 126, 128, 129, 133, 137, 170, 176, 197–201, 222, 223, 245, 258, 259, 276, 282, 311–313, 337, 338
METRIC 159
MIN 124, 137
MINCHILDSIZE 170
MINEIGEN 222, 223, 259
MINKOWSKI 29, 44–46, 363

MINPARENTSIZE 170
MINRESID 313, 314, 338
MISSING 37, 44–46, 51, 63, 64, 80, 102, 104, 125–128, 133, 137, 147, 159, 160, 170, 173, 176, 222, 235, 236, 258, 259, 276, 281, 282, 290, 291, 318, 340
MISSING VALUES 173
ML VI, XVI, 179, 186–189, 196–202, 212, 214, 231, 235, 236, 243, 294, 370
MLEVEL 159
MODEL 157, 159
MODELSUMMARY 170
MT 158, 160
MTINDEX 158
MXBRANCH 102, 104
MXITER 125, 126, 128, 129, 133, 137, 145
MXLEVEL 102, 104

N
NAME 51, 74, 137, 147
NCLUSTER 63
NEIGHBORS 159
NEWNAMES 282
NO 103, 106, 170
NODE 170
NODEDEFS 170
NODES 170
NOMINALMISSING 170
NONE 44–47, 51, 55, 64, 76, 79, 85, 106, 170, 311, 316, 337, 338
NONMISSING 311, 318, 337, 339
NONPAR CORR 290, 294
NONPARAMETRIC 102, 104
NORMAL 37, 355, 357
NOROTATE 222, 223, 235, 236, 282
NOTOTAL 64, 281
NOUPDATE 125, 126, 129, 133, 137, 369
NUMCLUSTERS 102, 103

O
OBLIMIN 253, 258, 259
OCHIAI 36, 44, 45, 365
OFF 355, 357
OMIT 104
OPTIMAL BINNING 176

ORDINAL 174
OUT 44–47, 290
OUTFILE 129, 155, 319

P
PA1 200
PA2 200, 242
PAF XVI, 179, 186–193, 200–202, 231, 233, 242, 243, 257–259, 275, 276, 291
PAIRWISE 128, 176
PARTITION 154–156, 158, 159
PATTERN 35, 44, 46, 366
PC 200, 217, 222, 223, 282, 369
PEARSON 170
PH2 28, 44, 45, 364
PHI 36, 44, 45, 365
PIEFREQ 102, 104
PIN 311, 314, 324, 326, 335, 337, 338, 344
PLOT 37, 46, 47, 51, 54, 55, 64, 69, 74, 76, 79, 86, 87, 102–105, 170, 222, 223, 235, 236, 258, 259, 276, 282, 311, 317, 318, 337, 339, 340, 357
POOLED 311, 318, 337, 339
POUT 311, 313, 314, 337, 338
POWER 29, 44–46, 363
PREPROCESS 176
PRESERVE 158
PRINT 37, 44–47, 51, 54, 55, 69, 74, 76, 79, 85–87, 102, 104, 125, 126, 129, 133, 137, 152, 159, 170, 176, 222, 235, 236, 258, 259, 276, 282, 290
PRIORS 311, 315, 320, 331, 337, 338
PROMAX 256, 258, 259
PROXIMITIES XV, 44, 46, 48, 51, 52, 54, 55, 76, 79, 85, 363

Q
Q VI, VIII–X, XVI, 31, 35, 44, 45, 179, 186, 280, 281, 284, 290, 365, 374, 393, 395
QUARTIMAX 251, 258, 259
QUICK VI, X, 1, 16, 21, 117, 118, 123, 125, 126, 128, 129, 132, 133, 137, 368, 369, 385
QUICK CLUSTER VI, X, 1, 16, 21, 117, 118, 123, 125, 126, 128, 129, 132, 133, 137, 368, 369, 385
QUOTE 37

R
R VI, IX, X, 78, 82, 88, 136, 137, 142, 179, 183, 186, 187, 194, 198, 228, 243, 267, 280, 290, 293, 296, 306, 369, 370, 371, 374, 378, 379, 385, 387, 391–393, 395, 396
RANGE 44, 45, 137
RAO 313, 314, 338
RAW 311, 316, 337
RECODE 173, 290
REPR 258, 276
RESCALE 44, 45, 159
RESTORE 159
REVERSE 44, 45
RISK 170
RNG 158, 160
ROTATE 318, 340, 355, 360
ROTATION 222, 223, 235, 236, 258, 259, 276, 282, 372
ROUND 87, 133, 149
ROWTYPE 290
RR 33, 34, 44, 45, 364
RT 33, 34, 44, 45, 364
RV.NORMAL 151
RV.UNIFORM 151

S
SAVE 37, 46, 51, 54, 76, 86, 87, 102, 105, 123–126, 129, 133, 137, 155, 176, 280, 282, 319, 334, 337, 338, 357
SAVE OUTFILE 66
SCATTERPLOT 37, 51, 63, 137, 147, 282
SCHEDULE 37, 46, 47, 51, 54, 55, 69, 74, 76, 79, 86, 87
SCOPE 176
SD 44, 45, 66
SELECT 51, 85, 126, 137, 147, 148, 281
SELECT IF 51, 85, 126, 137, 147, 148, 281
SEPARATE 311, 317, 318, 337, 339, 355, 357
SEUCLID 28, 30, 37, 44, 45, 51, 54, 76, 85, 363
SHOW 158
SHOWREFLINE 103, 106
SIG 222, 236, 258, 259, 276
SIMPLE 127, 128

SINGLE 25, 36, 38, 40, 43, 46, 54, 55, 86, 362
SIZE 35, 37, 44, 46, 315, 366
SM 30, 33, 34, 44, 45, 86, 364
SORT CASES 74, 76, 87, 151
SPLIT 37, 355, 357
SPLIT FILE 355, 357
SPLITMERGED 170
SQRT 35
SS1 33, 34, 44, 45, 364
SS2 33, 34, 44, 45, 364
SS3 33, 34, 44, 45, 364
SS4 34, 44, 45, 365
SS5 35, 44, 45, 365
STANDARDIZE 44, 45, 51, 55, 76, 79, 85
START 37
STDDEV 37, 80, 124, 131, 137, 149, 311, 316, 337
STEP 311, 316, 338
STRING 152
SUBSTR 152
SUM 126
SUMMARIZE 281
SUMMARY 102, 104
SYSMIS 173

T
T VIII, 9, 12, 26, 78, 82, 83, 88, 101, 104, 142, 186, 191, 196, 204, 225, 266, 324, 343, 346, 354, 361, 372, 378, 380, 393
TABLES 37, 87, 131, 133, 137, 149, 281
TAUB 290
TCOV 311, 317, 337
THRU 173
TITLE 281
TO 312, 313
TOLERANCE 311, 313, 315, 324, 338, 343
TOPDOWN 170
TREE VI, X, XVI, 1, 145, 165, 167, 168, 170
TREETABLE 170
TWOSTEP VI, X, 1, 21, 24, 102, 103, 105, 106, 123, 366
TWOSTEP CLUSTER X, 1, 21, 24, 102, 103, 105, 106
TYPE 37, 103, 105, 157, 159, 162, 170

U
ULS 179, 186–190, 197, 198, 200–202, 212, 216, 242, 243, 280, 294, 370
UNBOUNDED 176
UNCLASSIFIED 318
UNIVARIATE 222, 235, 236, 258, 259, 276, 282
UNIVF 311, 316, 337
UPDATE 129
UPPEREND 176
USERMISSING 159, 160

V
VALIDATION 170
VALUE LABELS 86, 148
VAR 37, 79, 123
VARCHART 102, 104
VARIABLE 44, 51, 55, 76, 79, 80, 85, 102, 103, 105, 159, 173, 174, 281
VARIABLE LABELS 63, 86, 148
VARIABLE LEVEL 174
VARIABLES 64, 79, 80, 86, 102, 103, 124, 127, 128, 137, 151, 152, 176, 222, 235, 236, 258, 259, 276, 281, 282, 311–313, 337, 338
VARIANCE 36, 44, 46, 197, 200, 366
VARIMAX 250, 258, 259, 276
VICICLE 37, 46, 47, 51, 54, 55, 69, 74, 76, 79, 86, 87
VIEW 44, 51, 54, 76, 79, 80, 85
VIEWMODEL 159
VIN 314, 316, 324, 338, 343

W
W 21, 363, 378–380, 382, 386–393, 395, 396, 399
WARD 26, 36, 38, 43, 46, 48, 53, 363
WAVERAGE 25, 26, 36, 38, 39, 43, 46, 362
WEIGHTFEATURES 159
WILKS 311, 313, 314, 337, 338
WITH 37, 51, 137, 147, 159

X
XGRAPH 37

Y

Y 31, 35, 44, 45, 78, 82, 88, 101, 103, 106, 302, 354, 365, 372
YES 37, 103, 106, 159, 170, 176

Z

Z 13, 27, 44, 45, 50, 51, 55, 76, 85, 95, 116, 121, 129, 144, 151, 229, 354

Sachverzeichnis

A

Abhängigkeit 63, 83, 144, 294, 296, 349
Abstand VI, 3, 14, 23–26, 49, 52, 56, 121, 131, 139, 154, 184, 302, 314, 330, 333, 348, 354
Abstands-Tabelle 161
Abweichung 155, 170, 196, 198, 209, 232, 272, 295, 304, 316, 323, 357
Achsenkreuz 184, 204, 206, 248, 250, 252, 253, 270, 274
ad hoc-Ansatz 290, 292, 294
ad hoc-Verfahren 290
Addition 79
Adjustierung 199, 315
Agglomeration 9, 23, 57
Agglomerationstabelle 47, 54, 55
Agglomerative Clusterverfahren 27
Agglomerative Verfahren 9, 10, 23
Ähnlichkeit 3, 8, 13, 23, 24, 27, 34, 35, 56, 57, 59, 62, 71, 74, 81, 83, 84, 99, 154, 201, 345, 361, 364, 365, 366
Ähnlichkeits- bzw. Distanzmaß 27
Ähnlichkeits- oder Distanzmatrizen 17
Ähnlichkeits- oder Unähnlichkeitsmaße 361
Ähnlichkeitsindex 36
Ähnlichkeitsmaß VI, VIII, 27, 33, 34, 44, 45, 62, 74, 361, 364–366
Ähnlichkeitsmatrix 6, 26, 51, 54–56, 76, 92, 361, 362
Ähnlichkeitswerte 3, 5, 92
AIC 99, 100, 103, 104, 107, 258, 276, 295
AIM 102, 105, 110
AIM-Prozedur 105
Akaike 99, 107
Akaike-Informationskriterium 99
Aktualität 176

algebraisch 203
Algorithmus X, 1, 2, 17, 22–25, 36, 43, 44, 95, 96, 98, 103, 115, 117, 118, 144, 174, 194, 220, 232, 246, 358, 361, 369, 372
Alkohol-Patienten 300
Alpha VI, X, 20, 104, 106, 179, 182, 188, 197–199, 201, 306, 321, 326, 327, 371, 390
ALPHA 179, 186, 187, 201, 202
Alpha-Faktorenanalyse VI, 179, 186, 188, 197–199
Alpha-Faktorisierung VI, X, 179, 188, 371
Alpha-Korrektur 106
Alpha-Kumulation 306
Alter 3, 20, 99, 109, 113, 115, 118, 169, 170, 173, 176, 182, 217, 308, 320–322, 325, 326, 329, 335
Alzheimer 337, 354
Analphabetismus 150
Analyse VI, VIII, X, XI, XV, XVI, 1, 10, 11, 14–17, 19, 25, 26, 32, 45, 46, 48, 50, 51, 64, 69, 75, 79, 80, 84, 85, 87, 94, 97, 98, 103, 104, 106, 107, 115, 116, 120, 123, 128, 131, 138, 141, 144, 145, 153, 154, 159–161, 165, 166, 172, 176, 181, 187, 189, 192, 195–199, 208–211, 217, 218, 220, 223, 225, 226, 228, 232, 243, 245, 250, 259, 260, 265–268, 274, 277, 280, 281, 283–285, 287, 290–296, 306, 308, 311–317, 319, 322–325, 330–333, 335–338, 340, 342–344, 349, 354, 356, 359, 369, 379, 382, 388, 395–397, 399
Analyse gemischter Daten XV, 75
Analyse Nächstgelegener Nachbar VI, X, XVI, 1, 145, 154
Analysevariablen VIII, 180
Analyseziel 226, 268, 280

analysieren 49, 99, 119, 120, 156, 166, 172, 174, 219, 220, 233, 234, 244, 245, 308
Anderberg's D 31
Anfängliche Clusterzentren 122, 129, 138
Anfängliche Eigenwerte 226, 227, 238, 240, 267–269, 277, 287
Anfangslösung 183, 220, 234, 245
Angemessenheit des Modells 185, 209
Anomalie-Ansatz IX, 171
Anomalien 170, 171, 210
ANOVA 122, 125, 126, 129, 133, 137, 140
ANOVA-Tabelle 122
Anpassungsfunktion 197
Anreicherung 14
Anti-Baby Pille 69, 75
Anti-Image 199, 216, 245, 263–265, 276, 287, 295, 371
Anti-Image-Korrelationsmatrix 263
Anti-Image-Korrelationen 265, 295
Anti-Image-Kovarianzen 265
Anti-Image-Kovarianzmatrix 371
Anti-Image-Matrizen 216, 264, 265, 276, 287
anwenderdefiniert 44–46, 104, 128
Anwenderdefinierte Missings 44–46, 104, 128
Anzahl der Cluster IX, 10, 49, 50, 59, 63, 64, 94, 96, 98, 100, 102, 103, 106, 107, 116, 117, 120, 124, 128, 130, 131, 361, 367
A-Posteriori-Wahrscheinlichkeit 305
Approximation 187, 190, 200, 273, 290, 291
A-priori-Wahrscheinlichkeit 305, 315, 335, 338, 354, 356
Äquivalentes F 311
Arbeitsdatensatz 45, 47
Arbeitsspeicher 16, 47, 102, 103, 117
Armutsindex 182
Artefakt 11, 13, 53, 204, 209, 216
Asien 137
Assoziation 35, 327
Assoziationsanalyse 21
Assoziationsmaße 29, 31
Asymmetrie 36
Atrophie 337
Attraktivität 232
Attribute 7, 8, 105, 136

Attribute Importance 105
Aufbaubegrenzungen 167
Aufnahme-Signifikanz 344
Augenscheinvalidität 292
Ausbildungsdauer 118, 132
Ausgaben für Reisen/Urlaub 118
Ausgabevolumen 98
Ausgangsdaten 19, 65, 68, 207, 297
Ausprägungen XI, 15, 29–31, 75, 76, 109, 148, 150, 152, 153, 175, 186, 300, 336
Ausreißer X, XI, 1, 10, 16, 17, 24–26, 39, 40, 42–44, 48, 62, 68, 79, 95, 96, 102, 103, 107, 116, 120, 123, 136, 141, 144, 217, 286, 294, 295, 334, 336, 354, 356, 359
Ausreißercluster 141
Ausschlusskriterium 326
Auswahl der Variablen IX, 13, 20, 68
Auswahl des jeweiligen Clusteransatzes 10, 17
Auswahlfehler-Protokoll 160
Auswahlfenster 49, 157, 166, 174, 219, 233, 244, 309
Auswahlmethode 305
Automerkmale 232
Autoskript-Ausführung 58, 78
Average Linkage 24, 25, 38, 39, 43, 46, 133
Average Linkage Between Groups 25, 46
Average Linkage Within Groups 25

B
Balkendiagramm 101, 109
„bandwaggon"-Effekt 165
Bank 166, 174, 387
Bankkunden 169, 176, 300
Bartlett 295
Bartlett-Test 245, 263, 276, 287, 296
Basissyntax 44, 50, 51
Baumdiagramm 6, 91, 92, 94, 168
Baumeditor 168
Baum-Knoten V
Bayes 97, 99
Bayes-Informationskriterium 99
Bedeutsamkeit 161, 162, 164, 208, 306, 347, 357
Bedeutsamkeit der Variablen 161, 164

Sachverzeichnis 411

Bedeutungsanreicherung 20
Bedienweise 243, 258
Bedingte Wahrscheinlichkeit 31, 34, 305, 334
Bedingungen 136, 148, 214, 294, 371
benutzerdefiniert 28, 29, 45, 46, 154, 363
Benutzerführung 154
Beobachtungsdaten 142, 354
Berechnung IX, XI, 3, 9, 11, 13, 31, 32, 34, 35, 44, 48, 55, 65, 66, 69, 75, 79, 84, 85, 118, 123, 125, 126, 128, 154, 156, 157, 159, 184, 218, 222, 229, 236, 238, 240, 241, 254, 259, 262, 265, 289, 299, 304, 308, 311, 316, 319, 324, 328, 337, 340, 358, 372, 382
Bereichseinteiler 172, 174
BerufsanfängerInnen 132
Berufstätige 132
Beschreibung X, XI, 8, 21, 64, 65, 68, 98, 109, 147, 160, 202, 249, 295, 302, 397
Beschreibung von Gruppen 8
Bestimmung der Anzahl der Faktoren 209
Beta-Gewicht 199, 347
Between Average 28–31
Beurteilung bzw. Positionierung 8, 137
Bevölkerungsanteil in Städten 48
Bevölkerungsanzahl 48
Bevölkerungsdichte 48
Bevölkerungswachstum 48
Bias X, XV, 1, 10, 17, 24, 25, 36, 44, 48, 52, 53, 68, 95, 179, 204–207, 250, 252, 257, 258, 274, 275, 291, 293, 359
BIC 99, 100, 102–104, 106, 107
BIC-Änderung 107
Bilanzparameter 300
Bildung eines Index 148, 182
binär 15, 27, 31, 34–36, 69, 74, 75, 116, 280, 293, 364, 365
Binäre euklidische Distanz 35, 72
Binäre quadrierte euklidische Distanz 35, 71
Binäre Maße 32, 33, 68
binary squared Euclidean distance 69
binge eating 283, 284
Binning 174, 175, 176
Binning-Algorithmus 174
Binning-Prinzip 176

Binomialtest 359
Binomialverteilung 116
Biomedizin 8
Blätter 96
Block 16, 28, 363
Bodenkonzentration 249, 251, 252, 254, 257, 260–262, 264, 266, 267, 270–273, 277–279
Bonferroni 106
Bootstrap 213
Boxplot 17
Box-Test XI, 299, 318, 323, 342, 343
Brand Loyalty 181, 385
Business Analyse 146

C

Canberra-Metrik 29
case processing summary 159
causal determiner 203
Census 182, 218
Centroid 25
CF Tree 97, 104
CFA 202
CHAID V, 145, 166, 167, 169, 170
Chaining X, 1, 24, 25, 48, 52
Chaining-Effekt 48, 52
Chemie 181
Chi² X, 1, 80, 81, 83, 101, 104, 113, 114, 116, 185, 189, 196, 200, 201, 209, 211, 232, 239, 241, 295, 327, 330, 363, 383
Chi²-Anpassungstest 200, 201
Chi²-Maß X, 1, 28, 80, 363
Chi²-Statistik 101, 104, 167
Chi²-Test 83, 102, 116, 185, 189, 196, 209, 211, 232, 239, 241, 295, 363
child node 96
Cholesky-Zerlegung 380
City-Block-Metrik 16, 29, 30
CLEMENTINE V, VIII, 96, 117, 145, 166, 179
Cluster V–XI, 1, 2, 4–13, 15, 17–32, 36, 38–44, 46–55, 57–59, 61, 62, 64, 65, 68–70, 74–78, 80–82, 84, 85, 89–92, 94–121, 124, 128–145, 147, 149–151, 175, 176, 190, 297, 299, 361, 366–369, 385, 388, 393, 395
Cluster Feature Tree 97

Clusteralgorithmus 11, 25, 36, 38, 42–44, 74, 96, 100, 103, 128, 138, 145
Clusteranalyse V–X, XV, 1–3, 6–11, 13–20, 22, 26, 27, 36, 44, 48, 54, 55, 65, 66, 68, 76, 79, 84, 96, 101, 105, 108–110, 117, 145, 146, 186, 214, 216, 280, 291, 296, 297, 299, 306, 385, 396
Clusterbaum 96
Clusterbereich 58
Clusterbildungsprozess 97, 106, 129
Clusterdefinition 9, 150
Clustereigenschaftenbaum 97
Clusterfusionierung 57
Clusterfusionierungsprozess 26
Clusterhomogenität 10, 12
clusterintern 12
Cluster-Knoten V
Clusterkodierungen 85, 115
Cluster-Kriterium 99
Clusterlösung X, 1, 11, 12, 14, 17, 18, 20, 24, 46, 47, 59, 62, 63, 65, 68, 83–85, 91, 95, 107, 115, 118, 119, 123–126, 131, 132, 134, 138, 140, 145, 150, 299
Clustermethode 27, 96, 133
Clustermethode-Proximitätsmaß 27
Clustermittel 368, 369
Clustermodell 18, 115
clustern VIII, 2, 7, 18, 24, 36, 44, 145, 148
Clusterpaar 361
Clusterprofile 95, 108, 116, 144
Cluster-Schritt 10, 97
Clusterstruktur 11, 14, 17, 24–26, 68, 84, 94, 95, 97, 98, 116, 132, 136, 138, 144, 145
Clusterung abhängiger Daten 11, 18
Clusterung auf der Basis gemeinsamer Merkmale VI, XVI, 145, 152
Clusterung von Fällen VI, 10, 94, 150
Clusterung von Variablen XV, 75, 79, 83, 84
Clusterungen 6, 14, 49, 60, 91
Clustervariable 46, 175
Clustervorgang 9, 10, 13, 16, 19, 48, 62, 68, 69, 75, 80, 83, 94–96, 103, 115, 116, 138, 144, 299

Clusterzahl VI, XV, 9, 10, 12, 18, 19, 22, 23, 48, 52, 53, 62, 68, 94–97, 103, 106, 107, 117, 118, 120, 124, 129–132, 144, 145, 385
Clusterzentren VI, 5, 26, 118–121, 128, 129, 131, 132, 138, 140, 141, 368, 369
Clusterzentren der endgültigen Lösung 118, 129, 131, 140, 141
Clusterzentrenanalyse IX, X, XV, 1, 11, 12, 14, 16, 17, 22, 94, 117–120, 123, 136, 138, 144, 145, 368
Clusterzugehörigkeit VIII, 8, 46, 49, 50, 54, 57–59, 74, 85, 87, 105, 119, 121, 123, 129, 132, 134, 139–141, 148, 299
Clusterzugehörigkeitstabelle 47
Command Syntax Reference 21, 72, 290, 361, 394
common factor 214, 386, 387, 394, 395
Complete Linkage 9, 12, 17, 24, 25, 28–31, 41, 46, 53, 80, 81, 95, 362
confirmatory factor analysis 202, 388
Crawford-Ferguson 208
CRM-Strategie 98
Cronbach's Alpha 198, 201
cross-loaders 216
cross-validation 158
Cureton-Mulaik 211
Cut-Off 84
Czekanowski 34, 364

D
DA XI, 299
Data Mining V, VII, 165, 386, 387, 389, 394
Data Preparation 172
Database Marketing 176
Daten VIII, IX, XI, XII, XV, 1, 2, 7, 10, 11, 14, 17–19, 24, 27–29, 32, 35, 36, 42, 46, 49–52, 61, 63, 64, 66, 69, 70, 74–76, 79, 80, 83, 88, 89, 91, 92, 94–98, 115, 116, 120, 123, 132, 133, 137, 144–146, 148, 154–156, 162, 170, 172, 182, 186–189, 196–202, 204, 207, 210, 211, 213, 216–218, 231, 232, 238, 239, 241–243, 248, 250–253, 256, 257, 260, 263, 265, 272–276, 280, 290, 292–296, 305, 306, 333, 334, 351, 354, 356–360, 363, 368, 369

Datenanomalien 170
Datenexploration 217
datengeleitet 189
Datenhaltung 153
Datenkonstellationen 16
Daten-Management 14
Datenmatrix 44, 54, 69, 70, 188, 245, 265, 296
Datenmenge 7, 10, 16, 94, 188, 205, 291
Datenmerkmale 10, 16
Datenmodelle 98
Datenphänomene 360
Datenpunkte 148, 304
Datenqualität VIII, XII, 286, 394, 399
Datenreduktion X, XVI, 179, 182, 185, 194, 200, 216, 217, 226, 242
Datensatz 13, 15, 16, 18, 24, 25, 44–50, 54, 58, 97, 105, 115, 116, 118, 122, 128, 129, 137, 139, 144, 153, 154, 170, 218, 219, 232, 260, 280, 284, 312, 318, 334, 338, 366
Datensatzname 45, 47
Datenspalten 11, 79
Datenstruktur 10, 11, 98, 190
datenstrukturierend VIII
Datenverteilung 12, 18, 94
Datenvoraussetzungen 190
Datenzeilen 11, 44, 79, 84, 97, 151, 289, 366, 367
Daumenregel 322, 342, 357, 358
Definition XI, 15, 24, 27, 68, 170, 192, 292, 325, 354, 361
Delta 203, 206, 207, 246, 253
Demodaten 155
Dendrogramm VIII, 47, 49, 54, 55, 59–61, 64, 68, 73, 74, 78, 79, 82, 88, 89
Density X, 1
Depressivität 308, 322, 332, 334, 335
Deskriptive Statistik 36, 43, 66, 80, 82, 83, 100, 104, 119, 220, 222, 223, 232, 234, 236, 237, 245, 259, 260, 276, 283, 284, 287, 300, 316, 339, 387
Determinante 224, 245, 261, 262, 323, 342
determiniert 198
Deterministische Clusteranalyse 9
Deterministische Verfahren 9

Df 263, 276
DFA XI, 299
Diagonale 4, 183, 272, 273, 296, 322, 342
Diagonalmatrix 372
Diagonalwerte 183
Diagramme 49, 101, 105, 113, 160, 162, 163, 167, 317–319, 335, 339
Dice 364
dichotom 15, 214, 293, 307
Dichotome Skalierung 293
Dichotomisierung 16, 28, 29
Dichotomisierung am Median 28, 29
Differenz 29, 143, 272
Dimensionen 180, 181, 185, 217, 218, 291
Dimensionsreduzierung 219, 233, 244
Direktes Oblimin 206, 207, 253, 256
Direktes Verfahren 314
Diskontinuitäten 286
Diskriminante 302
Diskriminanz XI, 20, 299, 304, 307, 327, 346, 355, 394
Diskriminanzanalyse V, VI, VIII, X, XI, XVI, 19, 20, 190, 299–308, 312, 313, 315–317, 319, 322, 327, 330, 334–336, 338–340, 353–360, 377
Diskriminanzfunktion 300, 302–304, 306, 307, 316–319, 326, 328, 329, 335, 336, 339, 349, 352, 380
Diskriminanzfunktionsanalyse XI, 299
Diskriminanzfunktionskoeffizient 311, 328, 329, 346, 347, 354
Diskriminanzkoeffizient 303, 307, 328, 334, 346, 351, 381
Diskriminanzkriterium 303
Diskriminanzlinie 302, 303
Diskriminanzpotential 347, 358
Diskriminanzvariable 303, 318, 319, 330, 339
Diskriminatorische Relevanz 321, 341
diskriminatorisch 303, 336
Disproportionale Verteilungen 62, 84, 141
Distanz 24, 117
Distanz zwischen Clusterzentren 129, 140
Distanzberechnung 157, 159
Distanzmaß 27–31, 36, 44, 74, 97, 99, 107, 123, 366

Distanzmaß nach Lance und Williams 31, 36, 366
Division 9, 23
Divisive Verfahren 9, 23
Doppelkreuzvalidierung 68
Doppelte XI, 33
Download XIII, 181
dreidimensional 218
Drill Down 161
Drill Down-Views 161
Dummy-Kodierung 15, 28, 29, 76
Dünger 244, 248–257, 260–262, 264–266, 270–274, 277–279, 441
Dyaden 72

E
Ebenen 20, 96, 104
ED 3
EDR 181
EFA X, 179, 187–189, 211, 243, 257, 291
Effektivität 9, 216
Effizienz 300, 305
Eigenschaft der bedingten Varianzmaximierung 194, 200
Eigensystem 380
Eigenvektor 218, 369, 371, 380–382
Eigenwert 184, 197, 198, 203, 210, 211, 216, 218, 220, 222, 223, 226–228, 234–236, 238, 240–242, 245, 246, 259, 267–269, 274, 288, 304, 311, 326, 336, 345, 347, 369–371, 380
Eigenwert-Kriterium 210
Einfachfunktion 206, 207
Einfachstruktur 13, 184, 194, 203–207, 243, 249, 257, 258, 273, 275
Einfluss 3, 98, 138, 147, 151, 181, 192, 194, 197, 205, 211, 255, 265, 266, 295, 302, 303, 312, 320, 354, 394
Einflussvariable XI, 154, 300, 301, 303–308, 312–314, 317, 318, 320, 321, 323, 325, 328, 329, 331, 336, 337, 339, 341, 346–348, 354–356, 358
Einführung von Waffenscheinen 69, 75
Einheiten 3, 13, 14, 48, 52, 64, 94, 97, 120, 123, 138, 144, 220, 245, 280, 328

Einheitlichkeit XI, 7, 55
Einheitsmatrix 245, 296
Einkommen 20, 99, 109, 118, 132, 169, 170, 182, 300
Einkommensniveau 99
Einschlusskriterium 326, 344
Einschlussschwellen 312–314
Einstufung 177
Eintrag 96, 290, 371
Einzelkategorisierungen 84
Einzelrestfaktoren 183, 193, 195, 214, 295
Einzelvariable 19, 296
Einzelvarianz 194
Eiszapfendiagramm 47, 49, 54, 55, 58, 59, 81, 82
Ellbogen-Kriterium 211
Emotionale Intelligenz 7
empirisch 10, 11, 14, 134, 147, 150, 181, 196, 197, 202, 203, 205, 210, 215, 232, 243, 294, 389, 395
Empirischer Relativ 203
Endpunkt 175
Entdeckungszusammenhang VIII
Entferntester Nachbar 9, 12, 25, 28–31, 46, 80, 362
Entscheidungsbaum V–VII, XVI, 145, 165, 170
Epidemiologie 8
Equamax 188, 205, 206
Equimax 206, 372
Ereignisraum 7
Ergebnisinvarianz 191, 192
Ergebnisvarianz 191, 218
Erklärte Gesamtvarianz 216, 222, 225–227, 236, 238, 240, 241, 258, 259, 266, 267, 269, 277, 278, 287, 288
Erklärte Streuungen 124, 126
Erklärung 21, 124, 131, 194, 200, 206, 211, 252, 272, 292
Erklärungspotential 320, 341
Erstes Vorkommen des Clusters 57, 81
Eta X, 1, 119, 327, 355
Eta² X, 1, 119
ETA-Werte 124, 129, 130

Sachverzeichnis 415

Euklidische Distanz 3–6, 28, 77, 93, 97, 118, 157, 159, 363, 365, 368, 369
Europa 137
Evaluation 65, 68, 95, 97, 98, 385, 387
Evolutions- bzw. Entwicklungsstudien 9
expertise deductive reasoning 181
Exploration 44, 170, 172, 284
explorativ 116, 166, 187, 189, 190, 291, 355, 358
Explorative Faktorenanalyse 187, 189, 291
Explorative und konfirmatorische Klassifikationsanalyse 166
Exponent 45, 46
extrahieren X, 179, 180, 184, 188, 203, 211, 215, 242, 270
extrahiert VIII, 183, 184, 193, 199, 202–204, 208, 209, 212, 226–228, 231, 234, 239, 240, 246, 249, 268–270, 293
Extraktion VI, VIII, IX, 185, 187, 190, 191, 196, 197, 199, 204, 207, 210, 216, 220, 223, 225, 226, 232, 234, 236–238, 240, 242, 243, 245, 246, 259, 266–268, 270, 272, 277, 291, 294, 295
Extraktion zu vieler Faktoren 204, 210
Extraktion zu weniger Faktoren 204, 210
Extraktionsmethode V, XVI, 187, 188, 190, 202, 225–231, 237–240, 242, 243, 249, 251, 252, 254, 257, 266–268, 270–273, 277, 278, 280, 281, 287
Extraktionsverfahren IX, 184, 185, 187, 190, 196, 197, 201, 223, 228, 236, 259, 269, 273, 291, 295
Extremwerte 136, 314

F
F für Aufnahme 379
F für Ausschluss 379
FA X, 179, 180, 193, 291
face validity 292
factor analysis X, 179, 180, 193, 385–393, 395, 396
factor pattern matrix 371
factor structure 255
Fahrzeug-Daten 154
Fahrzeuge 154

Faktor V, VII–X, XVI, 18, 19, 147, 166, 176, 177, 179–195, 197–216, 218, 220, 227, 231–243, 246– 258, 262, 263, 265–270, 272–279, 281, 287–289, 291–297, 370, 372, 374
Faktoranalytische Verfahren IX, 183, 190
Faktorenanalyse V–XI, XVI, 9, 19, 95, 146, 179–183, 185–194, 196–199, 202, 208, 209, 211–220, 222–224, 232, 233, 236, 237, 242–245, 257, 259, 260, 262, 263, 265, 275, 276, 280, 284, 286, 290–296, 299, 369, 371, 388, 391, 394, 395
Faktorenanalyse für Fälle X, 179
faktorenanalytisch 181, 184
Faktorendiagramme 246
Faktorenladung 184, 188, 192, 214
Faktoren-Lösung 192, 200, 238–243, 248, 250, 257, 265, 268, 270, 272, 274–278, 288
Faktorenmatrix 203, 216, 247–249, 253–255, 257–259, 270, 273, 276, 279
Faktorenpaare 372, 374
Faktorenstruktur 19, 189, 204, 214, 297
Faktorentheorie 212
Faktorextraktion 183, 185, 205, 210, 211, 231, 242, 249, 266, 287
Faktorielle Invarianz 189, 190, 212, 291
Faktorisierbarkeit VII, 295
Faktorisierung von Fällen VI
Faktorkorrelationsmatrix 374
Faktormuster 204, 207
Faktormustermatrix 371, 372, 374
Faktorrotation 196, 202
Faktorstrukturenmatrix 374
Faktor-Transformationsmatrix 249, 258, 273, 276
Faktorwert 184, 221, 235, 239, 247, 273, 374
Faktorzahl IX, 200, 211, 231, 232, 235, 236, 239, 241, 243, 250, 272, 274, 275
Fall VI–IX, XI, 9–14, 16, 18–20, 23–27, 32, 33, 35, 44, 45, 47–49, 55–59, 61, 64, 66, 68–72, 75, 76, 79, 80, 84–86, 94–96, 98, 101–105, 107–110, 113, 115, 116, 118, 121–123, 128, 129, 132, 134, 136, 138–142, 144, 150, 151, 153, 154, 159–161, 165, 167, 169–172, 174, 175, 179, 180,

182, 184, 186, 187, 190, 194, 198, 204, 214, 216–218, 220–222, 234, 236, 242, 245, 246, 254, 255, 259, 260, 270, 273, 280, 283–285, 287, 289, 291, 294, 297, 300–305, 307, 311, 312, 314–320, 322, 323, 330–334, 337–340, 342, 348, 349, 351, 352, 354, 356, 358, 359, 361, 368, 369, 377
Fallbeschriftung 45, 47, 55
Fallcluster 18
Fälle vs. Variablen 10, 11
Fallnummer 334
Fallorientierte Clusterung 28, 44
Fallstricke XI
Fallstudie 154
Fallverarbeitung 330
fallweise 50, 120, 317, 330, 339
Fallweise Statistiken 317, 330, 339
Fallzahl VI, 12, 16, 22, 23, 94, 95, 117, 144, 202, 294
Falsche Negative 359
Falsche Positive 359
Fastfood 181
Fehlen von Merkmalen bzw. Zusammenhängen 147
Fehlende Werte 154, 222, 236, 259, 315, 318, 339
Fehlentscheidungen 169
Fehler XI, 80, 95, 116, 144, 164, 187, 191–193, 197, 198, 202, 204, 208, 218, 291, 306, 354, 357, 359, 397
Fehlerausmaß 332
Fehlerbalkendiagramm 64, 101, 105, 106, 109, 111
Fehlerhafte Faktoren 208
Fehler-Konzept 191, 192, 197, 199, 202, 218, 291
Fehlerquadratsummen 26, 57, 62, 123
Fehlerquellen XV, 48, 52, 53
Fehlerstreuung 123, 124
Fehlervarianz 194, 195, 200, 201
Fehlklassifikationen XI, 11, 155, 165, 300, 330, 334, 351, 352, 357, 359
FIML 293
Finale Kommunalitäten 371

Flächenstichprobe 218
F-Max X, 1, 119, 123, 124
FMX-Wert 124, 129, 131
F-Niveau 324
Fokusfälle 156, 157, 159, 161, 162, 165
Form VIII, XII, 2, 11, 17, 20, 24, 25, 26, 31, 36, 56, 57, 62, 64, 66, 104, 105, 132, 140, 185, 186, 229, 233, 305, 307, 311, 317, 327, 328, 331, 334, 339, 346, 347, 352, 356
Form-Distanzmaß 36
Formeln V, XI, XVI, 66, 148, 216, 361, 366, 368, 369, 377
F-Quotient 314, 325
Freiheitsgrade 74, 239, 242, 263, 276, 311, 315, 316, 321, 326, 334, 338, 378, 379, 381–383
Frequency 176
F-Signifikanz 343, 344
F-Statistik 310, 321, 326, 344, 345, 383
Fünf Kriterien für eine gute Clusterung 11, 17
Funktion VIII, X, XI, XVI, 35, 148, 157, 159–161, 182, 193, 200, 202, 255, 302, 303, 306–308, 312, 315, 317, 318, 327–330, 332–334, 336, 338, 345–348, 351, 354, 359, 381
Funktionsfähigkeit 308, 320–329, 334, 335, 355
Funktionsphase 303, 304, 312, 318, 354, 356–358
Funktionswert 303, 351
furthest neighbor 362
Fusion 47, 60, 61, 81, 82
Fusionierung 4, 5, 61, 92, 94, 96, 362, 367
Fusionierungsalgorithmus 6
Fusionierungsbias 24
Fusionierungsverfahren 5, 96
Fusionsebenen 47
Fußnoten 9, 70, 324, 332
F-Verhältnis 339
F-verteilt 124
F-Wahrscheinlichkeit 310, 314, 338
F-Wert 65, 67, 68, 129, 140, 314, 316, 324–326, 338, 343–345, 380

G

Gamma 29, 68, 293, 390
Gebietskarten XI, 299, 346, 349
geclustert X, 1, 5, 7, 11, 13, 19, 20, 23, 48, 56, 57, 69, 75, 79–84, 97, 149
Gegenstand VIII, 20, 189, 196, 202, 208
Gegenstandsangemessenheit 181
Geldwert 176, 177
Gematchte Fall-Kontroll-Paare 146
Gemeinsamer Faktor 194, 210, 216
Gemischte Daten X, XV, 1, 16, 84, 96, 98, 150, 172, 180
Gemischte Skalenniveaus 10, 14, 96
Gemittelte Distanzen 5
general factor 214
Generalfaktor 181, 206, 208, 214
Generalisierbarkeit 198
Generalisierbarkeitskoeffizient 198
Generalized Least Squares 370
Genvariabilität 8
Geomin 208
gepoolt 316, 318, 321, 329, 339, 341, 378
Gesamtdiskriminanz 328, 329, 347
Gesamt-Quadratsummen 327, 328
Gesamtvarianz 184, 191, 199, 203, 205, 206, 211, 218, 226, 238, 241, 252, 258, 268, 277, 287, 328, 336
Geschlecht 12, 16, 20, 21, 98, 99, 109–111, 134, 189, 300, 354
Gesundheitspsychologie 181
gewichtet 10, 13, 19, 30, 31, 33, 34, 98, 120, 123, 159, 198, 232, 320, 331
Gewichtete Hauptkomponentenanalyse 199
Gewichtung 10, 14–16, 18, 19, 33, 68, 76, 98, 201, 320, 331
Gleichheitstest 321, 326, 328, 341
Gleichung 194, 196, 218, 229, 304, 313, 374
GLS 179, 186–189, 197, 198, 201, 202, 212, 216, 243, 370
Goodman und Kruskal 365
Goodman-Kruskal-Gamma 35
Goodness-of-fit 189, 196, 198, 209, 232, 295
Grafische Clusterung XV, 145, 146
Größendifferenz 31, 35, 366
Grundannahmen 194

Grundgesamtheit 62, 95, 116, 131, 144, 187, 196–200, 212, 232, 263, 300, 305, 323, 343, 354, 356, 358
Grundvariablen 171
Gruppencode 319, 330
Gruppen-Kovarianz 318, 322, 323, 335, 339, 342, 353, 357
Gruppen-Kovarianzmatrizen 318, 322, 323, 339, 342, 357
Gruppenmittelwert 316, 320, 321, 326–328, 339, 341
Gruppenweise Analyse 190
Gruppen-Zentroide 312, 330, 348, 354, 382
Gruppenzugehörigkeit 49, 300, 305, 307, 327, 349, 355, 356
Gruppierung 118, 144, 148, 172
Gruppierungsmöglichkeiten 8
Gruppierungsvariablen 148, 149, 152, 214
Gruppierungsverfahren 11
Gültigkeit IX, 20, 295, 356
Güte 65, 196, 197, 202, 211, 229, 231, 232, 239, 241, 242, 294, 303
Güte der Anpassung 196, 197, 211, 231, 232, 239, 241, 242
Gütekriterien 65
Gütemaß 300

H

Hamann 31, 35, 365
Hamann-Index 35
Hans und Elisa 71, 72
Harris-Komponentenmodell 194
Häufigkeiten X, XV, 1, 19, 27, 28, 79–82, 100, 104, 109, 113, 114, 176, 332, 351, 356, 363
Häufigkeitsauszählung 61, 62
Hauptachsenanalyse 193
Hauptachsen-Faktorenanalyse V, VI, IX, X, XVI, 19, 179, 182, 183, 187, 188, 190–197, 199, 200, 204, 211, 216, 218, 220, 231, 232, 242–245, 249, 251, 252, 254, 257–259, 266, 267, 270–273, 275, 277, 278, 295
Hauptachsenmethode 184
Hauptfaktorenanalyse VI, 179, 183, 186, 188, 191–195, 197, 218, 242, 244, 295

Hauptfaktorenmethode 273
Hauptkomponenten VI, 179, 188, 190, 200, 217, 218, 220, 227, 268, 280, 289, 369
Hauptkomponentenanalyse V, VI, X, XVI, 179, 182, 185, 187, 188, 190–196, 199, 202, 216–220, 223–230, 232, 233, 242, 243, 266, 280, 281, 285, 287, 294–296, 306
Hauptkomponentenmodell 193
Hauptkomponentenvariante 183
Health Care 181
Hersteller 154
Heterogene Verfahren 8
Heterogenität X, 1, 8, 11, 17, 18, 21, 26, 57, 60, 61, 63, 82, 91, 358
Heterogenitätsgrad 61
Heterogenitätszuwachs 63
Heuristik 185, 265
Heywood 210, 218
Heywood-Fälle X, 197, 231, 233, 242, 243, 275
Hierarchie 8
hierarchisch 22
hierarchisch-agglomerativ 22
Hierarchische Clusteranalyse 10, 14, 16, 23, 44, 46, 48, 51, 294
Hierarchische Verfahren 9, 23
Hierarchisches Wahrscheinlichkeitsmodell 168
Hierarchische Clusteranalyse X, 1, 9–11, 14, 16, 54, 68, 361
Hierarchisierung 8, 11, 24, 25, 94
Hilfe 183, 184
Hilfsregel 359
Hintergrund 94, 148, 182, 191, 213, 214, 238, 241, 253
Hippokampus 337
Hippothalamus 341–344, 346–349, 354
Histogramm 37, 39, 40, 42, 43, 116, 317, 319, 335, 339, 352, 355, 357
Höchstzahl der Cluster 107
Holdout 154, 156, 158–161, 165
Holdout-Fälle 154, 159, 165
homogen 8, 166, 170
Homogenität VII, 11, 12, 23, 25, 48, 94, 105, 118, 307, 335, 353, 357

Homogenitätsanforderungen 84
Homogenitätstest auf Gleichheit der Proportionen 101
horizontal 47, 49
Hypothese 135, 200, 211, 263, 296, 316, 323, 343
hypothesengeleitet 18
Hypothesentest IX, X, XVI, 179, 185, 187, 210, 211, 216, 231, 320, 341

I
Ideal- oder Konkurrenzprodukte 8
Identifizierbarkeit 3
Identifizieren ungewöhnlicher Fälle X, 1
Identitätsmatrix 263
ID-Variable 47, 120, 129, 334
IF-Befehl 152
Im Nenner eingeschlossen 33
Image VI, 179, 182, 188, 194, 199, 201, 220, 245, 265, 371, 390
IMAGE 179, 186, 187, 199, 201, 202, 214, 294
Image Factor Analysis 199
Imageanalyse VI, 179, 186, 188, 199
Image-Faktorenanalyse 199
Image-Faktorisierung VI, 179, 182, 188, 199, 201, 220, 371
Image-Koeffizient 199, 201
Imagekomponentenanalyse VI, 179, 186, 188
Image-Kovarianzmatrix 371
Indeterminiertheit 191
Index X, XV, 1, 34, 35, 145, 148, 150, 153, 171, 217, 365, 367
Index für Asymmetrie 35
Index nach Anderberg 35
Index-Bildung X, XV, 1, 145, 148, 150, 217
Index-Methode 150
Indikator 153, 197, 214, 217, 356
Indikatoren-Verdichtung 217
Infomax 208
Information 7, 8, 17, 18, 19, 24, 74, 107, 109, 115, 116, 182, 185, 226, 268, 335, 385, 393, 395
Informationsabende 79–81, 83
Informationskriterium 97, 100, 104

Informationsverlust 14, 19, 98, 226, 228, 268, 272, 297
Informationsverzerrungen 14
Inhaltliche Interpretierbarkeit 18, 131
Inhomogenität 12
Inklusionsschwellen 324
inkonsistent 116
Innergruppen-Kovarianz 321
Innergruppen-Varianz 303
Innerhalb Clusterprozentsatz 105, 110, 111
Innerhalb Clustervariation 111
Innerhalb-Quadratsummen 321, 327
Intelligenz 180
Intelligenzforschung 180, 181
Interaktive Grafik 161
Intercluster-Homogenität VII, 8
Interkorrelation VIII, 216, 224, 239, 253, 256, 262, 272, 293, 294, 315, 321, 329, 341, 347, 356
Interkorreliertheit IX, 189, 291, 325, 344
Internale und externale Validität 18
Interpretation VI, X, XI, XV, XVI, 3, 7, 11, 18–20, 24, 64, 68, 80, 82, 106, 118, 131, 134, 141, 143, 146, 163, 171, 172, 179, 182, 184, 192, 198, 202–207, 209, 212–214, 216, 223, 228, 233, 236, 238, 239, 241, 243, 247, 249, 254–257, 260, 263, 270, 273, 276, 292–296, 299, 306–308, 319, 321, 325, 335, 336, 340, 341, 356
Interpretation der Faktoren 184, 192, 203, 213, 254
Interpretation und Benennung der Faktoren 212
Interpretierbarkeit X, 1, 68, 74, 79, 83, 91, 94, 118, 119, 131, 145, 206, 227, 250, 252, 274
Interpunktion 152
Intervalldaten X, XV, 1, 48
Intervallniveau 28, 293
intervallskaliert 13, 15, 17, 19, 27, 28, 48, 69, 74, 76, 79, 80, 83, 91, 94, 170, 296, 312, 337, 363
Interventionsunabhängigkeit 190
Intracluster-Homogenität VII, 8, 11, 12, 18, 23
Intraclustervarianz 26

invariant 16, 21, 94, 192, 206, 212, 275
Invarianz 25, 26, 68, 188, 190, 192, 207, 212, 213
Invarianz gegenüber monotonen Transformationen 25, 26, 68
invers 198, 201, 245, 262, 276, 287
Inverse Faktorenanalyse 186
Inverse Korrelationsmatrix 262, 276, 287
Inversionen 25, 26
IQ 7
Irrelevante Variablen 13, 16, 95, 116, 144, 145, 292
Item 32, 71, 72, 185, 198, 214, 292–296
Item-Response-Theorie 293
Iteration 118, 121, 128, 138, 220, 223, 235–237, 246, 249, 251, 252, 254, 257, 259, 270, 272, 278, 369, 371, 372, 374
Iterationsprotokoll 138
Iterationsprozess 128
Iterationsschritte 138, 272, 275
Iterative Hauptfaktorenanalyse 193, 244
Iterieren und klassifizieren 120, 121

J
Jaccard 31, 33, 34, 364
Jaccard-Index 34
Jack-Kniving 317
Jolliffe-Cutoffs 210

K
Kaiser 187, 198, 199, 201, 206, 210, 211, 245, 250–252, 254, 257, 263, 272–274, 276, 278, 296, 371, 374, 390
Kaiser-Kriterium 187, 210, 211
Kaiser-Meyer-Olkin 245, 263, 276, 296
Kaiser-Meyer-Olkin-Maß 245, 263, 296
Kaiser-Normalisierung 211, 251, 252, 254, 257, 272, 273, 278, 374
Kalorienzufuhr 137, 140, 143, 146, 147, 149, 150
Kampagnen 9
kanonisch 303
Kanonische Diskriminanzfunktion 311, 312, 326, 328, 345, 346, 351, 356, 380, 382, 383

Kanonische
 Diskriminanzfunktionskoeffizienten 328,
 346, 351
Kanonische Faktorenanalyse VI, 179, 188
Kanonische Korrelation 326–328, 345
Kapitalanlagen 99, 109, 113
Kappa 30, 68, 132, 134, 203, 207, 256
kategorial 96–99, 101, 103, 105, 109, 110,
 280
kategorial skaliert 96, 101, 103, 105, 109,
 110, 280
Kategorialdaten X, 1, 15
Kategorialniveau 307
Kategorialvariable 15, 76, 109, 172, 366, 367
Kategorienbildung 154
Kategoriengrenzen 14, 150, 355
Kategorisierung 14, 98, 147
Kaufgewohnheiten 182
kausal 21, 180, 203
Kausalitätsstatus VIII, 180
Kausalmodell 354
K-Auswahl 161, 164, 165
Kendall 290, 293, 294
Kennwerte 326, 345
Kettenbildung 24, 25
KFA X, XVI, 179, 187–189, 194, 196, 198,
 200, 201, 209, 212, 215, 231, 291, 292
Kindersterblichkeit 48
Klammer 46, 47, 69, 128, 129, 179, 312
Klammerangaben 47
Klassen mit Prototypen 154
Klassieren V, 150, 172–175
Klassierte Variable 173
Klassierung von Fällen 300
Klassifikation VII, X, XV, 1, 8, 11, 22–26,
 68, 72, 94, 95, 115, 117, 144–146, 148,
 168, 169, 214, 292, 300, 304–306, 311,
 315, 317, 318, 331, 332, 337, 339, 349,
 354, 356–358, 369, 396
Klassifikations- bzw. Prognosemodell 300
Klassifikationsanalyse 165
Klassifikationsfunktion 331, 349, 380
Klassifikationsmodell 336
Klassifikationsphase 303–305, 312, 318, 356,
 358, 359

Klassifikationsvariable 85
Klassifikationszentrum 121
Klassifikator 306
Klassifizierung VI, XI, 8, 153–155, 300, 301,
 303, 316, 318, 330, 339, 348, 383
Klassifizierungsergebnisse 303, 317, 332,
 351, 359
Klassifizierungsfunktionskoeffizient 330,
 331, 349
Klassifizierungsmethoden 177
Klassifizierungsstatistiken 330, 348
Klimazonen 149
Klinik 79, 213, 308, 335
k-means V, VI, X, XV, 1, 9, 16, 22, 26, 96,
 117, 118, 144, 145
K-Means-Knoten 117
KMO 245, 258, 263, 265, 276, 287, 296
KNN VI, X, XVI, 1, 145, 154, 159
Knoten V, VIII, 145, 167, 179
Knotenleistung 167
Kode 38, 40, 42, 103, 152, 153, 182
Kodierung 15, 16, 29, 31, 32, 43, 45, 46, 69,
 70, 75, 84, 85, 115, 175, 307, 312, 318,
 334, 339, 356
Kodierungsvorgang 15
Koeffizient 34, 44, 57, 62–64, 68, 72, 77, 81,
 92–94, 124, 127, 218, 220–222, 229, 235,
 245, 247, 259, 290, 293, 294, 303, 304,
 316, 327–329, 331, 346–348, 363, 365,
 380, 382
Koeffizientenmatrix 221, 222, 229, 247, 259
Kognitive Fähigkeiten 182
Kohonen 145
Kolligationskoeffizient 35
Kolmogorov-Smirnov-Anpassungstest 116
Kombinatorik VI, X, XVI, 1, 74, 145, 150,
 152, 153
Kommensurabilität 10, 13
Kommunalität 183, 188, 194, 195, 197, 199–
 202, 210, 218, 220, 222, 225, 231, 232,
 234, 236, 237, 242, 245, 259, 263, 266,
 267, 271, 272, 275, 277, 287, 294, 296,
 371, 372, 374
Kommunalitätsschätzung 183

Komplexität VII, XI, 68, 94, 107, 144, 145, 191, 196, 202, 217, 243
Komplexitätssteigerung IX
Komponenten V–X, 179, 180, 182, 187, 190–196, 200, 214, 216–219, 221, 222, 225–230, 246, 266, 268, 280, 285, 288, 289, 291, 296
Komponentenanalyse 194, 218
Komponentendiagramm 223, 228, 230, 289
Komponentenladungen 224, 226
Komponentenmatrix 222, 228, 230, 236, 288, 289
Komponentenwert 222, 229, 230, 289
Konfidenzintervall 101, 106, 109, 111, 212, 231
Konfirmatorische Faktorenanalyse 180, 187–190, 196–198, 200, 201, 203, 208, 212, 213, 215, 231, 243, 275, 292
Konstanten 10, 16, 68, 95, 223, 281, 283–285, 290, 303, 382
Konstruktäquivalenz 190
Konstrukte 20, 180, 215
Konsumenten 13, 21, 182
Konsumvariable 182
Kontinuum 18, 39, 40, 42
Kontrolle XI, 45, 128
Konvergenz 118, 196, 197, 200, 220, 235, 246, 270, 368
Konvergenzkriterium 121, 128, 138, 372
Koordinaten 230, 247, 248, 250–254, 256, 273, 274, 279
Kophenetischer Korrelationskoeffizient 92, 93, 94
Körperliche Funktionsfähigkeit 308, 335
Korrelation VIII, 19, 45, 115, 179, 180, 183–186, 188, 190, 191, 196–201, 206–208, 214, 216, 221–224, 228, 230, 232, 236, 239, 245, 247, 253–255, 259, 261–265, 267, 270–273, 286, 288, 289, 292–296, 300, 306, 311, 316, 321, 325, 327–329, 341, 345, 346, 348, 355, 356, 381, 382
Korrelationskoeffizient XV, 28, 36, 91–94, 193, 199, 209, 224, 225, 262, 266, 272, 293, 296, 329, 345, 356

Korrelationsmatrix 45, 183, 185, 195–200, 209, 211, 216, 218, 220, 222–224, 228, 231, 232, 234, 236, 242, 245, 259, 262, 263, 265, 269, 272, 276, 286, 287, 290, 295, 296, 316, 321, 341, 369, 371, 378, 382
korrelierend 19, 180, 182, 183, 204, 205, 207, 216, 263, 296, 357
Korreliertheit VII, 68, 192, 198, 291, 306, 315
Korrespondenzanalyse 145, 148
Kosinus 28, 29, 36, 45, 363
Kosinus-Ähnlichkeitsmaß 36
Kosten 359
Kovarianz 183, 201, 265, 316, 321–323, 336, 341, 342, 357
Kovarianzmatrix 183, 188, 196, 198, 199, 218, 220, 222, 225, 229, 230, 239, 245, 259, 291, 301, 307, 308, 310, 316–318, 321–323, 339, 341–343, 357, 358, 378
Kovariaten 154, 159
Kraftstoffverbrauch 232, 237
Kreditanträge 166
Kreditausfall 169, 176
Kreditkarten 169, 170, 182
Kreditrating 166, 169
Kreditrisiko 166
Kreditwürdigkeitsprüfung 181, 394
Kreisdiagramm 101, 105, 108, 110
Kreuzproduktmatrix 378
Kreuztabelle 81, 160
kreuzvalidiert 317, 333, 339, 351, 352
Kreuzvalidierung XI, 158, 159, 189, 299, 308, 317, 318, 332, 333, 336, 358, 359
Kreuzverhältnis 35
Kriterien X, XI, XVI, 18, 23, 96, 99, 100, 106, 107, 119, 128–132, 148, 150, 167, 179, 182, 184, 187, 203, 208–211, 214, 217, 243, 258, 275, 291, 294–296, 303, 310, 325, 333, 352, 356, 358, 368, 374
Kriterium der aufgeklärten Streuung 129, 130
Kriterium der relativen Verbesserung der Erklärung der Streuung 129, 131
Kriterium des besten Varianzverhältnisses 130
Kulczynski 1 31, 34, 364

Kulczynski 1-Index 34
Kulczynski 2 31, 34, 364
Kulczynski 2-Index 34
Kundendaten 153, 174
Kundentypologie 98
Kurvenverlauf 211

L

Labordaten 8
Laborparameter 137, 300
Laden 214
Ladungen 184, 189, 192, 195–197, 201, 203, 204, 206–208, 213, 214, 216, 218, 226, 228, 230, 248, 249, 251–253, 267, 268, 270, 273, 277, 279, 288, 294, 295
Ladungsart 214
Ladungsdiagramme 221, 246
Ladungskonfiguration 204
Ladungsmatrix 184, 193, 197, 232
Ladungsmuster 212, 213, 228
Ladungsstrukturen 184
Lambda XI, 31, 35, 304, 307, 310, 311, 313, 314, 316, 321, 324–327, 330, 338, 341, 343, 344, 346, 365, 379, 381
Lambda nach Goodman und Kruskal 35
Längsschnitt 190
latent 7, 9, 386, 392
latent-class-Analyse 9
Latente Faktoren 180, 182, 191, 193, 200
Lawley-Hotelling-Spur 314, 379
Least Squares 197
Least Squares-Analyse 197
'Leave-One-Out'-Methode 317
Lebenserwartung 48, 65, 66, 137, 138, 140, 142, 143, 146–150
Lebensstil 391
Lebensstil-Segmentierung 1
Legalisierung von Marihuana 69, 75
Leistungsfähigkeit 165, 292, 327, 330, 346, 351
Likelihood-Distanzmaß 115
Likelihood-Quotient 167
Likert-skaliert 214

linear VIII, 182, 193, 194, 200, 214, 217, 229, 230, 242, 286, 290, 294, 296, 301, 307, 315, 323, 355, 391
Lineare Transformation 203
Lineargleichung 194, 200, 217, 219, 229, 243
Linearisierung 26
Linearität IX, 195, 294, 355
Linearkombination 194, 195, 218, 273, 302–304
Liniendiagramme 64
Linkage X, 1, 4, 5, 12, 25, 28–31, 46, 69, 72, 75, 77, 362
Linkage innerhalb der Gruppen 25, 28–30, 46, 362
Linkage zwischen den Gruppen 4, 5, 25, 28–30, 46, 69, 72, 75, 77, 362
Liste 2, 44, 67, 91, 124, 128, 191, 283, 285
Listenpreise 154
Listenweiser Fallausschluss 122, 154, 221, 222, 235, 236, 247, 259, 260
Little Jiffy 187, 210, 390
Lkw 154, 155
Log-Determinante 322, 323, 342, 357
Logik XI, XVI, 119, 128, 150, 229, 299, 301, 307
Logik- oder Programmierfehler 150
Logische Clusteranalyse XV, 145, 148
Logistische Regression 307, 358
Log-Likelihood 97, 99, 367
Log-Likelihood Distanz 97, 367
Los Angeles Standard Metropolitan Statistical Area 218
Lösungen VI, 12, 18, 22, 23, 32, 36, 38, 43, 46, 47, 58, 59, 63, 74, 118, 120, 124, 134, 144, 192, 194, 204, 206–208, 210, 212, 213, 223, 227, 230, 231, 233, 236, 237, 239, 243, 247, 259, 268, 273, 279, 293
Lösungsrotation 183, 184
Lücken 59, 151, 172
Luftfeuchtigkeit 208, 249–252, 254, 257, 260–262, 264, 266, 270–272, 274, 277–279

M

Mahalanobis 314, 317, 333, 334, 339, 359, 380
Mahalanobis-Distanz 314, 334, 339, 359, 380
Makro 36, 37, 235, 236, 258, 259
Manhattan-Distanz 29, 30
MANOVA 306
Manuale 361
MAP 208, 210, 311, 317, 337, 339, 393
MAP-Kriterium 210
Marken 154, 182
Marker 9, 337
Marketing 8, 9, 98, 177, 181, 393–395, 399
Marketing-Kampagnen 177
Markt- und Medienforschung VII, 181
Marktforschung 387
Markt-Media-Typologie 1
Marktstudie 98
Maß der Einfachen Übereinstimmung 30, 33
Maß der Stichprobeneignung 216, 263–265, 276
Maße X, 1, 11, 13, 18, 22–31, 34, 35, 68, 69, 84, 94, 95, 100, 106, 107, 176, 180, 209, 210, 231, 254, 265, 293, 295, 296, 363–365
Maße der Vorhersagbarkeit 31, 35, 365
Maße nach Kendall 29
Materialismus-Typologie 148
Matrix XI, XVI, 24, 44, 46, 49, 56, 57, 179, 196, 199, 216, 220, 222, 224, 236, 245, 248, 254, 259, 262, 265, 290, 295, 311, 316, 321, 329, 336, 337, 339, 341, 348, 357, 361, 370, 378–381
Matrixbildung 183
Matrixdiagonale 183, 195
Mauslenker 123
Maussteuerung 49, 50, 99, 119, 121, 128, 154, 219, 233, 308, 311
Maximal 27, 185, 200, 302, 324
maximiert 20, 184, 208, 304, 306, 314
Maximum V, VI, X, XVI, 14, 45, 100, 157, 175, 177, 179, 182, 187, 188, 190, 195, 196, 199, 200, 209, 211, 216, 231–243, 309, 370, 388

Maximum Likelihood V, VI, X, XVI, 179, 182, 187, 188, 190, 196, 199, 200, 209, 211, 216, 231–238, 240–243, 370, 388
Maximum Likelihood-Ansatz V
Maximum Likelihood-Faktorenanalyse X, XVI, 182, 196, 209, 211, 231
MDS 146
meaningfulness 208
measure of sampling adequacy 263, 296
Median 25, 26, 28–31, 42, 43, 46, 64, 182, 218, 223–225, 228, 229, 362
Median School Years 182, 218, 223, 224, 225, 228, 229
Median Value House 218, 223–225, 228, 229
Medien 21, 181, 280, 394, 399
Medienforschung 394, 399
Medien-Nutzung 181, 394
Medientechnologien 181
Medizin 181
mehrdimensional 203, 302
Mehrebenen-Modelle 293
Merkmale 2–4, 10, 13, 18, 68, 165, 189, 212, 301, 307
Merkmalsausprägungen 8, 17, 136, 152
Merkmalsauswahl 161
Merkmalskombination 152
Merkmalsraum 11, 162, 165
Merkmalsraum der Prädiktoren 161
Merkmalsvariable 300
Mersenne Twister 158, 160
Messfehler 195
Messfehlerbehaftetheit 19, 296
Messgenauigkeit 68
Messinstrument 185
Messskala 97
Messung 2, 20
Messwerte 3, 283, 285
Messwertpaare 2
Messwertpaare oder -tripel 2
Messwiederholung 18, 19
Messwiederholungsdesign 19
Messzeitpunkt 18, 19, 186
Methode V, VIII, X, XI, 1, 4, 9, 11, 16, 18, 22–31, 38–44, 46, 48–50, 52–55, 57, 62, 68, 69, 75, 77, 80, 84, 95–97, 106, 118,

120, 121, 129, 144, 145, 154, 167, 172,
179, 181, 188, 196, 197, 203, 204, 208,
210, 211, 213, 220–222, 227, 228, 231,
234, 236, 242, 244–247, 259, 268, 269,
280, 289, 299, 301, 304, 305, 309, 310,
312–314, 317, 324, 325, 338, 339, 343,
358, 361, 370, 374, 380, 386, 389, 391, 399
Methodenabhängigkeit 207
Methoden-Effekt 48, 49
Methodenwahl 17
Metrisch skalierte Variablen 22, 94, 105, 115, 117, 118, 144
metrisch 15, 22, 23, 25, 28, 35, 97–99, 101, 103–105, 109, 111, 112, 116, 149, 159, 172, 303, 312
Mindestabstand 117
Mindeststichprobe 294
Minimaldistanz 369
Minimierungskriterium 206
Minimum Entropy 208
Minimum PCA-Ladung 192, 196, 228
Minimum-Prozent-Kriterium 210, 211
Minkowski 13, 28, 29, 363
Minkowski-Metrik 13, 29
Missings XI, 10, 16, 17, 45, 46, 55, 66, 70, 95, 104, 105, 108, 123, 128, 141, 154, 160, 165, 221, 222, 236, 247, 259, 260, 285, 305, 312, 318, 339, 356, 368, 391
Mittelwert 14, 26, 36, 38–40, 42, 43, 45, 64–66, 83, 100, 102, 104, 106, 108, 111, 112, 115, 117, 121, 129, 131, 132, 138, 140, 151, 220–223, 232, 234, 236, 245, 247, 259, 260, 284, 287, 302, 303, 307, 314, 317, 318, 320, 327, 330, 335, 336, 339, 341, 345, 346, 348, 356, 359, 368, 369, 377
Mittelwertsunterschiede 303
Mittelwertvektor 117
ML VI, X, XVI, 179, 182, 186–189, 196–202, 209, 211, 214, 231, 235, 236, 243, 294, 370
Modell 13, 15, 81, 97, 107, 132, 154, 157, 158, 160, 162–167, 169, 175, 180, 181, 188, 192, 193, 195–198, 210, 216, 232, 241, 254, 255, 265, 272, 275, 278, 280, 290, 291, 293, 303–306, 314, 315, 317,

324–327, 329, 332, 334, 338, 344–346, 351, 354, 356, 358, 359
Modellannahmen 191
Modellanpassung 18, 202
Modell-Daten-Passung 278
Modelle latenter Klassen 180, 292
Modelle latenter Profile 292
Modelle latenter Traits 292
Modellfehler 197, 202, 294
Modellgleichung 304, 305, 313, 331, 359
Modellgüte 155, 163, 326, 333, 345, 352, 359
Modellgüte auf Einzelfallebene 333, 352
Modellierungsphase 305
Modell-Methoden-Gegenstands-Interaktion 181
Modell-Optimierung 216
Modellspezifikation IX, 291, 304, 305, 358
Modifikationen 52, 53
Mojena 68
Monetary 176
Monotone Transformationen 94
MSA 295, 296
MSA-Werte 263, 265, 296
Multidimensionale Skalierung 146
Multikollinearität XI, 185, 293, 299, 315, 321, 325, 336, 341, 344, 347, 354, 356, 359
Multinominale Verteilung 97, 116
multiocccasion longitudinal data 190
Multiple Regression 199
Multiple Regressionsanalyse 185, 307, 355
Multiple Testungen 186
Multivariate Verteilung 116
Multivariate Normalverteilung 196, 197, 212, 316, 323, 356
multivariat 307, 326
Muscheln X, 1–8
Muscheln am Strand X, 1, 7
Musterdifferenz 31, 35, 366
Mustererkennung 8, 183, 185, 306
Mustermatrix 204, 253–258

N

N VI, 18, 19, 22, 23, 36, 38–43, 57, 63, 66, 78, 79, 82, 84, 88, 93, 94, 98, 108, 109, 118, 123, 132, 141, 159, 160, 165, 175,

193, 197, 202, 212, 223, 226, 232, 239,
260, 268, 272, 278, 294, 296, 308, 319,
320, 323, 330–332, 335, 337, 340, 348,
349, 354, 356, 358, 361, 362, 366, 390,
391, 394, 395
Nachbarn 12, 154, 156–159, 161–165
Nachgeschaltete Diskriminanz- oder
 Varianzanalyse 11, 19
Nachkommastellen 121
Nächste Nachbarn-Analyse VII, 136, 154–
 156, 159
Nächster Schritt 57, 81
Nächstgelegener Nachbar 12, 25, 28–31, 46,
 49, 54, 55, 156, 362
Nachweis faktorieller Invarianz 192, 194,
 195, 212, 213, 218
Näherungsmatrix 56, 57, 70, 71, 74, 80
Näherungsweiser F-Test 379
nearest neighbor 362
Neigung 303
Neuronale Netze 145, 306
New York Times 181, 391
n-Faktor-Lösungen 184
Nicht erklärte Streuung 325
Nicht gültig bei METHOD=VARIANCE 200
nichtlinear 180, 286
Nichtmetrische Faktorenanalyse 293
Nichtmetrischer Koeffizient 36
Nichtmetrischer Koeffizient nach Bray-Curtis
 36
Nichtsignifikanz 20, 140, 299
Nichtstandardisierung 14, 138
Nichtübereinstimmungen 30, 32–34, 36, 71
Nominales Skalenniveau 167
Nominalniveau 29, 97, 145
nominalskaliert 22, 23, 95, 307
Nonkontinuität 180
nonlinear 94
Nonnormalität 180
Nonnull-Elemente 203
Nonsensmodelle 354
Nordamerika 137
normalverteilt 198, 292, 305
Normalverteilung 97, 116, 197, 212, 231,
 295, 296, 307, 335, 356–358

Normalverteilungskurve 335
Normen 170
Nullhypothese 20, 101, 140, 211, 231, 239,
 241, 263, 296, 327, 345
numerisch 112, 150, 174, 202, 312
Numerisches Relativ 203
Nutzung verschiedener Informationsangebote
 79

O

Objekte 3–5, 7–9, 11, 12, 17, 23, 24, 27–30,
 34–36, 96, 107 136, 183, 354
Objekteigenschaften 68, 94
objektiv IX, 7, 20, 96
Objektkodierung 35
Oblimin 188, 207, 244, 246, 247, 253, 254,
 257, 374
Oblimin-Kriterium 253
oblique V, VI, X, 179, 188, 204–208, 252–
 254, 257, 374, 389
Oblique Rotation VI, 204, 205, 254, 374
occasion 186
Ochiai 31, 36, 365
Ochiai-Index 36, 365
OECD 137, 146
Offdiagonal 188, 200
Ökonometrie 181
Optimale Clusterzahl X, 1, 144
Optimales Klassieren VI, VII, X, XVI, 1, 145,
 172, 174, 175
Optimalitätskriterien 190
Optimierung X, XVI, 8, 179, 275
ordinal 27, 29, 97, 98, 281, 290, 293, 307,
 388, 390
Ordinal- oder Nominalniveau 28
Ordinaldaten 15
Ordinale Skalierung 292
ordinal 29, 172, 174
Ordinalniveau 29, 293
ordinalskaliert 15, 115
Ordinalvariable 15, 115, 355
Originaldaten 3, 208, 333, 334
Originallösung 207
Originalvariable 222, 229, 259, 273

orthogonal V, X, 179, 194, 195, 204, 205, 208, 218, 249, 253, 257, 336, 393
Orthogonale Rotation 188, 205, 372
Orthogonalität 295
Orthomax 205
O-Typ 186
overextraction 208, 210, 396
Overfitting 318, 358, 359
oversampling 294

P

Paarweiser Fallausschluss 221, 222, 236, 247, 259
PAF XVI, 179, 186–193, 200–202, 231, 233, 242, 243, 257–259, 275, 276, 291
Panel 161
Parallel-Analysen 210
Parameter 8, 29, 39, 41, 43, 65, 66, 104, 137, 154, 187, 197, 199, 203, 205–207, 212, 231, 232, 242, 243, 253, 256, 275, 290, 308, 324, 336, 337, 345, 374
Parameterschätzung 196, 202, 232
Partialkorrelation 210, 216, 265, 273, 295
Partition 8, 9, 157, 158, 165, 381
partitionierend V, X, 1, 9, 16, 26
Partitionsvariable 154
PASW XI
Patienten 8, 137, 308, 335, 337
pattern 255, 294, 306, 395
pattern recognition 306
pattern structure 255
PC 200, 217, 222, 223, 282, 369
PCA XVI, 179, 186–196, 199, 201–204, 210, 213, 216–218, 291, 294, 306
Pearson-Korrelation X, 1, 28, 363
Peers-Diagramm 161, 163, 165
Per fiat 20, 172
Performancesteigerung 278
Performanz 97, 137, 153, 167, 169, 182
Persönliche Gespräche 79
Perspektive 20, 58, 109, 147, 183, 188, 254, 294, 299
Pfad 44–47, 49, 54, 99, 119, 120, 156, 166, 172, 174, 219, 233, 244, 308
Pfadmodelle 190

Pflanzen 243
Pflanzenzucht 9
Phi 28, 31, 36, 115, 142, 293, 364, 365
Phi-4-Punkt-Korrelation 31, 36, 365
Phi-Koeffizient 293
Phi-Quadrat-Maß 28, 364
Phylogenetik 9
Pkw 154, 155, 163
Plausibilität VIII, 94, 172
Plausibilitätstest 299
Plot 184, 210, 211, 216, 223, 227, 240, 241, 259, 269, 288
Polung 84, 216, 224, 262, 295, 308, 356
Populationsparameter IX, 207, 212
Portfolio-Analyse 177
Portfolio-Diagramm XV, 145, 146, 148, 150
Positionierung 3, 61
Potenz 29, 207
Power 202, 305, 358
Prädiktoren VI, 154, 159, 161, 162, 165–167, 169, 170, 174–176, 185, 307
Pre-Cluster 10, 96, 97, 102, 103, 107, 116
Pre-Cluster-Schritt 10, 96
PRE-Wert 119, 124, 129
Principal Axis Factor Analysis 242, 396
Principal Axis Factoring 193, 259, 370
Principal Component Analysis 217
Principal Components Extraction 369
Probabilistische Verfahren 9
Produkt-Moment 28, 292, 293
Produkt-Moment-Korrelation 28
Prognose VI, 21, 300, 304, 305, 307, 358
Prognosemodell 300, 305
Programmieraufwand 150, 172
Programmierer 152
Programmierung 194
Promax 187, 188, 204, 207, 242, 244, 246, 247, 256–258, 389
Promax-Rotation 242
proportional reduction of error 124
Proportionale Fehlerreduktion 35
proto-objektiv IX
Prototyp 118, 136, 140–142, 162, 163, 165
Prototypenanalyse X, XV, XVI, 1, 136, 145, 154

Sachverzeichnis

Prototypenansatz 8, 137
Proximität 27
Proximitätsmaße 24, 44, 54, 60
Proximitätsmatrix 47, 54, 55
Prozedur IX, 16, 44, 46, 115, 165, 170, 172, 173, 223, 231, 236, 242, 259, 284, 287, 290, 311, 337, 361, 363, 366, 368, 369, 377
Prozentdiagramm 101
Prüfstatistiken 95, 144
Prügel 69, 75
Pseudowissenschaftliche Rhetorik 20
Psychologische Rezipientenmerkmale 20
Psychometrie 203
Psychometrische Klassifikationen 148
Psychometrische Verfahren 187
P-Typ 186
P-Typ Faktorenanalyse 186
Punktegruppierungen 147
Punkteschwärme 184
Punktewolken 301, 303, 354
purging 283, 284

Q

Q-Typ VI, VIII–X, XVI, 179, 186, 280, 281
Q-Typ Faktorenanalyse VIII, IX, XVI, 186, 280, 281
Quadranten 146–148, 248, 250, 252, 253, 256, 270, 274
Quadrantenkarte 161
Quadratsumme 123
Quadratsumme der Distanzen 5
Quadratwurzel 3, 4, 28, 327, 328, 372, 374
Quadrierte euklidische Distanz X, 1, 28–31, 48, 54–57, 69, 71, 72, 75, 118, 120, 123
Quadrierte Mahalanobis-Distanz 325, 334
Quadrierte multiple Korrelation 183, 199, 201, 216, 263
Quadrierung 26, 123
Qualität des Modells 155
qualitativ 213
quantitativ 2, 18, 19, 62, 97, 209, 213, 297
Quantitative Redefinition 355
Quartimax 188, 205, 206, 244, 246, 247, 252, 253, 255–257, 372
Quartimax-Kriterium 252

Quartimin 206
Quartimin-Rotation 206
Quasihierarchie 8
Querschnittdaten 190
QUEST V, 145, 166
QUEST-Knoten V

R

R^2 183, 194, 198, 243, 267, 296
R^2-Wert 194
Randhäufigkeiten 35
Rand-Index 68
Randomisierung 354
Randsummen 293
Range 97, 159, 171, 293, 312, 318, 366
Ranginformation 29, 308, 355
Rangordnung 153
Ratingvariable 136
Rauschen 17, 102, 103, 107
Rauschen-Cluster 17, 103
Rauschverarbeitung 102
raw correlation 208
real-life-Anwendungen 182
Recency 176
rechenintensiv 129, 206, 216, 231
Rechenschema 32
Reduktion vieler beobachteter Variablen 180
Reduzierte Korrelationsmatrix 183, 210
Referenzlinie 146–148, 150, 171, 227, 269, 288
Registerkarte 58, 78
Regression 199
Regressionsanalyse IX, XII, 185, 199, 306, 307, 354, 357, 394
Regressionsgleichungen 273, 307
Rekodierung 68, 133
Rekonstruktion der Gruppenzugehörigkeit 305
Relevante Variablen 13, 95, 97, 116, 140, 144, 354
Relevanz 13, 68, 95, 116, 145, 336, 357, 359
Reliabilität VIII, 199
replicability 208
Replikation 98, 250, 274
Replikations- und Validitätsstudien 9

Repräsentant 136, 137
Repräsentantenansatz 136
Repräsentation 184
Repräsentativität 68, 354
reproduziert 245
Reproduzierte Korrelation 271, 272, 276, 278, 287
rescaled 60, 64, 74, 82
Rescaled Distance Cluster Combine 60, 74, 82
Residualvarianz 194
Residuen 209, 271, 272, 278, 295
Reskalierung 45
Restvarianz 195, 336
RFM-Analyse 153, 176
RFM-Score 177
Richtigkeit der Klassifikation 305, 332
Richtung 45, 114, 115, 228, 270, 288, 295, 303
Risiko 168, 169
Risiko-Schätzer 169
robust 26, 115, 197, 212, 356, 357, 387
Robustheit 358
Rogers 31, 33, 34, 364, 389
Rogers und Tanimoto 31, 34, 364
Rohdatenmatrix 186, 188, 191, 194, 200, 212, 213, 218, 219, 290
Rohwert 4, 289
root node 96
Roper Consumer Styles VII, 1, 18
Rotated Factor Pattern 216
Rotation VIII–X, XVI, 179, 182, 184, 187, 188, 191, 194, 197, 200–208, 210, 216, 218, 221, 226, 227, 235, 242–244, 246–258, 263, 267, 268, 270, 272–275, 278–280, 289, 355, 360, 372, 374, 390
rotation function 203
Rotationskriterium IX, 207
Rotationsmethode V, X, XVI, 179, 184, 188, 190, 202–204, 243, 246, 247, 251, 252, 254, 257, 259, 268, 272, 273, 278
Rotationstechnik 205
Rotationsverfahren 184, 187, 188, 203–205, 207–209, 215, 249, 253, 257, 273, 291, 372
Rotationswinkel 372

Rotierte Faktorenmatrix 216, 249–254, 258, 272–274, 278, 279
R-Typ VI, X, 179, 186, 187
R-Typ Faktorenanalyse 179, 187
Rückenschmerz 308, 320–322, 324–326, 328, 329, 335
Rückfall 300
rückwärts 313
Rückzahlung 166
RUNT-Statistik 11
Russel und Rao 31, 34

S
Sachnähe 163
Schätzgenauigkeit 231
Schätzung VIII, 165, 184, 188, 199, 208, 229, 263, 296, 331
Schätzwert 183
schief 188
Schiefe (oblique) Rotation VI, 188
Schiefwinkligkeit 206, 207
Schlüsselwort 160
Schriftliche Mitteilungen 79
schrittweise 305, 311, 313, 324, 343, 347, 358
Schrittweise Methoden 305, 347, 358
Schwarz-Bayes-Kriterium 99
Schwellenwert 97, 104, 114, 118
Scores 153, 177
Scoring-Algorithmus X, 1
Sceenshot 123
Scree-Plot 63, 124, 210, 211, 216, 220, 223, 228, 235, 236, 239–241, 246, 259, 268, 269, 274, 278, 288
Scree-Regel 211, 227, 240, 269
Scree-Test 211
Seed 117
Segmentieren V, 145
Segmentierungen 1, 20
Semantische Unsicherheiten 150
Semipartial-Korrelation 255
Sequentielle bzw. hierarchische Diskriminanzanalyse 312
Sequenzierung 8
Sexualkunde im Schulunterricht 69, 75

Signifikanz 20, 101, 102, 104, 106, 140, 212, 224, 233, 239, 261–263, 276, 295, 296, 299, 316, 321, 323–327, 330, 334, 338, 341, 343–346, 359, 381
Signifikanzniveau 140, 220, 245, 315, 381, 382
Signifikanzschwellen 106, 114
Signifikanztest 19, 124, 189, 197, 212, 231, 232, 243, 326, 339, 356–358, 396
Simple Matching-Koeffizient 29, 30, 33
simple structure 203, 386, 389, 393
simplicity function 203
simplicity structure 203
Simulationsstudien 104
sine non qua 207, 212, 291, 292
Single Linkage 11, 12, 17, 24, 25, 28–31, 40, 46, 48, 49, 53–57, 61
singulär 231
Sinn 7, 8, 11, 20, 24, 57, 61, 64, 211, 227
Sinnkonstanz 11, 20, 21
sinnstiftend IX, 7, 20
Sinnstiftung IX, 11, 20
Sinnzuweisung 11, 20
Sinus-Milieu 21
size of factor loadings 208
Skala 13, 14, 59, 185, 242
Skaleneinheiten 10, 13, 28, 50, 55, 68, 84, 94, 328
Skalenniveau IX, 10, 13, 14, 24, 68, 75, 84, 94, 103, 116, 135, 167, 174, 180, 280, 292
Skalierung VIII, 7, 214, 386
Sokal und Sneath 1 31, 34, 364
Sokal und Sneath 2 31, 34, 364
Sokal und Sneath 3 31, 34, 364
Sokal und Sneath 4 31, 34, 365
Sokal und Sneath 5 31, 35, 365
Somer 293
Sorenson 34, 364
Sortierung 32, 74, 118, 144, 153
Sortierung des Datensatzes 32, 74, 118, 144
Soziabilität 7
Soziodemographische Variablen 20
Soziodemographische Daten 48
Soziologische Typologien 148
spaltenweise VII, 18, 19

Spannweite 45, 142, 366
Spearman 180–182, 196, 212, 290, 293, 294, 385, 389, 391, 394
speicherintensiv 97
Speicherort 45, 47, 54
Speicherprobleme 44
Speicherzuweisung 102
Sphärizität 245, 263, 276, 296
SPSS Ausgabe XI, XV, 36, 106, 108, 146, 222, 223, 236, 247, 257, 259, 260, 281, 361
SPSS Datensatz 63, 84, 99, 151, 166, 217, 233, 244, 334
SPSS Syntax 36, 37, 68, 119, 123, 154, 197, 212, 219, 233, 275, 280, 308, 318, 336, 340
SPSS Version XI, 9, 58, 98, 105, 115, 121, 256, 281
Stabilität VIII, X, XV, 1, 12, 18, 21, 68, 74, 79, 83, 84, 85, 91, 94, 118, 119, 129, 132, 134, 145, 348
Stabilitätsprüfung 12, 68, 129, 132
Standardabweichung 14, 36, 38–40, 42, 43, 45, 65, 66, 93, 151, 220, 223, 232, 234, 245, 260, 284, 287
Standardeinstellung 28, 34, 204, 205
Standardfehler 169, 197, 209, 212, 231, 347, 357
standardisiert 3, 22, 45, 48, 76, 94, 95, 117, 120, 123, 138, 144, 218, 280, 328
Standardisierung 3, 14, 16, 22, 44, 45, 48, 50, 52, 53, 68, 83, 95, 98, 117, 124, 131, 211, 282, 328
Standardisierungsmöglichkeiten 22, 23
Standardisierungsvariante 45
Startwerte VIII, 9, 117, 118, 129, 132–134, 144, 145, 158, 159, 196, 267
statistical twins 145
Statistik VII–X, XVI, 84, 100, 114, 115, 119, 141, 142, 167, 179, 180, 216, 242, 257, 265, 296, 320, 321, 323–326, 336, 343, 345, 383, 386, 389, 394, 399
Statistikgeleitete Clusterung 150
Statistikprogramm 27
Statistischer Modelltest 196
Statistisches Matching 145
Steigung 303

Stichprobe IX, 12, 13, 19, 68, 94, 95, 98, 131, 160, 167, 189, 192, 194, 198, 199, 207, 208, 211–213, 231, 239, 243, 275, 291, 294–297, 300, 305, 316–318, 335, 354, 356–359, 374
Stichprobenabhängigkeit 196
Stichprobeneignung 245, 263
Stichprobengröße 97, 98, 150, 202, 294, 296, 357
Stichprobenumfang 214
Stichprobenunabhängigkeit 189
Streudiagramm 3, 39, 40, 42, 44, 48, 62, 63, 141, 142, 146, 148, 162, 247, 282, 286, 301, 317, 339, 354
Streudiagramm-Matrix 282, 286
Streuung 31, 36, 39, 40, 43, 65, 124, 130, 131, 141, 144, 293, 304, 306, 314, 327, 335, 346, 352, 353, 366
Streuungsquadratsumme 118
String 145, 152, 153
String-Typ 103
Stringvariable 45–47, 150, 172
structure 255, 392
Struktogramm 62, 64, 68
Strukturen VIII, 7, 10, 242
Strukturgleichungsmodell 189
Strukturmatrix 204, 253–255, 257, 258, 263, 311, 328, 329, 348, 356
S-Typ 186
S-Typ Faktorenanalyse 186
Subjektivität 17, 96, 184, 203, 205
suboptimal 19, 214, 293, 294, 297, 327, 336
Subsets 185
Subsets an Variablen 185
Subverfahren 9, 23
Summe 3, 28, 29, 30, 33, 34, 72, 79, 96, 123, 164, 206, 207, 225, 226, 266–268, 277, 314, 315, 328, 377, 380
Summe nicht erklärter Variation 380
Suppressionseffekte 307
Syntax XI, XII, XV, XVI, 16, 44, 45, 48–54, 66, 69, 76, 79, 80, 84, 85, 98, 102, 115, 119, 121, 123, 124, 128, 133, 137, 147, 158, 170, 173, 176, 223, 257–259, 276, 280, 281, 290, 308, 311, 319, 336, 337, 340
Systemeinstellungen 160

T
Tabellenanalyse 74
Tangenswerte 372
Tanimoto 33
Tau Protein 337, 341–344, 346–349, 354
Tautologie 20, 299
Taxonomie 9
Technik-Affinität 182
Teilergebnis 163
Teilgrafik 162
Teilgruppe der Fälle 13
Teilstichprobe 94
Telekommunikation 99, 109, 113, 115
Tendenzen 135, 356
Terminierungskriterium 371
Territorien XI, 299, 317, 336, 346, 349, 351
Test auf Gleichheit der Mittelwerte 101, 104, 380
Teststatistiken IX, X, XV, 1, 62, 68, 105, 118, 119, 129, 131, 385
Textausgabe 47, 58
Theoretische Fundierung 20
theorie- bzw. hypothesengeleitet 136
Theoriebildung 180, 185, 357
theoriegeleitet 150, 170, 172, 189, 210
Theoriegeleitete Clusterbildung 150
Theoriemodell 238, 241
Therapieeffekt 300
ties 11
Todesstrafe 69, 75
Toleranz 311, 315, 316, 324, 325, 338, 343, 344, 356, 379
Toleranzkriterium 183, 312–314
Total Population 182, 218, 223–225, 228–230
Total Sums of Squares and Cross-Product Matrix 378
Training 154, 158–161, 165
Training-Modell 165
Trainingsdaten 359
Trainingsdatensatz 359
Transformation 44–46, 54, 195, 281, 282, 356
Transformationsmatrix 184, 249, 372
Transformationsvorschrift 203
Transformieren 172, 174
Transponierung 280, 284

Treffer 167, 351
Trefferrate 336, 359
Trennkraft 300
Trennlinie 302
Trennung XI, 13, 95, 116, 144, 162, 299, 303, 304, 306, 307, 313, 327, 330, 338, 346
Trennvermögen 303, 348, 354, 359
Trennwert 170, 173, 175, 176
Tridiagonalisierung 380
Trucks 162, 163, 165
Tschebyscheff 28, 29, 363
Tschebyscheff-Distanz 29
T-Statistik 101, 104, 114, 115
T-Typ 186
T-Typ Faktorenanalyse 186
T-Wert 62, 65, 67, 68, 95
Two-Step V, VI, X, XV, 1, 9–12, 14–17, 22, 32, 74, 94–100, 102–104, 106, 107, 115, 116, 170, 171, 366, 385, 395
Two-Step Clusteranalyse X, XV, 1, 15–17, 94–96, 99, 103, 115, 366
Two-Step Clusterverfahren V
Two-Step Verfahren X, XV, 9–12, 14, 32, 74, 96
TwoStep-Knoten 96
Typen 21, 32, 72, 154, 179, 180, 182, 186, 389
Typenbildung 1
Typen-Scoring 182
„Typologie der Wünsche" 1
Typologien 1, 8, 9, 18, 20, 21, 98, 136, 145, 389

U
Überdeckung 8
Übereinstimmung 30, 32–35, 71, 72, 217
Übereinstimmungskoeffizient 31, 33
überlappen 95, 97, 116, 142, 144
Überlappung 8, 10–12, 94, 95, 98, 116, 144
überlappungsfrei 25, 26, 48, 69, 75
Überrepräsentation 94
Überschätzung 202, 307
Überschneidung 303
Übersichtsdiagramm 161
Überzeugungen 74, 79

ULS 179, 186–190, 197, 198, 200–202, 212, 216, 242, 243, 280, 294, 370
Ultra-Heywood-Fälle 210
U-Methode 317, 339, 359
Umkehreffekt 25, 26
Umkodierungen 14
Unabhängige Variable 185
Unabhängigkeit 81, 115, 192
Unabhängigkeitsannahme 115
Unähnlichkeit 3, 5, 27, 56, 57, 59, 62, 64, 71, 72, 74, 77, 81, 154, 361
Unähnlichkeitskoeffizient 74
Unähnlichkeitsmaß 3, 4, 35, 45, 56, 81, 361, 366
Unähnlichkeitsmatrix 4, 54, 56, 57, 71, 77, 80, 92, 361, 362
(Un)Ähnlichkeitsmatrix 6, 26, 51, 54, 55, 76, 92, 361
Unähnlichkeitswert 3
underextraction 202, 204, 208, 210
Underfitting 358, 360
Ungefähres Chi-Quadrat 263, 276
Ungewichtete Kleinste Quadrate 179, 188
Ungewichtete Leastsquare-Faktorenanalyse 179, 186, 188
Ungewöhnliche Fälle identifizieren VI, XVI, 145, 170
unique factor 214, 295
Uniqueness 198, 201
Univariate Statistik 220, 234, 245
Univariates F 378
unkorreliert 192, 195, 196, 205, 249, 252, 336, 341
Unterbesetzung 84
Unweighted Least Squares 370
UPGMA 362
UPGMC 362
Urlaub und Reisen 99, 109
Ursprungslösung 184
Uses and Gratification-Ansatz 182
U-Statistik 326
UV-Ansatz 293

V
Validierung 185, 215

Validierungsschritte 83
Validität VIII, X, XV, 1, 68, 84, 85, 94, 118, 119, 129, 134, 136, 145
Validitätskoeffizient 201
Validitätsprüfung 68, 136
Variabilität 153, 260, 281, 282, 284
Variable VI–X, 7–33, 35, 36, 38, 43, 44, 46, 48–50, 54–56, 58, 59, 61, 62, 64–66, 68, 71, 72, 75, 76, 79–86, 94–106, 108–118, 120, 121, 123, 124, 128, 129, 131, 132, 134, 136, 137, 140, 144–146, 148–150, 152–160, 162, 164–167, 169, 170, 172–176, 179, 180, 182–186, 188–196, 198–202, 204–226, 228–234, 236, 237, 241–245, 247–250, 252–256, 259, 260, 262, 263, 265–268, 270, 272–275, 277, 279–296, 299, 300, 303, 305–309, 311–316, 318, 320, 321, 324–329, 331, 334, 336–338, 341, 343, 344, 346–348, 354–358, 364, 366, 367, 369, 377–379, 382, 383
Variablen kategorisieren 174
Variablen/Faktoren-Verhältnis 202, 273, 291
Variablenauswahl 10, 13, 95, 116, 145, 291, 301, 358, 379
Variablendistanz 96
Variablengruppierung 184, 279
Variablenkombination 194, 300
Variablenmatrix 183
Variablennamen 105, 119, 129
variablenorientiert 12, 25, 81
Variablenorientierte Clusterung 45
Variablenpool 292, 300
Variablenreduktion 185
Variablensets 192, 300
Variablen-Verdichtung 217
Variablenwerte 45
Variablenzahl 12, 19, 94, 144
Varianz VIII, 20, 24, 25, 31, 36, 38–43, 65, 66, 82, 120, 123, 124, 140, 182–185, 188, 190, 192–195, 199–201, 206, 209–213, 216, 218–220, 222, 225–227, 231–234, 236, 238–243, 245, 252, 255, 259, 263, 266–269, 277–279, 295, 296, 306, 320–322, 326, 335, 336, 341, 342, 345, 352, 353, 356–358, 366, 367, 378, 381, 382

Varianzanalyse 18–20, 124, 180, 299, 306, 307, 316
Varianzanalyse mit Messwiederholung 18
Varianzanteil 183, 185, 225, 266, 267
Varianzaufklärung IX, 19, 184, 185, 193, 203, 209, 211, 227, 238, 241, 272, 275, 297, 336, 346, 359
Varianzextraktion 200
Varianz-Kovarianz-Matrizen 335, 352, 353, 357, 358
Varianzverhältnis 124, 131, 144
Varimax IX, 187, 188, 204–207, 244, 246, 247, 250–253, 255–258, 272–275, 278, 372
Varimax-Kriterium 250, 274
Varimax-Rotation IX, 187
Vektor 368, 383
Vektorwerte 28, 29
Verallgemeinerte Kleinste Quadrate VI, 179, 188
Verfahrensbesonderheiten 190
Vergleichbarkeit 10
Vergleichs- bzw. Simulationsstudien 201
Vergleichsprüfungs-Aufteilungen 158
Verhältnis- bzw. Rationiveau 28
Verhältnis der Distanzmaße 107
Verkaufspreise 154
Verringerung des Fehlers 124
Verteilung 17, 18, 24–26, 83, 85, 94, 101, 105, 109–111, 116, 151, 161, 165, 172, 184, 189, 196, 203, 205, 268, 295, 335, 382
Verteilungsannahme 115
Verteilungsformen 17, 355
Verteilungsmerkmal 17, 24
vertikal 47, 49
Vertrauensintervall 102, 104
Verwandtschaftsverhältnisse 9
Vier-Felder-Tabelle 35, 36
Visualisierung 3, 43, 173, 181, 211, 223, 259, 270, 282
Visuelles Klassieren X, XVI, 1, 145, 172, 173
Vollständigkeit XI, 361
vomiting 283, 284
Voraussetzungen der Diskriminanzanalyse XI, XVI, 299, 320, 354

Voraussetzungen der Faktorenanalyse XI, 179, 183
Vorauswahl der Variablen IX
Voreinstellung 14, 45, 46, 128, 129, 162, 314
Vorgeschaltete Faktorenanalyse 11, 19, 296
Vorhersage 35, 164–166, 169, 174, 176, 273
Vorhersagegleichung X, 179, 185, 187, 216, 291
Vorhersagegüte 301, 359
Vorhersagekraft 165
Vorhersagemodell 170
Vor-Rotation 207
Vorsicht 129, 237
vorwärts 313
Vorzeichen 45, 131, 213, 228, 270, 288, 295, 303, 322, 342, 343, 348, 357
V-Wert 314

W

Wachstum von Pflanzen 243
Wachstumskurven 190
Wahrnehmung des Marktes 155
Wahrscheinlichkeit 9, 34, 35, 176, 296, 304, 305, 310, 314, 315, 331, 334, 356, 380, 383
Ward X, 1, 5, 17, 24–26, 28–31, 43, 46, 53, 57, 62, 363
Ward-Methode 25, 26, 28–31, 46, 363
Ward-Verfahren 5
Warnmeldung 105
Warnung 26, 242
Webdesign 182
Werbung 232
Werte transformieren 50
Werteausprägung 12, 144
Wertebereich 70, 309, 318
Wertekombination 12
Wertevariation 12, 94, 144
Wettbewerbsvorteilsmatrix XV, 145, 146
Wichtigkeit 101, 104, 113, 114, 157, 159
Wichtigkeitsdiagramm 101, 160
Wichtigkeitsvariable 101
Wiederverkaufswert 232, 237
Wilks 304, 307, 308, 310, 311, 313, 314, 316, 321, 324–327, 338, 341, 343, 344, 346, 379, 381, 394

Wissenskonstruktion VIII, 203
Within Average 26, 28, 29, 30, 31
Within-Groups Correlation Matrix 378
Within-Groups Sums of Squares and Cross-Product Matrix 378
Wohnfläche 99, 132
WPGMC 362
Würfel 31, 33, 34, 161
Würfel-Index 34
Wurzel 16, 44–46, 96, 192, 374

Y

Yule's Q 31, 35, 365
Yule's Y 31, 35, 365

Z

Zähldaten 79, 83
Zeichen 45, 351
Zeilennummern 45, 47, 129, 334
zeilenweise 18, 74, 153
Zeitabhängigkeit 18
Zeitreihenanalyse 18, 181, 186
Zeitreihendaten 11, 18, 197
Zentrales Grenzwerttheorem 295
Zentraler Grenzwertsatz 295
Zentroide 9, 26, 100, 104, 108, 109, 112, 115, 117, 121, 123, 131, 138–140, 142, 307, 317, 330, 334, 339, 351, 354, 359, 383
Zentroid-Linkage 42
Ziehungsfehler 197, 198
Ziel V, VII, X, XI, XVI, 8, 20, 27, 36, 65, 98, 136, 154, 157, 162, 165, 174, 179, 182, 191, 193, 194, 196, 200, 203, 207, 209, 216, 218, 219, 226, 229, 232, 239, 241, 242, 247, 249, 268, 275, 295, 299, 304, 307, 308, 327, 330, 337, 351
Zielgruppe 394, 395
Zielgruppensegmentationen 21
Zielvariable 154, 162, 165, 356
z-standardisiert 83, 97, 199, 303
z-Transformation 14, 45, 55, 285
z-transformiert 97
Zufälligkeit 207
zufallsbasiert VI, X, 1, 151
Zufallsbasierte Cluster XVI, 145, 151

Zufallsbasierte Clusterungen VI
Zufallsdaten 210
Zufallseffekte 359
Zufallsreihenfolge 116, 144
Zufallsstichprobe 133, 196
Zufallsvariable 151, 307
Zufallswert 151
Zufallszahlengenerator 159, 160
Zufallsziehung 354
Zufriedenheit 13
Zufriedenheitsvariable 13

Zuordnung 15, 92, 97, 121, 132, 134, 334
Zuordnungsübersicht 47, 49, 57, 60, 62, 63, 74, 81, 92
Zusammenfassung der Fallverarbeitung 159, 160
Zusammenhang 183, 355
Zusatzinformationen 161
Zwei-Phasen-Schätzer 107
Zweiphasiger Clustervorgang 9
Z-Wert 50
Zwischen-Quadratsummen 328

Verzeichnis der SPSS Dateien

Kapitel und Seitenangabe	SPSS Datei
Kap. 1.2.3	„Band.sav"
Kap. 1.2.5	„World95.sav"
Kap. 1.2.5	„world.sav"
Kap. 1.2.6	„names.sav"
Kap. 1.3.3	„TwoStep.sav"
Kap. 1.4.2	„CRM_data.sav"
Kap. 1.5.5	„car_sales.sav"
Kap. 1.5.5	„new_cars.sav"
Kap. 1.5.5	„more_cars.sav"
Kap. 1.5.6	„tree_credit.sav"
Kap. 1.5.8	„Breast cancer survival.sav"
Kap. 1.5.8	„loan_binning.sav"
Kap. 2.5.1	„Harman76.sav"
Kap. 2.5.3	„Dünger.sav"
Kap. 2.5.6	„anorectic.sav"
Kap. 3.3	„backpain.sav"
Kap. 3.4	„alzheimer.sav"

Verständlich und anwendungsorientiert

Christian FG Schendera
Regressionsanalyse mit SPSS
2008 | 466 S. | Broschur | € 34,80
ISBN 978-3-486-58692-3

Die Regressionsanalyse gehört zu den am häufigsten eingesetzten statistischen Verfahren. Dieses Buch führt ein in die Ansätze: Korrelation, Regression (linear, multipel, nichtlinear), logistische (binär, multinomial) und ordinale Regression, sowie die Überlebenszeitanalyse (Sterbetafel-Methode, Kaplan-Meier-Ansatz, sowie Regressionen nach Cox).

Weitere Abschnitte behandeln zusätzliche regressionsanalytische Ansätze und Modelle (z.B. Partial Least Squares-Regression, Ridge-Regression, Modellierung individueller Wachstumskurven). Zahlreiche Rechenbeispiele werden von der Fragestellung, der Anforderung der einzelnen Statistiken (per Maus, per Syntax) bis hin zur Interpretation des SPSS Ausgaben systematisch durchgespielt. Auch auf mögliche Fallstricke und häufig begangene Fehler wird eingegangen. Separate Abschnitte stellen die diversen Voraussetzungen für die Durchführung der jeweiligen Analyse, sowie Ansätze zu ihrer Überprüfung zusammen.

Dieses Buch ist angenehm verständlich und anwendungsorientiert geschrieben, ohne jedoch die Komplexität und damit erforderliche Tiefe bei der Vorstellung der Verfahren zu vernachlässigen.

Dieses Buch ist für Einsteiger in die Regressionsanalyse, Studierende sowie fortgeschrittene Wissenschaftler in den Wirtschafts-, Bio- und Sozialwissenschaften gleichermaßen geeignet.

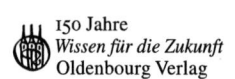

150 Jahre
Wissen für die Zukunft
Oldenbourg Verlag

Bestellen Sie in Ihrer Fachbuchhandlung oder direkt bei uns: Tel: 089/45051-248, Fax: 089/45051-333
verkauf@oldenbourg.de

Spiel mit Grips!

Karl Bosch
Lotto. Spiel mit Grips!
Wie man gezielt die Gewinnquoten erhöhen kann
2. Auflage 2008 | 100 S. | Broschur | € 9,80
ISBN 978-3-486-58902-3

Da es kein Spiel gegen den Zufall gibt, sollte man zumindest wissen, bei welchen Kombinationen die Gewinnquoten am höchsten sind – beliebte Tippreihen sollte man also eher vermeiden. In diesem Buch werden die Gewinnchancen und theoretischen Quoten im Lotto untersucht. Dazu wurden 7,78 Millionen an einem Spieltag abgegebene Tippreihen analysiert. Es ergab sich, dass die Gewinnquoten z.B. bei Geburtstagsreihen aufgrund ihrer großen Beliebtheit extrem niedrig sein können. Die tatsächlichen Quoten bei verschiedenen Ziehungen bestätigten die Ergebnisse des Autors.

In diesem Buch erfährt jeder, wie er seine Gewinnquote beim Lotto erhöhen kann.

Dr. Karl Bosch ist emeritierter Professor am Institut für Angewandte Mathematik und Statistik der Universität Hohenheim. Er ist Mitglied der Forschungsgruppe Glücksspiel an der Universität Hohenheim und beschäftigt sich mit den Chancen und Risiken von Glücksspielen, insbesondere beim Lotto.

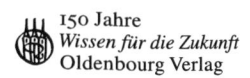

150 Jahre
Wissen für die Zukunft
Oldenbourg Verlag

Bestellen Sie in Ihrer Fachbuchhandlung oder direkt bei uns: Tel: 089/45051-248, Fax: 089/45051-333
verkauf@oldenbourg.de

Verfahrensbibliothek auf 2000 Seiten

Rasch, Herrendörfer, Bock, Victor, Guiard (Hrsg.)
Verfahrensbibliothek
Versuchsplanung und -auswertung – mit CD-ROM
2., vollst. überarb. Aufl. 2008. XII, 140 S., gb.
CD-ROM mit über 2.000 S.
€ 54,80
ISBN 978-3-486-58330-4
Lehr- und Handbücher der Statistik

„Eine Bibel für Statistik"

Das Buch ist eine umfangreiche Sammlung von fast 500 modernen und klassischen statistischen Methoden auf rund 2000 Seiten an deren Erarbeitung über 60 Wissenschaftler aus drei Erdteilen mitgewirkt haben. Neben rein methodischen Verfahren, in denen Tests, Konfidenz- und Punktschätzungen bzw. Regressions- und Varianzanalysen beschrieben werden, findet man auch viele spezielle Anwendungen wie klinische und epidemiologische Studien, räumliche Statistik, Lebensdauerprobleme, Human- und Populationsgenetik und Feldversuchswesen. Ein Verfahren beginnt mit der Beschreibung der Problemstellung, die aus den Teilen Planung und Auswertung besteht. Darauf folgt der aus den gleichen Teilen bestehende Lösungsweg sowie ein durchgerechnetes Beispiel. Der Verzicht auf Beweise macht die Verfahren leicht lesbar, die Beispiele erleichtern das Verständnis auch für Leser mit geringen Vorkenntnissen. Die Daten des Beispiels und das SAS-Programm können im jeweiligen Verfahren aufgerufen werden.

Über 60 Wissenschaftler aus drei Erdteilen haben für dieses einzigartige Werk nahezu 500 moderne und klassische statistischen Methoden aufgearbeitet.

Das Werk wendet sich an Forscher aller Bereiche, die in ihrer Arbeit Versuche durchführen müssen.